高职高专土建专业“互联网+”创新规划教材

全新修订

高层建筑施工

主　编◎吴俊臣

副主编◎代洪伟　牛恒茂

参　编◎任尚万　徐　蓉　褚菁晶

北京大学出版社
PEKING UNIVERSITY PRESS

内容简介

本书反映了国内外高层建筑施工的最新发展动态，结合大量的工程实例，系统阐述了高层建筑主要工种的施工工艺、施工方法，包括深基坑工程、基础工程施工、施工机械设备、模板工程、钢筋工程、混凝土工程、防水工程施工、高层钢结构施工、二次结构与外保温等。书中通过二维码的形式链接了拓展学习内容，每个单元后还附有选择题、简答题、计算题等多种题型供读者练习，以加深读者对理论的消化。通过对本书的学习，读者可以掌握高层建筑施工的关键技术和基本技能，具备高层建筑施工的能力。

本书内容通俗易懂、图表丰富、可操作性强，可作为高职高专院校建筑工程类专业的教材和指导用书，也可作为土建施工类及工程管理类专业的培训教材。

图书在版编目(CIP)数据

高层建筑施工/吴俊臣主编．—北京：北京大学出版社，2017.4

(高职高专土建专业“互联网+”创新规划教材)

ISBN 978-7-301-28232-8

Ⅰ．①高…　Ⅱ．①吴…　Ⅲ．①高层建筑—工程施工—高等职业教育—教材　Ⅳ．TU974

中国版本图书馆CIP数据核字(2017)第061416号

书　　名　高层建筑施工
　　　　　GAOCENG JIANZHU SHIGONG
著作责任者　吴俊臣　主编
策 划 编 辑　杨星璐
责 任 编 辑　伍大维
数 字 编 辑　孟　雅
标 准 书 号　ISBN 978-7-301-28232-8
出 版 发 行　北京大学出版社
地　　址　北京市海淀区成府路205号　100871
网　　址　http://www.pup.cn　新浪微博：@北京大学出版社
电 子 邮 箱　编辑部pup6@pup.cn　总编室zpup@pup.cn
电　　话　邮购部010-62752015　发行部010-62750672　编辑部010-62750667
印 刷 者　北京虎彩文化传播有限公司
经 销 者　新华书店
　　　　　787毫米×1092毫米　16开本　29印张　678千字
　　　　　2017年4月第1版　2024年7月修订　2024年7月第3次印刷
定　　价　65.00元

我国高职高专教育目前正处于全面提升质量和加强内涵建设的重要阶段。随着国家示范性院校建设、精品课程建设、优秀教学团队及教学成果奖评选等工作的开展，形成了一大批符合教学需要、紧贴行业一线、突出工学结合、自身特色鲜明的示范专业和精品课程，这既反映了高职教育内涵建设的阶段性成果，也为今后的发展起到了引领作用。

我国建设事业和土木工程技术迅速发展，高层建筑、超高层建筑等已遍布全国各地，高层、超高层建筑的客观需求促使了高层施工技术的发展，反过来，高层施工技术的提升也极大地促进了高层建筑的发展速度。“高层建筑施工”课程正是在这样的背景下逐渐发展和成熟起来的。

“高层建筑施工”是建筑工程技术专业的一门核心课程，主要研究高层、超高层建筑施工关键工序的施工方案，主要工种工程的施工方法、工艺和技术，是一门实践性很强的综合性课程。本书根据高等学校土建类学科指定的课程教学标准、人才培养方案等要求编写，以国家最新颁布的行业规范、规程和标准为依据。在编写过程中，坚持以“理论适度、够用”为原则，以应用型人才培养为目标，采用案例教学贯穿全书，同时力争使所选案例与建造师、施工员等考试内容密切结合。在每个单元介绍完理论知识后，都有案例分析，而且对理论概念的阐述、对实际操作要点及工程案例的介绍，都尽量反映高层施工的最新内容。

本书还通过二维码的形式链接了拓展学习资料、相关工程案例、视频和习题答案等内容，读者通过手机的“扫一扫”功能，扫描书中的二维码，即可在课堂内外进行相应知识点的拓展学习，节约了搜集、整理学习资料的时间。作者也会根据行业发展情况，及时更新书中二维码所链接的资源，以便书中内容与行业发展结合更为紧密。

本书可安排 88～115 学时的教学，推荐学时分配如下：单元 1 为 2～4 学时，单元 2 为 18～24 学时，单元 3 为 6～9 学时，单元 4 为 18～20 学时，单元 5 为 8～10 学时，单元 6 为 6 学时，单元 7 为 12～16 学时，单元 8 为 8～12 学时，单元 9 为 6～8 学时，单元 10 为 4～6 学时。

本书由内蒙古建筑职业技术学院吴俊臣担任主编，内蒙古建筑职业技术学院代洪伟、牛恒茂担任副主编。本书具体编写分工如下：吴俊臣编写1.2节、1.3节、单元4、5.5节、单元7和单元9的内容，代洪伟编写单元3、5.1～5.4节的内容，牛恒茂编写单元2、单元6的内容，任尚万编写8.2～8.4节的内容，褚菁晶编写1.1节、8.1节、8.5节、8.6节的内容，徐蓉编写单元10的内容。吴俊臣负责编写大纲并对全书统稿。

本书在编写过程中得到了有关专家、学者的指导，内蒙古农业大学申向东教授，内蒙古工业大学土木工程学院曹喜教授、郝贠洪教授和内蒙古建筑职业技术学院李仙兰教授对本书进行了审读，提出了许多宝贵意见，以此表示衷心的感谢。本书在编写过程中还参阅了大量国内相关教材和岗位考试用书，在此对有关作者一并表示感谢。

高层建筑施工理论和实践发展很快，编者虽然希望本书能反映我国高层施工的先进技术与经验，但限于编者水平，疏漏之处在所难免，恳请广大读者批评指正。

编　者

2017.3

【资源索引】

目录

单元1 绪论

教学目标

知识目标

1. 掌握高层建筑房屋常用的结构体系；
2. 掌握高层建筑采用的基础形式；
3. 了解高层建筑的发展；
4. 了解高层建筑施工技术的发展。

能力目标

1. 具有根据建筑物的使用功能、层数、高度与实际地质条件选择采用相应基础形式与结构体系的能力；
2. 能够借助已建或在建高层、超高层施工过程中积累的经验来分析解决实际问题。

知识架构

知　识　点	权　　重
高层建筑的定义	30%
高层建筑的基础形式与结构体系	50%
高层建筑的发展	20%

章节导读

建筑业是国民经济的支柱产业之一，随着社会的进步，建筑业在国民经济中日益发挥着举足轻重的作用。为了解决有限的城市用地和人口密度增加的矛盾，缓解越来越昂贵的大中型城市建设用地问题，并满足人类自古以来就有的向高空发展的美好愿望，出现了高层建筑。随着国际交往的日趋频繁、各国旅游事业的发展、建筑施工技术的发展和建筑材料的多样化，并随着新结构、新工艺、新设备的发展和采用智能化手段解决了高层建筑带来的很多负面问题，近二三十年来，高层建筑出现了井喷式的增长，涌现了一大批高层或超高层建筑，其中有些已经成为这个城市的地标性建筑，代表了当地的发展水平。而这些高层、超高层建筑的发展又为该城市或地区注入了新的活力，为高层、超高层建筑的后续发展提供了更大的可能性。

引例

传统意义的高层、超高层建筑，与现代高层建筑有很大的不同，掌握高层建筑的定义，对规范国际、地区间高层建筑的发展和交流有着重要意义。

中国古塔，是中国五千年文明史的载体之一，矗立在大江南北的古塔为城市山林增光添彩，被誉为中国古代杰出的高层建筑。

【导入案例】

教堂常耸立于闹市中心，在西方几乎随处可见，教堂建筑细节，喻示了天国与人间两个世界的对立。教堂最令人赞叹、无法忘怀的就是它们的建筑之美、巍峨高大，是古代西方的高层建筑。

1.1 高层建筑的定义

1.1.1 国际上的规定

高层建筑通常以建筑的高度或层数来定义。不同地区对此有不同的理解，从不同的角度如消防、运输角度来看待的话，也会有不同的结论。1972 年召开的第一次国际高层建筑会议，按照建筑物的层数和高度将建筑物划分为四类：

第一类高层建筑——9～16 层（高度≤50m）；

第二类高层建筑——17～25 层（高度≤75m）；

第三类高层建筑——26～40 层（高度≤100m）；

第四类高层建筑（超高层建筑）——40 层以上（高度在 100m 以上）

各国对高层建筑的定义又有所不同，在美国，24.6m 或 7 层以上被视为高层建筑；在日本，31m 或 8 层以上被视为高层建筑；在英国，把大于或等于 24.3m 的建筑视为高层建筑。

1.1.2 我国的规定

我国对高层建筑的定义如下。

(1)《高层建筑混凝土结构技术规程》(JGJ 3—2010) 规定："高层建筑"适用于 10 层及 10 层以上或房屋高度大于 28m 的住宅建筑，以及房屋高度大于 24m 的其他高层民用建筑。这个高度是指室外地面到房屋主要屋面的高度，不包括突出屋面的电梯机房、水箱等的高度。当房屋为非抗震设计和抗震设防烈度为 6～9 度抗震设计的高层民用建筑时，其适用的房屋最大高度要符合该规程的相关规定。

(2)《建筑设计防火规范》(GB 50016—2014) 规定，下列新建、改建或扩建的建筑物包括裙房为高层建筑：10 层及 10 层以上的居住建筑（包括首层设置商业服务网点的住宅)；建筑高度超过 24m 的公共建筑，但不包括单层主体建筑高度超过 24m 的体育类场馆、会堂、剧院类等公共建筑以及高层建筑中的人民防空地下室。

(3)《民用建筑设计通则》(GB 50352—2005) 规定：按民用建筑的层数与高度来划分，10 层以上住宅类、2 层及以上高度超过 24m 的公共建筑或综合性建筑为高层建筑。

实际工作中，为简化起见，统一以 10 层及以上或 28m 及以上的民用建筑，以及层数为 2 层以上高度超过 24m 的公共建筑为高层建筑。

1.2 高层建筑的基础形式与结构体系

1.2.1 高层建筑的基础形式

高层建筑所采用的结构材料、结构类型和施工方法与多层建筑有许多共同之处，但高层建筑要承受更大的垂直荷载和水平荷载，加上高层建筑的基础往往要埋在或跨越更深的地方，因此，高层建筑的基础一般来说不同于多层或低层建筑。高层建筑常用的基础形式有三类。

(1) 筏板基础：由底板、梁等整体组成。建筑物荷载较大，地基承载力较弱，常采用混凝土底板筏板，形成筏基来承受建筑物荷载，其整体性好，能很好地抵抗地基不均匀沉降，如图 1.1(a) 所示。

(2) 箱形基础：是由钢筋混凝土的底板、顶板、侧墙及一定数量的内隔墙构成封闭的箱体，基础中部可在内隔墙开门洞作地下室，如图 1.1(b) 所示。这种基础整体性和刚度都好，调整不均匀沉降的能力较强，可消除因地基变形使建筑物开裂的可能性，减少基底处原有地基自重应力，降低总沉降量。它适用于作软弱地基上的面积较小、平面形状简单、荷载较大或上部结构分布不均的高层重型建筑物的基础，以及对沉降有严格要求的设备基础或特殊构筑物基础，但混凝土及钢材用量较多，造价也较高。但在一定条件下，如能充分利用地下部分，那么其在技术上、经济效益上也是较好的。

(3) 桩基础：由基桩和联结于桩顶的承台共同组成，在高层建筑中应用广泛，如图 1.1(c) 所示。

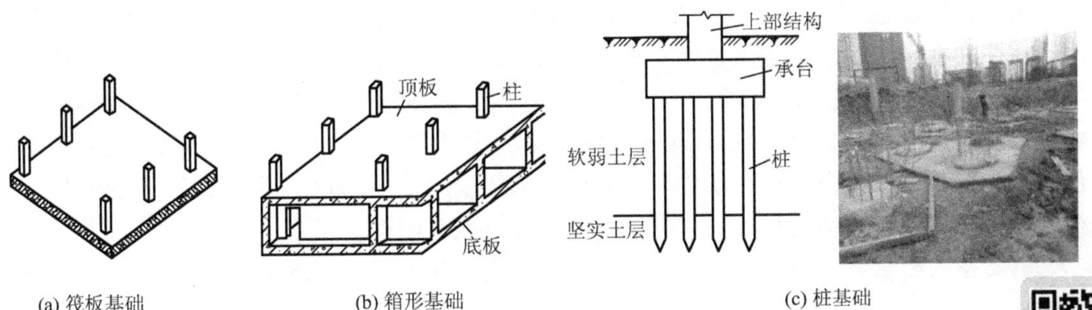

(a) 筏板基础　(b) 箱形基础　(c) 桩基础

图 1.1　高层建筑常用的基础形式

【参考视频】

1.2.2 高层建筑的结构体系

高层建筑由于层数与高度的增加、使用功能的多样化、总竖向荷载与水平荷载的显著增加，对建筑物的结构体系布置提出了更高的要求。高层建筑主要包括以下几类结构体系。

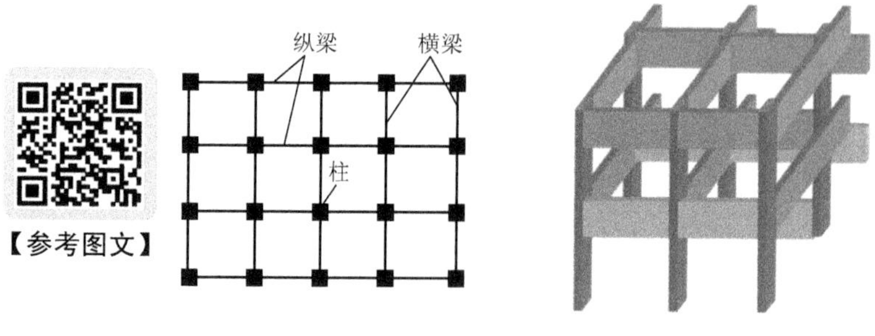

图 1.2 钢筋混凝土框架结构

1. 框架结构体系

框架结构由梁、柱竖向构件与楼板水平构件通过节点连接构成空间结构体系，承担建筑物的竖向荷载与水平荷载。框架结构可以由钢筋混凝土与型钢材料单独或组合建造。钢筋混凝土框架结构与纯钢框架结构的布置如图 1.2 与图 1.3 所示，这种结构体系平面布置灵活，可形成较大的空间，作为餐厅、会议室、休息大厅、商场等，因此在公共建筑中应用较多。但这种体系抗侧力刚度较小，因此在水平荷载的作用下水平侧移较大，因此建筑高度一般不宜超过 60m。

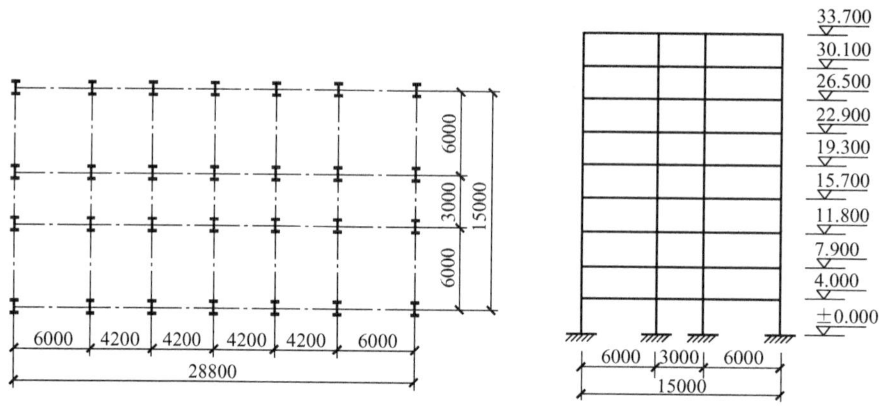

图 1.3 钢框架结构平面与立面布置示例（单位：mm，标高单位：m）

当建筑物超过 20 层，或纯框架结构在风荷载或水平地震力作用下的侧移不符合要求时，往往在框架结构中再加上抗侧移构件，即构成了框架-支撑结构体系，简称框支结构。

框架-支撑结构是在框架的一跨或几跨沿竖向布置支撑而构成，其中支撑桁架部分起着类似于框架-剪力墙结构中剪力墙的作用。在水平力作用下，支撑桁架部分中的支撑构件只承受拉、压轴向力，这种结构形式无论是从强度或变形的角度看都是十分有效的。与框架结构相比，这种结构形式大大提高了结构的抗侧移刚度。

钢支撑的布置，可分为如图 1.4 所示的中心支撑和如图 1.5 所示的偏心支撑两大类。

2. 全剪力墙结构体系

剪力墙结构是利用建筑物的墙体作为承重骨架，且全部由剪力墙承重而不设框架的结构体系。这些墙体与其他墙体受力不同，不仅可以承受竖向荷载，还可以承受由大量的水

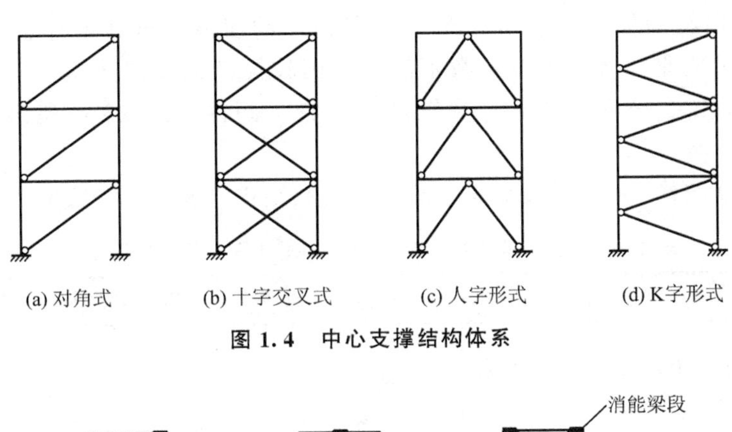

图 1.4 中心支撑结构体系

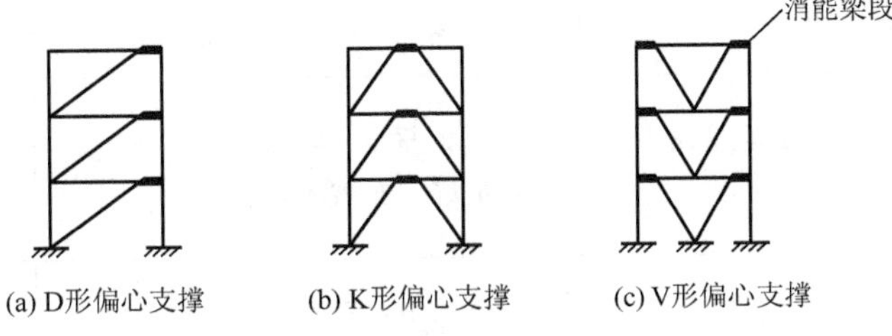

图 1.5 偏心支撑结构体系

平荷载引起的弯矩与剪力，所以习惯上称其为剪力墙。全剪力墙体系（简称全剪结构）刚度强度都比较高，有一定延性，整体性好，在水平荷载作用下侧向变形小，承载力（强度）要求也容易满足，结构传力均匀直接，整体性好，抗倒塌能力强，且房间内无梁柱外露。但剪力墙的缺点是间距不能太大，平面布置不灵活，永久固定隔墙过多，不能满足公共建筑的使用要求，结构自重往往也较大。所需较大空间往往采用附加低层、顶层大空间、底层大空间（框支剪力墙结构）来处理，适用于较小开间的住宅及旅馆高层建筑。框支剪力墙结构如图 1.6 所示。

【参考图文】

3. 框架-剪力墙结构体系

这种结构是在框架体系的房屋中设置一些剪力墙来代替部分框架，如图 1.7 所示。由框架和剪力墙共同作为承重结构，克服了框架抗侧刚度小及全剪结构开间小、布置不灵活的缺点，可满足常见的 30 层以下高层建筑的抗侧刚度。其特点是以框架结构为主，以剪力墙为辅来补救框架结构的不足，属半刚性结构。剪力墙承担大部分的水平荷载，框架则以负担竖向荷载为主。

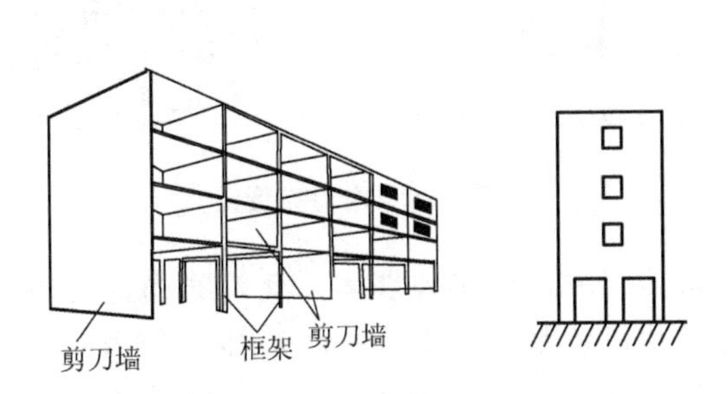

图 1.6 框支剪力墙结构示意图

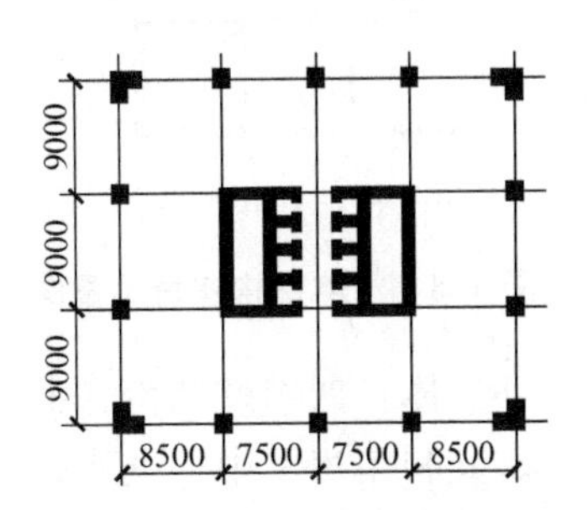

图 1.7 框架-剪力墙结构示意图（单位：mm）

框架-剪力墙结构体系的适用范围：25层以下的房屋，最高不宜超过30层；地震区的5层以上的工业厂房，以及层数不高、平面较灵活的高层建筑。这种体系简称框剪结构，用于旅馆、公寓、住宅等建筑最为适宜（国内15～25层建筑多为这种框剪结构）。

框架-剪力墙结构、全剪力墙结构、框支剪力墙结构三者的区别见表1-1。

表1-1　框架-剪力墙、全剪力墙、框支剪力墙结构的区别

类　别	定　义	特　点	适用层数	适用范围
框架-剪力墙	框架中设置部分剪力墙来代替部分框架	半刚性	11～25层	旅馆、公寓、住宅等
全剪力墙	全部由剪力墙承重而不设置框架	刚度比框架-剪力墙体系更好，布置不灵活	16～40层	旅馆、公寓、住宅等
框支剪力墙	底层为框架的剪力墙	刚度介于框架与全剪力墙体系之间	40层以下	底层需要大空间的房屋

4. 筒体结构体系

这种结构是将剪力墙集中到房屋的内部或外部形成封闭的筒体，筒体在水平荷载作用下好像一个竖向悬臂空心柱体，该结构空间刚度极大，抗扭性能也好。剪力墙集中布置不妨碍房屋的使用空间，建筑平面布置灵活，适用于各种高层公共建筑和商业建筑。筒体结构体系如图1.8所示。

根据建筑高度不同，可采用以下不同的筒体结构形式。

（1）内筒体：将电梯井、楼梯井、管道井、服务间等集中成为一个核心筒体，实质上是框筒结构，如图1.9所示。框筒具有必要的抗侧刚度与最佳的抗扭刚度。

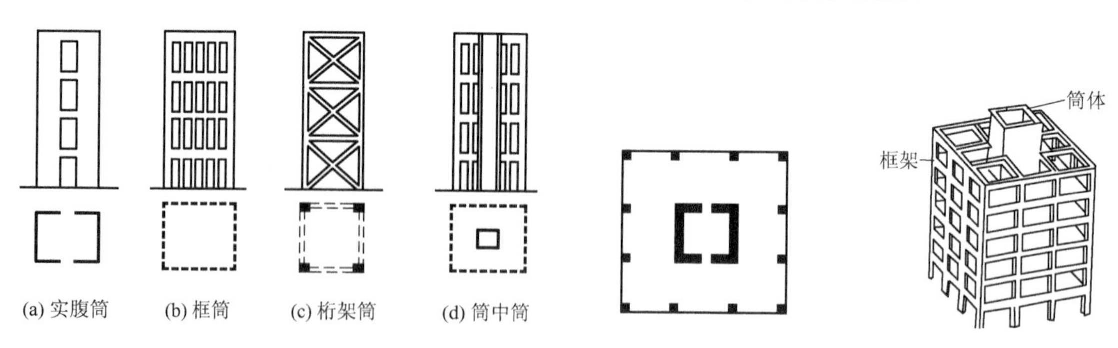

图1.8　筒体结构体系示意图

图1.9　内筒布置图

（2）外筒体：四周外墙由密排窗框柱与窗间墙梁组成，即多孔墙体。建筑物内部可不设剪力墙。其利用房屋中的电梯井、楼梯间、管道井以及服务间作为核心筒体，利用四周外墙作为外筒体，形成外筒的墙是由外围间距较密的柱子与每层楼面处的深梁刚性连接在一起组成的矩形网格样子的墙体，如图1.10所示。

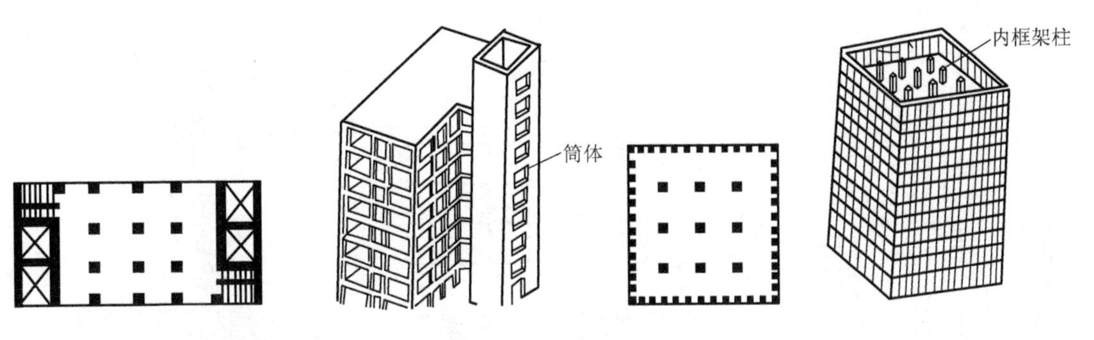

图 1.10 外筒布置图

(3) 筒中筒：为内筒体与外筒体相结合，如图 1.11 所示薄壁内筒与密柱外框筒相结合，内筒体与竖向通道结合，一般为实腹筒；外筒体为密柱外框筒或桁架筒，与建筑立面结合。香港中银大厦就采用了这种结构体系。其特点是层数高，刚度要求大，内核与外筒之间要求有广阔的自由空间，适宜建造 30 层以上的建筑，但不宜超过 80 层。

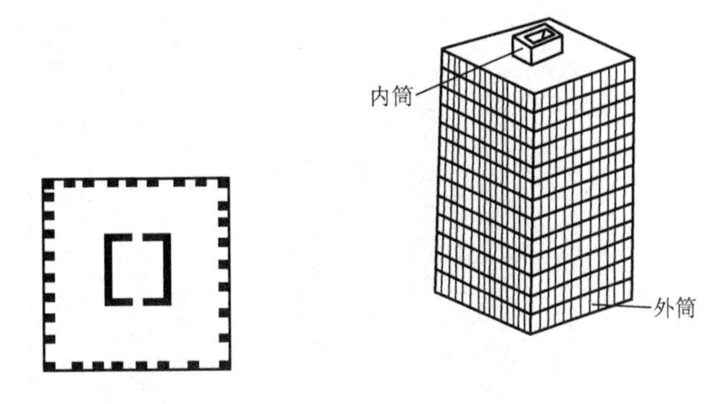

图 1.11 筒中筒布置图

(4) 多筒体组合（束筒）：为在内外筒之间增设一圈柱或剪力墙。当建筑高度或其平面尺寸进一步加大，以至于框筒或筒中筒结构无法满足抗侧力刚度要求时，必须采用多筒体系。

根据建筑平面要求，多筒体组合可采用：①成束筒，即两个以上框筒（或其他筒体，如实腹筒）排列在一起成为束状，结构的刚度和承载能力比筒中筒结构有所提高，沿高度方向还可以逐个减少筒的个数，分段减少建筑平面尺寸，使结构刚度逐渐变化。如西尔斯大厦就采用了这种体系，如图 1.12 所示。②巨型框架，即利用筒体作为柱子，在各筒体之间每隔数层用巨型梁相连，巨型梁每隔几层或十几层楼设置一道，截面一般为一层或几层高，由筒体和巨型梁组合即形成巨型框架。其实质为二重传力系统，每隔一定层数就有设备层，布置一些强度和刚度都很大的水平构件形成水平刚性层，连接建筑物四周柱子，约束周边框架及核心筒变形（侧移）。这些大梁或大型桁架与四周大型柱和大梁开筒连接，巨型框架之间部分为次框架，其竖向荷载和水平力传给巨框地基，如图 1.13 所示。巨型结构特点是其由两级结构组成，第一级结构超越楼层划分，形成跨越几个楼层的巨柱以及一层空间的巨梁、巨型框架结构、巨型桁架结构；第二级为巨型框架或桁架之间的一般框架结构（小型柱、梁与楼板）。在巨型层底下，可设无柱大空间。巨型结构外露与建筑立面相结合，其空间利用灵活，施工速度快，在巨型主框架施工后各层可同时施工。

【参考图文】

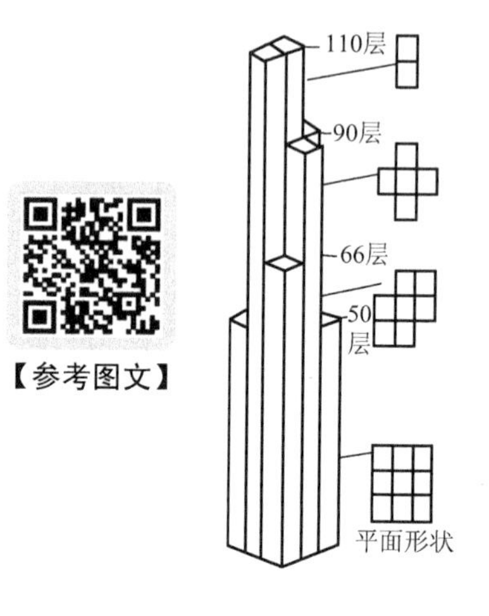

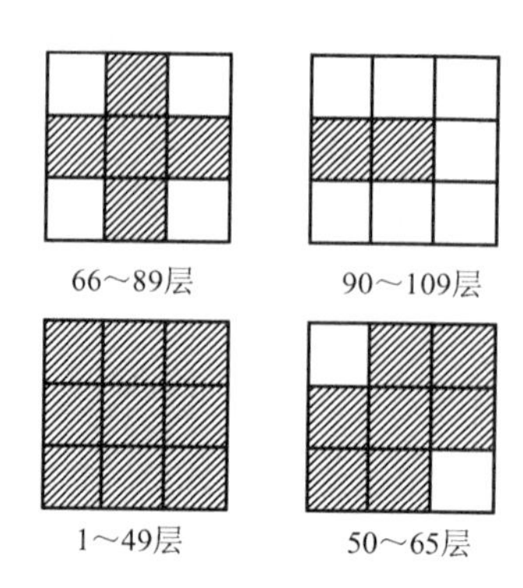

图 1.12　西尔斯大厦

【参考图文】

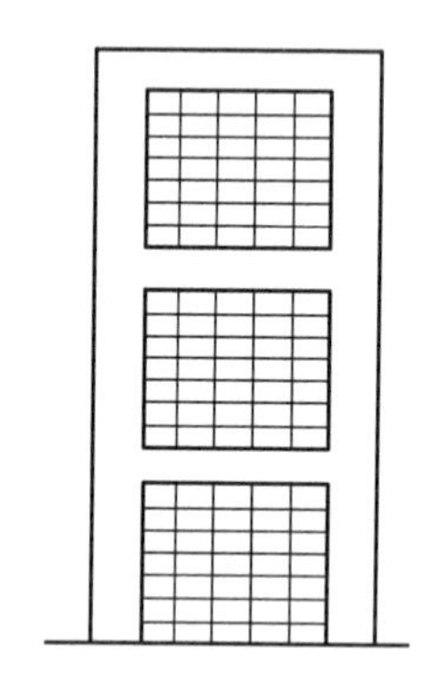

图 1.13　巨型框架示意图

1.3　高层建筑的发展

1.3.1　国内外高层建筑的发展

古代人类就开始建造高层建筑，埃及于公元前 280 年建造的亚历山大港灯塔，高 100 多米，为石结构（今留残址）。中国建于 523 年的河南登封市嵩岳寺塔高 40m，为砖结构，建于 1056 年的山西应县佛宫寺释迦塔高约 67m，为木结构，均保存至今。

现代高层建筑首先从美国兴起。1883 年在芝加哥建造了第一幢砖石自承重和钢框架结构的保险公司大楼，高 11 层。1913 年在纽约建成的伍尔沃思大楼，高 52 层。1931 年在纽约建成的帝国大厦，高 381m，102 层，为砖砌体结构。第二次世界大战后，出现了世界范围内的高层建筑繁荣时期。1962—1976年建于纽约的两座世界贸易中心大楼（已毁），各为110层，高411m。1974年建于芝加哥的西尔斯大厦为110层，高443m，曾经是世界上最高的建筑。加拿大兴建了多伦多的商业宫和第一银行大厦，前者高239m，后者高295m。日本近十几年来建起大量高百米以上的建筑，如东京池袋阳光大楼为60层，高226m。法国巴黎德方斯区有30～50层高层建筑几十幢。苏联在1971年建造了40层的建筑，并发展为高层建筑群。目前世界最高的建筑是已建成的迪拜塔，总高度828m。沙特阿拉伯计划耗资300亿美元建造世界第一高楼“国王塔”，其设计高度为1001m，建成后将超越迪拜塔，成为世界上名副其实的第一高楼。

中国近代的高层建筑，始建于20世纪20—30年代。1934年在上海建成国际饭店，高22层。20世纪50年代在北京建成13层的民族饭店、15层的民航大楼；60年代在广州建成18层的人民大厦、27层的广州宾馆。20世纪70年代末期起，全国各大城市兴建了大量的高层住宅，如北京前三门、复兴门、建国门和上海漕溪北路等处都建起了12～16层的高层住宅建筑群，以及大批高层办公楼和旅馆。1986年建成的深圳国际贸易中心大厦，高50层。上海金茂大厦于1994年开工，1998年建成，有地上88层，若再加上尖塔的楼层共有93层，地下3层。上海环球金融中心是位于上海陆家嘴的一栋摩天大楼，2008年8月29日竣工，是中国目前第二高楼、世界第三高楼、世界最高的平顶式大楼，楼高492m，地上101层。上海中心大厦高度632m，结构高度580m，由地上118层主楼、5层裙楼和5层地下室组成，建成后是上海最高的地标性建筑。广州的地标性建筑“小蛮腰”广州电视塔总高度600m。中国117大厦位于天津高新区，地下3层，地上117层，总设计高度在570m以上。中国尊，地上118层，地下7层，建成后将取代国贸三期成为北京第一高楼。武汉拟建的凤凰塔高1000m，将超越828m高的迪拜塔，成为世界最高的“双子塔”建筑。

【参考视频】

1.3.2 高层建筑施工技术的发展

高层建筑施工的特点是基础埋置深度大，地下工程工作量大，垂直运输量大、运距高，施工人员上下频繁、人员交通量大，脚手架搭设高；施工的主导工程是现浇钢筋混凝土工程，结构、水电、装修齐头并进，交叉作业多，安全隐患大；工期紧张、组织管理工作复杂。但随着时代进步，高层建筑施工技术有了很大的发展。

1. 基础工程施工技术的发展

桩基技术尤其混凝土灌注桩，能适用于任何土层，承载力大、施工对环境影响小，因而发展最快，目前已形成挤土、部分挤土和非挤土三类，有数十种桩和成桩工艺，最大直径达3m，最深达100m左右。对桩基承载力的检验，已开发应用了动态测试技术。目前基础埋深超过15m的已很普遍，其中中国大剧院工程基础最深达41m。支护技术有了很大的发展，其方法也较多，可根据土质、深度和周围环境选用。常用的挡土结构有灌注桩、钢板桩、土钉支护及地下连续墙等，常用的支撑结构分坑外支撑（主要为土层锚杆）、坑内支撑。土层锚杆技术不但可用于较好的土层，也已成功用于含水率饱和的淤泥质软黏土中。我国对支护结构计算方法、施工机械和施工工艺均进行了研发，取得了较显著的效果，如北京京城大厦23.76m的深基坑，采用H形钢板桩、3道预应力土层锚杆，比日方提出的设 5 道土层锚杆节约了工程费用约 1/3。支护结构与地下结构工程结合、地下连续墙与逆作法联合应用，效果显著，已取得初步经验。

在深基坑施工降低地下水位方面，对于因降水而引起附近地面严重沉降的问题，也研究了防止措施。

高层建筑箱基或筏基的底板、深梁等大体积混凝土，极易产生危及结构安全的裂缝。上海市制定了基础大体积混凝土工法，1994 年经国家原建设部审定为国家级工法。

2. 模板工程施工技术的进步

20 世纪 70 年代末业内研制开发的组合小钢模，在一段时间内成为使用面积最广的一种模板。其优点是模板成本较低，周转次数多，使用灵活方便；缺点是模板拼缝较多，给装修带来极大困难，在结构表面往往要刮多道腻子，既费工又拖延工期。对于组合小钢模需要的及时维修，国内生产了不少修理组合小钢模的专用设备，而租赁体制对组合小钢模的使用与管理也起到很大的促进作用。到 20 世纪 90 年代后期，小钢模用量已开始逐年下降。20 世纪 70 年代中期研制开发的全钢大模板，用 4～6mm 厚钢板作面板、8 号槽钢作龙骨焊接而成。其优点是模板整体刚度好、不易损坏，浇筑成的墙面平整；缺点是自重和用钢量大，使用不灵活，且不能实现“一模多用”。组合小钢模拼制成大模板，用脚手架钢管做骨架，其优点是投资少、成本低；缺点是整体刚度差、板面拼缝多、给墙面装修带来极大困难等。钢框木（竹）胶合板组合模板（板宽 60～120cm，长度 150～240cm）、无框木（竹）胶合板模板的优点是适应性强，可以实现“一模多用”，从而避免了模板的停滞积压；另外，浇筑的墙面所出现的少量板缝，经用手提打磨机打磨后，墙面可不再抹灰，克服了用小钢模拼制的大模板施工所带来的缺点。20 世纪 90 年代后期为克服这类模板刚度差、面板容易坏等弊病，业内又推出了全钢中型组合模板，很受欢迎。

曾用于高耸构筑物施工的滑动模板工艺，已移植到高层房屋建筑施工，可用于剪力墙、框架和筒体结构施工。爬模工艺 20 世纪 70 年代末在上海开始用于外墙和电梯井筒施工，目前已发展到内外墙模板同时爬升，其特点是既具有大模板一次能浇筑一个楼层墙体混凝土的长处，又具有滑动模板可以随楼层升高而连续爬升，不需要每层拆卸和拼装模板的优点。上海 88 层的金茂大厦的核心筒体就采用了这种工艺，最快达到 2 天 1 层。20 世纪 80 年代中期，在滑动模板工艺的基础上，又派生出滑框倒模工艺。另外，将现浇墙体的大模板与浇筑楼板的模板结合在一起，组合对拼成整间的半隧道模，也在个别工程中得到尝试。其他尚有板柱结构体系施工的台模（又称飞模）、大跨度密肋楼盖施工的塑料和玻璃钢模壳、圆形柱子施工的半圆形定型钢模和玻璃钢圆柱模板、剪力墙清水混凝土施工的铸铝模板、楼板模板免拆施工的混凝土薄板（50～80mm 厚）或压型钢板永久性模板。

早拆支撑体系的特点是可以提高楼板模板的周转率，减少模板的投入量。划分小流水段和多划流水段、少配模板的组织办法，可以加快模板的周转。

3. 粗钢筋连接方法的突破

传统的帮条焊、搭接焊，工艺复杂，接头施焊时间较长，给混凝土浇筑也带来很大的难度。20 世纪 80 年代初期，业界研制发展了电渣压力焊、气压焊等新工艺，但气压焊推广力度不大，较少使用。20 世纪 80 年代中期又出现了径向套筒挤压连接和轴向套筒挤压连接等机械接头，虽然机械接头的成本比电渣压力焊（每个接头 4～5 元）、气压焊（每个接头 7～8 元）要高，但它的工艺简单、效率高，易保证质量，节约能源，且无明火作业，故应用较广。到了20世纪80年代末期，北京建筑工程研究院又成功研制了锥螺纹接头，单价低于挤压接头，工效高，接头施工可以不占工期，深受施工单位欢迎；但是这种接头在拉伸试验中不能达到钢筋母材的抗拉强度，只达到钢筋母材的1.35倍的屈服强度，因此设计单位不太愿意使用，后来经研究锥度由1∶5改为1∶10，基本上能达到接头与母材同等强度。为了增加其安全度，到了20世纪90年代后期又出现了镦粗锥螺纹接头和镦粗直螺纹接头，其接头强度均超过了钢筋母材。为简化钢筋镦粗和丝扣的加工工艺，1999年又研制了等强滚压直螺纹接头，这种接头不仅工艺简单、工效高、性能稳定，且其价格一般大于电渣压力焊、低于套筒冷挤压接头，是值得推荐使用的一种接头。此外，在钢筋混凝土剪力墙结构大模板施工中，还使用了点焊网片，它可以节约钢材，减少钢筋绑扎时间，加快施工速度。

4. 混凝土工程施工技术的发展

预拌混凝土可以避免出现施工现场砂石堆放困难、混凝土搅拌噪声大、混凝土强度不稳定等问题。预拌混凝土搅拌站，装备成套的运送设备，如搅拌车、混凝土输送泵、布料泵车等，从而使混凝土施工的机械化水平有了迅速提高。泵送混凝土可实现浇注强度$1000m^3/h$。混凝土外加剂已成为现代混凝土材料和技术中不可缺少的部分。在高层建筑的大体积基础混凝土中，已广泛使用了缓凝剂；在高层建筑混凝土结构施工中，已广泛采用了各种高效减水剂配制高强混凝土和高流动性混凝土；此外还有防冻早强剂和缓凝早强剂等，对改进混凝土工艺和性能都起到了明显的作用。目前我国外加剂的品种比较齐全。进入20世纪90年代，我国高强、高性能混凝土发展很快，如高强混凝土已达C70和C80。高性能混凝土（High Performance Concrete，HPC）以耐久性为基本要求，是强化某些性能的混凝土，如补偿收缩混凝土、自密实免振混凝土等，以实现高工作效率、高体积稳定性和高抗渗性。但高性能混凝土还有待在实践中进一步完善，逐步实现规范化。大模板工艺出现了“内浇外预”，预制外墙板装饰混凝土有花纹、线条或面砖；在北方地区可以结构、保温、装饰三合一，即混凝土岩棉（或其他保温材料）复合外墙板，并可承重，厚18～25cm，其保温性能均优于49cm厚砖墙。大模板表面铺贴花饰图案衬模，也可一次浇筑出带有装饰线条的混凝土墙体，只需表面涂刷外墙涂料即可。从1982年开始，大模板全现浇工艺避免了预制构件吨位对起重设备的高要求，也解决了预制外墙板板缝防水的问题。

5. 高效钢筋和现代化预应力技术的应用

为解决配筋稠密、钢筋用量大、造价高的问题，业界研制开发了400MPa的新Ⅲ级钢筋，比原来370MPa的Ⅲ级钢筋性能优良。另外，我国引进生产了20世纪70年代国外发展起来的新型钢筋——冷轧带肋钢筋，这种钢材强度高、韧性好且锚固性能强，已成为冷拔低碳钢丝和热轧光圆钢筋的代换品。

在现代预应力混凝土技术方面，我国高强度低松弛钢绞线的强度已达到国际先进水平(1860MPa)。大吨位锚固体系与张拉设备的开发与完善，金属螺旋管（波纹管）留孔技术的开发与无黏结预应力成套技术的形成（包括开发了环向、竖向和超长束预应力工艺），将我国现代预应力技术从构件推向结构新阶段，应用范围不断扩大。采用预应力混凝土大柱网结构，满足了高层建筑下部大空间功能的要求；无黏结预应力平板技术可比梁板结构降低层高0.2～0.4m，具有显著的经济和社会效益。由于研制开发了环向、竖向和超长束预应力工艺，使预应力混凝土技术用于高耸构筑物成为可能，如高度居世界第三、第四、第五位的上海东方明珠电视塔（高 450m）、天津电视塔（高 415.2m）和北京中央电视塔（高 405m），均采用了上述技术。采用预应力技术建造整体装配式板柱结构（简称 IMS 体系），已用于北京建筑设计研究院科研楼和北京工业大学基础楼（均为 12 层）以及成都珠峰宾馆（15 层）。近几年，我国预应力技术已用于特大跨度钢结构建筑中（如北京西站 45m 跨钢桁架门楼），对节约钢材和提高结构刚度均发挥了重要作用。

6. 脚手架技术的进步

从竹木脚手架和钢管脚手架并存，转变为以钢管脚手架为主，并出现了包括扣件式、门架式、碗扣式等在内的多种新型脚手架；特别是爬架，能沿着建筑物攀升和下降，不受建筑物高度的限制，既可用于结构施工，又可用于外装饰作业。脚手架的功能走向多样化，脚手架的搭设、安装和设计计算也逐步趋向规范化。

7. 装饰工程施工技术水平的提高

装饰材料及对应的施工技术翻新很快，包括花岗岩、大理石、釉面砖、变色釉面砖、大型瓷砖、玻璃锦砖、彩色玻璃面砖、不透明饰面玻璃、玻璃大理石、装饰铝板、不锈钢板、彩色压型钢板、多层树脂采光壁板、耐擦洗耐水涂料、复层花饰涂料（含地面涂料）、塑料地板、塑料壁纸墙布、塑料装饰板及钙塑板、铝塑吊顶装饰板、各种用途的胶粘剂（用于瓷砖、大理石、塑料地板、塑料壁纸等，不含甲醛）、轻钢龙骨纸面石膏板隔墙、轻钢龙骨或铝合金龙骨与装饰石膏板及各类装饰吸声板和铝合金装饰板吊顶（组合形式有明龙骨、暗龙骨和敞开式等）、玻璃或非玻璃透明材料采光屋顶。花岗岩以干挂最理想，可以解决长期存在的石材表面变色问题，且销钉式挂件改为了卡片式挂件。外墙面砖由于黏结层配比（有的含胶料）不准确、搅拌不均、粘贴不饱满，会出现剥落现象，可以考虑在以下方向改进：黏结层用胶粉、粘贴工艺严格要求、保证养护期、分格消减热胀冷缩。

8. 防水工程施工技术水平的发展

高层建筑的屋面、楼层和基础地下室防水工程，从热作业逐步向冷作业发展。在地下水位较深的工程中，广泛采用了在混凝土中加 UEA 等膨胀剂的做法，或在密实自防水混凝土外侧涂刷聚氨酯。从 20 世纪 90 年代中期开始，对重要工程的屋面和地下工程都实行了多道设防的防水措施，包括材料防水、自防水和构造防水等多种做法，大大减少了屋面和地下工程的渗漏现象。

高层建筑的屋面和楼层防水材料，近几年发展很快，品种繁多，主要有橡胶改性沥青卷材、高分子防水卷材及防水涂料和嵌缝密封材料等。橡胶改性沥青卷材是以聚酯纤维无纺布为胎体，以热塑性丁苯橡胶（SBS）——沥青为面层；高分子防水卷材品种较多，常用的有三元乙丙-丁基橡胶卷材、氯化聚乙烯-橡胶共混防水卷材、氯化聚乙烯卷材、硫化型橡胶卷材和以氯丁橡胶为主要成分的 BX－702 橡胶卷材；防水涂料分水乳型和溶剂型两类，常用的有氯丁胶乳沥青防水涂料（水轧型）、聚氨酯涂膜（双组分溶剂型）和丙烯酸涂料等；嵌缝密封材料常用的有双组分聚氨酯弹性密封膏、双组分聚硫橡胶密封膏和由丙烯酸乳液为胶粘剂的 YJ－5 型水乳型建筑密封膏等。此外还有诸如“永凝液”等渗透性的防水涂料，这类涂料涂在混凝土表面后就渗入混凝土内，填充了混凝土中的微小孔隙，很快形成结晶体堵塞孔隙，从而起到防水作用，全国从 20 世纪 90 年代后期已开始对其使用。

9. 施工机械化水平的提高

进入20世纪80年代，塔式起重机需求日益增多，吨位日渐增大，如达到1300～2500kN·m。塔式起重机的形式基本上可分为两种：一种是“内爬塔”，另一种是“外立塔”。“外立塔”在高度较低（40m左右）时可以行走，超高后就必须与建筑物拉结固定；内爬塔则可随建筑物一道升高，且造价低，高度不限，但是拆塔难度较大。在上海、广州等地广泛使用“内爬塔”，香港更为普遍。

【参考图文】

外用施工电梯已广泛应用于高层建筑施工中，近几年外用电梯已由单笼发展到双笼，高度也由百米发展到250m。高层建筑外装修施工用的电动吊篮，国内已能生产，并得到广泛应用。

由于高层建筑基础的加深，促进了基础、地下工程施工机械化水平的提高。各种大型土方机械、打桩机、钻孔机和扩孔钻机、土层锚杆钻孔机、振动拔桩机（可拔30m钢板桩）等都被大量的推广应用。土层锚杆钻孔机钻孔深度可达30余米。

随着预拌混凝土的发展，由计算机控制的大型自动上料搅拌设备发展迅猛，与之配套的搅拌车、混凝土泵车（带布料杆）和固定式混凝土泵以及楼层上使用的移动式小型混凝土布料杆等已普遍推广应用，并且这类机械一般都能在国内自行生产。

在装饰工程中，电动小机具也形成了飞速的发展，诸如石材切割机、瓷片切割机、双速冲击电钻、电锤、电动攻丝机、电动螺钉刀、电（气）动拉铆枪、射钉枪、电剪刀、角向磨光机、混凝土磨刨机以及木装修使用的手提式电锯、木电刨等，已由从国外引进逐步转向国内自行生产。

10. 其他相关技术的发展

采用激光技术作导向对中和测量，使施工的精确度得以提高。目前钢结构已包括高层和超高层建筑钢结构、大跨度空间钢结构、轻型钢结构（包括轻型房屋钢结构和门式钢网架结构）和钢-混凝土组合结构（包括劲性混凝土和钢管混凝土结构）等，其连接技术已发展采用了高强螺栓连接、焊接、螺柱焊和自攻螺纹连接，从设计、制造、施工等方面我国都形成了比较成熟的成套技术，某些领域还处于领先地位。近十多年来，我国建成的大跨度大空间结构，其结构构件安装技术复杂、难度大，施工技术已达到世界先进水平。其一是采用集群千斤顶同步整体提升，如北京西站北站房跨度45m的钢门楼，总重1818t，采用16台200t千斤顶和8台40t穿心式液压千斤顶，通过336根5ϕ15.2mm钢绞线，用计算机同步控制整体提升到43.5m的设计位置。其二是利用起重设备提升，高处合龙，如首都机场四机位库（360m×90m×40m），其钢屋盖由360m长的钢桥、90m长的中梁及网架组成，总重5400t；钢桥在大门顶部，为双跨连续梯形空间桁架，每跨长153m、高15m、宽6m，在每跨的柱间地面上立拼132m长钢桥（重约1000t），用48台40t穿心式液压千斤顶，由计算机集中控制，同步将钢桥整体提升到安装位置；两跨合龙时，用塔式起重机将节点处钢桥高处散装就位。在钢结构施工中，应用磁粉探伤（MT）、渗透探伤（PT）和超声波探伤（UT）等无损检测技术来检验其焊接质量，也已取得了成功。

从20世纪80年代初期开始，围绕以节约建筑能耗为核心，对建筑物围护结构和采暖（空调）系统（包括改革和废除多年来使用的传统黏土砖）进行了研究和工程试点。《严寒和寒冷地区居住建筑节能设计标准》（JGJ 26—2010）规定，按照国家节能中长期计划的要求，必须有步骤地对既有建筑进行节能改造；国家还颁发了《建筑节能技术政策》，提出了推广采用混凝土小型空心砌块建筑体系、框架轻墙建筑体系、外墙外保温隔热技术、节能保温门窗（塑钢门窗）和门窗密封技术、高效先进的供热制冷系统（如直埋式保温管道、水力平衡阀和双管管网系统、分室控温分户安装表）等主要建筑节能和墙改技术，使我国的建筑节能技术向着全面实施的阶段发展。

高层建筑的内隔墙，已向多样化、标准化、预制装配化方向发展。如用轻钢龙骨石膏板组装隔墙，石膏珍珠岩圆孔板、陶粒珍珠岩板、玻璃纤维混凝土（GRC）空心板等其厚度均为50～60mm；现场利用成组立模生产厚50mm的整间预制钢筋混凝土板材，其表面平整，不需抹灰，造价较低。

单项专业软件的编制水平也大大提高，内容十分广泛，如涉及工程预算、工程成本计算、劳动工资、材料库存管理、统计报表、投标报价、土石方工程量计算、混凝土配合比设计、深基坑挡土支护、结构施工方案决策、大体积混凝土施工温控、成本控制、编制施工网络进度计划、编制预算和投招标书等。自从20世纪90年代初信息高速公路Internet/Intranet技术出现后，为准确地掌握各类信息以及时决策，企业开始注重利用计算机进行信息服务，发展信息化施工技术，施工软件的功能已从单一发展到集成，正在从单项专业应用向整体信息化系统应用发展。

高层建筑必须具备电梯、水加压泵和消防、通风、空调、自动扶梯、电信、报警等专用设施，这些设施国内已能自行生产，但与发达国家相比还存在一定的差距，许多高级建筑的设备不少还依靠进口。进入20世纪90年代中期，全国各大城市先后出现了一批智能化建筑（包括办公楼和公寓），自动控制化程度越来越高。除消防系统的喷淋和报警、室内空调温度要求自动控制外，在通信、保卫及办公等方面都增加了许多自控设备和综合布线等。

1.3.3 高层建筑施工的管理

高层建筑由于层数多、工程量大、技术复杂、工期长，涉及的单位与专业多，必须在施工全过程中实行科学的组织管理，特别涉及以下问题：施工现场的管理制度；设计与施工的不断融合；编制施工组织设计来指导施工；精心的施工准备与严格施工过程中的技术管理环节；加强质量与安全管理。

单元小结

高层建筑的出现与相应施工技术的发展是人类历史进程中对于居住需求的必然结果，有内因和外因。了解国内外高层建筑的发展历程，可以帮助我们掌握高层建筑的结构特点、施工特点等。

练习题

一、思考题

1. 什么是高层建筑？高层建筑如何分类？
2. 高层建筑的结构体系主要有哪些？
3. 高层建筑的基础形式有哪些？
4. 举例说明高层建筑及其施工技术的发展。
5. 高层建筑的施工特点是什么？
6. 高层建筑施工管理主要包括哪些内容？

二、选择题

1.《民用建筑设计通则》（GB 50352—2005）规定，高层建筑是指（　　）以上的住宅及总高度超过（　　）的公共建筑及综合建筑。

A. 10层，28m　　B. 10层，60m　　C. 12层，24m　　D. 12层，60m

2. 我国《高层建筑混凝土结构技术规程》(JGJ 3—2010）中规定，高层建筑是指（　　）。

A. 10层以上住宅与高度超过28m的建筑
B. 10层以上住宅与高度超过24m的建筑
C. 9层以上住宅与高度超过28m的建筑
D. 9层以上住宅与高度超过24m的建筑

3. 1972年国际高层建筑会议规定按建筑层数的多少划分为（　　）类高层建筑。

A. 一　　B. 二　　C. 三　　D. 四

4. 在软弱地基上建造高层建筑时，多采用（　　）形式。

A. 桩基础　　B. 箱形基础　　C. 复合基础　　D. 筏板基础

5. 超高层建筑常采用的结构体系有（　　）。

A. 框架结构　　B. 剪力墙结构
C. 框架-剪力墙结构　　D. 框架核心筒结构
E. 核心筒与空间桁架结构

6. 1972年召开的国际高层建筑会议将高层建筑的层数与高度划分为四类，下列描述正确的是（　　）。

A. 9～15层，第一类高层建筑　　B. 17～25层，第二类高层建筑
C. 26～40层，第三类高层建筑　　D. 40层以上，第四类高层建筑
E. 高度在100m以上的为第四类高层建筑

三、论述题

1. 高层建筑常采用哪些结构体系？试从受力、使用功能、空间布局等方面说明这些结构体系各有什么特点。

2. 高层建筑的发展速度非常快，其原因是什么？试论述钢筋工程技术的发展情况。

【参考答案】

单元2 深基坑工程

教学目标

知识目标

1. 掌握深基坑支护的特点及施工方法；
2. 掌握人工降低地下水的方式及施工方法；
3. 了解常见基坑支护的施工流程；
4. 了解基坑支护的原理；
5. 了解深基坑支护的破坏形式与设计思路。

能力目标

1. 具有根据建筑物的基础特点与实际地质条件选择采用相应基坑支护方法和人工降低地下水方式的能力；

2. 能够利用所学知识分析解决实际问题。

知识架构

知 识 点	权 重
真空井点降水	10%
其他井点降水	10%
深基坑支护类型	10%
水泥土挡桩或墙	10%
土层锚杆	20%
土钉墙	10%
地下连续墙	10%
逆作法	5%
深基坑土方开挖	5%
深基坑工程质量问题与事故	10%

章节导读

基坑工程主要包括基坑降排水、基坑支护体系设计与施工和土方开挖，是一项综合性很强的系统工程，要求岩土工程和结构工程技术人员密切配合。基坑支护体系是临时结构，在地下工程施工完成后就不再需要。

关于深基坑的定义，住建部建质（2009）87号文《危险性较大的分部分项工程安全管理办法的通知》规定：一般深基坑是指开挖深度超过5m（含5m）或地下室3层以上（含3层），或深度虽未超过5m但地质条件和周围环境及地下管线特别复杂的工程。

【参考视频】

引例

2008年11月15日下午，杭州萧山湘湖段地铁施工现场发生塌陷事故（见下图）。风情大道长达75m的路面坍塌并下陷15m。行驶中的11辆车陷入深坑，数十名地铁施工人员被埋。事故共造成21人死亡，经济损失约1.5亿元，是中国地铁建设史上最惨痛的事故。

【更多案例】

随着城市建设的快速发展，地下工程日益增多。高层建筑深基础、地下室、地铁、车库、地下商场、地下人防等都需要开挖较深的基坑。

大量深基坑工程的出现，一方面促进了设计计算理论的提高和施工工艺的发展，另一方面通过工程实践与科学研究，也形成了基坑工程的一个新的学科。该领域涉及地质、环境、气候等因素，投资额大，正确的设计和施工能带来显著的经济与社会效益，对加快工程进度和保护周围环境发挥着重要作用。

2.1 基坑工程勘察

为了正确进行支护结构设计与合理组织基坑工程施工，事先需对基坑及其周围进行勘察。

2.1.1 岩土勘察

建筑地基详勘阶段，宜同时对基坑工程需要的内容进行勘察。勘察范围取决于开挖深度及场地的岩土工程条件，宜在开挖边界外开挖深度1～2倍范围内布置勘探点，对于软土勘察范围还得扩大。勘探点的间距可为15～30m，地层变化较大时，应增加勘探点，查明分布规律。基坑周边勘探点的深度不宜小于1倍开挖深度，软土地区应穿越软土层。

岩土勘察一般应提供下列资料：场地土层的类型、特点、土层性质；基坑及围护墙边界附近，场地填土、古河道及地下障碍物等不良地质现象的分布范围与深度，表明其对基坑工程的影响；场地浅层潜水和坑底深部承压水情况，土层渗流特性及产生流砂、管涌的可能性；土、水相关指标（土的常规物理试验指标、土的抗剪强度、室内或原位试验测试的土的渗透系数）。

2.1.2 水文地质勘察与基坑周边环境勘察

水文地质勘察应提供下列情况和数据：地下各含水层的视见水位和静止水位；地下各含水层中水的补给情况和动态变化情况，与附近水体的连通情况；基坑底以下承压水的水头高度和含水层的界面；分析施工过程中水位变化对支护结构和基坑周边环境的影响，提出应采取的措施。

基坑周边环境勘察应包括以下内容：查明影响范围内建筑物的类型、层数、基础类型和埋深、基础荷载大小及上部结构现状；查明基坑周边各类地下设施，包括给水、排水、电缆、煤气、污水、雨水、热力管线等的分布情况；查明基坑四周道路的距离及车辆载重情况；查明场地四周与邻近地区地表水汇流和排泄情况、地下水管渗流情况和对基坑开挖的影响。

2.1.3 工程地下部分

应收集与了解以下信息：主体工程地下室的平面布置及与建筑物的相对位置，这对选择支护结构形式及支撑布置有关；主体工程基础的桩位布置图，这与支撑体系中的立柱布置有关，应尽量利用工程桩作为立柱桩降低造价；主体结构地下室层数、各层楼板和底板的布置与标高、地面标高，这与确定开挖深度，选择围护墙与支撑的形式、布置有关。

2.2 降低地下水

开挖深基坑时，土的含水层常被切断，地下水就会不断地渗流入基坑内，如不及时排除，会使施工条件恶化，造成边坡塌方，也会降低地基的承载力。为了保证施工正常进行，防止边坡塌方和地基承载力下降，深基坑开挖与支护过程中需采取降水、止水、排水等技术措施。施工排水，可分为明排水法和人工降低地下水位法两种。

2.2.1 明排水法

该法一般采用截、疏、抽的方法。

截：在现场周围设临时或永久性排水沟、防洪沟或挡水堤，以拦截雨水、潜水流入施工区域。

疏：在施工范围内设置纵横排水沟，疏通、排干场内地表积水。

抽：在低洼地段设置集水、排水设施，然后用抽水机抽走。

1. 明沟与集水井排水

在基坑的一侧或四周设置排水明沟，在四角或每隔20～30m设一集水井，排水沟始终比开挖面低0.4～0.5m，集水井比排水沟低0.5～1m，在集水井内设水泵将水抽排出基坑，如图2.1所示。

2. 分层明沟排水

当基坑开挖土层由多种土层组成，中部夹有透水性强的砂类土时，为防止上层地下水冲刷基坑下部边坡，宜在基坑边坡上分层设置明沟及相应的集水井，如图2.2所示。

【参考视频】

3. 深层明沟排水

当地下基坑相连，土层渗水量和排水面积大时，为减少大量设置排水沟的复杂性，可在基坑内的深基础或合适部位设置一条纵、长、深的主沟，其余部位设置边沟或支沟与主沟连通，通过基础部位用碎石或砂子作盲沟。

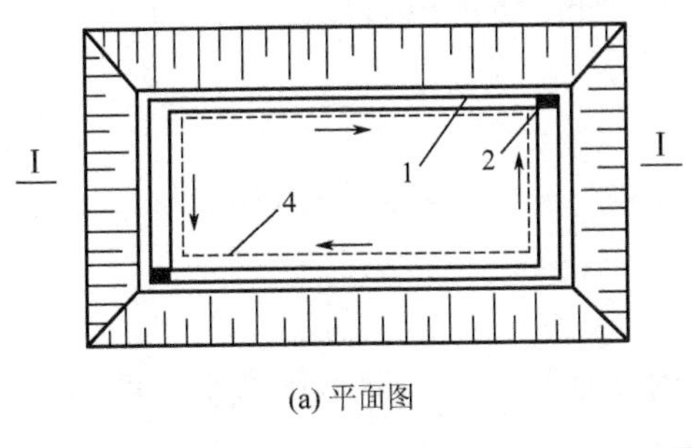

(a) 平面图

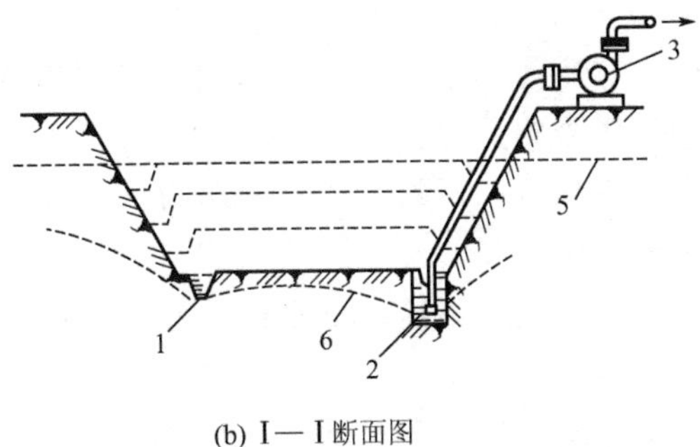

(b) I—I断面图

图2.1 明沟与集水井排水方法

1—排水明沟；2—集水井；3—离心式水泵；

4—设备基础或建筑物基础边线；

5—原地下水位线；6—降低后地下水位线

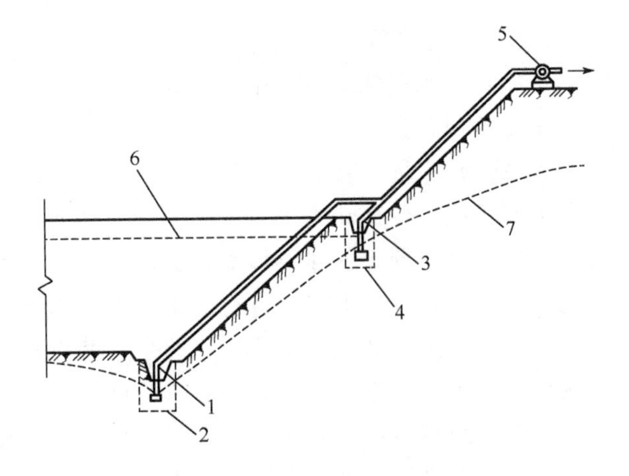

图2.2 分层明沟与集水井排水法

1—底层排水沟；2—底层集水井；3—二层排水沟；

4—二层集水井；5—水泵；

6—原地下水位线；7—降低后地下水位线

4. 流砂现象

在细砂或粉砂土层的基坑开挖时，地下水位以下的土在动水压力的推动下极易失去稳定，随着地下水涌入基坑，称为流砂现象。流砂发生后，土完全丧失承载力，土体边挖边冒，施工条件极端恶化，基坑难以达到设计深度，严重时会引起基坑边坡塌方，临近建筑物出现下沉、倾斜甚至倒塌现象。

1）产生流砂的原因

产生流砂现象的原因，包括内因和外因。

（1）内因。取决于土的性质，当土的孔隙比大、含水率大、黏粒含量少、粉粒多、渗透系数小、排水性能差等时，均容易产生流砂现象。因此，流砂现象极易发生在细砂、粉砂和亚黏土中，但是否发生流砂现象，还取决于一定的外因条件。

（2）外因。取决于地下水在土中渗流所产生的动水压力的大小。动水压力 G_D 值为

$$G_D = I\gamma_w = \frac{h_1 - h_2}{L}\gamma_w \tag{2-1}$$

式中　I——水力坡度，$I=\frac{h_1-h_2}{L}$；

h_1-h_2——水位差；

L——水渗透路程长度；

γ_w——水的重度。

当地下水位较高、基坑内排水所形成的水位差较大时，动水压力也较大。当 $G_D \geqslant \gamma$（土的浮重）时，就会推动土壤失去稳定，形成流砂现象。

2）流砂的防治

防治原则："治流砂必先治水。"流砂防治的主要途径，一是减小或平衡动水压力，二是截住地下水流，三是改变动水压力的方向。

防治方法如下。

（1）枯水期施工法。枯水期地下水位较低，基坑内外水位差小，动水压力小，就不易产生流砂现象。

（2）打板桩。将板桩沿基坑打入不透水层或打入坑底面一定深度，可以截住水流或增加渗流长度、改变动水压力方向，从而达到减小动水压力的目的。

（3）水中挖土。即不排水施工，使坑内外的水压相平衡，不致形成动水压力。如沉井施工，采用不排水下沉、进行水中挖土、水下浇筑混凝土。

（4）人工降低地下水位法。即采用井点降水法截住水流，不让地下水流入基坑，这不仅可防治流砂和土壁塌方，还可改善施工条件。

（5）抢挖并抛大石块法。分段抢挖土方，使挖土速度超过冒砂速度，在挖至标高后立即铺竹、芦席，并抛大石块，以平衡动水压力，将流砂压住。此法适用于治理局部的或轻微的流砂。

此外，采用地下连续墙法、止水帷幕法、压密注浆法、土壤冻结法等，都可以阻止地下水流入基坑，防止流砂现象发生。

2.2.2 人工降低地下水位法

在含水丰富的土层中开挖大面积基坑时，明排水法难以排干大量的地下涌水，当遇粉细砂层时，会出现流砂、管涌现象，不仅基坑无法挖深，还可能造成大量水土流失、边坡失稳、地面塌陷，严重者危及邻近建筑物的安全。此时应采用井点降水的人工降水方法施工。

1. 井点降水的种类

井点降水包括轻型（真空）井点降水、电渗井点降水、喷射井点降水、管井井点降水、深井泵等。各类井点降水的适用范围见表2-1。

表2-1 各类井点降水的适用范围

项　次	井点类型	土层渗透系数/(m/d)	降低水位深度/m
1	单层轻型井点	0.1～50	2～6
2	多层轻型井点	0.1～50	6～12（由井点层数来定）
3	喷射井点	0.1～2	8～20
4	电渗井点	＜0.1	根据选用的井点确定
5	管井井点	20～200	3～5
6	深井井点	10～250	＞10

2. 轻型井点（真空井点）

轻型井点降低地下水位，是沿基坑周围以一定的间距埋入井管（下端为滤管），在地面上用水平铺设的集水总管将各井管连接起来，再于一定位置设置真空泵和离心泵，开动真空泵和离心泵后，地下水在真空吸力作用下，经滤管进入井管，然后经集水总管排出，这样就降低了地下水位。

【参考图文】

1）机具设备组成及构造

真空井点系统由井点管（管下端有滤管）、连接管、集水总管和抽水设备等组成。井点管为直径38～110mm的钢管，长度5～7m，管下端配有滤管和管尖。滤管直径与井点管相同，管壁上渗水孔直径为12～18mm，呈梅花状排列，孔隙率应大于15%；管壁外应设两层滤网，内层滤网宜采用30～80目的金属网或尼龙网，外层滤网宜采用3～10目的金属网或尼龙网；管壁与滤网间应采用金属丝绕成螺旋形隔开，滤网外面应再绕一层粗金属丝。滤管下端装一个锥形铸铁头。井点管上端用弯管与总管相连。连接管常用透明塑料管。集水总管一般用直径75～110mm的钢管分节连接，每节长4m，每隔0.8～1.6m设一个连接井点管的接头。

2）井点布置

井点布置应根据基坑平面形状与大小、地质和水文情况、工程性质、降水深度等而确定。当基坑（槽）宽度小于6m且降水深度不超过6m时，可采用单排井点，布置在地下水上游一侧，如图2.3所示；当基坑（槽）宽度大于6m，或土质不良、渗透系数较大时，宜采用双排井点，布置在基坑（槽）的两侧；当基坑面积较大时，宜采用环形井点，如图2.4所示。挖土运输设备出入道可不封闭，间距可达4m，一般留在地下水下游方向。

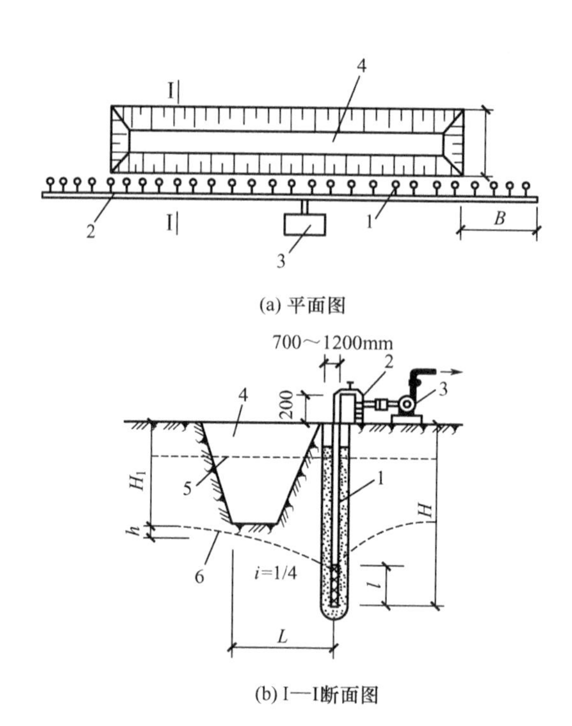

图 2.3 单排线状井点布置

1—井点管；2—集水总管；3—抽水设备；4—基坑；5—原地下水位线；6—降低后地下水位线；
H—井点管长度；H_1—井点埋设面至基础底面的距离；
h—降低后地下水位至基坑底面的安全距离，一般取 0.5～1.0m；L—井点管中心至基坑外边的水平距离；
l—滤管长度；B—开挖基坑上口宽度；i—降水曲线坡度

井点管距坑壁不应小于 1.0m，距离太小时易漏气。井点间距一般为 0.8～1.6m。集水总管标高宜尽量接近地下水位线并沿抽水水流方向有 0.25%～0.5%的上仰坡度，水泵轴心与总管齐平。井点管的入土深度应根据降水深度及储水层所在位置决定，但必须将滤水管埋入含水层内，并且比所挖基坑（沟、槽）底深 0.9～1.2m，井点管的埋置深度也可按下式计算：

$$H \geqslant H_1 + h + iL + l \tag{2-2}$$

式中 H——井点管的埋置深度（m）。

H_1——井点管埋设面至基坑底面的距离（m）。

h——基坑中央最深挖掘面至降水曲线最高点的安全距离（m）；一般为 0.5～1.0m，人工开挖取下限，机械开挖取上限。

L——井点管中心至基坑中心的短边距离（m）。

i——降水曲线坡度，与土层渗透系数、地下水流量等因素有关，根据扬水试验和工程实测确定。对环状或双排井点，可取 1/15～1/10；对单排线状井点，可取 1/4；环状降水取 1/10～1/8。

l——滤管长度（m）。

井点露出地面高度，一般取 0.2～0.3m。

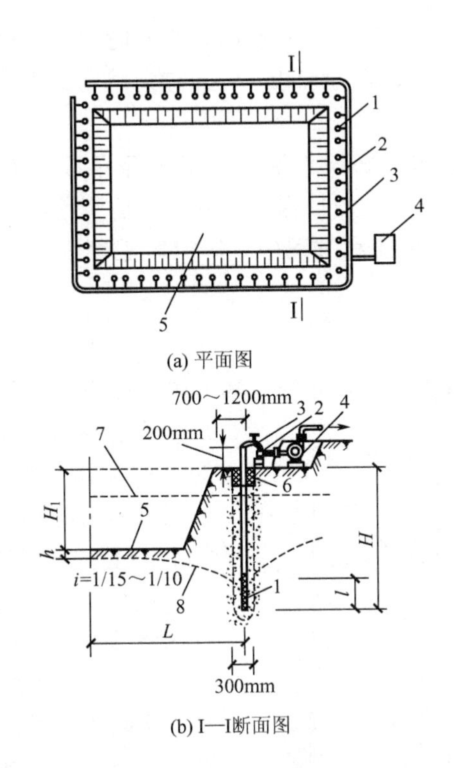

(a) 平面图

(b) I—I断面图

图 2.4 环形井点布置图

1—井点；2—集水总管；3—弯联管；4—抽水设备；5—基坑；6—填黏土；7—原地下水位线；8—降低后地下水位线；H—井点管埋置深度；H_1—井点管埋设面至基底面的距离；h—降低后地下水位至基坑底面的安全距离，一般取0.5～1.0m；L—井点管中心至基坑中心的水平距离；l—滤管长度；i—降水曲线坡度

H计算出后，为安全考虑一般再增加1/2滤管长度。井点管的滤水管不宜埋入渗透系数极小的土层中。在特殊情况下，当基坑底面处在渗透系数很小的土层时，水位可降到基坑底面以上标高最低的一层渗透系数较大的土层底面。

一套抽水设备的总管长度，一般不大于120m。当主管过长时，可采用多套抽水设备。井点系统可以分段，各段长度应大致相等，宜在拐角处分段，以减少弯头数量，提高抽吸能力；分段宜设阀门，以免管内水流紊乱，影响降水效果。真空泵由于考虑水头损失，一般降低地下水深度只有5.5～6m。当一级轻型井点不能满足降水深度要求时，可采用明沟排水与井点相结合的方法，将总管安装在原有地下水位线以下，或采用二级井点排水（降水深度可达7～10m），即先挖去第一级井点排干的土，然后再在坑内布置埋设第二级井点，以增加降水深度。抽水设备宜布置在地下水的上游，并设在总管的中部。

井点系统的设计及计算应依据施工现场地形图、水文地质勘察资料、基坑的施工图设计等资料。设计内容除进行井点系统的平面布置和高程布置外，尚应进行涌水量的计算、确定井点管数量及井距、选择抽水设备等工作。

3）井点管的埋设

井点管的埋设，可用射水法、钻孔法和冲孔法成孔，井孔直径不宜大于300mm，孔深宜比滤管底深0.5～1.0m。在井管与孔壁间，应及时用洁净中粗砂填灌密实均匀。投入滤料数量应大于计算值的85%，在地面以下1m范围内用黏土封孔。

4）井点使用

井点使用前应进行试抽水，确认无漏水、漏气等异常现象后，应保证连续不断地抽水。应备用双电源，以防断电。一般抽水3～5d后水位降落漏斗渐趋稳定，出水规律一般是“先大后小、先浑后清”。在抽水过程中，应定时观测水量、水位、真空度，并应使真空泵压力保持在55kPa以上。

3. 喷射井点

喷射井点有喷水井点和喷气井点之分，其工作原理相同，只是工作流体不同，前者以压力水作为工作流体，后者以压缩空气作为工作流体。喷射井点用作深层降水，其一层井点可把地下水位降低8～20m，甚至20m以上。其工作原理如图2.5和图2.6所示。喷射井点的主要工作部件，是喷射井管内管底端的扬水装置——喷嘴和混合室（图2.6），当喷射井点工作时，由地面高压离心水泵供应的高压工作水经喷嘴喷出，在喷嘴处由于过水断面突然收缩变小，使工作水流具有极高的流速（30～60m/s），在喷口附近造成负压（形成真空），因而将地下水经滤管吸入，吸入的地下水在混合室中压力相对增大，地下水连同工作水一起扬升出地面，经排水管道系统收集至集水池或水箱中，再用排水泵排出。

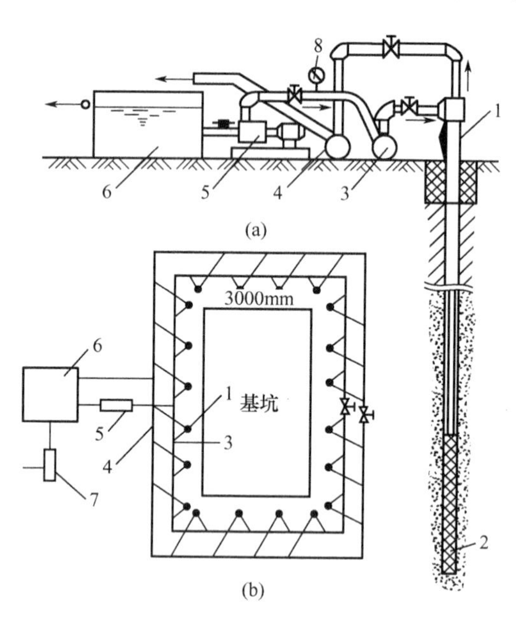

图2.5 喷射井点布置图

1—喷射井管；2—滤管；3—供水总管；4—排水总管；5—高压离心水泵；6—水池；7—排水泵；8—压力表

采用喷射井点时，当基坑宽度小于10m时可单排布置，大于10m时则双排布置；当基坑面积较大时，宜环形布置。井点间距一般为2～3m。埋设时冲孔直径400～600mm，深度应大于滤管底1m以上。

工作水要干净，不得含泥砂和其他杂物，尤其在工作初期更应注意工作水的干净，因为此时抽出的地下水可能较浑浊，如不经过很好的沉淀即用作工作水，会使喷嘴、混合室等部位很快磨损。如果扬水装置已磨损，在使用前应及时更换。为防止产生工作水反灌现象，在滤管下端最好增设逆止球阀。

4. 电渗井点

电渗井点是在降水井点管的内侧打入金属棒（钢筋、钢管等），连以导线。以井点管为阴极，金属棒为阳极，通入直流电后，土颗粒自阴极向阳极移动，称为电泳现象，使土体由此固结；地下水自阳极向阴极移动，称为电渗现象，使软土地基易于排水。如图2.7所示。它用于渗透系数小于0.1m/d的土层。

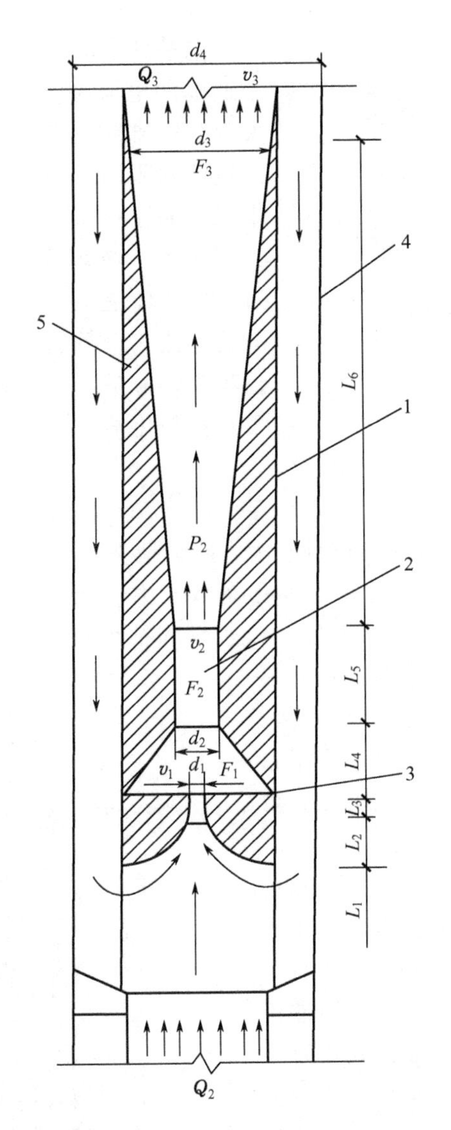

图 2.6 喷射井点扬水装置（喷嘴和混合室）构造

1—扩散室；2—混合室；3—喷嘴；4—喷射井点外管；5—喷射井点内管；
L_1—喷射井点内管底端两侧进水孔高度；L_2—喷嘴颈缩部分长度；L_3—喷嘴圆柱部分长度；
L_4—喷嘴口至混合室距离；L_5—混合室长度；L_6—扩散室长度；d_1—喷嘴直径；d_2—混合室直径；
d_3—喷射井点内管直径；d_4—喷射井点外管直径；Q_2—工作水加吸入水的流量（$Q_2=Q_1+Q_0$）；
P_2—混合室末端扬升压力（MPa）；F_1—喷嘴断面积；F_2—混合室断面积；
F_3—喷射井点内管断面积；v_1—工作水从喷嘴喷出时的流速；
v_2—工作水与吸入水在混合室的流速；v_3—工作水与吸入水排出时的流速

电渗井点是以轻型井点管或喷射井点管作为阴极，以 ϕ20～25 的钢筋或 ϕ50～75 的钢管为阳极，埋设在井点管内侧，与阴极并列或交错排列。当用轻型井点时，两者的距离为 0.8～1.0m，当用喷射井点则为 1.2～1.5m。阳极入土深度应比井点管深 500mm，露出地面 200～400mm。阴、阳极数量相等，分别用电线连成通路，接到直流发电机或直流电焊机的相应电极上。

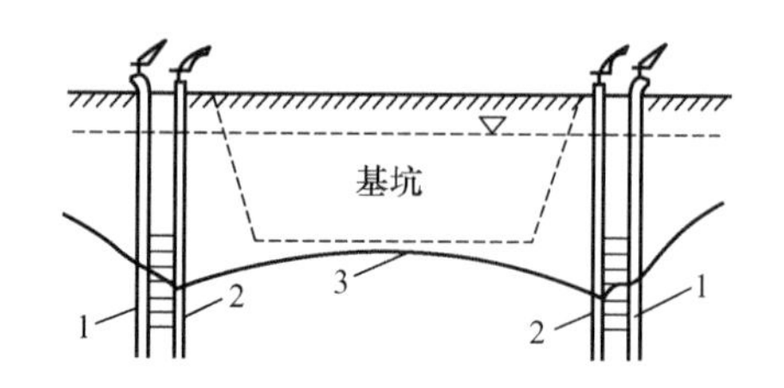

图 2.7　电渗井点原理图

1—井点管；2—金属棒；

3—地下水降落曲线

电渗井点降水的工作电压不宜大于60V。土中通电的电流密度宜为0.5～1.0A/m²，为避免大部分电流从土表面通过，降低电渗效果，通电前应清除阴阳极间地面上的导电物，使地面保持干燥，如涂一层沥青则绝缘效果更好。通电时，为消除由于电解作用产生的气体积聚在电极附近，使土体电阻增大、电能消耗加大，宜采用间隔通电法，即每通电24h即停电2～3h。在降水过程中，应量测和记录电压、电流密度、耗电量及水位变化情况。

5. 管井井点

管井井点就是沿开挖的基坑，每隔一定距离（20～50m）设置一个管井，每个管井单独用一台水泵（潜水泵、离心泵）进行抽水，降低地下水位。管井构造如图2.8所示。用此法可降低地下水位5～10m，适用于渗透系数较大（土的渗透系数 $K=20\sim200\text{m/d}$）、地下水量大的土层中。管井由滤水井管、吸水管和抽水机械等组成。管井设备较为简单，排水量大，降水较深，水泵设在地面，易于维护。管井井点适用于渗透系数较大、地下水丰富的土层或砂层。但管井属于重力排水范畴，吸程高度受到一定限制，要求渗透系数较大（1～200m/d）。

管井一般沿基坑外围四周呈环形布置，或沿基坑（或沟槽）两侧或单侧呈直线形布置，井中心距基坑（槽）边缘的距离，依据所用钻机的钻孔方法而定，当用冲击钻时为0.5～1.5m，当用钻孔法成孔时不小于3m。管井埋设的深度和距离，根据需降水面积和深度及含水层的渗透系数等确定，最大埋深可达10m，间距10～15m。管井埋设可采用泥浆护壁冲击钻成孔或泥浆护壁钻孔方法成孔。钻孔底部应比滤水井管深200mm以上。井管下沉前应进行清洗滤井，冲除沉渣，可灌入稀泥浆用吸水泵抽出置换，或用空压机洗井法将泥渣清出井外，并保持滤网的畅通，然后下管。滤水井管应置于孔中心，下端用圆木堵塞管口，井管与孔壁之间用3～15mm砾石填充作过滤层，地面下0.5m内用黏土填充夯实。水泵的设置标高根据要求的降水深度和所选用的水泵最大真空吸水高度而定，当吸

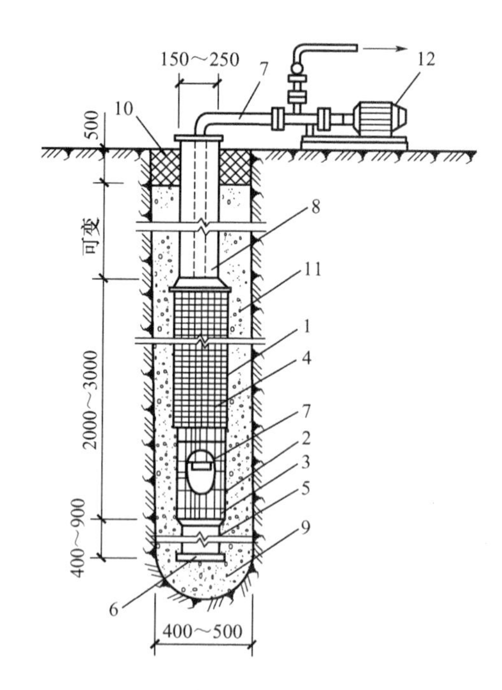

图 2.8　管井构造（单位：mm）

1—滤水井管；2—ϕ14mm钢筋焊接骨架；

3—6mm×30mm铁环@250mm；

4—10号铁丝垫筋@250mm焊于管骨架上，

外包孔眼1～2mm铁丝网；

5—沉砂管；6—木塞；7—吸水管；

8—ϕ100～200mm钢管；9—钻孔；

10—夯填黏土；11—填充砂砾；12—抽水设备

程不够时，可将水泵设在基坑内。管井使用时，应经试抽水检查出水是否正常、有无淤塞等现象。抽水过程中应经常对抽水设备的电动机、传动机械、电流、电压等进行检查，并对井内水位下降和流量进行观测和记录。井管使用完毕，可用捯链或卷扬机将井管徐徐拔出，将滤水井管洗去泥砂后储存备用，所留孔洞用砂砾填实，上部50cm深用黏性土填充夯实。

6. 深井井点

深井井点降水是在深基坑的周围埋置深于基底的井管，通过设置在井管内的潜水泵将地下水抽出，使地下水位低于坑底。该法具有以下优点：排水量大，降水深（>15m）；井距大，对平面布置的干扰小；不受土层限制；井点制作、降水设备及操作工艺、维护均较简单，施工速度快；井点管可以整根拔出，重复使用；等等。但深井井点的一次性投资大，成孔质量要求严格。它适用于渗透系数较大（10～250m/d）、土质为砂类土、地下水丰富、降水深、面积大、时间长的情况，降水深可达50m。

深井井点系统设备由深井井管和潜水泵等组成，如图2.9所示。深井井点一般沿工程基坑周围离边坡上缘0.5～1.5m呈环形布置；当基坑宽度较窄，也可在一侧呈直线形布置；当为面积不大的独立深基坑时，也可采取点式布置。井点宜深入到透水层6～9m，通常还应比所需降水的深度深6～8m，间距一般相当于埋深，为10～30m。深井成孔方法，可采用冲击钻孔、回转钻孔、潜水钻或水冲成孔。孔径应比井管直径大300mm，成孔后立即安装井管。井管安放前应清孔，井管应垂直，过滤部分放在含水层范围内。井管与土壁间填充粒径大于滤网孔径的砂滤料，井口下1m左右用黏土封口。在深井内安放水泵

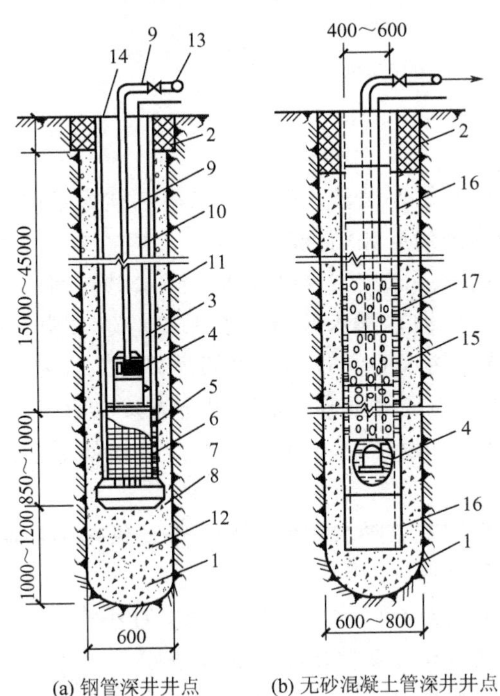

图2.9 深井井点构造（单位：mm）

1—井孔；2—井口（黏土封口）；3—ϕ300～375mm井管；4—潜水电泵；5—过滤段（内填碎石）；6—滤网；7—导向段；8—开孔底板（下铺滤网）；9—ϕ50mm出水管；10—电缆；11—小砾石或中粗砂；12—中粗砂；13—ϕ50～75mm出水总管；14—20mm厚钢板井盖

前，应清洗滤井，冲洗沉渣。安放潜水泵时，电缆等应绝缘可靠，并设保护开关控制。抽水系统安装后应进行试抽。

带真空的深井泵，是近年来应用较多的一种深层降水设备。每一个深井泵由井管和滤管组成，单独配备一台电动机和一台真空泵，开动后达到一定的真空度，则可达到深层降水的目的，在渗透系数较小的淤泥质黏土中也能降水。

7. 减少井点降水对周围环境的影响与危害而采取的措施

1）预防管涌

管涌一般发生在围护墙附近，如果设计支护结构的嵌固深度满足要求，则造成管涌的原因一般是由于坑底以下部位的支护排桩中出现断桩，或施打未及标高，或地下连续墙出现较大的孔、洞，或由于排桩净距较大，其后止水帷幕又出现漏桩、断桩或孔洞，造成管涌通道所致。如果管涌十分严重，也可在支护墙前再打设一排钢板桩，在钢板桩与支护墙间进行注浆，钢板桩底应与支护墙底标高相同，顶面与坑底标高相同，钢板桩的打设宽度应比管涌范围宽3～5m。预防管涌的基本措施如下。

（1）采用密封形式的挡土墙或其他密封措施。如沿基坑四周设置截水帷幕，截水帷幕主要有深层搅拌水泥土桩挡墙、高压旋喷桩挡墙、地下连续墙等类型，它们具有双重作用，除了挡水，还具有支护挡土作用。截水帷幕的厚度应满足基坑防渗要求，截水帷幕的渗透系数宜小于1.0×10^{-6}cm/s。

落底式竖向截水帷幕，应插入不透水层，其插入深度按下式计算：

$$l=0.2h_w-0.5b \qquad (2-3)$$

式中 l——帷幕插入不透水层的深度；

h_w——作用水头；

b——帷幕宽度。

当地下含水层渗透性较强、厚度较大时，可采用悬挂式竖向截水与坑内井点降水相结合，或悬挂式竖向截水与水平封底相结合的方案。

（2）采用井点降水与回灌井点相结合的技术。降水对周围环境的影响，是由于土壤内地下水流失造成的。回灌技术即在降水井点和要保护的建（构）筑物之间打设一排井点，如图2.10所示，在降水井点抽水的同时，通过回灌井点向土层内灌入一定数量的水（即降水井点抽出的水），形成一道隔水帷幕，从而阻止或减少回灌井点外侧被保护的建（构）筑物底下的地下水流失，使地下水位基本保持不变，这样就不会因降水使地基自重应力增加而引起地面沉降。

回灌井点可采用一般真空井点降水的设备和技术，仅增加回灌水箱、闸阀和水表等少量设备，一般施工单位皆易掌握。

采用回灌井点时，回灌井点与降水井点的距离不宜小于6m。回灌井点的间距应根据降水井点的间距和被保护建（构）筑物的平面位置确定。

回灌井点宜进入稳定降水曲面下1m，且位于渗透性较好的土层中。回灌井点滤管的长度，应大于降水井点滤管的长度。

回灌水量可通过水位观测孔中水位变化进行控制和调节，通过回灌后不宜超过原水位标高。回灌水箱的高度，可根据灌入水量决定。回灌水宜用清水。实际施工时，应协调控制降水井点与回灌井点。

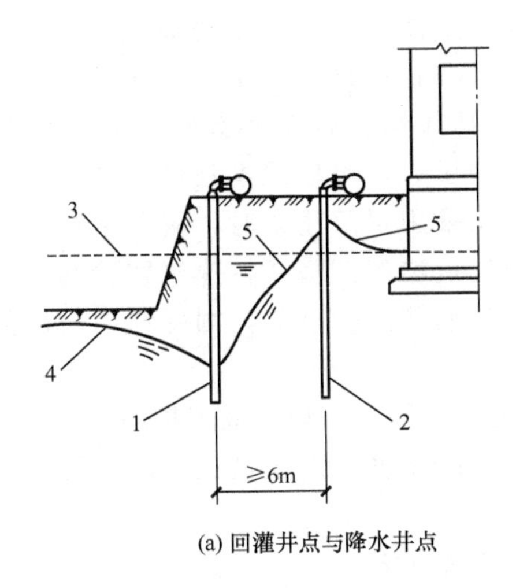

(a) 回灌井点与降水井点

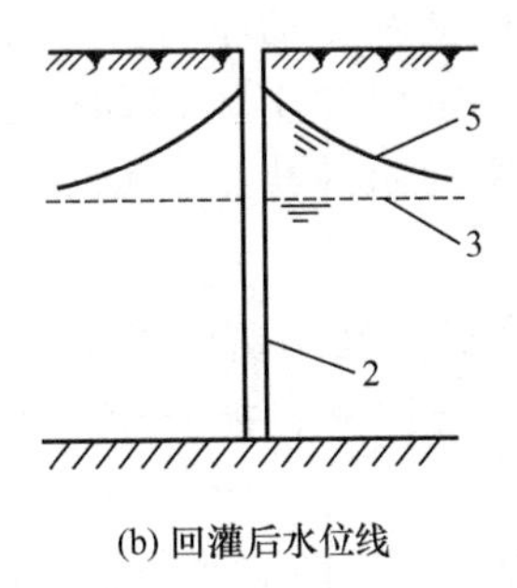

(b) 回灌后水位线

【参考视频】

图 2.10 回灌井点布置

1—降水井点；2—回灌井点；3—水位线；4—降低后的地下水位线；5—回灌后水位线

许多工程实例证明，用回灌井点来回灌水，能产生与降水井点相反的地下水降落漏斗，有效阻止被保护建（构）筑物下的地下水流失，防止产生有害的地面沉降。

回灌水量要适当，过小无效，过大则会从边坡或钢板桩缝隙流入基坑中。回灌井点（砂井、砂沟）施工要点，包括埋设方法与质量要求、抽灌平衡、设置高位回灌水箱、宜采用清水、回灌井点与降水井点应协调控制等。

（3）采用砂沟、砂井回灌技术。在降水井点与被保护建（构）筑物之间设置砂井作为回灌井，沿砂井布置一道砂沟，将降水井点抽出的水适时、适量排入砂沟，再经砂井回灌到地下，实践证明也能收到良好效果。

回灌砂井的灌砂量，应取井孔体积的 95%，填料宜采用含泥量不大于 3%、不均匀系数为 3～5 的纯净中粗砂。

（4）使降水速度减缓。在砂质粉土中降水影响范围可达 80m 以上，降水曲线较平缓，为此可将井点管加长，减缓降水速度，防止产生过大的沉降。也可在井点系统降水过程中调小离心泵阀，减缓抽水速度。还可在邻近被保护建（构）筑物一侧将井点管间距加大，必要时甚至暂停抽水。

为防止抽水过程中将细微土粒带出，可根据土的粒径选择滤网。另外，确保井点管周围砂滤层的厚度和施工质量，也能有效防止降水引起的地面沉降。

在基坑内部降水，应掌握好滤管的埋设深度，确保支护结构有可靠的隔水性能，一方面能疏干土壤、降低地下水位，便于挖土施工，另一方面又不使降水影响到基坑外面，造成基坑周围产生沉降。上海等地在深基坑工程中降水，采用该方案取得了较好的效果。

（5）采用注浆固土技术，防止水土流失。

2）预防降排水对周围环境的影响

基坑开挖后，坑内大量土方挖去，土体平衡发生很大变化，坑外建筑或地下管线往往会引起较大的沉降或位移，有时还会造成建筑的倾斜，产生房屋裂缝、管线断裂和泄漏。因此基坑开挖时必须加强观察，当位移或沉降值达到报警值后，应立即采取措施。

对建筑的沉降控制，一般可采用跟踪注浆的方法。根据基坑开挖进程，连续跟踪注浆。注浆孔可在围护墙背及建筑物前各布置一排，两排注浆孔间再适当布置。注浆深度应在地表至坑底以下 2～4m 范围，具体可根据工程条件确定。此时注浆压力不宜过大，否则不仅对围护墙会造成较大侧压力，对建筑本身也不利。注浆量可根据支护墙的估算位移量及土的空隙率来确定。采用跟踪注浆时，应严密观察建筑的沉降状况，防止由于注浆引起土体搅动而加剧建筑物的沉降或将建筑物抬起。对沉降很大而压密注浆又不能控制的建筑，如其基础是钢筋混凝土的，则可考虑采用静力锚杆压桩的方法。

如果条件许可，在基坑开挖前对邻近建筑物下的地基或支护墙背土体应先进行加固处理，如采用压密注浆、搅拌桩、静力锚杆压桩等加固措施，此时施工更方便，效果更佳。

保护基坑周围管线的应急措施一般有两种方法。

（1）打设封闭桩或开挖隔离沟。对地下管线离开基坑较远但开挖后引起的位移或沉降又较大的情况，可在管线靠基坑一侧设置封闭桩，为减小打桩挤土，封闭桩宜选用树根桩，也可采用钢板桩、槽钢等，施打时应控制打桩速率，封闭板桩离管线应保持一致距离，以免影响管线。

在管线边开挖隔离沟，也对控制位移有一定作用，隔离沟应与管线有一定距离，其深度宜与管线埋深接近或略深，在靠管线一侧还应做出一定坡度。

（2）管线架空。对地下管线离基坑较近的情况，设置隔离桩或隔离沟既不易行也无明显效果时，可采用管线架空的方法。管线架空后与围护墙后的土体基本分离，土体的位移与沉降对它影响很小，即使产生一定的位移或沉降，还可对支承架进行调整复位。

管线架空前应先将管线周围的土挖空，在其上设置支承架，支承架的搁置点应可靠牢固，能防止过大位移与沉降，并应便于调整其搁置位置。然后将管线悬挂于支承架上，如管线发生较大位移或沉降，可对支承架进行调整复位，以保证管线的安全。图 2.11 为某高层建筑边管道保护支承架的示意图。

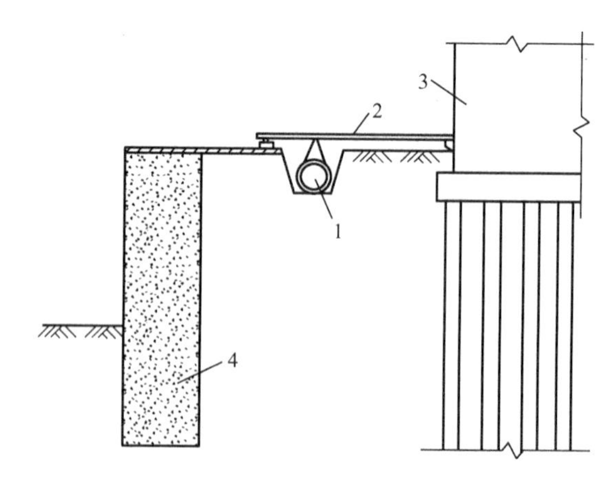

图 2.11　管道支承架示意图

1—管道；2—支承架；3—临近高层建筑；4—支护结构

2.3 深基坑土方开挖

高层建筑的基坑，由于有地下室，一般深度较大，开挖时，除用推土机进行场地平整和开挖表层外，多利用反铲挖土机进行开挖。根据开挖深度，可分一层、二层或多层进行开挖，要与支护结构计算的工况相吻合。常见的开挖方式，有分层全开挖、分层分区开挖、中心岛式开挖、盆式开挖等。

2.3.1 开挖前的施工准备工作

在制定基坑开挖施工组织设计前，应认真研究工程场地的工程地质和水文地质条件、气象资料、场地内和邻近地区地下管线图和有关资料，以及邻近建筑物、构筑物的结构、基础情况等。应检查图纸和资料是否齐全，核对平面尺寸和坑底标高，图纸相互间有无错误和矛盾；掌握设计内容及各项技术要求。在施工区域内设置临时性或永久性排水沟，地下水位高的基坑，在开挖前一周将水位降低到要求的深度。根据给定的国家永久性控制坐标和水准点，按建筑物总平面要求，引测到现场；在工程施工区域设置测量控制网，包括控制基线、轴线和水平基准点，做好轴线控制的测量和校核。

1. 开挖机械的选择

基坑工程中常用的挖土机械较多，有推土机、铲运机、正铲挖土机以及反铲、拉铲、抓铲挖土机等，前三种机械适用于土的含水率较小且基坑较浅时，而后三种机械则适用于土质松软、地下水位较高或不进行降水的较深大基坑，或者是在施工方案比较复杂时采用，如用于逆作法施工等。总之，挖土机械的选择应考虑到地基土的性质、工程量的大小、挖土机和运输设备的行驶条件等。

2. 开挖程序的确定

较浅基坑可以一次开挖到底，较深大的基坑则一般采用分层开挖方案，每次开挖深度可结合支撑位置来确定，挖土进度应根据预估位移速率及气候情况来确定，并在实际开挖后进行调整。为保持基坑底土体的原状结构，应根据土体情况和挖土机械类型，在坑底以上保留5～30cm土层由人工挖除。进行两层或多层开挖时，挖土机和运土汽车需下至基坑内施工，故在适当部位需留设坡道，以便运土汽车上下，坡道两侧有时需做加固处理。

3. 施工现场平面布置及降、排水措施的拟定

基坑工程往往面临施工现场狭窄而基坑周边堆载又要严格控制的难题，因此必须根据现有场地对装土、运土及材料进场的交通路线、施工机械放置、材料堆场及生产场所等进行全面规划。

当地下水位较高且土体的渗透系数较大时，应进行井点降水。井点降水可采用轻型井点、喷射点井、电渗井点、深井井点等，可根据降水深度要求、土体渗透系数及邻近建（构）筑物和管线情况选用。排水措施在基坑开挖中的作用也比较重要，如设置得当，可有效防治因雨水浸透土层而造成土体强度降低。

4. 合理施工监测计划及应急措施的拟定

施工监测计划是基坑开挖施工组织计划的重要组成部分，从工程实践来看，凡是在基坑施工过程中进行了详细监测的工程，其失事率都远小于未进行监测的基坑工程。为预防在基坑开挖过程中出现意外，应事先对工程进展情况做预估，并制定可行的应急措施，做到防患于未然。

2.3.2 基坑土方开挖施工应重视的问题

【参考视频】

深基坑工程有着与其他工程不同的特点，它是一项系统工程，而基坑土方开挖施工是这一系统中的一个重要环节，对工程的成败起着相当大的作用。因此，在施工中必须非常重视以下方面。

（1）做好施工管理工作，在施工前制订好施工组织计划，并在施工期间根据工程进展及时做出必要调整。

（2）对基坑开挖的环境效应做出事先评估，开挖前对周围环境做深入的了解，并与相关单位协调好关系，确定施工期间的重点保护对象，制订周密的监测计划，实行信息化施工。

（3）当采用挤土和半挤土桩时，应重视其挤土效应对环境的影响。

（4）重视支护结构的施工质量，包括支护桩（墙）、挡水帷幕、支撑以及坑底的加固处理等。

（5）重视坑内及地面的排水措施，以确保开挖后土体不受雨水冲刷，并减少雨水渗入；在开挖期间若发现基坑外围土体出现裂缝，应及时用水泥砂浆灌堵，以防雨水渗入，导致土体强度降低。

（6）当支护体系采用钢筋混凝土或水泥土时，基坑土方开挖应注意其养护龄期，以保证其达到设计强度。

（7）挖出的土方以及钢筋、水泥等建筑材料和大型施工机械不宜堆放在坑边，应尽量减少坑边的地面堆载。

（8）当采用机械开挖时，严禁野蛮施工和超挖，挖土机的挖斗严禁碰撞支撑，注意组织好挖土机械及运输车辆的工作场地和行走路线，尽量减少它们对支护结构的影响。

（9）基坑开挖前应了解工程的薄弱环节，严格按施工组织规定的挖土程序、挖土速度进行作业，并备好应急措施，做到防患于未然。

（10）注意各部门的密切协作，尤其是要注意保护好监测单位设置的测点，为监测单位提供方便。

2.3.3 放坡开挖

放坡开挖是最经济的挖土方案。当基坑开挖深度不大（软土地区挖深不超过4m，地下水位低的土质较好地区挖深亦可增大）、周围环境又允许，且从经验上看能确保土坡的稳定性时，均可采用放坡开挖。

开挖深度较大的基坑，当采用放坡挖土时，宜设置多级平台分层开挖，每级平台的宽度不宜小于1.5m。

放坡开挖要验算边坡稳定性，可采用圆弧滑动简单条分法进行验算。对于正常固结土，可用总应力法确定土体的抗剪强度，采用固结快剪峰值指标。至于安全系数，可根据土层性质和基坑大小等条件确定，上海的基坑工程设计规程规定，对一级基坑安全系数取1.38～1.43，二、三级基坑取1.25～1.30。快速卸荷的边坡稳定性验算，当采用直剪快剪试验的峰值指标时，安全系数可相应减小20%。

采用简单条分法验算边坡稳定性时，对土层性质变化较大的土坡，应分别采用各土层的重度和抗剪强度。当含有可能出现流砂的土层时，宜采用井点降水等措施。

对土质较差且施工工期较长的基坑，对边坡宜采用钢丝网水泥喷浆，或采用高分子聚合材料覆盖等措施进行护坡。

坑顶不宜堆土或存在堆载（材料或设备），遇有不可避免的附加荷载时，在进行边坡稳定性验算时，应计入附加荷载的影响。

在地下水位较高的软土地区，应在降水达到要求后再进行土方开挖，宜采用分层开挖的方式进行开挖。分层挖土厚度不宜超过2.5m。挖土时要注意保护工程桩，防止碰撞或因挖土过快、高差过大使工程桩遭受侧压力而倾斜。

如有地下水，放坡开挖应采取有效措施降低坑内水位和排除地表水，严防地表水或坑内排出的水倒流回渗入基坑。

基坑采用机械挖土，坑底应保留200～300mm厚基土，用人工清理整平，防止坑底土扰动。挖至设计标高后，应清除浮土，经验槽合格后，及时进行垫层施工。

北京地区的西苑饭店和长城饭店，即为放坡开挖和部分放坡开挖的大型基坑，如图2.12所示。

西苑饭店的基础分主楼（A）、大厅（B）和北厅（C）三个部分。主楼基础设置在卵石层上，基础底标高−12m；大厅和北厅的基础设置在细砂及轻黏砂层上，大厅基础的底标高为−9.13m，北厅基础的底标高为−9.50m和−7.55m。基坑用反铲挖土机放坡开挖，主楼部分分三层开挖，大厅和北厅部分分两层开挖。开挖前先用推土机破冻土层。

自然地坪的绝对标高为51.20m，相对标高为−0.8m。第一层开挖，A、B、C三部分全挖至−5.80m处，实际挖深5m。第二层留设坡道，挖土机下槽开挖，B、C部分挖至−8.73m处，挖深2.93m，余下的土方由人工进行清理；A部分挖至−7.30m处，挖深1.50m。第三层A部分挖至−11.10m处，挖深3.8m，余下的土方由人工进行清理。

总的施工顺序是：A、B、C部分的第一层→A、C部分的第二层→A部分的第三层→B部分的第二层。为使挖土机能下槽开挖，留设1∶6坡度的坡道。施工中共用三台反铲挖土机，总挖土量达60096m^3。

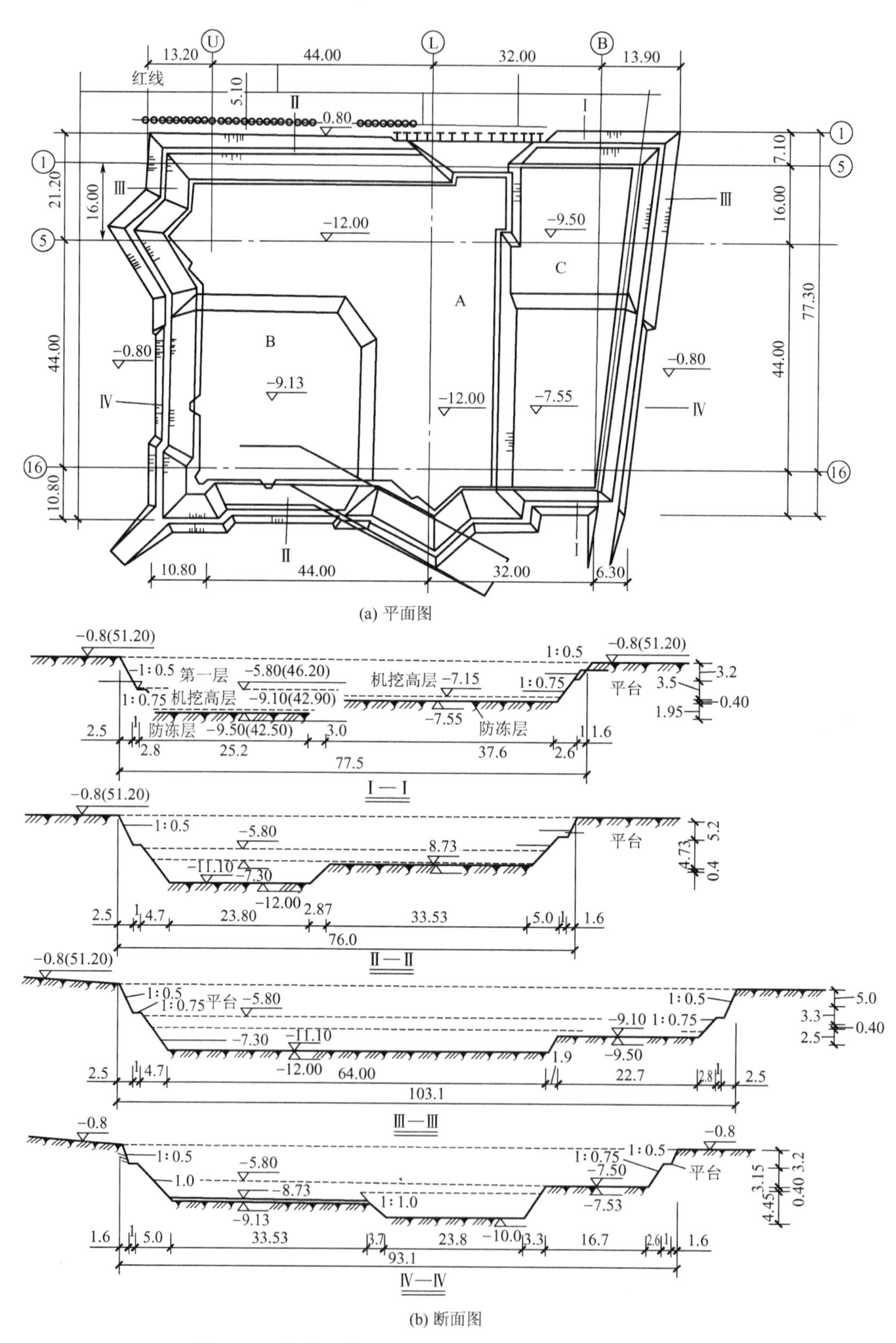

图 2.12 北京西苑饭店基坑放坡开挖布置图（单位：mm）

2.3.4 中心岛式开挖

中心岛（墩）式开挖，宜用于大型基坑，其支护结构的支撑形式为角撑、环梁式或边桁（框）架式，且中间具有较大空间的情况下。此时可利用中间的土墩作为支点搭设栈桥，挖土机可利用栈桥下到基坑挖土，运土的汽车亦可利用栈桥进入基坑运土，这样可以加快挖土和运土的速度，如图 2.13 所示。

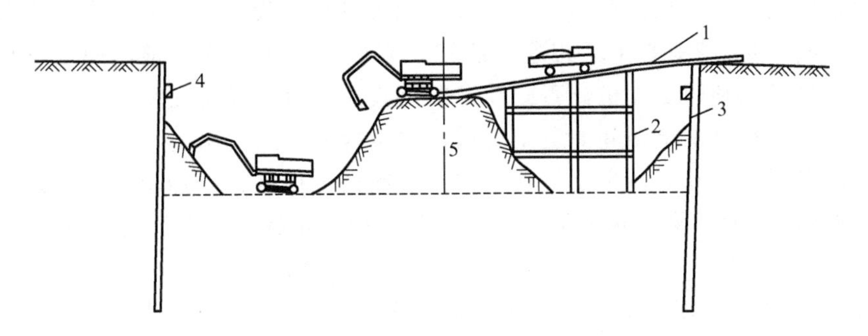

【参考图文】

图 2.13 中心岛（墩）式开挖示意图

1—栈桥；2—支架（尽可能利用工程桩）；3—围护墙；4—腰梁；5—土墩

中心岛（墩）式开挖，中间土墩的留土高度、边坡的坡度、挖土层次与高差都要经过仔细研究确定。由于在雨季遇有大雨时土墩边坡易滑坡，必要时对边坡尚需加固。

挖土也是采用分层开挖，多数是先全面挖去第一层，然后中间部分留置土墩，周围部分分层开挖。开挖多用反铲挖土机，如基坑深度大，则用向上逐级传递的方式进行装车外运。

整个的土方开挖顺序，必须与支护结构的设计工况严格一致，要遵循开槽支撑、先撑后挖、分层开挖、严禁超挖的原则。

挖土时，除支护结构设计允许外，挖土机和运土车辆不得直接在支撑上行走和操作。

为减少时间效应的影响，挖土时应尽量缩短围护墙无支撑的暴露时间。一般对一、二级基坑，每一工况挖至规定标高后，钢支撑的安装周期不宜超过一昼夜，混凝土支撑的完成时间不宜超过两昼夜。

对面积较大的基坑，为减少空间效应的影响，基坑土方宜分层、分块、对称、限时进行开挖，土方开挖顺序要为尽可能早地安装支撑创造条件。

土方挖至设计标高后，对有钻孔灌筑桩的工程，宜边破桩头边浇筑垫层，尽可能早一些浇筑垫层，以便利用垫层（必要时可加厚作配筋垫层）对围护墙起支撑作用，以减少围护墙的变形。

挖土机挖土时严禁碰撞工程桩、支撑、立柱和降水的井点管。分层挖土时，层高不宜过大，以免土方侧压力过大使工程桩变形倾斜，这在软土地区尤为重要。

同一基坑内当深浅不同时，土方开挖宜先从浅基坑处开始，如条件允许，可待浅基坑处底板浇筑后，再挖基坑较深处的土方。

如两个深浅不同的基坑同时挖土，宜先从较深基坑开始，待较深基坑底板浇筑后，再开挖较浅基坑的土方。

当基坑底部有局部加深的电梯井、水池等，如深度较大，宜先对其边坡进行加固处理后再进行开挖。

下面的案例为上海梅龙镇广场工程施工。该建筑为位于上海南京西路闹市中心的高层建筑，基坑尺寸约 92m×92m，开挖面积约 8500m²，土方总量约 131000m³，开挖深度标高为－15.30m。支护结构为地下连续墙和三层钢筋混凝土水平支撑，支撑中心标高分别为－2.50m、－7.50m 和－12.30m。降水用 36 根深井泵（用于深层降水）和 6 套真空井点（用于浅层降水）。

考虑到基坑挖土期间只有东西方向运输车辆可进出，为此在东西方向搭设长 20m、宽 6m 的栈桥，栈桥内端与中心土墩相连，这样在东西方向可形成通道，便于车辆在其上运土。栈桥支柱尽可能利用工程桩，否则需专门打设灌筑桩。栈桥面的坡度约 8°。栈桥是混凝土框架结构，是整个挖土期间的运土通道，要确保其畅通无阻。

土方开挖采用墩式开挖，主要是利用中心土墩搭设栈桥，以加快土方外运。为此设立的挖土顺序如图 2.14 所示。第一次挖土用 3 台大型反铲挖土机从天然地面挖至第一层支撑底，即挖除标高－0.80～－2.90m 之间的土；用 50 辆 15t 的自卸汽车运土，每天挖土可达 1500m³；第 1 层土挖走后，浇筑第一层钢筋混凝土支撑和搭设运土的栈桥。第二次挖土要待第一层钢筋混凝土支撑达到规定强度、栈桥搭设完毕后开始进行，挖除基坑四周第一层支撑下面的土，即挖除基坑四周标高－2.90～－7.90m 之间的土，用大、中、小型反铲挖土机各 2 台，分成两个工作面同时进行挖土；为使支撑均匀受力，挖土要对称进行，大型挖土机停于支撑面（标高－2.10m）上挖土和装车，中小型挖土机在支撑下挖土，挖土结束后浇筑第二层钢筋混凝土支撑。第三次挖土要待第二层钢筋混凝土支撑达到规定强度后进行，挖除基坑四周第Ⅲ层土，1 台大型挖土机、2 台中型挖土机和 2 台小型挖土机组成一个组，两个组分两个工作面同时进行；1 台大型挖土机位于－2.90m 标高处进行装车，2 台中型挖土机位于第二层支撑面上（标高－7.10m）进行挖土和将土向上驳运给大型挖土机装车，2 台小型挖土机则在第二层支撑下面进行挖土，挖土结束后浇筑第三层支撑。第四次挖土挖除中心墩，同时向中间挖，需待第三层支撑达到规定强度后开始进行，仍为 1 台大型挖土机、2 台中型挖土机和 2 台小型挖土机组成一个组，两个组分两个工作面同时进行，大型挖土机位于－2.90m 标高处进行装车；1 台中型挖土机位于－7.10m（第二层支撑面上）标高处，另 1 台中型挖土机位于第三层支撑面上（标高－11.90m）进行挖土和向上驳运土，小型挖土机则在坑底进行挖土和驳运，如图 2.15 所示。

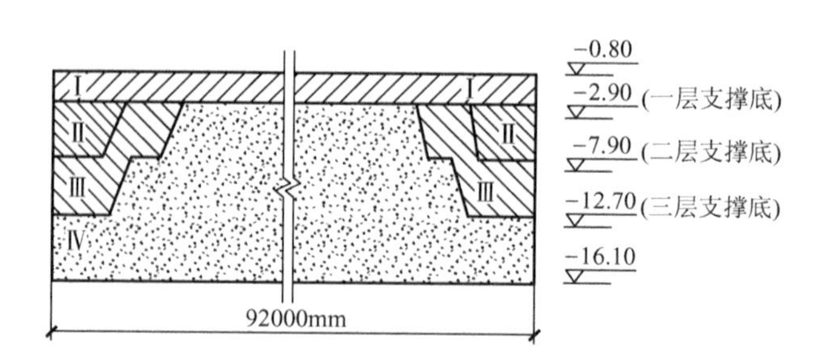

图 2.14　墩式土方开挖顺序（单位：m）

Ⅰ—第一次挖土；Ⅱ—第二次挖土；Ⅲ—第三次挖土；Ⅳ—第四次挖土

挖土结束后，将全部挖土机吊出基坑退场。

墩式挖土，对于加快土方外运和提高挖土速度是有利的，但对于支护结构的受力不利，由于首先挖去基坑四周的土，支护结构受荷时间长，在软黏土中时间效应（软黏土的蠕变）显著，有可能增大支护结构的变形量。

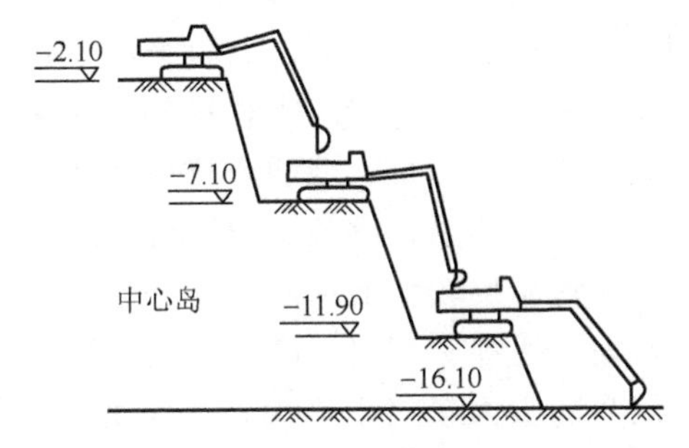

图 2.15 挖除中心土墩时挖土机的布置（单位：m）

2.3.5 盆式开挖

盆式开挖是先开挖基坑中间部分的土，周围四边留土坡，土坡最后挖除，如图 2.16 所示。这种挖土方式的优点是周边的土坡对围护墙有支撑作用，有利于减少围护墙的变形。其缺点是大量的土方不能直接外运，需集中提升后装车外运，对于挖土和土方外运的速度有一定影响。

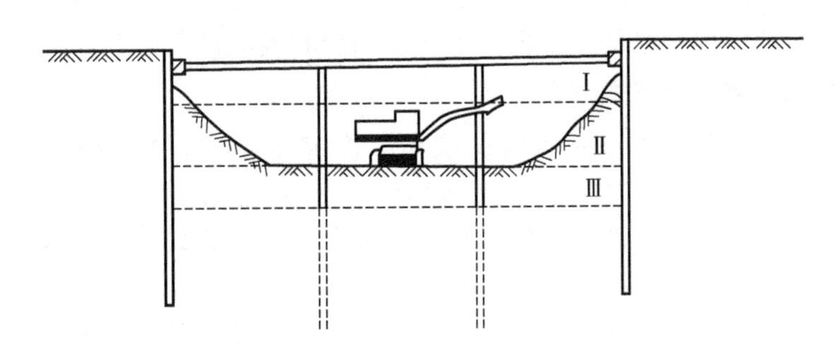

【参考图文】

图 2.16 盆式开挖

盆式开挖周边留置的土坡，其宽度、高度和坡度大小均应通过稳定性验算确定。如坡度留得过小，对围护墙支撑作用不明显，失去盆式挖土的意义；如坡度太陡，则边坡不稳定，在挖土过程中可能失稳滑动，不但会失去对围护墙的支撑作用、影响施工，而且有损于工程桩的质量。

盆式开挖需设法提高土方上运的速度，这对加快基坑开挖进度起到很大的作用。

2.4 深基坑支护原理及破坏形式

2.4.1 基坑支护原理及分类

从基坑支护机理来讲，基坑支护方法最早为放坡开挖，然后有悬臂支护、支撑支护、组合型支护等。先前用木桩，现在常用钢筋混凝土桩、地下连续墙等以及通过地基处理方法采用水泥挡墙、土钉墙等。简单来说，基坑支护结构可以分为桩、墙式支护结构和实体重力式支护结构。桩、墙式支护结构，常采用钢板桩、钢筋混凝土板桩、柱列式灌注桩、地下连续墙等，支护桩、墙插入坑底土中一定深度（一般均插入至较坚硬土层），上部呈悬臂或设置锚撑体系；此类支护结构应用广泛，适用性强，易于控制支护结构的变形，尤其适用于开挖深度较大的深基坑，并能适应各种复杂的地质条件。实体重力式支护结构，常采用水泥土搅拌桩挡墙、高压旋喷桩挡墙、土钉墙等，此类支护结构截面尺寸较大，依靠实体墙身的重力起挡土作用，按重力式挡土墙的设计原则计算；墙身也可设计成格构式、阶梯形等多种形式，无锚拉或内支撑系统，土方开挖施工方便，适用于小型基坑工程。土质条件较差时，基坑开挖深度不宜过大。土质条件较好时，水泥搅拌工艺使用受限制。土钉墙结构适应性较大。

2.4.2 支护结构的破坏形式

深基坑支护结构，可分为非重力式支护结构（柔性支护结构）和重力式支护结构（刚性支护结构）。非重力式支护结构，包括钢板桩、钢筋混凝土板桩和钻孔灌注桩、地下连续墙等；重力式支护结构，包括深层搅拌水泥土挡墙和旋喷帷幕墙等。

1. 非重力式支护结构的破坏形式

非重力式支护结构的破坏，包括强度破坏和稳定性破坏。强度破坏如图 2.17 所示，包括以下三种类型。

（1）支护结构倾覆破坏。破坏的原因是存在过大的地面荷载，或土压力过大引起拉杆断裂，或锚固部分失效，腰梁破坏等。

（2）支护结构底部向外移动。当支护结构入土深度不够，或由于挖土超深、水的冲刷等，都可能产生这种破坏。

（3）支护结构受弯破坏。当选用的支护结构截面不恰当或对土压力估计不足时，容易出现这种破坏。

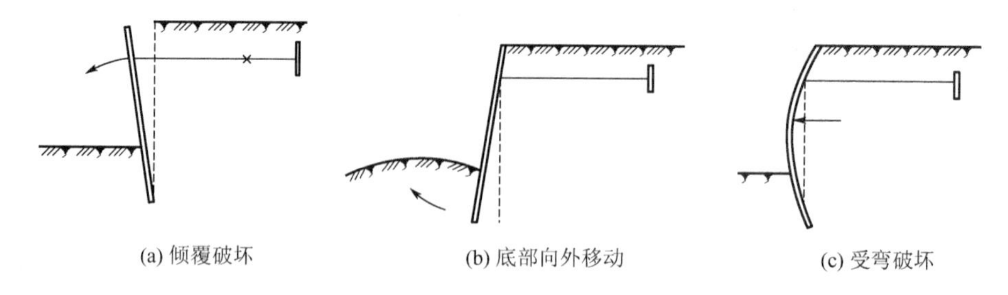

图 2.17 非重力式支护结构的强度破坏形式

支护结构稳定性破坏如图 2.18 所示，包括以下类型。

（1）墙后土体整体滑动失稳。破坏原因包括：①开挖深度很大，地基土又十分软弱；②地面大量堆载；③锚杆长度不足。

（2）坑底隆起。当地基土软弱、挖土深度过大或地面存在超载时，容易出现这种破坏。

（3）管涌或流砂。当坑底土层为无黏性的细颗粒土，如粉土或粉细砂，且坑内外存在较大水位偏差时，易出现这种破坏。

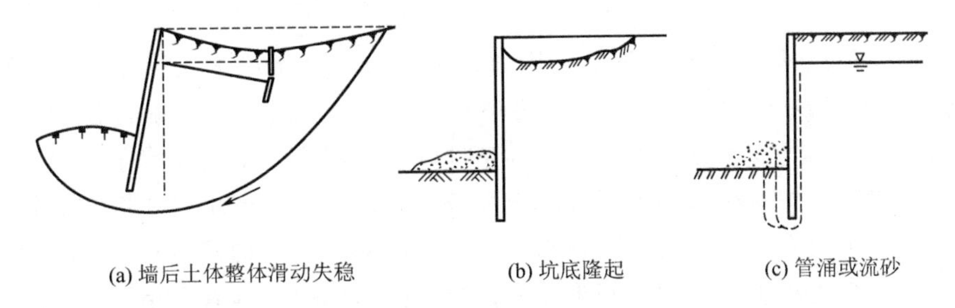

(a) 墙后土体整体滑动失稳　(b) 坑底隆起　(c) 管涌或流砂

图 2.18　非重力式支护结构的稳定性破坏

2. 重力式支护结构的破坏形式

重力式支护结构的破坏，包括强度破坏和稳定性破坏两个方面。强度破坏只有当水泥土抗剪强度不足时，会产生剪切破坏，为此需验算最大剪应力处的墙身应力。稳定性破坏包括以下类型。

（1）倾覆破坏。若水泥土挡墙截面、质量不够大，支护结构在土压力作用下可产生整体倾覆失稳。

（2）滑移破坏。当水泥土挡墙与土之间的抗滑力不足以抵抗墙后的推力时，会产生整体滑动破坏。

其他破坏形式，如土体整体滑动失稳、坑底隆起、管涌或流砂现象与非重力式支护结构相似。

2.5　支护结构的设计原则及方法概述

基坑支护结构设计，应满足承载能力极限状态和正常使用极限状态两种状态要求。承载能力极限状态，要求不出现如支护结构的结构性破坏、基坑内外土体失稳等；而正常使用极限状态，要求不出现因基坑变形而影响基坑正常施工，导致工程桩产生破坏或变位，影响相邻地下结构、建筑、管线、道路等正常使用，正常使用的外观受损或变形，或因地下水抽降而导致过大的地面沉降。基坑工程根据结构破坏可能产生的后果而采用不同的安全等级，见表 2-2。

表 2-2　基坑安全等级

安全等级	破坏后果
一	很严重
二	严重
三	不严重

2.5.1 支护结构设计的荷载类型

设计时，支护结构的荷载应包括土压力、水压力（静水压力、渗流压力、承压水压力）、基坑周围的建筑物及施工荷载引起的侧向压力、温度应力等。确定作用在支护结构上的荷载时，要按土与支护结构相互作用的条件确定土压力，采用符合土的排水条件和应力状态的强度指标，按基坑影响范围内的土性条件确定由水土产生的作用在支护结构上的侧向荷载。大量工程实践结果表明，在基坑支护结构中，当结构发生一定位移时，可按古典土压力理论计算主动土压力和被动土压力；当支护结构的位移有严格限制时，按静止土压力取值；当按变形控制原则设计支护结构时，土压力可按支护结构与土相互作用原理确定，也可按地区经验确定。

2.5.2 支护结构设计的荷载组合

支护结构设计的荷载组合，应按照《建筑结构荷载规范》与《建筑结构可靠度设计统一标准》的要求，并结合支护结构受力特点进行。

（1）按地基承载力确定挡土结构基础底面积及其埋深时，荷载效应组合应采用正常使用极限状态的标准组合，相应的抗力应采用地基承载力特征值。

（2）做支护结构的稳定性和锚杆锚固体与地层的锚固长度计算时，荷载效应组合应采用承载能力极限状态的基本组合，但其荷载分项系数均取 1.0，组合系数按现行国家标准的规定采用。

（3）确定支护结构截面尺寸、内力及配筋时，荷载效应组合应采用承载能力极限状态的基本组合，并采用现行国家标准规定的荷载分项系数和组合值系数；支护结构的重要性系数按有关规范的规定采用，安全等级为一级的取 1.1，二、三级的取 1.0。支护结构的安全等级，参照 GB 50330—2013 关于边坡的安全等级划分。

（4）计算锚杆变形和支护结构水平位移与垂直位移时，荷载效应组合应采用正常使用极限状态的准永久组合。

（5）支护结构抗裂计算时，荷载效应组合应采用正常使用极限状态的标准组合，并考虑长期作用影响。

2.5.3 桩墙式支护结构的内力、变形及配筋计算方法介绍

桩墙式支护结构设计，应按基坑开挖过程中的不同深度、基础底板施工完成后逐步拆除支撑的工况来设计。桩墙式支护结构的设计计算，包括支护桩插入深度、支护结构体系的内力分析和结构强度、基坑内外土体的稳定性、基坑降水设计和渗流稳定性等内容。基坑支护体系的设计是一项综合性很强的设计，应做到设计要求明确，施工工况合理，绝不能出现漏项的情况。桩墙式支护结构可能出现倾覆、滑移、踢脚等破坏现象，可产生很大的内力和变形，其内力与变形计算常用的方法有极限平衡法和弹性抗力法两种。

1. 极限平衡法

极限平衡法假设基坑外侧土体处于主动极限平衡状态，基坑内侧土体处于被动极限平衡状态，桩在水、土压力等侧向荷载作用下满足平衡条件。常用计算方法有静力平衡法和等值梁法，分别适用于特定条件。在计算支护结构内力时，两者均假设：①施工自上而下；②上部锚杆内力在开挖下部土时保持不变；③立柱在锚杆处为不动点。

2. 弹性抗力法

弹性抗力法也称土抗力法或侧向弹性地基反力法，其将支护桩作为竖直放置的弹性地基梁，将支撑简化为与支撑刚度有关的二力杆弹簧；土对支护桩的抗力（地基反力）用弹簧来模拟（文克尔假定），地基反力的大小与支护桩的变形成正比。用弹性抗力法计算支护桩的内力，通常采用杆系有限元法。有限元法用于支护桩分析，主要有求解弹性地基梁的杆系有限元法和连续介质有限元法，后者为较新方法。

3. 钢筋混凝土护坡桩配筋计算

钢筋混凝土护坡桩配筋计算方法有多种，如等刚度法、按钢筋混凝土受弯构件计算、按《建筑基坑支护技术规程》（JGJ 120—2012）计算等。等刚度法，即把圆截面桩按抗弯刚度相等转化为正方形截面，然后把正方形截面受拉钢筋配在圆截面桩受拉侧，而圆截面桩配构造钢筋；沿周边均匀配置纵向钢筋的圆形截面和矩形截面的排桩和地下连续墙，其正截面受弯承载力可按现行国家标准《混凝土结构设计规范》（GB 50010—2010）的有关规定进行计算，并应符合有关构造要求；沿截面受拉区和受压区周边配置局部均匀纵向钢筋或集中纵向钢筋的圆形截面钢筋混凝土桩，其正截面受弯承载力可按《建筑基坑支护技术规程》方法计算。

2.5.4 基坑的稳定性验算

基坑工程的稳定性，主要表现为整体稳定性、倾覆及滑移稳定性、基坑底隆起稳定性、渗流稳定性四种内容。整体稳定性破坏，大体是以圆弧滑动破坏面的形式出现，条分法是整体稳定分析最常使用的方法；倾覆及滑移稳定性验算，专门针对重力式支护结构；对饱和软黏土，抗隆起稳定性的验算是基坑设计的一个主要内容。基坑底土隆起，会导致支护桩后地面下沉，影响环境安全和正常使用。隆起稳定性验算的方法很多，如可按地基规范推荐的方法进行验算。当渗流力（或动水压力）大于土的浮重度时，土粒将处于流动状态，即流土（或流砂）现象。当坑底土上部为不透水层，坑底下部某深度处有承压水层时，应进行承压水对坑底土产生突涌的稳定性验算。

2.5.5 内支撑的内力与截面计算方法介绍

内支撑常用钢或钢筋混凝土结构，有的地区采用定型钢支撑，其连接可靠、装拆方便、工效高，可重复使用，降低了工程造价。内支撑通常应优先采用钢结构支撑；对于形状比较复杂或环境保护要求较高的基坑，宜采用现浇混凝土结构支撑。内支撑结构的常用形式，有平面支撑体系和竖向斜撑体系。一般情况下应优先采用平面支撑体系，对于开挖

深度不大、基坑平面尺度较大或形状比较复杂的基坑，也可以采用竖向斜撑体系。一般情况下，平面支撑体系由腰梁、水平支撑和立柱三部分构件组成，竖向斜撑体系通常由斜撑、腰梁和斜撑基础等构件组成。

1. 支撑系统上的荷载及内力分析

作用在支撑系统上的水平力，应包括由水、土压力和坑外地面荷载引起的支护桩对腰梁的侧压力。作用在支撑结构上的竖向荷载，应包括结构自重和支撑上可能产生的施工活荷载。平面支撑体系可由腰梁和支撑形成一个平面闭合框架，作用在平面闭合框架上的荷载，即为支护桩的支撑反力。支撑构件的计算长度，可取支撑构件的中心距。形状比较规则的基坑当采用相互正交体系时，在水平荷载作用下，现浇混凝土腰梁的内力与变形可按多跨连续梁计算，计算跨度取相邻支撑之间的距离；钢结构腰梁宜按简支梁计算，计算跨度取相邻支撑中心距；当水平支撑与腰梁斜交时，应计算支撑轴力在腰梁长度方向所引起的轴向力。平面形状较为复杂的平面支撑体系，宜按平面框架模型计算。

2. 支撑系统构件截面设计

腰梁的截面承载力计算，一般情况下可按水平方向的受弯构件计算。当腰梁与水平支撑斜交，或腰梁作为边桁架的弦杆时，还应按偏心受压构件进行验算，此时腰梁的受压计算长度可取相邻支撑点的中心距。现浇混凝土腰梁的支座弯矩，可乘以 0.8～0.9 的调幅系数，但跨中弯矩需相应增加。支撑截面设计应按偏心受压构件计算。支撑的受压计算长度如下：在竖向平面内取相邻立柱的中心距，在水平面内取与支撑相交的相邻横向水平支撑的中心距，而斜角撑和八字撑的受压计算长度均取支撑全长；对于钢支撑，当纵横向支撑不在同一标高时，取与之相交的相邻横向水平支撑中心距的 1.5～2.0 倍。支撑结构内力分析未计温度变化或支撑预加压力的影响时，截面验算的轴向力宜分别乘以 1.1～1.2 的增大系数。立柱的截面设计应按偏心受压构件计算，开挖面以下立柱的竖向承载力，可按单桩竖向和水平承载力验算。立柱受压计算长度取竖向相邻水平支撑的中心距，最下一层支撑以下的立柱计算长度，取该层支撑中心线至开挖面以下 5 倍立柱直径（或边长）处之间的距离。竖向斜撑体系，应验算包括预留土坡的稳定性、斜撑截面承载力、围檩截面承载力等内容。

2.6 水泥土（桩）墙

水泥土墙是采用水泥作为固化剂，用深层搅拌机就地将土和输入的水泥浆强制搅拌，利用水泥和软土之间所产生的一系列物理化学反应使软土固化，结构上形成连续搭接的水泥土柱状加固体，是具有一定强度的挡土、防渗墙，因此这种重力式围护墙有挡土和防渗两个功能。水泥土墙宜用于坑深不大于 6m，基坑侧壁安全等级为二、三级，地基土承载力不大于 150kPa 的情况。

2.6.1 水泥土墙的设计及构造

水泥土墙的结构通常采用桩体搭接、格栅布置，尽可能避免内向的折角，而采用向外拱的折线形，以减小支护结构位移，避免由于两个方向位移而使水泥土墙内折角处产生裂缝。常用的水泥土挡墙支护结构的布置形式，如图 2.19 所示。

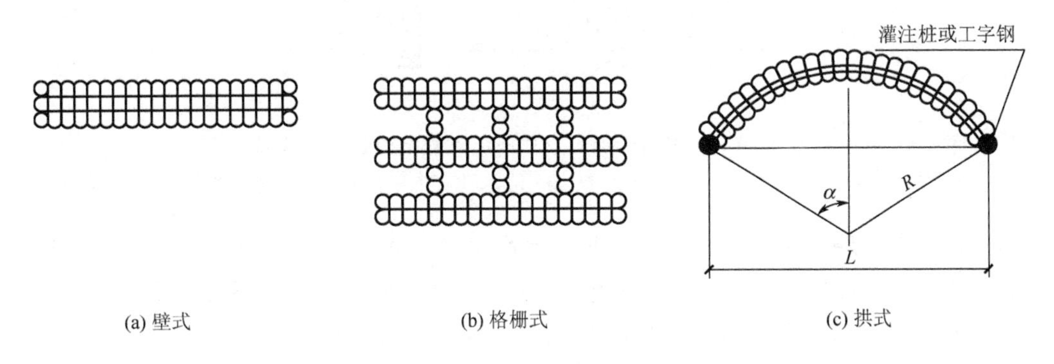

图 2.19 水泥土挡墙支护结构的常用布置形式

水泥土桩与桩之间的搭接长度，应根据挡土及止水要求设定，考虑抗渗作用时，桩的有效搭接长度不宜小于 150mm；当不考虑止水作用时，搭接宽度不宜小于 100mm；土质较差时，桩的搭接长度不宜小于 200mm。水泥土搅拌桩搭接组合成的围护墙宽度 b 根据桩径 d_0 及搭接长度 L_d 形成一定的模数，可按下式计算：

$$b=d_0+(n-1)(d_0-L_d) \tag{2-4}$$

式中 b——水泥土搅拌桩组合宽度（m）；

d_0——搅拌桩桩径（m）；

L_d——搅拌桩之间的搭接长度（m）；

n——搅拌桩搭接布置的单排数。

水泥土墙宜优先选用大直径、双钻头搅拌桩，以减少搭接接缝，加强支护结构的整体性。根据基坑开挖深度、土压力的分布、基坑周围的环境，平面布置可设计成变宽度的形式。水泥土墙的剖面主要是确定挡土墙的宽度 b、桩长 h 及插入深度 h_d，根据基坑开挖深度，可按以下公式初步确定挡土墙宽度及插入深度：

$$b=(0.5\sim0.8)h \tag{2-5}$$

$$h_d=(0.8\sim1.2)h \tag{2-6}$$

式中 b——水泥土墙的宽度（m）；

h_d——水泥土墙插入基坑底以下的深度（m）；

h——基坑开挖深度（m）。

当土质较好、基坑较浅时，b、h_d取小值；反之应取大值。根据初定的 b、h_d进行支护结构计算，如不满足要求，则重新假设 b、h_d后再行验算，直至满足为止。如计算所得的支护结构搅拌桩桩底标高以下有透水性较大的土层，而支护结构又兼作止水帷幕时，桩长的设计还应满足防止管涌及工程要求的止水深度，通常可采用增加部分桩长的方法，使搅拌桩插入透水性较小的土层或在加长后满足止水要求，如图 2.20 所示。此外加长部分沿支护结构纵向必须是连续的。

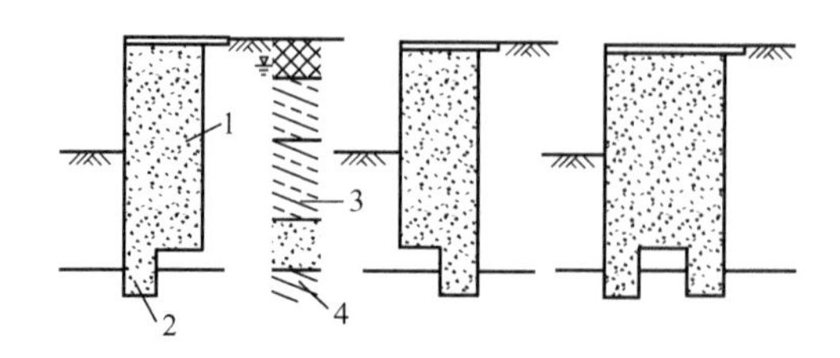

图 2.20 采用局部加长形式保证支护结构的止水效果

1—水泥土墙；2—加长段（用于止水）；3—透水性较大的土层；4—透水性较小的土层

另外，水泥土墙采用格栅布置时，截面置换率对于淤泥不宜小于 0.8，对淤泥质土不宜小于 0.7，对一般黏性土、黏土、砂土不宜小于 0.6；格栅长度比不宜大于 2。墙体宽度和插入深度，应根据坑深、土层分布及物理力学性能、周围环境、地面荷载等计算确定，墙体宽度以 500mm 进级，取 2.7m、3.2m、3.7m、4.2m 等。水泥土的强度取决于水泥掺入量，水泥土围护墙常用的水泥掺入量为 12%～14%，其龄期一个月的无侧限抗压强度不低于 0.8MPa。水泥土围护墙沿地下结构底板外围布置，支护结构与地下结构底板应保持一定净距，以便于底板、墙板侧模的支撑与拆除，并保证地下结构外墙板防水层施工作业空间。

2.6.2 水泥土墙的施工

水泥土墙的稳定及抗渗性能，取决于水泥土的强度及搅拌的均匀性，因此，选择合适的水泥土配合比及搅拌工艺，对确保工程质量至关重要。在水泥土墙设计前，一般应针对现场土层性质，通过试验提供各种配合比下的水泥土强度等性能参数，以便设计选择合理的配合比。一般工程中水泥土墙以强度等级为 32.5 级的普硅酸盐水泥为宜。由于水泥土是在自然土层中形成的，地下水的侵蚀性对水泥土强度影响很大，此时应选用抗硫酸盐水泥。水泥掺入比［掺入水泥重量与被加固土的重量（湿重）之比］通常选用 12%～14%，湿法搅拌时，加水泥浆的水灰比可采用 0.45～0.50。为改善水泥土的性能或提高早期强度，宜加入外掺剂，常用的外掺剂有粉煤灰、木质素磺酸钙、碳酸钠、氯化钙、三乙醇胺等。在水泥加固土中，由于水泥掺量很小，其强度增长过程比混凝土缓慢得多，早期（7～14d）强度增长并不明显，而在 28d 以后仍有明显增加，并可持续增长至 120d，以后增长趋势才成缓慢趋势。但在基坑支护结构中，往往由于工期的关系，水泥土养护不可能达到 90d，故仍以 28d 强度作为设计依据，在设计、施工中予以相应考虑。

水泥土墙施工工艺可采用下述三种方法：喷浆式深层搅拌（湿法）、喷粉式深层搅拌（干法）、高压喷射注浆法（也称高压旋喷法）。水泥土墙中采用湿法工艺施工时注浆量较易控制，成桩质量较为稳定，桩体均匀性好，一般应优先考虑湿法施工工艺。而干法施工工艺虽然水泥土强度较高，但其喷粉量不易控制，搅拌难以均匀，桩身强度离散较大，出现事故的概率较高，目前已很少应用。水泥土桩也可采用高压喷射注浆成桩工艺，它采用高压水、气切削土体并将水泥与土搅拌形成水泥土桩，该工艺施工简便，喷射注浆施工时，只需在土层中钻一个50～300mm的小孔，便可在土中喷射成直径0.4～2mm的加固水泥土桩，因而能在狭窄区域或贴近已有基础施工；但该工艺水泥用量大、造价高，一般仅当场地受到限制，湿法机械无法施工时，或在一些特殊场合下才选用高压喷射注浆成桩工艺。

1. 深层搅拌水泥土墙（湿法）

深层搅拌水泥土墙搅拌桩成桩工艺，可采用“一次喷浆、二次搅拌”或“二次喷浆、三次搅拌”工艺，主要依据水泥掺入比及土质情况而定。一般的施工工艺流程如图2.21所示，其具体步骤如下。

（1）就位：深层搅拌桩机开行达到指定桩位、对中。

（2）预搅下沉：深层搅拌机运转正常后，启动搅拌机电动机；放松起重机钢丝绳，使搅拌机沿导向架切土搅拌下沉，下沉速度控制在0.8m/min左右，可由电动机的电流监测表控制，工作电流不应大于10A。如遇硬黏土等造成下沉速度太慢，可以输浆系统适当补给清水以利钻进。

（3）制备水泥浆：深层搅拌机预搅下沉到一定深度后，开始拌制水泥浆，待压浆时倾入集料斗中。

（4）提升喷浆搅拌：深层搅拌机下沉到达设计深度后，开启灰浆泵将水泥浆压入地基土中，此后边喷浆、边旋转、边提升深层搅拌机，直至设计桩顶标高。

（5）沉钻复搅：再次沉钻进行复搅，复搅下沉速度可控制在0.5～0.8m/min。

（6）重复提升搅拌：边旋转、边提升，重复搅拌至桩顶标高，并将钻头提出地面，以便移机施工新的桩体。至此即完成一根桩的施工。

（7）移位：开行深层搅拌桩机至新的桩位，重复上面六个步骤，进行下一根桩的施工。

（8）清洗：当一施工段成桩完成后，应即时进行清洗，清洗时向集料斗中注入适量清水，开启灰浆泵，将全部管道中的残存水泥浆冲洗干净，并将附于搅拌头上的土清洗干净。

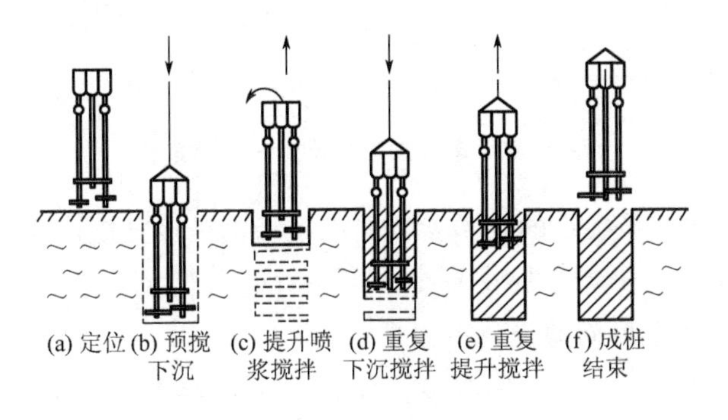

图2.21 深层搅拌桩施工流程

水泥土桩应在施工后一周内进行开挖检查，或采用钻孔取芯等手段检查成桩质量，若不符合设计要求，应及时调整施工工艺。水泥土墙应在设计开挖龄期采用钻芯法检测墙身完整性，钻芯数量不宜少于总桩数的2%且不少于5根；并应根据设计要求，取样进行单轴抗压强度试验。

2. 高压喷射注浆桩

高压水泥浆（或其他硬化剂）的通常压力为15MPa以上，通过喷射头上一或两个直径约2mm的横向喷嘴向土中喷射，使水泥浆与土搅拌混合，形成桩体。喷射头借助喷射管喷射或振动贯入，或随普通及专用钻机下沉。使用特殊喷射管的二重管法（同时喷射高压浆液和压缩空气）、三重管法（同时喷射高压清水、压缩空气、低压浆液）影响范围更大，直径分别可达1000mm、2000mm。施工工艺流程大体如图2.22所示。单管法、二重管法的喷射管如图2.23所示。

【参考视频】

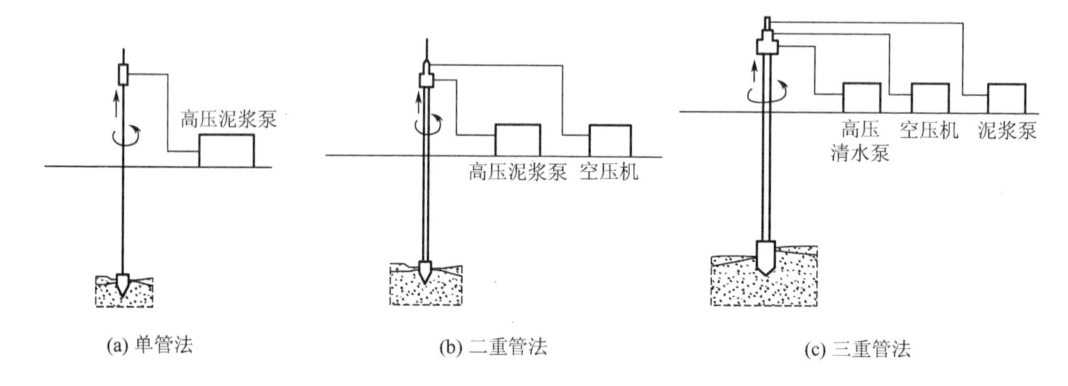

图2.22 高压喷射注浆桩施工工艺流程

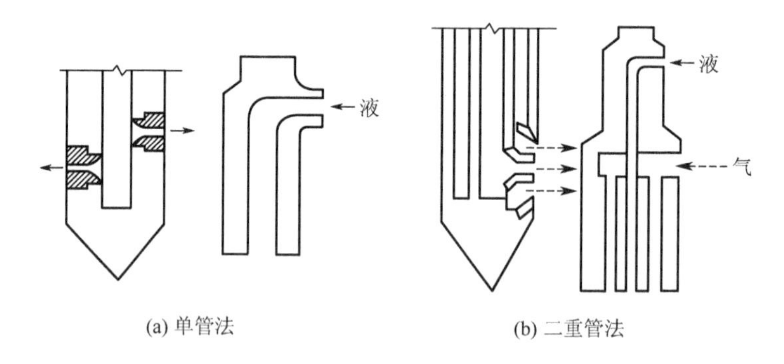

图2.23 单管法、二重管法的喷射管

高压喷射注浆应按试喷确定的技术参数施工，切割搭接宽度应符合下列规定：旋喷固结体不宜小于150mm，摆喷固结体不宜小于150mm，定喷固结体不宜小于200mm。

3. 水泥土墙施工中常见问题及处理方法

深层搅拌水泥土墙施工中常见问题及处理方法见表2-3。高压喷射注浆法施工中常见问题及处理方法见表2-4。

表 2-3 深层搅拌水泥土墙施工中常见问题及处理方法

常见问题	原因	处理方法
钻进困难	遇到地下障碍	设法排除
	遇到密实的黏土层	适当注水钻进
	遇到密实的粉砂层、细砂层	改进钻头、适当注水钻进
发生断浆	压浆泵故障	排除
	管路阻塞	疏通
注浆不均匀	提升速度与注浆速度不协调	对现场土层进行工艺试桩，改进工艺
桩顶缺浆	注浆过快或提升过慢	协调提升速度与注浆速度
浆液多余	注浆太慢或提升过快	
其他通病	样槽开挖太浅、太小	加深、加宽样槽
	成桩速度过快	放慢施工速度
	布桩过密	采用格栅式布置，减少密排桩
	土层有局部软弱层或带状软弱层，注浆压力扩散	调整施工顺序，先施工水泥土墙外排桩，将基坑封闭，使压力向坑内扩散

表 2-4 高压喷射注浆法施工中常见问题及处理方法

常见问题	原因	处理方法
固结体强度不匀、缩颈	喷射方法和机具与地质条件不符	根据设计要求和地质条件，选用合适的喷浆方法和机具
	喷浆设备出现故障（管路堵塞、串、漏、卡钻）	喷浆时，先进行压水、压浆、压气试验，正常后方可喷射；保证连续进行；配装用筛过滤，调整压力
	拔管速度、旋转速度及注浆量配合不当	调整喷嘴的旋转速度、提升速度、喷射压力和喷浆量
	喷射的浆液与切削的土粒强制拌和不充分、不均匀	对易出现缩颈部位及底部不易检查处进行定位旋转喷射（不提升）或复喷的扩径方法；控制浆液的水灰比及稠度
	穿过较硬的黏性土，产生缩颈	
钻孔沉管困难、孔偏斜	遇有地下埋设物，地面不平不实，钻杆倾斜度过大	放桩位点前应钎探，遇有地下埋设物时应清除或移动桩位点；平整场地；钻杆倾斜度控制在1%以内
冒浆	注浆量与实际需要相差较多	采用侧口式喷头、减小出浆口孔径、加大喷射压力；控制水泥浆液配合比
不冒浆	地层中有空隙	掺入速凝剂；空隙处增大注浆填充

4. 加筋水泥土桩法（SMW 工法）

加筋水泥土桩法是在水泥土桩中插入大型 H 形钢，如图 2.24 所示。由 H 形钢承受土侧压力，而水泥土则具有良好的抗渗性能，因此 SMW 墙具有挡土与止水双重作用。除了插入 H 形钢外，还可插入钢管、拉森板桩等。由于插入了型钢，故也可设置支撑。

【参考视频】

图 2.24　SMW 工法中 H 形钢设置方式

加筋水泥土桩法施工用搅拌桩机，与一般水泥土搅拌桩机无大的区别，主要是功率更大，使成桩直径与长度更大，以适应大型型钢的压入。大型 H 形钢压入与拔出一般采用液压压桩（拔桩）机，由于水泥结硬后与 H 形钢黏结力大大增加，故 H 形钢的拔出阻力比压入力大好几倍。此外，H 形钢在基坑开挖后受侧土压力的作用往往有较大变形，使拔出受阻。水泥土与型钢的黏结问题可通过在型钢表面涂刷减摩剂来解决，而型钢变形就难以解决，因此设计时应考虑型钢受力后的变形不能过大。SMW 工法施工流程如图 2.25 所示。

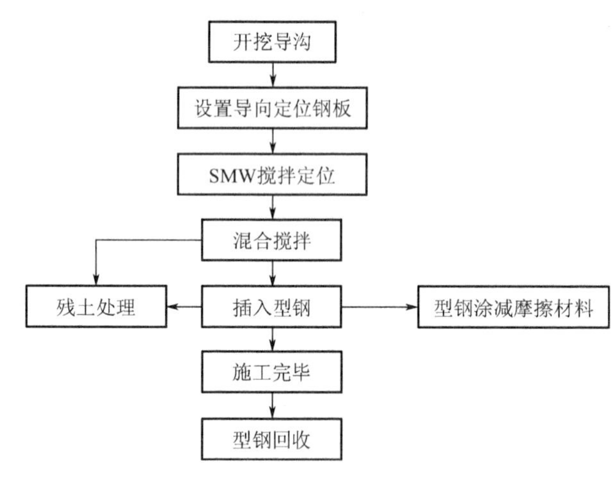

图 2.25　SMW 工法施工流程图

沿 SMW 墙体位置需开挖导沟，并设置围檩导向架，导沟可使搅拌机施工时的涌土不致冒出地面，围檩导向架则是确保搅拌桩及 H 形钢插入位置的准确。搅拌桩施工工艺与水泥土墙施工法相同，但应注意水泥浆液中宜适当增加木质素磺酸钙的掺量，也可掺入一定量的膨润土，利用其吸水性提高水泥土的变形能力，不致引起墙体开裂，对提高 SMW 墙的抗渗性能很有效果。型钢的压入采用压桩机并辅以起重设备。在施工前应做好型钢拔出试验，以确保型钢顺利回收，如图 2.26 所示。涂刷减摩材料是减少拔出阻力的有效方法。

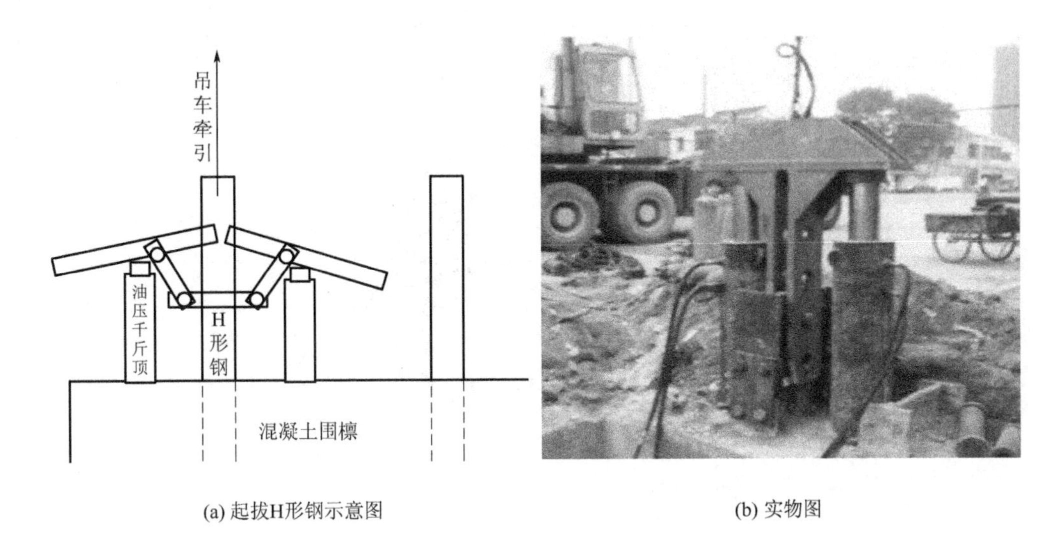

(a) 起拔H形钢示意图　　(b) 实物图

图 2.26　SMW 工法中型钢回收

2.7　土层锚杆

土层锚杆是在土层中斜向成孔，埋入锚杆后灌注水泥浆（或水泥砂浆），依靠锚固体与土体之间的摩擦力、拉杆与锚固体的握裹力以及拉杆强度共同作用，来承受作用于支护结构上的荷载。在支护结构中使用锚杆有以下优点。

（1）进行锚杆施工作业空间不大，适用于各种地形和场地。

（2）由锚杆代替内支撑，可降低造价，改善施工条件。

（3）锚杆的设计拉力可通过抗拔试验确定，因此可保证足够的安全度。

（4）可对锚杆施加预拉力，控制支护结构的侧向位移。

2.7.1　土层锚杆的构造

从力的传递机理来看，土层锚杆一般由锚头、拉杆及锚固体三个部分组成，如图 2.27 所示。

（1）锚杆头部：承受来自支护结构的力并传递给拉杆。

（2）拉杆：将来自锚杆头部的拉力传递给锚固体。

（3）锚固体：将来自拉杆的力传递到稳定土层中。

1. 锚杆头部

锚杆头部是构筑物与拉杆的连接部分，为了保证能够牢固地将来自结构物的力有效传递，一方面必须保证构件本身的材料有足够的强度，使构件能紧密固定，另一方面又必须将集中力分散开。为此，锚杆头部分为台座、承压板和紧固器三部分，如图 2.28 所示。

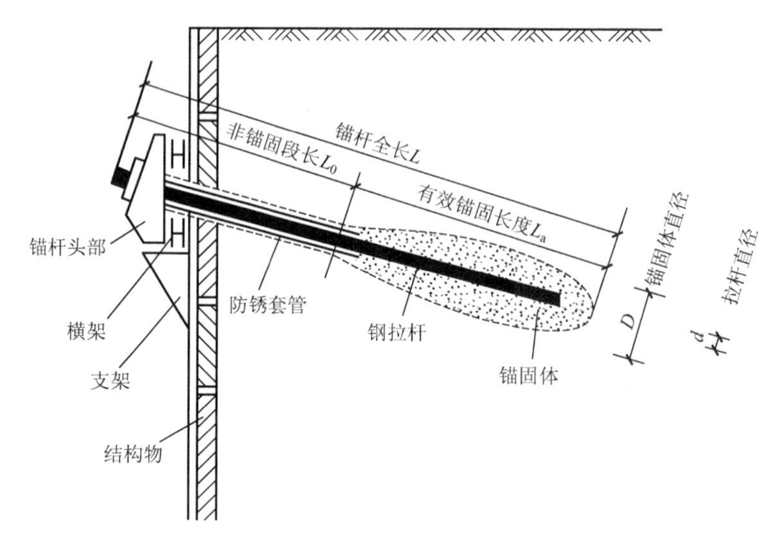

图 2.27 锚杆的组成

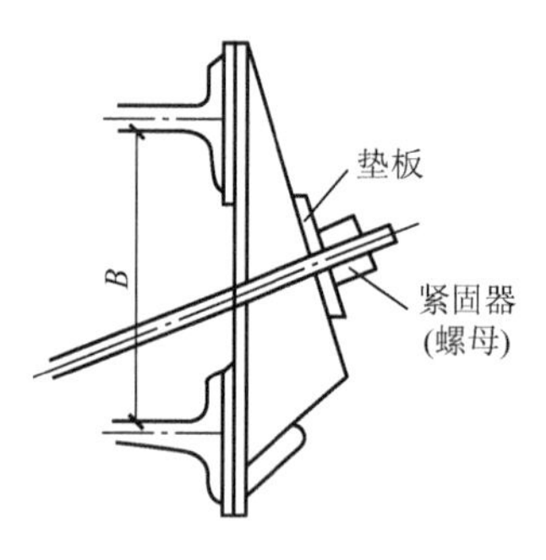

图 2.28 锚杆头部构造

（1）台座：支护结构与拉杆方向不垂直时，需要用台座作为拉杆受力调整的插座，并能固定拉杆位置，防止其横向滑动与有害的变位。台座用钢板或钢筋混凝土制成。

（2）承压垫板：为使拉杆的集中力分散传递，并使紧固器与台座的接触面保持平整，拉杆必须与承压板正交，后者一般采用 20～40mm 厚的钢板。

（3）紧固器：拉杆通过紧固器与垫板、台座、支护结构等牢固连接在一起。如拉杆采用粗钢筋，紧固器可用螺母或专用的连接器、焊螺钉端杆等；当拉杆采用钢丝或钢绞线时，锚杆端部可由锚盘及锚片组成，锚盘的锚孔根据设计钢绞线的多少而定，也可采用公锥及锚销等零件，如图 2.29 所示。

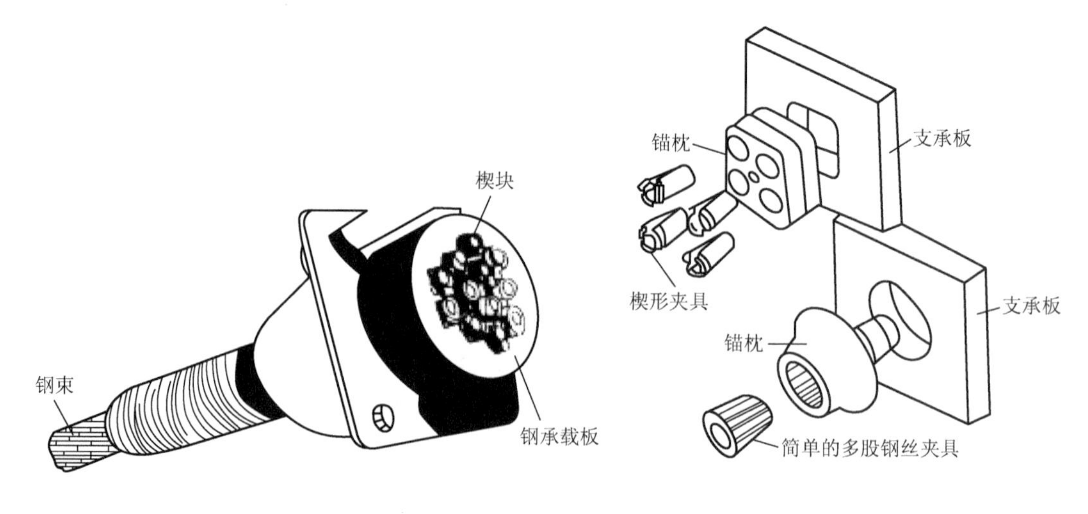

(a) 多根钢束锚杆头装置　　(b) 锚杆头处夹固多股钢束锚索的方法

图 2.29 锚孔装置

2. 拉杆

拉杆依靠抗拔力承受作用于支护结构上的侧向压力，是锚杆的中心受拉部分。拉杆的长度是指锚杆头部到锚固体尾端的全长。拉杆的全长根据主动滑动面，分为有效锚固长度部分（锚固体长度）和非锚固长度部分（自由长度）。有效锚固长度主要根据每根锚杆需承受多大的抗拔力来决定，非锚固长度按照支护结构与稳定土层间的实际距离而定。拉杆的设计包括材料选择和截面设计两方面。拉杆材料的选择，根据具体施工条件而定。拉杆的截面设计需要确定每根拉杆所用的钢材规格和根数，并根据钢拉杆的断面形状和灌浆管的尺寸决定钻孔的直径。

3. 锚固体

锚固体是锚杆尾端的锚固部分，通过锚固体与土之间的相互作用，将力传递给稳定地层。由锚固体提供的锚固力能否保证支护结构的稳定，是锚杆技术成败的关键。从力的传递方式来看，锚固体分为三种以下类型。

1）摩擦型

摩擦型是指在钻孔内插入钢筋并灌注浆液，形成一段柱状的锚固体，这种锚杆通常称为灌浆锚杆。灌浆锚杆分为一般压力灌浆锚杆和压力灌浆锚杆两种。压力灌浆锚杆在灌浆时对水泥砂浆施加一定的压力，水泥砂浆在压力作用下向孔壁土层扩散并在压力作用下固结，从而使锚杆具有较大的抗拔力。土层锚杆的承载能力，主要取决于拉杆与锚固体之间的握裹力和锚固体与土壁之间的摩阻力，但主要取决于后者。一般情况下，锚固体周围土层内部的抗剪强度 τ_i 比锚固体表面与土层之间的摩阻力 f_i 小，所以锚固力的估算一般按 τ_i 来考虑。在实际工程中，摩擦型锚杆占多数。

2）承压型

这种类型的锚固体有局部扩大段，锚杆的抗拔力主要来自支承土体的被动土压力。扩大段可采用多种途径得到，如在天然地层中采用特制的内部扩孔钻头，扩大锚固段的钻孔直径，或采用炸药爆扩法、扩大钻孔端头等。承压型锚杆主要用于松软地层中。

3）复合型

复合型锚固体的抗拔力来自摩阻力和支承力两个方面，可以认为当摩阻力与支承力所占比例相差不大时即属于这一类型。如在软弱地层中采用扩孔灌浆锚杆，在成层地层中采用串铃状锚杆或螺旋锚杆，如图 2.30 和图 2.31 所示。

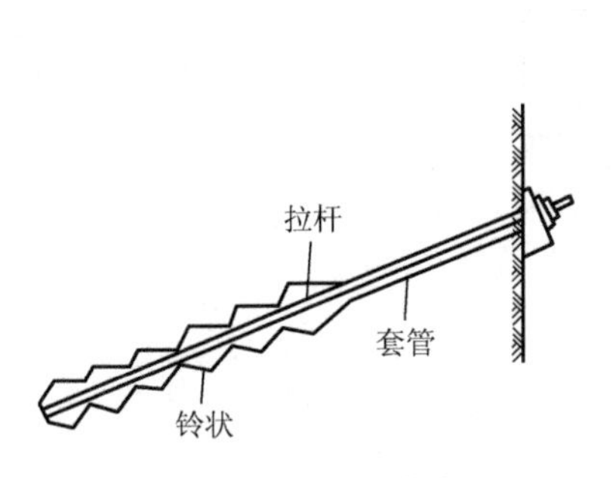

图 2.30 串铃状锚杆

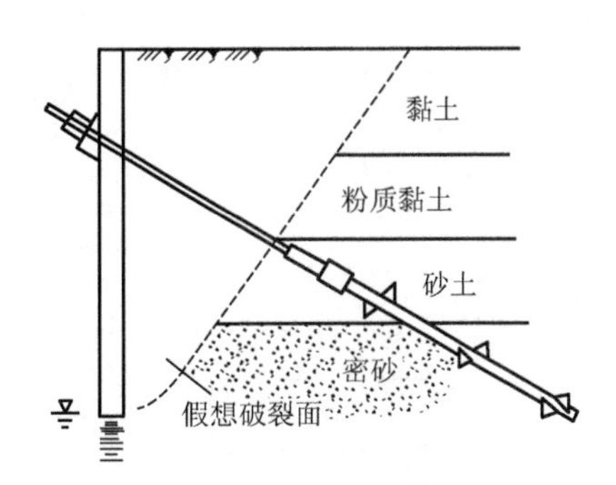

图 2.31 螺旋锚杆

2.7.2 土层锚杆施工

锚杆的施工方法及施工质量，直接影响到锚杆的承载能力。即使在相同的地基条件下，由于施工方法、施工机械、所使用材料的不同，承载能力也会产生较大的差别。因此在进行施工时，要根据以往的工程经验、现场的试验资料确定最适宜的施工方法和施工机械等。土层锚杆施工前，要了解与设计有关的地层条件、工程规模、地下水的状态及水质条件、施工地区的地下管线、构筑物的位置和情况等，同时编制土层锚杆施工组织设计，确定施工顺序，保证供水、排水和动力的需要。在施工之前，应安排设计单位进行技术交底。土层锚杆的主要机械设备是钻孔机械，用于土层锚杆的成孔机械，按工作原理可分为回转式、冲击式及万能式（即回转冲击式）三类。回转式钻机适用于一般土质条件；冲击式钻机适用于岩石、卵石等条件；而在黏土夹卵石或砂夹卵石地层中，用万能式钻机最合适。

锚杆施工包括以下主要工序：钻孔、安放拉杆、灌浆、养护、安装锚头。锚杆施工流程如图 2.32 所示。

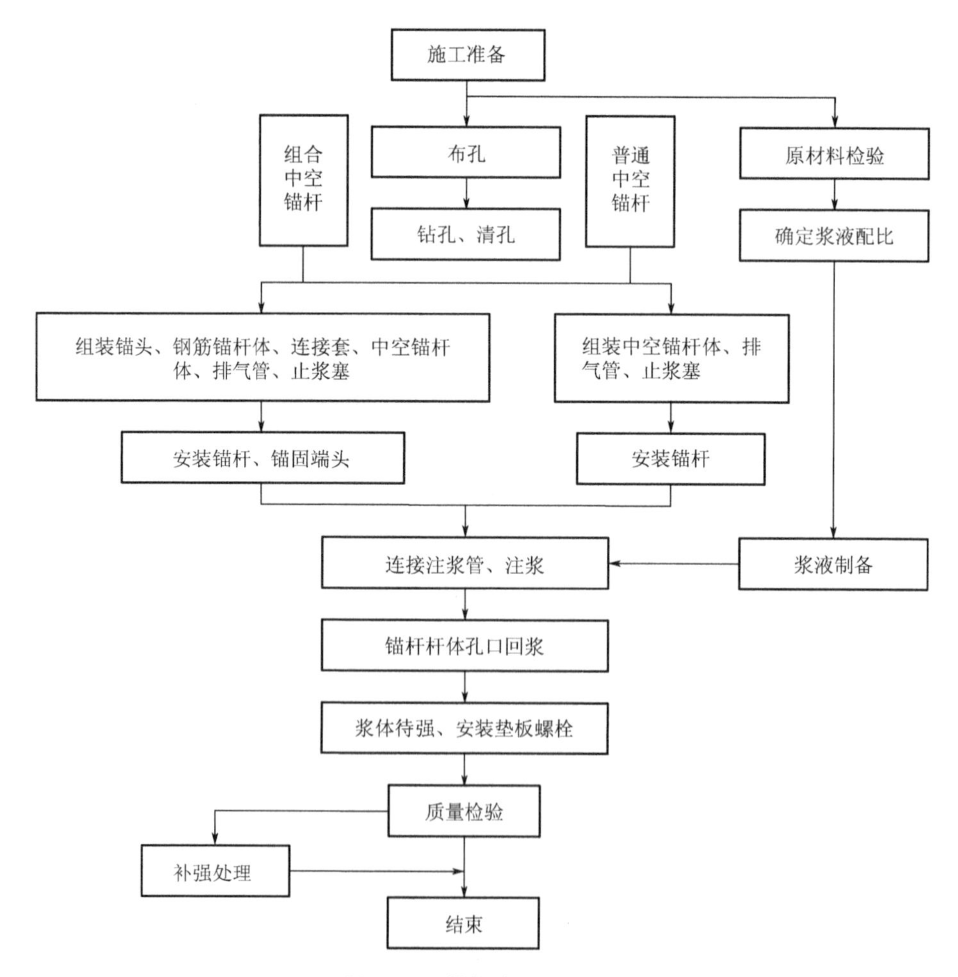

图 2.32　锚杆施工流程图

1. 钻孔

在进行土层锚杆施工时，常用的钻孔方法有以下几种。

1）清水循环钻进成孔

这种方法在实际工程中应用较广，软硬土层都能适用，但需要有配套的排水循环系统。在钻进时，冲洗液从地表循环管路经由钻杆流向孔底，携带钻削下来的土屑从钻杆与孔壁的环隙返回地表。待钻到规定孔深（一般大于土层锚杆长度0.5～1.0m）后，进行清孔，开动水泵将钻孔内残留的土屑冲出，直到水流不再浑浊为止。在软黏土成孔时，如果不用跟管钻进，应在钻孔孔口处放入1～2m的护壁套管，以保证孔口处不坍陷。钻进时宜用3～4m长的岩芯管，以保证钻孔的直线性；钻进时如遇到易坍塌地层如流砂层、砂卵石层等，应采用跟管钻进。

2）潜钻成孔法

这种方法采用一种专门用来穿越地下电缆的风动工具，风动工具的成孔器（俗称地鼠）一般长1m左右，直径80～140mm，由压缩空气驱动，内部装有配气阀、气缸、活塞等机构，利用活塞的往复运动做定向冲击，使成孔器挤压土层向前运动成孔。由于它始终潜入孔底工作，冲击功在传递过程中损失小，故具有成孔效率高、噪声低等特点。潜钻成孔法主要用于孔隙率大、含水率低的土层中，其成孔速度快，孔壁光滑而坚实，且由于不出土，孔壁无坍落和堵塞现象。

3）螺旋钻孔干作业法

该法适用于无地下水条件的黏土、粉质黏土、密实性和稳定性都较好的砂土等地层。

2. 安放拉杆

土层锚杆用的拉杆，常用的有粗钢筋、钢丝束和钢绞线，也有采用无缝钢管（或钻杆）作为拉杆的。承载能力较小时，多用粗钢筋；承载能力较大时，多用钢绞线。钢筋拉杆由一根或数根粗钢筋组合而成，如果是数根钢筋，则需用绑扎或电焊连成一体。为了使拉杆钢筋安置在钻孔的中心以便于插入，且为了增加锚固段拉杆与锚固体的握裹力，应在拉杆表面设置定位器，每隔1.5～2.0m设置一个。钢筋拉杆的定位器用细钢筋制作，外径宜小于钻孔直径1cm。实际工程使用的几种定位器如图2.33所示。

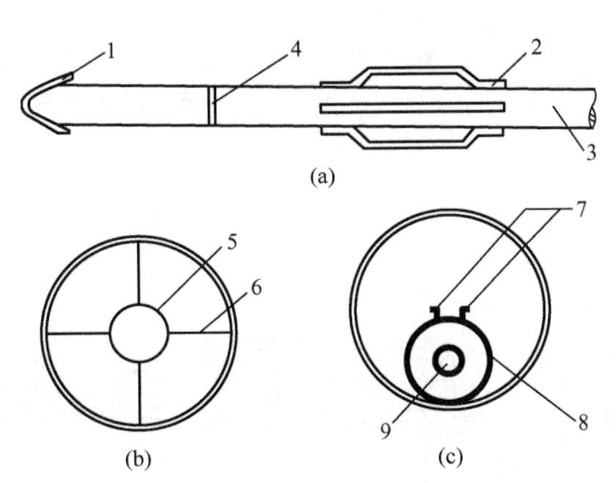

图2.33 粗钢筋拉杆用的定位器

1—挡土板；2—支承滑条；3—拉杆；4—半圆环；5—ϕ38mm钢管内穿ϕ32mm拉杆；6—35mm×3钢带；7—2ϕ32mm钢筋；8—ϕ65mm钢管（长60mm，间距1～1.2m）；9—灌浆胶管

1）粗钢筋拉杆

钻杆作为承力结构的一部分，长期处于潮湿土体中，它的防腐问题相当重要。对锚固区拉杆，可通过设置定位器保证拉杆有足够厚度的水泥砂浆或水泥浆保护层来防腐蚀；对非锚固区的拉杆，应根据不同的情况采取相应的防腐措施。在无腐蚀性土层中的临时性锚杆，使用期间在 6 个月以内时，可不做防腐处理；使用期限在 6 个月至 2 年之间的，要经过简单的防腐处理，如除锈后刷二至三道富锌漆等耐湿、耐久的防锈漆；对使用 2 年以上的拉杆，必须进行认真的防腐处理，先除锈，涂上一层环氧防腐漆冷底子油，待其干燥后再涂一层环氧玻璃铜（或玻璃聚氨酯预聚体等），待其固化后，再缠绕两层聚乙烯塑料薄膜。

2）钢丝束拉杆

钢丝束拉杆可制成通长一根，它的柔性较好，安放方便。钢丝束拉杆的自由段需理顺扎紧，并进行防腐处理。方法是可用玻璃纤维布缠绕两层，外面再用粘胶带缠绕；也可将钢丝束拉杆的自由段插入特制护管内，护管与孔壁间的空隙可与锚固段同时灌浆。

钢丝束拉杆的锚固段需用撑筋环，如图 2.34 所示。钢丝束的钢丝分为内外两层，外层钢丝绑扎在撑筋环上，内层钢丝从撑筋环中间通过。设置撑筋环可增大钢丝束与砂浆接触面积，增强了黏结力。

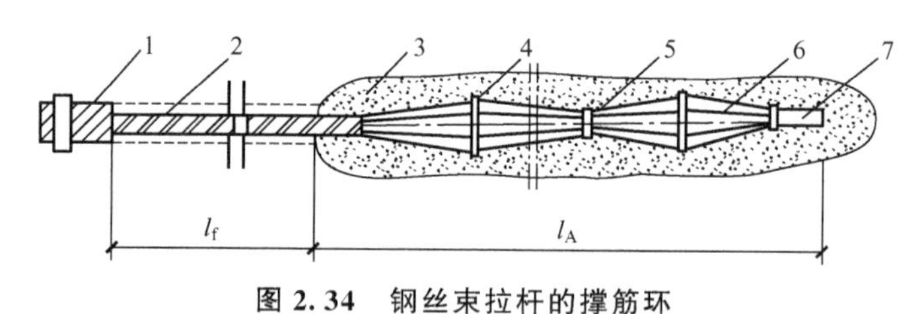

图 2.34　钢丝束拉杆的撑筋环

1—锚头；2—自由段及防腐层；3—锚固体砂浆；4—撑筋环；5—钢丝束结；6—锚固段的外层钢丝；7—小竹筒

3）钢绞线拉杆

主要用于承载能力大的土层锚杆。钢绞线拉杆及其定位架如图 2.35 和图 2.36 所示。钢绞线自由段套以聚丙烯防护套进行防腐处理。

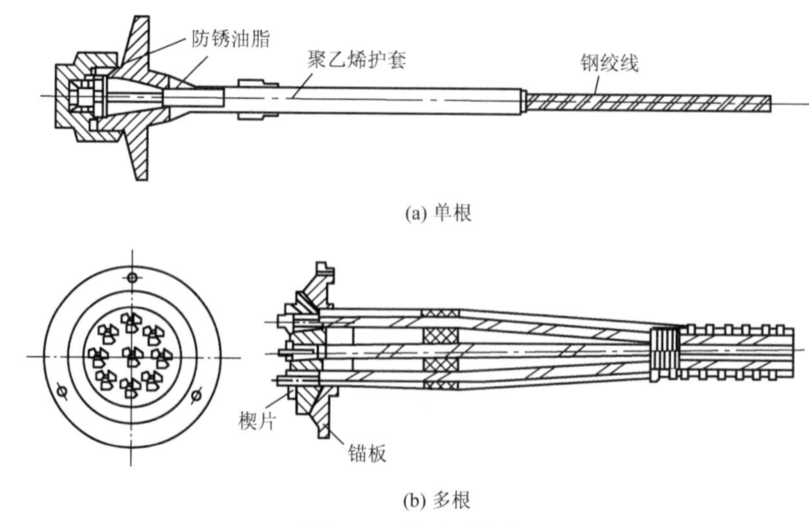

图 2.35　钢绞线拉杆

3. 灌浆

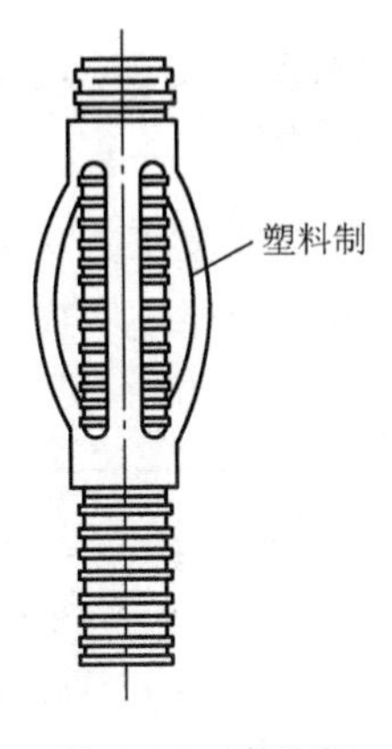

图 2.36　定位架

灌浆是土层锚杆施工的一个重要工序。灌浆的浆液为水泥砂浆或水泥浆，宜采用灰砂比 1∶1 或 1∶2（质量比）、水灰比 0.38～0.45 的砂浆，或水灰比 0.45～0.5 的水泥浆。如果要提高早期强度，可加食盐（水泥质量的 0.3%）和三乙醇胺（水泥质量的 0.03%）。水泥宜采用强度等级为 32.5 级的普通硅酸盐水泥。

灌浆方法，分为一次灌浆法和二次灌浆法。一次灌浆法只用一根注浆管，一般采用 ϕ30mm 左右的钢管（或胶皮管），注浆管一端与压浆泵相连，另一端与拉杆同时送入钻孔内，注浆管端距孔底 50cm 左右。在确定钻孔内的浆液是否灌满时，可根据从孔口流出来的浆液浓度与搅拌的浆液浓度是否相同来判断。对于压力灌浆锚杆，待浆液流出孔口时，将孔口用黏土等进行封堵，严密捣实，再用 2～4MPa 的压力进行补灌，稳压数分钟后才告结束。二次灌浆法适用于压力灌浆锚杆，要用两根注浆管：第一次灌浆用的注浆管，其管端距离锚杆末端 50cm 左右，管端出口用胶布、塑料等封住或塞住，以防插入时土进入注浆管内；第二次灌浆用的注浆管，其管端距离锚杆末端 100cm 左右，管端出口用胶布、塑料等封住或塞住，且从管端 50cm 处开始在锚固段内每隔 2m 左右做出 1m 长的花管，花管的孔眼为 ϕ8mm。

4. 张拉与锁定

灌浆后的锚杆养护 7～8d 后，砂浆的强度大于 15MPa 并能达 75%的设计强度。这时可进行预应力张拉，张拉应力宜为设计锚固力的 0.9～1.0 倍。在张拉时要遵守以下规定。

（1）张拉宜采用“跳张法”，即隔二拉一。

（2）锚杆正式张拉前，应取设计拉力的 10%～20%，对锚杆预张拉 1～2 次，使各部位接触紧密。

（3）正式张拉应分级加载，每级加载后维持 3min，并记录伸长值，直到设计锚固力的 0.9～1.0 倍。最后一级荷载应维持 5min，并记录伸长值。

（4）锚杆预应力没有明显损失时，可锁住锚杆。如果锁定后发现有明显应力损失，应再进行张拉。

2.8　土钉支护

土钉墙是用钢筋作为加筋件，依靠土与加筋件之间的摩擦力，使土体拉结成整体，并在坡面上喷射混凝土，以提高边坡的稳定性。这种挡土结构适用于基坑支护和天然边坡的加固。

2.8.1 土钉的分类

土钉按照施工方法的不同，可分为钻孔注浆型土钉、打入型土钉和射入型土钉三类，其施工方法及原理、应用状况见表2-5。

表2-5 土钉的施工方法及原理、应用状况

土钉类别	施工方法及原理	应用状况
钻孔注浆型土钉	先在土坡上钻直径为100～200mm的一定深度的钻孔，然后插入钢筋、钢杆或钢绞索等小直径拉筋，再进行压力注浆形成与周围土体紧密黏合的土钉，最后在坡面上设置与土钉端部相联结的构件，并喷射混凝土形成土钉墙面，构成一个具有自撑能力且能起支挡作用的加固区	用于永久性或临时性支挡工程
打入型土钉	将钢杆件直接打入土中。钢杆件多采用∟50mm×50mm×5mm～∟60mm×60mm×5mm的等边角钢；打设机械一般为专用，如气动土钉机，土钉长度一般不超过6m	由于长期的防腐工作难以保证，多用于临时性支挡工程，所提供摩阻力相对较低，耗钢量大
射入型土钉	由采用压缩空气的射钉机，根据选定的角度将ϕ25～38mm、长3～6m的光直钢杆射入土中，土钉在射入时在土中形成环形压缩土层，使其不致弯曲。土钉头常配有螺纹，以附设面板	施工快速、经济，适用于多种土层

在以上三种类型的土钉中，以钻孔注浆型土钉运用最多，这一支护结构由喷射混凝土、注浆锚杆和钢筋网联合作用，对边坡提供柔性支挡，其技术实质是隧道施工技术中喷锚支护技术在软土地基中的延伸，在实际工程中也称为喷锚网支护技术。

2.8.2 土钉与加筋土挡墙、锚杆的对比

1. 土钉与加筋土挡墙的对比

土钉与加筋土挡墙在形式中有些类似，但也有一些根本性的区别。其相同点是加筋体（拉筋或土钉）均处于无预应力状态，只当土体产生位移后，才能发挥其作用；两者的受力机理类似，都是由加筋体与土之间产生的界面摩阻力提供加筋力，加筋土体本身处于稳定状态，可支承其后的侧向压力，类似于重力式挡土墙的作用；面层都较薄，在支挡结构的整体稳定中不起主要作用。其不同点是施工程序不同，土钉施工是自上而下，分步施工，而加筋土挡墙的施工则是自下而上；应用范围也不同，土钉是一种原位加筋技术，用来改良天然边坡或挖方区，而加筋土挡墙用于填方区，形成人工堆填的土质陡坡；设置形式也有差别，土钉可水平布置也可倾斜布置，当其垂直于滑裂面设置时，将充分发挥其抗剪能力，而加筋土挡墙一般为水平设置；另外，土钉技术通常包含使用灌浆技术，使拉筋

与周围土体密实黏结，荷载通过浆体传递给土层，而在加筋土挡墙中，摩擦力直接产生于加筋体与土层间。

2. 土钉与锚杆的对比

当用于边坡加固和基坑支护时，土钉可视为小尺寸的被动式锚杆。其不同点是土层锚杆在设置后施加预应力，而土钉一般不予张拉，并要求产生少量位移，以充分发挥其摩阻力；土钉长度的绝大部分与土层相黏合，而锚杆只在其有效锚固范围内才与周围土体密实黏合；土钉的设置密度很高，一般 0.5～2.0m^2 设置一根，因此单筋破坏的后果并不严重，从受力作用考虑，土钉的施工精度要求不高；锚杆承受的荷载很大，因此其端头部的构造比土钉复杂，必须安装适当的承载装置，以防止因承载面板失效而导致挡土结构破坏，而土钉承受的荷载较小，一般不需要安装坚固的承载装置，利用喷射混凝土及小尺寸垫板即可满足要求；另外因考虑承载要求，一般单根锚杆较长，多在 15～45m 范围内，因此需要用大型机械进行施工，而土钉相对而言施工规模较小。

2.8.3 土钉技术的适用性及特点

1. 土钉技术的适用性

土钉适用于地下水位低于土坡开挖段，或经过降水使地下水位低于开挖层的情况。在钻孔注浆型土钉施工时，通常采用分阶段开挖方式，每一阶段高度为 1～2m，由于处于无支撑状态，要求开挖段土层在土钉、面层构件施工及喷射混凝土期间能够保持自立稳定。因此，土钉适用于具有一定黏结性的杂填土、黏性土、粉土、黄土及弱胶结的砂土边坡。另外，土钉墙一般不宜兼作挡水结构，也不宜应用于对变形要求较严的深基坑支护工程。

2. 土钉技术的特点

土钉墙施工具有快速、及时且对邻近建筑物影响小的特点。由于土钉墙施工采用小台阶逐段开挖，在开挖成形后及时设置土钉与面层结构，因而对坡体扰动较少，且施工与基坑开挖同步进行，不独立占用工期，施工迅速，土坡易于稳定。实测资料表明，采用土钉支护的土坡，只要产生微小变形就可发挥土钉的加筋力，因此坡面位移与坡顶变形很小，对相邻建筑物的影响很小。

土钉施工时所采用的钻进机械及混凝土喷射设备都属小型设备，机动性强，占用施工场地很少，即使紧靠建筑红线下切垂直开挖亦能照常施工。施工所产生的振动和噪声低，在城区施工具有一定的优越性。另外，土钉墙支护比排桩法、钢板桩法可节省投资 25%～40%，开挖深度在 10m 以内的基坑，土钉比锚杆支护可节省投资 10%～30%，因此，采用土钉墙支护具有较高的经济效益。

2.8.4 土钉支护结构的施工

土钉墙的施工一般按以下程序进行：

(1) 开挖工作面、修整边坡，坡面排水，埋设喷射混凝土厚度控制标志；

(2) 喷射第一层混凝土；

【参考视频】

(3) 设置土钉(包括钻孔);

(4) 绑扎钢筋网;

(5) 喷射第二层混凝土。

1. 开挖工作面、修整边坡

基坑开挖应按设计要求分段分层进行。分层开挖深度主要取决于暴露坡面的自立能力,一次开挖高度宜为0.5～2.0m。考虑到土钉施工设备尺寸,开挖宽度至少要6m,开挖长度取决于交叉施工期间能保护坡面稳定的坡面面积。

开挖基坑时,应最大限度地减少对支护土层的扰动。在机械开挖后,应辅以人工修整坡面,坡面平整度应达到设计要求。对松散的或干燥的无黏性土,在受到外来振动时,应先进行灌浆处理。

2. 排水

土钉支护结构必须考虑地下水的影响。在施工期间应做好排水工作,避免过大的静水压力作用于面板,以保护面板(特别是喷射混凝土面层)免遭水的不利影响,避免加固土体处于饱和状态。

3. 设置土钉

开挖出工作面后,就可在工作面上进行土钉施工。

1) 成孔

应根据土层条件以及具体的设计要求选择合理的钻机与机具。土钉施工机具可采用地质钻机、螺旋钻以及洛阳铲等。成孔质量标准:①孔位偏差不大于±100mm;②孔深误差不大于±50mm;③孔径误差不大于±5mm;④倾斜度偏差不大于5%;⑤土钉钢筋保护层厚度不宜小于25mm。

2) 清孔

采用0.5～0.66MPa压缩空气将孔内残渣清除干净,当孔内土层的湿度较低时,常采用润孔花管由孔底向孔口方向逐步湿润孔壁,润孔花管内喷出的水压不应超过0.15MPa。

3) 置筋

清孔完毕后,应及时安放钢杆件,以防塌孔。钢杆件一般采用Ⅱ级螺纹钢筋或Ⅳ级精轧螺纹钢筋,钢筋尾部设置弯钩。为保证土钉钢筋的保护层厚度,应设定位器使钢筋位置居中。另外,土钉钢拉杆使用前要保证平直并进行除锈、除油处理。

4) 注浆

注浆是保证土钉与周围土体紧密结合的一个关键工序。注浆前,在钻孔孔口设置止浆塞(图2.37)并旋紧,使其与孔壁贴紧。由注浆孔插入注浆管,使其距孔底0.5～1.0m。注浆管与注浆泵连接后,开动注浆泵,边注浆边向孔口方向拔管,直到注满为止。然后放松止浆塞,将注浆管与止浆塞拔出,用黏性土或水泥砂浆充填孔口。注浆材料宜用1∶0.5的水泥净浆或水泥砂浆,水泥砂浆配合比宜为1∶(1～2)

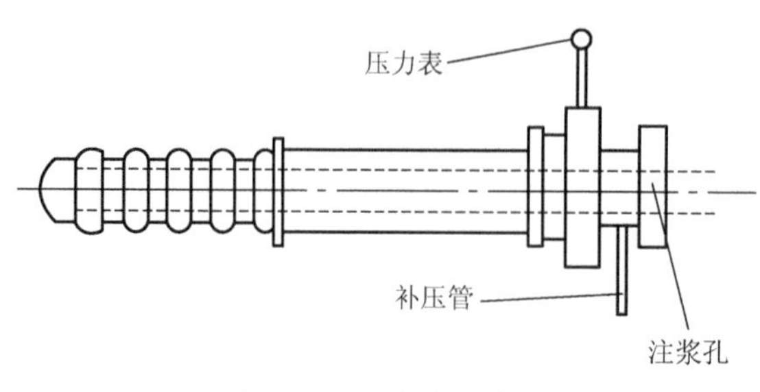

图2.37　止浆塞示意图

(质量比)，水灰比控制在0.4～0.45范围内。为防止水泥砂浆（细石混凝土）在硬化过程中产生干缩裂缝，提高其防腐性能，保证浆体与周围土壁紧密结合，可掺入一定量的膨胀剂，具体掺入量由试验确定，以满足补偿收缩为准。

4. 绑扎钢筋网

钢筋网宜采用Ⅰ级钢筋，钢筋直径6～10mm，钢筋网间距150～300mm。钢筋网应与土钉和横向联系钢筋绑扎牢固，并且在喷射混凝土时不得晃动。钢筋网与坡面间要留有一定的间隙，宜为30mm。如果采用双层钢筋网，第二层钢筋网应在第一层被埋没后铺设。

5. 喷射混凝土

喷射混凝土面层厚度一般为80～200mm，常用的厚度为100mm。第一次喷射混凝土厚度一般为40～70mm，第二次喷射到设计厚度。喷射混凝土强度等级不宜低于C20。喷射混凝土施工机具包括：混凝土喷射机、空压机、搅拌机和供水设施等。

1）喷射混凝土的原材料与配合比

喷射混凝土多掺速凝剂，以缩短混凝土的初凝和终凝时间，因此要注意水泥与速凝剂的相容性问题。水泥选择不当，可能造成急凝、凝结速度慢、初凝与终凝间隔时间长等不利因素而增大回弹量，对喷射混凝土强度的增长产生影响。砂宜用细度模数大于2.5的坚硬的中、粗砂，或者用平均粒径为0.35～0.50mm的中砂，或平均粒径大于0.50mm的粗砂，其中粒径小于0.075mm的颗粒不应超过20%，加入搅拌机的砂含水率宜控制为6%～8%，呈微湿状态，含水率过低会产生大量粉尘，含水率过高会使喷射机粘料，易造成管路堵塞。石子一般多使用卵石和碎石，以卵石为佳，因卵石表面光滑，便于输送，可减少堵管现象。石子的最大粒径宜不大于输料管道最小断面直径的1/3～2/5。喷射混凝土宜用连续级配，若缺少中间粒径，则混凝土拌合物易于分离，黏滞性差，回弹增多。喷射混凝土用水与普通混凝土相同。常用的外加剂有速凝剂、减水剂和早强剂等。水泥与砂石之质量比宜为1∶(4～4.5)；含砂率宜为45%～55%，水灰比宜为0.4～0.45；混合料宜随拌随用。

2）喷射混凝土的施工方式

根据混凝土的搅拌和运输工艺的不同，喷射分为干式和湿式两种。干式喷射是用混凝土喷射机压送干拌合料，在喷嘴处加水与干料混合后喷出，其设备布置如图2.38所示，工艺流程如图2.39所示。干式喷射的优点：①设备简单，费用低；②能进行远距离压送；③易加入速凝剂；④喷嘴脉冲现象少。其缺点是粉尘多、回弹多、工作条件不好，且施工质量取决于操作人员的熟练程度。

湿式喷射是用泵式喷射机，将已加水拌和好的混凝土拌合物压送到喷嘴处，然后在喷嘴处加入速凝剂，在压缩空气助推下喷出，其工艺流程如图2.40所示。湿式喷射优点为粉尘少、回弹少，混凝土质量易保证；缺点为施工设备较复杂，不宜远距离压送，不易加入速凝剂且有脉冲现象。

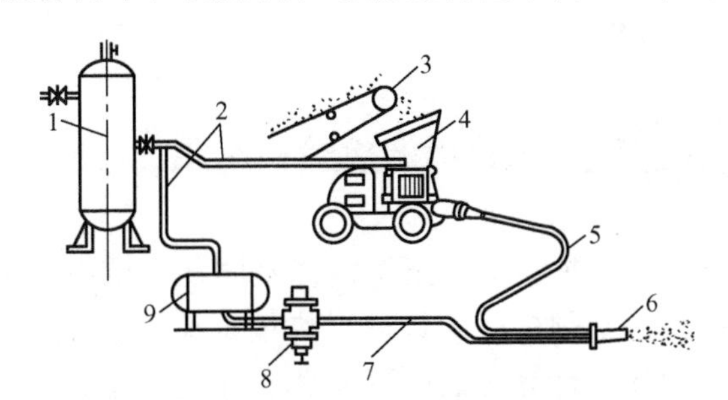

图2.38 干式喷射混凝土施工的设备

1—压缩空气罐；2—压缩空气管；3—加料机械；4—混凝土喷射机；5—输送管；6—喷嘴；7—水管；8—水压调节阀；9—水源

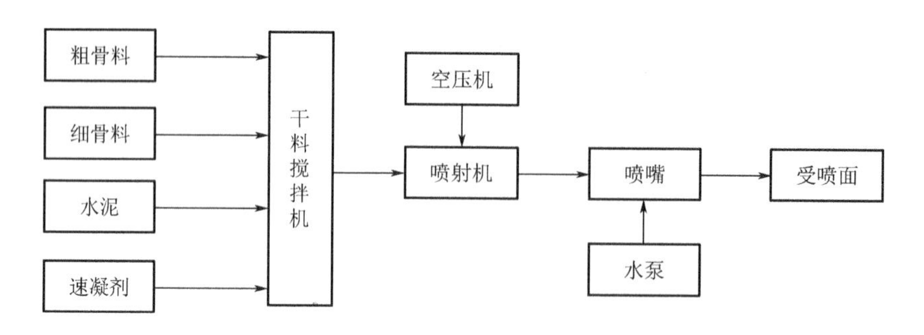

图 2.39　干式喷射工艺流程

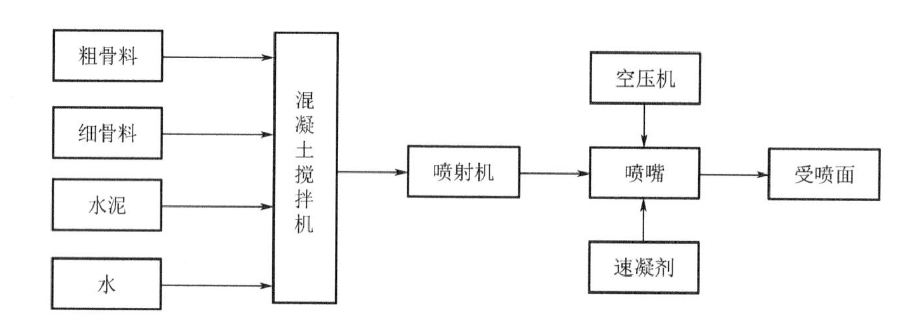

图 2.40　湿式混凝土喷射工艺流程

3）喷射作业规定

（1）喷射作业前，应对机械设备、风、水管路和电线进行全面的检查与试运转，清理受喷面，埋设控制混凝土厚度的标志。

（2）喷射作业开始时，应先送风，后开机，再给料，应待料喷完后再关风。

（3）喷射作业应分段分片依次进行，同一分段内喷射顺序由上而下进行，以免新喷的混凝土层被水冲坏。

（4）喷射时，喷头应与受喷面垂直，并保持 0.6～1.0m 的距离。

（5）喷射混凝土的回弹率不应大于 15%。

（6）喷射混凝土终凝 2h 后，应喷水养护。养护时间，一般工程不少于 7d，重要工程不少于 14d。

2.8.5　土钉墙的检验和监测

土钉支护结构与土层锚杆不同，它的整体效能是主要的，不必逐一检查。在每步开挖阶段，必须挑选土钉进行抗拔试验，以确定土钉与土体的界面摩阻力及极限抗拔力，检验设计、计算方法的可靠性。在进行土钉工程质量验收时，应做抗拉试验。同一条件下试验数量不宜少于总数的 1%，且不应少于 3 根。应按照《岩土锚杆与喷射混凝土支护工程技术规范》（GB 50086—2015）要求去评定土钉质量。土钉支护结构的监测项目可参照表 2-6。

表 2-6 土钉支护结构的监测项目

监测项目		监测仪器
应测项目	坡顶水平位移	经纬仪
	坡顶沉降	水平仪
选测项目	土钉应力	钢筋计、应变片
	墙体位移	测斜仪
	喷层钢筋应力	应变计
	土压力	土压力盒

2.9 地下连续墙

地下连续墙是深基坑的主要支护结构挡墙之一，是近年来在地下工程和基础工程施工中应用较广泛的一项技术，在一些重大工程中已取得了很好的效果。如北京王府井宾馆、京广大厦，广州白天鹅宾馆，上海电信大楼、海伦宾馆、国际贸易中心大厦、金茂大厦等著名高层建筑的基础施工，都曾采用地下连续墙。

2.9.1 地下连续墙的施工工艺原理与适用范围

1. 地下连续墙的施工工艺原理

地下连续墙是在基础工程土方开挖之前，预先在地面以下浇筑的钢筋混凝土墙体。其施工原理是用特制的挖槽机械在泥浆护壁的情况下分段开挖沟槽，待挖至设计深度并清除沉淀泥渣后，将地面上加工好的钢筋骨架用起重设备吊放入沟槽内，用导管向沟槽内浇筑水下混凝土，因为混凝土由沟槽底部逐渐向上浇筑，所以随着混凝土的浇筑，泥浆被置换出来，待混凝土浇至设计标高后，一个单元槽段即施工完毕。各个单元槽段之间用特制的接头连接，形成连续的地下钢筋混凝土墙，既可挡土又可防水，对深基础的支护和土方开挖十分有利。但其如单纯用作支护结构费用较高，若施工后成为地下结构的组成部分（即两墙合一）则较为理想。

2. 地下连续墙的适用范围

地下连续墙最早在1950年应用于意大利米兰的“泥浆护壁”地下连续墙施工，20世纪50年代后传到法国、日本等国。1958年，我国水电部门在青岛月子口水库修建水坝防渗墙时首次采用此技术，从此地下连续墙施工在我国各地高层建筑基础施工中得到了广泛的应用。其主要适用于地下水位高的软土地区，或用于基坑深度大且邻近的建（构）筑物、道路和地下管线相距很近时。

地下连续墙的优点如下：

(1) 适用于各种土质；
(2) 对邻近的结构物和地下设施没有什么影响；
(3) 可在各种复杂条件下施工；
(4) 单体造价虽然可能稍高，但其综合经济效果较好。
地下连续墙的缺点如下：
(1) 易造成施工现场潮湿和泥泞，还需对废泥浆进行处理；
(2) 地下连续墙中的墙面不够光滑，作为永久性结构需进行进一步处理；
(3) 如只作为临时挡土结构则不够经济。

2.9.2 地下连续墙的施工

目前，我国建筑工程中应用最多的是现浇的钢筋混凝土板式地下连续墙，用作主体结构一部分同时又兼作临时挡土墙，或纯为临时挡土墙。在水利工程中，将其用作防渗墙和临时挡土墙。对于现浇钢筋混凝土壁板式地下连续墙，其施工工艺流程通常如图 2.41 所示，其中修筑导墙、泥浆制备与处理、深槽挖掘、钢筋笼制备与吊装及混凝土浇筑是主要的工序。

【参考视频】

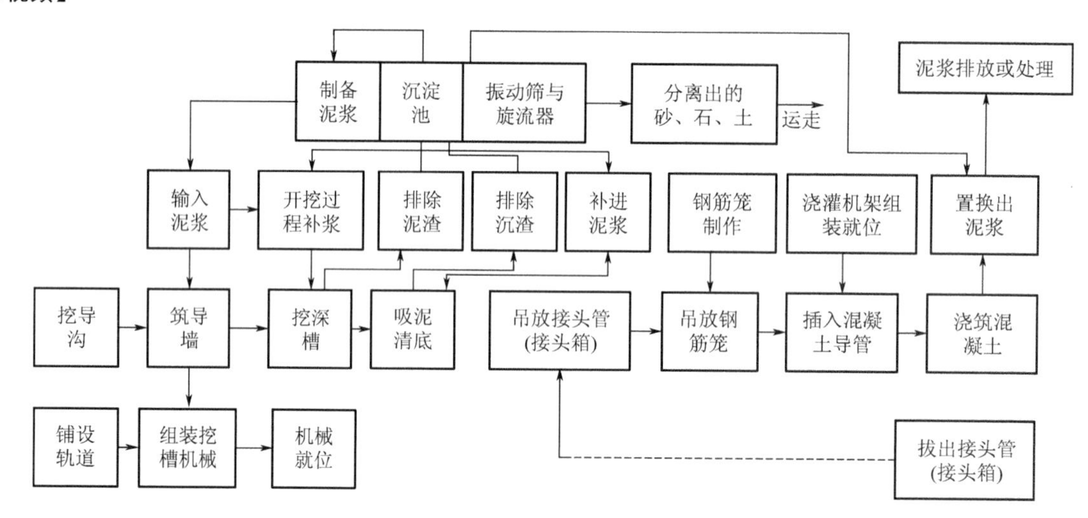

图 2.41 地下连续墙施工工艺流程

1. 修筑导墙

导墙是地下连续墙挖槽之前修筑的临时结构，对挖槽起重要作用。首先起挡土墙作用，防止地表土体因不稳定而坍塌，其次明确挖槽位置与单元槽段的划分，是测定挖槽精度、标高、水平及垂直的基准，并用于支承挖槽机、混凝土导管、钢筋笼等施工设备所产生的荷载，最后还可防止泥浆漏失、保持泥浆稳定、防止雨水等地面水流入槽内、起到相邻结构物的补强作用等。导墙一般为现浇的钢筋混凝土结构，图 2.42 所示为其最简单的一些断面形状。

导墙的施工顺序如下：平整场地—测量定位—挖槽—绑钢筋—支模板（按设计图，外侧可利用土模，内侧用模板）—浇混凝土—拆模并设置横撑—回填外侧空隙并碾压。

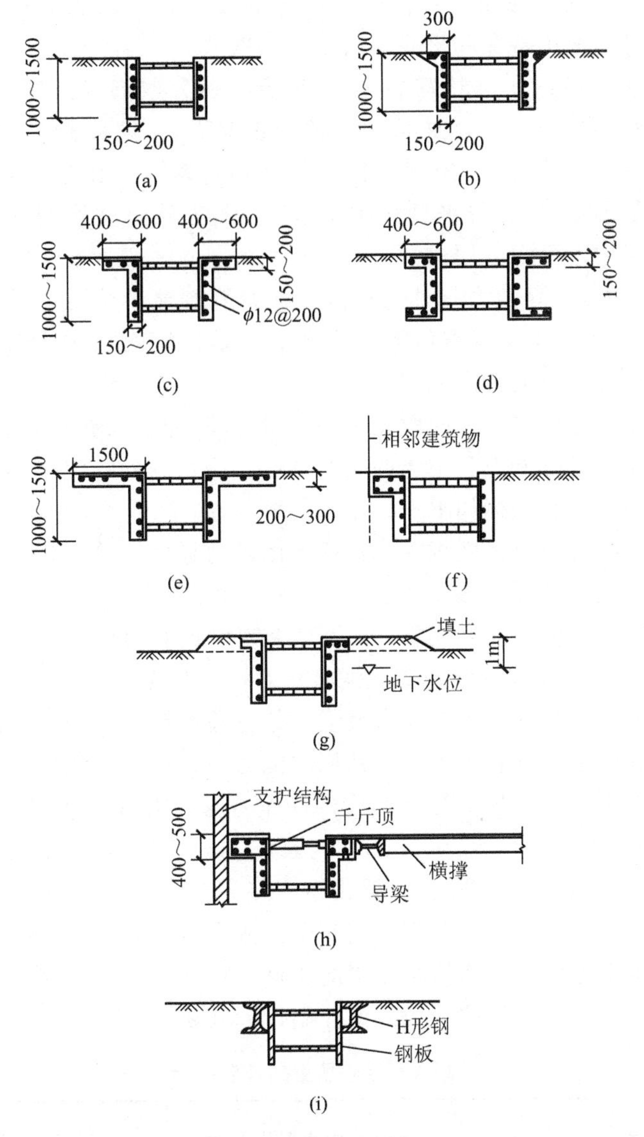

图 2.42 导墙的形式（单位：mm）

导墙的厚度一般为150～200mm，墙趾不宜小于0.20m，深度为1.0～2.0m。导墙的配筋多为ϕ12@200mm，水平钢筋必须连接起来，使导墙成为整体。导墙施工接头位置应与地下连续墙施工接头位置错开。导墙面应高于地面约100mm，防止地面水流入槽内污染泥浆；导墙的内墙面应平行于地下连续墙轴线，导墙的基底应和土面密贴，以防泥浆渗入导墙后面。

2. 泥浆制备与处理

泥浆的主要作用是护壁，泥浆的静止水压力相当于一种液体在槽壁上形成了不透水的泥皮，从而使泥浆的静压力有效作用在槽壁上，同时防止槽壁坍塌。泥浆具有一定的黏度，能将钻头式挖槽机挖下来的土渣悬浮起来，既便于土渣随同泥浆一同排出槽外，又可避免土渣淤积在工作面上而影响挖槽机的挖槽效率。另外泥浆可作冲洗液，钻具在连续冲击或回转中温度剧烈升高，泥浆既可降低钻具的温度，又可起润滑作用而减轻钻具的磨损，有利于延长钻具的使用寿命和提高深槽挖掘的效率。

泥浆的成分，包括膨润土（特殊黏土）、聚合物、分散剂（抑制泥水分离）、增黏剂（常用羟甲基纤维素，化学糨糊）、加重剂（常用重晶石）、防漏剂（堵住砂土槽壁大孔，如锯末、稻草末等）。泥浆质量的控制指标，包括相对密度（比重计）、黏度（黏度计）、含砂量（泥浆含砂量测定仪）、失水量和泥皮厚度（泥浆渗透失水时在槽壁形成泥皮，薄而密实的泥皮有利于槽壁稳定，用过滤试验测定）、pH（一般为8～9时泥浆不分层）、稳定性（静置前后密度差）、静切力（外力使静止泥浆开始流动后阻止其流动的阻力，静切力大时泥浆质量好）、胶体率（静置后泥浆部分体积与总体积之比）等。泥浆通过沉淀池、振动筛与旋流器，进行土渣的分离处理。

在地下连续墙施工过程中，为检验泥浆的质量，使其具备物理与化学的稳定性、合适的流动性、良好的泥皮形成能力和适当的相对密度，需对制备的泥浆和循环泥浆利用专门的仪器进行质量控制，控制指标如下。

（1）相对密度。泥浆相对密度越大，对槽壁的压力越大，槽壁也越稳固。但泥浆相对密度过大，也影响混凝土浇筑质量，而且由于流动性差，使泥浆循环设备的功率消耗增加。测定泥浆相对密度，可用泥浆比重计。泥浆相对密度宜每两个小时测定一次，膨润土泥浆相对密度宜为1.05～1.15，普通黏土泥浆相对密度宜为1.15～1.25。

（2）黏度。黏度大，其悬浮土渣能力就强，但也易糊钻头，使钻挖的阻力大，生成的泥皮厚度也较大；黏度小，其悬浮土渣、钻屑的能力弱，对防止泥浆漏失不利。

泥浆黏度要根据土层来选择。泥浆黏度的测定方法，有漏斗黏度计法和黏度比重法。前者简单，将漏斗（杯口直径100mm、高度200mm，漏斗最细处直径4.8mm、高50.8mm）放在实验架上，用手指堵住下面出口，将500mL泥浆通过网眼0.25mm的金属滤网装入漏斗，然后打开出口，用秒表测定其全部流出所需的时间（s），即为黏度指标。

在地下连续墙施工过程中，为检验泥浆的质量，对新制备的泥浆或循环泥浆都需利用专用仪器进行质量控制，对一般软土地区的控制指标见表2-7。

表2-7　泥浆质量的控制指标

土层＼性能指标	黏度/s	相对密度	含砂量/%	失水量/%	胶体率/%	稳定性	泥皮厚度/mm	静切力/kPa	pH
黏土层	18～20	1.15～1.25	＜4	＜30	＞96	＜0.003	＜4	3～10	＞7
砂砾石层	20～25	1.20～1.25	＜4	＜30	＞96	＜0.003	＜3	4～12	7～9
漂卵石层	25～30	1.10～1.20	＜4	＜30	＞96	＜0.004	＜4	6～12	7～9
碾压土层	20～22	1.15～1.20	＜6	＜30	＞96	＜0.003	＜4	—	7～8
漏失土层	25～40	1.10～1.25	＜15	＜30	＞97	—	—	—	—

（3）含砂量。泥浆中所含不能分散的颗粒体积占泥浆体积的百分比即含砂量。含砂量越大，相对密度越大，黏度越小，悬浮土渣、钻屑能力越弱，土渣等易沉落槽底，增加机械的磨损。

泥浆的含砂量越小越好，一般不宜超过5%。含砂量一般用ZNH型泥浆含砂量测定仪测定。

(4) 失水量与泥皮厚度。失水量表示泥浆在地层中失去水分的性能。在泥浆渗透失水的同时，其中不能透过土层的颗粒就黏附在槽壁上形成泥皮，泥皮反过来又可阻止泥浆中水分的漏失。薄而密实的泥皮，有利于槽壁稳固，而厚而疏松的泥皮，对槽壁稳固不利。

失水量大的泥浆，形成的泥皮厚而疏松。合适的失水量为20～30mL/30min，泥皮厚度宜为1～3mm。失水量和泥皮厚度可利用过滤试验同时测定。测定时，将垫圈、金属滤网（网眼为0.17～0.25mm）、滤纸放入底盘，其上放圆筒，圆筒中装有不少于290mL的泥浆，将顶盖用紧固螺旋密封后，固定于过滤试验架上，试验架下部正对圆筒下方放置一个量筒。对圆筒施加0.30MPa的压力达30min，然后测定从底盘流入量筒的水量和滤纸上的泥皮厚度。

(5) pH。它表示泥浆的酸碱度。膨润土泥浆呈弱碱性，pH一般为8～9，pH大于11的泥浆会产生分层现象，失去护壁作用。在施工中如水泥或呈碱性的地下水混入泥浆，就会增大泥浆的碱性；如在酸性土中挖槽或有呈酸性的地下水混入，泥浆就呈酸性。泥浆的pH可用试纸测定。

(6) 稳定性。指泥浆各成分混合后呈悬浮状态的性能。常用相对密度差试验确定。即将泥浆静置24h，经过沉淀后，上下层的相对密度差要求不大于0.02。

(7) 静切力。施加外力，使静止的泥浆开始流动的一瞬间阻止其流动的阻力即为静切力。泥浆的静切力大，悬浮土渣和钻屑的能力强，但钻孔的阻力也大；静切力小，则土渣、钻屑易沉淀。

静切力指标一般取两个值，静止1min后测定，其值为2～3kPa；静止10min后测定，其值为5～10kPa。

(8) 胶体率。指泥浆静置24h后，其呈悬浮状态的固体颗粒与水分离的程度，即泥浆部分体积与总体积之比为胶体率。胶体率高的泥浆，可使土渣、钻屑呈悬浮状态。要求泥浆的胶体率高于96%，否则要对其掺加碱（Na_2CO_3）或火碱（NaOH）进行处理。

在确定泥浆配合比时，要测定黏度、相对密度、含砂量、稳定性、胶体率、静切力、pH、失水量和泥皮厚度。在检验黏土造浆能力时，要测定胶体率、相对密度、稳定性、黏度和含砂量。新生产的泥浆、回收重复利用的泥浆、浇筑混凝土前槽内的泥浆，主要测定其黏度、相对密度和含砂量。

3. 深槽挖掘

挖槽是地下连续墙施工中的关键工序，占地下连续墙工期的1/2，故提高挖槽的效率是缩短工期的关键。同时槽壁形状基本上决定了墙体外形，所以挖槽的精度又是保证地下连续墙质量的关键之一。

(1) 单元槽段划分：地下连续墙施工时，预先沿墙体长度方向把地下墙划分为某种长度的许多施工单元，这种施工单元称为“单元槽段”。划分单元槽段后应将各种单元槽段的形状和长度在墙体平面图上标明，它是地下连续墙施工组织设计中的一个重要内容。单元槽段的长度，不得小于一个挖槽段（挖土机械的挖土工作装置的一次挖土长度）。从理论上讲单元槽段越长越好，可以减少槽段的接头数量，增加地下连续墙的整体性、提高防水性能及施工效率。在划分单元槽段时尚应考虑单元槽段之间的接头位置，一般情况下接头应避免设在转角及地下连续墙与内部结构的连接处，以保证地下连续墙有较好的整体性。单元槽段划分与接头形式有关。

（2）挖槽机械：目前，在地下连续墙施工中国内外常用的挖槽机械，按其工作机理分为挖斗式、冲击式和回转式三大类，每一类中又分为多种，如图 2.43 和图 2.44 所示。

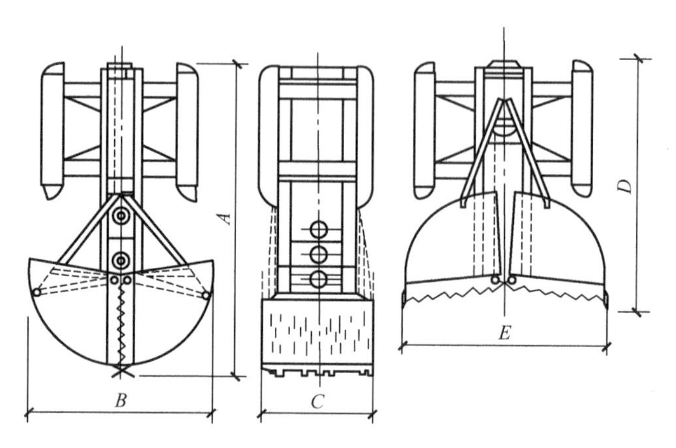

图 2.43 蚌式抓斗（A、B、C、D、E 因墙厚而异）

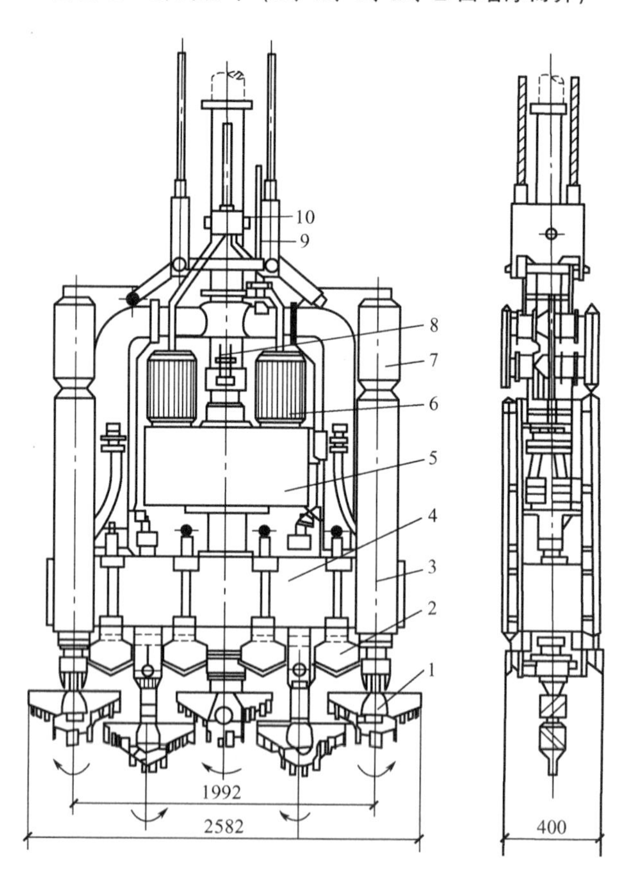

图 2.44 多头钻的钻头（单位：mm）

1—钻头；2—侧刀；3—导板；4—齿轮箱；5—减速箱；6—潜水电动机；7—纠偏装置；8—高压进气管；9—泥浆管；10—电缆接头

4. 清底

挖槽结束后，悬浮在泥浆中的颗粒将渐渐沉淀到槽底，此外，挖槽过程中被排出而残留在槽内的土渣以及吊放钢筋笼时从槽壁上刮落的泥皮都堆积在槽底。在挖槽结束后清除以沉渣为代表的槽底沉淀物的工作，称为清底。清底常用方法如图2.45所示。

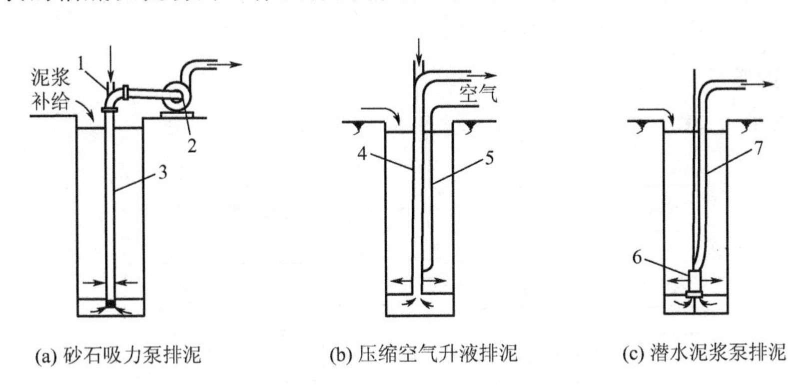

图2.45 清底方法

1—接合器；2—砂石吸力泵；3—导管；4—导管或排泥管；5—压缩空气管；
6—潜水泥浆泵；7—软管

5. 钢筋笼的制备和吊装

钢筋笼根据地下连续墙墙体配筋图和单元槽段的划分来制作，最好按单元槽段做成一个整体。如果地下连续墙很深或受到起重设备起重能力的限制，则需要分段制作，吊放时再连接，接头宜用帮条焊接，钢筋笼端部与接头管或混凝土接头面间应留有15～20cm的空隙。主筋净保护层厚度通常为7～8cm，保护层垫块厚5cm，在垫块和墙面之间留有2～3cm的间隙。由于用砂浆制作的垫块容易在吊放钢筋笼时破碎，且易擦伤槽壁面，近年来多用塑料块或薄钢板制作垫块，焊于钢筋上。

制作钢筋笼时，要预先确定浇筑混凝土用导管的位置，由于这部分要上下贯通，因而周围需增设箍筋和连接筋进行加固。尤其在单元槽段接头附近插入导管时，由于此处钢筋较密集，更需特别注意处理。横向钢筋有时会阻碍插入，所以纵向主筋应放在内侧，将横向钢筋放在外侧，如图2.46所示。纵向钢筋的底端应距离槽底面10～20cm，底端应稍向内弯折，以防吊放钢筋时擦伤槽壁，但向内弯折的程度亦不应影响插入混凝土导管。

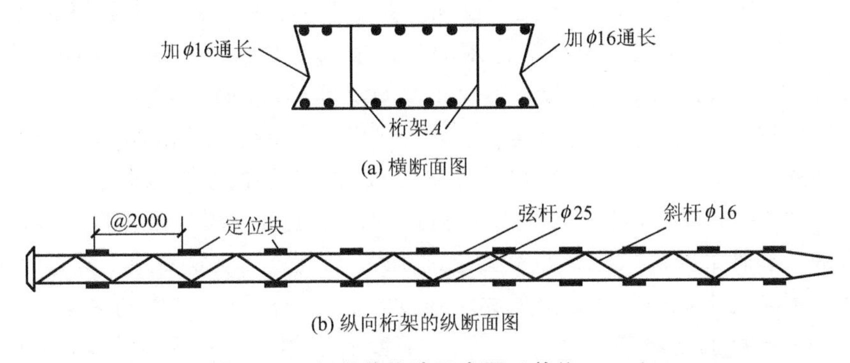

图2.46 钢筋笼构造示意图（单位：mm）

钢筋笼的起吊、运输和吊放应周密制定施工方案，不允许在此过程中产生不能恢复的变形。插入钢筋笼时，最重要的是使钢筋笼对准单元槽段的中心，垂直而又准确地插入槽内。钢筋插入槽内后，应检查其顶端高度是否符合设计要求，然后将其搁置在导墙上。如钢筋笼是分段制作，则吊放时需接长，下段钢筋笼要垂直悬挂在导墙上，然后将上段钢筋笼垂直吊起，上下两段钢筋笼成直线连接。

6. 混凝土浇筑

混凝土浇筑前的准备工作如图 2.47 所示。

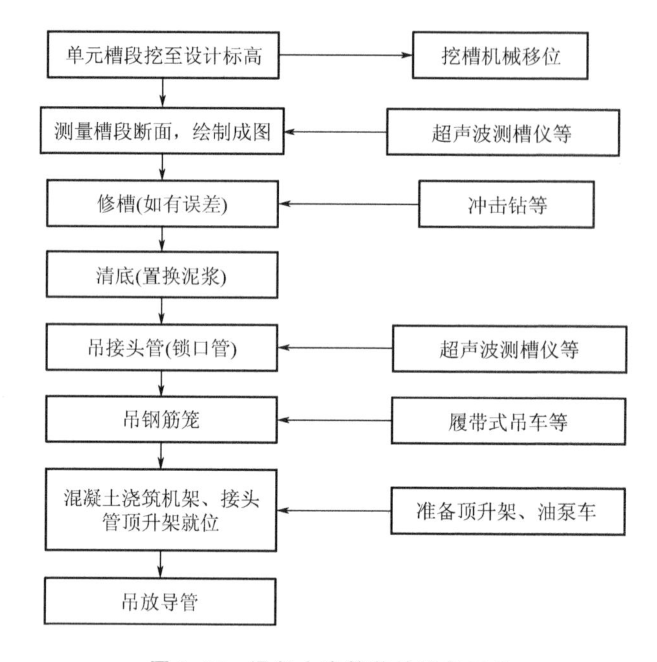

图 2.47 混凝土浇筑前的准备工作

连续墙工程中所用混凝土的配合比除满足一般水下混凝土的要求外，尚应考虑泥浆中浇筑的混凝土的强度随施工条件变化较大，同时在整个墙面上的强度分散性亦大，因此，混凝土应按照比结构设计规定的强度等级提高 5MPa 进行配比设计。混凝土的原材料，为避免分层离析，要求采用粒度良好的河砂，粗骨料宜用粒径 5～25mm 的河卵石。如用 5～40mm 的碎石，应适当增加水泥用量和提高含砂率，以保证所需的坍落度与和易性。水泥应采用 32.5～42.5 级的普通硅酸盐水泥和矿渣硅酸盐水泥，粗骨料如为卵石单位水泥用量，应在 370kg/m^3 以上，水灰比不大于 0.60。混凝土的坍落度宜为 18～20cm。

地下连续墙混凝土用导管法进行浇筑。由于导管内混凝土和槽内泥浆的压力不同，在导管口处存在压力差，因而混凝土可以从导管内流出。在混凝土浇筑过程中，导管下口总是埋在混凝土内 1.5m 以上，使从导管下口流出的混凝土将表层混凝土向上推动而避免与泥浆直接接触。导管最大插入深度亦不宜超过 9m。当混凝土浇筑到地下连续墙顶附近时，导管内混凝土不易流出，一方面要降低建筑速度，另一方面可将导管的最小埋入深度减为 1m 左右，如果混凝土还浇筑不下去，可将导管上下扭动，但上下扭动范围不得超过 30cm。在浇筑过程中导管不能做横向运动；不能使混凝土溢出料斗流入导沟；随时掌握在泥浆内混凝土的浇筑量；随时量测混凝土面的高程，量测三个点取平均值；浇筑混凝土置换出来的泥浆要进行处理，勿使泥浆溢出在地面上。混凝土面上存在一层与泥浆接触的浮浆层，需要凿去，为此混凝土高度需超浇500～1000mm，以便在混凝土硬化后查明强度情况，将设计标高以上的部分用风镐凿去。

7. 单元墙段的接头

常用的施工接头有以下几种。

（1）接头管（亦称锁口管）接头。此种接头应用最多，其施工过程如图2.48所示。一个单元槽段土方挖好后，于槽段端部用吊车放入接头管，然后吊放钢筋笼并浇筑混凝土，待浇筑的混凝土强度达到0.05～0.20MPa时（一般在混凝土浇筑后3～5h，视气温而定），开始用吊车或液压顶升架提拔接头管，上拔速度应与混凝土浇筑速度、混凝土强度增长速度相适应，一般为2～4m/h，应在混凝土浇筑结束后8h以内将接头管全部拔出。接头管直径一般比墙厚小50mm，可根据需要分段、接长。端部半圆形可以增强整体性和防水能力。

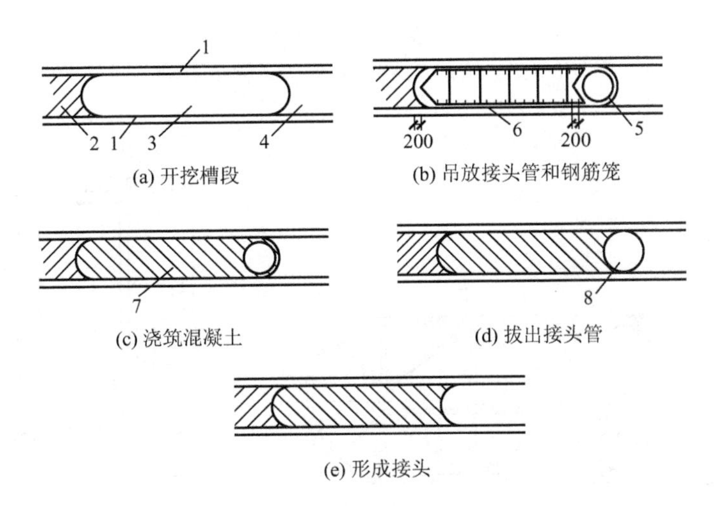

图2.48 接头管接头的施工程序

1—导墙；2—已浇筑混凝土的单元槽段；3—开挖的槽段；4—未开挖的槽段；5—接头管；6—钢筋笼；7—正浇筑混凝土的单元槽段；8——接头管拔出后的孔

（2）接头箱接头。一个单元槽段挖土结束后，吊放接头箱，再吊放钢筋笼。钢筋笼端部的水平钢筋可插入接头箱内。接头箱的开口面被焊在钢筋笼端部的钢板封住，因而浇筑的混凝土不能进入接头箱。混凝土初凝后，与接头管一样逐步吊出接头箱。其施工过程如图2.49所示。

用U形接头管与滑板式接头箱施工的钢板接头，是另一种整体式接头的做法，如图2.50所示。这种整体式钢板接头是在两相邻单元槽段的交界处，利用U形接头管放入开有方孔且焊有封头钢板的接头钢板，以增强接头的整体性。接头钢板上开有大量方孔，其目的是增强接头钢板与混凝土之间的黏结。滑板式接头箱的端部设有充气的锦纶塑料管，用来密封止浆，防止新浇筑混凝土浸透。为了便于抽拔接头箱，在接头箱与封头钢板和U形接头管接触处皆设有聚四氟乙烯滑板。

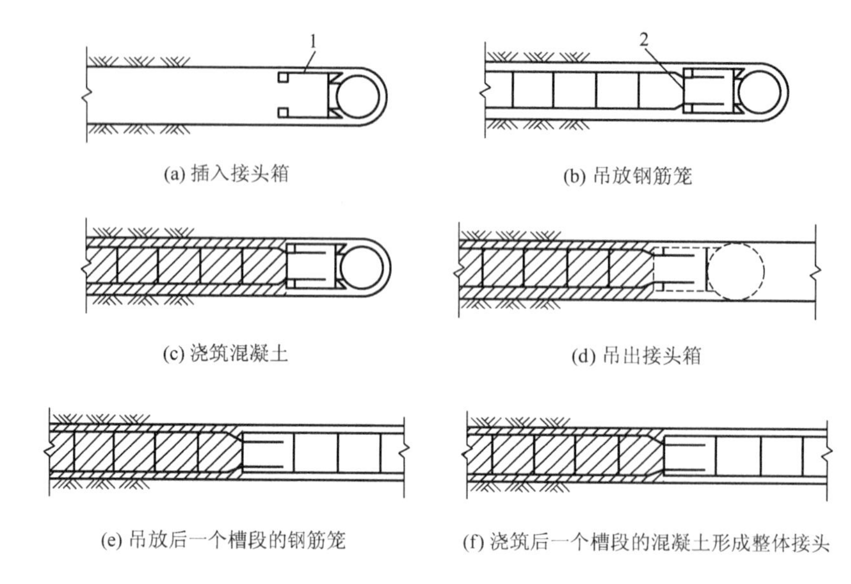

(a) 插入接头箱　(b) 吊放钢筋笼　(c) 浇筑混凝土　(d) 吊出接头箱　(e) 吊放后一个槽段的钢筋笼　(f) 浇筑后一个槽段的混凝土形成整体接头

图 2.49　接头箱接头的施工过程

1—接头箱；2—焊在钢筋笼端部的钢板

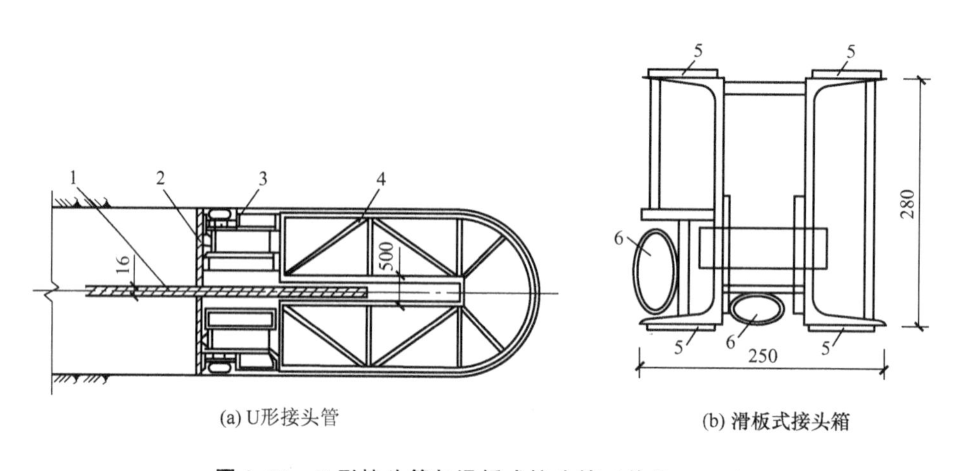

(a) U形接头管　(b) 滑板式接头箱

图 2.50　U 形接头管与滑板式接头箱（单位：mm）

1—接头钢板；2—封头钢板；3—滑板式接头箱；4—U 形接头管；
5—聚四氟乙烯滑板；6—锦纶塑料管接头管与接头箱长度一定

（3）隔板式接头。隔板式接头按隔板的形状，分为平隔板、榫形隔板和 V 形隔板，如图 2.51 所示。由于隔板与槽壁之间难免有缝隙，为防止新浇筑的混凝土渗入，要在钢筋笼的两边铺贴维尼龙等化纤布。化纤布可把单元槽段钢筋笼全部罩住，也可以只有 2～3m 宽，注意吊入钢筋笼时不要损坏化纤布。带有接头钢筋的榫形隔板式接头，能使各单元墙段形成一个整体，是一种较好的接头方式；但其插入钢筋笼较困难，且接头处混凝土的流动也受到阻碍，施工时要特别加以注意。

8. 结构接头

地下连续墙与内部结构的楼板、柱、梁、底板等的连接，在结构接头处理上常用的有下列几种。

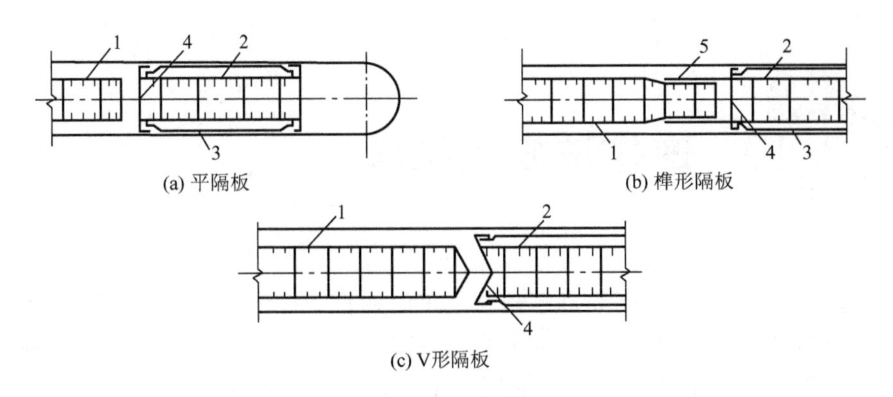

(a) 平隔板　　(b) 榫形隔板

(c) V形隔板

图 2.51　隔板式接头

1—正在施工槽段的钢筋笼；2—已浇筑混凝土槽段的钢筋笼；3—化纤布；4—钢隔板；5—接头钢筋

(1) 预埋连接钢筋法。此法应用最多，如图 2.52 所示。连接钢筋弯折后预埋在地下连续墙内，待内部土体开挖后露出墙体时，凿开预埋连接钢筋处的墙面，将露出的预埋连接钢筋弯成设计形状并连接，考虑到连接处往往是结构的薄弱处，设计时一般使连接筋有 20%的富余。

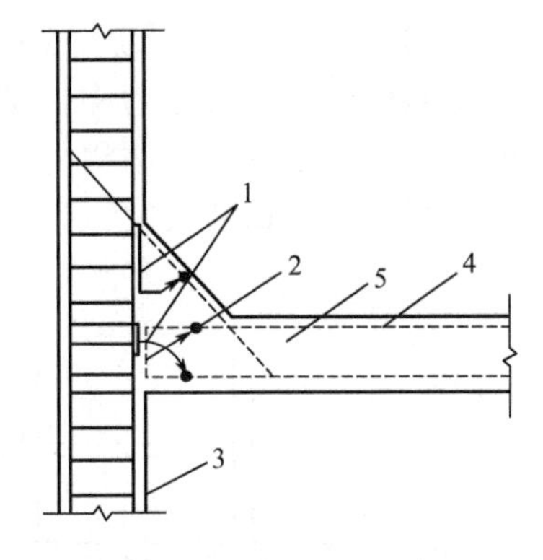

图 2.52　预埋连接钢筋法

1—预埋的连接钢筋；2—焊接处；3—地下连续墙；4—后浇结构中的受力钢筋；5—后浇结构

(2) 预埋连接钢板法。这是一种钢筋间接连接的接头方式，如图 2.53 所示。预埋连接钢板放入并与钢筋笼固定。浇筑混凝土后凿开墙面使预埋连接钢板外露，用焊接方式将后浇结构中的受力钢筋与预埋连接钢板相连接。

(3) 预埋剪力连接件法。剪力连接件的形式有多种，先预埋在地下连续墙内，然后弯折出来与后浇结构连接，如图 2.54 所示。

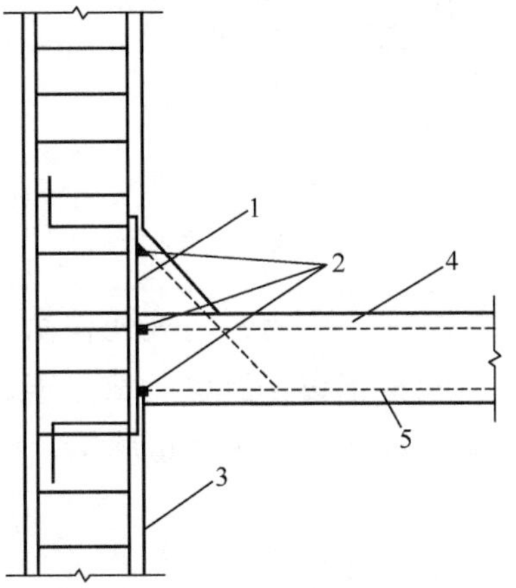

图 2.53　预埋连接钢板法

1—预埋连接钢板；2—焊接处；3—地下连续墙；4—后浇结构；5—后浇结构中的受力钢筋

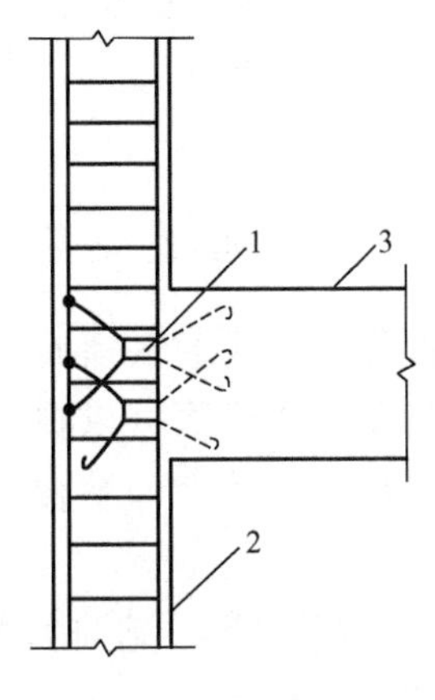

图 2.54　预埋剪力连接件法

1—预埋剪力连接件；2—地下连续墙；3—后浇结构

2.10 逆作法施工技术

逆作法施工技术的原理，是将高层建筑地下结构自上往下逐层施工，即沿建筑物地下室四周施工形成连续墙或密排桩（当地下水位较高，土层透水性较强时，密排桩外围需加上止水帷幕），作为地下室外墙或基坑的围护结构，同时在建筑物内部有关位置（包括柱子中心、纵横框架梁与剪力墙相交处等位置），施工形成楼层中间支承柱，从而组成逆作的竖向承重体系；随之从上向下挖一层土方，利用土模（或木模、钢模）浇筑一层地下室楼层梁板结构（每层均留一定数量的楼板混凝土后浇筑，作为下层施工的出口和下料口），当达到一定强度后，即可作为围护结构的内水平支撑，以满足继续往下施工的安全要求。与此同时，由于地下室顶面结构的完成，也为上部结构施工创造了条件，所以也可以同时逐层向上进行地上结构的施工，如图 2.55 所示。

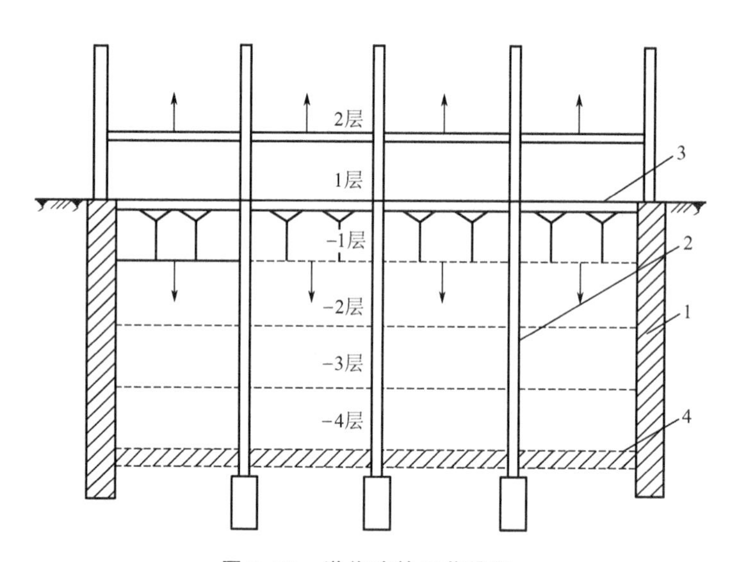

图 2.55　逆作法的工艺原理

1—地下连续墙；2—中间支承柱；3—地面层楼面结构；4—地下室底板

逆作法施工，以地下室顶面之楼层结构是封闭还是敞开，分为封闭式逆作法和开敞式逆作法。封闭式逆作法可以在地面上、下同时施工；开敞式逆作法由于地下室顶面的楼面结构尚未形成，故上部结构难以施工，只是多层地下室由上而下逐层施工。

2.10.1 逆作法施工的特点

与传统施工方法比较，用逆作法施工修建多层地下室有下述优点。

(1) 缩短工程施工的总工期。带多层地下室的高层建筑，如采用传统方法施工，其总工期为地下结构工期加地上结构工期，再加装修等所占之工期。而用逆作法施工，一般情况下只有一1层占绝对工期，其他各层地下室可与地上结构同时施工，不占绝对工期，因此可以缩短工程的总工期。如日本读卖新闻社大楼，地上9层、地下6层，用逆作法施工，总工期22个月，比传统施工方法缩短工期6个月。地下结构层数越多，用逆作法施工时工期缩短越显著。

(2) 基坑变形小，相邻建筑物沉降少。采用逆作法施工，是利用逐层浇筑的地下室结构作为周围支护结构即地下连续墙的内部支撑。由于地下室结构与临时支撑相比刚度大得多，所以地下连续墙在侧压力作用下的变形就小得多。

(3) 使底板设计趋向合理。钢筋混凝土底板要满足抗浮要求。用传统方法施工时，底板浇筑后支点少、跨度大，上浮力产生的弯矩值大，有时为了满足施工时抗浮要求而需加大底板的厚度，或增强底板的配筋；而当地下和地上结构施工结束，上部荷载传下后，为满足抗浮要求而加厚的混凝土反过来又作为自重荷载作用于底板上，因而使底板设计不尽合理。用逆作法施工，在施工时底板的支点增多，跨度减小，较易满足抗浮要求，甚至可减少底板配筋，使底板的结构设计趋向合理。

(4) 可节省支护结构的支撑。深度较大的多层地下室，如用传统方法施工，为减少支护结构的变形，须设置强大的内部支撑或外部拉锚，不但要消耗大量钢材，施工费用亦相当可观。如上海电信大楼深11m、地下3层的地下室，用传统方法施工，为保证支护结构的稳定，约需临时钢围檩和钢支撑1350t。而用逆作法施工，土方开挖后是利用地下室结构本身来支撑作为支护结构的地下连续墙，可省去支护结构的临时支撑。

逆作法是自上而下施工，上面已覆盖，施工条件较差，且须采用一些特殊施工技术，因而保证施工质量的要求更严格。

半逆作法是由上而下对地下室各层梁施工，形成水平框架支撑，地下室封底后再向上逐层浇注楼板。中心岛半逆作法是先远离支护结构挖槽，正常施工修建基坑中部地下结构，然后用逆作法施工修建基坑边部地下结构。

2.10.2 逆作法施工

逆作法施工的内容，包括地下连续墙、中间支承柱和地下室结构的施工。施工程序是：中间支撑柱和地下连续墙施工→地下室一层挖土和浇筑其顶板及内部结构→从地下室2层开始对地下结构和地上结构同时施工（地下室底板浇筑前，地上结构允许施工的高度根据地下连续墙和中间支承柱的承载能力确定）→地下室底板封底并养护至设计强度→继续进行地上结构施工，直至工程结束。

【参考视频】

1. 中间支承柱的施工

中间支承柱的作用，是在逆作法施工期间，于地下室底板未浇筑之前与地下连续墙一起承受地下和地上各层的结构自重和施工荷载；在地下室底板浇筑后，与底板连接成整体，作为地下室结构的一部分，将上部结构及承受的荷载传递给地基。中间支承柱的位置和数量，要根据地下室的结构布置和指定的施工方案详细考虑后经计算确定，一般布置在柱子位置或纵、横墙相交处。中间支承柱所承受的最大荷载，是地下室已修筑至最下一层、而地面上已修筑至规定的最高层数时的荷载，中间支承柱是以支承柱四周与土的摩阻力和柱底的正应力来平衡它承受的上部荷载。底板以下的中间支承柱要与底板结合成整体，多做成灌注桩形式，其长度也不能太大，否则影响底板的受力形式，与设计的计算假设不一致。也有的采用预制桩（钢管桩等）作为中间支承柱。采用灌注桩时，底板以上的中间支承柱的柱身多为钢管混凝土柱或H形钢柱，断面小而承载能力大，且也便于地下室的梁、柱、墙、板等的连接。

由于中间支承柱上部多为钢柱、下部为混凝土柱，所以，多用灌注桩方法进行施工。在泥浆护壁下用反循环或正循环潜水电钻钻孔时（图2.56），顶部要放护筒。钻孔后吊放钢管，钢管的位置需十分准确，否则与上部柱子不在同一垂线上对受力不利，因此钢管吊放后要用定位装置调整其位置。钢管的壁厚按其承受的荷载计算确定。利用导管浇筑混凝土时，钢管内径要比导管接头处的直径大50～100mm。而用钢管内的导管浇筑混凝土时，超压力不可能将混凝土压上很高，所以钢管底端埋入混凝土不可能很深，一般为1m左右。为使钢管下部与现浇混凝土柱能较好地结合，可在钢管下端加焊竖向分布的钢筋。混凝土柱的顶端一般高出底板面30mm左右，高出部分在浇筑底板时将其凿除，以保证底板与中间支承柱联成一体。

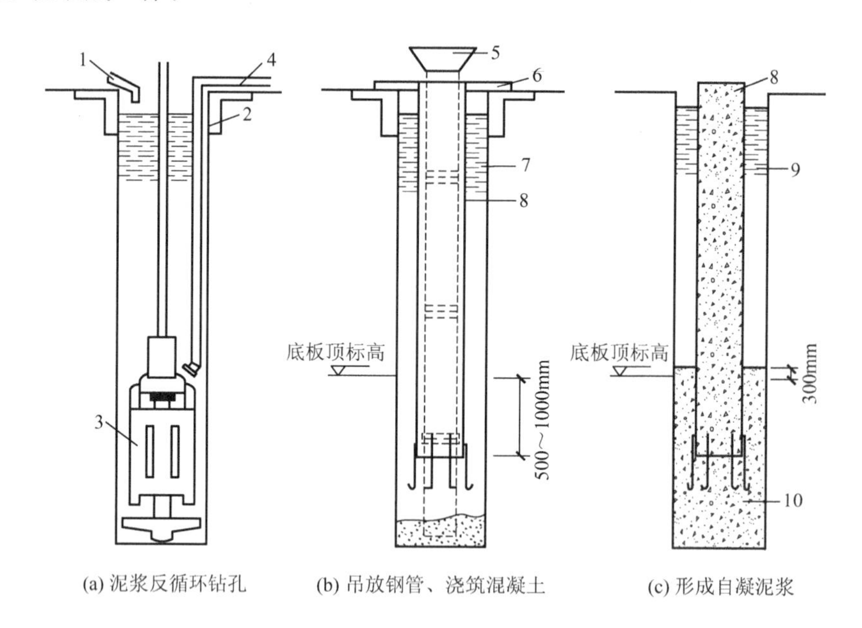

图2.56　泥浆护壁用反循环钻孔灌注桩施工方法浇筑中间支承柱

1—补浆管；2—护筒；3—潜水电钻；4—排浆管；5—混凝土导管；6—定位装置；
7—泥浆；8—钢管；9—自凝泥浆；10—混凝土桩

中间支承柱也可用套管式灌注桩成孔的方法，如图2.57所示，它是边下套管、边用抓斗挖孔。由于有钢套管护壁，可用串筒浇筑混凝土，亦可用导管法浇筑，要边浇筑混凝土边上拔钢套管。支承柱上部用H形钢或钢管，下部浇筑成扩大的桩头。混凝土柱浇至底板标高处，套管与H形钢间的空隙用砂或土填满，以增加上部钢柱的稳定性。

施工期间要注意观察中间支承柱的沉降和升抬的数值。由于上部结构的不断加荷，会引起中间支承柱的沉降；而基础土方的开挖，其卸载作用又会引起坑底土体的回弹，使中

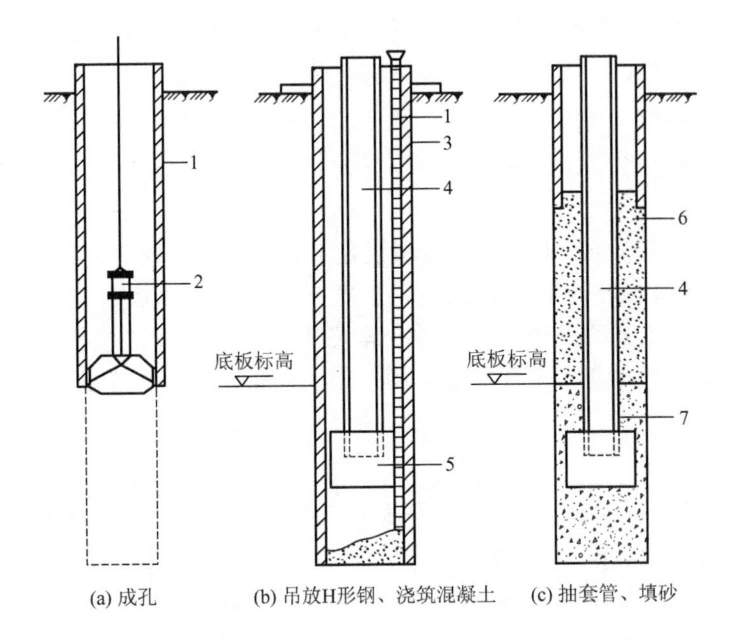

图 2.57 大直径套管灌注桩施工方法浇筑中间支承柱

1—套管；2—抓斗；3—混凝土导管；4—H形钢；5—扩大的桩头；6—填砂；7—混凝土桩

间支承柱升抬。要事先精确地计算确定中间支承柱最终是沉降还是升抬，以及沉降或升抬的数值，目前还有一定的困难。图2.58所示为日本读卖新闻社大楼用逆作法施工时中间支承柱的布置情况，其中间支承柱为大直径钻孔灌注桩，桩径2m，桩长30m，共35根。

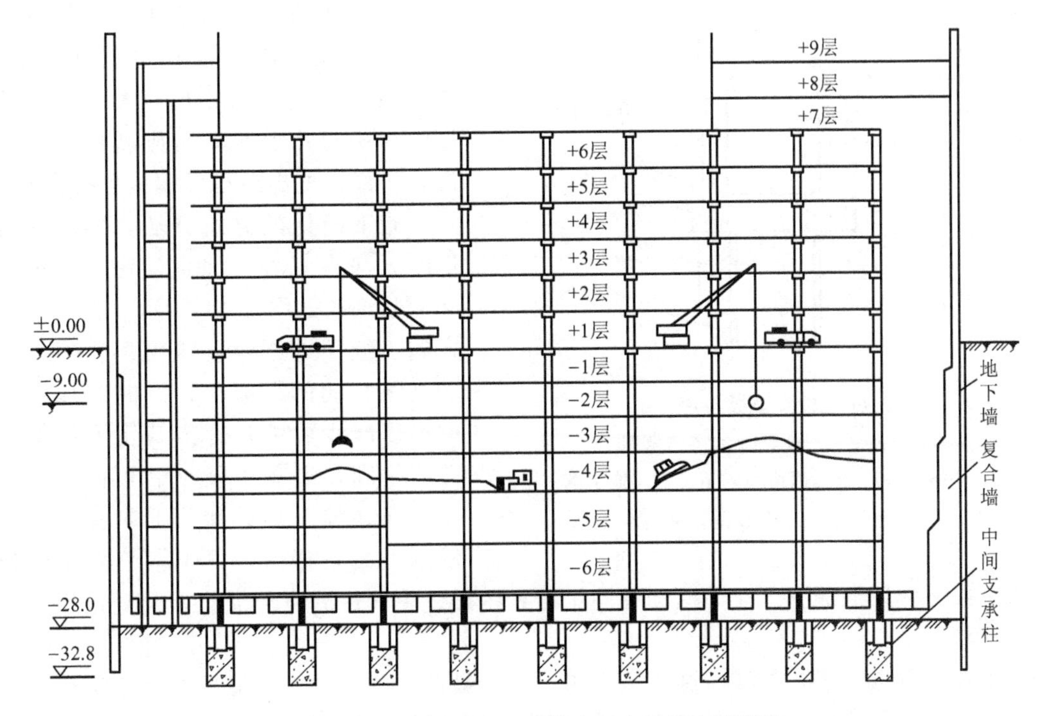

图 2.58 逆作法施工时某中间支承柱布置情况

有时中间支承柱用预制打入桩（多数为钢管桩），则要求打入桩的位置十分准确，以便处于地下结构柱、墙的位置，且要便于与横向结构的连接。

2. 地下室结构浇筑

根据逆作法的施工特点，地下室结构由上而下分层浇筑。地下室结构的浇筑方法有以下两种。

(1) 利用土模浇筑梁板。对于地面梁板或地下各层梁板，挖至其设计标高后，将土面平整夯实，浇筑一层厚50mm的素混凝土（土质好的抹一层砂浆亦可），然后刷一层隔离层，即成楼板模板。对于梁模板，如土质较差可用钢模板搭设梁模板，如图2.59(a) 所示；如土质好则可用土胎模，按梁断面挖出槽穴，如图2.59(b) 所示。

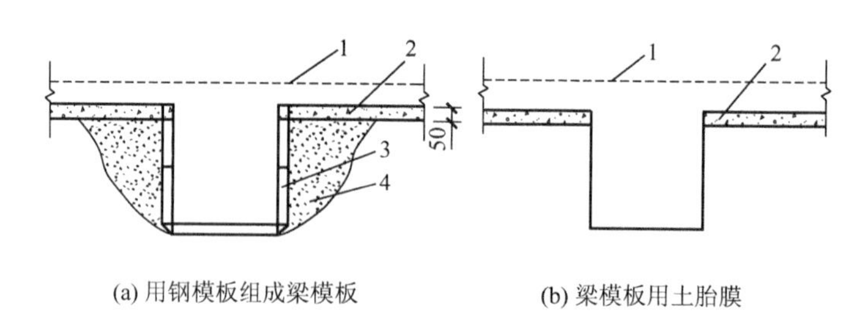

图 2.59　逆作法施工时的梁模板

1—楼板面；2—素混凝土层与隔离层；3—钢模板；4—填土

至于柱头模板，如图2.60所示，施工时先把柱头处的土挖出至梁底以下500mm左右处，设置柱的施工缝模板，为使下部柱易于浇筑，该模板宜呈斜面安装，柱钢筋穿通模板与梁模板相连。土质好的柱头可用胎模，否则就用模板搭设，下部柱挖出后搭设模板进行浇筑。

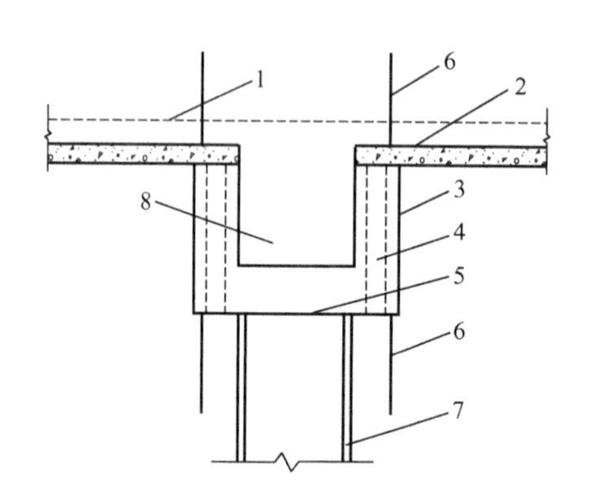

图 2.60　柱头模板与施工缝

1—楼板面；2—素混凝土层与隔离层；3—柱头模板；4—预留浇筑孔；5—施工缝；6—柱筋；7—H形钢；8—梁

施工缝处的浇筑方法，国内外常用的方法有三种，即直接法、充填法和注浆法，如图2.61所示。直接法即在施工缝下部继续浇筑混凝土时，仍然浇筑相同的混凝土，有时添加一些铝粉以减少收缩；为浇筑密实可做出一假牛腿，混凝土硬化后可凿去。充填法即在施工缝处留出充填接缝，待混凝土面处理后，再于接缝处充填膨胀混凝土或无浮浆混凝土。注浆法即在施工缝处留出缝隙，待后浇混凝土硬化后用压力压入泥浆充填。

在上述三种方法中，直接法施工最简单，成本最低。施工时对接缝处混凝土进行二次振捣，以进一步排除混凝土中的气泡，确保混凝土密实和收缩。

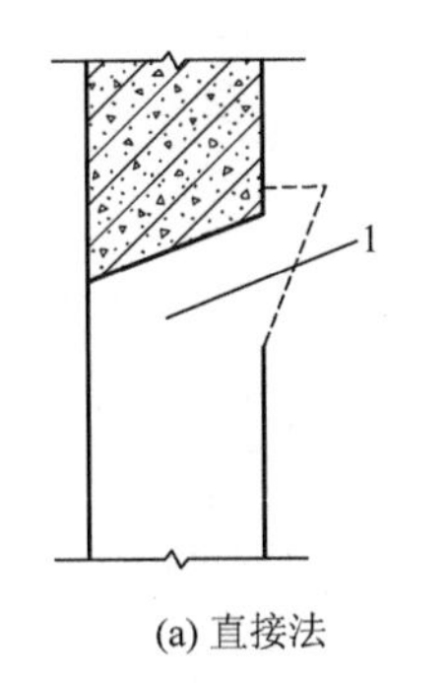

(a) 直接法

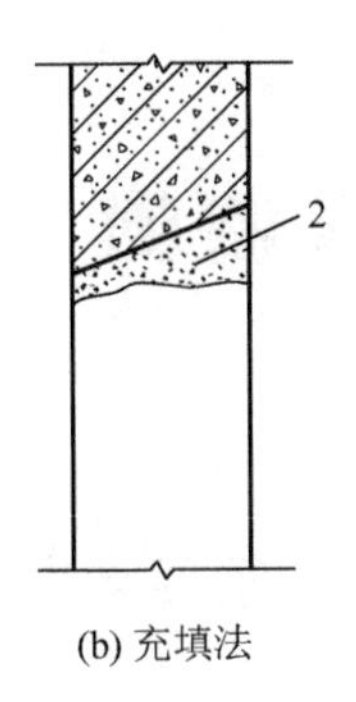

(b) 充填法

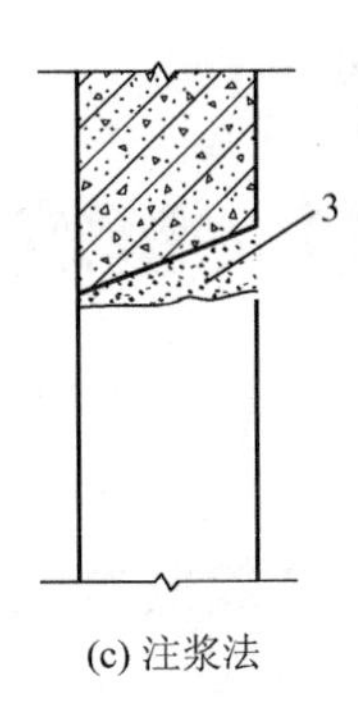

(c) 注浆法

图 2.61　施工缝处的浇筑方法

1—浇筑混凝土；2—充填无浮浆混凝土；3—压入水泥浆

(2) 利用支模方式浇筑梁板。先挖去地下结构一层高的土层，然后按常规方法搭设模板，浇筑梁板混凝土，再向下延伸竖向结构（柱或墙板）。为此需解决两个问题，一是设法减少梁板支撑的沉降和结构的变形，二是解决竖向构件的上、下连接和混凝土的浇筑问题。

要减少楼板支撑的沉降和结构变形，施工时需对土层采取措施进行临时加固。加固的方法是：先浇一层素混凝土，提高土层的承载力和减少沉降，待墙、梁浇筑完毕，开挖下层土方时随土一同挖去，这就要额外耗费一些混凝土；另一种方法是铺设砂垫层，上铺枕木以扩大支承面积（图 2.62），使上层柱子或墙板的钢筋插入砂垫层，以便与下层后浇筑结构的钢筋连接。有时还可用吊模板的措施来解决模板的支撑问题。

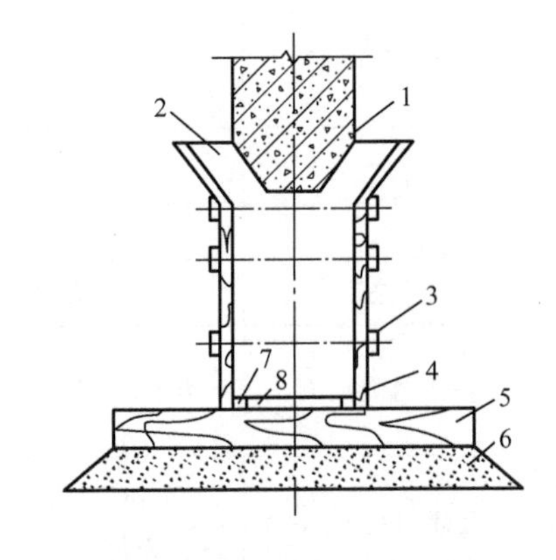

图 2.62　墙板浇筑时的模板

1—上层墙；2—浇筑入仓口；3—螺栓；4—模板；5—枕木；6—砂垫层；7—插筋用木条；8—钢模板

由于逆作法混凝土是从顶部的侧面入仓，为便于浇筑和保证连接处的密实性，除对竖向钢筋间距适当调整外，构件顶部的模板须做成喇叭形。由于上、下层构件的结合面在上层构件的底部，再加上地面土的沉降和刚浇筑混凝土的收缩，在结合面处易出现缝隙，因此宜在结合面处的模板上预留若干压浆孔，以便用压力灌浆消除缝隙，保证构件连接处的密实性。

3. 垂直运输孔的留置

逆作法施工是在顶部楼盖封闭条件下进行的，在进行地下各层地下室结构施工时，需进行施工设备、土方、模板、钢筋、混凝土等的运输，所以需预留一个或几个上下贯通的垂直运输通道。为此，在设计时就要在适当部位预留一些从地面直通地下室底层的施工孔洞。亦可利用楼梯间或无楼板处作为垂直运输孔洞。此外，还应对逆作法施工期间的通风、照明、安全等采取应有的措施，以保证施工顺利进行。

2.11 基坑工程监测

2.11.1 基坑工程监测的目的、项目与方法

基坑工程监测，是为检验实际与理论（或预测）的符合性，判断工程的安全性，以及优化设计（包括参数、理论），指导后续工程，相关内容详见表2-8。

表2-8 基坑工程监测相关内容

检测对象		检测项目	检测方法	备注
支护结构	挡墙	侧压力、弯曲应力、变形	土压力计、孔隙水压力计、测斜仪、应变计、钢筋计、水准仪等	验证计算的荷载、内力、变形
	支撑（锚杆）	轴力、弯曲应力	应变计、钢筋计、传感器	验证计算的内力
	围檩	轴力、弯曲应力	应变计、钢筋计、传感器	验证计算的内力
	立柱	沉降、抬起	水准仪	观测坑底隆起的项目之一
周围环境及其他	基坑周围地面	沉降、隆起、裂缝	水准仪、经纬仪、测斜仪	观测基坑周围地面变形
	邻近建（构）筑物	沉降、抬起、位移、裂缝等	水准仪、经纬仪等	通常的观测
	地下管线等	沉降、抬起、位移	水准仪、经纬仪、测斜仪	观测地下管线变形
	基坑底面	沉降、隆起	水准仪	观测坑底隆起的项目之一
	深部土层	位移	测斜仪	观测深部土层位移
	地下水	水位变化、孔隙水压	水位观测仪、孔隙水压力计	观测降水、回灌等效果

2.11.2 支撑轴力量测

支撑轴力量测，常用应力或应变传感器、钢筋计、电阻应变片，其中钢筋计如图2.63所示。

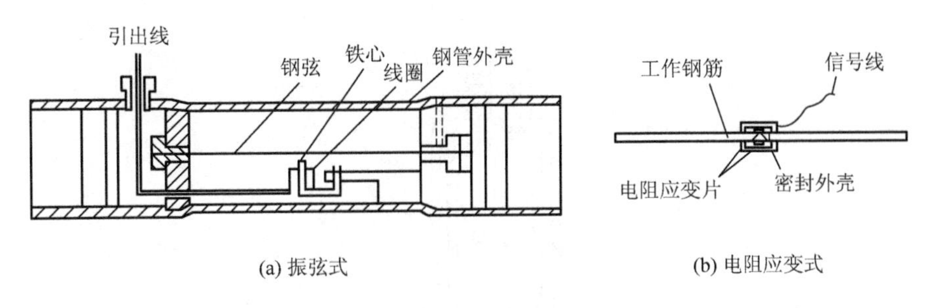

(a) 振弦式　　(b) 电阻应变式

图 2.63　钢筋计构造示意图

振弦式钢筋计的工作原理：当钢筋计受轴向力时，引起弹性钢弦的张力变化，改变钢弦的振动频率，通过频率仪测得钢弦的频率变化，即可测出钢筋所受作用力的大小，换算而得混凝土结构所受的力。振弦式钢筋计与测力钢筋轴心对焊。

电阻应变式钢筋计的工作原理：钢筋受力后产生变形，粘贴在钢筋上的电阻随之产生应变，通过测出应变值而得出钢筋所受作用力的大小。电阻应变式钢筋计与测力钢筋平行地绑扎或点焊在箍筋上。

2.11.3　土压力量测

土压力量测目前使用较多的是钢弦式双膜土压力计，如图 2.64 所示。土压力计又称土压力盒。

钢弦式双膜土压力计的工作原理：当表面刚性板受到土压力作用后，通过传力轴将作用力传至弹性薄板，使之产生挠曲变形，同时也使嵌固在弹性薄板上的两根钢弦柱偏转，使钢弦应力发生变化，钢弦的自振频率也相应变化，利用钢弦频率仪中的激励装置使钢弦起振并接收其振荡频率，使用预先标定的压力-频率曲线，即可换算出土压力值。土压力盒埋设于钻孔中，接触面与土体接触，孔中空隙用与周围土体性质基本一致的浆液填实。

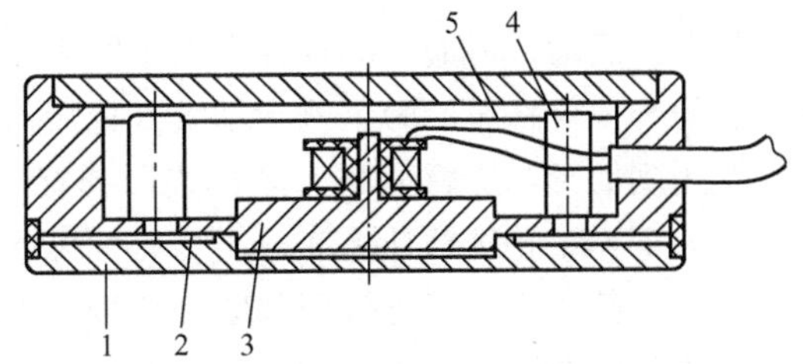

图 2.64　钢弦式双膜土压力计的构造

1—刚性板；2—弹性薄板；3—传力轴；4—弦夹；5—钢弦

2.11.4　孔隙水压力量测

测量孔隙水压力用的孔隙水压力计，其形式、工作原理与土压力计相似，只是前者多了一块透水石，使用较多的为钢弦式孔隙水压力计，如图 2.65 所示。孔隙水压力计在钻孔中埋设。钻孔至要求深度后，先在孔底填入部分干净的砂，将测头放入，再在测头周围填砂，最后用黏土将上部钻孔封闭。

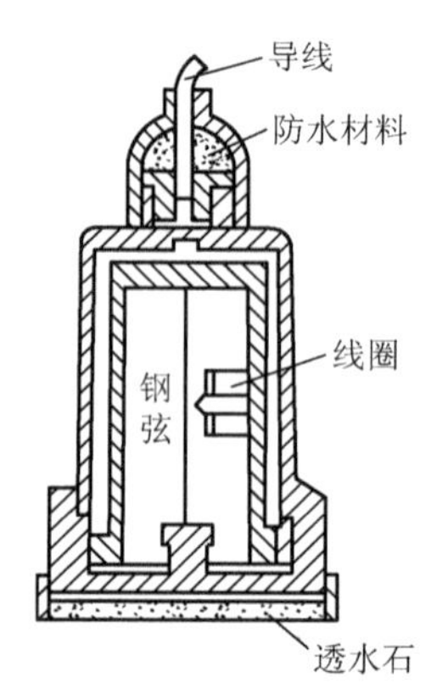

图 2.65　钢弦式孔隙水压力计构造

2.11.5 位移量测

位移量测相关的测量装置如下。

(1) 水准仪、经纬仪。水准仪用于测量地面、地层内各点及构筑物施工前后的标高变化；经纬仪用于测量地面及构筑物施工控制点的水平位移。

(2) 深层沉降观测标、回弹标。为精确地直接在地表测得不同深度土层的压缩量或膨胀量，须在这些地层埋设深层沉降观测标（简称深标），并引出地面。深标由电标杆、保护管、扶正器、标头、标底等组成，如图 2.66 所示。其测定原理，为被观测地层的压缩或膨胀引起标底的上下运动，从而推动标杆在保护管内自由滑动，通过观测标头的上下位移量即可知被观测层的竖向位移量。为了测定基坑开挖后由于卸除了基坑土的自重而产生的基底土的隆起量，要用到回弹标进行观测，测杆式回弹标结构如图 2.67 所示。测杆式回弹标的埋设和观测步骤如下：钻孔至预计坑底标高→将标志头放入孔内，压入坑底下 10～20cm→将测杆放入孔内，并使其底面与标志头顶部紧密接触，上部的水准气泡居中→用三个定位螺钉将测杆固定在套管上→在测杆上竖立钢直尺，用水准仪观测高程。

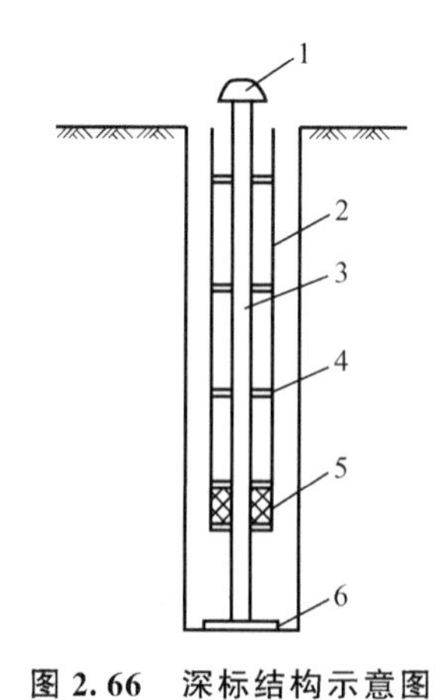

图 2.66　深标结构示意图

1—标头；2—108 保护管；3—50 标杆；4—扶正器；5—塞线；6—标底

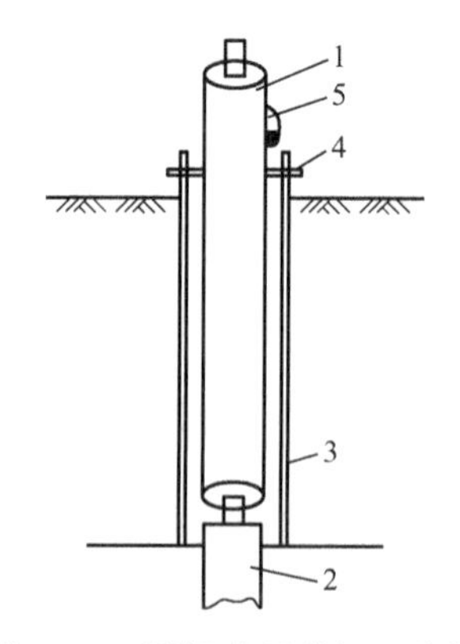

图 2.67　测杆式回弹标示意图

1—测杆；2—回弹标志；3—钻孔套管；4—固定螺钉；5—水准泡

(3) 电测分层沉降仪。电测分层沉降仪通常需在土体中埋设一根竖管(波纹管或硬塑料管),隔一定深度设置一个沉降环。电测探头能测得沉降环随土体的沉降。

(4) 测斜仪。测斜仪量测仪器轴线与铅垂线之间夹角的变化量,进而计算土层各点的水平位移。常见的测斜仪有电阻应变片式、滑线电阻式、差动变压器式、伺服式及伺服加速度计式等。弹簧铜片上端固定,下端靠着摆线;当测斜仪倾斜时摆线在摆锤的重力作用下保持铅直,压迫簧片下端,使簧片发生弯曲,由粘贴在簧片上的电阻应变片测出簧片弯曲变形,即可知测斜仪的倾角,从而推算出斜管的位移。测斜仪在测斜管中工作,而测斜管埋在土体或挡土结构中。测斜管应垂直,一对定向槽应与基坑边线垂直。

【知识链接】

单元小结

深基坑工程是对为保护基坑施工、地下结构的安全和周边环境不受损害而采取的支护、基坑土体加固、地下水控制、开挖等工程的总称。掌握各类深基坑支护的特点及施工方法、人工降低地下水的方式,是现代建筑施工的必备技能之一。

练习题

一、思考题

1. 深基坑土方开挖的常见方式有哪些?
2. 人工降低地下水的方法有哪些?适用范围是什么?降水原理是什么?
3. 试分析产生流砂的外因和内因。
4. 简述防治流砂的途径和方法。
5. 深基坑支护设计时荷载如何选取?不同支护条件下验算的内容有哪些?
6. 各类基坑支护的适用范围如何?
7. 深基坑支护施工方法有哪些?
8. 土钉墙与土层锚固的异同点是什么?
9. 地下连续墙施工时,其单元墙段的接头有哪些?
10. 分析地下连续墙施工过程中泥浆的作用。
11. 简述地下连续墙施工过程中导墙的作用。
12. 逆作法施工的特点是什么?
13. 基坑工程监测的内容有哪些?

二、选择题

1. 基坑降排水方法中,不属于人工降水的方法是(　　)。

A. 轻型井点　　B. 明排水法　　C. 电渗井点　　D. 喷射井点

2. 当土的渗透系数 $K<0.1\mathrm{m/d}$ 时,开挖深基坑土方时一般可采取(　　)方法降低地下水位。

A. 轻型井点　　B. 喷射井点　　C. 电渗井点　　D. 深井泵

3. 由于钻孔灌注桩挡墙的挡水效果差，故有时将它与（　　）组合使用，前者抗弯，后者挡水。

A. 钢板桩挡墙　　B. 深层搅拌水泥土桩　　C. 地下连续墙　　D. 环梁支护

4. 土层锚杆施工中，压力灌浆的作用是（　　）。其中各序号含义是：①形成锚固段；②防止钢拉杆腐蚀；③充填孔隙和裂缝；④防止塌孔。

A. ①②③④　　B. ①②③　　C. ①②④　　D. ②③④

5. 地下连续墙施工时，导墙的施工工艺正确的是（　　）。

A. 测量定位—平整场地—挖槽—绑钢筋—支模板—浇筑混凝土

B. 平整场地—测量定位—挖槽—绑钢筋—支模板—浇筑混凝土

C. 平整场地—挖槽—测量定位—绑钢筋—支模板—浇筑混凝土

D. 平整场地—挖槽—绑钢筋—测量定位—支模板—浇筑混凝土

6.（　　）刚度大，易于设置埋件，适合逆作法施工。

A. 钢板桩　　B. 土层锚杆　　C. 地下连续墙　　D. 灌注桩

7. 重要基础支护施工中，对基坑底面的监测项目有（　　）。其中各序号含义是：①裂缝；②沉降；③位移；④隆起。

A. ①②　　B. ②③　　C. ②④　　D. ③④

三、计算题

某工程设备基础施工基坑底宽10m，长15m，深4.1m，边坡坡度为1∶0.5（图2.69）。经地质钻探查明，在靠近天然地面处有厚0.5m的黏土层，此土层下面为厚7.4m的极细砂层，再下面又是不透水的黏土层。现决定用一套轻型井点设备进行人工降低地下水位作业，然后开挖土方，试对该井点系统进行设计。

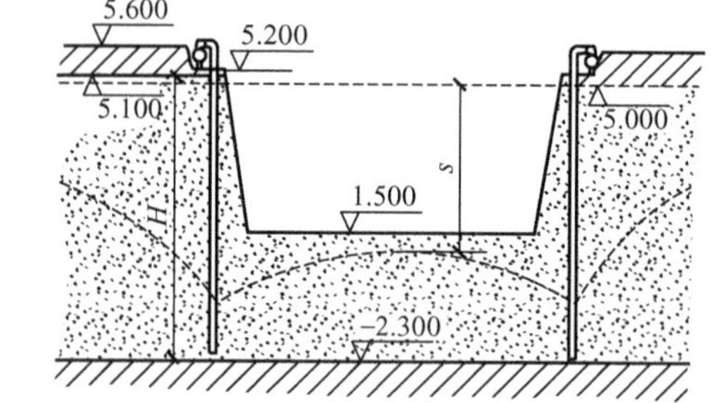

图2.69　某基坑真空井点剖面布置

【参考答案】

单元3 基础工程施工

教学目标

知识目标

1. 掌握高层建筑房屋常用的基础形式；
2. 掌握筏板基础施工工艺及质量控制要求；
3. 掌握箱形基础施工工艺及质量控制要求；
4. 掌握常见桩基础施工工艺及质量控制要求。

能力目标

1. 具有根据建筑物的使用功能、层数、高度与实际地质条件选择采用相应基础形式的能力；
2. 能够利用所学知识，根据施工图纸指导现场基础施工。

知识架构

知 识 点	权 重
高层建筑的类型	10%
筏板基础施工工艺	20%
箱形基础施工工艺	20%
桩基础施工工艺	50%

章节导读

高层建筑越来越普遍，由于高层建筑高度大，从结构设计角度考虑，其基础必须设置较大埋深，因此施工难度大。高层建筑的基础通常采用筏形基础、箱形基础及桩基等，尤以桩基（或桩基加箱基）为多。高层建筑一般情况下设有地下室，所以妥善解决高层建筑基础大体积混凝土施工温度缝的问题，是高层建筑基础施工的关键环节。

引例

某电信综合楼于1996年2月动工，1997年主体结构施工完成，1999年1月竣工验收并交付使用。该综合楼由主楼及裙楼组成，主楼与裙楼之间设有抗震缝。主楼地上17层（含微波塔楼），地下一层，裙楼四层（营业厅部分二层）。主楼采用现浇钢筋混凝土框架剪力墙结构，钻孔灌注桩筏板基础，裙楼采用现浇钢筋混凝土框架结构，钻孔灌注桩独立承台基础。

工程问题：该综合楼裙楼自竣工验收投入使用至2002年，未出现异常情况。2002年后，该裙楼出现通道倾斜、部分地面沉降、墙体和楼板开裂等异常情况。2005年后破坏加剧。2002年年底，在裙楼南侧建成六层商住楼，商住楼距离裙楼南侧6～7m，该楼采用石桩条形基础。建成后，商住楼地基产生30cm左右沉降。

场地平整概况：该大楼位于××市××镇××大道×侧，地貌单元属平原，原为农田。径进填土平整，根据钻孔孔口高程测量，现地面相对高程为0.1～0.4m。

原因分析如下。

(1) 根据现场和施工方反映，该综合楼室内外地坪填土较厚，裙楼室内地坪填土超过2m，由此可分析施工方在场地平整时，没有对这2m的回填土有足够的压实，压实系数也没有达到规范要求，所以导致了场内地坪的沉降。

(2) 综合楼南侧若干染织工厂抽取地下水严重，抽水的数量很大，抽水的深度很深，导致了不均匀沉降。

(3) 该综合楼裙楼自竣工验收投入使用至2002年，未出现异常情况，却在2002年发生裙楼出现通道倾斜、部分地面沉降、墙体和楼板开裂等异常情况，2005年后破坏加剧。由此分析可知2m高的填土对原天然土层的作用相当于一附加应力，因为填土厚度较高，所以对天然土层的压缩沉降不可避免，而且这一不可忽略的沉降，会占总沉降量的很大比例。

【案例分析】

3.1 基础类型

【参考视频】

高层建筑结构中常见的基础类型，有筏板基础、箱形基础及桩基础。

1. 筏板基础

筏板基础由整块钢筋混凝土平板或板与梁等组成，如图3.1所示。这类基础整体性好，抗弯刚度大，可调整和避免结构局部发生显著的不均匀沉降。

2. 箱形基础

箱形基础是由钢筋混凝土底板、顶板、外墙和一定数量的内隔墙构成一封闭空间的整体箱体，如图3.2所示，基础中空部分可在内隔墙开门洞作为地下室。这种基础具有整体性好、刚度大、承受不均匀沉降能力及抗震能力强、可减少基底处原有地基自重应力及降低总沉降量等特点。其工艺标准适用于民用建筑，以及软弱地基上面积较大、平面形状简单、荷载较大或上部结构分布不均的高层建筑。

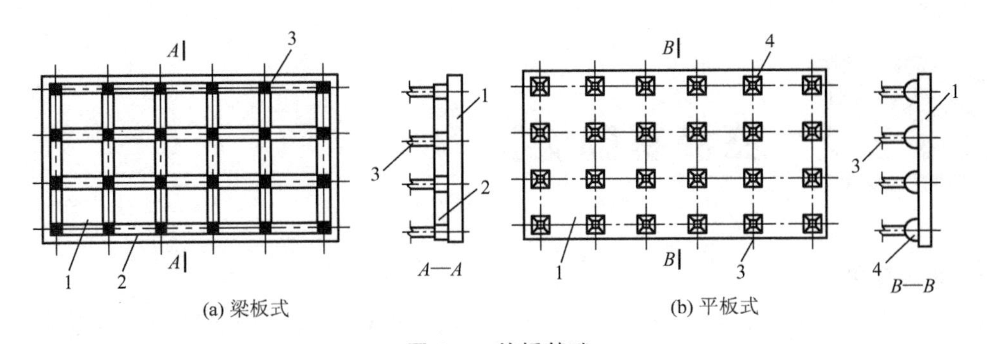

图 3.1　筏板基础

1—底板；2—梁；3—柱；4—支墩

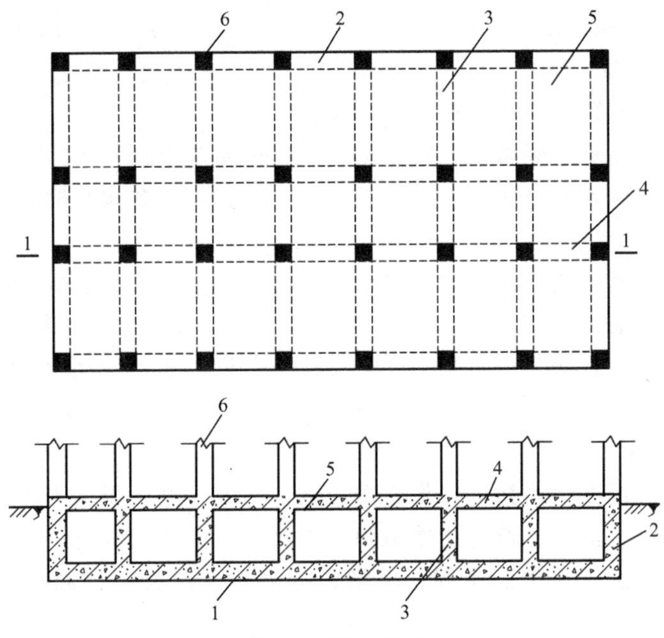

图 3.2　箱形基础

1—底板；2—外墙；3—内横隔墙；4—内纵隔墙；5—顶板；6—柱

3. 桩基础

一般建筑物都应该充分利用地基土层的承载能力，而尽量采用浅基础。但若浅层土质不良，无法满足建筑物对地基变形和强度方面的要求时，可以利用下部坚硬土层或岩层作为持力层，这就要采取有效的施工方法建造深基础了。深基础主要有桩基础、墩基础、深井和地下连续墙等类型，其中以桩基础最为常见。

桩基一般由设置于土中的桩和承接上部结构的承台组成，如图 3.3 所示。

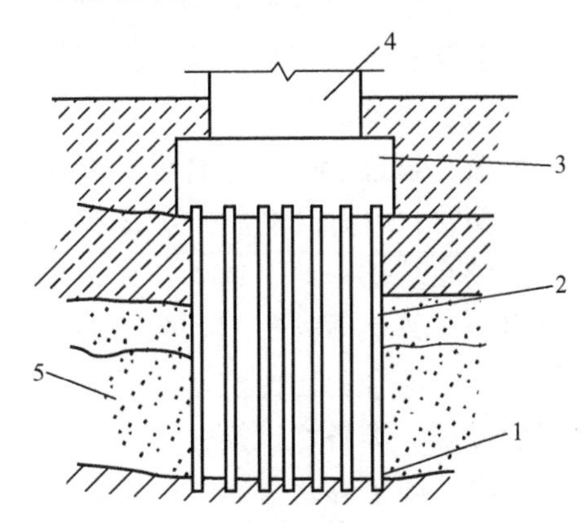

图 3.3　桩基础

1—持力层；2—桩；3—桩基承台；4—上部建筑物；5—软弱层

3.2 筏板基础施工

1. 材料要求

(1) 水泥。用强度等级为32.5级或42.5级的硅酸盐水泥、普通硅酸盐水泥或矿渣硅酸盐水泥均可，要求新鲜无结块。

(2) 砂子。用中砂或粗砂。混凝土强度等级低于C30时，含泥量不大于5%；高于C30时，含泥量不大于3%。

(3) 石子。用卵石或碎石，粒径5～40mm，混凝土强度等级低于C30时，含泥量不大于2%，高于C30时则不大于1%。

(4) 掺合料。采用Ⅱ级粉煤灰，其掺量应通过试验确定。

(5) 减水剂、早强剂。应符合有关标准的规定，其品种和掺量应根据施工需要通过试验确定。

(6) 钢筋。品种和规格应符合设计要求，有出厂质量证明书及试验报告，并应取样做机械性能试验，合格后方可使用。

(7) 火烧丝、垫块。火烧丝规格为18～22号，垫块用1∶3水泥砂浆埋22号火烧丝预制。

2. 主要机具设备

(1) 机械设备。混凝土搅拌机、带式输送机、插入式振动器、平板式振动器、自卸翻斗汽车、机动翻斗车、混凝土搅拌运输车和输送泵车（泵送混凝土用）等。

(2) 主要工具。大小平锹、串筒、溜槽、胶皮管、混凝土卸料槽、吊斗、手推胶轮车、抹子等。

3. 作业条件

(1) 已编制施工组织设计或施工方案，包括土方开挖、地基处理、深基坑降水和支护、支模和混凝土浇灌程序方法以及对邻近建筑物的保护等。

(2) 基底土质情况和标高、基础轴线尺寸，已经过鉴定和检查，并办理隐蔽手续。

(3) 模板已经过检查，符合设计要求，并办完预检手续。

(4) 在槽帮、墙面或模板上划或弹好混凝土浇筑高度标志，每隔3m左右钉上水平桩。

(5) 埋设在基础中的钢筋、螺栓、预埋件、暖卫、电气等各种管线均已安装完毕，各专业已经会签，并经质检部门验收，办完隐检手续。

(6) 混凝土配合比已由实验室确定，并根据现场材料调整复核；后台磅秤已经检查，并进行开盘交底。准备好试模。

(7) 施工临水供水、供电线路已设置。施工机具设备已安装就位，并试运转正常。混凝土的浇筑程序、方法、质量要求已进行详细的层层技术交底。

【参考图文】

4. 施工操作工艺

(1) 基坑开挖，如有地下水，应采用人工降低地下水位至基坑底50cm以下部位，保持在无水的情况下进行土方开挖和基础结构施工。

(2) 基坑土方开挖应注意保持基坑底土的原状结构，如采用机械开挖时，基坑底面以上20～40cm厚的土层，应采用人工清除，避免超挖或破坏基土。如局部有软弱土层超挖，应进行换填，并夯实。基坑开挖应连续进行，如基坑挖好后不能立即进行下一道工序，应在基底以上留置150～200mm一层不挖，待下道工序施工时再挖至设计基坑底标高，以免基土被扰动。

(3) 筏板基础施工，可根据结构情况和施工具体条件及要求，采用以下两种方法之一。

① 先在地垫层上绑扎底板、梁的钢筋和上部柱插筋，先浇筑底板混凝土，待达到25%以上强度后，再在底板上支梁侧模板，浇筑完梁部分混凝土。

【参考图文】

② 采取底板和梁钢筋、模板一次同时支好，梁侧模板用混凝土支墩或钢支脚支承，并固定牢固，混凝土一次连续浇筑完成。以上两种方法都应注意保证梁位置和柱插筋位置正确，混凝土应一次连续浇筑完成。

(4) 当筏板基础很长（40m以上）时，应考虑在中部适当部位留设贯通后浇缝带，以避免出现温度收缩裂缝和便于进行施工分段流水作业；对超厚的筏形基础，应考虑采取降低水泥水化热和浇筑入模温度的措施，以避免出现过大温度收缩应力，导致基础底板裂缝，做法见7.2节。

(5) 混凝土浇筑，应先清除地基或垫层上的淤泥和垃圾，基坑内不得存有积水；木模应浇水湿润，板缝和孔洞应予堵严。

(6) 浇筑高度超过2m时，应使用串筒、溜槽(管)，以防离析，混凝土浇筑应分层连续进行，每层厚度为250～300mm。

(7) 浇筑混凝土时，应经常注意观察模板、钢筋、预埋铁件、预留孔洞和管道有无走动情况，发现变形或位移时，应停止浇筑，在混凝土初凝前处理完后，再继续浇筑。

(8) 混凝土浇筑振捣密实后，应用木抹子搓平或用铁抹子压平。

(9) 基础浇筑完毕，表面应覆盖和洒水养护，时间不少于7d，必要时应采取保温养护措施，并防止浸泡。

(10) 在基础底板上埋设好沉降观测点，定期进行观测、分析，做好记录。

5. 质量标准

1) 保证项目

(1) 混凝土所用的水泥、水、骨料、外加剂等，必须符合施工规范和有关的规定。

(2) 混凝土的配合比、原材料计量、搅拌、养护和施工缝处理，必须符合施工规范的规定。

(3) 评定混凝土强度的试块，必须按《混凝土强度检验评定标准》(GB/T 50107—2010) 的规定取样、制作、养护和试验，其强度必须符合设计要求和评定标准的规定。

(4) 基础中钢筋的规格、形状、尺寸、数量、锚固长度、接头设置，必须符合设计要求和施工规范的规定。

2) 基本项目

(1) 混凝土应振捣密实，蜂窝面积不大于400cm^2，孔洞面积不大于100cm^2。

（2）无缝隙、夹渣层。

6. 成品保护

（1）模板拆除应在混凝土强度能保证其表面及棱角不受损坏时，方可进行。

（2）在已浇筑的混凝土强度达到1.2MPa以上，方可在其上行人或进行下道工序施工。

（3）在施工过程中，对暖卫、电气、暗管以及所立的门口等应妥善保护，不得碰撞。

（4）基础内预留孔洞、预埋螺栓、铁件，应按设计要求设置，不得后凿混凝土。

（5）如基础埋深超过相邻建（构）物筑基础时，应有妥善的保护措施。

7. 安全措施

（1）基础施工时，应先检查基坑、槽帮土质、边坡坡度，如发现裂缝、滑移等情况，应及时加固，堆放材料应离开坑边1m以上，深基坑上下应设梯子或坡道，不得踩踏模板或支撑上下。

（2）片筏（箱形）基础浇灌，应搭设牢固的脚手平台、马道，脚手板铺设要严密，以防石子掉下；采用手推车、机动翻斗车、吊斗等浇灌，要有专人统一指挥、调度和下料，以保证不发生撞车事故；用串筒下料，要防堵塞，以免发生脱钩事故；泵送混凝土浇灌应采取措施，防堵塞和爆管。

（3）操纵振动器的操作人员，必须穿胶鞋。接电要安全可靠，并设专门保护性接地导线，避免火线跑电发生危险。如出现故障，应立即切断电源修理；使用电线如已有磨损，应及时更换。

（4）施工人员应戴安全帽、穿软底鞋；工具应放入工具袋内；向基坑内运送混凝土，传递物件，不得抛掷。

（5）雨、雪、冰冻天施工，架子上应有防滑措施，并在施工前清扫冰、霜、积雪后才能上架子；五级以上大风应停止作业。

（6）现场机械设备及电动工具应设置漏电保护器，每机应单独设置，不得共用，以保证用电安全；夜间施工，应装设足够的照明。

8. 施工注意事项

（1）混凝土应分层浇灌，分层振捣密实，防止出现蜂窝麻面和混凝土不密实；在吊帮（模、板）根部应待梁下底板浇筑完毕，停0.5～1.0h，待沉实后，再浇上部梁，以免在根部出现“烂脖子”现象。

（2）在混凝土浇捣中，应防止由于垫块移动、钢筋紧贴模板或振捣不实而造成露筋。

（3）为严格保持混凝土表面标高正确，要注意避免水平桩移动或混凝土多铺过厚、小铺过薄；操作时要认真找平，模板要支撑牢固等。

（4）对厚度较大的筏板浇筑，应采取预防温度收缩措施，并加强养护，防止出现裂缝。

3.3 箱形基础施工

1. 材料要求

对水泥、砂、石子、钢材、外加剂、掺合料等材料要求与3.2节相同。

【参考图文】

2. 主要机具设备

主要机具设备与3.2节相同。

3. 作业条件

作业条件与3.2节相同。

4. 施工操作工艺

(1) 开挖基础坑应注意保持基坑底土的原状结构，当采用机械开挖基坑时，基坑底面设计标高以上20～40mm厚的土层应用人工挖除并清理，如不能立即进行下道工序施工，应预留10～15cm厚土层，在下道工序施工进行前挖除，以防地基被扰动。

(2) 箱形基础底板，内外墙和顶板的支模、钢筋绑扎和混凝土浇筑，可采取分块进行，外墙水平施工缝应在底板面上部300～500mm范围内和无梁顶板下部300～500mm处，并应做成企口形式；有严格防水要求时，应在企口中部设镀锌钢板（可塑料）止水带，外墙的垂直施工缝隙宜用凹缝，内墙的水平和垂直施工缝多采用平缝，内墙与外墙之间可留垂直缝。在继续浇筑混凝土前必须清除杂物，将表面冲洗洁净，注意接浆质量，然后浇筑混凝土。

(3) 当箱形基础长度超过40m时，为避免出现温度收缩缝或减轻浇灌强度，宜在中部设置贯通后浇缝隙带，缝隙带宽度不宜小于800mm，并从两侧混凝土内伸出贯通主筋，主筋按原设计连续安装而不切断，经2～4周，再在预留的中间缝带用高一强度等级的半干硬性混凝土或微膨胀混凝土掺水泥用量12%的U型膨胀剂（简称UEA）灌注密实，使之连成整体并加强养护。

(4) 钢筋绑扎应注意形状和位置准确，接头部位用闪光接触对焊或套管挤压连接，严格控制接头位置及数量，混凝土浇筑前须经验收。

(5) 外部模板宜采用大块模板组装，内壁用定型模板；墙间距采用直径12mm穿墙对接螺栓控制墙体截面尺寸，埋设件位置应准确固定。箱顶板应适当预留施工洞口，以便内墙模板拆除取出。

(6) 混凝土浇筑要根据每次浇筑量，确定搅拌、运输、振捣能力，配备机械人员，确保混凝土浇筑均匀、连续，避免出现过多的施工缝和薄弱层面。

(7) 底板混凝土浇筑，一般应在底板钢筋及墙壁钢筋全部绑扎完毕，柱子插筋就位后进行，可沿长方向分2～3个区，由一端向另一端分层推进，分层均匀下料。当底面积大或底板呈正方形时，宜分段分组浇筑。当底板厚度等于或大于50cm时，宜水平分层和斜面分层浇筑，每层厚25～30cm，分层用插入式或平板式振动器捣固密实，同时应注意各区、组搭接处的振捣，防止漏振，每层应在水泥初凝时间内浇筑完成，以保证混凝土的整体性和强度，提高抗裂性。

(8) 墙体浇筑应在墙全部钢筋绑扎完，包括顶板插筋、预埋铁件、各种穿墙管道敷设完毕，模板尺寸正确，支撑牢固安全，经检查无误后进行。一般先浇外墙，后浇内墙，或内外墙同时浇筑，分支流向轴线前进，各组兼顾横墙左右宽度各半范围。外墙浇筑可采取分层分段循环浇筑法，即将外墙沿周边分成若干段，一般分3～4小组，绕周长循环转圈进行，周而复始，直至外墙体浇筑完成。当周边较长，工程量较大，亦可采取分层分段一次浇筑法，即由2～6个浇筑小组从一开始就对混凝土分层浇筑，每两组相对应向后延伸浇筑，直至周边闭合。箱形基础顶板（带梁）混凝土浇筑方法，与基础底板浇筑基本相同。

(9) 对特厚、超长的钢筋混凝土箱形基础底板，由于基础体积及截面大，水泥用量多，混凝土浇筑后，在混凝土内部产生的水化热导致升温。在降温期间，当受到外部地基的约束作用时，会产生较大的温度收缩应力，有可能导致箱形基础底板产生裂缝，在混凝土浇筑时应采取有效的技术措施，如减少水泥水化热温度、降低混凝土浇灌入模温度、改善约束条件、提高混凝土的极限拉伸强度、加强施工的温度控制与管理等，来预防出现温度收缩裂缝，保证基础混凝土的工程质量。常用防裂技术措施参见7.2节。

(10) 箱形基础混凝土浇筑完毕后，要加强覆盖，并浇水养护；冬期要保温，防止温差过大出现裂缝，以保证结构的使用性能和防水性能。

(11) 箱形基础施工完毕后，应防止长期暴露，抓紧基坑的回填。回填时要在相对的两侧或四周同时均匀进行，分层夯实；停止降水时，应验算箱形基础的抗浮稳定性；如不能满足时，必须采取有效的措施，防止基础上浮或倾斜。地下室施工完成后，始可停止降水。

5. 质量标准

质量标准与3.2节相同。

6. 成品保护

成品保护与3.2节相同。

7. 安全措施

安全措施与3.2节相同。

8. 施工注意事项

(1) 箱形基础施工前，应查明建筑物荷载影响范围内地基土的组成、分布及性质和水文情况，判明深基坑开挖时坑壁的稳定性及对相邻建筑物的影响；编制施工组织设计，包括土方开挖、地基处理、深基坑降水和支护以及对邻近建筑物的保护等方面的具体施工方案，以指导施工和保证工程顺利进行。

(2) 基坑开挖，如地下水位较高，应采取措施降低地下水位至基坑底以下50cm处；当地下水位较高，土质为粉土、粉砂或细砂时，不得采用明沟排水，以免产生流砂现象，破坏基底土体；宜采用轻型井点或深井井点方法降水，并设置水位降低观测孔，井点设置应有专门设计。降水时间应持续到箱形基础施工完成、回填土完毕，以防止发生基础箱体上浮事故。

(3) 基础开挖应验算边坡稳定性，当地基为软弱土或基坑邻近有建（构）筑物时，应有临时支护措施，如设钢筋混凝土钻孔灌注桩，桩顶浇混凝土连续梁连成整体，支护离箱形基础应不少于1.2m，上部应避免堆载、卸土。

(4) 箱形基础开挖深度大，挖土卸载后，土中压力减少，土的弹性效应有时会使基坑坑面土体回弹变形（回弹变形量有时占建筑物地基变形量的50%以上），基坑开挖到设计基础度标高经验收后，应随即浇筑垫层和箱形基础底板，防止地基土的冻胀。

(5) 箱形基础设置后浇缝带，注意必须是在底板、墙壁和顶板的同一位置上部留设，使形成环形，以利释放早、中期温度应力。若只在底板和墙壁上留后浇缝带，而在顶板上不留设，将会在顶板上产生应力集中，出现裂缝，且会传递到墙壁后浇带，也会引起裂缝。

3.4 桩基础施工

3.4.1 桩基的作用和分类

1. 桩基的作用

桩基一般由设置于土中的桩和承接上部结构的承台组成。桩的作用在于将上部建筑物的荷载传递到深处承载力较大的土层上，或使软弱土层挤压，以提高土壤的承载力和密实度，从而保证建筑物的稳定性和减少地基沉降。绝大多数桩基的桩数不止一根，应将各根桩在上端（桩顶）通过承台联成一体。根据承台桩基与地面的相对位置不同，一般有低承台桩基与高承台桩基之分。前者的承台底面位于地面以下，而后者则高出地面以上。一般来说，采用高承台主要是为了减少水下施工作业和节省基础材料，常用于桥梁和港口工程中。而低承台承受荷载的条件比高承台好，特别在水平荷载作用下，承台周围的土体可以发挥一定的作用。在一般房屋和构筑物中，大都使用低承台桩基。

【参考图文】

2. 桩基的分类

1) 按承载性状分类

(1) 摩擦型桩：指桩顶荷载全部或主要由桩侧阻力承担的桩。根据桩侧阻力承担荷载的份额，摩擦桩又分为纯摩擦桩和端承摩擦桩。

(2) 端承型桩：指桩顶荷载全部或主要由桩端阻力承担的桩。根据桩端阻力承担荷载的份额，端承桩又分为纯端承桩和摩擦端承桩。

(3) 复合受荷载桩：承受竖向、水平荷载均较大的桩。

2）按成桩方法与工艺分类

(1) 非挤土桩，如干作业法桩、泥浆护壁法桩、套管护壁法桩、人工挖孔桩。

(2) 部分挤土桩，如部分挤土灌注桩、预钻孔打入式预制桩、打入式开口钢管桩、H形钢桩、螺旋成孔桩等。

(3) 挤土桩，如挤土灌注桩、挤土预制混凝土桩（打入式桩、振入式桩、压入式桩）。

桩型与成桩工艺选择应根据建筑结构类型、荷载性质、桩的使用功能、穿越土层、桩端持力层土类、地下水位、施工设备、施工环境、施工经验、制桩材料供应条件等，根据经济合理、安全适用的条件进行选择。

3.4.2 钢筋混凝土打入桩施工

打入桩采用各类桩锤或振动锤，对钢筋混凝土预制桩施加冲击力或振动力，把桩打（沉）入土中成桩。本法优点是桩可在工厂或现场就地预制，质量易于保证，单桩承载力大，施工设备较简单，移动灵活，操作方便，可用于多种土层，沉桩效率高，速度快；但存在振动和噪声大、对周围居民和建筑物有一定干扰影响等问题。本工艺标准适用于工业与民用建筑基础采用钢筋混凝土预制方桩、圆桩或管桩的打入桩工程。

1. 桩的制作、运输和堆放

1）制作程序

现场制作场地压实、整平→场地地坪做三七灰土或浇筑混凝土→支模→绑扎钢筋骨架、安设吊环→浇筑混凝土→养护至30%强度拆模→支间隔端头模板、刷隔离剂、绑钢筋→浇筑间隔桩混凝土→同法间隔重叠制作第二层桩→养护至70%强度起吊→达100%强度后运输、堆放。

2）制作方法

(1) 混凝土预制桩可在工厂或施工现场预制。现场预制多采用工具式木模板或钢模板，支在坚实平整的地坪上，模板应平整牢靠，尺寸准确。用间隔重叠法生产，桩头部分使用钢模堵头板，并与两侧模板相互垂直，桩与桩间用塑料薄膜、油毡、水泥袋纸或刷废机油、滑石粉隔离剂隔开，邻桩与上层桩的混凝土须待邻桩或下层桩的混凝土达到设计强度的30%以后进行，重叠层数一般不宜超过四层。混凝土空心管桩采用成套钢管模胎在工厂用离心法制成。

【参考视频】

(2) 长桩可分节制作，单节长度应满足桩架的有效高度、制作场地条件、运输与装卸能力等方面的要求，并应避免在桩尖接近硬持力层或桩尖处于硬持力层中接桩。

(3) 混凝土强度等级应不低于C30，粗骨料用5～40mm碎石或卵石，用机械拌制混凝土，坍落度不大于6cm，混凝土浇筑应由桩顶向桩尖方向连续浇筑，不得中断，并应防止另一端的砂浆积聚过多，并用振捣器仔细捣实。接桩的接头处要平整，使上下桩能互相贴合对准。浇筑完毕应覆盖洒水养护不少于7d，如用蒸汽养护，在蒸养后尚应适当做自然养护，30d后方可使用。

3）起吊、运输和堆放

当桩的混凝土达到设计强度标准值的70%后方可起吊，吊点应系于设计规定之处。在吊索与桩间应加衬垫，起吊应平稳提升，采取措施保护桩身质量，防止撞击和受振动。

桩运输时的强度应达到设计强度标准值的100%。长桩运输可采用平板拖车、平台挂车或汽车后挂小炮车；短桩运输可采用载重汽车，现场运距较近，亦可采用轻轨平板车运输。装载时，桩支承应按设计吊钩位置或接近设计吊钩位置叠放平稳并垫实，支撑或绑扎牢固，以防运输中晃动或滑动；长桩采用挂车或炮车运输时，桩不宜设活动支座，行车应平稳，并掌握好行驶速度，防止任何碰撞和冲击。严禁在现场以直接拖拉桩体方式代替装车运输。

堆放场地应平整坚实，排水良好。桩应按规格、桩号分层叠置，支承点应设在吊点或近旁处，保持在同一横断平面上，各层垫木应上下对齐，并支承平稳，堆放层数不宜超过四层。运到打桩位置堆放，应布置在打桩架附设的起重钩工作半径范围内，并考虑到起吊方向，避免转向。

2. 打（沉）桩施工

1）施工准备

(1) 整平场地，清除桩基范围内的高空、地面、地下障碍物；架空高压线距打桩架不得小于10m；修设桩机进出、行走道路，做好排水措施。

(2) 按图纸布置进行测量放线，定出桩基轴线，先定出中心，再引出两侧，并将桩的准确位置测设到地面，每一个桩位打一个小木桩；并测出每个桩位的实际标高，场地外设2～3个水准点，以便随时检查之用。

(3) 检查桩的质量，将需用的桩按平面布置图堆放在打桩机附近，不合格的桩不能运至打桩现场。

(4) 检查打桩机设备及起重工具；铺设水电管网，进行设备架立组装和试打桩。在桩架上设置标尺或在桩的侧面画上标尺，以便能观测桩身入土深度。

(5) 打桩场地建（构）筑物有防震要求时，应采取必要的防护措施。

(6) 学习、熟悉桩基施工图纸，并进行会审；做好技术交底，特别是地质情况、设计要求、操作规程和安全措施的交底。

(7) 准备好桩基工程沉桩记录和隐蔽工程验收记录表格，并安排好记录和监理人员等。

2）打（沉）桩程序

(1) 根据地基土质情况，桩基平面布置，桩的尺寸、密集程度、深度，桩移动方便以及施工现场实际情况等因素确定打（沉）桩程序。如图3.4所示为几种打桩顺序对土体的挤密情况。当基坑不大时，打桩应逐排打设，或从中间开始分头向周边或两边进行。

对于密集群桩，自中间向两个方向或向四周对称施打，当一侧毗邻建筑物时，由毗邻建筑物处向另一方向施打。当基坑较大时，应将基坑分为数段，而后在各段范围内分别进行［图3.4(e)、(f)、(g)］，但打桩应避免自外向内，或从周边向中间进行，以避免中间土体被挤密，桩难以打入，或虽勉强打入但使邻桩侧移或上冒。

(2) 对基础标高不一的桩，宜先深后浅，对不同规格的桩，宜先大后小、先长后短，可使土层挤密均匀，防止位移或偏斜；在粉质黏土及黏土地区，应避免按一个方向进行，使土体同一边受挤压，造成入土深度不一、土体挤密程度不均，导致不均匀沉降。若桩距大于或等于四倍桩直径，则与打桩顺序无关。

3）吊桩定位

打桩前，按设计要求进行桩定位放线，确定桩位，每根桩中心钉一小桩，并设置油漆

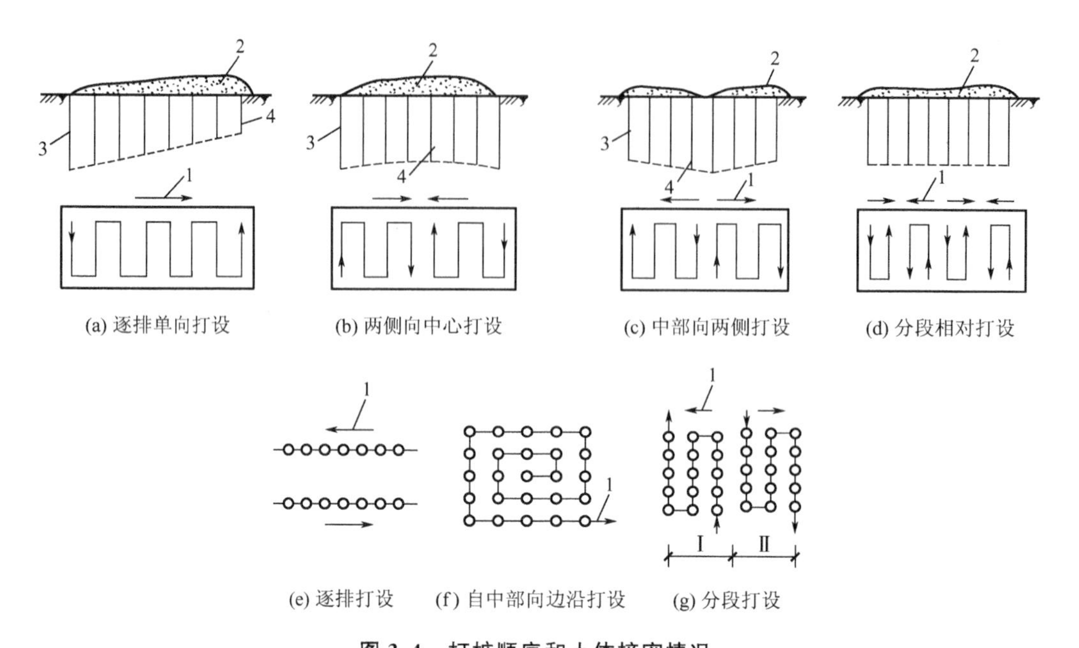

图 3.4　打桩顺序和土体挤密情况

1—打设方向；2—土的挤密情况；3—沉降量大；4—沉降量小

标志；桩的吊立定位，一般利用桩架附设的起重钩借桩机上卷扬机吊桩就位，或配一台履带式起重机送桩就位，并用桩架上夹具或落下桩锤借桩帽固定位置。

4）打（沉）桩方法

(1) 打桩方法有锤击法、振动法及静力压桩法等，其中以锤击法应用最为普遍。打桩时，应用导板夹具或桩箍将桩嵌固在桩架两导柱中，桩位置及垂直度经校正后，方可将锤连同桩帽压在桩顶，开始沉桩。桩锤、桩帽与桩身中心线要一致，桩顶不平，应用厚纸板垫平或用环氧树脂砂浆补抹平整。

(2) 开始沉桩应起锤轻压并轻击数锤，观察桩身、桩架、桩锤等垂直一致后，方可转入正常作业。桩插入时的垂直度偏差不得超过0.5%。

5）接桩形式和方法

【参考视频】

混凝土预制长桩，受运输条件和打（沉）桩架高度限制，一般分成数节制作，分节打入，在现场接桩。常用接头方式有焊接、法兰连接及硫黄胶泥锚接等几种，如图3.5所示。前两种可用于各类土层，硫黄胶泥锚接适用于软土层。焊接接桩，钢板宜用低碳钢，焊条宜用E43，焊接时应先将四角点焊固定，然后对称焊接，并确保焊缝质量和设计尺寸。法兰接桩，钢板和螺栓亦宜用低碳钢并紧固牢靠。硫黄胶泥锚接桩，使用的硫黄胶泥配合比应通过试验确定。锚接时应注意以下几点：①锚筋应刷净并调直；②锚筋孔内应有完好螺纹，无积水、杂物和油污；③接桩时接点的平面和锚筋孔内应灌满胶泥，灌注时间不得超过2min；④胶泥试块每班不得少于一组。

6）工艺流程

基本流程是：就位桩机→起吊预制桩→稳桩→打桩→接桩→送桩→中间检查验收→移桩机至下一个桩位。

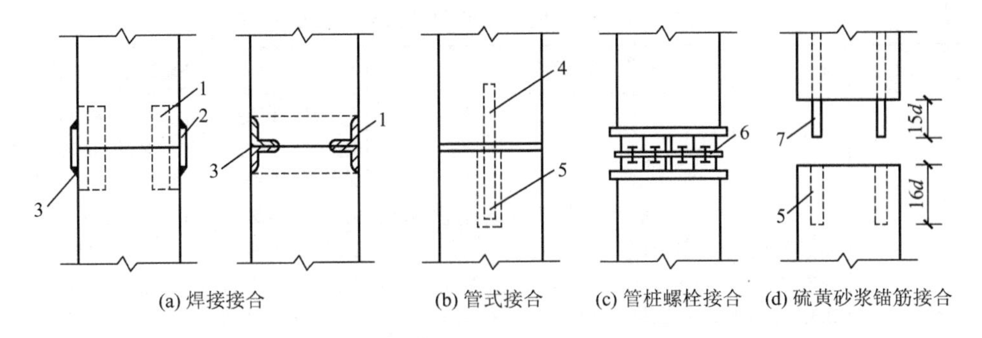

图 3.5 桩的接头形式

1—角钢与主筋焊接；2—钢板；3—焊缝；4—预埋钢管；5—浆锚孔；
6—预埋法兰；7—预埋锚筋；d—锚栓直径

(1) 就位桩机。打桩机就位时，应对准桩位，保证垂直稳定，在施工中不发生倾斜、移动。

(2) 起吊预制桩。先拴好吊桩用的钢丝绳和索具，然后应用索具捆住桩上端吊环附近处，一般不宜超过 30cm，再开动机器起吊预制桩，使桩尖垂直对准桩位中心，缓缓放下插入土中，位置要准确；再在桩顶扣好桩帽或桩箍，即可除去索具。

(3) 稳桩。桩尖插入桩位后，先用较小的落距冷锤 1～2 次，桩入土一定深度，再使桩垂直稳定。10m 以内短桩可目测或用线坠双向校正；10m 以上或打接桩必须用线坠或经纬仪双向校正，不得用目测。桩插入时垂直度偏差不得超过 0.5%。桩在打入前，应在桩的侧面或桩架上设置标尺，以便在施工中观测、记录。

(4) 打桩。用落锤或单动锤打桩时，锤的最大落距不宜超过 1.0m；用柴油锤打桩时，应使锤跳动正常。打桩宜重锤低击，锤重应根据工程地质条件、桩的类型、结构、密集程度及施工条件等选用。打桩顺序，根据基础的设计标高应先深后浅，依桩的规格宜先大后小、先长后短。由于桩的密集程度不同，可自中间向两个方向对称进行或向四周进行，也可由一侧向单一方向进行。

(5) 接桩。在桩长不够的情况下，采用焊接接桩，其预制桩表面上的预埋件应清洁，上下节之间的间隙应用铁片垫实焊牢；焊接时，应采取措施减少焊缝变形；焊缝应连续焊满。接桩时，一般在距地面 1m 左右时进行。上下节桩的中心线偏差不得大于 10mm，节点折曲矢高不得大于 1‰桩长。接桩处入土前，应对外露铁件再次补刷防腐漆。重要工程应做 10%的焊缝探伤检查。

(6) 送桩。设计要求送桩时，送桩的中心线应与桩身吻合一致，才能进行送桩。若桩顶不平，可用麻袋或厚纸垫平。送桩留下的桩孔应立即回填密实。

(7) 检查验收。每根桩打到贯入度要求，桩尖标高进入持力层，接近设计标高时，或打至设计标高时，应进行中间验收。在控制时，一般要求最后 3 次 10 锤的平均贯入度不大于规定的数值，或以桩尖打至设计标高来控制，符合设计要求后，填好施工记录。如发现桩位与要求相差较大时，应会同有关单位研究处理。然后移桩机到新桩位。

3. 打 (沉) 桩常遇问题及预防、处理方法

打 (沉) 桩常遇问题及预防、处理方法见表 3-2。

表 3-2 打（沉）桩常遇问题及预防、处理方法

名称、现象	产生原因	预防措施及处理方法
桩顶位移或上升涌起（在沉桩过程中，相邻的桩产生横向位移或桩身上涌）	1. 桩入土后，遇到大块孤石或坚硬障碍物，把桩尖挤向一侧 2. 桩身不正直；或两节桩或多节桩施工，相接的两节桩不在同一轴线上，造成歪斜 3. 采用钻孔、插桩施工时，钻孔倾斜过大，在沉桩过程中桩顺钻孔倾斜而产生位移 4. 在软土地基施工较密集的群桩时，如沉桩次序不当，由一侧向另一侧施打，常会使桩向一侧挤压造成位移或涌起 5. 遇流砂；或因桩数较多、土体饱和密实、桩间距较小、在沉桩时土被挤过密而向上隆起，有时使相邻的桩随同一起涌起	施工前用钎或洛阳铲探明地下障碍物，较浅的挖除，深的用钻钻透或爆碎；对桩要吊线检查；桩不正直，桩尖不在桩纵轴线上时不宜使用，一节桩的细长比不宜超过40；钻孔插桩，钻孔必须垂直，垂直偏差应在1%以内，插桩时，桩应顺孔插入，不得歪斜；打桩注意打桩顺序，避免打桩期间同时开挖基坑，一般宜间隔14d，以消散孔隙压力，避免桩位移或涌起；在饱和土中沉桩，采用井点降水、砂井或挖沟降水或排水措施；采用“插桩法”；减少土的挤密及孔隙水压力的上升，桩的间距应不少于3.5倍桩直径。 位移过大时，应拔出，移位再打，位移不大时，可用木架顶正，再慢锤打入；障碍物不深，可挖去回填后再打；浮起量大的桩应重新打入
桩身倾斜（桩身垂直偏差过大）	1. 场地不平，打桩和导杆不直，引起桩身倾斜 2. 稳桩时桩不垂直，桩顶不平，桩帽、桩锤及桩不在同一直线上 3. 桩制作时桩身弯曲超过规定，桩尖偏离桩的纵轴线较大，桩顶、桩帽倾斜，致使沉入时发生倾斜 4. 同“桩顶位移”原因分析1～3	安设桩架场地应整平，打桩机底盘应保持水平，导杆应吊线保持垂直；稳桩时桩应垂直，桩帽、桩锤和桩三者应在同一垂线上；桩制作时，应控制使桩身弯曲度不大于1%；桩顶应使与桩纵轴线保持垂直；桩尖偏离桩纵轴线过大时不宜应用；“产生原因4”的防治措施，同“桩顶位移”的防治措施
桩头击碎（打桩时，桩顶出现混凝土掉角、碎裂、坍塌或被打坏，桩顶钢筋局部或全部外露）	1. 桩设计未考虑工程地质条件或机具性能，桩顶的混凝土强度等级设计偏低，钢筋网片不足，造成强度不够 2. 桩预制时，混凝土配合比不准确，振捣不密实，养护不良，未达到设计要求而被打碎 3. 桩制作外形不合要求，如桩顶面倾斜或不平，桩顶保护层过厚 4. 施工机具选择不当，桩锤选用过大或过小，锤击次数过多，使桩顶混凝土疲劳损坏 5. 桩顶与桩帽接触不平，桩帽变形倾斜或桩沉入土中不垂直，造成桩顶局部应力集中而将桩头破碎打坏 6. 沉桩时未加缓冲桩或桩垫不合要求，失去缓冲作用，使桩直接承受冲击荷载 7. 施工中落锤过高或遇坚硬砂土夹层、大块石等	应根据工程地质条件和施工机具性能合理设计桩头，保证有足够的强度；桩制作时混凝土配合比要正确，振捣密实，主筋不得超过第一层钢筋网片，浇筑后应有1～3个月的自然养生过程，使其充分硬化和排除水分，以增强抗冲击能力；沉桩前，应对桩构件进行检查，如桩顶不平或不垂直于桩轴线，应修补后才能使用，检查桩帽与桩的接触面处及桩帽垫木是否平整，如不平整应进行处理后方能开打；沉桩时，稳桩要垂直；桩顶应加草垫、纸袋或胶皮等缓冲垫，如发现损坏，应及时更换；如桩顶已破碎，应更换或加桩垫，如破碎严重，可把桩顶剔平补强，必要时加钢板箍，再重新沉桩；遇砂夹层或大块石，可采用小钻孔再插预制桩的办法施打

（续）

名称、现象	产 生 原 因	预防措施及处理方法
桩身断裂（沉桩时，桩身突然倾斜错位，贯入度突然增大，同时当桩锤跳起后，桩身随之出现回弹）	1. 桩制作弯曲度过大，桩尖偏离轴线，或沉桩时桩细长比过大，遇到较坚硬土层或障碍物，或因其他原因出现弯曲，在反复集中荷载作用下，当桩身承受的抗弯强度超过混凝土抗弯强度时，即产生断裂 2. 桩在反复施打时，桩身受到拉压，当大于混凝土的抗拉强度时，会产生裂缝、剥落而导致断裂 3. 桩制作质量差，局部强度低或不密实；或桩在堆放、起吊、运输过程中产生了裂缝或断裂 4. 桩身打断，接头断裂或桩身劈裂	施工前查清地下障碍物并清除，检查桩外形尺寸，发现弯曲超过规定或桩尖不在桩纵轴线上时，不得使用；桩长细比应控制在不大于40；沉桩过程中，发现桩不垂直，应及时纠正，或拔出重新沉桩；接桩要保持上下节桩在同一轴线上；桩制作时，应保证混凝土配合比正确，振捣密实，强度均匀；桩在堆放、起吊、运输过程中，应严格按操作规程，发现桩超过有关验收规定不得使用；普通桩在蒸养后，宜在自然条件下再养护一个半月，以提高后期强度。 已断桩，可采取在一旁补桩的办法处理
接头松脱、开裂（接桩处经锤击后，出现松脱、开裂等现象）	1. 接头表面留有杂物、油污未清理干净 2. 采用硫黄胶泥接桩时，配合比、配制使用温度控制不当，强度达不到要求，在锤击作用下产生开裂 3. 采用焊接或法兰连接时，连接铁件或法兰平面不平，存在较大间隙，造成焊接不牢或螺栓不紧；或焊接质量不好，焊缝不连续、不饱满，存在夹渣等缺陷 4. 两节桩不在同一直线上，在接桩处产生弯曲，锤击时，接桩处局部产生应力集中而破坏连接	接桩前，应将连接表面杂质、油污清除干净；采用硫黄胶泥接桩时，严格控制配合比及熬制、使用温度，按操作要求操作，保证连接强度；检查连接部件是否牢固、平整，如有问题，应修正后才能使用；接桩时，两节桩应在同一轴线上，预埋连接件应平整服帖，连接好后，应锤击几下再检查一遍，如发现松脱、开裂等现象，应采取补救措施，如重接、补焊、重新拧紧螺栓并把丝扣凿毛，或用电焊焊死
沉桩达不到设计控制要求（沉桩未达到设计标高或最后沉入度控制指标要求）	1. 地质勘察资料粗糙，地质和持力层起伏标高不明，致使设计桩尖标高与实际不符，达不到设计标高要求；或持力层过高 2. 设计要求过严，超过施工机械能力和桩身混凝土强度 3. 沉桩遇地下障碍物，如大块石、混凝土坑等，或遇坚硬土夹层、砂夹层 4. 在新近代砂层沉桩，同一层土的强度差异很大，且砂层越挤越密，有时出现沉不下去的现象 5. 桩锤选择太小或太大，使桩沉不到或超过设计要求的控制标高 6. 桩顶打碎或桩身打断，致使桩不能继续打入 7. 打桩间歇时间过长，摩阻力增大	详细探明工程地质情况，必要时应做补勘；正确选择持力层或标高，根据地质情况和桩重，合理选择施工机械、桩锤大小、施工方法和桩混凝土强度；探明地下障碍物，并清除掉或钻透、爆碎；在新近代砂层沉桩，注意打桩次序，减少向一侧挤密的现象；打桩应连续打入，不宜间歇时间过长；防止桩顶打碎和桩身打断，措施同“桩顶破碎”“桩身断裂”的防治措施

（续）

名称、现象	产 生 原 因	预防措施及处理方法
桩急剧下沉（桩下沉速度过快，超过正常值）	1. 遇软土层或土洞 2. 桩身弯曲或有严重的横向裂缝；接头破裂或桩尖劈裂 3. 落锤过高或接桩不垂直	遇软土层或土洞，应进行补桩或填洞处理；沉桩前检查桩垂直度和有无裂缝情况，发现弯曲或裂缝，处理后再沉桩；落锤不要过高，将桩拔起检查，改正后重打，或靠近原桩位做补桩处理
桩身跳动，桩锤回弹（桩反复跳动，不下沉或下沉很慢，桩锤回弹）	1. 桩尖遇树根、坚硬土层 2. 桩身弯曲过大，接桩过长	检查原因，穿过或避开障碍物；桩身弯曲如超过规定，不得使用；接桩长度不应超过 40d，操作时注意落锤不应过高。 如入土不深，应拔起避开或换桩重打

4. 打（沉）桩对周围环境的影响及预防措施

1）对环境的影响

打（沉）桩由于巨大体积的桩体在冲击作用下于短时间内沉入土中，会对周围环境带来下述危害。

（1）挤土。由于桩体入土后挤压周围土层造成的。

（2）振动。打桩过程中，在桩锤冲击下桩体产生振动，使振动波向四周传播，会给周围的设施造成危害。

（3）超静水压力。土壤中含的水分在桩体挤压下产生很高的压力，此高压力水向四周渗透时，亦会给周围设施带来危害。

（4）噪声。桩锤对桩体冲击产生的噪声，达到一定分贝时，会对周围人民的生活和工作带来不利影响。

2）预防措施

为避免和减轻上述打桩造成的危害，根据过去的经验总结，可采取下述措施。

（1）限速。即控制单位时间（如 1d）打桩的数量，可避免产生严重的挤土和超静水压力。

（2）正确确定打桩顺序。一般在打桩的推进方向挤土较严重，为此，宜背向保护对象向前推进打设。

（3）挖应力释放沟（或防振沟）。在打桩区与被保护对象之间挖沟（深 2m 左右），此沟可隔断浅层内的振动波，对防振有益。如在沟底再钻孔排土，则可减轻挤土影响和超静水压力。

（4）埋设塑料排水板或袋装砂井。可人为造成竖向排水通道，易于排除高压力的地下水，使土中水压力降低。

（5）钻孔植桩打设。在浅层土中钻孔（桩长的 1/3 左右），可大大减轻浅层挤土影响。

3.4.3 静力压桩施工

1. 特点及原理

静压法沉桩是通过静力压桩机的压桩机构，以压桩机自重和桩机上的配重作用力（800～1500kN）将预制钢筋混凝土桩分节压入地基土层中成桩，在我国沿海地区广泛应用。与锤击沉桩相比，其具有施工无噪声、无振动、无污染、效率高、施工速度快、可提高桩基施工质量、沉桩速度快、施工安全可靠、便于拆装维修及运输等特点；但存在压桩设备较笨重、要求边桩中心到已有建筑物间距较大、压桩力受一定限制、挤土效应仍然存在等问题。静力压桩适用于软土、填土及一般黏性土层，特别适合于居民稠密及危房附近环境保护要求严格的地区沉桩；但不宜用于地下有较多孤石、障碍物或有4m以上硬隔离层的情况。

2. 压桩机具设备

静力压桩机分机械式和液压式两种。前者由桩架、卷扬机、加压钢丝绳、滑轮组和活动压梁等部件组成。后者由压拔装置、行走机构及起吊装置等组成，如图3.6所示，采用液压操作，自动化程度高、结构紧凑、行走方便快速，是当前国内较广泛采用的一种新型压桩机械。

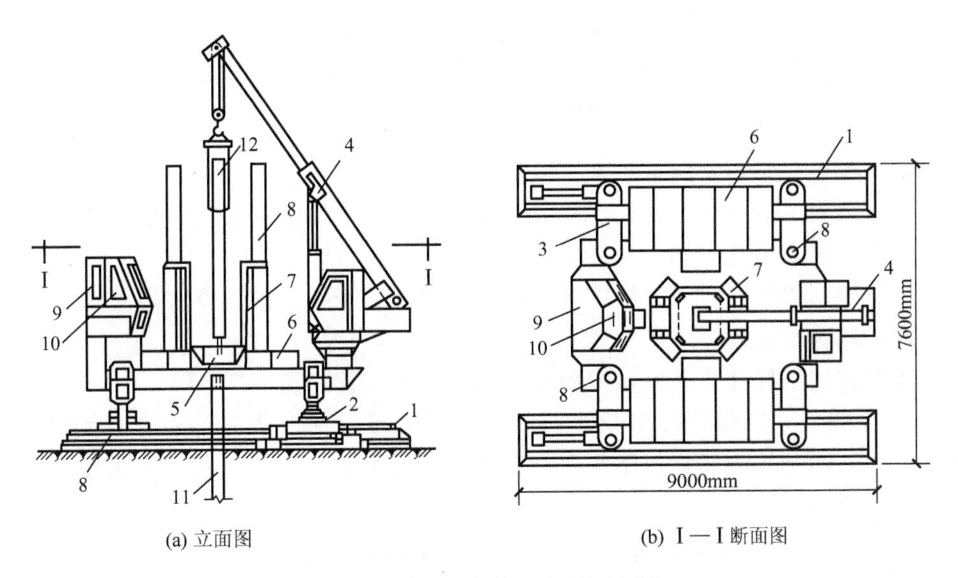

(a) 立面图　　(b) Ⅰ—Ⅰ断面图

图3.6　全液压式静力压桩机压桩

1—长船行走机构；2—短船行走及回转机构；3—支腿式底盘结构；4—液压起重机；5—夹持与压板装置；6—配重铁块；7—导向架；8—液压系统；9—电控系统；10—操纵室；11—已压入下节桩；12—吊入上节桩

3. 施工工艺方法要点

（1）静压预制桩的施工，一般都采取分段压入、逐段接长的方法。其施工程序为：测量定位→压桩机就位→吊桩、插桩→桩身对中调直→静压沉桩→接桩→再静压沉桩→送桩→终止压桩→切割桩头。静压预制桩施工前的准备工作、桩的制作、起吊、运输、堆放、施工流水、测量放线、定位等，均同于锤击法打（沉）预制桩。

压桩的工艺程序如图 3.7 所示。

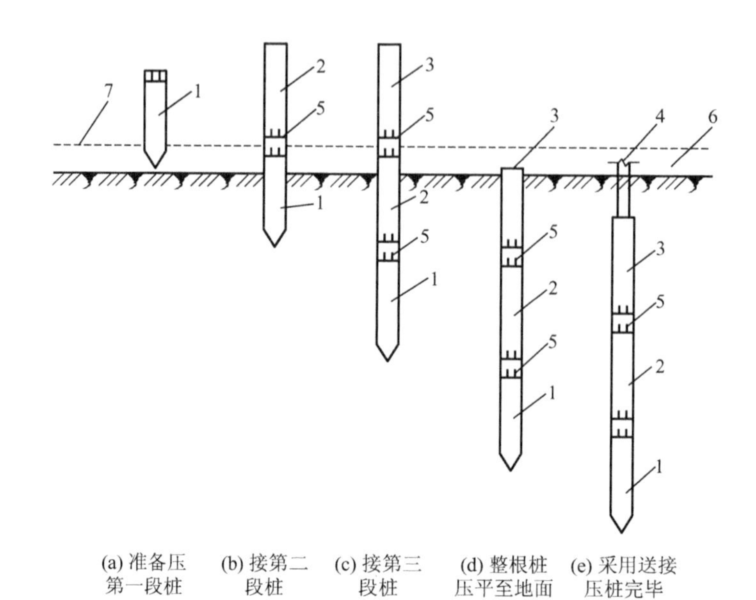

图 3.7　压桩工艺程序示意图

1—第一段桩；2—第二段桩；3—第三段桩；4—送桩；5—桩接头处；6—地面线；7—压桩架操作平台线

（2）在压桩过程中，要认真记录桩入土深度和压力表读数的关系，以判断桩的质量及承载力。当压力表读数突然上升或下降时，要停机对照地质资料进行分析，判断是否遇到障碍物或产生断桩现象等。

（3）压桩应连续进行，因故停歇的时间不宜过长，否则压桩力将大幅度增长而导致桩压不下去或桩基被抬起。

（4）压桩应控制好终止条件，一般可按以下要点进行控制。

① 对于摩擦桩，按照设计桩长进行控制，但在施工前应先按设计桩长试压几根桩，待停置 24h 后，用与桩的设计极限承载力相等的终压力进行复压，如果桩在复压时几乎不动，即可以此进行控制。

② 对于端承摩擦桩或摩擦端承桩，按终压力值进行控制。

a. 对于桩长大于 21m 的端承摩擦桩，终压力值一般取桩的设计极限承载力。当桩周土为黏性土且灵敏度较高时，终压力可按设计极限承载力的 0.8～0.9 倍取值。

b. 当桩长小于 21m 而大于 14m 时，终压力按设计极限承载力的 1.1～1.4 倍取值，或桩的设计极限承载力取终压力值的 0.7～0.9 倍。

c. 当桩长小于 14m 时，终压力按设计极限承载力的 1.4～1.6 倍取值，或设计极限承载力取终压力值 0.6～0.7 倍，其中对小于 8m 的超短桩按 0.6 倍取值。

③ 超载压桩时，一般不宜采用满载连续复压法，但在必要时可以进行复压，复压的次数不宜超过 2 次，且每次稳压时间不宜超过 10s。

3.4.4 混凝土灌注桩施工

1. 长螺旋钻孔灌注桩施工

长螺旋钻成孔灌注桩系用长螺旋钻机钻孔，至设计深度后进行孔底清理，下钢筋笼，灌注混凝土成桩。其特点是：成孔不用泥浆或套管护壁，施工无噪声、无振动，对环境无泥浆污染；机具设备简单，装卸移动快速，施工准备工作少、工效高，可降低施工成本等。本工艺标准，适用于民用与工业建筑地下水位以上的一般黏性土、砂土及人工填土地基采用长螺旋钻成孔灌注桩工程。

【参考视频】

1）材料要求

（1）水泥。用强度等级为32.5级的矿渣水泥或普通水泥。

（2）砂。中砂或粗砂，含泥量小于5%。

（3）石子。卵石或碎石，粒径5～32mm，含泥量小于2%。

（4）钢筋。品种和规格应符合设计要求，并有出厂合格证及试验报告。

（5）外加剂、掺合料。根据施工需要按试验确定。

2）主要机具设备

常用螺旋钻机，有履带式（图3.8）和步履式（图3.9）两种。前者一般由W1001履带车、支架、导杆、鹅头架滑轮、电动机头、螺旋钻杆及出土筒组成；后者的行走度盘为步履式，在施工时用步履进行移动，步履式机下装有活动轮子，施工完毕后装上轮子由机动车牵引到另一工地。

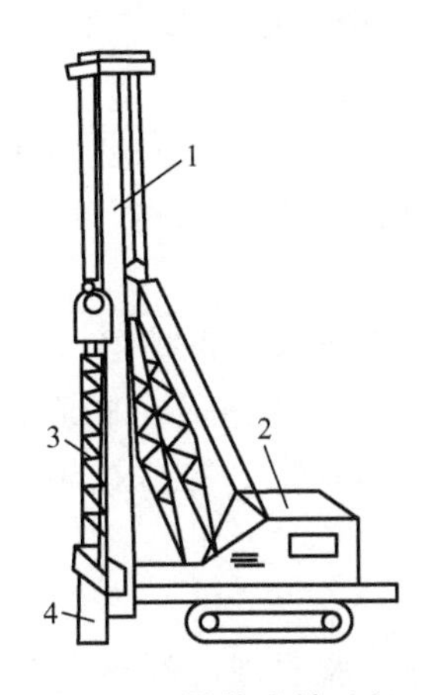

图3.8　履带式钻孔机

1—导杆；2—W1001履带吊车；3—钻杆；4—出土筒

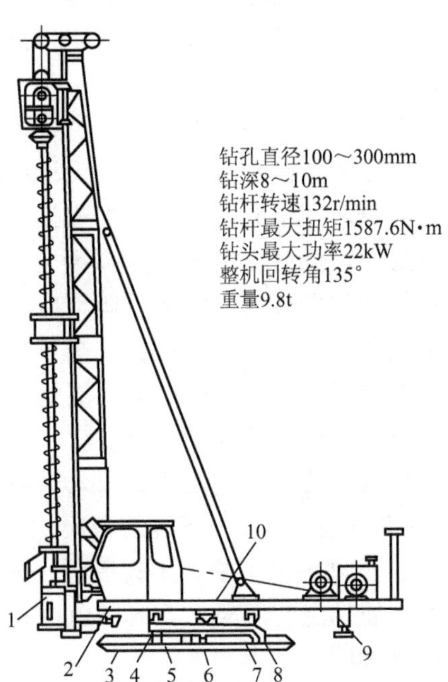

图3.9　步履式钻孔机

1—出土筒；2—上盘；3—下盘；4—回转滚轮；5—行走滚轮；6—钢丝滑轮；7—行走油缸；8—中盘；9—支腿；10—回转中心轴

【参考图文】

3）作业条件

（1）地质资料、施工图纸、施工组织设计已齐全。

（2）施工场地范围内的地面、地下障碍物均已排除或处理。场地已平整，对影响施工机械运行的松软场地已进行适当处理，并有排水措施。

（3）施工用水、用电、道路及临时设施均已就绪。

（4）现场已设置测量基准线、水准基点，并妥加保护。施工前已复核桩位。

（5）在复杂土层中施工时，应事先进行成孔试验，数量一般不少于2个。

4）施工操作工艺

（1）钻孔机就位时应校正，要求保持平整、稳固，在钻进时不发生倾斜或移动。在钻架上应有控制深度标尺，以便在施工中进行观测、记录。

（2）钻孔时，先调直桩架梃杆，对好桩位启动钻机钻0.5～1.0m深，检查一切正常后，再继续钻进，土块随螺栓叶片上升排出孔口，达到设计深度后停钻、提钻，检查成孔质量。然后移动钻机至下一桩位。

（3）钻进过程中，排出孔口的土应随时清除、运走，钻至预定深度后，应在原深处空转清土，然后停止回转，提钻杆，但不转动，孔底虚土厚度超过标准时，应分析原因，采取措施处理。

（4）钻进时如严重坍孔，有大量的泥土时，需回填砂或黏土重新钻孔，或往孔内倒少量土粉或石灰粉。如遇有含石块较多的土层，或含水率较大有软塑黏土层时，应注意避免钻杆晃动引起孔径扩大，致使孔壁附着扰动土和孔底增加回落土。

（5）清孔后应用测绳（锤）或手提灯测量孔深及虚土厚度。虚土厚度等于钻深与孔深之差值，一般不应大于100mm。如清孔时少量浮土泥浆不易清除，可投入25～60mm厚的卵石或碎石插实，以挤密土体。

（6）钢筋笼骨架应一次绑好，并绑好砂浆块，对准孔位吊直扶稳送入或用导向钢筋缓慢送入孔内，注意勿碰孔壁。下放到设计位置后，应立即固定。保护层应符合要求。钢筋笼过长时，可分两段吊放，采用电焊连接。

（7）钢筋笼定位后，应即灌注混凝土，以防塌孔，混凝土的坍落度一般为8～10cm；为保证其和易性和坍落度，应适当调整砂率，掺减水剂和粉煤灰等。

（8）桩混凝土浇筑应连续进行，分层振实，分层高度一般不得大于1.5m，用接长软轴的插入式振动器，配以钢钎捣实。浇筑至桩顶时，应适当超过桩顶设计标高，以便在凿除桩顶浮浆层后，标高符合设计要求。

（9）桩顶有插筋时，应使垂直插入，防止插斜或插偏，保持有足够的保护层。

（10）冬期气温在0℃以下浇筑混凝土时，应采取适当的加热保温措施，在桩顶混凝土未达到40%抗冻临界强度前，不得受冻。雨期施工现场应采取有效防雨、排水措施。桩成孔后立即下钢筋笼浇筑混凝土，以避免桩孔灌水造成塌孔。

5）质量标准

（1）桩的原材料和混凝土强度等级，必须符合设计要求和施工验收规范的规定。

（2）桩的成孔深度必须符合设计要求，以摩擦力为主的桩，沉渣厚度严禁大于300mm；以端承力为主的桩，沉渣厚度严禁大于100mm。

（3）实际浇筑混凝土量，严禁小于计算体积。

(4) 浇筑后的桩顶标高及浮浆处理，必须符合设计要求和施工规范的规定。

6) 成品保护

(1) 钢筋笼在制作、运输和安装过程中，应采取防止变形措施。放入桩孔时，应捆绑保护垫块或垫管、垫板。

(2) 已下入桩孔内的钢筋笼应有固定措施，防止移位或浇筑混凝土时上浮。钢筋笼放入孔内后，应在4h内浇筑混凝土。

(3) 安装钻孔机、运钢筋笼以及浇筑混凝土时，均应注意保护好现场的轴线控制和水准基点桩。

(4) 桩头预留的主筋插筋，应妥善保护，不得任意弯折或压断。

(5) 已完桩的软土基坑开挖，应制定合理的施工顺序和技术措施，防止造成桩位移和倾斜，并应检查每根桩的纵横水平偏差，采取纠正措施。

7) 安全措施

(1) 认真查清邻近建（构）筑物情况，采取有效的防震安全措施，以避免钻成孔时，震坏邻近建（构）筑物，造成裂缝、集结倾斜甚至倒塌事故。

(2) 钻成孔机械操作时应安放平稳，防止冲孔时突然倾倒或冲锤突然下落，造成人员伤亡和设备损坏。

(3) 采用泥浆护壁成孔，应根据设计情况、地质条件和孔内情况变化，认真控制泥浆密度、孔内水头高度、护筒埋设深度、钻机垂直度、钻进和提钻速度等，以防止塌孔，造成机具塌陷。

(4) 冲击锤（钻）操作时，距落锤6m范围内不得有人员走动或进行其他作业，非工作人员不准进入施工区域内。

(5) 钻孔灌注桩在已成孔尚未灌注混凝土前，应用盖板封严，以免掉土或发生人身安全事故。

(6) 所有成孔设备，电路要架空设置，不得使用不防水的电线或绝缘层有损伤的电线。电闸箱和电动机要有接地装置，加盖防雨罩；电路接头要安全可靠，开关要有保险装置。

(7) 恶劣气候钻孔机应停止作业，休息或作业结束时，应切断操作箱上的总开关，并将离电源最近的配电盘上的开关切断。

(8) 混凝土灌注时，装、拆导管人员必须戴安全帽，并注意防止扳手、螺钉等掉入桩孔内；拆卸导管时，其上空不得进行其他作业，导管提升后继续浇注混凝土前，必须检查其是否垫稳或挂牢。

8) 施工注意事项

(1) 钻孔时，应注意地层土质变化，遇有砂砾石、卵石或流塑淤泥、上层滞水时，应即采取措施处理，防止塌方。出现钻杆跳动、机架摇晃、钻不进尺等异常情况时，应立即停车检查。

(2) 操作中要及时清理虚土，必要时应二次施钻清理；钻孔完毕，孔口应用盖板盖好，防止掉土和在盖板上行车。

(3) 钢筋在堆放、运输、起吊和就位过程中，应严格按操作规程和保证质量技术措施执行，以防钢筋笼变形或损坏孔壁。

(4) 混凝土浇筑应严格按操作工艺，边浇灌混凝土边振捣；严禁把土层杂物与混凝土一起灌入桩孔内，以及防止出现缩颈、孔洞、夹土等质量通病。

(5) 混凝土灌到桩顶时，应随时测量桩顶标高，以免过高而造成截桩。

2. 泥浆护壁成孔灌注桩施工

泥浆护壁成孔是用泥浆保护孔壁、防止塌孔和排出土渣而成孔，不同土质和地下水位高低都适用，多用于含水率高的软土地区。成孔机械有回转钻机、潜水钻机、冲击钻等，其中以回转钻机应用最多。下面主要介绍回转钻机成孔施工工艺。

回转钻成孔灌注桩，又称正反循环成孔灌注桩，是用一般地质钻机在泥浆护壁条件下慢速钻进，通过泥浆排渣成孔、灌注混凝土成桩，为国内最为常用和应用范围较广的成桩方法。其特点是：可利用地质部门常规地质钻机，适用于各种地质条件、各种大小孔径(300～2000mm)和深度(40～100m)，护壁效果好，成孔质量可靠，施工无噪声、无振动、无挤压，机具设备简单，操作方便，费用较低；但其成孔速度慢、效率低、用水量大，泥浆排放量大，污染环境，扩孔率较难控制。该成孔方法适用于高层建筑中地下水位较高的软、硬土层，如淤泥、黏性土、砂土、软质岩等。

1) 机具设备

主要机具设备为回转钻机，多用转盘式。钻架多用龙门式(高6～9m)，钻头常用三翼或四翼式钻头、牙轮合金钻头或钢粒钻头，以前者使用较多；配套机具有钻杆、卷扬机、泥浆泵(或离心式水泵)、空气压缩机($6\sim9m^3/h$)、测量仪器以及混凝土配制、钢筋加工设备等。

(1) 正循环回转钻机成孔。正循环回转钻机成孔的工艺原理如图3.10所示，其设备简单、工艺成熟。当孔深不太深、孔径小于800mm时钻进效果较好。当孔径较大时，钻孔与孔壁间的环形断面较大，泥浆循环时返流速度低，排渣能力弱。如将返流速度提高到0.2～0.35m/s，则泥浆的排量很大，有时难以达到，此时不得不提高泥浆的相对密度和黏度；但如果泥浆相对密度过大，稠度大，又难以排出钻渣，孔壁泥皮厚度大，影响成桩和清孔。这是正循环回转钻机成孔的弊病。

(2) 反循环回转钻机成孔。如图3.11所示，反循环回转钻机是让泥浆从钻杆与孔壁间的环状间隙流入钻孔，来冷却钻头并携带钻杆内腔返回地面的一种钻进工艺。由于钻杆内腔断面积比钻杆与孔壁间的环状面积小得多，因此泥浆的上返速度大，一般达2～3m/s，因而提高了排渣能力，能大大提高成孔效率。实践证明，反循环回转钻进成孔工艺是大直径成孔施工的一种有效的成孔工艺。

2) 施工程序及工艺方法要点

① 施工程序。

回转钻机成孔的施工程序如图3.12所示。

② 施工工艺方法要点。

a. 钻机就位前，先平整场地，铺好枕木并用水平尺校正，保证钻机平稳、牢固，不发生倾斜、位移。为准确控制钻孔深度，应在机架上或机管上做出控制标尺，以便在施工中进行观测、记录。

b. 在桩位埋设6～8mm厚钢板护筒，用来稳定孔口土壁及保持孔内水位，内径比孔口大100～200mm，埋深1～1.5m，同时挖好水源坑、排泥槽、泥浆池等。

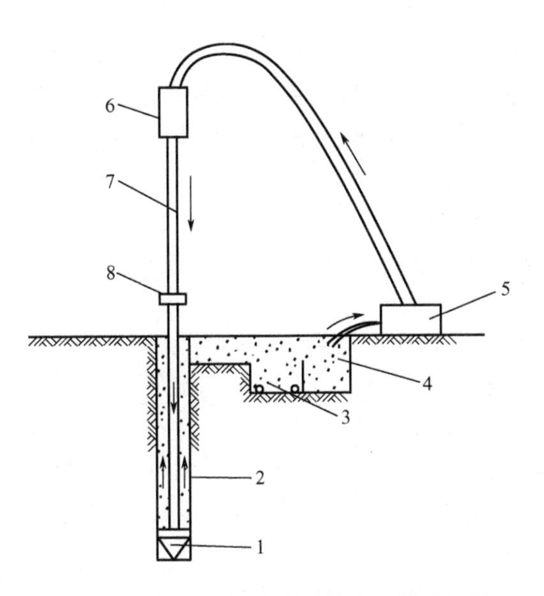

图 3.10　正循环回转钻机成孔工艺原理图

1—钻头；2—泥浆循环方向；3—沉淀池；
4—泥浆池；5—泥浆泵；6—水龙头；
7—钻杆；8—钻机回转装置

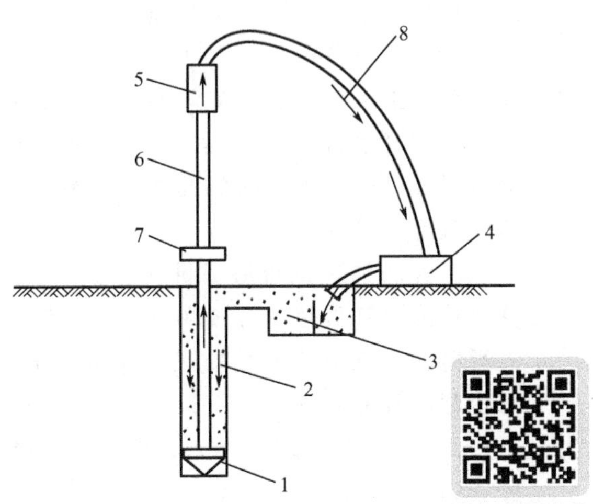

【参考图文】

图 3.11　反循环回转钻机成孔工艺原理图

1—钻头；2—新泥浆流向；3—沉淀池；
4—砂石泵；5—水龙头；6—水钻杆；
7—钻机回转装置；8—混合液流向

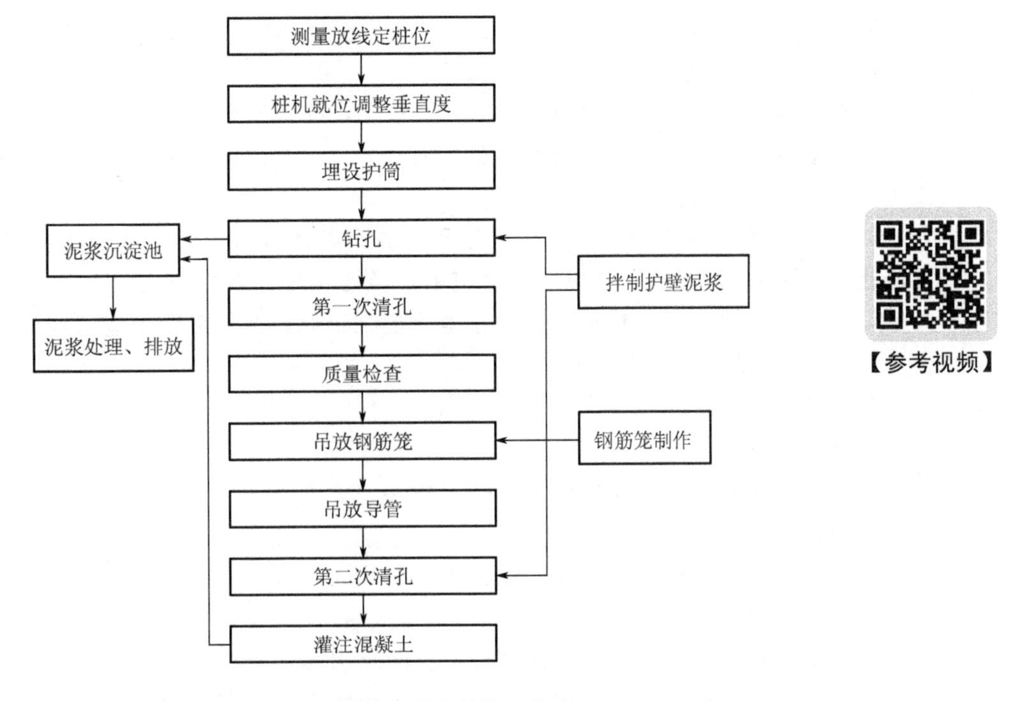

【参考视频】

图 3.12　回转钻机成孔的施工程序

c. 成孔一般多用正循环工艺，但对于孔深大于 30m 的端承桩，宜用反循环工艺成孔。钻进时如土质情况良好，可采取清水钻进，自然造浆护壁，或加入红黏土或膨润土泥浆护壁，泥浆密度为 1.3t/m^3，应保持孔内泥浆面高出地下水位 1m 以上。

d. 钻进时应根据土层情况加压，开始应轻压力、慢转速，逐步转入正常，一般土层按钻具自重钢绳加压，不超过10kN，基岩中钻进为15～25kN；钻机转速对合金钻头为180r/min，钢粒钻头为100r/min。在松软土层中钻进，应根据泥浆补给情况控制钻进速度；在硬土层或岩层中的钻进速度，以钻机不发生跳动为准。

e. 钻进程序，根据场地、桩距和进度情况，可采用单机跳打（隔一打一或隔二打一）、单机双打（一台机在两个机座上轮流对打）、双机双打（两台钻机在两个机座上轮流按对角线对打）等方法。

f. 孔底清理及排渣。桩孔钻完，应用空气压缩机清孔，可将30mm左右石块排出，直至孔内沉渣厚度小于100mm。清孔后泥浆密度不大于1.2t/m³。亦可用泥浆置换方法进行清孔。在黏土和粉质黏土中成孔时，可注入清水，以原土造浆护壁。排渣泥浆的相对密度应控制在1.1～1.2。在砂土和较厚的夹砂层中成孔时，泥浆相对密度应控制在1.1～1.3；在穿过砂夹卵石层或容易坍孔的土层中成孔时，泥浆的相对密度应控制在1.3～1.5。

g. 吊放钢筋笼：钢筋笼吊放前应绑好砂浆垫块；吊放时要对准孔位，吊直扶稳，缓慢下沉，钢筋笼放到设计位置时应立即固定，防止上浮。

h. 射水清底（第二次清孔）：在钢筋笼内插入混凝土导管（管内有射水装置），通过软管与高压泵连接，开动泵水即射出。射水后孔底的沉渣即悬浮于泥浆之中。

i. 隐蔽工程验收，合格后浇筑水下混凝土。水下混凝土的含砂率宜为40%～45%；用中粗砂，粗骨料最大粒径小于40mm；水泥用量不少于360kg/m³；坍落度宜为180～200mm；配合比通过试验确定。

j. 浇筑混凝土的导管直径宜为200～250mm，壁厚不小于3mm，分节长度视工艺要求而定，一般为2.0～2.5m，导管与钢筋应保持100mm距离，导管使用前应试拼装，以水压力0.6～1.0MPa进行试压。

k. 开始浇筑水下混凝土时，管底至孔底的距离宜为300～500mm，并使导管一次埋入混凝土面以下超过0.8m，在以后的浇筑中，导管埋深宜为2～6m。

l. 桩顶浇筑高度不能偏低，应使在凿除泛浆层后，桩顶混凝土能达到强度设计值。

3）质量标准

质量标准与“长螺旋钻成孔灌注桩施工”相同。

4）成品保护

与“长螺旋钻成孔灌注桩施工”要求相同。

5）安全措施

安全措施与“长螺旋钻成孔灌注桩施工”相同。

6）施工注意事项

（1）回转钻成孔时，为保持孔壁稳定，防止坍孔，应注意选好护壁泥浆，黏度和密度必须符合要求；护筒宜埋深、埋牢、埋正，护筒底部与周围要用黏土夯实，防止外部水渗入孔内；开孔时保持钻具与护筒同心，防止钻具撞击护筒；在松散的粉砂土层钻进时，应适当控制钻进速度，不宜过快；完成后，清孔和作灌注混凝土的准备工作时，仍应保持足够的补水量，使孔内有一定的水位，并尽量缩短成孔后间歇和浇筑混凝土的时间等。

（2）为了保证钢筋笼安放位置正确，做到不上浮、不偏，吊放时要用2根ϕ50mm钢管将钢筋笼叉住、卡牢；在钢筋笼四周上下应采取捆扎混凝土块导正措施；在混凝土浇灌至钢筋笼下部时，应放慢浇灌速度，待混凝土进入钢筋笼 2m 后，再加快灌注速度，以保证钢筋笼轴线与钻孔轴线一致。

(3) 桩混凝土灌注应注意选用合适的坍落度，必要时适当掺加木钙减水剂，下部可利用混凝土的大坍落度与下冲力和导管的上下抽动插捣使混凝土密实；上部必须用接长的软轴插入式振动器分层振捣密实，以保证桩体的密实度和强度。

7) 施工常遇问题及防治处理方法（表 3－3）

表 3－3　回转钻（电钻）成孔灌注桩常遇问题及防治处理方法

常遇问题	产生原因	防治措施及处理方法
坍孔	1. 护筒周围未用黏土填封紧密而漏水，或护筒埋置太浅 2. 未及时向孔内加泥浆，孔内泥浆面低于孔外水位，或孔内出现承压水降低了静水压力，或泥浆密度不够 3. 在流砂、软淤泥、破碎地层松散砂层中进钻，进尺太快或停在一处空转时间太长，转速太快	护筒周围用黏土填封紧密；钻进中及时添加新鲜泥浆，使其高于孔外水位；遇流砂、松散土层时，适当加大泥浆密度，不要使进尺过快、空转时间过长。 轻度坍孔，加大泥浆密度和提高水位。严重坍孔时，用黏土泥浆投入，待孔壁稳定后采用低速钻进
钻孔偏移（倾斜）	1. 桩架不稳，钻杆导架不垂直，钻机磨损，部件松动，或钻杆弯曲、接头不直 2. 土层软硬不均 3. 钻机成孔时，遇较大孤石或探头石，或基岩倾斜未处理，或在粒径悬殊的砂、卵石层中钻进。钻头所受阻力不均	安装钻机时，要对导杆进行水平和垂直校正，检修钻孔设备，如钻杆弯曲应及时调换，遇软硬土层应控制进尺，低速钻进偏斜过大时，填入石子、黏土重新钻进，控制钻速，慢速上下提升、下降，往复扫孔纠正；如有探头石，宜用钻机钻透，用冲孔机时用低锤密击，把石块打碎；遇倾斜基岩时，投入块石，使表面略平，用锤密打
流砂	1. 孔外水压比孔内大，孔壁松散，使大量流砂涌塞桩底 2. 遇粉砂层，泥浆密度不够，孔壁未形成泥皮	使孔内水压高于孔外水位 0.5m 以上，适当加大泥浆密度。 流砂严重时，可抛入碎砖、石、黏土，用锤冲入流砂层，做成泥浆结块，使其成坚厚孔壁，阻止流砂涌入
不进尺	1. 钻头粘满黏土块（糊钻头），排渣不畅，钻头周围堆积土块 2. 钻头合金刀具安装角度不适当，刀具切土过浅，泥浆密度过大，钻头配重过轻	加强排渣，重新安装刀具角度、形状、排列方向；降低泥浆密度，加大配重糊钻时，可提出钻头，清除泥块后再施钻
钻孔漏浆	1. 遇到透水性强或有地下水流动的土层 2. 护筒埋设过浅，回填土不密实或护筒接缝不严密，在护筒底部或接缝处漏浆 3. 水头过高使孔壁渗透	适当加稠泥浆或倒入黏土慢速转动，或在回填土内掺片石、卵石，反复冲击，增强护壁、护筒周围及底部接缝，用土回填密实，适当控制孔内水头高度，不要使压力过大

（续）

常遇问题	产生原因	防治措施及处理方法
钢筋笼偏位、变形、上浮	1. 钢筋笼过长，未设加劲箍，刚度不够，造成变形 2. 钢筋笼上未设垫块或耳环控制保护层厚度，或桩孔本身偏斜或偏位 3. 钢筋笼吊放未垂直缓慢放下，而是斜插入孔内 4. 孔底沉渣未清理干净，使钢筋笼达不到设计强度 5. 当混凝土面至钢筋笼底时，混凝土导管理深不够，混凝土冲击力使钢筋笼被顶托上浮	钢筋过长，应分 2～3 节制作，分段吊放，分段焊接或设加劲箍加强；在钢筋笼部分主筋上，应每隔一定距离设置混凝土垫块或焊耳环控制保护层厚度，桩孔本身偏斜、偏位应在下钢筋笼前往复扫孔纠正，孔底沉渣应置换清水或适当密度的泥浆清除；浇灌混凝土时，应将钢筋笼固定在孔壁上或压住；混凝土导管应埋入钢筋笼底面以下 1.5m 以上
吊脚桩	1. 清孔后泥浆密度过小，孔壁坍塌或孔底涌进泥浆，或未立即灌注混凝土 2. 清渣未净，残留石渣过厚 3. 吊放钢筋骨架、导管等物碰撞孔壁，使泥土坍落孔底	做好清孔工作，达到要求立即灌注混凝土；注意泥浆密度和使孔内水位经常保持高于孔外水位 0.5m 以上，施工注意保护孔壁，不让重物碰撞而造成孔壁坍塌
黏性土层缩颈、糊钻	由于黏性土层有较强的造浆能力和遇水膨胀的特性，使钻孔易于缩颈，或使黏土附在钻头上，产生抱钻、糊钻现象	除严格控制泥浆的黏度增大外，还应适当向孔内投入部分砂砾，防止糊钻；钻头宜采用带肋骨的钻头，边钻进边上下反复扩孔，防止缩颈卡钻事故
孔斜	1. 钻进松散地层中遇有较大的圆孤石或探头石，将钻具挤离钻孔中心轴线 2. 钻具由软地层进入陡倾角硬地层或粒径差别太大的砂砾层时，钻头所受阻力不均 3. 钻具导正性差，在超径孔段钻头走偏，以及由于钻机位置发生串动或底座产生局部下沉使其倾斜等	针对地层特征选用优质泥浆，保持孔壁的稳定；防止或减少出现探头石，一旦发现探头石，应暂停钻进，先回填黏土和片石，用锥形钻头将探头石挤压在孔壁内，或用冲击钻冲击，或将钻机（钻架）略移向探头石一侧，用十字或一字形冲击钻头猛击，将探头石击碎。如冲击钻也不能击碎探头石，则可用小直径钻头在探头石上钻孔，或在表面放药包爆破
断桩	1. 因首批混凝土多次浇灌不成功，再灌上层即出现一层泥夹层而造成断桩 2. 孔壁塌方将导管卡住，强力拔管时，使泥水混入混凝土内，或导管接头不良，泥水进入管内 3. 施工时突然下雨，泥浆冲入桩孔 4. 采用排水方法灌注混凝土，未将水抽干，地下水大量进入，将泥浆带入混凝土中造成夹层；另外，由于桩身混凝土采用分层振捣，下面的泥浆被振捣到上面，然后再灌入混凝土振捣，两段混凝土间夹杂泥浆，造成分节脱离，出现断层	力争首批混凝土浇灌一次成功，钻孔选用较大密度和黏度、胶体率好的泥浆护壁；控制进尺速度，保持孔壁稳定；导管接头应用方丝扣连接，并设橡皮圈密封严密；孔口护筒不使埋置太浅；下钢筋笼骨架过程中，不使碰撞孔壁；施工时突然下雨，要争取一次性灌注完毕，灌注桩严重塌方或导管无法拔出形成断桩，可在一侧补桩；深度不大可挖出；对断桩处做适当处理后，支模重新浇注混凝土

3. 沉管灌注桩施工

1）振动沉管灌注桩

振动沉管灌注桩系用振动沉桩机将带有活瓣式桩尖或钢筋混凝土桩预制桩靴的桩管（上部开有加料口），利用振动锤产生的垂直定向振动和锤、桩管自重及卷扬机通过钢丝绳施加的拉力，对桩管进行加压，使桩管沉入土中，然后向桩管内灌注混凝土，边振边拔出桩管，使混凝土留在土中而成桩。其工艺特点是：能适应复杂地层；能用小桩管打出大截面桩（一般单打法的桩截面比桩管扩大 30%、复打法可扩大 80%、反插法可扩大 50%左右），具有较高的承载力；对砂土，可减轻或消除地层的地震液化性能；有套管护壁，可防止坍孔、缩孔、断桩，桩质量可靠；对附近建筑物的振动、噪声影响及对环境的干扰都比常规打桩机小；能沉能拔，施工速度快，效率高，操作简便，安全，同时费用比较低，比预制桩可降低工程造价 30%左右。但由于振动会使土体受到扰动，会大大降低地基强度，因此，当为软黏土或淤泥、淤泥质土时，土体至少需养护 30d，砂层或硬土层需养护 15d，才能恢复地基强度。振动沉管灌注桩适用于在一般黏性土、淤泥、淤泥质土、粉土、湿陷性黄土、稍密及松散的砂土及填土中使用；在坚硬砂土、碎石土及有硬夹层的土层中，因易损坏桩尖，不宜采用。

（1）工艺原理。振动锤（激振器）本身是一个大振动器，箱体内装有两根轴，齿轮和偏心块在同一箱体内，以同一速度相向旋转，偏心块旋转时产生离心力（激振力），当旋转至水平位置时离心力抵消，旋转至垂直位置时则离心力叠加，产生垂直方向的高频率往复振动，土体受到桩管传来的强迫振动后，内摩擦力减弱，强度降低；当强迫振动频率与土体的自振频率相同时，土体结构局部因共振而破坏，在桩管自重和卷扬机加压作用下，使桩管缓慢沉入土中，并挤压、振密桩周一定范围内的土层；同时在拔管时，因机械振动作用，又振密灌注在桩孔内的混凝土，使其与钢筋笼、桩端及桩周土紧密接触，以保证足够的成桩直径和成桩质量。

（2）机具设备与材料要求。主要机具设备，包括 DZ60 或 DZ90 型振动锤、DJB25 型步履式桩架、卷扬机、加压装置、桩管、桩尖或钢筋混凝土预制桩靴等。桩管直径为 220～370mm、长度为 10～28m。配套机具设备，有下料斗、1t 机动翻斗车、J_1-400 型混凝土搅拌机、钢筋加工机械、交流电焊机（32kVA）、氧割装置等。混凝土强度等级不低于 C15；水泥用强度等级为 32.5 级或 42.5 级的普通水泥；碎石或卵石粒径不大于 40mm，含泥量小于 3%；砂用中、粗砂，含泥量小于 5%，混凝土坍落度为 8～10cm。

（3）施工工艺方法要点。

① 振动沉管灌注桩成桩工艺，如图 3.13 所示。

a. 桩机就位。将桩管对准桩位中心，桩尖活瓣合拢，放松卷扬机钢绳，利用振动机及桩管自重，把桩尖压入土中。

b. 沉管。开动振动箱，桩管即在强迫振动下迅速沉入土中。沉管过程中，应经常探测管内有无水或泥浆，如发现水或泥浆较多，应拔出桩管，用砂回填桩孔后重新沉管；如发现地下水和泥浆进入套管，一般在沉入前先灌入 1m 高左右的混凝土或砂浆，封住活瓣桩尖缝隙，然后再继续沉入。沉管时，为了适应不同土质条件，常用加压方法来调整土的自振频率，如可利用卷扬机把桩架的部分重量传到桩管上加压，并根据桩管沉入速度随时调整离合器，防止桩架抬起发生事故。

c. 上料。桩管沉到设计标高后，停止振动，用上料斗将混凝土灌入桩管内，混凝土一般应灌满桩管或略高于地面。

d. 拔管。开始拔管时，应先启动振动箱片刻，再开动卷扬机拔桩管。用活瓣桩尖时宜慢，用预制桩尖时可适当加快；在软弱土层中，宜控制在 0.6～0.8m/min 并用吊砣探测得知桩尖活瓣确已张开，混凝土已从桩管中流出以后，方可继续抽拔桩管，边振边拔，桩管内的混凝土被振实而留在土中成桩，拔管速度应控制在 1.2～1.5m/min。

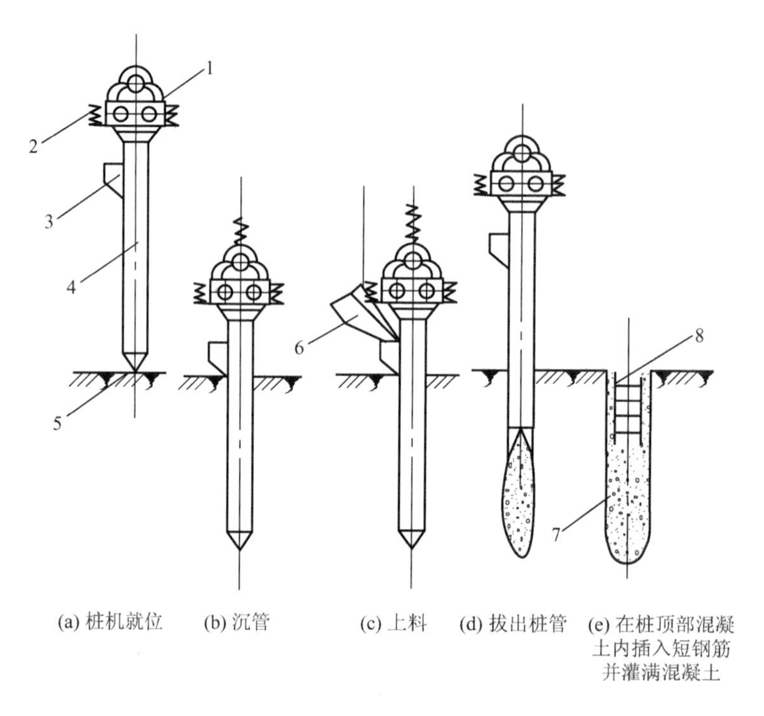

图 3.13　振动沉管灌注桩成桩工艺

1—振动锤；2—加压减振弹簧；3—加料口；4—桩管；5—活瓣桩尖；6—上料斗；7—混凝土桩；8—短钢筋骨架

② 根据承载力的不同要求，可分别采用以下拔管方法。

a. 单打法，即一次拔管。拔管时，先振动 5～10s，再开始拔桩管，应边振边拔，每提升 0.5m 停拔，振 5～10s 后再拔管 0.5m，再振 5～10s，如此反复进行直至地面。

b. 复打法。在同一桩孔内进行两次单打，或根据需要进行局部复打。成桩后的桩身混凝土顶面标高应不低于设计标高 500mm。全长复打桩的入土深度宜接近原桩长，局部复打应超过断桩或缩颈区 1m 以上。全长复打时，第一次浇筑混凝土应达到自然地面。复打施工必须在第一次浇筑的混凝土初凝之前完成，应随拔管及时清除粘在管壁上和散落在地面上的泥土，同时前后两次沉管的轴线必须重合。

【参考视频】

c. 反插法。先振动再拔管，每提升 0.5～1.0m，再把桩管下沉 0.3～0.5m（且不宜大于活瓣桩尖长度的 2/3），在拔管过程中分段添加混凝土，使管内混凝土面始终不低于地表面，或高于地下水位 1.0～1.5m 以上，如此反复进行直至地面。反插次数按设计要求进行，并应严格控制拔管速度不得大于 0.5m/min。在桩尖的 1.5m 范围内，宜多次反插以扩大端部截面。在淤泥层中，清除混凝土缩颈，或混凝土浇筑量不足以及设计有特殊要求时，宜用此法；但在坚硬土层中易损坏桩尖，不宜采用。

③ 在拔管过程中，桩管内的混凝土应至少保持 2m 高或不低于地面，可用吊砣探测，不足时应及时补灌，以防混凝土中断形成缩颈。每根桩的混凝土灌注量，应保证达到制成后桩的平均截面积与桩管端部截面积的比值不小于 1.1。

④ 当桩管内混凝土浇至钢筋笼底部时，应从桩管内插入钢筋笼或短筋，继续浇筑混凝土。当混凝土灌至桩顶时，混凝土在桩管内的高度应大于桩孔深度；当桩尖距地面 60～80cm 时停振，利用余振将桩管拔出。同时混凝土浇筑高度应超过桩顶设计标高 0.5m，适时修整桩顶，凿去浮浆后，应确保桩顶设计标高及混凝土质量。

⑤ 振动灌注桩的中心距不宜小于桩管外径的 4 倍，相邻的桩施工时，其间隔时间不得超过水泥的初凝时间，中途停顿时，应将桩管在停顿前先沉入土中，或待已完成的邻桩混凝土达到设计强度等级的 50%方可施工；桩距小于 3.5*d*（*d* 为桩直径）时，应跳打施工。

⑥ 遇有地下水，在桩管尚未沉入地下水位时，即应在桩管内灌入 1.5m 高的封底混凝土，然后桩管再沉至要求的深度。

⑦ 对于某些密实度大、低压缩性且土质较硬的黏土，一般的振动沉拔桩机难于把桩管沉入设计标高。遇此情况，可用螺旋钻配合，先用螺旋钻钻去部分较硬的土层，以减少桩管的端头阻力，然后再用振动沉管的施工工艺，将桩管沉入设计标高。这样形成“半钻半打”的工艺。实践表明桩的承载力与全振动沉管灌注桩相近，同时可扩大已有设备的能力，减少挤土和对邻近建筑物的振动影响。

（4）施工常遇问题及预防、处理方法见表 3-4。

表 3-4 振动（锤击）沉管灌注桩施工常遇问题及预防、处理方法

名称、现象	产生原因	预防措施与处理方法
缩颈（瓶颈）（浇筑混凝土后的桩身局部直径小于设计尺寸）	1. 在地下水位以下或饱和淤泥或淤泥质土中沉桩管时，土受强制扰动挤压，土中水和空气未能很快扩散，局部产生孔隙压力，当套管拔出时，混凝土强度尚低，把部分桩体挤成缩颈 2. 在流塑淤泥质土中，由于下套管产生的振动作用，使混凝土不能顺利地灌入，被淤泥质土填充进来，而造成缩颈 3. 桩身间距过小，施工时受邻桩挤压 4. 拔管速度过快，混凝土来不及下落，而被泥土填充 5. 混凝土过于干硬或和易性差，拔管时对混凝土产生摩擦力，或管内混凝土量过少、混凝土出管的扩散性差，而造成缩颈	施工时每次向桩管内尽量多装混凝土，借其自重抵消桩身所受的孔隙水压力，一般使管内混凝土高于地面或地下水位 1.0～1.5m，使之有一定的扩散力；桩间距过小，宜用跳打法施工；沉桩应采取“慢抽密击（振）”；桩拔管速度不得大于 0.8～1.0m/min；桩身应用和易性好的低流动性混凝土浇筑。 桩轻度缩颈，可采用反插法，每次拔管高度以 1.0m 为宜；局部缩颈宜采用半复打法；桩身多段缩颈宜采用复打法施工

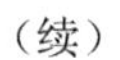
（续）

名称、现象	产 生 原 因	预防措施与处理方法
断桩、桩身混凝土坍塌（桩身局部残缺夹有泥土，或桩身的某一部位混凝土坍塌，上部被土填充）	1. 桩下部遇软弱土层，桩成形后，还未达到初凝强度时，在软硬不同的两层土中振动下沉套管，由于振动对两层土的波速不一样，产生了剪切力把桩剪断 2. 拔管时速度过快，混凝土尚未流出套管，周围的土迅速回缩，形成断桩 3. 在流态的淤泥质土中，孔壁不能自立，浇筑混凝土时，混凝土密度大于流态淤泥质土，造成混凝土在该层中坍塌 4. 桩中心距过近，打邻桩时受挤压（水平力及抽管上拔力）断裂，混凝土终凝不久，受振动和外力扰动	采用跳打法施工，跳打应在相邻成型的桩达到设计强度的 60%以上进行；认真控制拔管速度，一般以 1.2～1.5m/min 为宜；对于松散性和流态淤泥质土，不宜多振，以边振边拔为宜。 已出现断桩，采用复打法解决；在流态的淤泥质土中出现桩身混凝土坍塌时，尽可能不采用套管护壁灌注桩；控制桩中心距大于 3.5 倍桩直径；混凝土终凝不久避免振动和扰动；桩中心过近，可采用跳打或控制时间的方法
拒落（灌完混凝土后拔管时，混凝土不从管底部流出，拔至一定高度后，才流出管外，造成桩的下部无混凝土或混凝土不密实）	1. 在低压缩性粉质黏土层中打拔管桩，灌完混凝土开始拔管时，活瓣桩尖被周围的土包围压住而打不开，使混凝土无法流出而造成拒落 2. 在有地下水的情况下，封底混凝土过干，套管下沉时间较长，在管底形成“塞子”堵住管口，使混凝土无法流出 3. 预制桩头混凝土质量较差，强度不够，沉管时桩头被挤入套管内阻塞混凝土下落	根据工程和地质条件，合理选择桩长，尽量使桩不进入低压缩性土层；严格检查预制桩头的强度和规格，防止桩尖在施工时压入桩管；在有地下水的情况下，混凝土封底不要过干，套管下沉不要过长，套管沉至设计要求后，应用浮标测量预制桩尖是否进入桩管，如桩尖进入桩管，应拔出处理，浇筑混凝土后，拔管时应用浮标经常观测测量，检查混凝土是否有阻塞情况；已出现拒落，可在拒落部位采用翻插法处理
桩身夹泥（桩身混凝土内存在泥夹层，使桩身截面减小或隔断）	1. 在饱和淤泥质土层中施工，拔管速度过快，混凝土骨料粒径过大，坍落度过小，混凝土还未流出管外，土即涌入桩身，造成桩身夹泥 2. 采用翻插法时，翻插深度太大，翻插时活瓣向外张开，使孔壁周围的泥挤进桩身，造成桩身夹泥 3. 采用复打法时，套管上的泥土未清理干净，而带入桩身混凝土内	在饱和淤泥质土层中施工，注意控制拔管速度和混凝土骨料粒径（<30mm）、坍落度（≤5cm），拔管速度以 0.8～1.0m/min 较合适；混凝土应搅拌均匀，和易性要好，拔管时随时用浮标测量，观察桩身混凝土灌入量，发现桩径减小时，应采取措施；采用翻插法时，翻插深度不宜超过活瓣长度的 2/3；复打时，在复打前应把套管上的泥土清除干净

（续）

名称、现象	产 生 原 因	预防措施与处理方法
桩身下沉（桩成型后，在相邻桩位下沉套管时，桩顶的混凝土、钢筋或钢筋笼下沉）	1. 新浇筑的混凝土处于流塑状态，由于相邻桩沉入套管时的振动影响，混凝土骨料自重沉实，造成桩顶混凝土下沉，土塌入混凝土内 2. 钢筋的密度比混凝土大，受振动作用，使钢筋或钢筋笼沉入混凝土	在桩顶部分采用较干硬性混凝土；钢筋或钢筋笼放入混凝土后，上部用钢管将钢筋或钢筋笼架起，支在孔壁上，可防止相邻桩振动时下沉；指定专人铲去桩顶杂物、浮浆，重新补足混凝土
超量（浇筑混凝土时，混凝土的用量比正常情况下大一倍以上）	1. 在饱和淤泥质软土中成桩，土受到扰动，强度大大降低，由于混凝土对土壁侧压力作用，而使土壁压缩，桩身扩大 2. 地下遇有土洞、坟坑、溶洞、下水道、枯井、防空洞等洞穴	在饱和淤泥质软土层中成桩；宜先打试验桩，如发现混凝土用量过大，应与设计单位研究改用其他桩型；施工前应通过钎探了解工程范围内的地下洞穴情况，如发现洞穴，预先挖开或钻孔，进行填塞处理，再行施工
桩达不到最终控制要求（桩管下沉沉不到设计要求的深度）	1. 遇有较厚的硬夹层或大块孤石、混凝土块等地下障碍物 2. 实际持力层标高起伏较大，超过施工机械能力，桩锤选择太小或太大，使桩沉不到或沉过要求的控制标高 3. 振动沉桩机的振动参数（如激振力、振幅、频率等）选择不合适，或因振动压力不够而使套管沉不下去 4. 套管细长比过大，刚度较差，在沉管过程中，产生弹性弯曲而使锤击或振动能量减弱，不能传至桩尖处	认真勘察工程范围内的地下硬夹层及埋设物情况，遇有难以穿透的硬夹层，应用钻机钻透，或将地下障碍物清除干净；根据工程地质条件，选用合适的沉桩机械和振动参数，沉桩时，如因正压力不够而沉不下去时，可用加配重或加压的办法来增加正压力；锤击沉管时，如锤击能力不够，可更换大一级的锤；套管应有一定的刚度，细长比不宜大于40
桩尖进水、进泥砂（套管活瓣处涌水或泥砂进入桩管内）	1. 地下涌水量大，水压大 2. 沉桩时间过长 3. 桩尖活瓣缝隙大或桩尖被打坏	地下涌水量大时，桩管用0.5m高水泥砂浆封底，再灌1m厚混凝土，再沉入；少量进水（<20cm）可在灌第一槽混凝土时酌减用水量；沉桩时间不要过长；桩尖损坏，不密合，可将桩管拔出，桩尖活瓣修复改正后，将孔回填，重新沉入
吊脚桩（桩下部混凝土不密实或脱空，形成空腔）	1. 桩尖活瓣受土压实，抽管至一定高度才张开 2. 混凝土干硬，和易性差，下落不密实，形成空隙 3. 预制桩尖被打碎缩入桩管内，泥砂与水挤入管中	为防止活瓣不张开，可采取“密振慢抽”方法，开始拔管50cm，可将桩管反插几下，然后再正常拔管；混凝土应保持良好和易性，坍落度应不小于5～7cm；严格检查预制桩尖的强度和规格，防止桩尖打碎或压入桩管

2）锤击沉管灌注桩

锤击沉管灌注桩系用锤击打桩机，将带活瓣桩尖或设置钢筋混凝土预制桩尖（靴）的钢管锤击沉入土中，然后边浇筑混凝土边用卷扬机拔桩管成桩。其工艺特点是：可用小桩管打较大截面桩，承载力大；可避免坍孔、瓶颈、断桩、移位、脱空等缺陷；可采用普通锤击打桩机施工，机具设备和操作简便，沉桩速度快。但其桩机较笨重，劳动强度较大，且要特别注意安全。锤击沉管灌注桩适于在黏性土、淤泥、淤泥质土、稍密的砂土及杂填土层中使用，但不能用于密实的中粗砂、砂砾石、漂石层中。

【参考视频】

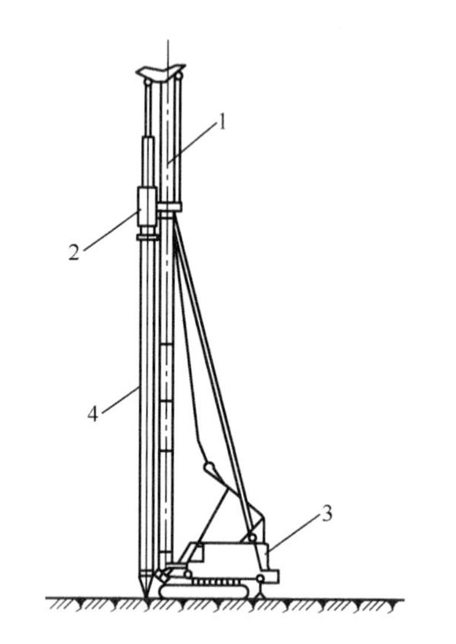

图 3.14　柴油锤击式打桩机

1—桩架；2—桩锤；
3—履带式起重机；4—桩

（1）机具设备及材料要求。主要设备为一般锤击打桩机，如落锤、柴油锤、蒸汽锤等。常用锤击式打桩机如图 3.14 所示，由桩架、桩锤、卷扬机、桩管等组成，桩管直径可达 500mm，长 8～15m。配套机具有下料斗、1t 机动翻斗车、混凝土搅拌机等。

混凝土强度等级不低于 C15；水泥用强度等级为 32.5 级或 42.5 级的普通水泥，要求新鲜无结块；粗骨料粒径不大于 30mm，坍落度一般为 5～7cm。

（2）施工工艺方法要点。

① 锤击沉管灌注桩成桩工艺，如图 3.15 所示。

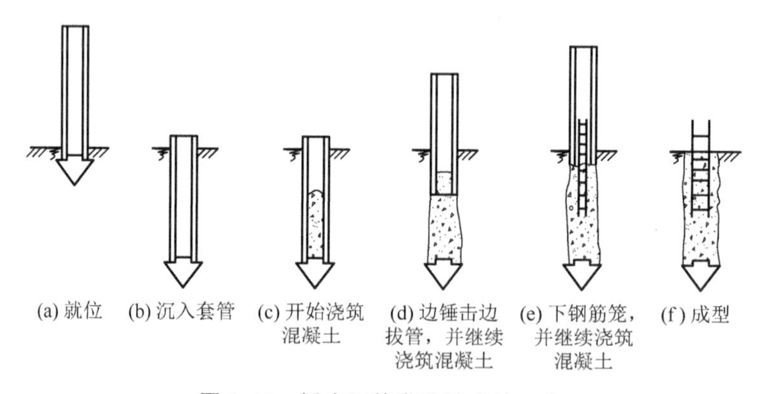

图 3.15　锤击沉管灌注桩成桩工艺

a. 桩机就位。就位后吊起桩管，对准预先埋好的预制钢筋混凝土桩尖（图 3.16），放置麻（草）绳垫于桩管与桩尖连接处，以作缓冲层和防止地下水进入，然后缓慢放入桩管，套入桩尖压入土中。

b. 沉管。上端扣上桩帽先用低锤轻击，观察无偏移，才正常施打，直至符合设计要求深度，如沉管过程中桩尖损坏，应及时拔出桩管，用土或砂填实后另安桩尖重新沉管。

c. 上料。检查套管内无泥浆或水时，即可浇筑混凝土，混凝土应灌满桩管。

d. 拔管。拔管速度应均匀，对一般土可控制在不大于 1m/min，淤泥和淤泥质软土不大

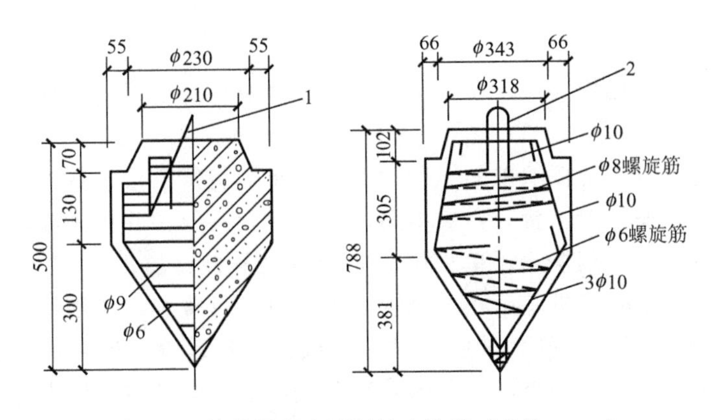

图 3.16 钢筋混凝土预制桩尖构造（单位：mm）

1—吊钩 φ6；2—吊环 φ10

于 0.8m/min，在软弱土层与硬土层交界处宜控制在 0.3～0.8m/min。采用倒打拔管的打击次数，单动气锤不得少于 50 次/min，自由落锤轻击（小落锤轻击）不得少于 40 次/min；在管底未拔至桩顶设计标高之前，倒打和轻击不得中断。第一次拔管高度不宜过高，应控制在能容纳第二次需要灌入的混凝土数量为限，以后始终保持使管内混凝土量略高于地面。

e. 当混凝土灌至钢筋笼底标高时，放入钢筋骨架，继续浇筑混凝土及拔管，直到全管拔完为止。

② 锤击沉管成桩宜按桩基施工顺序依次退打，桩中心距在 4 倍桩管外径以内或小于 2m 时均应跳打，中间空出的桩，须待邻桩混凝土达到设计强度的 50%以后，方可施打。

③ 当为扩大桩径、提高承载力或补救缺陷，可采用复打法。复打方法和要求同振动沉管灌注桩，但以扩大一次为宜。当作为补救措施时，常采用半复打法或局部复打法。

（3）施工常遇问题及预防、处理措施见表 3 - 4。

3.4.5 桩基检测及验收

1. 桩基检测

成桩的质量检验有两类基本方法，一类是静载试验法，另一类为动测法。

1）静载试验法

静载试验的目的，是采用接近于桩的实际工作条件，通过静载加压，确定单桩的极限承载力，作为设计依据，或对工程桩的承载力进行抽样检验和评价。

桩的静载试验，是模拟实际荷载情况，通过静载加压，得出一系列关系曲线，综合评定确定其容许承载力，能较好地反映单桩的实际承载力。荷载试验有多种，通常采用的是单桩竖向抗压静载试验、单桩竖向抗拔静载试验和单桩水平静载试验。

预制桩在桩身强度达到设计要求的前提下，对于砂类土不应少于 7d，对于粉土和黏性土不应少于 15d，对于淤泥或淤泥质土不应少于 25d，待桩身与土体的结合基本趋于稳定后，才能进行试验。就地灌注桩应在桩身混凝土强度达到设计等级的前提下，对砂类土不少于 10d，对一般黏性土不少于 20d，对淤泥或淤泥质土不少于 30d，才能进行试验。在同一条件下的试桩数量，不宜少于总桩数的 1%，且不应少于 3 根，工程总桩数在 50 根以内时不应少于 2 根。

2）动测法

动测法又称动力无损检测法，是检测桩基承载力及桩身质量的一项新技术，作为静载试验的补充。

一般静载试验可直观地反映桩的承载力和混凝土的浇筑质量，数据可靠，但试验装置复杂笨重，装、卸、操作费工费时，成本高，测试数量有限，并且易破坏桩基。动测法试验，其仪器轻便灵活，检测快速，单桩试验时间仅为静载试验的 1/50 左右，可大大缩短试验时间；数量多，不破坏桩基，相对也较准确，可进行普查；费用低，单桩测试费为静载试验的 1/30 左右，可节省静载试验锚桩、堆载、设备运输、吊装焊接等大量人力、物力。单桩承载力的动测方法种类较多，国内有代表性的方法，包括动力参数法、锤击贯入法、水电效应法、共振法、机械阻抗法、波动方程法等。

在桩基动态无损检测中，国内外广泛使用的方法是应力波反射法，又称低（小）应变法。其原理是根据一维杆件弹性波反射理论（波动理论），采用锤击振动力法检测桩体的完整性，即以波在不同阻抗和不同约束条件下的传播特性来判别桩身质量。该法受场地约束限制小，测试设备轻便、简单，操作方便，测试速度快，获得的波形规律性较好，判读明了、简捷，便于对工程做大子样抽检等。

基桩检测方法，应根据检测目的按表 3－5 选择。

表 3－5　检测方法与检测目的

检测方法	检测目的
单桩竖向抗压静载试验	确定单桩竖向抗压极限承载力；判定竖向抗压承载力是否满足设计要求；通过桩身内力及变形测试，测定桩侧、桩端阻力；验证高应变法的单桩竖向抗压承载力检测结果
单桩竖向抗拔静载试验	确定单桩竖向抗拔极限承载力；判定竖向抗拔承载力是否满足设计要求；通过桩身内力及变形测试，测定桩的抗拔摩阻力
单桩水平静载试验	确定单桩水平临界和极限承载力，推定土抗力参数；判定水平承载力是否满足设计要求；通过桩身内力及变形测试，测定桩身弯矩
钻芯法	检测灌注桩桩长、桩身混凝土强度、桩底沉渣厚度，判断或鉴别桩端岩土性状，判定桩身完整性类别
低应变法	检测桩身缺陷及其位置，判定桩身完整性类别
高应变法	判定单桩竖向抗压承载力是否满足设计要求；检测桩身缺陷及其位置，判定桩身完整性类别；分析桩侧和桩端土阻力
声波透射法	检测灌注桩桩身缺陷及其位置，判定桩身完整性类别

桩身完整性检测，宜采用两种或多种合适的检测方法进行。

（1）检测工作程序，应按图 3.17 进行。

调查、资料收集阶段宜包括下列内容：收集被检测工程的岩土工程勘察资料、桩基设计图纸、施工记录；了解施工工艺和施工中出现的异常情况；进一步明确委托方的具体要求及检测项目现场实施的可行性。

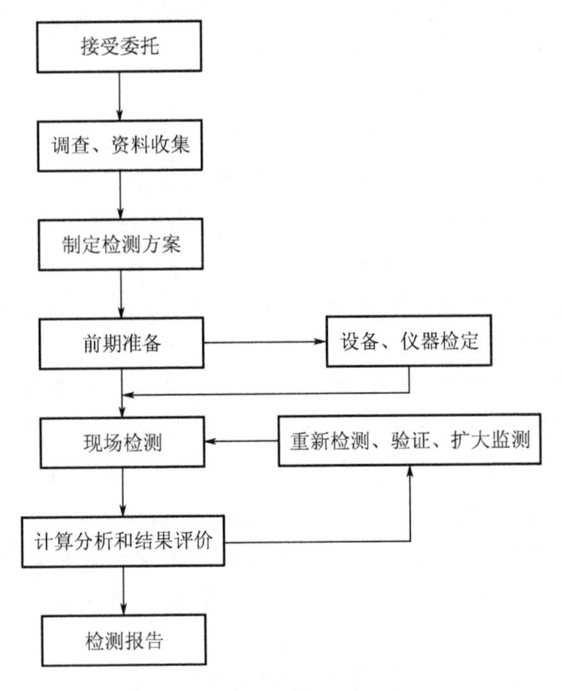

图 3.17　检测工作程序框图

应根据调查结果和确定的检测目的，选择检测方法，制定检测方案。检测方案宜包含以下内容：工程概况、检测方法及其依据的标准、抽样方案、所需的机械或人工配合、试验周期。

检测前应对仪器设备做检查调试。检测用计量器具必须在计量检定周期的有效期内。检测开始时间应符合下列规定：当采用低应变法或声波透射法检测时，受检桩混凝土强度至少达到设计强度的 70%，且不小于 15MPa；当采用钻芯法检测时，受检桩的混凝土龄期达到 28d，或预留同条件养护试块强度达到设计强度。

（2）检测数量。

当设计有要求或满足下列条件之一时，施工前应采用静载试验确定单桩竖向抗压承载力特征值：设计等级为甲级、乙级的桩基；地质条件复杂、桩施工质量可靠性低；本地区采用的新桩型或新工艺。

检测数量在同一条件下不应少于 3 根，且不宜少于总桩数的 1%；当工程桩总数在 50 根以内时，不应少于 2 根。

打入式预制桩有下列条件要求之一时，应采用高应变法进行试打桩的打桩过程监测：控制打桩过程中的桩身应力；选择沉桩设备和确定工艺参数；选择桩端持力层。在相同施工工艺和相近地质条件下，试打桩数量不应少于 3 根。

单桩承载力和桩身完整性验收抽样检测的受检桩选择，宜符合下列规定：施工质量有疑问的桩；设计方认为重要的桩；局部地质条件出现异常的桩；施工工艺不同的桩；承载力验收检测时适量选择完整性检测中判定的Ⅲ类桩。除上述规定外，同类型桩宜均匀随机分布。

混凝土桩的桩身完整性检测的抽检数量应符合下列规定：柱下三桩或三桩以下的承

台，抽检桩数不得少于1根；设计等级为甲级，或地质条件复杂、成桩质量可靠性较低的灌注桩，抽检数量不应少于总桩数的30%，且不得少于20根；其他桩基工程的抽检数量不应少于总桩数的20%，且不得少于10根。

对端承型大直径灌注桩，应在上述两款规定的抽检桩数范围内，选用钻芯法或声波透射法对部分受检桩进行桩身完整性检测。抽检数量不应少于总桩数的10%。

地下水位以上且终孔后桩端持力层已通过核验的人工挖孔桩，以及单节混凝土预制桩，抽检数量可适当减少，但不应少于总桩数的10%，且不应少于10根。

当为了全面了解整个工程基桩的桩身完整性情况时，应适当增加抽检数量。

对单位工程内且在同一条件下的工程桩，当符合下列条件之一时，应采用单桩竖向抗压承载力静载试验进行验收检测：设计等级为甲级的桩基；地质条件复杂、桩施工质量可靠性低；本地区采用的新桩型或新工艺；挤土群桩施工产生挤土效应。抽检数量不应少于总桩数的1%，且不少于3根；当总桩数在50根以内时，不应少于2根。

对上面规定条件外的预制桩和满足高应变法检测范围的灌注桩，可采用高应变法进行单桩竖向抗压承载力验收检测。当有本地区相近条件的对比验证资料时，高应变法也可作为上面规定条件下单桩竖向抗压承载力验收检测的补充。抽检数量不宜少于总桩数的5%，且不得少于5根。

对于端承型大直径灌注桩，当受设备或现场条件限制无法检测单桩竖向抗压承载力时，可采用钻芯法测定桩底沉渣厚度，并钻取桩端持力层岩土芯样检验桩端持力层。抽检数量不应少于总桩数的10%，且不应少于10根。

对于承受拔力和水平力较大的桩基，应进行单桩竖向抗拔、水平承载力检测。检测数量不应少于总桩数的1%，且不应少于3根。

(3) 检测结果评价和检测报告。桩身完整性检测结果评价，应给出每根受检桩的桩身完整性类别。桩身完整性分类应符合表3-6的规定。

表3-6 桩身完整性分类表

桩身完整性类别	分类原则
Ⅰ类桩	桩身完整
Ⅱ类桩	桩身有轻微缺陷，不会影响桩身结构承载力的正常发挥
Ⅲ类桩	桩身有明显缺陷，对桩身结构承载力有影响
Ⅳ类桩	桩身存在严重缺陷

注：Ⅳ类桩应进行工程处理。

(4) 承载力检测。承载力检测包括：①单桩竖向抗压静载试验；②单桩竖向抗拔静载试验；③单桩水平静载试验。

(5) 钻芯。本方法适用于检测混凝土灌注桩的桩长、桩身混凝土强度、桩底沉渣厚度和桩身完整性，判定或鉴别桩端持力层岩土性状。

① 设备。

钻取芯样宜采用液压操纵的钻机。钻机应配备单动双管钻具以及相应的孔口管、扩孔器、卡簧、扶正稳定器和可捞取松软渣样的钻具。钻杆应顺直，直径宜为50mm。钻头应根据混凝土设计强度等级选用合适粒度、浓度、胎体硬度的金刚石钻头，且外径不宜小于

100mm。钻头胎体不得有肉眼可见的裂纹、缺边、少角、倾斜及喇叭口变形。锯切芯样试件用的锯切机，应具有冷却系统和牢固夹紧芯样的装置，配套使用的金刚石圆锯片应有足够刚度。芯样试件端面的补平器和磨平机，应满足芯样制作的要求。

② 现场操作。

每根受检桩的钻芯孔数和钻孔位置宜符合下列规定：桩径小于1.2m的桩钻一孔，桩径为1.2～1.6m的桩钻两孔，桩径大于1.6m的桩钻三孔。当钻芯孔为一个时，宜在距桩中心10～15cm的位置开孔；当钻芯孔为两个或两个以上时，开孔位置宜在距桩中心(0.15～0.25)D内均匀对称布置。对桩端持力层的钻探，每根受检桩不应少于一孔，且钻探深度应满足设计要求。

钻机设备安装必须周正、稳固、底座水平。钻机立轴中心、天轮中心（天车前沿切点）与孔口中心必须在同一铅垂线上。应确保钻机在钻芯过程中不发生倾斜、移位，钻芯孔垂直度偏差不大于0.5%。当桩顶面与钻机底座的距离较大时，应安装孔口管，孔口管应垂直且牢固。钻进过程中，钻孔内循环水流不得中断，应根据回水含砂量及颜色调整钻进速度。

提钻卸取芯样时，应拧卸钻头和扩孔器，严禁敲打卸芯。每回次进尺宜控制在1.5m内；钻至桩底时，宜采取适宜的钻芯方法和工艺钻取沉渣并测定沉渣厚度，并采用适宜的方法对桩端持力层岩土性状进行鉴别。

钻取的芯样应由上而下按回次顺序放进芯样箱中，芯样侧面上应清晰标明回次数、块号、本回次总块数，并应按规范的格式及时记录钻进情况和钻进异常情况，对芯样质量进行初步描述。钻芯过程中，应按规范的格式对芯样混凝土、桩底沉渣以及桩端持力层详细编录。钻芯结束后，应对芯样和标有工程名称、桩号、钻芯孔号、芯样试件采取位置、桩长、孔深、检测单位名称的标示牌的全貌进行拍照。

当单桩质量评价满足设计要求时，应采用0.5～1.0MPa压力，从钻芯孔孔底往上用水泥浆回灌封闭；否则应封存钻芯孔，留待处理。

③ 芯样试件截取与加工。

截取混凝土抗压芯样试件应符合下列规定：当桩长为10～30m时，每孔截取3组芯样；当桩长小于10m时，可取2组；当桩长大于30m时，不少于4组。

上部芯样位置距桩顶设计标高不宜大于一倍桩径或1m，下部芯样位置距桩底不宜大于一倍桩径或1m，中间芯样宜等间距截取。缺陷位置能取样时，应截取一组芯样进行混凝土抗压试验。当同一基桩的钻芯孔数大于一个，其中一孔在某深度存在缺陷时，应在其他孔的该深度处截取芯样进行混凝土抗压试验。当桩端持力层为中、微风化岩层且岩芯可制作成试件时，应在接近桩底部位截取一组岩石芯样；遇分层岩性时宜在各层取样。

每组芯样应制作3个芯样抗压试件。芯样试件应按规范进行加工和测量。

④ 芯样试件抗压强度试验。

芯样试件制作完毕可立即进行抗压强度试验。混凝土芯样试件的抗压强度试验，应按《普通混凝土力学性能试验方法》(GB/T 50081—2002) 的有关规定执行。

抗压强度试验后，当发现芯样试件平均直径小于2倍试件内混凝土粗骨料最大粒径，且强度值异常时，该试件的强度值不得参与统计平均。

混凝土芯样试件抗压强度应按下式计算：

$$f_{cu}=\xi\cdot\frac{4P}{\pi d^2} \tag{3-1}$$

式中 f_{cu}——混凝土芯样试件抗压强度（MPa），精确至0.1MPa；

P——芯样试件抗压试验测得的破坏荷载（N）；

d——芯样试件的平均直径（mm）；

ξ——混凝土芯样试件抗压强度折算系数，应考虑芯样尺寸效应、钻芯机械对芯样扰动和混凝土成形条件的影响通过试验统计确定，当无试验统计资料时，宜取为1.0。

（6）低应变法。本方法适用于检测混凝土桩的桩身完整性，判定桩身缺陷的程度及位置。

① 仪器设备。检测仪器的主要技术性能指标，应符合《基桩动测仪》（JG/T 3055—1999）的有关规定，且应具有信号显示、储存和处理分析功能。瞬态激振设备应包括能激发宽脉冲和窄脉冲的力锤和锤垫，力锤可装有力传感器；稳态激振设备应包括激振力可调、扫频范围为10～2000Hz的电磁式稳态激振器。

② 现场检测。受检桩桩头的材质、强度、截面尺寸应与桩身基本等同；桩顶面应平整、密实，并与桩轴线基本垂直。测试参数设定应符合下列规定：时域信号记录的时间段长度应在$2L/c$时刻后延续不少于5ms；幅频信号分析的频率范围上限不应小于2000Hz。设定桩长应为桩顶测点至桩底的施工桩长，设定桩身截面积应为施工截面积。桩身波速可根据本地区同类型桩的测试值初步设定。采样时间间隔或采样频率应根据桩长、桩身波速和频域分辨率合理选择；时域信号采样点数不宜少于1024点。传感器的设定值应按计量检定结果设定。进行测量传感器安装和激振操作时，传感器安装应与桩顶面垂直，用耦合剂黏结时，应具有足够的黏结强度。

（7）高应变法。本方法适用于检测基桩的竖向抗压承载力和桩身完整性，监测预制桩打入时的桩身应力和锤击能量传递比，为沉桩工艺参数及桩长选择提供依据。进行灌注桩的竖向抗压承载力检测时，应具有现场实测经验和本地区相近条件下的可靠对比验证资料。对于大直径扩底桩和$Q-S$曲线具有缓变型特征的大直径灌注桩，不宜采用本方法进行竖向抗压承载力检测。

① 仪器设备。检测仪器的主要技术性能指标，不应低于《基桩动测仪》中表1规定的2级标准，且应具有保存、显示实测力与速度信号和进行信号处理与分析的功能。锤击设备宜具有稳固的导向装置；打桩机械或类似的装置（导杆式柴油锤除外）都可作为锤击设备。高应变检测用重锤应材质均匀、形状对称、锤底平整，高径（宽）比不得小于1，并采用铸铁或铸钢制作。当采取自由落锤安装加速度传感器的方式实测锤击力时，重锤应整体铸造，且高径（宽）比应在1.0～1.5范围内。进行高应变承载力检测时，锤的重量应大于预估单桩极限承载力的1.0%～1.5%，混凝土桩的桩径在大于600mm或桩长大于30m时取高值。桩的贯入度可采用精密水准仪等仪器测定。

② 现场检测。检测前的准备工作应符合下列规定：预制桩承载力的时间效应应通过复打确定。桩顶面应平整，桩顶高度应满足锤击装置的要求，桩锤重心应与桩顶对中，锤击装置架立应垂直。对不能承受锤击的桩头应加固处理，按相关要求执行。传感器的安装应符合规定。桩头顶部应设置桩垫，桩垫可采用10～30mm厚的木板或胶合板等材料。参数设定和计算，采样时间间隔宜为50～200μs，信号采样点数不宜少于1024点。传感器的设定值应按计量检定结果设定。自由落锤安装加速度传感器测力时，力的设定值由加速度传感器设定值与重锤质量的乘积确定。测点处的桩截面尺寸应按实际测量确定，波速、质

量密度和弹性模量应按实际情况设定。测点以下桩长和截面积，可采用设计文件或施工记录提供的数据作为设定值。

桩身材料弹性模量应按下式计算：

$$E=\rho \cdot c^2 \tag{3-2}$$

式中 E——桩身材料弹性模量（kPa）；

c——桩身应力波传播速度（m/s）；

ρ——桩身材料质量密度（t/m³）。

现场检测时，交流供电的测试系统应良好接地，检测时测试系统应处于正常状态。采用自由落锤为锤击设备时，应重锤低击，最大锤击落距不宜大于2.5m。

2. 桩基验收

1）桩基验收规定

（1）当桩顶设计标高与施工场地标高相同时，或桩基施工结束后有可能对桩位进行检查时，桩基工程的验收应在施工结束后进行。

（2）当桩顶设计标高低于施工场地标高，送桩后无法对桩位进行检查时，对打入桩可在每根桩桩顶沉至场地标高时，进行中间验收，待全部桩施工结束，承台或底板开挖到设计标高后，再做最终验收；对灌注桩可对护筒位置做中间验收。

2）桩基验收材料

（1）工程地质勘查报告、桩基施工图、图纸会审纪要、设计变更及材料代用通知单等；

（2）经审定的施工组织设计、施工方案及执行中的变更情况；

（3）桩位测量放线图，包括工程桩位复核签证单；

（4）制作桩的材料试验记录，成桩质量检查报告；

（5）单桩承载力检测报告；

（6）基坑挖至设计标高的基桩竣工平面图及桩顶标高图。

3）桩基允许偏差

（1）预制桩的桩位偏差，必须符合表3-7的规定。斜桩倾斜度的偏差不得大于倾角正切值的15%。

（2）灌注桩的桩位偏差，必须符合表3-8的规定，桩顶标高至少要比设计标高高出0.5m，桩底清孔质量按不同的成桩工艺有不同的要求，应按规范要求执行。每浇50m³的桩必须有一组试件，小于50m³的桩，每根桩必须有一组试件。

表3-7 预制桩（PHC桩、钢桩）桩位的允许偏差

项次	项目		允许偏差/mm
1	盖有基础梁的桩	垂直基础梁的中心线	$100+0.01H$
		沿基础梁的中心线	$150+0.01H$
2	桩数为1～3根桩基中的桩		100
3	桩数为4～16根桩基中的桩		1/2桩径或边长
4	桩数大于16根桩基中的桩	最外边的桩	1/3桩径或边长
		中间桩	1/2桩径或边长

注：H为施工场地地面标高与柱顶设计标高的距离。

表 3-8　灌注桩的平面位置和垂直度的允许偏差

序号	成孔方法		桩径允许偏差/mm	垂直度允许偏差/%	桩位允许偏差/mm	
					1～3根、单排桩基垂直于中心线方向和群桩基础的边桩	条形桩基沿中心线方向和群基础的中间桩
1	泥浆护壁钻孔桩	$D\leqslant1000$mm	±50	<1	$D/6$ 且不大于 100	$D/4$ 且不大于 150
		$D>1000$mm	±50		$100+0.01H$	$150+0.01H$
2	套管成孔灌注桩	$D\leqslant500$mm	−20	<1	>0	150
		$D>500$mm			100	150
3	干成孔灌注桩		−20	<1	70	150
4	人工挖孔桩	混凝土护壁	+50	<0.5	50	150
		钢套管护壁	+50	<1	100	200

注：① 桩径允许偏差的负值是指个别断面。

② 采用复打、反插法施工的桩径允许偏差不受上表限制。

③ H 为施工现场地面标高与桩顶设计标高的距离，D 为设计桩径。

3. 桩基工程的安全技术措施

（1）机具进场要注意危桥、陡坡、陷地和防止碰撞电杆、房屋等，以免造成事故。

（2）施工前应全面检查机械，发现问题要及时解决，严禁带病作业。

（3）在打桩过程中遇到有地坪隆起或下陷时，应随时对机架及路轨调整垫平。

（4）机械司机在施工操作时要思想集中，服从指挥信号，不得随便离开岗位，并经常注意机械运转情况，发现异常情况要及时纠正。

（5）悬挂振动桩锤的起重机，其吊钩上必须有防松脱的保护装置。振动桩锤悬挂钢架的耳环上应加装保险钢丝绳。

（6）钻孔桩在已钻成的孔尚未浇筑混凝土前，必须用盖板封严；钢管桩打桩后必须及时加盖临时桩帽；预制混凝土桩入土后的桩孔必须及时用砂子或其他材料填灌，以免发生人身事故。

【知识链接】

（7）成孔钻机操作时，注意钻机安定平稳，以防钻架突然倾斜或钻具突然下落而发生事故。

（8）压桩时，非工作人员应离机 10m 以外，起重机的起重臂下严禁站人。

（9）夯锤下落后，在吊钩尚未降至夯锤吊环附近前，操作人员不得提前下坑挂钩。从坑中提锤时，严禁挂钩人员站在锤上随锤提升。

单元小结

高层建筑荷载大，软土地基地区大都采用桩基、箱基，尤其近年来灌注桩得到很大发展。通过本单元的学习，应该掌握各种类型基础的施工工艺特点及质量控制措施。

练习题

一、思考题

1. 简述高层建筑中常见的基础类型及适用范围。
2. 试述桩基的作用和分类。
3. 预制桩施工方法有哪些？各有何特点？
4. 现浇混凝土桩的成孔方法有几种？各种方法的施工特点、工艺及适用范围如何？
5. 灌注桩易发生哪些质量问题？如何预防和处理？
6. 桩基检测的方法有哪些？桩基验收应准备哪些资料？

二、选择题

1. 下列基础类型属于深基础的是（　　）。

A. 毛石基础　　B. 筏板基础　　C. 箱形基础　　D. 桩基础

2. 桩基础中，桩的主要作用是（　　）。

A. 传递荷载

B. 使软弱土层挤压，提高土壤承载力和密实度

C. 提高地基的刚度

D. 增加地基的强度和稳定性

3. 关于箱形基础的叙述，正确的是（　　）。

A. 平面布置上应尽可能对称

B. 基础的底板、内外墙和顶板宜连续浇筑完毕

C. 混凝土的强度等级不应低于C20

D. 底、顶板的厚度应满足柱或墙冲切验算要求

4. 在软弱地基上建造高层建筑时，多采用（　　）形式。

A. 桩基础　　B. 箱形基础　　C. 复合基础　　D. 筏板基础

5. 泥浆护壁成孔灌注桩施工工艺中，泥浆的作用有（　　）。

A. 护壁　　B. 携渣　　C. 润滑钻头　　D. 降低钻头温度

E. 减少钻进阻力

6. 泥浆护壁成孔灌注桩施工工艺中，钢护筒的作用有（　　）。

A. 定位　　B. 保护孔口　　C. 存储泥浆　　D. 维持水位

三、论述题

简述正循环回转钻成孔灌注桩施工工艺及其质量控制措施。

【参考答案】

单元4 施工机械设备

教学目标

知识目标

1. 掌握塔式起重机的工作参数，塔式起重机的选择与布置、专项施工方案的编制步骤与内容；

2. 了解施工电梯的种类、工作特点等；

3. 掌握脚手架的组成、种类、搭设程序、拆除程序、安装要求及脚手架的专项施工方案；

4. 掌握混凝土泵的布置和配套计算。

能力目标

能根据具体工程项目合理选用施工机械设备。

知识架构

知识点	权重
塔式起重机基本知识	5%
附着自升式塔式起重机	10%
内爬式塔式起重机	5%
塔式起重机专项施工方案	10%
施工电梯的基本知识	5%
施工电梯的基础与附墙装置	3%
施工电梯的选择与使用	2%
脚手架基本知识	5%
落地式脚手架	5%
悬挑式脚手架	5%
附着升降脚手架	2%
脚手架的搭设与拆除	5%
脚手架的专项施工方案	5%
钢平台	3%
混凝土泵的基本知识	10%
混凝土泵的配套计算	15%
混凝土泵的安全操作	5%

章节导读

高层建筑高度大、基础埋深大、施工周期长、施工条件复杂，施工时工作量大、水平与垂直运输量大、材料设备数量多、人员交通量大等。解决这些问题的关键，就是正确选择适合工程需要的施工机械设备，如土方工程设备（挖土机、运输车、装载机、钎探机）、基础施工类设备（打桩机、压桩机）、垂直运输类设备（塔式起重机、施工电梯、混凝土泵）、钢筋加工类设备（切断机、弯曲机、电焊机）、混凝土加工设备（如集中式搅拌机）、装修类设备（各类电锯、空压机）等。这些机械设备承担了大部分的施工操作任务，因此熟悉施工机械设备，对工程的顺利进行至关重要。另外，高层建筑施工机械设备的费用约占土建总造价的6%～10%，甚至更高，因此合理选用与高效使用机械设备，对降低高层建筑的造价有显著意义。

【导入案例】

引例

20世纪50年代，中国塔式起重机开始起步运用，50多年来，塔式起重机租赁逐渐成为国内发展较快的行业之一。

【参考图文】

我国塔式起重机由仿制开始起步，1954年仿制了东德建筑师I型塔式起重机，20世纪60年代自行设计制造了25t·m（指最大可吊吨数）、40t·m、60t·m几种机型，多以动臂式为主；70年代，随着高层建筑的增多，对施工机械提出了新的要求，于是，160t·m附着式、45t·m内爬式、120t·m自升式塔式起重机等接踵问世；80年代国家建设突飞猛进，建筑用最大的250t·m塔式起重机QTZ250应运而生，特别是1984年，通过引进法国POTAIN（波坦）公司技术大大缩短了与国外的差距，使我国塔式起重机发展步入了快车道。

2006年，四川建设机械（团体）股份有限公司推出了最大起重量达60t的超大型M1500（1500t·m），创下了当时国内塔式起重机行业最大吨位的纪录。抚顺永茂建筑机械有限公司推出了国产最大吨位的平头塔式起重机STT553（550t·m）。

根据施工需要，逐渐开发了多种结构形式的塔式起重机产品，如平头式、动臂式塔式起重机在近几年得到了快速发展。动臂式因为臂架可在一定范围内变动，非常适合密集及狭窄地区施工，有独特的施工特点，因此越来越受到重视。在一些超高层建筑施工，如上海环球金融中心、央视新大厦、国贸三期等工程中得到了应用。

目前，世界塔式起重机市场的竞争异常激烈，各著名厂家竞相开发具有吸引力的塔式起重机新产品，其总的发展趋势如下。

(1) 向大、重型发展：向大型化和超重型发展，起重量越来越大，起重臂越来越长。如下回转式塔机的起重量已达3000t·m，丹麦克洛尔（Kroll）公司已制造出10000t·m的塔式起重机。

(2) 向多功能发展：不仅可视施工要求装配成固定式、行走（轨道）式、附着式或内爬式，而且还可利用臂杆作为灵活的混凝土布料装置，塔身亦可作为外用电梯的一部分。

(3) 向高工作速度发展：塔机的工作速度逐渐提高，如法国波坦公司的Topkit系列的H3/28、H3/32的提升速度已超过100m/min。在变速方面则向无级调速发展。

(4) 向组合的变形塔机发展：采用组合设计，以少量通用标准件可组成多种满足不同施工需要的变形塔机。德国的Liebherr、Lineden、Poiner和法国的Potain等公司均有各自整套的组合设计体系，如Potain公司的Topkit塔机系列14种型号塔机的构件均可彼此组合和互换，塔身、大车底盘、塔帽、起重臂和操作机构均可视需要加以组合和延伸扩展。

(5) 向自动控制和遥控发展：里勃海尔、波坦等公司都不同程度地在塔机上使用了自控和遥控技术，如电脑控制的力矩限位器具有力矩、变幅、荷载极限报警等功能，波坦塔机回转机构采用了OMD系统等。

此外，在液压顶升机构已使塔机高度的发展不成问题的情况下，各厂家普遍转向扩大幅度，使俯仰变幅臂架向小车变幅臂架或两者兼容的方向发展。

在上述发展趋势的引导下，各著名塔机生产厂家纷纷推出新产品。这些塔机新产品均具有“城市塔式起重机”的下列特征：长臂，臂头起重量达1.2～2t，采用单小车2倍率或双小车4倍率固定不变，工作性能稳定，生产功效提高。

4.1 塔式起重机

4.1.1 概述

塔式起重机在施工现场往往不很规范地简称塔吊，具有工作幅度大、吊钩高度大、吊臂长、起重能力强、效率高等特点，因此成为高层、超高层建筑中垂直与水平运输的主要施工机械设备。

1. 塔式起重机的分类

【参考图文】

(1) 按变幅方式，可分为小车变幅式与俯仰变幅式（又称动臂式）塔式起重机，如图4.1(a)、(b) 所示。

小车变幅起重臂塔式起重机，是靠水平起重臂轨道上安装的小车行走实现变幅的。其优点是变幅范围大，载重小车可驶近塔身，能带负荷变幅；缺点是起重臂受力情况复杂，对结构要求高，且起重臂和小车必须处于建筑物上部，塔尖安装高度比建筑物屋面要求高出15～20m。

俯仰变幅起重臂塔式起重机，是靠起重臂升降来实现变幅的。其优点是能充分发挥起重臂的有效高度，机构简单；缺点是最小幅度被限制在最大幅度的30%左右，不能完全靠近塔身，变幅时负荷随起重臂一起升降，不能带负荷变幅。

(2) 按操作方式，可分为可自升式与不可自升式塔式起重机。自升式塔式起重机，主要是利用液压顶升机构来完成塔式起重机的上升，即有一顶升套架，在顶升时套架先向上升高，相对于塔身高了以后，塔身和套架中间就会有一个空间，这时将塔身的标准节安装在这个空间里面；重复操作，于是随着标准节的不断增加，塔机也就随之变高了。

(3) 按塔身回转方式，可分为上回转式与下回转式塔式起重机，如图4.1(c)、(d) 所示。

上回转式塔式起重机将回转支承、平衡重等主要机构均设置在上端。其优点是由于塔身不回转，可简化塔身下部结构，顶升加节方便；缺点是当建筑物超过塔身高度时，由于平衡臂的影响，限制了塔式起重机的回转，同时重心较高，风压增大，压重增加，使整机总重量增加。

下回转式塔式起重机将回转支承、平衡重等主要机构均设置在下端。其优点是塔身所受弯矩较小，重心低，稳定性好，安装维修方便；缺点是对回转支承要求较高，安装高度受到限制。

(4) 按行走机构，可分为移动式与固定式塔式起重机，如图 4.1(e)、(f) 所示。

移动式塔式起重机，根据行走装置的不同，又可分为轨道式、轮胎式、汽车式、履带式四种。轨道式塔式起重机塔身固定于行走底架上，可在专设的轨道上运行，稳定性好，能带负荷行走，工作效率高，因而广泛应用于建筑安装工程中；轮胎式、汽车式和履带式塔式起重机无轨道装置，移动方便，但不能带负荷行走、稳定性较差，目前已很少生产。

固定式塔式起重机根据装设位置的不同，又分为附着自升式和内爬式两种，如图 4.1(g)、(h) 所示。附着自升式塔式起重机能随建筑物升高而升高，是每隔一定距离通过支撑将塔身锚固在建筑物上，适用于高层建筑，建筑结构仅承受由塔式起重机传来的水平载荷，附着方便，但占用结构用钢多；内爬式塔式起重机在建筑物内部（电梯井、楼梯间），借助

(a) 小车变幅式　(b) 动臂式　(c) 上回转式　(d) 下回转式

(e) 轨道式　(f) 固定式　(g) 附着自升式　(h) 内爬式

(i) 平头式　(j) 尖头式　(k) 履带式快速安装型

图 4.1　塔式起重机种类

一套托架和提升系统进行爬升，顶升较复杂烦琐，但占用结构用钢少，不需要装设基础，全部自重及载荷均由建筑物承受，利用支撑在楼梯间或电梯井内墙上的爬升装置，使塔式起重机随着建筑物的升高而升高。

(5) 按塔尖结构，可分为平头式与尖头式塔式起重机，如图 4.1(i)、(j) 所示。

塔式起重机起初主要是尖头式的，利用钢索、塔帽将塔式起重机的大臂与平衡臂连接起来保持平衡。平头塔式起重机是近几年发展起来的一种新型塔式起重机，其特点是在原自升式塔机的结构上取消了塔尖及其前后拉杆部分，增强了大臂和平衡臂的结构强度，大臂和平衡臂直接相连，因而整机体积小、安装便捷安全，降低了运输和仓储成本，起重臂耐受性能好、受力均匀一致，对结构及连接部分损坏小，部件设计可标准化、模块化、互换性强，可减少设备闲置、提高投资效益。其缺点是在同类型塔机中，平头塔机价格稍高。

(6) 按塔式起重机安装方式不同，可分为能进行折叠运输并自行整体架设的快速安装型塔式起重机、需借助辅机进行组拼和拆装的塔式起重机，以及外部附着式塔式起重机与内爬式塔式起重机，如图 4.1(k) 所示。

能自行架设的快装式塔机都属于中小型下回转式塔机，主要用于工期短、要求频繁移动的低层建筑上。其优点是能提高工作效率、节省安装成本、省时省工省料；缺点是结构复杂、维修量大。

需经辅机拆装的塔式起重机，主要用于中高层建筑及工作幅度大、起重量大的场所，是目前建筑工地上的主要机种。

2. 塔式起重机的组成

塔式起重机由金属结构部分（行走台车架、支腿、底架平台、塔身、套架、回转支承、转台、驾驶室、塔帽、起重臂架、平衡臂架及绳轮系统、支架等）、机械传动部分（起升机构、行走机构、变幅机构、回转机构、液压顶升机构、电梯卷扬机构及电缆卷筒等）、电气控制与安全保护部分（电动机、控制器、动力线、照明灯、各安全保护装置及中央集电环等）以及与外部支承的设施（轨道基础及附着支撑等）组成。

3. 塔式起重机的型号

我国塔式起重机主要型号是 QTZ 系列，如 QTZ40（4208），其中 QTZ 代表自升式塔式起重机，40 代表公称起重力力矩为 400kN·m，42 代表臂长为 42m，08 代表在臂端 42m 处起重量为 0.8t。

塔式起重机臂长，是指塔身中心到起重小车吊钩中心的距离。塔式起重机臂长随着小车的行走是变化的，随着臂长的变化，塔式起重机的起重能力也是变化的。通常以塔式起重机最大工作幅度作为塔式起重机臂长的参数。如臂长结构尺寸是 42.94m，但最大起重臂长是 42m，实际工作臂长是 3～42m。3～13.66m 的臂长起重量最大，也就是 3t；在最大起重臂长 42m 的时候，塔式起重机起重能力最小，仅为 0.797t。

现国内常用塔式起重机型号如下：QTZ31.5——3808、4206、4306；QTZ40——4208、4708、4808、4908；QTZ50——5008、5010；QTZ63——5013、5310、5610；QTZ80——5312、5513、6010；QTZ125——5025、5522、6018；QTZ160——6024、6516、7012；QTZ250——7030、7520；QTZ315——7040、7530。

根据《建设部关于发布建设事业“十一五”推广应用和限制禁止使用技术（第一批）的公告》（第659号），对建筑施工塔式起重机的使用年限有如下规定。

（1）下列三类塔式起重机，超过年限的由有资质评估机构评估合格后，方可继续使用：630kN·m以下（不含630kN·m）、出厂年限超过10年（不含10年）的塔机；630～1250kN·m（不含1250kN·m）、出厂年限超过15年（不含15年）的塔机；1250kN·m以上、出厂年限超过20年（不含20年）的塔机。

（2）若塔式起重机使用说明书规定的使用年限小于上述规定的，以使用说明书规定的使用年限为准。

（3）除整机外，塔式起重机主要承载结构件的报废规定，应按照《塔式起重机安全规程》（GB 5144—2006）第4.7条“结构件的报废及工作年限”的规定执行。

4. 塔式起重机的特点

塔式起重机在使用时，不光具有起重量大、幅度大和起升高度大的特点，还能360°全回转，并能同时进行垂直、水平运输作业；塔式起重机的工作速度高，操作速度快，可以大大提高生产率，如国产塔式起重机的起升速度最快为120m/min，变幅小车的运行速度最快可达45m/min，某些进口塔式起重机的起升速度已超过200m/min，变幅小车的运行速度可达90m/min；其能一机多用，起重高度能随安装高度的升高而增高；机动性好，不需其他辅助稳定设施（如缆风绳），能自行或自升；且驾驶室（操纵室）位置较高，操纵人员能直接（或间接）看到作业全过程，有利于安全生产。

5. 塔式起重机的基本工作参数

（1）额定起重力矩。起重臂为基本臂长时最大幅度与相应的额定起重力的乘积，单位为kN·m。

（2）额定起重量。塔机在某一幅度核定的起吊重物的质量，单位为t或kg。能提升的最大质量称为额定最大起重量。

（3）幅度。起吊运送物料终点至回转中心的距离。其中从回转中心到运送物料最大终点距离，称为最大幅度；从回转中心到运送物料最小终点距离，称为最小幅度。

（4）起升高度。塔机空载情况下，塔身处于最大高度、吊钩位于最大幅度处，吊钩支撑面对塔机支撑面的允许最大垂直距离。

（5）基本高度。无附着塔机的最大起升高度。

（6）附着高度。塔机安装需要超过基本高度时必须附着，经过多道附着以后，塔机基础面至吊钩支撑面的垂直距离为最大附着高度。

（7）悬臂高度（悬高）。只有附着塔机才有悬臂高度，它是指最上一道附着支架至吊钩支撑面的垂直距离。

（8）起升速度。塔机空载时，吊钩上升至起升高度过程中稳定运行状态下的平均速度，单位为m/min。起升速度依倍率和挡位变化。

（9）回转速度。起重机空载时，风速小于3m/s，吊钩位于基本臂最大幅度处和最大高度时的稳定回转速度，单位为r/min。

（10）小车变幅速度。起重机空载时，风速小于3m/s的小车稳定运行速度，单位为m/min。

（11）最低稳定下降速度。吊钩滑轮组为最小钢丝绳倍率，吊有该倍率允许的最大起重量，吊钩稳定下降时的最低速度，单位为 m/min。起升倍率、起重特性曲线等详见塔式起重机使用说明书。

6. 塔式起重机的选择

施工条件复杂多变，影响因素多。在选择塔式起重机时，主要影响因素有建筑物的外形、平面布置，建筑层数、建筑物总高度，建筑工程材料、设备、制品的搬运量，建设工期、施工节奏、施工流水段的划分及进度安排，工程周边施工环境条件，本单位资源条件、工程所在地的经济发展情况、塔式起重机的供应条件及对经济效益的要求等。

(1) 分析需求。即明确给哪些专业使用，吊什么东西，单件最大重量、吊装次数比例如何，哪些东西占用塔式起重机吊装次数最多。例如对后一问题，各专业作业的基本答案如下：

模板专业——单片大模板或者几片大模板；

钢筋专业——单捆钢筋；

混凝土专业——单斗混凝土、布料机；

钢结构专业——单层柱、大跨梁等；

幕墙专业——单元体玻璃等；

安装专业——电焊机、屋面风机等。

(2) 确定塔式起重机位置应考虑的参数。塔式起重机位置处地基是否可靠稳定，是否有沉降过大的可能，是否需要加固；悬空附墙处结构强度是否能达到塔式起重机工作要求，是否需要加固；塔式起重机是否能覆盖主要的起吊点、工作面、加工场地；塔式起重机的安装方向、顶升方向、拆除方向、安装高度、工作高度、拆除高度是否进行了整体考虑；安拆作业面是否设置合理；塔式起重机司机的视线是否通畅；是否便于锚固，是否锚固过远、过近；塔式起重机位置处、锚固位置处是否妨碍后续施工；塔式起重机的大臂、平衡臂安装、作业、拆除时，是否与相邻塔式起重机、建筑物、高压线等相互碰撞。

多塔作业注意事项：要求能连环作业；尽量避免三台塔式起重机的覆盖范围重合，注意群塔作业时各塔的相互影响；单栋楼中应分主副吊，或按专业分为不同吊装对象；注意各个塔式起重机安装时间、安装高度的控制，以及安拆工作面预留、爬升速度的控制。

(3) 塔式起重机的选择原则。

① 参数合理。选择塔式起重机，首先要考虑其工作参数能满足施工需要、工期需要和安全的需要。

② 台班生产率必须满足生产需要。按照塔式起重机的额定起重量、一个吊次的延续时间、塔式起重机的工作效率，对塔式起重机台班生产率进行校核，从而保证施工的进度计划不会因塔式起重机的生产效率而受到延误。

③ 形式合适。超过 30 层的高层建筑，优先选择内爬式塔式起重机；不超过 30 层的建筑，当层数在 25～30 层时可选用参数合适的附着式自升塔式起重机或内爬式塔式起重机；对层数在 25 层以下的，按照层数的多少，可选择型号大小不同的附着式自升塔式起重机。

④ 投资少，经济效益好。要做到经济效益好，不仅要对塔式起重机的工作参数进行细致的对比分析、完成台班生产率的计算和选型研究，还要考虑企业自身条件，根据不同情况进行综合经济效益分析。

(4) 选用步骤。①根据建筑物特点选择塔机形式；②根据建筑物体形、平面尺寸、标准层面积、塔机布置情况（单、双侧），计算塔机的幅度与吊钩高度；③根据构件或容器加重物的重量，确定塔机的起重量与起重力矩；④按照上述结果参照塔机的技术性能选定塔机的型号，注意应多做几个方案，进行技术经济比较，从中选择最优方案；⑤根据施工进度计划、流水段划分和工程量、吊次的估算，计算塔机数量，确定具体布置。

4.1.2 附着式自升塔式起重机

附着式自升塔式起重机是非超高层建筑施工中常用的施工机械设备，能较好满足工程需要，不影响建筑物内部的施工安排。

1. 构造

附着式自升塔式起重机，由塔身、套架、转塔、起重臂、平衡臂、小车、配重、回转机构、变幅机构、液压顶升机构等组成，如图 4.2 所示。

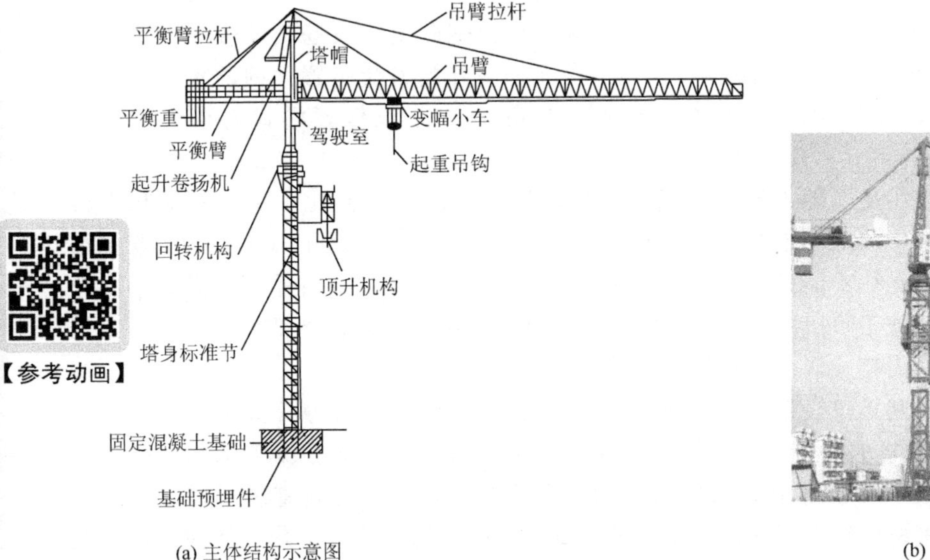

(a) 主体结构示意图

(b) 实物图

图 4.2 附着式自升塔式起重机的构造

2. 安装工艺

1) 制作塔式起重机基础

塔式起重机应该设置钢筋混凝土基础，该基础采用二级或三级螺纹钢，混凝土强度等级为 C30 或 C35。施工时，先将基础底部夯实，有时先要在基础底部打桩再做承台，然后安设钢筋骨架、安装模板与预埋件，再浇筑混凝土。

塔式起重机的布置方法如下。

(1) 布置在基础边。当基坑面积与上部建筑面积相近时，基础施工阶段的塔式起重机一般布置在基坑边，此时布置方式一般有以下三种。

① 布置在围护墙外。当围护墙的位移较小时，可采用这种布置方式，当支护结构的

内支撑体系较强时也可采用这种布置。但在设计围护墙时，需要考虑塔式起重机引起的附加荷载。对于重力式或悬臂式支护结构，不应采用此种布置方式，因为其位移较大，会引起塔式起重机位移或倾斜。

② 布置在水泥土墙围护墙上。由于水泥土墙宽度较大，且栅格式布置的水泥土墙其承载力也较高，因此在其上浇筑塔式起重机基础，实践证明此法有效而经济。但是需要注意的是，水泥土墙属于重力式挡土墙，其位移较大，对塔式起重机的稳定会带来隐患，需要控制水泥土墙的位移。通常采用加宽水泥土墙、加大其入土深度、对底部坑底加固补强等手段减小其位移，而且上部增加了塔式起重机的荷载，对墙的稳定是有利的，但需要验算软弱下卧层的地基强度。同时在土方开挖初期应加强对塔式起重机的检测，保证其位移、沉降、垂直度在安全范围内。

③ 布置在桩上。当基坑边水泥土墙计算位移较大，塔式起重机直接置于水泥土墙顶上可能发生危险时，则应在塔式起重机基础下设置桩基础，以确保安全。基础桩一般可设置 4 根，该桩主要承受水平力，桩径与桩长应计算确定，一般桩径为 400mm×400mm 或 ϕ600mm 左右，桩长为 12～18m。对于排桩式支护墙或地下连续墙，往往塔式起重机位置会落在支护墙顶上，直接设置塔式起重机基础会造成基底软硬严重不均的现象，在塔式起重机工作时产生倾斜，为此可在支护墙外侧另行布置大约两根基桩，该桩验算以沉降为主，设计时应使沉降差控制在 5mm 以内，以保证塔式起重机的正常工作。

（2）布置在基坑中央。随着地下空间的利用，地下空间往往要比上部建筑面积大得多，如几幢高层建筑下的地下室连成一片的地下室，基坑面积往往达上万平方米，甚至更大。塔式起重机布置往往不能设在基坑边，而需要设在基坑中央。此外采用内爬式塔式起重机的工程，在基坑施工阶段的塔式起重机也需要设在基坑中，以便上部主体结构施工至若干层后，直接改为内爬式，而不再拆装转移。

基坑中央的塔式起重机设置，可在地下工程施工前进行，其施工顺序如下。

① 确定塔式起重机的布置位置。如采用附着式塔式起重机，应根据上部结构的施工情况，将塔式起重机布置在地上结构外墙外侧的合适位置，并根据附着装置确定具体位置。避免将塔式起重机位置设置在地下室墙的部位、支护结构支撑的部位、换撑的部位及其他对支护结构或主体结构施工有影响的部位。如采用内爬式塔式起重机，一般根据上部结构电梯井或预留塔式起重机爬升通道的位置设置。

② 塔式起重机桩基及支承立柱施工。由于在地下结构施工前就需将塔式起重机安装完成，而以后基坑又将开挖，故基坑中央布置的塔式起重机需要用桩基并用支承立柱将其托起，在支承立柱上端设置塔式起重机承台，因此桩基一般采用钻孔灌注桩，在浇筑混凝土前插入支承立柱。也可采用 H 形钢等桩、柱合一的形式。

钻孔灌注桩基桩一般用 4 根，桩径不宜小于 700mm，考虑支承立柱的插入，配筋可采用半桩长配置方法。桩顶设在基底标高处，桩长应根据计算确定。支承立柱一般用格构式，也可采用 H 形钢。格构式截面为 400mm×400mm 或 450mm×450mm，主肢采用 4L125mm×10mm 或 4L140mm×10mm。

桩基也可直接采用 H 形钢打入，采用这种方法把桩基与支承立柱合为一体，下端插入基坑底下，上端搁置塔式起重机承台。由于施工过程中需要将支承立柱穿过底板，故在地下室底板施工前需要做好立柱的防水处理，在立柱边焊接止水钢板。

③ 塔式起重机承台施工。支承立柱顶部设置塔式起重机承台，其形式采用钢筋混凝土或钢结构。

④ 塔式起重机安装，基坑开挖与系杆安装。塔式起重机安装后续内容将详细介绍，安装完成后经验收合格后即可投入使用。但在基坑开挖过程中，应随着基坑开挖自上而下逐层安装系杆，将4根支承立柱连成整体，以保证支承立柱的稳定性。一般而言，塔式起重机立柱应独立自成体系，尽可能不要与支护结构的支撑体系连接，以免造成支撑体系受力复杂化。

塔式起重机钢筋混凝土基础，有多种形式可供选用。对于有底架的固定自升式塔式起重机，可视工程地质条件、周围环境及施工现场情况选用X形整体基础（轻型自升式塔式起重机）、条块分隔式基础或独立块体式基础；对无底架的自升式塔式起重机，则采用整体式方块基础。如图4.3所示为塔式起重机基础形式。

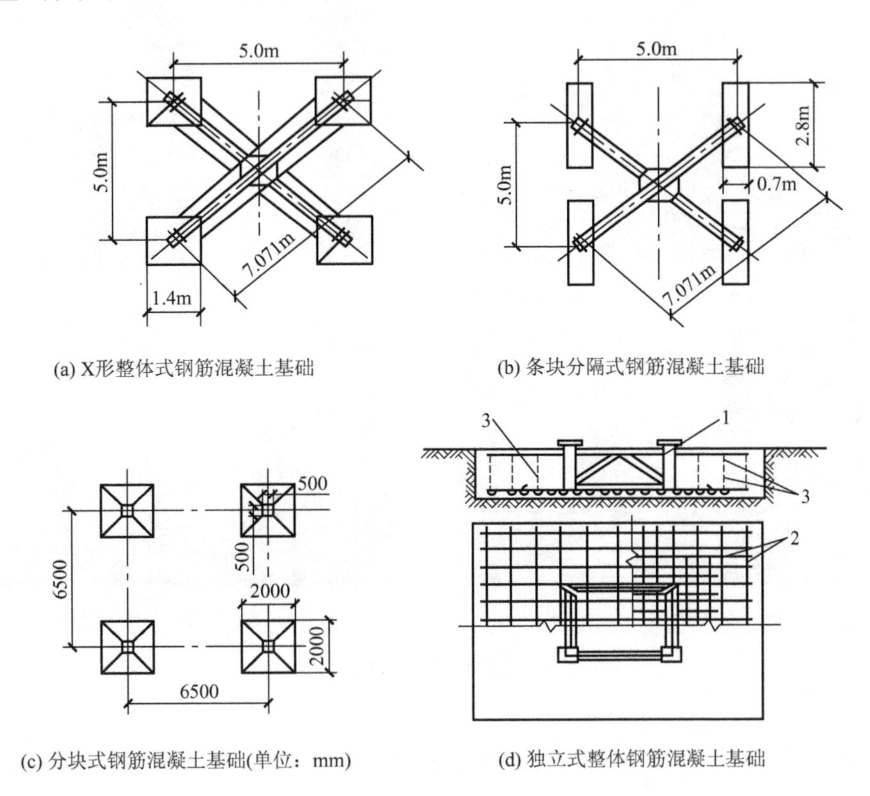

图4.3　塔式起重机基础形式

1—预埋塔身标准节；2—钢筋；3—架设钢筋

2）安装程序

(1) 安装底节及下标准节（注意顶升板与引进标准节的方向相反），如图4.4(a)所示。

(2) 吊装提升架即套架（注意引进标准节的方向应与下塔身顶升支板的方向相反），如图4.4(b)所示。

(3) 吊装上、下支座及回转支承；吊装回转塔身（驾驶室装在侧面，四周设有平台），吊装塔顶，如图4.4(c)所示。

（4） 吊装平衡臂，连接拉杆，如图 4.4(d)所示。

（5） 吊装配重块，如图 4.4(e)所示。

（6） 吊装起重臂，连接拉杆，将余下的配重块吊至平衡臂尾部，如图 4.4(f)所示。

(a) 安装底节及下标准节

(b) 吊装提升架

【参考视频】

(c) 吊装回转支承、回转塔身及塔顶

(d) 吊装平衡臂

(e) 吊装配重块

(f) 吊装起重臂并连接拉杆

图 4.4 塔式起重机安装程序

3） 顶升安装塔身标准节过程

塔式起重机每次顶升时，先将若干个标准节（2.5m）先吊到摆渡小车上，并将过渡节与塔身标准节相连的螺栓松开；顶升塔顶，开动液压千斤顶，将顶升套架向上顶升到超过一个标准节的高度，然后用定位销将套架固定，于是塔式起重机上部结构的重量就通过定位销传递到塔身上了；推入标准节，液压千斤顶回缩，形成引进空间，工人将标准节推入引进空间；利用千斤顶稍微提起标准节，然后将标准节平稳地落在下面的塔身上，并用螺栓加以连接固定；重复上述步骤可以将若干节标准节顶升上去，最后拔出定位销，下降过渡节，使之与接高的塔身连成整体。最终即可完成整个塔式起重机的顶升作业，如图 4.5 所示。

每次吊装塔身标准节之前，塔身与下支座之间每根主弦杆上应紧上一个连接副，当吊好

(a) 起吊标准节

(b) 标准节就位

(c) 顶升套架

(d) 推入标准节

图 4.5　塔式起重机顶升作业

一节塔身标准节放在引进梁上，牵引小车开到规定的平衡位置后，再拆开此螺栓副进行顶升过程；顶升工作风力应低于四级，顶升过程中须将回转制动器锁住，防止臂架顶升时转动。

塔身降落与顶升方法相似，仅程序相反。

4）安装附着

附着式塔式起重机随着施工高度的增加，塔式起重机的顶升到达限定的独立自由高度后，需要利用附着装置与建筑物拉结，以减小塔身长细比，改善塔身结构受力，同时将塔身上部传来的力矩、水平力等通过附着装置传递给建筑物。

为了保证安全，一般塔式起重机的高度超过 30～40m 就需要附墙装置，在设置第一道附墙装置后，塔身每隔 15～20m 须加设一道附墙装置。

附墙装置由锚固环、附着杆组成。锚固环由型钢、钢板拼焊成方形截面，用连接板与塔身腹杆相连，并与塔身主弦杆卡固。附墙拉杆有多种布置形式，可以使用三根或四根拉杆，根据施工现场情况而定。三根拉杆附着杆节点如图 4.6 所示。

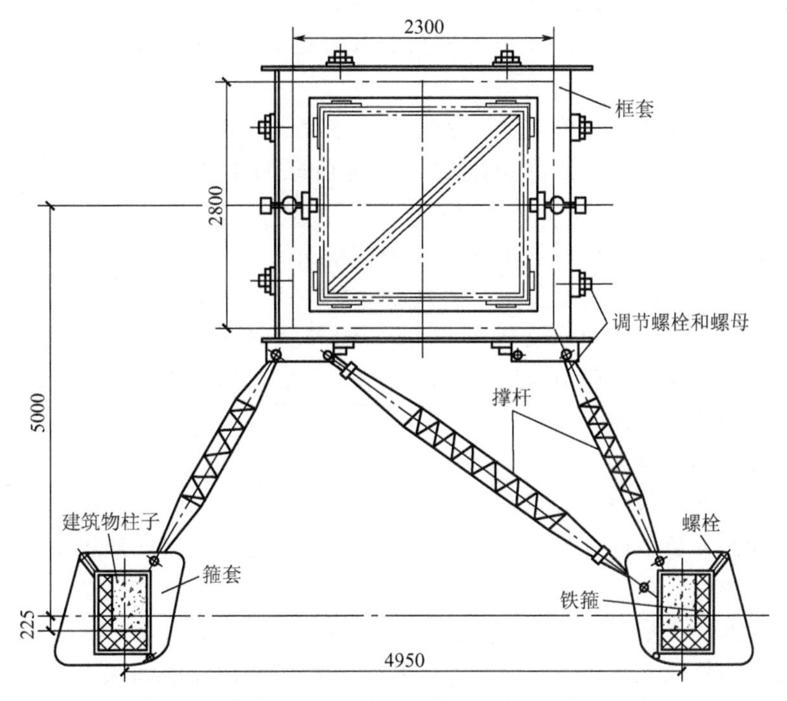

图 4.6　塔式起重机三杆式附着装置（单位：mm）

附着杆件由型钢和无缝钢管制作，通过调节螺母来调节长度，长的附着杆也可用型钢焊成空间桁架。从塔身中心线到建筑物外墙皮之间的垂直距离，称为附着距离，一般取4.1～6.5m，有时可达到10～15m，附着距离小于10m时，可用三杆式或四杆式附着装置，否则应采用空间桁架。附着支座与建筑物的连接，目前多采用预埋在建筑物构件上的螺栓相连。预埋螺栓的规格、材料、数量和施工要求，可查看塔式起重机的使用说明书，如无规定，可按下列要求确定。

(1) 预埋螺栓用Q235镇静钢制作。

(2) 附着的建筑物构件的混凝土强度等级不低于C20。

(3) 螺栓的直径不宜小于24mm。

(4) 螺栓埋入长度和数量按照计算确定。单耳支座不得少于4只，双耳支座不得少于8只。总埋入长度不少于15d，螺栓埋入混凝土的一段应做弯钩并加焊横向锚固钢筋。螺栓的直径和数量尚应按照《钢结构设计规范》(GB 50017—2003) 验算其抗拉强度。附着点应设在建筑物楼面标高附近，距离不宜大于200mm。附着点处结构需要验算，必要时应加强。

3. 安装要求

(1) 塔式起重机基础检查：检查基础混凝土试压报告，待混凝土达到设计强度后方可进行塔式起重机安装；混凝土基础上表面水平误差不大于0.5mm，并要有良好的排水措施。

(2) 塔式起重机安装，在施工前要有技术负责人组织现场技术员编制塔式起重机安拆专项施工方案与进行技术交底，使参加塔式起重机安拆的人员各司其职。

(3) 塔式起重机必须做好接地保护，防止雷击（采用不小于10mm^{2}多股铜线用焊接的方法连接），接地电阻值不大于4Ω。

(4) 塔式起重机安装，要保证相关限制器（力矩限制器、超高限制器、变幅限制器）灵敏、可靠。

(5) 塔式起重机安装检查验收后，必须进行空载、静载、动载试验，其静荷载试验吊重为额定荷载的125%，动荷载试验吊重为额定荷载的110%，经试验合格后方可交付使用。

(6) 塔式起重机安装完成后，由项目经理组织有关人员进行检查验收，验收合格后，填写施工现场机械设备验收报审表，并提供以下材料：产品生产许可证和出厂合格证，产品使用说明书、有关图纸及技术资料，产品的有关技术标准、规范，企业的自检验收表。施工单位将上述资料整理好后报当地安全监督站，待安监站检查、验收合格签发验收合格准用证后，方可进行使用。

4. 升降作业注意事项

(1) 在升降作业过程中，必须有专人指挥，专人照看电源，专人操作液压系统，专人紧固螺栓。非操作人员不得登上爬升套架的操作平台，更不得启动液压系统的泵、阀开关或其他电气设备。

(2) 升降作业应尽量在白天进行。特殊情况需在夜间作业时，必须备有充分的照明。

(3) 风力在四级以上时，不得进行升降作业。在作业过程中如风力突然加大，必须立即停止作业，并紧固连接螺栓。

(4) 顶升前应预先放松电缆，其长度宜大于顶升总高度，并应紧固好电缆卷筒，下降时应适时收紧电缆。

(5) 顶升过程中，应将回转机构制动住，严禁回转塔身及进行其他作业。

(6) 升降时，必须调整好顶升套架滚轮与塔身标准节的间隙，并应按规定使起重臂和平衡臂处于平衡状态，并将回转机构制动住，当回转台与塔身标准节之间的最后一处连接螺栓（销子）拆卸困难时，应将其对角方向的螺栓重新插入，再采取其他措施。不得以旋转起重臂动作来松动螺栓（销子）。

(7) 升降时，顶升撑脚（爬爪）就位后，应插上安全销，方可继续下一动作。

(8) 升降完毕后，各连接螺栓应按规定扭力紧固，液压操纵杆回到中间位置，并切断液压升降机构电源。

4.1.3 内爬式塔式起重机

内爬式塔式起重机是安装在建筑物内部（电梯井）结构上，依靠爬升机构随着建筑物升高而爬升的起重机。一般每隔 2～3 个楼层爬升一次。对于超高层建筑，优先选用内爬式塔式起重机。

1. 内爬式塔式起重机爬升过程

内爬式塔机共设三道爬升加强框架，从下至上分别为承重加强框架、抗扭加强框架和过渡加强框架，相邻加强框架的间距为 9～12m，三道加强框架均搁置在钢梁上，与钢梁间通过螺栓连接，而钢梁则搁置在核心筒电梯井混凝土梁上，并通过螺栓连接来保证钢梁与建筑物结构有可靠的连接。加强框架均为可拆形式，以保证循环使用和功能转换。承重加强框架主要用于承受塔机在各种工况下产生的垂直向下的作用力；抗扭加强框架主要用于承受塔机在各种工况下产生的扭矩和弯矩，并作为爬升过程中的爬升轨道，并最终作为抗扭加强架使用。正常工作状态下，塔机只使用承重加强框架和抗扭加强框架以稳固塔身，爬升前还需安装第三道加强框架作为过渡加强框架，以保证塔机爬升轨迹的可靠性。爬升高度为承重加强框架与抗扭加强框架的间距。

【参考视频】

根据说明书的要求，将设计制作好的两根钢梁用螺栓固定锁紧于建筑物的核心筒混凝土梁上，然后将加强框架安装固定于钢梁上，并调好导轮与塔身之间的间隙（一般为 2～5mm）。注意建筑物的钢筋混凝土梁，必须经设计院设计达到足够的承载能力要求。

将吊臂固定垂直于爬升横梁方向，调整小车幅度，使塔机的重心通过顶升油缸。

将液压系统及内爬撑杆装置于中框架上，然后将顶升横梁慢慢地顶在塔身踏步下叉口，这时松去内爬基础节的连接螺栓，然后操纵液压系统，将塔身顶起 1.6m 左右，将爬升框架上两内爬撑杆支压在塔身踏步上（以防塔式起重机坠落），收回油缸，将顶升横梁撑在下一对踏步上，操纵油缸向上顶升 1.6m 左右，然后再用撑杆撑住另一对踏步，这样周而复始。

当内爬基础节的四个伸臂超出内爬框架平面时，拉出四个伸臂然后收回活塞杆，让塔式起重机基础节的四个伸臂坐落在内爬框架上。

利用内爬塔机的吊重和塔机的自身旋转，调整好塔机的垂直度并同时调整内爬框架上的顶杆，使顶杆与塔身弦杆接触来调整塔身垂直度，要求在3/1000之内，然后在最上一个内爬框架平面靠塔身内安装撑杆并顶紧。如需连续爬高，在完成上述程序后，在建筑物上再安装一个内爬框架，然后重复上述过程。

2. 操作要点

(1) 安装队伍必须有垂直运输设备拆装的资格，安装人员经过培训并持证上岗，在安装时必须戴好安全帽和安全带等防护用品，严格遵守操作规程；塔机司机、指挥人员必须持证上岗，严守安全技术操作规程和“十不吊”等原则。

(2) 安装作业区域和四周布置两道警戒线，向外安全防护左右各20m，挂起警示牌，严禁任何人进入作业区域或在四周围观，现场安全员全权负责安装区域的安全监护工作，安装时要严格按起重臂长度安装平衡重。

(3) 塔机的一般工作气温为−20～+40℃，工作风速不大于6级，顶升加节必须在风力小于4级时进行，如风速突然加大，必须停止作业并将塔身紧固。

(4) 安装作业必须按规定程序进行，专人指挥，电源、液压系统专人操纵，齿轮泵在最大压力下不准持续3min。

(5) 塔机液压顶升时，要注意观察踏步、横梁爬爪的外表焊缝连接处有无脱焊、裂缝，若发现有，应立即停机整修后再进行顶升作业。

(6) 内爬升结束后，应对下部结构的爬升预留孔洞进行安全防护，防止人员坠落。

(7) 塔机安装后，必须对整机钢机构、各机构部位是否正确安装进行检查，对起升、变幅、回转、行走机构进行检查、调整，各工作机构要求运转平稳、准确、无异响，制动灵敏可靠。对力矩限制器、超高限位、变幅限位、回转限位、最大起重量限制器等安全保护装置应进行检查和调整，各安全保护装置必须安全准确、灵敏可靠；对电气系统应进行全面检查，以及进行荷载试验等。

(8) 塔机安装加节后，必须经安全、技术等部门联合验收合格，填写验收表签字后方可投入使用。

(9) 塔机在使用过程中应按规定进行维护保养。保养分日常保养、一级保养和二级保养，日常保养在班前班后进行，一级保养每工作1000h进行一次，二级保养每工作3000h进行一次。

(10) 塔机使用要有完整的记录，包括安全技术交底、运转记录、交接班记录、维修保养记录、事故记录、检查记录等，这些记录都应作为塔机的技术档案归档保存。

(11) 每年应对塔机进行年度检审。

4.1.4 塔式起重机专项施工方案

《建筑工程安全生产管理条例》规定：对达到一定规模的危险性较大的分部分项工程，应当编制安全专项施工方案，并附具安全验算结果，并经技术负责人、总监签字后实施，有现场专职安全生产管理人员进行现场监督。其中特别重要的专项施工方案还必须组织专家进行论证、审查。

【参考视频】

1. 安全专项施工方案的编制范围

相关范围见表4-1。

表 4-1　高层建筑施工安全专项施工方案编制项目

序号	应当编制安全专项施工方案的分部分项工程	应当组织专家进行论证、审查的安全专项施工方案
1	基坑支护与降水	开挖深度超过 5m（含 5m）的基坑（槽）并采用支护结构施工的工程；基坑深度未超过 5m，但地质条件和周围环境复杂、地下水位在坑底以上
2	土方开挖	开挖深度超过 5m（含 5m）的基坑（槽）
3	模板工程	高大模板；水平混凝土构件模板支撑系统高度超过 8m，或跨度超过 18m，施工总荷载较大的
4	起重吊装	—
5	脚手架工程	30m 及以上高空作业工程
6	其他危险性较大的工程	—

2. 塔式起重机安全专项施工方案的编制依据

(1)《建筑安全检查标准》。

(2)《塔式起重机安全规程》《塔式起重机操作使用规程》《桩基技术规范》。

(3) 企业的安全管理规章制度。

(4) 基础施工图、岩土工程勘察报告、《塔式起重机设计规范》、塔式起重机使用说明书、安装说明、塔式起重机基础布置图、电气布线图。

3. 塔式起重机安全专项施工方案的编制要求

(1) 及时性。方案在施工前必须编制好，并且经审核批准后正式下达施工单位以指导施工；在施工过程中若发生变更，安全技术措施必须及时变更或补充，并及时经原编制、审批人员办理变更手续，否则不能施工。

(2) 针对性。要根据具体工程的特点，从技术上采取措施，保证工程安全和质量。

(3) 具体性。方案必须明确具体，可操作性强，能指导施工；方案要有设计、计算、详图和文字说明等。

4. 塔式起重机安全专项施工方案的编制内容

分部分项工程概况、施工组织与部署、施工准备、材料构件及机具设备、施工工艺流程、施工技术及操作要点、安全防护措施与安全规定、风险防范与应对措施、检验检测及验收制度。

5. 塔式起重机安全专项施工方案的审批与实施

(1) 编制与审核。有工程技术人员编制方案，有企业技术部门的专业技术人员及专监进行审核，审核合格后有企业技术负责人、总监审批签字。

(2) 专家论证审查。当涉及《危险性较大工程安全专项施工方案及专家论证审查办法》所规定范围的分部分项工程作业时，要求企业应当组织不少于 5 人的专家组对已经编制好的方案进行论证审查；专家组必须提出书面审查报告，企业应根据论证审查报告进行完善，经施工企业负责人、总监签字后方可实施；专家组书面论证审查报告应作为安全专项方案的附件，在实施过程中企业应严格按照方案组织施工。

(3) 实施。施工过程中，项目部必须严格按照方案组织施工。施工前应进行安全技术交

底，塔式起重机安装完成后要组织验收，合格后才能投入使用；对塔式起重机的垂直度等监测项目要落实，并及时反馈监测情况；施工完成后，应及时对安全专项施工方案进行总结。

作为一个案例，以下为某工程塔式起重机专项施工方案的目录。

第一章　工程概况

1.1　工程概况

1.2　编制依据

1.3　塔式起重机的选择

第二章　塔式起重机技术性能参数

QTZ63 型塔式起重机技术性能参数

第三章　塔式起重机基础定位及施工

3.1　塔式起重机基础位置的确定

3.2　塔式起重机基础设计

3.3　塔式起重机基础的保护

3.4　塔式起重机基础施工工艺

第四章　施工准备

4.1　场地准备

4.2　工具准备

4.3　人员准备

第五章　塔机安拆

5.1　塔式起重机安装

5.2　顶升作业

5.3　安装注意事项

5.4　塔机安装完毕后检查和试运转

5.5　塔机拆除

5.6　附墙装置的安拆原则

5.7　塔机沉降、垂直度测定及偏差校正

【知识链接】

第六章　塔机的使用操作与安全措施

6.1　安全措施与使用操作

6.2　塔机施工安全措施

6.3　塔式起重机日常检查制度

第七章　计算书

4.2　施工电梯

【参考图文】

施工电梯又称外用施工电梯或施工升降机，是一种很重要的高层建筑施工用垂直运输机械设备，多为人货两用，少数仅供货用或人用。

4.2.1 概述

1. 施工电梯的分类

施工电梯按动力装置，可分为电动与电动-液压两种，电动-液压驱动的电梯工作速度比单纯电动机驱动电梯工作速度快，可达96m/min。

施工电梯按用途，可划分为载货电梯、载人电梯和人货两用电梯。载货电梯一般起重能力较大，起升速度快，而载人电梯或人货两用电梯对安全装置要求高一些。目前，在实际工程中用得较多的是人货两用电梯。

施工电梯按驱动形式，可分为钢索曳引、齿轮齿条曳引和星轮滚道曳引三种形式。其中钢索曳引是早期产品，星轮滚道曳引的传动形式较新颖，但载重能力较小，目前用得较多的是齿轮齿条曳引的结构形式。

施工电梯按吊厢数量，可分为单吊厢式和双吊厢式。

施工电梯按承载能力，可分为两级，其中一级能载重物1t或人员11～12人，另一级载重2t或人员24名。我国施工电梯用得较多的是前者。

施工电梯按塔架多少，可分为单塔架式和双塔架式。目前双塔架桥式施工电梯已很少用。

2. 齿轮齿条驱动施工电梯的构成

该型施工电梯的主要部件，为吊笼、带有底笼的平面主框架结构、立柱导轨架、驱动装置、电控提升系统、安全装置等。

1）立柱导轨架

一般立柱由无缝钢管焊接的桁架结构并带有齿条的标准节组成，标准节长为1.5m，标准节之间采用套柱螺栓连接，并在立柱杆内装有导向楔。

2）带底笼的安全栅

电梯的底部有一个便于安装立柱段的平面主框架，在主框架上立有带镀锌铁网状护围的底笼。底笼的高度约2m，其作用是在地面把电梯整个围起来，以防止电梯升降时闲人进出而发生事故。底笼入门口的一端有一个带机械和电气的连锁装置，当吊厢在上方运行时即锁住，安全栅上的门无法打开，直至吊厢降至地面后连锁装置才能解脱，以保证安全。

3）吊笼

吊笼又称吊厢，不仅是乘人载物的容器，也是安装驱动装置和架设或拆卸支柱的场所。吊笼内的尺寸一般为3m×1.3m×2.7m左右。吊笼底部由浸过桐油的硬木或钢板铺成，结构主要由型钢焊接骨架组成，顶部和周壁由方眼编织网围护结构组成。国产电梯在吊笼的外沿一般都装有司机专用的驾驶室，内有电气操纵开关和控制仪表盘，或在吊笼一侧设有电梯司机专座，负责操纵电梯。

4）驱动装置

驱动装置是使吊笼上下运行的一组动力装置，其齿轮齿条驱动机构可为单驱动、双驱动甚至三驱动。

5）安全装置

（1）限速制动器。国产的施工外用载人电梯大多配用两套制动装置，其中一套就是限速制动器，在紧急情况下如电磁制动器失灵、机械损坏或严重过载、吊笼超过规定的速度约15%时，能使电梯马上停止工作。常见的限速器是锥鼓式限速器，根据功能不同，分为单作用和双作用两种形式。单作用限速器，只能沿工作吊厢下降方向起制动作用。锥鼓式限速器的结构如图4.7所示，主要由锥形制动器部分和离心限速器部分组成。制动器部分由制动毂、锥面制动轮、碟形弹簧组、轴承、螺母、端盖和导板组成；离心限速器部分由心块支架、传动轴、从动齿轮、离心块和拉伸弹簧组成。

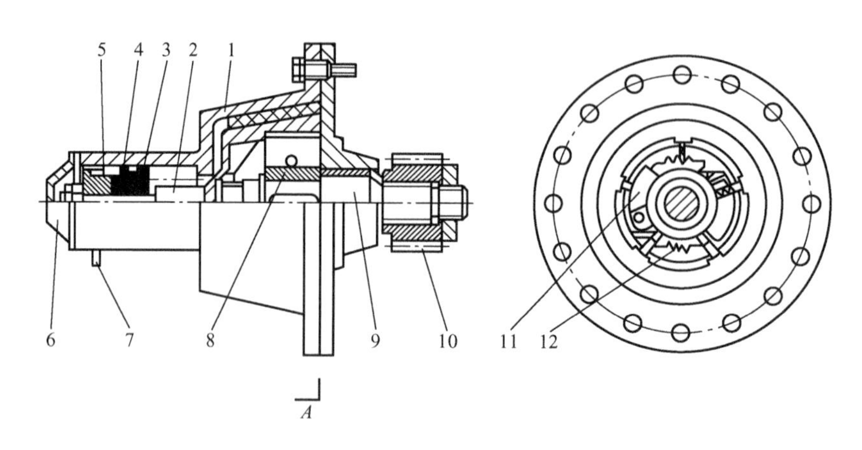

图4.7 锥鼓式限速器结构

1—制动毂；2—锥面制动轮；3—碟形弹簧组；4—轴承；5—螺母；6—端盖；7—导板；8—心块支架；9—传动轴；10—从动齿轮；11—离心块；12—拉伸弹簧

锥鼓式限速器有以下三种工作状态。

① 电梯运行时，小齿轮与齿条啮合驱动，离心块在弹簧的作用下，随齿轮轴一起转动。

② 当电梯运行超过一定速度时，离心块克服弹簧力向外飞出，与制动鼓内壁的齿啮合，使制动鼓旋转而被拧入壳体。

③ 随着内外锥体的压紧，制动力矩逐步增大，使吊厢能平缓制动。

锥鼓式限速器的优点在于减少了中间传力路线，在齿条上实现了柔性直接制动，安全可靠性大，冲击力小，且制动行程可以预调。在限速制动的同时，电器主传动部分自动切断，在预调行程内实现制动，可有效防止上升时出现“冒顶”和下降时出现“自由落体”坠落现象。由于限速器是独立工作，因此不会对驱动机构和电梯结构产生破坏。

(2) 制动装置。

① 限位装置。设在立柱顶部的为最高限位装置，可防止冒顶，主要由限位碰铁和限位开关构成；设在楼层的为分层停车限位装置，可实现准确停层；设在立柱下部的限位器，可使吊笼不超越下部极限位置。

② 电机制动器。有内抱制动器和外抱电磁制动器等类型。

③ 紧急制动器。有手动楔块制动器和脚踏液压紧急刹车等，在紧急情况下如限速和传动机构都发生故障时，可实现安全制动。

(3) 缓冲弹簧。底笼的底盘上装有缓冲弹簧，在下限位装置失灵时，可以减小吊笼的落地振动。

6）平衡重

平衡重的质量约等于吊笼自重加 1/2 的额定载重量，用来平衡吊笼的一部分重量，通过绕过主柱顶部天轮的钢丝绳与吊笼连接，并装有松绳限位开关。每个吊笼可配用平衡重，也可不配平衡重。前者的优点是可保持荷载的平衡和立柱的稳定，并且在电动机功率不变的情况下提高了承载能力，从而达到了节能的目的。

7）电气控制与操纵系统

电梯的电器装置（接触器、过载保护、电磁制动器或晶闸管等电器组件）装在吊笼内壁的箱内，为了保证电梯运行安全，所有电气装置都重复接地。一般在地面、楼层和吊厢内的三处设置了上升、下降和停止的按钮开关箱，以防万一。在楼层上，开关箱放在靠近平台栏栅或入门口处。在吊笼内的传动机械座板上，除了有上升与下降的限位开关以外，在中间还装有一个主限位开关，当吊笼超速运行时，该开关可切断所有的三相电源，下次在电梯重新运行之前，应将限位开关手动复位。利用电缆可使控制信号和电动机的电力传送到电梯吊笼内，电缆卷绕在底部的电缆筒上，高度很大时，为了避免电缆受风的作用而绕在主柱导轨上，应设立专用的电缆导向装置。吊笼上升时，电缆随之提起，吊笼下降时，电缆经由导向装置而落入电缆筒中。

3. 绳轮驱动施工电梯

绳轮驱动施工电梯常称为施工升降机或升降机，它采用三角断面钢管焊接成桁架结构立柱，单吊笼，无平衡重，设有限速和机电联锁安全装置，附着装置比较简单，能自升接高，可在狭窄场地作业，转场方便，吊笼平面尺寸为 1.2m×(2～2.6)m，结构简单，用钢量少。有人货两用型，可载货 1t 或乘 8～10 人，也有的只用于运货，载重也达 1t。其造价仅为齿轮齿条施工电梯的 2/5～1/2，因而在高层建筑中的应用面逐渐扩大。

4.2.2 施工电梯基础及附墙装置的构造做法

1. 施工电梯基础的构造做法

电梯的基础为带有预埋地脚螺栓的现浇钢筋混凝土，如图 4.8 所示。一般采用配筋为 Φ8X@250Y@250 的 C30 混凝土，地基土的地耐力应不小于 0.15N/mm^2。如某电梯基础的外形尺寸实例为：长 2600mm（单笼，双笼 4000mm），宽 3500mm，厚 200mm。

施工电梯基础顶面标高，有高于地面、与地面齐平、低于地面三种，以与地面齐平做法最为可取，因能方便施工人员出入，减少发生工伤事故的可能性。

2. 施工电梯附墙装置的构造做法

(1) 齿轮齿条驱动施工电梯的附墙装置用于保证导轨架的稳定性，当电梯架设到一定的高度时，每隔一定的间距，必须把立柱导轨架与建筑物用附墙支撑和预埋件连接起来。附墙支撑装置由槽钢连接架、1 号支架、2 号支架、3 号支架和立管架构成，如图 4.9 所示。立管与底笼立管连接。当立管架与墙面距离大于 1.0m 时，可再增加一排立管（用扣件钢管搭设）。附墙支撑的间距在产品使用说明书上都有规定。在最后一个锚固处之上立柱的允许高度，即再需增加新的锚固处之前，应至少使电梯再爬升 2～3 层。自由高度，单笼电梯为 15m，双笼电梯为 12m。

图 4.8 施工电梯基础

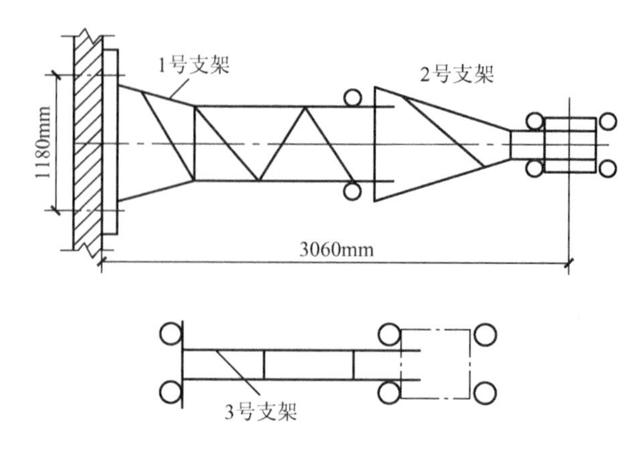

图 4.9 施工电梯的附墙装置

(2) 卷扬机绳轮驱动施工电梯的附墙装置由三根杆件组成，其附墙距离可视需要在一定范围内进行调整。

4.2.3 施工电梯的选择和使用

1. 施工电梯的选择

现场施工经验表明，为减少施工成本，20层以下的高层建筑宜采用绳轮驱动施工电梯，25～30层以上的高层建筑宜选用齿轮齿条驱动施工电梯。高层建筑施工电梯的机型选择，应根据建筑体型、建筑面积、运输总量、工期要求以及施工电梯的造价与供货条件等确定。

2. 施工电梯的使用

(1) 确定施工电梯位置。施工电梯安装的位置应尽可能满足以下要求：①有利于人员和物料的集散；②各种运输距离最短；③方便附墙装置安装和设置；④接近电源，有良好的夜间照明，便于司机观察。

【知识链接】

(2) 加强施工电梯的管理。在施工电梯全部运转时间中，输送物料的时间只占运送时间的30%～40%，在高峰期特别在上下班时刻，人流集中，施工电梯运量达到高峰。如何解决好施工电梯人货矛盾，是一个关键问题，应注意加强管理。

4.3 脚手架

为了带着问题学习，我们不妨想一想，在图4.10所示的脚手架搭设中存在哪些问题？

【参考视频】

图 4.10 存在隐患的脚手架

4.3.1 概述

脚手架是建筑施工中不可缺少的临时设施，是为在建筑物高部位施工而专门搭设的，用作操作平台、施工作业和运输的通道，并能临时堆放施工用材料和机具。因此，脚手架在砌筑工程、混凝土工程、装修工程中有着广泛的应用。

我国脚手架工程的发展大致经历了三个阶段。第一阶段是解放初期到 20 世纪 60 年代，脚手架主要利用竹、木材料；20 世纪 60 年代末到 70 年代，出现了钢管扣件式脚手架、各种钢制工具式脚手架与竹木脚手架并存的第二阶段；20 世纪 80 年代至今，随着土木工程的发展，国内一些研究、设计、施工单位在从国外引入的新型脚手架基础上，开发出了一系列新型脚手架，进入了多种脚手架并存的第三阶段。

目前脚手架的应用趋势，是采用金属制作的具有多种功用的组合式脚手架，可以适用不同情况作业的要求。

与一般结构相比，脚手架的工作条件有以下特点：①所受荷载差异性较大；②扣件连接节点属于半刚性，且节点刚性大小与扣件质量、安装质量有关，节点性能存在较大差异；③脚手架结构和构件存在初始缺陷，如杆件的初弯曲、锈蚀、搭设尺寸误差、受荷偏心等均较大；④与墙的连接点，对脚手架的约束性变异较大；⑤安全储备小。到目前为止，业界对以上问题的研究解决还很不够，缺乏系统积累和统计资料，不具备独立进行概率分析的条件。

脚手架可根据与施工对象的位置关系、支承特点、结构形式以及使用的材料等划分为多种类型。

(1) 按照与建筑物的位置关系划分。

① 外脚手架。外脚手架沿建筑物外围从地面搭起，既可用于外墙砌筑，又可用于外装饰施工，如图 4.11(a) 所示。其主要形式有多立杆式、框式、桥式等。其中多立杆式应用最广，框式次之，桥式应用最少。

② 里脚手架。里脚手架搭设于建筑物内部，每砌完一层墙后，即将其转移到上一层楼面，进行新的一层砌体砌筑，它可用于内外墙的砌筑和室内装饰施工，如图 4.11(b) 所示。里脚手架用料少，但装拆频繁，故要求轻便灵活、装拆方便。其结构形式有折叠式、支柱式和门架式等多种。

(a) 外脚手架　　(b) 里脚手架

图 4.11　按照脚手架搭设位置划分

(2) 按照支承部位和支承方式划分。

① 落地式脚手架。搭设（支座）在地面、楼面、屋面或其他平台结构之上的脚手架，如图 4.12 所示。

② 悬挑式脚手架。采用悬挑方式支固的脚手架，其支挑方式又有三种：架设于专用悬挑梁上；架设于专用悬挑三角桁架上，如图 4.13 所示；架设于由撑拉杆件组合的支挑结构上，支挑结构有斜撑式、斜拉式、拉撑式和顶固式等多种。

③ 附墙悬挂脚手架。在上部或中部挂设于墙体挑挂件上的定型脚手架，如图 4.14 所示。

图 4.12　落地式脚手架

【参考图文】

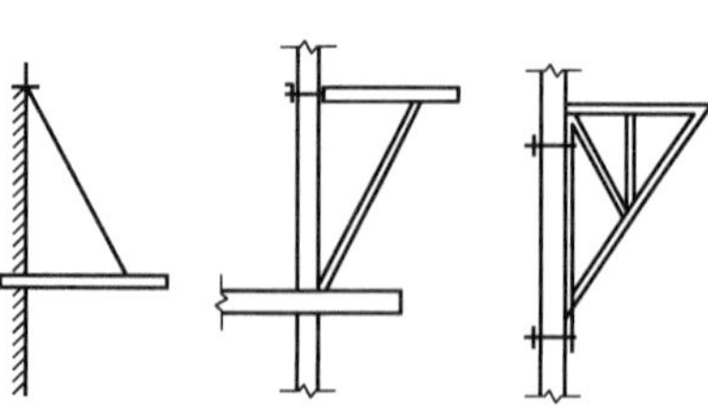

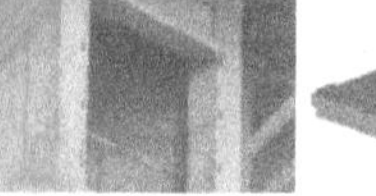

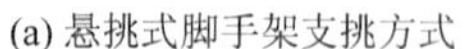

(a) 悬挑式脚手架支挑方式　　(b) 悬挑式脚手架实物图

图 4.13　悬挑式脚手架

④ 悬吊脚手架。悬吊于悬挑梁或工程结构之下的脚手架，如图 4.15 所示。

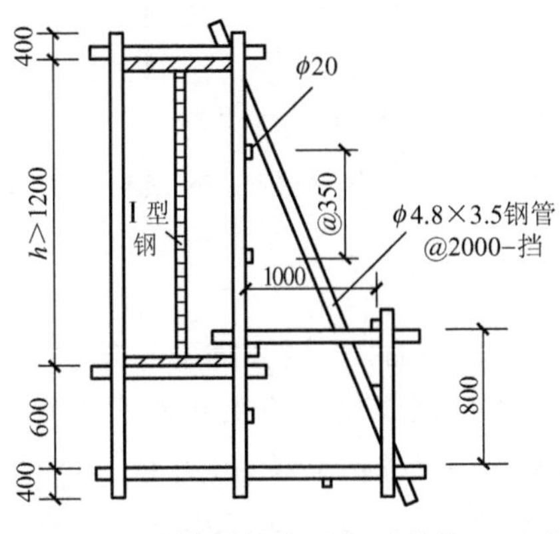

图 4.14　附墙悬挂脚手架（单位：mm）

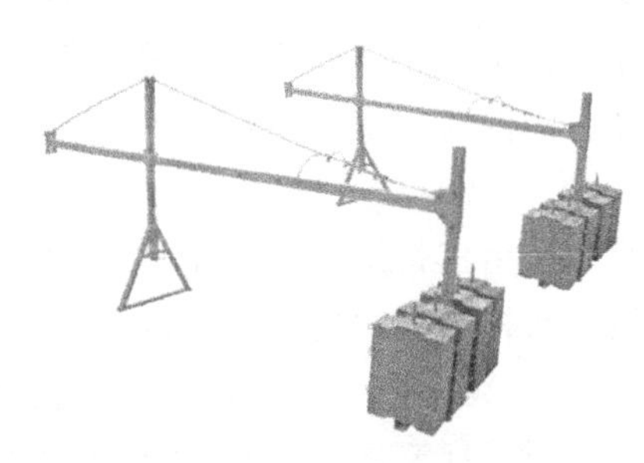

图 4.15　悬吊脚手架

⑤ 附着升降脚手架（简称“爬架”）。附着于工程结构，依靠自身提升设备实现升降的悬空脚手架，如图 4.16 所示。

【参考图文】

图 4.16　附着升降脚手架

⑥ 水平移动脚手架。带行走装置的脚手架或操作平台架。

(3) 按其所用材料，分为木脚手架、竹脚手架和金属脚手架。

(4) 按其结构形式，分为多立杆式、碗扣式、门形、方塔式、附着升降式及悬吊式脚手架等。

4.3.2 扣件式钢管脚手架

由钢管及扣件组成的扣件式钢管脚手架具有以下特点。

(1) 承载力大。当脚手架的几何尺寸及构造符合有关要求时，脚手架的单管立柱的承载力可达 15～35kN。

(2) 装拆方便，搭设灵活，适应于各种平面、立面的建筑物与构筑物。

(3) 比较经济。与其他钢管脚手架相比，其加工简单，一次性投资较少。如果精心设计脚手架几何尺寸，注意提高钢管的周转使用率，则材料用量也可较少。

扣件式钢管脚手架在我国应用已有 40 多年，积累了较为丰富的使用经验，是应用最为普遍的一种钢管脚手架，其适用范围如下：工业与民用房屋建筑，特别是多、高层房屋的施工；高耸构筑物，如井架、烟囱、水塔等的施工；模板支撑架；上料平台；栈桥、码头、高架公路等工程的施工；其他方面，如作为简易建筑物的骨架等。

扣件式钢管脚手架如管理不善，将大大增加钢管用量，增大扣件的损耗，影响其优越性。因此在扣件式脚手架的构配件使用、存放和维护过程中，应注意按有关要求加强科学管理。

工业与民用建筑施工用落地式（底撑式）单、双排扣件式钢管脚手架的设计与施工，以及混凝土结构工程中模板支架的设计与施工，可以使用《建筑施工扣件式钢管脚手架安全技术规范》(JGJ 130—2011，以下简称脚手架规范）来进行科学管理。

脚手架规范规定，单排脚手架不适用于下列情况：①墙体厚度小于或等于 180mm；②建筑物高度超过 24m；③空斗砖墙、加气块墙等轻质墙体。

扣件式钢管脚手架施工前，应按脚手架规范的规定对脚手架结构构件与立杆地基承载力进行设计计算；但在脚手架规范规定的以下情况下，相应杆件可不再进行设计计算：50m 以下的常用敞开式单、双排脚手架，在基本风压小于或等于 0.35kN/m^2 的地区，对于仅有栏杆和挡脚板的敞开式脚手架，当每个连墙点覆盖的面积不大于 30m^2，构造符合脚手架规范关于连墙点等的构造规定时，脚手架常用构架尺寸可按表 4－2 及表 4－3 选取，扣件螺栓拧紧扭力矩在 40～65N·m 之间。但连墙件、立杆地基承载力等，仍应根据实际荷载进行设计计算。

表 4－2　常用敞开式双排脚手架的构架尺寸　　单位：m

连墙件设置	立杆横距 l_b	步距 h	下列荷载时的立杆纵距 l_a				脚手架允许搭设高度 [H]
			(2+4×0.35) kN/m^2	(2+2+4×0.35) kN/m^2	(3+4×0.35) kN/m^2	(3+2+4×0.35) kN/m^2	
两步三跨	1.05	1.20～1.35	2.0	1.8	1.5	1.5	50
		1.8	2.0	1.8	1.5	1.5	50
	1.30	1.20～1.35	1.8	1.5	1.5	1.5	50
		1.8	1.8	1.5	1.5	1.2	50
	1.55	1.20～1.35	1.8	1.5	1.5	1.5	50
		1.8	1.8	1.5	1.5	1.2	37
三步三跨	1.05	1.20～1.35	2.0	1.5	1.5	1.5	50
		1.8	2.0	1.5	1.5	1.5	34
	1.30	1.20～1.35	1.8	1.5	1.5	1.5	50
		1.8	1.8	1.5	1.5	1.2	30

注：① 表中所示 (2+2+4×0.35)kN/m^2，其中 2+2 为二层装修作业层施工荷载，4×0.35 为二层作业层脚手板荷载，另二层脚手板为脚手架规范规定的构造设置。

② 作业层横向水平杆间距，应按不大于 $l_a/2$ 设置。

表 4-3 常用敞开式单排脚手架的构架尺寸 单位：m

连墙件设置	立杆横距 l_b	步距 h	下列荷载时的立杆纵距 l_a		脚手架允许搭设高度 [H]
			(2+2×0.35) kN/m²	(3+2×0.35) kN/m²	
两步三跨 三步三跨	1.20	1.20～1.35	2.0	1.8	24
		1.8	2.0	1.8	24
	1.40	1.20～1.35	1.8	1.5	24
		1.8	1.8	1.5	24

注：同表 4-2。

扣件式钢管脚手架施工前，应根据脚手架规范的规定编制专项施工方案。

1. 扣件式钢管脚手架的基本构架形式

扣件式钢管脚手架的基本构架形式如图 4.17 所示。

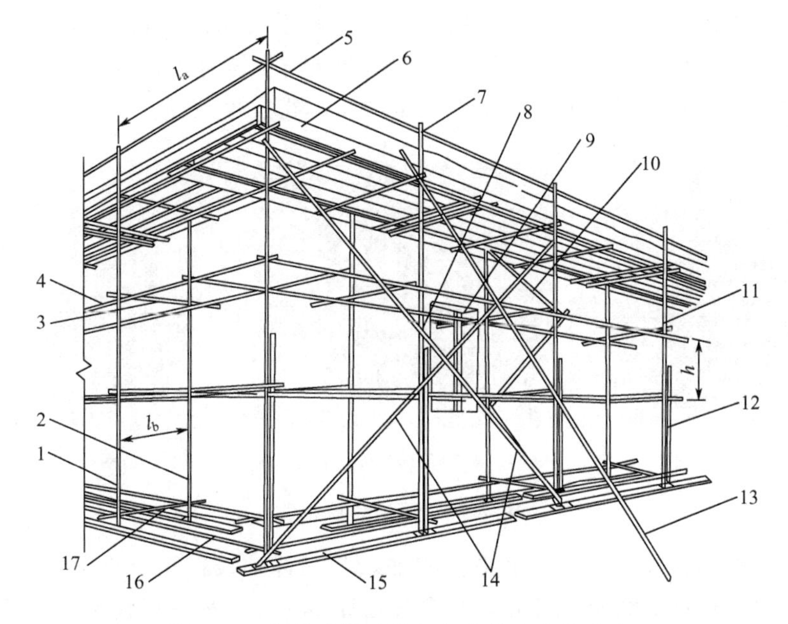

【参考视频】

图 4.17 扣件式钢管脚手架的基本构架形式

1—外立杆；2—内立杆；3—横向水平杆；4—纵向水平杆；5—栏杆；6—挡脚板；7—直角扣件；8—旋转扣件；9—连墙件；10—横向斜撑；11—主立杆；12—副立杆；13—抛撑；14—剪刀撑；15—垫板；16—纵向扫地杆；17—横向扫地杆

脚手架钢管应采用《直缝电焊钢管》(GB/T 13793—2008) 或《低压流体输送用焊接钢管》(GB/T 3091—2015) 中规定的 3 号普通钢管，其质量应符合《碳素结构钢》(GB/T 700—2006) 中 Q235-A 级钢的规定。脚手架钢管的尺寸应按表 4-4 采用，脚手架钢管的截面特性指标见表 4-5。每根钢管的最大质量不应大于 25kg，宜采用 ϕ48mm×3.5mm 钢管。我国扣件式钢管脚手架使用的 ϕ48mm×3.5mm 钢管绝大部分是焊接钢管，属冷弯薄壁型钢材，其材料强度设计值与轴心受压构件的稳定系数 ϕ 值应符合《冷弯薄壁型钢结构技术规范》(GB 50018—2002)；在其他情况下采用热轧无缝钢管时，则应符合《钢结构设计规范》。钢管上严禁打孔。

表 4-4　脚手架钢管尺寸　　单位：mm

截面尺寸		最大长度	
外径 ϕ	壁厚 t	横向水平杆	其他杆
48，51	3.5，3.0	2200	6500

表 4-5　脚手架钢管的截面特性指标

钢管尺寸 /(mm×mm)	截面积 A /cm²	惯性矩 I /cm⁴	截面模量 W /cm³	回转半径 i /cm	每米长质量 /(kg/m)
ϕ48×3.5	4.89	12.19	5.08	1.58	3.84
ϕ51×3.0	4.52	13.08	5.13	1.70	3.55

目前我国有可锻铸铁扣件和钢板压制扣件，前者如图 4.18 所示。扣件式钢管脚手架应采用可锻铸铁制作的扣件，其材质应符合《钢管脚手架扣件》(GB 15831—2006）的规定；采用其他材料制作的扣件，应经试验证明其质量符合该标准的规定后方可使用。脚手架采用的扣件，在螺栓拧紧扭力矩达 65N·m 时，不得发生破坏。

(a) 直角扣件

(b) 旋转扣件

(c) 对接扣件

图 4.18　可锻铸铁扣件

用扣件连接的钢管脚手架，其水平杆的轴线与立杆轴线在主节点上并不汇交在一点。当纵向或横向水平杆传荷载至立杆时，存在偏心距 53mm。在一般情况下，此偏心产生的附加弯曲应力不大，为了简化计算，可予以忽略。国外同类标准（如英、日、法等国）对此项偏心的影响也做了相同处理。由于忽略偏心而带来的不安全因素，脚手架规范已在立杆承载力计算的调整系数中加以了考虑。底座如图 4.19 所示。

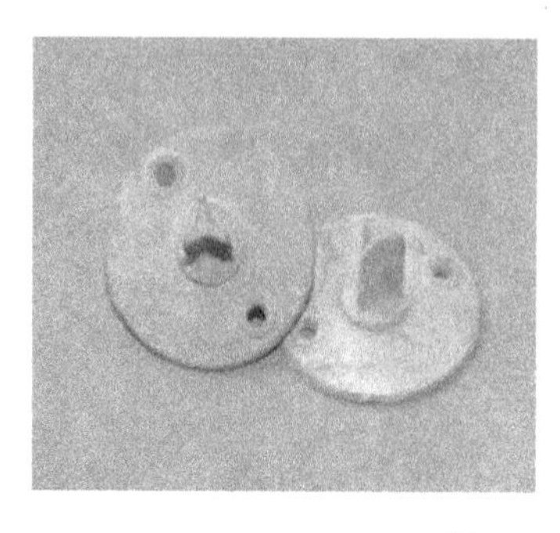

图 4.19　底座

脚手板可采用钢、木、竹材料制作，每块质量不宜大于30kg。冲压钢脚手板的材质应符合《碳素结构钢》中Q235-A级钢的规定，其质量与尺寸允许偏差应符合规范验收条件，并应有防滑措施；木脚手板应采用杉木或松木制作，其材质应符合《木结构设计规范》（GB 50005—2003）中Ⅱ级材质的规定，脚手板厚度不应小于50mm，两端应各设直径为4mm的镀锌钢丝箍两道；竹脚手板宜采用由毛竹或楠竹制作的竹串片板、竹笆板。

连墙件的材质，应符合《碳素结构钢》中Q235-A级钢的规定。

2. 扣件式钢管脚手架的构造要求

1）纵向水平杆、横向水平杆及脚手板

纵向水平杆的构造应符合下列规定。

（1）纵向水平杆宜设置在立杆内侧，其长度不宜小于三跨。

（2）纵向水平杆接长宜采用对接扣件连接，也可采用搭接。纵向水平杆的对接扣件应交错布置，两根相邻纵向水平杆的接头不宜设置在同步或同跨内，不同步或不同跨两个相邻接头在水平方向错开的距离不应小于500mm，各接头中心至最近主节点的距离不宜大于纵距的1/3，如图4.20所示。

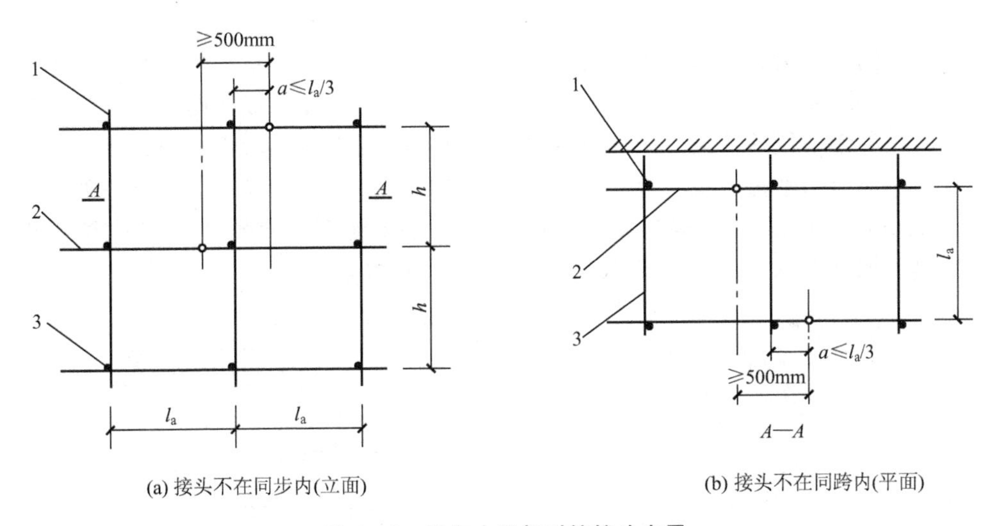

图4.20 纵向水平杆对接接头布置

1—立杆；2—纵向水平杆；3—横向水平杆；l_a—纵距；h—步距

（3）搭接长度不应小于1m，应等间距设置3个旋转扣件固定，端部扣件盖板边缘至搭接纵向水平杆杆端的距离不应小于100mm。

（4）当使用冲压钢脚手板、木脚手板、竹串片脚手板时，纵向水平杆应作为横向水平杆的支座，用直角扣件固定在立杆上；当使用竹笆脚手板时，纵向水平杆应采用直角扣件固定在横向水平杆上，并应等间距设置，间距不应大于400mm，如图4.21所示。

横向水平杆的构造应符合下列规定。

（1）主节点处必须设置一根横向水平杆，用直角扣件扣接且严禁拆除。主节点处两个直角扣件的中心距不应大于150mm。在双排脚手架中，靠墙一端的外伸长度a不应大于杆长的0.4倍，且不应大于500mm。

（2）作业层上非主节点处的横向水平杆，宜根据支承脚手板的需要等间距设置，最大

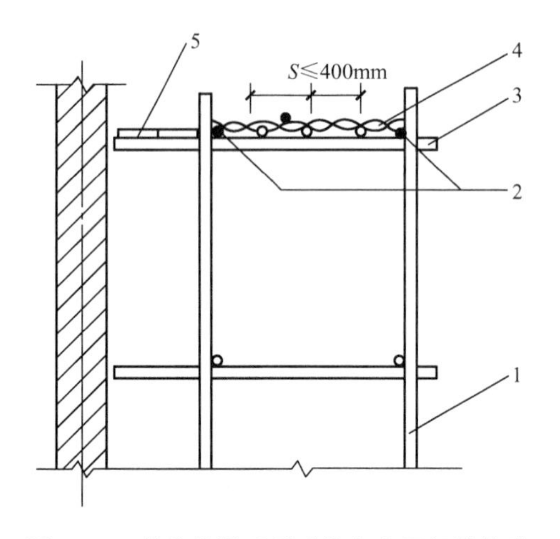

图 4.21 铺竹笆脚手板时纵向水平杆的构造

1—立杆；2—纵向水平杆；3—横向水平杆；4—竹笆脚手板；5—其他脚手板

间距不应大于纵距的 1/2。

(3) 当使用冲压钢脚手板、木脚手板、竹串片脚手板时，双排脚手架的横向水平杆两端均应采用直角扣件固定在纵向水平杆上；单排脚手架的横向水平杆的一端，应用直角扣件固定在纵向水平杆上，另一端应插入墙内，插入长度不应小于 180mm。

(4) 使用竹笆脚手板时，双排脚手架的横向水平杆两端，应用直角扣件固定在立杆上；单排脚手架的横向水平杆的一端，应用直角扣件固定在立杆上，另一端应插入墙内，插入长度亦不应小于 180mm。

脚手板的设置应符合下列规定。

(1) 作业层脚手板应铺满、铺稳，离开墙面 120～150mm。

(2) 冲压钢脚手板、木脚手板、竹串片脚手板等，应设置在三根横向水平杆上。当脚手板长度小于 2m 时，可采用两根横向水平杆支承，但应将脚手板两端与其可靠固定，严防倾翻。此三种脚手板的铺设可采用对接平铺，亦可搭接翻设。脚手板对接平铺时，接头处必须设两根横向水平杆，脚手板外伸长度应取 130～150mm，两块脚手板外伸长度之和不应大于 300mm；脚手板搭接铺设时，接头必须支在横向水平杆上，搭接长度应大于 200mm，其伸出横向水平杆的长度不应小于 100m，如图 4.22 所示。

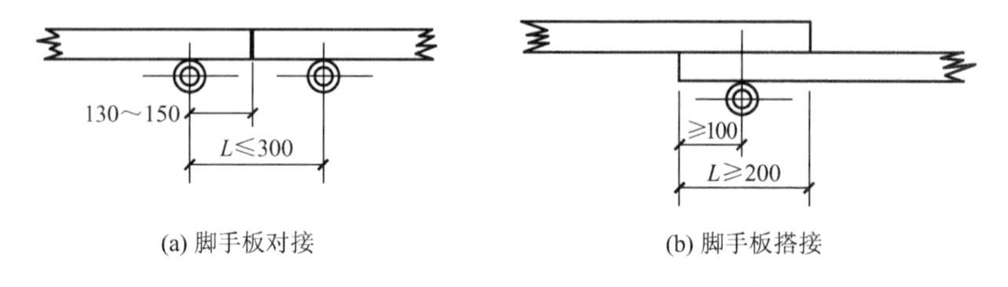

图 4.22 脚手板对接、搭接构造（单位：mm）

(3) 竹笆脚手板应按其主竹筋垂直于纵向水平杆方向铺设，且采用对接平铺，四个角应用直径 1.2mm 的镀锌钢丝固定在纵向水平杆上。

(4) 作业层端部脚手板探头长度应取 150mm，其板长两端均应与支撑杆可靠固定。

2) 立杆

每根立杆底部应设置底座或垫板。

脚手架必须设置纵、横向扫地杆（图 4.23）。纵向扫地杆应采用直角扣件固定在距底座上皮不大于 200mm 处的立杆上。横向扫地杆亦应采用直角扣件固定在紧靠纵向扫地杆下方的立杆上。当立杆基础不在同一高度上时，必须将高处的纵向扫地杆向低处延长两跨与立杆固定，高低差不应大于 1m。靠边坡上方的立杆轴线到边坡的距离不应小于 500mm，脚手架底层步距不应大于 2m。

立杆必须用连墙件与建筑物可靠连接，连墙件布置间距宜按规范要求采用。

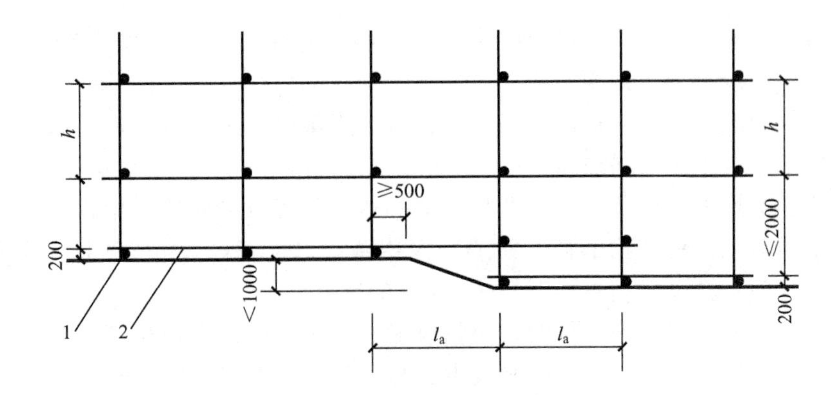

图 4.23 纵、横向扫地杆构造（单位：mm）

1—横向扫地杆；2—纵向扫地杆

立杆接长除顶层顶步可采用搭接外，其余各层各步必须采用对接扣件连接。对接、搭接应符合下列规定。

(1) 立杆上的对接扣件应交错布置：两根相邻立杆的接头不应设置在同步内，同步内隔一根立杆的两个相隔接头在高度方向错开的距离不宜小于 500mm；各接头中心至主节点的距离不宜大于步距的 1/3。

(2) 搭接长度不应小于 1m，应采用不少于两个旋转扣件固定，端部扣件盖板的边缘至杆端距离不应小于 100mm。

(3) 立杆顶端宜高出女儿墙上皮 1m，高出檐口上皮 1.5m。双管立杆中，副立杆的高度不应低于三步，钢管长度不应小于 6m。

3) 连墙件

连墙件数量的设置除应满足规范计算要求外，尚应符合表 4-6 的规定。

表 4-6 连墙件布置最大间距

脚手架高度		竖向间距/m	水平间距/m	每根连墙件覆盖面积/m^2
双排	≤50m	$3h$	$3l_a$	≤40
	>50m	$2h$	$3l_a$	≤27
单排	≤24m	$3h$	$3l_a$	≤40

连墙件的布置应符合下列规定。

(1) 宜靠近主节点设置，偏离主节点的距离不应大于 300mm。

(2) 应从底层第一步纵向水平杆处开始设置，当该处设置有困难时，应采用其他可靠措施固定。

(3) 宜优先采用菱形布置，也可采用方形、矩形布置。

(4) 一字形、开口型脚手架的两端必须设置连墙件，连墙件的垂直间距不应大于建筑物的层高，并不应大于 4m（二步）。

对高度在 24m 以下的单、双排脚手架，宜采用刚性连墙件与建筑物可靠连接，也可采用拉筋和顶撑配合使用的附墙连接方式。严禁使用仅有拉筋的柔性连墙件。

对高度在24m以上的双排脚手架，必须采用刚性连墙件与建筑物可靠连接。

连墙件的构造应符合下列规定。

(1) 连墙件中的连墙杆或拉筋宜呈水平设置，当不能水平设置时，与脚手架连接的一端应下斜连接，不应采用上斜连接。

(2) 连墙件必须采用可承受拉力和压力的构造。采用拉筋必须配用顶撑，顶撑应可靠地顶在混凝土圈梁、柱等结构部位。拉筋应采用两根以上直径4mm的钢丝拧成一股，使用时不应少于两股；亦可采用直径不小于6mm的钢筋。

当脚手架下部暂不能设连墙件时，可搭设抛撑。抛撑应采用通长杆件与脚手架可靠连接，与地面的倾角应为45°～60°；连接点中心与主节点的距离不应大于300mm。抛撑应在连墙件搭设后方可拆除。

架高超过40m且有风涡流作用时，应采取抗上升翻流作用的连墙措施。

4) 门洞

单、双排脚手架门洞宜采用上升斜杆、平行弦杆桁架结构形式，如图4.24所示，斜杆与地面的倾角 α 应为45°～60°。门洞桁架的形式宜按下列要求确定。

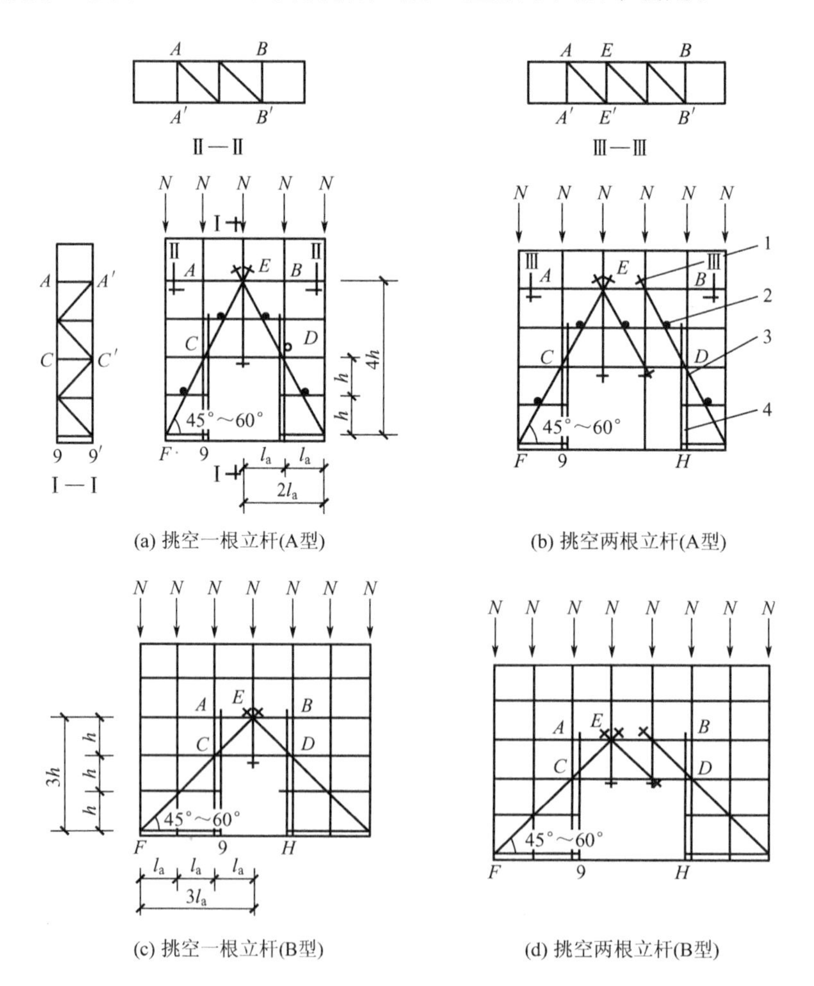

(a) 挑空一根立杆(A型)

(b) 挑空两根立杆(A型)

(c) 挑空一根立杆(B型)

(d) 挑空两根立杆(B型)

图4.24 门洞处上升斜杆、平行弦杆桁架

1—防滑扣件；2—增设的横向水平杆；3—副立杆；4—主立杆

(1) 当步距 h 小于纵距 l_a 时，应采用 A 型。

(2) 当步距大于纵距时，应采用 B 型，并应符合下列规定：h=1.8m 时，纵距不应大于 1.5m；h=2.0m 时，纵距不应大于 1.2m。

单、双排脚手架门洞桁架的构造应符合下列规定。

(1) 单排脚手架门洞处，应在平面桁架（如图 4.24 所示的 *ABCD*）的每一节间设置一根斜腹杆；双排脚手架门洞处的空间桁架，除下弦平面外，应在其余五个平面内的图示节间设置一根斜腹杆（如图 4.24 所示的Ⅰ—Ⅰ、Ⅱ—Ⅱ、Ⅲ—Ⅲ剖面）。

(2) 斜腹杆宜采用旋转扣件固定在与之相交的横向水平杆的伸出端上，旋转扣件中心线至主节点的距离不宜大于 150mm。当斜腹杆在一跨内跨越两个步距（如图 4.24 所示的 A 型）时，宜在相交的纵向水平杆处增设一根横向水平杆，将斜腹杆固定在其伸出端上。

(3) 斜腹杆宜采用通长杆件，当必须接长使用时，宜采用对接扣件连接，也可采用搭接，搭接构造应符合规范的规定。

单排脚手架过窗洞时，应增设立杆或增设一根纵向水平杆，如图 4.25 所示。

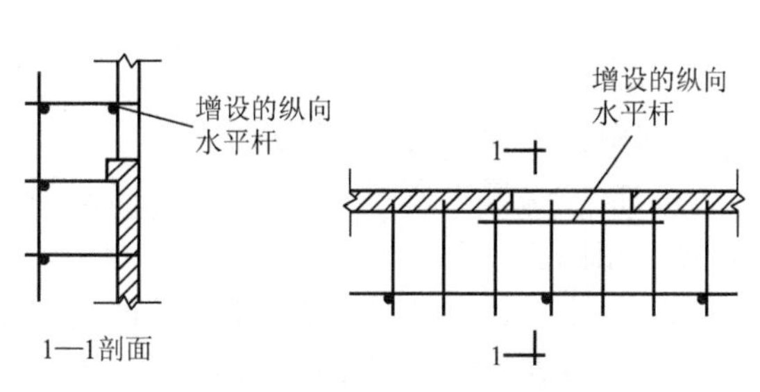

图 4.25 单排脚手架过窗洞构造

门洞桁架下的两侧立杆应为双管立杆，副立杆高度应高于门洞口 1～2 步。

门洞桁架中伸出上下弦杆的杆件端头，均应增设一个防滑扣件，该扣件宜紧靠主节点处的扣件。

5) 剪刀撑与横向斜撑

双排脚手架应设剪刀撑与横向斜撑，单排脚手架应设剪刀撑。

剪刀撑的设置应符合下列规定。

(1) 每道剪刀撑跨越立杆的根数宜按表 4-7 的要求确定。每道剪刀撑的宽度不应小于四跨，且不应小于 6m，斜杆与地面的倾角宜为 45°～60°。

表 4-7 剪刀撑跨越立杆的最多根数

剪刀撑斜杆与地面的倾角 α/(°)	45	50	60
剪刀撑跨越立杆的最多根数	7	6	5

(2) 高度在 24m 以下的单、双排脚手架，应在外侧立面的两端各设置一道剪刀撑，并应由底至顶连续设置；中间各道剪刀撑之间的净距不应大于 10m，如图 4.26(a) 所示。当建筑层高在 8～20m 时，除应满足上述规定外，还应在纵横向相邻的两竖向连续式剪刀撑之间增加之字形斜撑，在有水平剪刀撑的部位，应在每个剪刀撑中间处增加一道水平剪刀撑，如图 4.26(b) 所示。

(3) 高度在 24m 以上的双排脚手架，应在外侧立面整个长度和高度上连续设置剪刀撑。

(4) 剪刀撑斜杆的接长宜采用搭接，搭接应符合规范的构造规定。

(5) 剪刀撑斜杆应用旋转扣件固定在与之相交的横向水平杆的伸出端或立杆上，旋转扣件中心线至主节点的距离不宜大于 150mm。

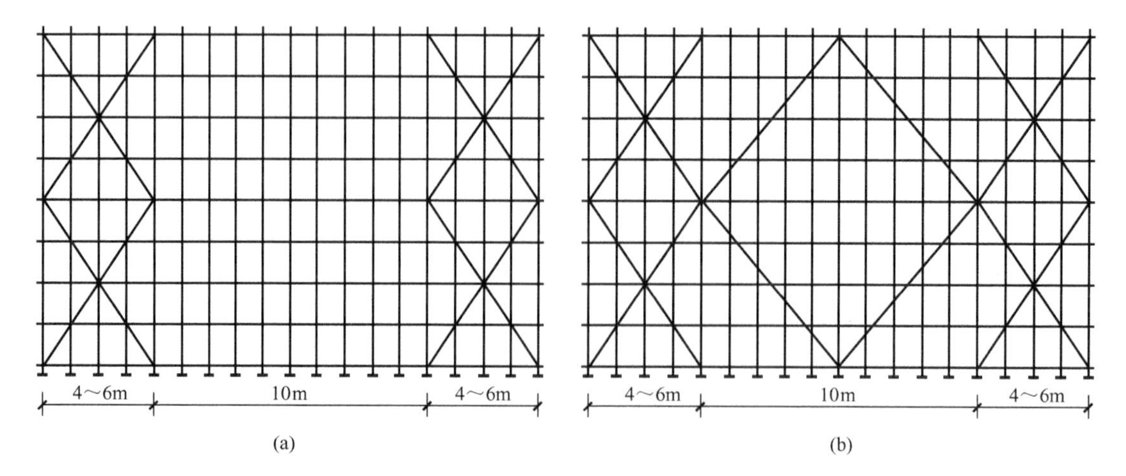

图 4.26 剪刀撑布置

横向斜撑的设置符合下列规定。

(1) 横向斜撑应在同一节间，由底至顶呈之字形连续设置，斜撑的固定与门洞桁架斜腹杆要求相同。

(2) 一字形、开口型双排脚手架的两端必须设置横向斜撑，中间宜每隔六跨设置一道。

(3) 高度在 24m 以下的封闭型双排脚手架可不设横向斜撑；高度在 24m 以上的封闭型脚手架，除拐角应设置横向斜撑外，中间应每隔六跨设置一道。

6) 斜道

人行并兼作材料运输的斜道，形式宜按下列要求确定。

(1) 高度不大于 6m 的脚手架，宜采用一字形斜道。

(2) 高度大于 6m 的脚手架，宜采用之字形斜道。

斜道的构造应符合下列规定。

(1) 斜道宜附着外脚手架或建筑物设置。

(2) 运料斜道宽度不宜小于 1.5m，坡度宜采用 1∶6；人行斜道宽度不宜小于 1m，坡度宜采用 1∶3。

(3) 拐弯处应设置平台，其宽度不应小于斜道宽度。

(4) 斜道两侧及平台外围均应设置栏杆及挡脚板。栏杆高度应为 1.2m，挡脚板高度不应小于 180mm。

(5) 运料斜道两侧、平台外围和端部均应按规范要求设置连墙件；每两步应加设水平斜杆；应按规范要求设置剪刀撑和横向斜撑。

斜道脚手板构造应符合下列规定。

(1) 脚手板横铺时，应在横向水平杆下增设纵向支托杆，两支托杆间距不应大于 500mm。

(2) 脚手板顺铺时，接头宜采用搭接；下面的板头应压住上面的板头，板头的凸棱处宜采用三角木填顺。

(3) 人行斜道和运料斜道的脚手板上应每隔 250～300mm 设置一根防滑木条，木条厚度宜为 20～30mm。

7）模板支架

模板支架立杆的构造应符合下列规定。

（1）模板支架立杆的构造，应符合规范关于脚手架立杆底部、扫地杆、底层步距、立杆接长的规定。

（2）支架立杆应竖直设置，2m高度的垂直度允许偏差为15mm。

（3）设在支架立杆根部的可调底座，当其伸出长度超过300mm时，应采取可靠措施固定。

（4）当梁模板支架立杆采用单根立杆时，立杆应设在梁模板中心线处，其偏心距不应大于25mm。

满堂模板支架的支撑设置应符合下列规定。

（1）满堂模板支架四边与中间每隔四排支架立杆应设置一道纵向剪刀撑，由底至顶连续设置。

（2）高于4m的模板支架，其两端与中间每隔四排立杆，从顶层开始向下每隔两步应设置一道水平剪刀撑。

（3）剪刀撑的构造，应符合规范关于脚手架剪刀撑的构造规定。

3. 扣件式钢管脚手架的搭设与拆除

脚手架的搭设与拆除要严格遵守脚手架的安全操作规程，操作人员架子工须持证上岗。一次搭设高度不应超过相邻连墙件以上两步；每搭完一步脚手架后，应按规定校正立柱垂直度、步距、柱距、排距；地面平整、排水畅通后，应铺设厚度不小于50mm、长度不小于两跨的木垫板，然后在其上安放底座；底部立杆需用不同长度的钢管，使相邻两根立杆对接扣件错开至少500mm；竖第一节立杆时，每六跨临时设一根抛撑，待连墙件安装后再拆除；纵向水平杆、横向水平杆、剪刀撑、斜撑、抛撑等需按构造要求搭设。

搭设程序如下：底座检查、放线定位→铺设垫板式垫木→安放并固定底座→立第一节立杆→安装纵向扫地杆→安装横向扫地杆→安装第二步大横杆→安装第二步小横杆→设临时抛撑（每隔6个立杆设一道，待安装连墙杆后拆除）→安装第三步大横杆→安装第三步小横杆→设临时连墙杆→拆除临时抛撑→接立杆→接续安装大横杆、小横杆等→架高七步以上时加设剪刀撑→在操作层设脚手板。

搭设应注意如下问题。

（1）事先确定专项方案，并经有关方面审查批准方可施工。

（2）严格按搭接顺序和工艺进行杆件的搭设。

（3）扣件应扣紧，并应注意拧紧程度要适当。

（4）搭设工人应系好安全带，确保安全。

（5）随时校正杆件的垂直偏差和水平偏差，使其限制在规定范围之内。

拆除应注意如下问题：拆除程序与安装程序相反，一般先拆除栏杆、脚手板、剪刀撑，再拆除小横杆、大横杆和立杆。除抛撑留在最后拆除外，其余各杆件如小横杆、连墙杆、大横杆、立杆、剪刀撑、横向斜撑等均一并拆除。拆除时，地面应留一人负责指挥、捡料分类和安全管理，上面不小于两人进行拆除工作，整个拆除工作应不少于三人。

4. 扣件式钢管脚手架杆件配件配备量计算

扣件式钢管脚手架的杆件配件配备数量，需要有一定的富余量，以适应现场脚手架搭设变化以及配件损耗、零星工作的需要。可采用下列方法来估算杆件配件的需要量。

1）按立杆根数计的杆件配件用量计算

已知脚手架立杆总数为 n，搭设高度为 H，步距为 h，立杆纵距为 l_a，立杆横距为 l_b，长杆的平均长度为 l，排数为 n_1 和作业层数为 n_2 时，其杆件配件用量可按表 4－8 所列公式进行计算。

表 4－8　扣件式钢管脚手架杆件配件用量概算表

计算项目	条件	单排脚手架	双排脚手架	满堂脚手架
长杆总长度 L	A	$L=1.1H\times\left(n+\frac{l_a}{h}\cdot n-\frac{l_a}{h}\right)$	$L=1.1H\times\left(n+\frac{l_a}{h}\cdot n-2\frac{l_a}{h}\right)$	$L=1.2H\times\left(n+\frac{l_a}{h}\cdot n-\frac{l_a}{h}\cdot n_1\right)$
	B	$L=(2n-1)H$	$L=2(n-1)H$	$L=(2.2n-n_1)H$
小横杆数 N_1	C	$N_1=1.1\left(\frac{H}{h}+2\right)n$	$N_1=1.1\left(\frac{H}{2h}+1\right)n$	
	D	$N_1=1.1\left(\frac{H}{h}+3\right)n$	$N_1=1.1\left(\frac{H}{2h}+1.5\right)n$	
直角扣件数 N_2	C	$N_2=2.2\left(\frac{H}{h}+1\right)n$	$N_2=2.2\left(\frac{H}{h}+1\right)n$	$N_2=2.4n\frac{H}{h}$
	D	$N_2=2.2\left(\frac{H}{h}+1.5\right)n$	$N_2=2.2\left(\frac{H}{h}+1.5\right)n$	$N_2=2.4n\frac{H}{h}$
对接扣件数 N_3		$N_3=\frac{L}{l}$（l 为长杆的平均长度）		
旋转扣件数 N_4		$N_4=0.3\frac{L}{l}$（l 为长杆的平均长度）		
脚手板面积 S	C	$S=2.2(n-1)l_a l_b$	$S=1.1(n-2)l_a l_b$	$S=0.55\left(n-n_1+\frac{n}{n_1}+1\right)l_a^2$
	D	$S=3.3(n-1)l_a l_b$	$S=1.6(n-2)l_a l_b$	

注：① 长杆包括立杆、纵向水平杆和剪刀撑（满堂脚手架也包括横向水平杆）。

② A 为原算式，B 为 $\frac{l_a}{h}=0.8$ 时的简化式。

③ C 对应 $n_2=2$，D 对应 $n_2=3$（但满堂脚手架为一层作业）。

④ 满堂脚手架为一层作业，且按一半作业层面积计算脚手板。

2）按面积或体积计的杆件配件用量计算

取立杆纵距 $l_a=1.5\text{m}$、立杆横距 $l_b=1.2\text{m}$ 和步距 $h=1.8\text{m}$ 时，每 100m^2 单、双排脚手架和每 100m^3 满堂脚手架的杆件配件用量列于表 4－9 中，可供参考使用。

表 4-9 按面积或体积计的扣件式钢管脚手架杆件配件用量参考表

类 别	作业层数	长杆/m	小横杆/根	直角扣件/个	对接扣件/个	旋转扣件/个	底座/个	脚手板/m^2
单排脚手架（100m^2用量）	2	137	51	93	28	9	(4)	14
	3		55	97				20
双排脚手架（100m^2用量）	2	273	51	187	55	17	(7)	14
	3		55	194				20
满堂脚手架（100m^3用量）	0.5	125	—	81	25	8	(6)	8

注：① 满堂脚手架按一层作业，且铺贴一般面积的脚手架。

② 长杆的平均长度取5m。

③ 底座数量取决于 H，表中括号内数字依据为：单、双排脚手架 H 取20m，满堂脚手架 H 取10m，所给数量仅供参考。

3）按长杆重量计的杆件配件配备量计算

当施工单位拥有100t、长4～6m的扣件脚手架钢管时，其相应的杆件配件的配备量见表4-10，可供参考。在计算时，取加权平均值，单排架、双排架和满堂架的使用比例（权值）分别取0.1、0.8和1.0，扣件的装配量大致为0.26～0.27。

表 4-10 扣件式钢管脚手架杆件配件的参考配备量表

杆件配件名称	单 位	数 量
4～6m长杆	t	100
1.8～2.1m小横杆	根（t）	4770（34～41）
直角扣件	个（t）	18178（24）
对接扣件	个（t）	5271（9.7）
旋转扣件	个（t）	1636（2.4）
底座	个（t）	600～750
脚手板	块（m^2）	2300（1720）

【例4-1】 已知双排扣件式钢管脚手架的立杆数 $n=30$，搭设高度 $H=21.6$m，步距 $h=1.8$m，立杆纵距 $l_a=1.5$m，立杆横距 $l_b=1.2$m，钢管长度 $l=6.5$m，采取二层作业，试计算脚手架杆配件需用数量。

【解】 由表4-8中双排脚手架公式，得长杆总长度为

$$L=1.1H\left(n+\frac{l_a}{h}\cdot n-2\frac{l_a}{h}\right)$$

$$=1.1\times21.6\times\left(30+\frac{1.5}{1.8}\times30-2\times\frac{1.5}{1.8}\right)=1267.1(\text{m})$$

小横杆数为

$$N_1=1.1\left(\frac{H}{2h}+1\right)n=1.1\times\left(\frac{21.6}{2\times1.8}+1\right)\times30=231(根)$$

直角扣件数为

$$N_2=2.2\left(\frac{H}{h}+1\right)n=2.2\times\left(\frac{21.6}{1.8}+1\right)\times30=858(个)$$

对接扣件数为

$$N_3=\frac{L}{l}=\frac{1287.1}{6.5}=198(个)$$

旋转扣件数为

$$N_4=0.3\frac{L}{l}=0.3\times\frac{1287.1}{6.5}=59(个)$$

脚手板面积为

$$S=1.1(n-2)l_a l_b=1.1\times(30-2)\times1.5\times1.2=55.4(m^2)$$

4.3.3 碗扣式钢管脚手架

1. 碗扣式钢管脚手架的基本构造

碗扣式钢管脚手架采用目前用量最多的 ϕ48mm×3.5mm 焊接钢管作为主构件，钢管上每隔一定距离安装一套碗扣接头而制成，如图 4.27 所示。碗扣分上碗扣和下碗扣，下碗扣焊在钢管上，上碗扣对应地套在钢管上，其销槽对准焊在钢管上的限位销，即能上下滑动。横杆是在钢管两端焊接接头后制成，连接时，将横杆接头插入下碗扣内，将上碗扣沿限位销扣下，并顺时针旋转，靠上碗扣螺旋面使之与限位销顶紧，从而将横杆和立杆牢固地连接在一起，形成框架结构。每个下碗扣内可同时装四个横杆接头，位置任意。接头构造如图 4.28 所示。

图 4.27 碗扣式钢管脚手架杆件

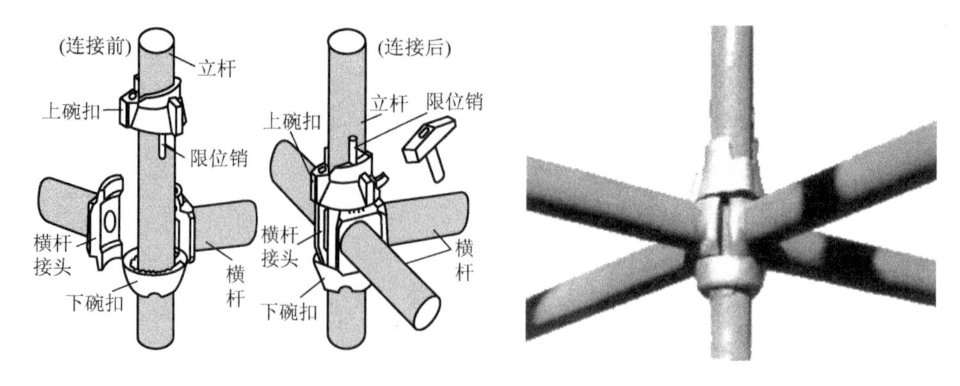

图 4.28 碗扣接头构造

该脚手架还配套设计了多种辅助构件，如可调底座、可调托撑、脚手板、架梯、挑梁、悬挑架、提升滑轮、安全网支架等，如图 4.29 所示。

【参考图文】

2. 碗扣式钢管脚手架的主要功能特点

(1) 多功能。能组成不同组架尺寸、形状和承载能力的单排或双排脚手架、支撑架、物料提升架、爬升脚手架、悬挑架等，也可用于搭设施工棚、料棚、灯塔等构筑物。

(a) 满堂脚手架

(b) 桥梁支模架

图 4.29 碗扣式脚手架组件及运用

(2) 高功效。该脚手架常用杆件中最长为 3130mm，重约 17kg。横杆与立杆的拼拆快速省力，工人用一把铁锤即可完成全部作业。

(3) 承载力大。立杆连接是同轴心承插；横杆同立杆靠碗扣接头连接，各杆件轴心线交于一点，节点在框架平面内，接头具有可靠的抗弯、抗剪、抗扭力学性能。因此，结构稳固可靠，承载力大。

(4) 安全可靠。接头设计时，考虑到上碗扣螺旋摩擦力和自重力作用，使接头具有可靠的自锁能力。作用于横杆上的荷载通过下碗扣传递给立杆，下碗扣具有很强的抗剪能力。上碗扣即使没被压紧，横杆接头也不致脱出而造成事故。同时配备有安全网支架、脚手板、挡脚板、架梯、挑梁、连墙撑杆等配件，使用安全可靠。

(5) 加工容易。主构件用 ϕ48mm×3.5mm 焊接钢管，制造工艺简单，成本适中，可直接对现有扣件式脚手架进行加工改造，不需要复杂的加工设备。

(6) 不易丢失。该脚手架无零散易丢失扣件，可把构件丢失减少到最小程度。

(7) 维修少。试脚手架没有螺栓连接，耐碰磕，一般锈蚀不影响拼拆作业，不需特殊养护、维修。

4.3.4 门式钢管脚手架

1. 概述

门式钢管脚手架是以门架、交叉支撑、连接棒、挂扣式脚手板或水平架、锁臂等组成基本结构，再设置水平加固杆、剪刀撑、扫地杆、封口杆、托座与底座，并采用连墙件与建筑物主体结构相连的一种标准化钢管脚手架，如图 4.30 所示。水平加固杆、封口杆、扫地杆、剪刀撑及脚手架转角处的连接杆等宜采用 ϕ42mm×2.5mm 焊接钢管，

也可采用 ϕ48mm×3.5mm 焊接钢管，相应的扣件规格也应分别为 ϕ42mm、ϕ48mm 或 ϕ42mm/ϕ48mm。

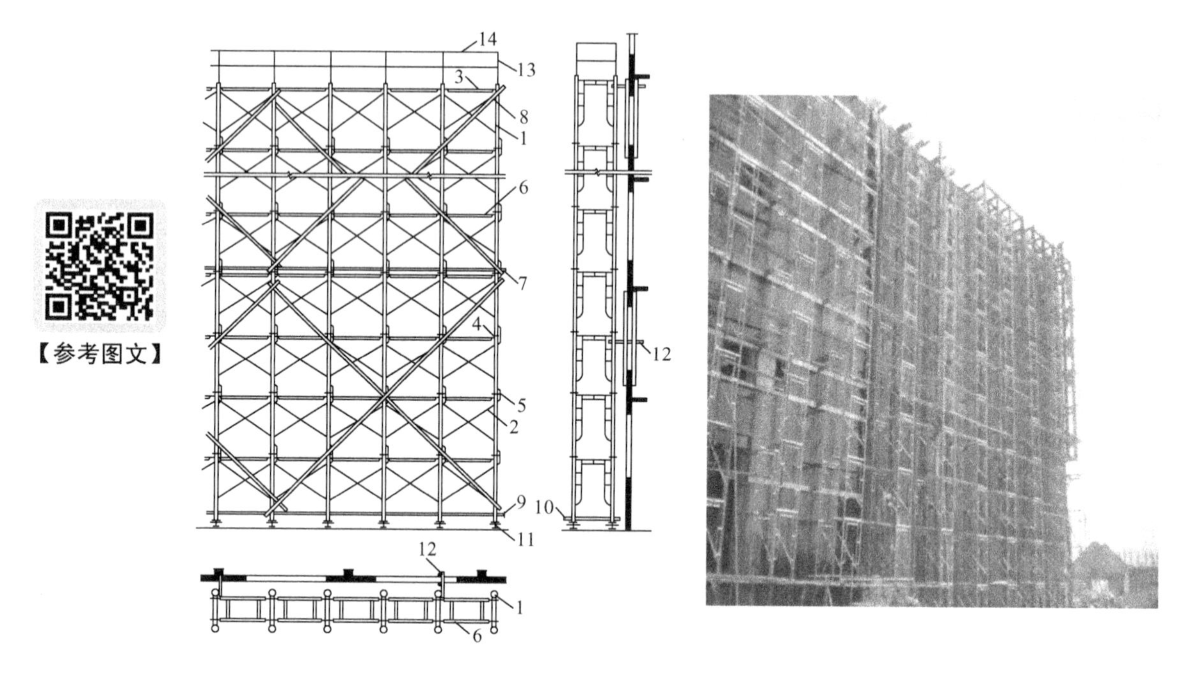

图 4.30　门式钢管脚手架的组成

1—门架；2—交叉支撑；3—脚手板；4—连接棒；7—水平加固杆；8—剪刀撑；9—扫地杆；10—封口杆；11—底座；12—连墙件；13—栏杆；14—扶手

门架由立杆、横杆及加强杆焊接组成，如图 4.31 所示。

图 4.31　门架

1—立杆；2—立杆加强杆；3—横杆；4—横杆加强杆；5—锁销

门式钢管脚手架除门架之外的其他构件称为配件，包括连接棒、锁臂、交叉支撑、水平架、挂扣式脚手板、底座与托座，如图 4.32 和图 4.33 所示。

用于门架立杆竖向组装的连接件称为连接棒；门架立杆组装接头处的拉接件称为锁臂；连接每两榀门架的交叉拉杆称为交叉支撑；挂扣在门架横杆上的水平构件称为水平

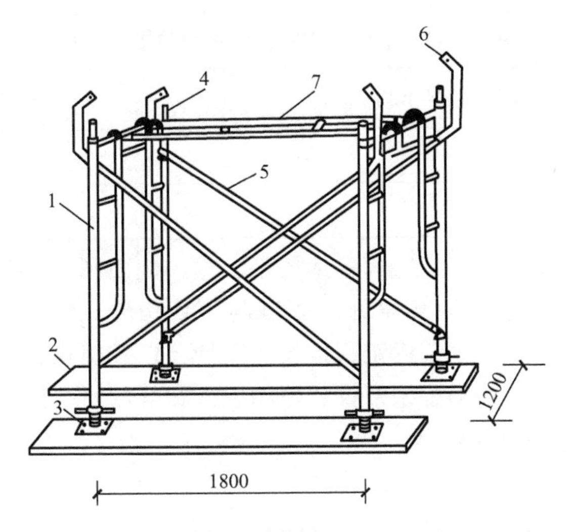

图 4.32 门式钢管脚手架基本组件（单位：mm）

1—门架；2—垫木；3—可调底座；4—连接棒；5—交叉支撑；6—锁臂；7—水平架

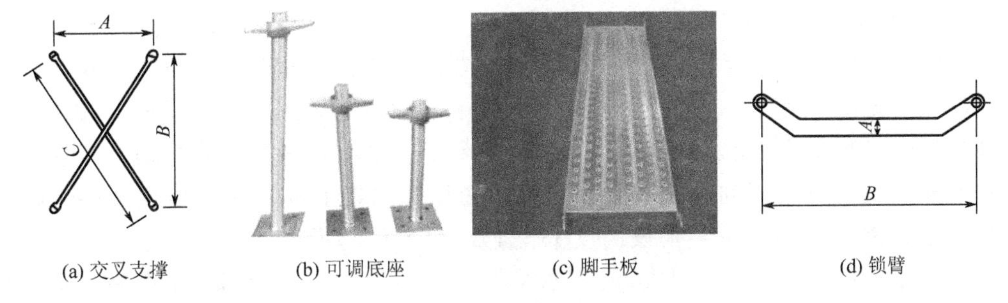

(a) 交叉支撑　(b) 可调底座　(c) 脚手板　(d) 锁臂

图 4.33 门架连接构造配件

架；挂扣在门架横杆上的脚手板称为挂扣式脚手板；门架下端插放其中，传力给基础，并可调整高度的构件称为可调底座；门架下端插放其中，传力给基础，不能调整高度的构件称为固定底座；插放在门架立杆上端，承接上部荷载，并可调整高度的构件称为可调托座；插放在门架立杆上端，承接上部荷载，不能调整高度的构件称为固定托座；用于增强脚手架刚度而设置的杆件称为加固件，包括剪刀撑、水平加固件、封口杆与扫地杆；位于脚手架外侧，与墙面平行的交叉杆件称为剪刀撑；与墙面平行的纵向水平杆件称为水平加固件；连接底步门架立杆下端的横向水平杆件称为封口杆；连接底步门架立杆下端的纵向水平杆件称为扫地杆；将脚手架连接于建筑物主体结构的构件称为连墙件；加固件及防护材料（如挡脚板、护栏、安全网、化纤织物等）称为脚手架的附件；沿脚手架竖向，门架两横杆间的距离称为步距，其值为门架高度与连接棒套环高度之和；相邻两门架立杆在门架平面外的轴线距离称为门架跨距；相邻两门架立杆在门架平面内的轴线距离称为门架间距；从底座下皮至脚手架顶层门架立杆上端的距离称为脚手架高度；沿脚手架纵向的两端门架立杆外皮之间的距离称为脚手架长度。脚手架搭设太高，不但不利于安全，也不经济。根据国内外实验和理论分析，参照国外同类标准和我国经验，落地门式钢管脚手架的搭设高度不宜超过表 4-11 的规定。

表 4-11　落地门式钢管脚手架的搭设高度

施工荷载标准值 $\Sigma Q_k/(kN/m^2)$	搭设高度/m
3.0～5.0	≤45
≤3.0	≤60

门式钢管脚手架的设计内容：①脚手架的平、立、剖面图；②脚手架基础做法；③连墙件的布置与构造；④脚手架的转角处、通道洞口处构造；⑤脚手架的施工荷载限值；⑥脚手架的计算，一般包括脚手架稳定或搭设高度计算以及连墙件的计算；⑦分段搭设或分段卸荷方案的设计计算；⑧脚手架搭设、使用、拆除等的安全措施。

2. 门式钢管脚手架的构造要求

1）门架

门架跨距应符合《门式钢管脚手架》（JGJ 13—1999）的规定，并与交叉支撑规格配合。门架立杆离墙面净距不宜大于 150mm；大于 150mm 时，应采取内挑架板或其他离口防护的安全措施。

2）配件

门架的内外两侧均应设置交叉支撑并应与门架立杆上的锁销锁牢。上、下榀门架的组装必须设置连接棒及锁臂，连接棒直径应小于立杆内径 1～2mm。在脚手架的操作层上应连续满铺与门架配套的挂扣式脚手板，并扣紧挡板，防止脚手板脱落和松动。

水平架设置应符合下列规定：①在脚手架的顶层门架上部、连墙件设置层、防护棚设置处必须设置。②当脚手架搭设高度 $H \leqslant 45$m 时，沿脚手架高度，水平架应至少两步一设；当脚手架搭设高度 $H > 45$m 时，水平架应每步一设；不论脚手架多高，均应在脚手架的转角处、端部及间断处的一个跨距范围内每步一设。③水平架在其设置层面内应连续设置。④当因施工需要，临时局部拆除脚手架内侧交叉支撑时，应在拆除交叉支撑的门架上方及下方设置水平架。⑤水平架可由挂扣式脚手板或门架两侧设置的水平加固杆代替。

底步门架的立杆下端应设置固定底座或可调底座。

3）加固件

剪刀撑设置应符合下列规定：①脚手架高度超过 20m 时，应在脚手架外侧连续设置；②剪刀撑斜杆与地面的倾角宜为 45°～60°，剪刀撑宽度宜为 4～8m；③剪刀撑应采用扣件与门架立杆扣紧；④剪刀撑斜杆若采用搭接接长，搭接长度不宜小于 600mm，搭接处应采用两个扣件扣紧。

水平加固杆设置应符合以下规定：①当脚手架高度超过 20m 时，应在脚手架外侧每隔四步设置一道，并宜在有连墙件的水平层设置；②设置纵向水平加固杆应连续，并形成水平闭合圈；③在脚手架的底步门架下端应加封口杆，门架的内外两侧应设通长扫地杆；④水平加固杆应采用扣件与门架立杆扣牢。

4）转角处门架连接

在建筑物转角处的脚手架内、外两侧应按步设置水平连接杆，将转角处的两门架连成一体，如图 4.34 所示。

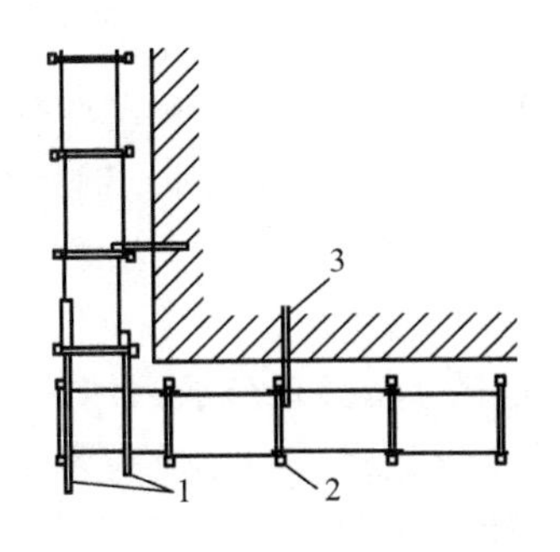

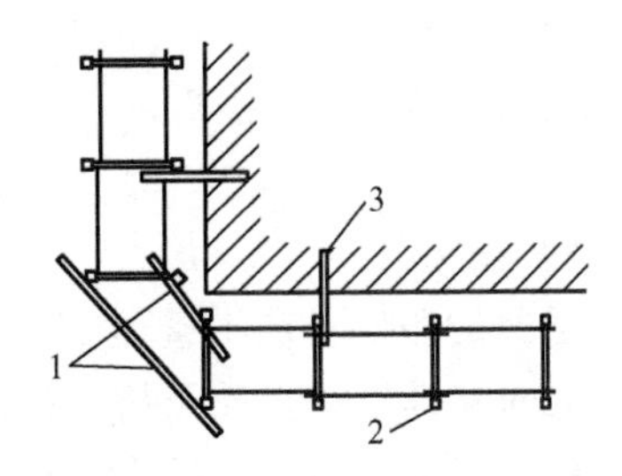

图 4.34 转角处脚手架连接

1—连接钢管；2—门架；3—连墙件

水平连接杆应采用钢管，其规格应与水平加固杆相同。水平连接杆应采用扣件与门架立杆及水平加固杆扣紧。

5）连墙件

脚手架必须采用连墙件与建筑物做到可靠连接。连墙件的设置除应满足计算要求外，尚应满足表 4－12 的要求。

表 4－12 连墙件间距要求 单位：m

脚手架搭设高度	基本风压 ω_0/(kN/m²)	连墙件的间距	
		竖向	水平向
≤45	≤0.55	≤6.0	≤8.0
	>0.55	≤4.0	≤6.0
>45	—		

在脚手架的转角处、不闭合（一字形、槽形）脚手架的两端应增设连墙件，其竖向间距不应大于 4.0m。

在脚手架外侧因设置防护棚或安全网而承受偏心荷载的部位，应增设连墙件，其水平间距不应大于 4.0m。

连墙件应能承受拉力与压力，其承载力标准值不应小于 10kN；连墙件与门架、建筑物的连接也应具有相应的连接强度。

6）通道洞口

通道洞口高不宜大于两个门架，宽不宜大于一个门架跨距。

通道洞口应按以下要求采取加固措施：当洞口宽度为一个跨距时，应在脚手架洞口上方的内外侧设置水平加固杆，在洞口两个上角加斜撑杆，如图 4.35 所示；当洞口宽为两个及两个以上跨距时，应在洞口上方设置经专门设计和制作的托架，并加强洞口两侧的门架立杆。

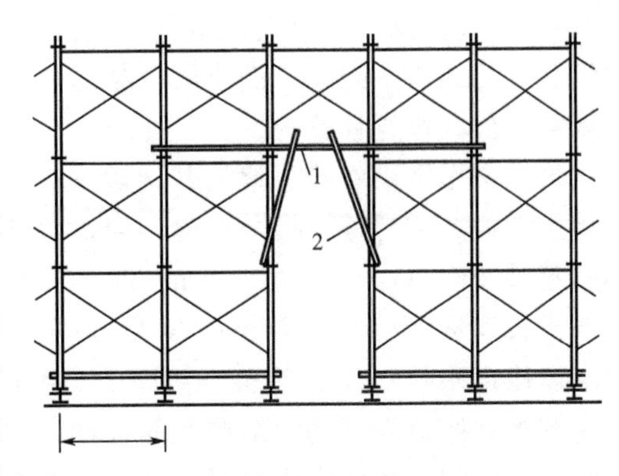

图 4.35 通道洞口加固示意图

1—水平加固杆；2—斜撑杆

7）斜梯

作业人员上下脚手架的斜梯应采用挂扣式钢梯，并宜采用“之”字形式，一个梯段宜跨越两步或三步。钢梯规格应与门架规格配套，并应与门架挂扣牢固。钢梯应设栏杆扶手。

8）地基与基础

搭设脚手架的场地必须平整坚实，并做好排水，回填土地面必须分层回填，逐层夯实。落地式脚手架的基础根据土质及搭设高度可按表4－13的要求处理，当土质与表4－13不符合时，应按现行《建筑地基基础设计规范》的有关规定经计算确定。

表4－13　落地式脚手架的地基基础

搭设高度/m	地基土质		
	中低压缩性且压缩性均匀	回　填　土	高压缩性或压缩性不均匀
≤25	夯实原土，干重力密度要求15.5kN/m³，立杆底座置于面积不小于0.075m²的混凝土垫块或垫木上	土夹石或灰土回填夯实，立杆底座置于面积不小于0.10m²的混凝土垫块或垫木上	夯实原土，铺设宽度不小于200mm的通长槽钢或垫木
26～35	混凝土垫块或垫木面积不小于0.10m²，其余同上	砂夹石回填夯实，其余同上	夯实原土，铺厚不小于200mm砂垫层，其余同上
36～60	混凝土垫块或垫木面积不小于0.15m²，或铺通长槽钢或垫木，其余同上	砂夹石回填夯实，混凝土垫块或垫木面积不小于15m²，或铺通长槽钢或木板	夯实原土，铺150mm厚道渣夯实，再铺通长槽钢或垫木，其余同上

当脚手架搭设在结构的楼面、挑台上时，立杆底座下应铺设垫板或混凝土垫块，并应对楼面或挑台等结构进行承载力验算。

3. 模板支撑与满堂脚手架

门式脚手架用于模板支撑时，荷载应按《混凝土结构工程施工及验收规范》（GB 50204—2015）及《组合钢模板技术规范》（GB 50214—2013）中有关规定取值，并进行荷载组合。门式脚手架用于满堂脚手架时，荷载应按实际作用取值，门架承载力应按前述稳定承载力公式进行计算。

模板支撑及满堂脚手架的基础做法应符合本章相关内容要求，当模板支撑架设在钢筋混凝土楼板、挑台等结构上部时，应对该结构强度进行验算。可调底座调节螺杆伸出长度不宜超过200mm，当超过200mm时，一榀门架承载力设计值N_d应根据可调底座调节螺杆伸出长度进行修正：伸出长度为300mm时，应乘以修正系数0.90；超过300mm时，应乘以修正系数0.80。模板支撑架的高度调整宜以采用可调顶托为主。

模板支撑及满堂脚手架构造的设计，宜让立杆直接传递荷载。当荷载作用于门架横杆上时，门架的承载能力应乘以以下折减系数：当荷载对称作用于立杆与加强杆范围内时，取0.9；当荷载对称作用在加强杆顶部时，取0.70；当荷载集中作用于横杆中间时，取0.30。

1）模板支撑

门架、调节架及可调托座应根据支撑高度设置，支撑架底部可采用固定底座及木楔调整标高。

用于梁模板支撑的门架，可采用平行或垂直于梁轴线的布置方式，如图 4.36 所示。垂直于梁轴线布置时，门架两侧应设置交叉支撑；平行于梁轴线布置时，两门架应采用交叉支撑或梁底模小楞连接牢固。

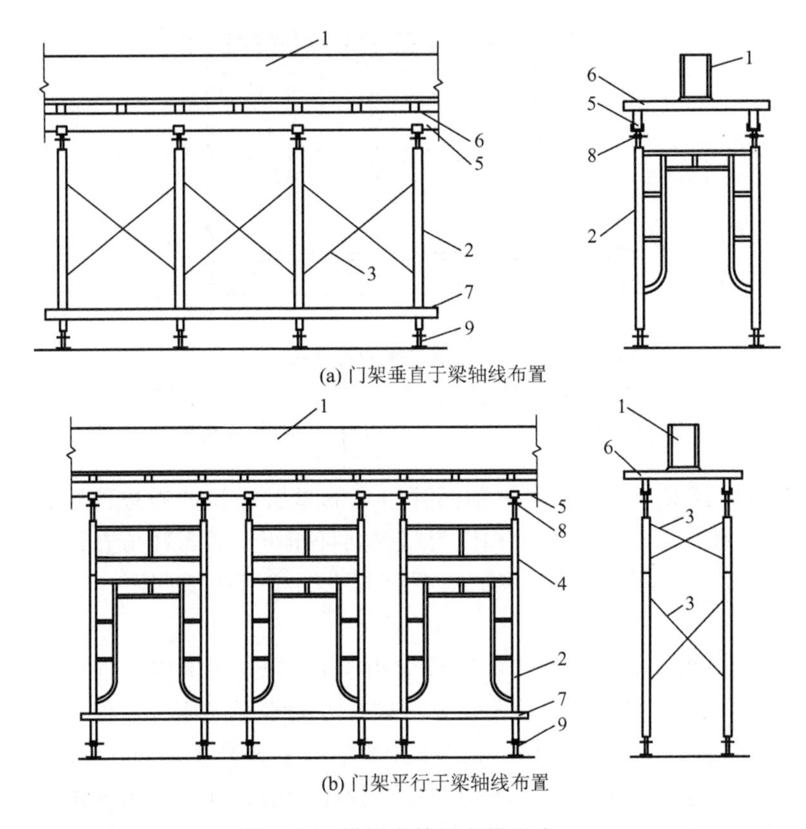

图 4.36 模板支撑的布置形式一

1—混凝土梁；2—门架；3—交叉支撑；4—调节架；5—托梁；6—小楞；7—扫地杆；8—可调托座；9—可调底座

当模板支撑高度较高或荷载较大时，模板支撑可采用如图 4.37 所示的构架形式。门架用于楼板模板支撑时，门架间距与门架跨距应由计算和构造要求确定，门架可按照规范要求设置水平加固杆；楼板模板支撑较高时（大于 10m），门架可按照规范要求设置剪刀撑。

门架用于整体式平台模板时，门架立杆、调节架应设置锁臂，模板系统与门架支撑应做满足吊运要求的可靠连接。

2）满堂脚手架

门架的跨距和间距应根据实际荷载经设计确定，间距不宜大于 1.2m。交叉支撑应在每列门架两侧设置，并应采用锁销与门架立杆锁牢，施工期间不得随意拆除。水平架或脚手板应每步设置。顶步作业层应满铺脚手板，并应采用可靠连接方式与门架横梁固定，大

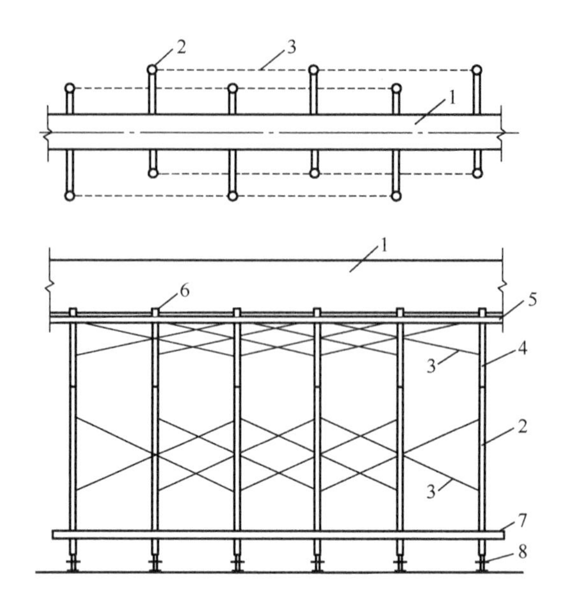

图 4.37 模板支撑的布置形式二

1—混凝土梁；2—门架；3—交叉支撑；4—调节架；
5—托梁；6—小楞；7—扫地杆；8—可调底座

于 200mm 的缝隙应挂安全平网。水平加固杆应在满堂脚手架的周边顶层、底层及中间每五列、五排通长连续设置，并应采用扣件与门架立杆扣牢。剪刀撑应在满堂脚手架外侧周边和内部每隔 15m 间距设置，剪刀撑宽度不应大于四个跨距或间距，斜杆与地面倾角宜为 45°～60°。

满堂脚手架距墙或其他结构物边缘距离应小于 0.5m，周围应设置栏杆。满堂脚手架中间设置通道时，通道处底层门架可不设纵（横）方向水平加固杆，但通道上部应每步设置水平加固杆。通道两侧门架应设置斜撑杆。满堂脚手架高度超过 10m 时，上下层门架间应设置锁臂，外侧应设置抛撑或缆风绳与地面拉结牢固。满堂脚手架的搭设可采用逐列逐排和逐层搭设的方法，并应随搭随设剪刀撑、水平纵横加固杆、抛撑（或缆风绳）和通道板等安全防护构件。搭设、拆除满堂脚手架时，施工操作层应铺设脚手板，工人应系安全带。

4.3.5 悬挑式脚手架

中央电视台彩电中心主楼施工用悬挑式脚手架如图 4.38 所示。定型架子重约 3t，由塔式起重机移位；三角架由槽钢、角钢焊接而成，用挂钩固定于柱子上的环箍中，并为了保险，用钢丝绳把三角架系于柱子上；环箍由两根 10 号槽钢、两根 ϕ30mm 的长杆螺栓组成。该架子在本工程中使用近一年，证明其安全、经济、使用方便。

悬挑式脚手架适用于下列三种情况。

(1) ±0m 标高以下结构工程不能及时回填土，而主体结构又必须进行，否则影响工期。

(2) 高层建筑主体结构四周有裙房，脚手架不能支承在地面上。

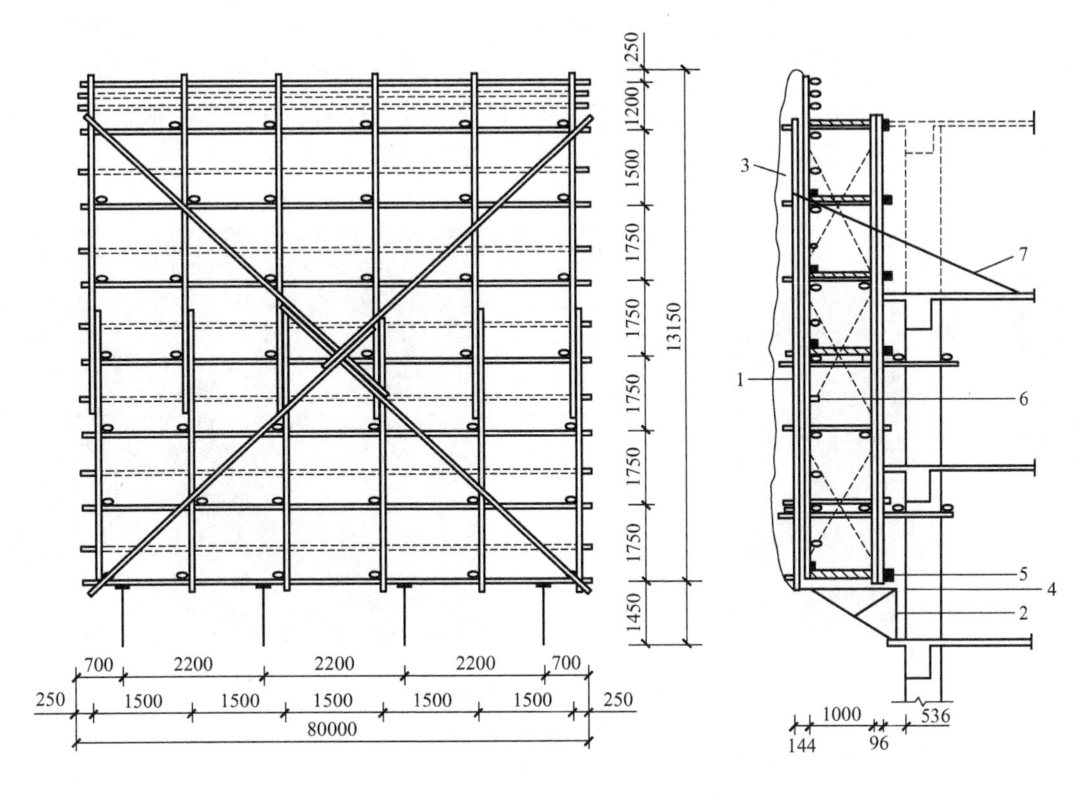

图 4.38 支撑于三角架的悬挑式脚手架（单位：mm）

1—定型架子；2—三角架；3—网；4—环箍；5—12 号槽钢；6—护身栏杆；7—钢丝绳及顶杆

(3) 超高建筑施工时，脚手架搭设高度超过了容许搭设高度，因此将整个脚手架按允许搭设高度分成若干段，每段脚手架支承在建筑结构向外悬挑的结构上。

用槽钢悬挑的脚手架构造如图 4.39 所示。

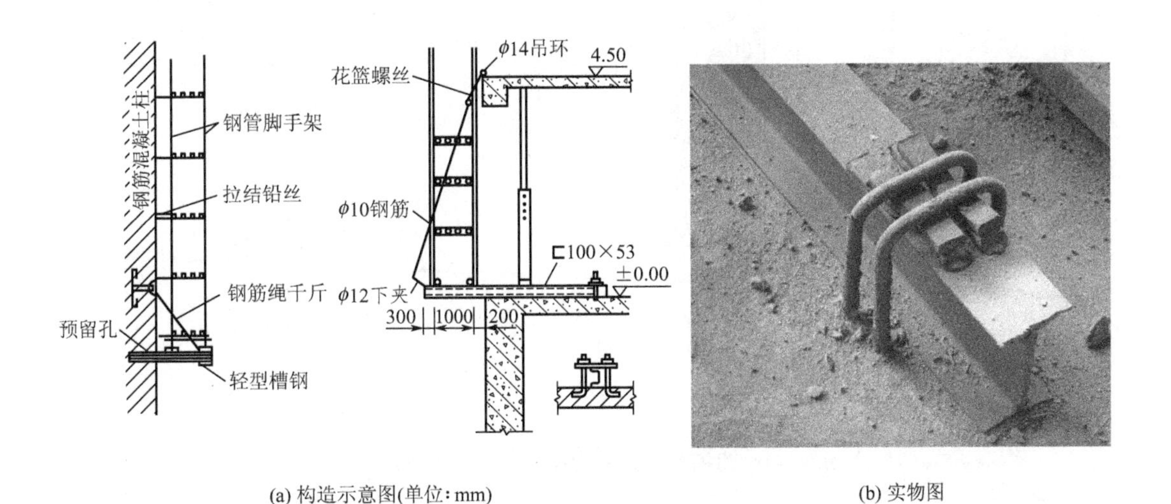

(a) 构造示意图(单位：mm)　　(b) 实物图

图 4.39 用槽钢悬挑的脚手架

国内很多工程采用型钢悬挑的方式来搭设脚手架。用扣件钢管搭设的型钢悬挑外脚手架，其防坠落的挑棚、外立面的剪刀撑、安全网等基本构造措施应到位。脚手架底部的钢挑梁宜采用工字钢制作，间距一般控制在 1.6m 以内，可直接锚固在混凝土楼板上，或采用钢筋或钢丝绳斜吊拉，或采用钢管斜撑，如图 4.40 所示。

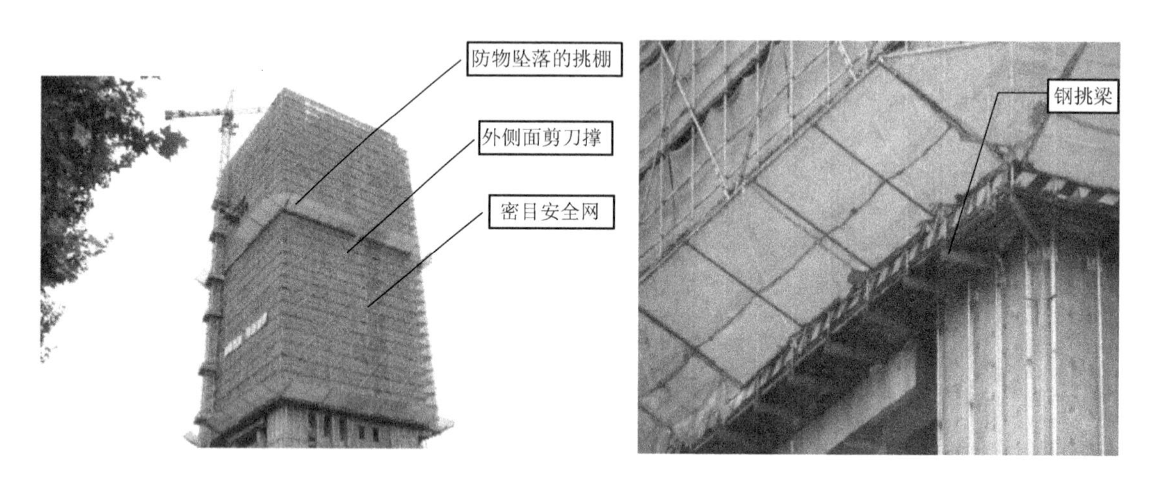

图 4.40　悬挑式脚手架搭设构造

用钢管悬挑的脚手架如图 4.41 和图 4.42 所示。

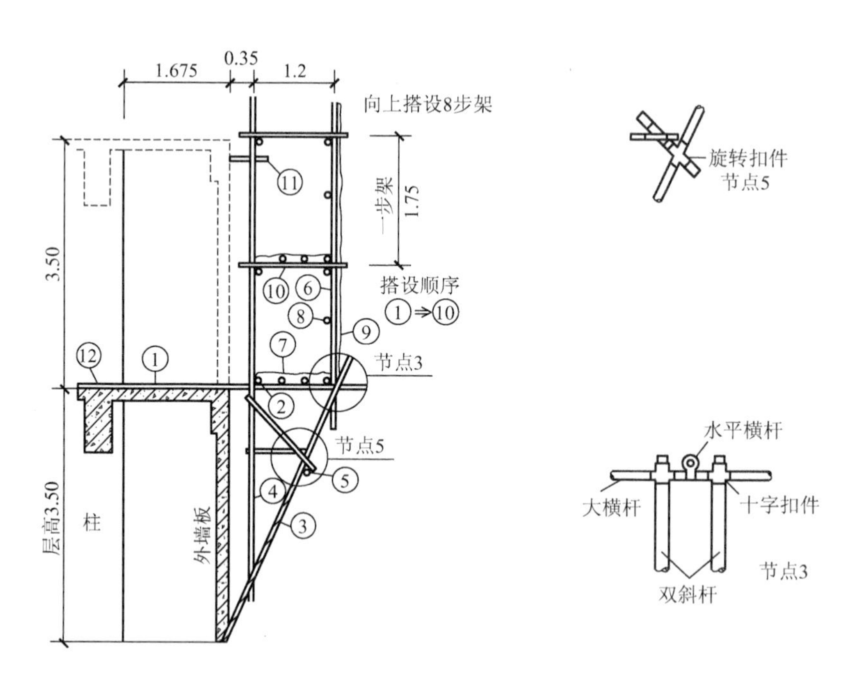

图 4.41　用钢管悬挑的脚手架（一）（单位：m）

1—水平横杆；2—大横杆；3—双斜杆；4—内立杆；5—加强短杆；6—外立杆；7—竹笆脚手板；8—栏杆；9—安全网；10—小横杆；11—用短钢管与结构拉结；12—水平横杆与预埋环焊接

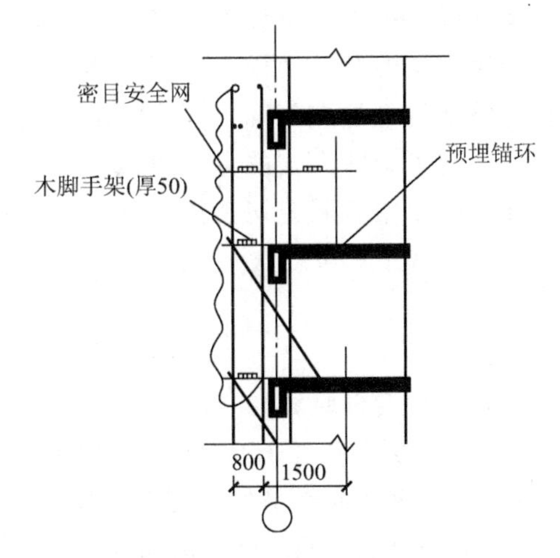

图 4.42 用钢管悬挑的脚手架（二）(单位：mm)

4.3.6 附着升降脚手架

1. 概述

附着升降脚手架比挑、挂脚手架的反复搭设、吊升更加简便，其架面操作环境明显好于吊篮；当建筑高度较大（如大于 80m）时，附着升降脚手架的施工成本低于其他脚手架。所以，附着升降脚手架发展很快，呈现在高层建筑施工中全面普及的态势，已成为高层建筑施工的主要脚手架形式，如图 4.43 所示。

图 4.43 附着升降脚手架的工程应用

附着升降脚手架的支承形式有悬挑式、吊拉式、套框式、导轨式、导座式、挑轨式、套轨式、吊套式、吊轨式等，动力上有电动、手动、液压、卷扬等，其架体主框架有片式、格构柱式、导轨组合式等，防坠装置有摆针式、自锁楔块式、楔压摩阻轮式、偏心轮式等，同步控制上有自动显示、故障反馈、自动调整等，升降方式包括整体、分段、互爬等。附着升降脚手架的支承间距由最初的 3～6m 扩大到 10m，爬架全高由最初的 10m（适应三层施工需要）加大到 18m。

由于没有附着升降脚手架的设计标准，设计工作各行其是，因而普遍存在着设计条件考虑不周、荷载取值偏小、计算方法混乱、使用工况无严格限制、没有防倾装置或防倾装置不可靠、大多数架子没有防坠装置、没有下降不同步时的安全装置、施工单位“因陋就简”地仿造等问题，因此相继出现了架毁人亡的重大事故。如 1996 年 8 月 11 日，国家经贸委二期工程使用的广西桂林某脚手架有限公司整体提升脚手架在调整下降时，部分架体从 13 层（48m）高处坠落，造成 8 死 11 伤。

2. 附着升降脚手架的构造

1）套管式附着升降脚手架

该脚手架构造如图 4.44 所示。固定框竖杆为 ϕ48mm×3.5mm 焊接钢管，活动框立管为 ϕ63.5mm×4mm 无缝钢管。脚手架单元长度不宜大于 4m，以使单元具有足够刚度。每个单元由两个升降框和连接两个升降框的纵横向水平杆、剪刀撑、脚手板、安全网等组成。对阳台部位，支撑杆加长、受压，应增加分别与固定框、活动框拉结的斜拉杆或钢丝绳。

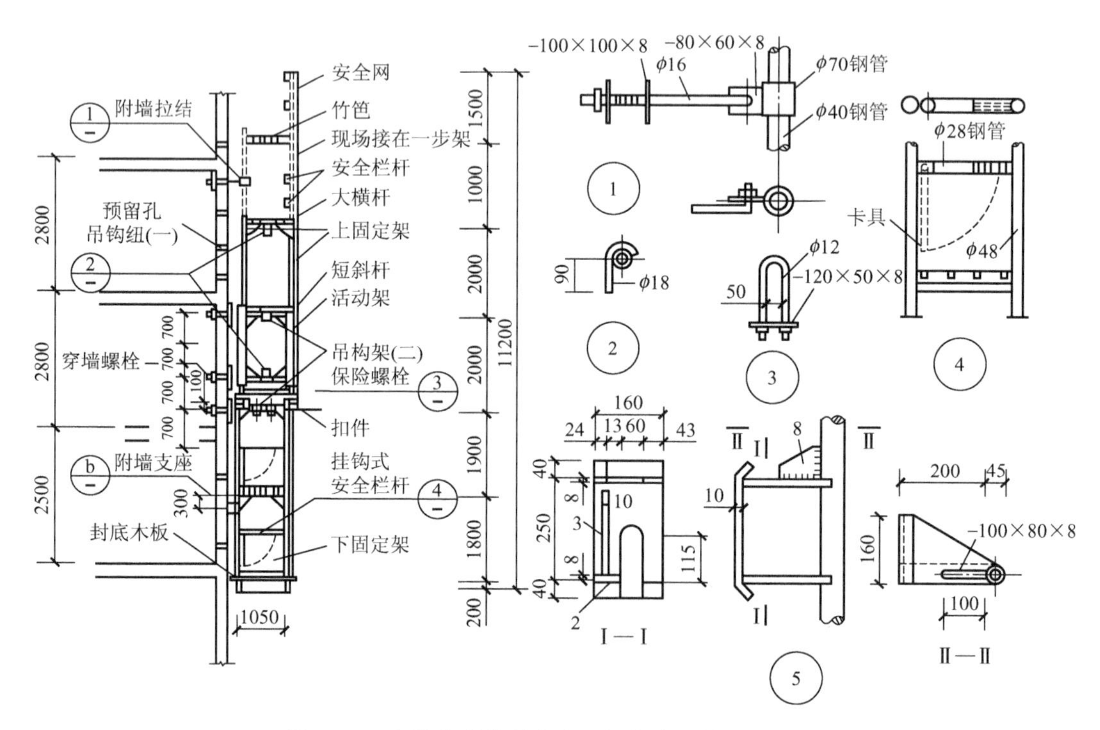

图 4.44 套管式附着升降脚手架构造（单位：mm）

1—上翼板；2—下翼板；3—腹板；4—支座板；5—加劲板

套管式附着升降脚手架的爬升过程如下：首先拔出爬架上操作平台的 4 个穿墙螺栓；将手动葫芦挂在爬杆顶端的横梁吊环上；启动手动葫芦，提升上操作平台；使上操作平台向上爬升到预留孔位置，插好穿墙螺栓，拧紧螺母，将上操作平台固定好；将手动葫芦挂在上操作平台底横梁吊环上；松动下操作平台附墙支座的穿墙螺栓；启动手动葫芦，将下操作平台提升到上操作平台所在的预留孔位置处；安装穿墙螺栓并加以紧固，使下操作平台牢固地附着在混凝土墙体上，爬升脚手架至此完成向上爬升一个楼层的全过程。如此反复进行，直至爬升到顶层完成混凝土浇筑作业。

爬升一个楼层需要两个爬升过程，如图 4.45 所示，每个爬升过程分两步：活动架爬升 1.4m，固定架爬升 1.4m。也可用一个爬升过程。下降为反向操作。每个提升单元的操作人数见表 4-14。

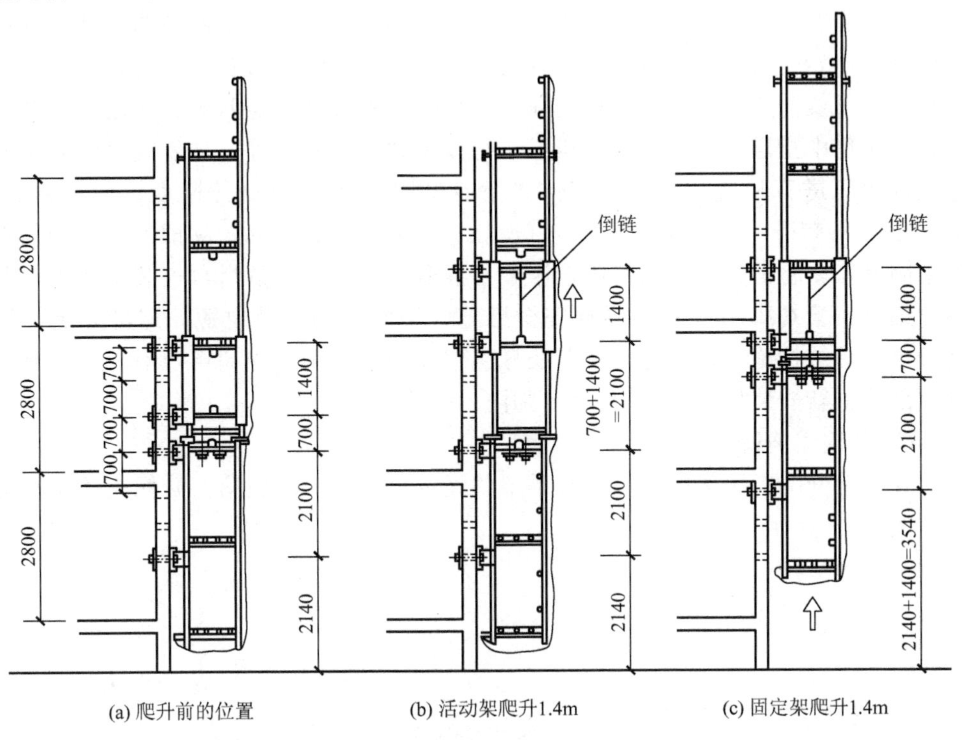

图 4.45 套管式附着升降脚手架的爬升（单位：mm）

表 4-14 提升单元的操作人数

工种	工作阶段		
	安装	升降	拆除
指挥	1	1	1
架子工	4	$2n$	4
起重工	1	—	1

注：n 为提升单元的提升点数。

操作人员位于活动架。倒链受力后卸去穿墙螺栓。

2）挑梁式附着升降脚手架（整体式附着升降脚手架）

挑梁式附着升降脚手架的特点是脚手架的固定、升降依靠从柱或边梁伸出来的挑梁实现，如图 4.46 所示。

挑梁由型钢制作，通过穿墙螺栓或预埋件与结构相连，同时用斜拉杆件或钢丝绳（长度通过花篮螺栓调节）与结构拉结。提升设备直接作用于承力托盘，托盘上搭设脚手架。脚手架高为 3.5～4.5 倍楼层高度，架宽 0.8～1.2m，其结构与普通脚手架同；但位于挑梁两侧的脚手架内排立杆之间的横杆在升降时会碰到挑梁或斜拉杆，应用短横杆，以便升降时拆除，升降后安装。导向轮可沿外墙或柱子滚动。导向杆固定于脚手架上部，在套环内升降；套环固定于房屋结构。

挑梁式附着升降脚手架的提升步骤如下：检查电动葫芦是否挂妥，挑梁安装是否牢固；撤出架体所有人员及物料、机具等；试开动电动葫芦，使电动葫芦与吊架之间的吊链拉紧，且处于初始受力状态；拆除（松开）与建筑物的拉结，检查是否有阻碍架体向上升的物件；松开吊架与建筑物相连的螺栓和斜拉杆，观察架体稳定状态；开动电动葫芦开始爬升，爬升过程中指定专人负责观察机具运行以及架体同步情况，如发现异常或不同步情况，应立即停机进行检查、调整，整体式附着升降脚手架的提升速度一般控制在 80～100mm/min，每爬升一个楼层大约需时 1～2h；架体爬升到位后，立即安装吊架与混凝土边梁的紧固螺栓，将吊架的斜拉杆固定于上层混凝土的边梁，然后再安装架体上部与建筑物的各拉结点；检查脚手板及相应的安全措施，切断电动葫芦电源，即可开始使用脚手架，进行上一层结构施工；将电动葫芦及悬挑钢梁摘下，用手动葫芦及滑轮组将其倒至上一层相应部位重新安装好，准备上一层爬升。

3）导轨式附着升降脚手架

导轨式附着升降脚手架的特点是脚手架的固定、升降、防坠落、防倾覆等是靠导轨实现的，如图 4.47 所示。

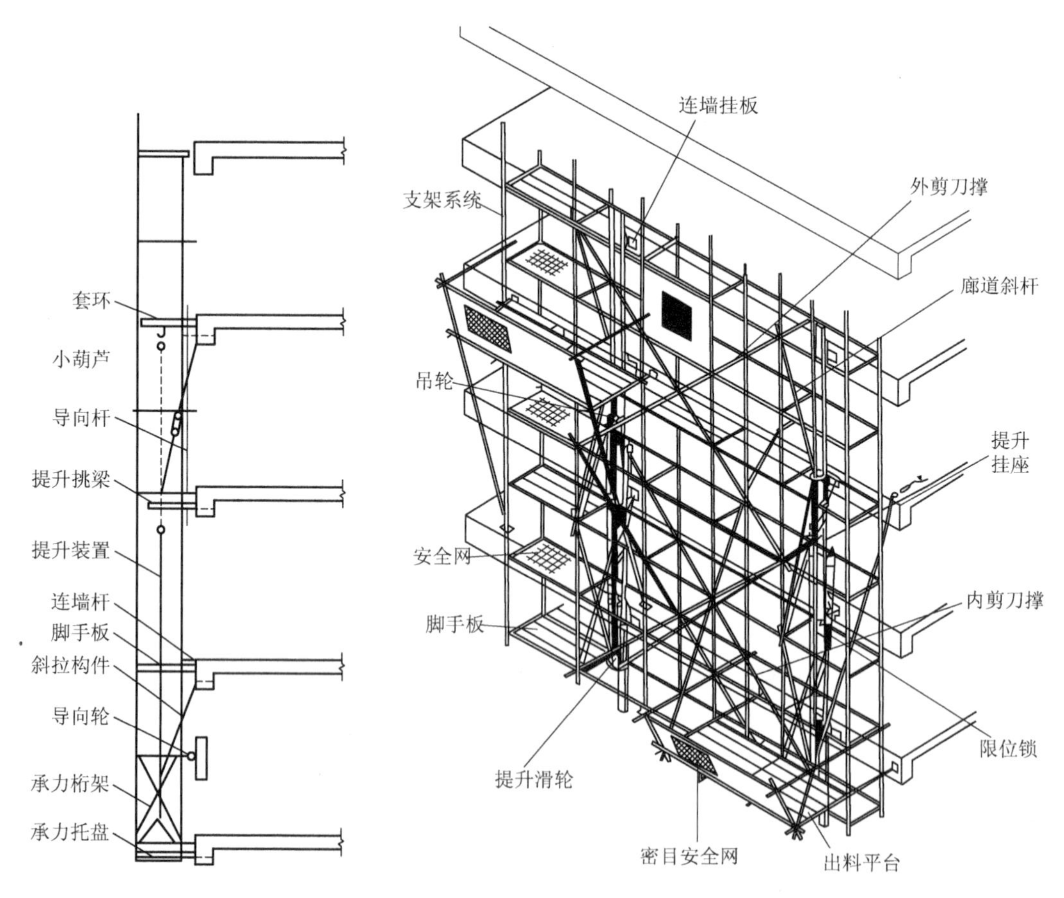

图 4.46　挑梁式附着升降脚手架

图 4.47　导轨式附着升降脚手架

导轨由槽钢制作，下部滑出的导轨可以拆除，装到上部，如图 4.48 所示。固定提升设备的提升挂座固定于导轨上，提升设备下连防坠落装置，如图 4.49 所示。立杆上固定导轮，防止脚手架内、外倾覆，如图 4.50 所示。

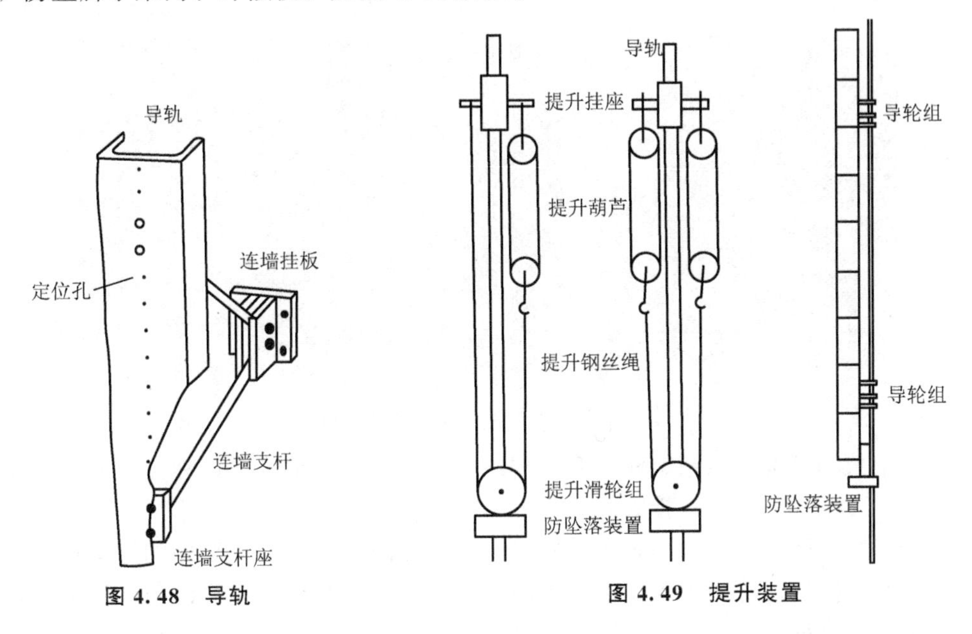

图 4.48 导轨

图 4.49 提升装置

4）互爬式附着升降脚手架

互爬式附着升降脚手架的特点是相邻脚手架单元互为支点，交替升降，如图 4.51 所示。架子的导向可借助房屋结构，也可借助相邻脚手架单元。操作人员不在被升降的架体上，因而更安全。一次升降幅度不受限制。升降时一人指挥，两人拉葫芦，两人拆、安装固定装置，共 5 人操作。相邻脚手架单元在不升降时用脚手板等连接。

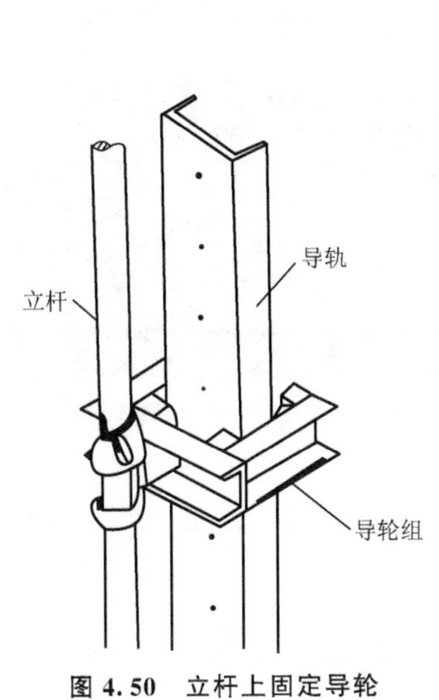

图 4.50 立杆上固定导轮

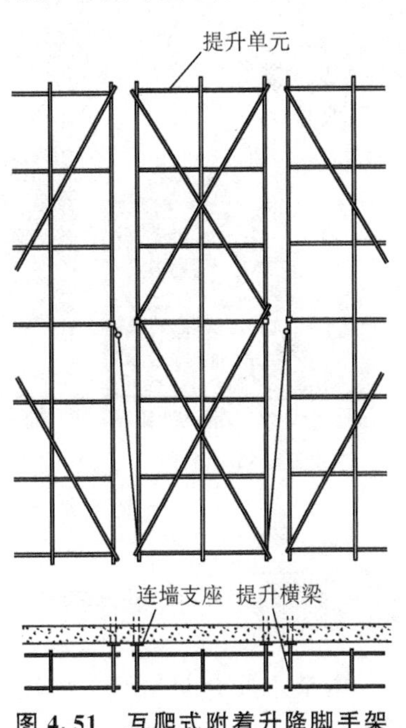

图 4.51 互爬式附着升降脚手架

5）升降脚手架的安全措施

整体升降脚手架在定型前，要通过专项评审，其中对超载报警、防外倾、防坠落装置等的工作状况应做检测和评定，通过后方可使用，如图 4.52 所示。

图 4.52　升降脚手架的状况检查

升降脚手架的底部承力桁架和提升机部位的主承力架必须采用计算受力明确的结构形式，要求采用装配式的螺栓连接方式。

由于升降脚手架的提升点在脚手架底部的承力框的中点，脚手架外侧面有栏杆和安全网等，造成有外倾的趋势，因此，电动整体升降外脚手架必须有可靠的防外倾措施，而且要有防超重、防坠落等的措施，如图 4.53 所示。

(a) 防外倾措施

(b) 超重传感器

(c) 提升装置

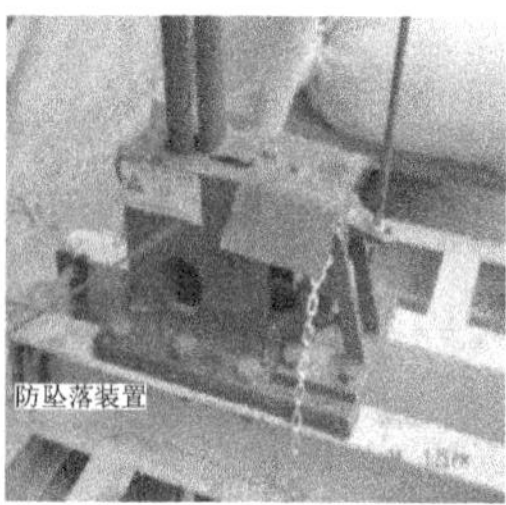

(d) 防坠落装置

(e) 防坠落试验模型

(f) 设置脱钩装置以模拟突发坠落

(g) 振动触发式防坠落器

图 4.53　升降脚手架安全措施

【参考图文】

4.3.7　外挂脚手架

本节主要介绍吊篮。吊篮升降可手动（手扳葫芦）、电动。吊篮邻墙一侧距墙面 100～200mm，相邻吊篮间隙不大于 200mm。

(1) 手动吊篮如图4.54所示。

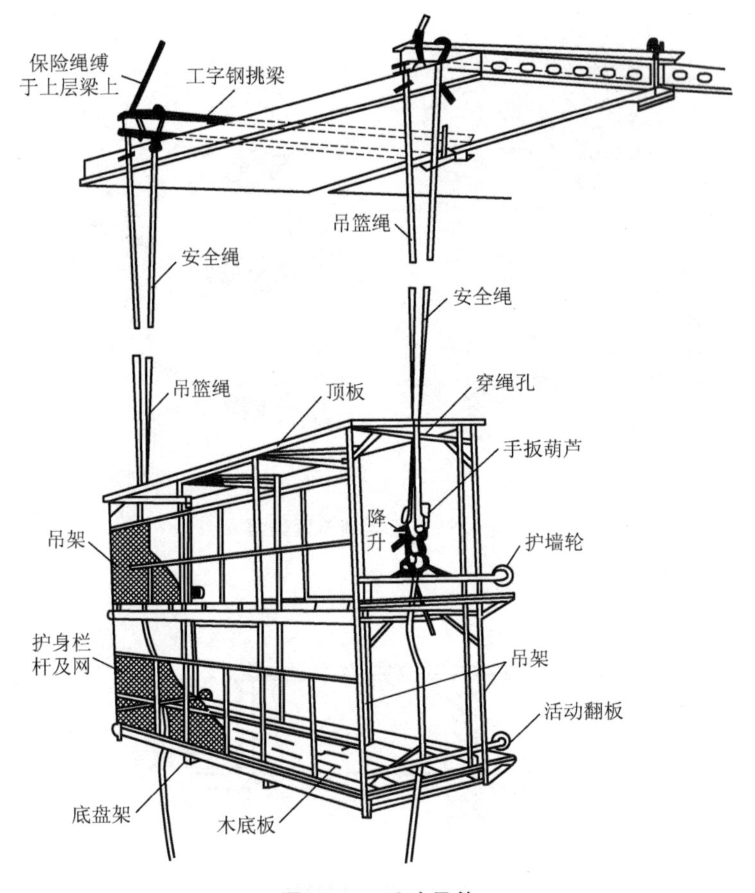

图4.54 手动吊篮

安全绳（或称保险绳）与吊篮的连接方式有两种：钢丝绳兜住底部，或钢丝绳与安全锁连接，如图4.55所示。

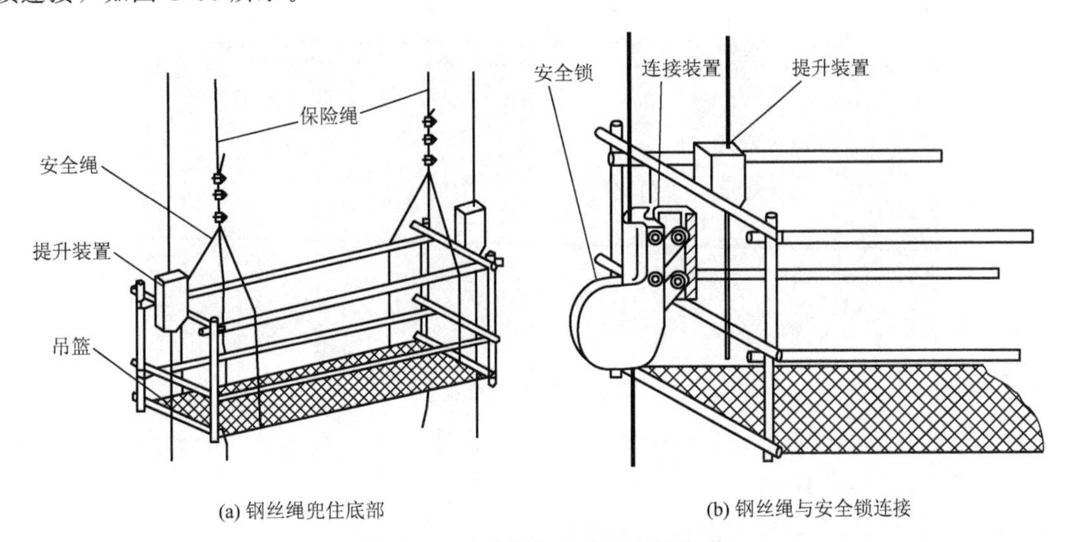

(a) 钢丝绳兜住底部　　(b) 钢丝绳与安全锁连接

图4.55 安全绳与吊篮的连接方式

手动吊篮的安全装置如图 4.56 所示。

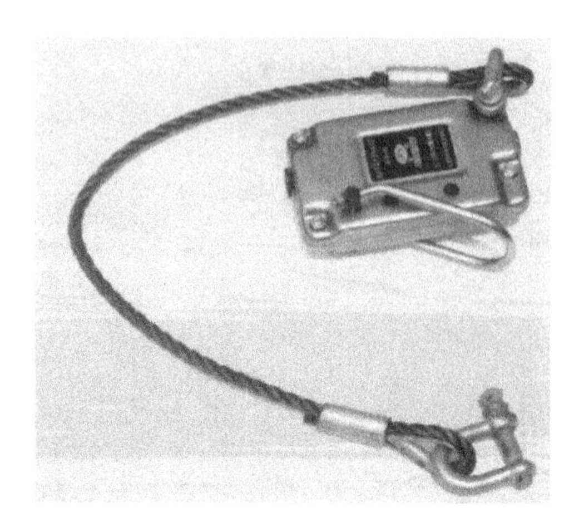

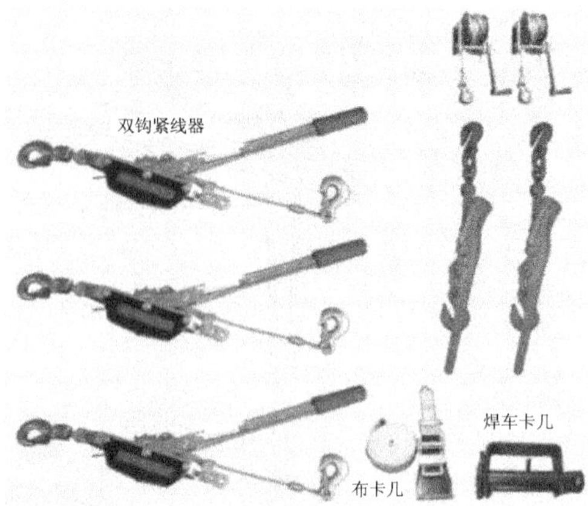

(a) 手动吊篮专用安全锁　　(b) 紧线器系列

图 4.56　安全锁与紧线器

相关的挑梁构造如图 4.57 所示。

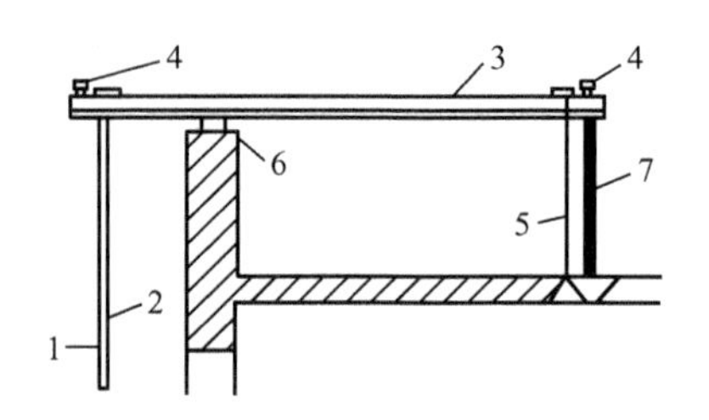

图 4.57　挑梁构造举例

1—钢丝绳；2—安全绳；3—挑梁；4—连接挑梁的水平杆；5—拉杆；6—垫木；7—支柱

(2) 电动吊篮如图 4.58 所示。

图 4.58　电动吊篮

电动吊篮邻墙一侧设滚轮，底部设脚轮，顶部设护头棚。吊篮可按需要用标准单元组装成不同长度，如 4～10m。

电动吊篮屋面支撑系统如图 4.59 所示。

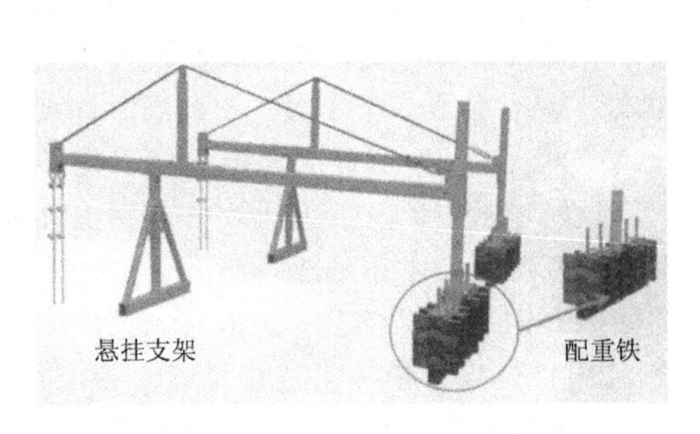

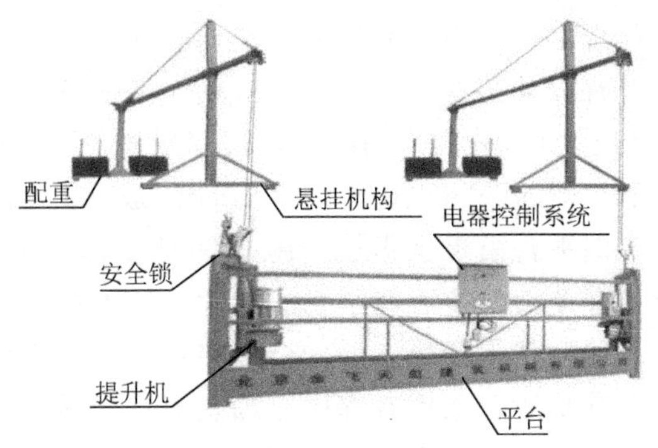

图 4.59 电动吊篮屋面支撑系统

4.4 钢平台

先介绍一个具体的钢平台。总高 635m、127 层的上海中心大厦位于中国上海浦东陆家嘴金融中心区。在其建造过程中，核心筒的浇筑从标准层 5 层开始，采用钢平台施工，该施工平台需要从第 5 层一直上升至 127 层。钢平台整体高度为 23.35m，共 5 层，如图 4.60 所示。相应核心筒重 1350t，液压同步系统需要解决整个钢平台的同步提升以及牛腿的同步伸缩问题。顶升系统共分 8 个工作区（九宫格布局），顶升作业时连带施工模板体系同时顶升，顶升速度不低于 150mm/min，顶升同步精度不低于±2.5mm。液压同步顶升技术为这一工程提供了完美的解决方案，为了实现更高的安全性、工效、控制水平及精确度，该顶升系统集成了多功能阀组、位移及压力数据收集和控制系统，包括一套中央控制系统，36 只 3.2m 行程的顶升油缸和双层 64 只牛腿伸缩油缸分布在由 8 套动力单元控制的 8 个区中。针对该项目因其引人瞩目的施工条件而带来的超高安全性能要求，该系统集成了液压控制阀组和防爆阀组，使油缸及系统可能存在的失效风险大大降低，同时通过 PLC 进行实时监控，对系统进行有效的排错和纠正。

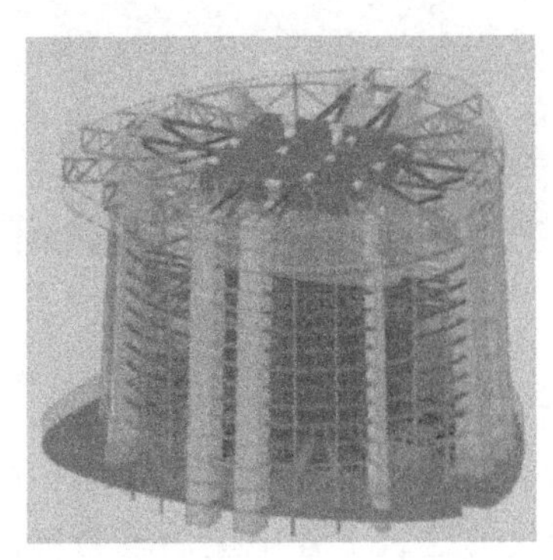 

图 4.60 某施工用钢平台

整体提升钢平台模板工程技术，是具有我国自主知识产权的超高层建筑结构施工模板工程技术，是由钢筋混凝土结构升板法技术发展而来的。20 世纪 80 年代末由上海市第五建筑有限公司首创，并成功应用于上海联合大厦（36 层，130m 高）和上海物资贸易大厦（33 层，114m 高）两幢超高层建筑施工中，结构施工最快达到 5 天 1 层。与此同时，上海市纺织建筑公司也进行了这方面的成功探索。1992 年上海东方明珠广播电视塔采用整体提升钢平台模板工程技术施工塔身筒体，取得了成功，结构垂直度达到万分之一。1996 年在金茂大厦核心筒结构施工中，整体提升钢平台模板工程技术得到进一步发展，开发的分体组合技术解决了外伸桁架穿越难题。之后整体提升钢平台模板工程技术进入推广应用和完善阶段。上海万都中心和东海广场等工程都应用整体提升模板工程技术施工核心筒。针对近年来超高层建筑造型奇特、结构立面变化剧烈的新情况，增加了悬挂脚手架空中滑移和钢平台带悬挂脚手架空中滑移功能，提高了整体提升钢平台模板工程技术的结构立面适应性，并成功应用于上海世贸国际广场和环球金融中心核心筒施工中。2005 年在南京紫峰大厦核心筒结构施工中，通过改进支撑系统解决了外伸桁架层利用整体提升钢平台模板系统施工核心筒钢筋混凝土结构的难题。2006 年在广州新电视塔核心筒结构施工中，探索利用劲性钢结构柱作为支撑系统立柱取得了成功，极大地降低了整体提升钢平台模板工程技术的成本。2007 年在广州国际金融中心核心筒结构施工中，将大吨位液压千斤顶技术与整体提升钢平台模板工程技术相结合，简化了施工工序，提高了机械化程度，节约了支撑系统投入。以上钢平台应用的著名事例如图 4.61 所示。

(a) 上海世茂国际广场　　(b) 上海环球金融中心

【参考图文】

(a) 广州电视塔

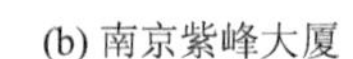

(b) 南京紫峰大厦

图 4.61　钢平台的应用事例

钢结构平台属一种工作平台。现代钢结构平台结构形式多样，功能一应俱全。其最大的特点是采用全组装式结构，设计灵活，在现代的建筑工程中应用较为广泛。其工程结构通常由型钢和钢板等制成的梁、柱、板等构件组成，各部分之间用焊缝、螺栓或铆钉等连接。

钢平台的优点如下。

(1) 钢平台系统适合用于超高层建筑核心筒的施工，系统可形成一个封闭、安全的作业空间，具有施工速度快、安全性高、机械化程度高、节省劳动力等多项优点。

(2) 与爬模系统等相比较，钢平台系统的支撑点低，位于待施工楼层下 2～3 层，支撑点部位的混凝土经过较长时间的养护，强度高，承载力大，安全性好，为提高核心筒施工速度提供了保障。

(3) 钢平台系统采用钢模可提高模板的周转次数，模板配制时充分考虑到结构的变化，制定模板的配制方案，不需要在现场做大的拼装或焊接。

(4) 精密的液压控制系统、电脑控制系统，使钢平台系统实现了多油缸的同步顶升，具有较大的安全保障。

(5) 钢平台系统整体刚度大，承载力大，平台承载力达 $10kN/m^2$，测量控制点可直接投测到钢平台上，施工测量方便。

(6) 大型布料机可直接安放在钢平台上，材料可大吨位（由钢筋吊装点及塔式起重机吊运力而确定）直接吊运放置到钢平台上，可方便施工，提高效率。

钢结构主要用于重型车间的承重骨架、受动力荷载作用的厂房结构、板壳结构、高耸电视塔和桅杆结构、桥梁和库等大跨结构、高层和超高层建筑。其缺点是耐火性和耐腐性较差。

4.5 混凝土泵送设备

2011 年 4 月 8 日下午，在深圳京基 100 大厦 417m 的高度，是中联重科在“西塔”项目创下泵送 C100 混凝土至 432m 世界纪录后的又一次科技创新，再次刷新了 2010 年 10 月 29 日创造的泵送 C120 混凝土至 316m 高度的世界纪录。上述两座著名大厦如图 4.62 所示。

(a) 深圳京基100大厦

(b) 广州国际金融中心西塔大厦

图 4.62 创下泵送混凝土高度纪录的大厦

作为华南第一高楼，广州著名的新型标志性建筑，广州国际金融中心西塔大厦位于广州市珠江新城核心商务区，建成后楼高432m，地面上建筑103层。中联重科全程为该工程项目提供了混凝土泵送解决方案。

采用混凝土泵浇筑商品混凝土，是钢筋混凝土现浇结构高层建筑施工中最为常见的混凝土浇筑方式。

4.5.1 混凝土搅拌运输车

混凝土搅拌运输车从混凝土集中搅拌站将商品混凝土装运到施工现场，并卸入预先准备好的料斗里，再由混凝土泵或塔式起重机输送到浇筑部位。混凝土搅拌运输车在运输过程中，同时对混凝土进行不停地搅动，使混凝土免于在运输途中产生离析和初凝，并进一步改善混凝土拌合物的和易性与均匀性，从而提高混凝土的浇筑质量。混凝土搅拌运输车公称容量在2.5m^3以下者为轻型，4～6m^3者属于中型，8m^3以上者为大型。实践表明，容量6m^3的搅拌运输车经济效益最好。

混凝土搅拌运输车主要由底架、搅拌筒、发动机、静液驱动系统、加水系统、装料及进料系统、卸料溜槽、卸料振动器、操作平台、操纵系统及防护设备等组成。

选择混凝土搅拌运输车时，应特别注意以下技术性能。

(1) 装、卸料快，有利于提高生产率。6m^3 搅拌运输车的装料时间一般需40～60s，卸料时间为90～180s。

(2) 注意搅拌筒的质量。搅拌筒的造价约占混凝土搅拌运输车整车造价的1/2，搅拌筒的筒壁及搅拌叶片必须用耐磨、耐锈蚀的优质钢材制作，并应有适当厚度。

(3) 安全防护装置齐全。

(4) 操作简单，性能可靠。

(5) 便于清理，保养量小。

使用时应注意下列事项。

(1) 混凝土搅拌运输车在装料前，应先排净筒内的积水及杂物。

(2) 应事先对混凝土搅拌运输车行经路线，如桥涵、洞口、架空管线及库门口的净高和净宽等设施进行详细了解，以利通行。

(3) 混凝土搅拌运输车在运输途中，搅拌筒应以低速转动，转速不要超过3r/min，在到达工地后，应使搅拌筒全速（14～18r/min）转动1～2min，并待搅拌筒完全停稳不转后，再进行反转出料。

(4) 一般情况下，混凝土搅拌运输车运送混凝土的时间不得超过1h，运输距离不要超过20km，具体情况下随天气的变化可采取不同的措施进行处理，如添加缓凝剂可适当增加混凝土的运输时间。

(5) 若在灌注之前发现混凝土坍落度损失过大，在没有值班工程师批准之前，严禁擅自加水进行搅拌。若需加水搅拌，至少应强迫搅拌30r。

(6) 在超长距离运输时，往往采取两次添加外加剂的办法来保持混凝土坍落度不受较大损失。采用这种做法应严格按照工艺实施。

(7) 工作结束后，应按要求用高压水冲洗搅拌筒内外及车身表面，并高速转动搅拌筒5～10min，然后排放干净搅拌筒里的水分。

(8) 注意安全，不得将手伸入在转动中的搅拌筒内，也不得将手伸入主卸料溜槽与接长卸料溜槽的连接部位，以免发生安全事故。

4.5.2 混凝土泵

混凝土泵最早出现于德国，1930年，德国就制造了立式单缸的球阀活塞泵。1932年荷兰人库伊曼制造出卧式缸的混凝土泵，成功解决了混凝土构造原理问题，大大提高了工作的可靠性。1959年，原联邦德国的施维英公司生产出第一台全液压的混凝土泵，它用油作为工作液体来驱动活塞和阀门，使用后用压力水冲洗泵和输送管。这种液压泵功率大，排量大，运输距离远，可做到无级调节，泵的活塞还可逆向动作以减少堵塞的可能性，因而使混凝土泵的设计、制造和泵送施工技术日趋完善。此后，为了提高混凝土泵的机动性，在20世纪60年代中期又研制了混凝土泵车，并配备了可以回转和伸缩的布料杆，使混凝土的浇筑工作更加灵活方便。

混凝土泵是在压力推动下沿管道输送混凝土的一种设备。它能连续完成高层建筑的混凝土的水平运输和垂直运输，配以布料杆还可以进行较低位置的混凝土的浇筑。近年来，在高层建筑施工中泵送商品混凝土应用日益广泛，主要原因是泵送商品混凝土的效率高、质量好、劳动强度低。

1. 混凝土泵的分类

混凝土泵按驱动方式，分为活塞式泵和挤压式泵，目前用得较多的是活塞式泵；按混凝土泵所使用的动力，可分为机械式活塞泵和液压式活塞泵，目前用得较多的是液压式活塞泵；液压式活塞泵按推动活塞的介质，又分为油压式和水压式两种，现在用得较多的是油压式；按混凝土泵的机动性，分为固定式和移动式，所谓移动式是指混凝土泵装在可用轮胎牵引移动的汽车上，即装在载重汽车底盘上的混凝土泵。

2. 活塞式混凝土泵的工作原理

活塞式混凝土泵主要由料斗、液压缸、活塞、混凝土缸、分配阀、Y形管、冲洗设备、液压系统和动力系统等组成，如图4.63所示。

活塞式混凝土泵工作时，混凝土进入料斗内，在阀门操纵系统的作用下，阀门开启后再关闭，液压活塞在液压力作用下通过活塞杆带动活塞后移，料斗内的混凝土在自重和吸力作用下进入混凝土缸。然后液压系统中压力油的进出反向，使活塞向前推压，同时阀门开启，混凝土缸中的混凝土在压力作用下就通过Y形管进入输送管道，排至所要浇筑混凝土的施工现场中去。在混凝土泵的料斗内，一般都装有带叶片的、由电动机驱动的搅拌器，以便对进入料斗的混凝土进行二次搅拌以增加其和易性。混凝土泵的工作原理如图4.64所示。

3. 分配阀

分配阀是活塞式混凝土泵中的一个核心部件，相当于人的心脏。它直接影响混凝土泵的使用性能，也直接影响混凝土泵的整体设计。对于双缸的活塞式混凝土泵，两个混凝土缸的吸入行程和排出行程相互转换，料斗口和输送管依次和两个混凝土缸相连通，因此必

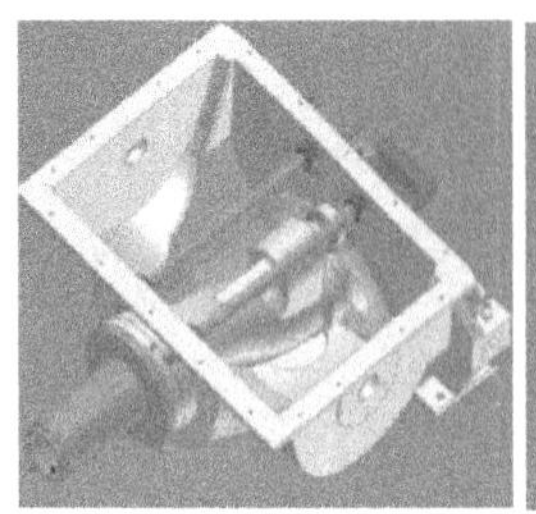
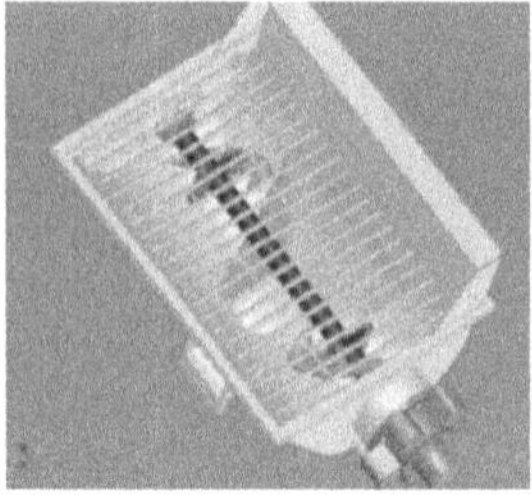

(a) 料斗

(b) S管阀泵的推送机构

(c) 蝶形分配阀

(d) S形管型分配阀

图 4.63　液压活塞式混凝土泵的构造

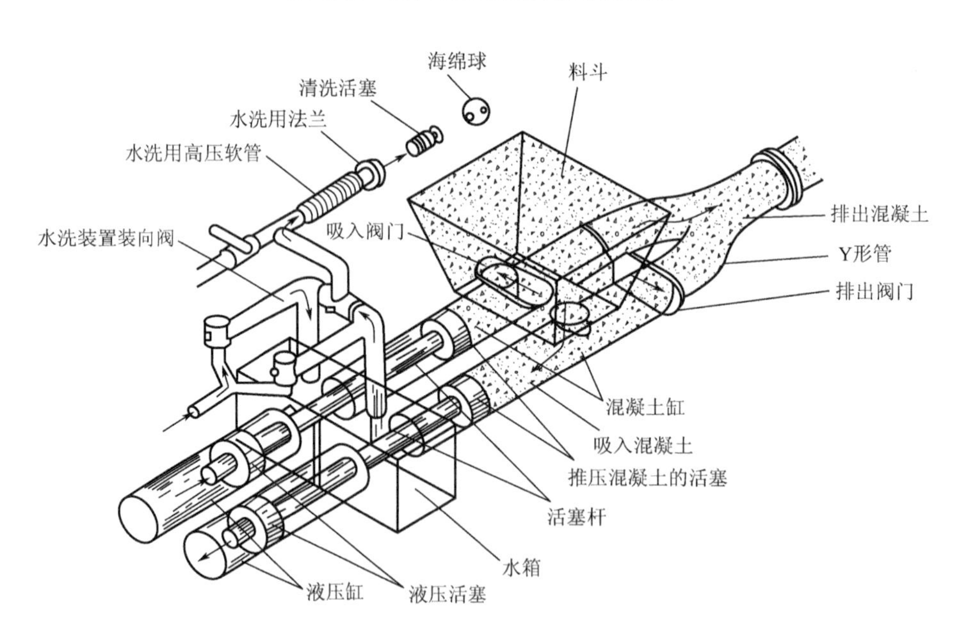

图 4.64　液压活塞式混凝土泵的工作原理图

须设置分配阀来完成这一任务。分配阀要具有两位（吸料和排料）四通（通料斗、两个混凝土缸和输送管）的功能。

对于分配阀一般有下列要求。

(1) 具有良好的吸入和排出性能。要求通道流畅，截面和形状不变或少变，这样才能使混凝土拌合物平滑地通过阀门，而且不产生起拱现象阻塞通道，减少通过分配阀的压力损失。

(2) 具有良好的转换性。即吸入和排出的动作协调、及时、迅速。分配阀转换太快，机器振动大；转换太慢，又易被石子卡住。转换动作最好在 0.2s 内完成，以防止灰浆倒流，这对于向上垂直泵尤为重要。

(3) 阀门和阀体的相对运动部位具有良好的密封性。这样可以防止漏浆，漏浆使混凝土的泵送性能发生变化，而且污染机器，不便工作。

(4) 具有良好的耐磨性。分配阀的工作环境恶劣，在工作过程中始终与混凝土进行强烈摩擦，因而分配阀易于磨损。分配阀一旦摩擦严重，会使混凝土泵的工作性能变坏，效率降低，在泵送过程中易堵塞管道。

4. 液压活塞式混凝土泵的主要特点

(1) 运距远。液压活塞式混凝土泵的工作压力，一般可达 5MPa，最大可达 19MPa，水平运距达 600m，垂直运距最大可达为 250m，排量为 10～80m^3/h。活塞式混凝土泵可排送坍落度为 5～20cm 的混凝土，骨料最大粒径为 50mm，混凝土缸筒的使用寿命达 50000m^3。

(2) 结构简单。泵的输送冲击小而稳定，排量可以自由调节，但此类泵使用的关键是混凝土缸的活塞与缸体的磨损，以及阀体的工作可靠性。

5. 混凝土布料杆

混凝土布料杆是完成输送、布料、摊铺混凝土浇筑入模的一种设备。混凝土布料杆大致可分为汽车式布料杆（亦称混凝土泵车布料杆）和独立式布料杆两大类。

(1) 汽车式布料杆由折叠式臂架与泵送管道组成。施工时是通过布料杆各节臂架的俯、仰、屈、伸，能将混凝土泵送到臂架有效幅度范围内的任意一点。泵车的臂架形式，主要有连接式、伸缩式和折叠式。连接式臂架由 2～3 节组合而安置在汽车上，当到达施工现场时再进行组装；伸缩式臂架不需要另行安装，可由液压力一节节顶出，这种布料杆的优点是特别适应在狭窄场地上施工，缺点是只能做回转和上下调幅运动；折臂式的最大特点是运动幅度和作业范围大，使用方便因而用得最广泛，但成本较高，如图 4.65 所示。

图 4.65　折臂式泵车臂架

(2) 独立式布料杆根据它的支承结构形式，大致分为四种：移置式布料杆、管柱式机动布料杆及两种装在塔式起重机上的布料杆。

① 移置式布料杆由底架支腿、转台、平衡臂、平衡重、臂架、水平管、弯管等组成，

如图 4.66 所示。泵送混凝土主要是通过两根水平管送到浇筑地点，整个布料杆可用人力推动围绕回转中心转动 360°，而且第二节泵管还可用人推动，以第一节管端弯管为轴心回转 300°。这种布料杆优点是构造简单、加工容易、安装方便、操作灵活、造价低、维修简便；转移迅速，甚至可用塔式起重机随着楼层施工升运和转移，可自由地在施工楼面上的流水作业段转移；独立性强，无须依赖其他的构件。其缺点是工作幅度、有效作业面积较小，上楼要借助于塔式起重机，给施工带来不便。

图 4.66　移置式布料杆

② 管柱式机动布料杆由多节钢管组成的立柱、三节式臂架、泵管、转台、回转机构、操作平台、爬梯、底座等构成，如图 4.67 所示。在钢管立柱的下部设有液压爬升机构，借助爬升套架梁，可在楼层电梯井、楼梯间或预留孔筒中逐层向上爬升。管柱式机动布料杆可做 360°回转，最大工作幅度为 17m，最大垂直输送高度为 16m，有效作业面积为 900m^2；一般情况下，这种布料杆适合于塔形高层建筑和筒仓式建筑的施工，受高度限制较少，但由于立管固定依附在构筑物上，水平距离受到一定的限制。

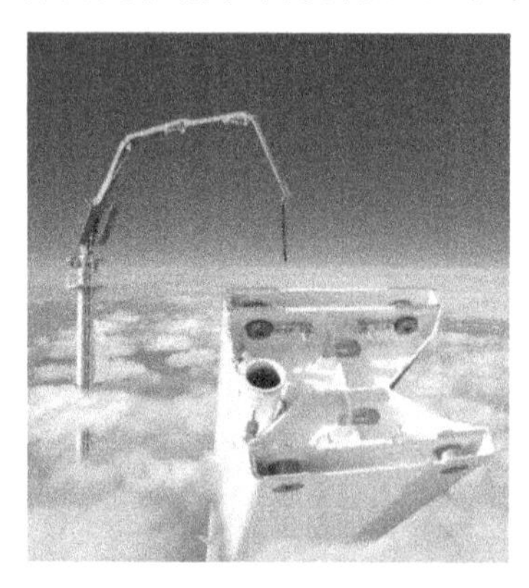

图 4.67　管柱式布料杆

③ 装在塔式起重机上的布料杆，其最大特点是借助于塔式起重机，如图 4.68 所示。按照塔式起重机的形式不同，又分为装在行走式塔式起重机上的布料杆和装在爬升式塔式起重机上的布料杆。前者机动性好，布料作业范围较大，但输送高度受限制；后者可随塔式起重机的自升而不断升高，因而输送高度较大，但由于塔身是固定的，故使用的幅度受到限制。

图 4.68 固定于塔式起重机上的布料杆

6. 混凝土泵的选用及注意事项

混凝土泵的实际排量，为混凝土泵或泵车标定的最大排量乘以泵送距离影响系数、作业效率系数。混凝土泵送距离影响系数见表 4－15。作业效率系数由实测确定，一般为 0.4～0.8。

表 4－15 混凝土泵送距离影响系数

换算水平泵送距离/m	0～49	50～99	100～149	150～179	180～199	200～249
泵送距离影响系数	1.0	0.9～0.8	0.8～0.7	0.7～0.6	0.6～0.5	0.5～0.4

混凝土的可泵送性一般与单位水泥含量、坍落度、骨料品种与粒径、含砂率及粒度有关。一般来讲，水泥含量越多，管道泵送阻力越小，混凝土的可泵送性越好，我国规定泵送混凝土最低水泥含量为 300kg/m³；坍落度越大，混凝土通过泵体时管道阻力越小，相反则会影响泵送能力，在一般建筑工程中，泵送混凝土的坍落度宜控制在 80～180mm；泵送混凝土最好以卵石和河砂为骨料，一般要求控制骨料最大粒径，碎石的直径不得超过输送管道直径的 1/4，卵石不得超过管径的 1/3；含砂率对泵送能力的影响也很大，一般情况下，含砂率为 40％～50％时泵送效果较好；骨料的粒度对泵送能力也有很大的影响，如骨料偏离标准粒度太大，则会使泵送能力降低。当排量增大时，输出的压力下降，也即输出的距离减少；反之，则输送压力增加，输送距离增大。混凝土泵产品附有输送压力与排量的关系图。

泵送混凝土时应注意下列事项。

(1) 确定混凝土泵的合理位置。应尽可能使管道总的线路最短，尽可能减少迁移次数，便于用清水冲洗泵机。

(2) 混凝土泵机的基础应坚实可靠，无坍塌，不得有不均匀沉降。泵机就位后应固定牢靠。

(3) 发现有骨料卡住料斗中的搅拌器或有堵塞现象（泵机停止工作，液压系统压力达到安全极限）时，应立即进行短时间的反泵。若反泵不能消除堵塞，应立即停泵，查找堵塞部位并加以排除。在泵送作业期间，应不时用软管喷水冲刷泵机表面，以防溅落在泵机表面上的混凝土结硬而不易铲除。

(4) 泵送后的清洗。泵送作业行将结束时，应提前一段时间停止向混凝土泵料斗内喂料，以便使管道中的混凝土能完全得到利用。泵送作业完毕后，缸筒、水箱、料斗、搅拌器、闸板阀外壳、格管阀摆动机构等均应用清水冲洗干净。

4.5.3 混凝土输送管路布置

1. 混凝土泵或泵车位置的选择

在泵送混凝土施工过程中，混凝土泵或泵车的停放位置不仅影响输送管的配置，而且影响到能否顺利进行泵送施工。混凝土泵车的布置应考虑下列条件。

(1) 力求距离浇筑地点近，使所浇筑的基础结构在布料杆的工作范围内，尽量少移动泵车即能完成浇筑任务。

(2) 多台混凝土泵或泵车同时浇筑时，选定的位置要使其各自承担的浇筑量接近，最好能同时浇筑完毕。

(3) 混凝土泵或泵车的停放地点要有足够的场地，以保证商品混凝土的搅拌、运输、供料方便，最好能有供三台搅拌运输车同时停放和卸料的场地条件。

(4) 停放位置最好接近供水和排水设施，以便于清洗混凝土泵或泵车。

泵管的固定方式如图 4.69 所示。

(a) 垂直段固定

(b) 转弯处固定

图 4.69 泵管的固定方式

混凝土泵送至最高点时，主管道加上混凝土的重量非常大，现在很多施工现场采用专用起重设备，整个上部的管道由液压缸提升，下部的泵管就可以更换了，如图 4.70 所示。

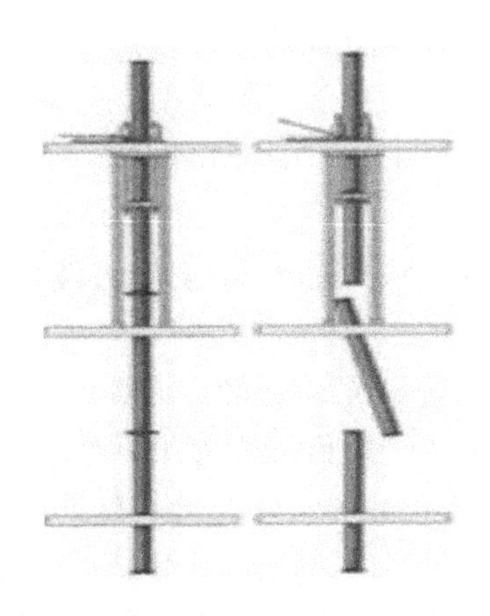

图 4.70 液压更换管路系统

2. 配管设计

输送管分为多种。直管的常用管径有 100m、125m、150m、180m 四种，管段长度有 0.5m、1.0m、2.0m、3.0m、4.0m 五种。混凝土在弯管中流动产生的磨损比直管大得多，故弯管壁厚较大，约为直管的两倍，常见弯管的弯曲角度有 15°、30°、45°、60°和 90°。连接混凝土泵或泵车的混凝土缸和输送管的过渡管道称为锥形管，锥形管处压力损失大，易产生堵塞，一般锥形管的断面较平缓。软管装在输送管末端，作为施工用具直接用来浇筑混凝土，软管的特点是比较柔软、轻便，以利于人工移动位置。管段之间可快速装拆的连接件称为管接头，常用的管接头内侧装有橡胶圈，用偏心杠杆夹紧。为了防止垂直输送管中的混凝土因自重而返流，对混凝土泵或泵车产生背压，使混凝土泵重新启动困难，或使混凝土拌合物产生泌水、离析而造成堵塞，在泵出口处之外的水平输送管段处应设截止阀，如图 4.71 所示。

图 4.71 截止阀

某一特定的泵车，它的输送压力是确定的，但不同的管的压力损失是不一样的，为便于使用，须将锥形管、弯管、软管、向上的垂直管等按流动阻力相等的原则换算成一定长度的水平管。混凝土泵或泵车输送管的水平换算长度必须小于泵的最大泵送距离，才能保证正常输送混凝土。

如受场地条件限制，在向下倾斜管段的前端无足够场地布置水平管时，可用软管、弯管或环形配管代替以增大摩阻力，防止向下倾斜管段内的混凝土自流。由于向下泵送混凝土时，混凝土的自流状况与其坍落度关系密切，为防止产生向下自流，根据我国的施工经验，混凝土的坍落度宜适当减小。

4.5.4 混凝土泵送设备的配套计算

1. 混凝土泵车或泵输送能力计算

混凝土泵车或泵的输送能力是以单位时间内最大输送距离和平均输出量来表示的。

1）混凝土输送管的水平换算长度计算

在规划泵送混凝土时，应根据工程平面和场地条件确定泵车（或泵）的停放位置，并做出配管设计，使配管长度不超过泵车的最大输送距离。单位时间内的最大排出量与配管的换算长度密切相关，见表 4 - 16。但配管是由水平管、垂直管、斜向管、弯管、异形管以及软管等各种管组成，在选择混凝土泵车和计算泵送能力时，应将混凝土配管的各种工作状态换算成水平长度。配管的水平长度换算一般可采用下式：

$$L = \sum_{i=1}^{N_1} l_i + k\sum_{i=1}^{N_2} h_i + fm + bn_1 + tn_2 \qquad (4-1)$$

$$= (l_1 + l_2 + l_3 + \cdots) + k(h_1 + h_2 + h_3 + \cdots) + fm + bn_1 + tn_2$$

式中 L——配管的水平换算长度（m）；

l_1、l_2、$l_3\cdots$——水平配管长度（m）；

h_1、h_2、$h_3\cdots$——垂直配管长度（m）；

m——软管根数；

n_1——弯管根数；

n_2——变径管根数；

k、f、b、t——分别为每米垂直管、每根软管、每根弯管、每根变径管的换算长度，可按表 4 - 17 取值。

表 4 - 16 配管换算长度与最大排出量的关系

水平换算长度/m	最大排出量与设计最大排出量对比/%	水平换算长度/m	最大排出量与设计最大排出量对比/%
0～49	100	150～179	80～70
50～99	90～80	180～199	70～60
100～149	80～70	200～249	60～50

注：① 本表条件为混凝土坍落度 120mm，水泥用量 300kg/m^3。

② 坍落度降低时，排出量对比值还应相应减少。

表 4-17 各种配管与水平管换算表

项 目	管型规格		换算成水平管长度/m
向上垂直管 k（每 1m）	管径 100mm（4′）		3
	管径 125mm（5′）		4
	管径 150mm（6′）		5
软管 f	每 5～8m 长的一根		20
弯管 b（每一根）	曲率半径 R=0.5m	90°	12
		45°	6
		30°	4
		15°	2
	曲率半径 R=1m	90°	9
		45°	4.5
		30°	3
		15°	1.5
变径管（锥形管）t（每一根）	管径 175→150mm		4
	管径 150→125mm		8
	管径 125→100mm		16

注：① 本表的条件是输送混凝土中的水泥用量为 300kg/m³ 以上，坍落度 210mm；当坍落度小时，换算率应适当增大。

② 向下垂直管道，其水平换算长度等于其自身长度。

③ 斜向配管时，根据其水平及垂直投影长度，分别按水平、垂直配管计算。

在编制泵送作业时，应使泵送配管的换算长度小于泵车的最大输送距离。垂直换算长度应小于 0.8 倍泵车的最大输送距离。

2）混凝土泵车或泵的最大水平输送距离计算

该距离可由试验确定，或查泵车（或泵）技术性能表（曲线）确定，或者根据混凝土泵车出口的最大压力、配管情况、混凝土技术性能指标和输出量按下式计算：

$$L_{max}=\frac{P_{max}}{\Delta P_H} \tag{4-2}$$

$$\Delta P_H=\frac{2}{r_0}\left[K_1+K_2\left(1+\frac{t_2}{t_1}\right)v_0\right]\alpha_0 \tag{4-3}$$

$$K_1=(3.00-0.01S)\times 10^2 \tag{4-4}$$

$$K_2=(4.00-0.01S)\times 10^2 \tag{4-5}$$

式中 L_{max}——混凝土泵车的最大水平输送距离（m）；

P_{max}——混凝土泵车的最大出口压力（Pa），可从泵车的技术性能表中查得；

ΔP_H——混凝土在水平输送管内流动时每米产生的压力损失（Pa/m）；

r_0——混凝土输送管半径（m）；

K_1——黏着系数（Pa）；

K_2——速度系数［Pa/(m/s)］；

$\frac{t_2}{t_1}$——混凝土泵分配切换时间与活塞推压混凝土时间之比，一般取 0.3；

v_0——混凝土拌合物在输送管内的平均流速（m/s）；

α_0——径向压力与轴向压力之比，对普通混凝土取 0.90；

S——混凝土坍落度（cm）。

3）泵送混凝土阻力计算

泵送混凝土阻力可按以下经验公式计算：

$$P=\sum \Delta P_r L_r+\gamma H+3\sum \Delta P_r M_r+2\sum \Delta P_r N_r \quad (4-6)$$

式中 P——泵送阻力（MPa）；

ΔP_r——半径等于 r 的水平管道压力损失（MPa/m），可从图 4.72 中查得；

L_r——半径等于 r 的管道总长度（m）；

γ——混凝土的重力密度（kN/m^3）；

H——泵送混凝土的垂直距离（m）；

M_r——半径等于 r 的弯管数量；

N_r——软管长度（m）。

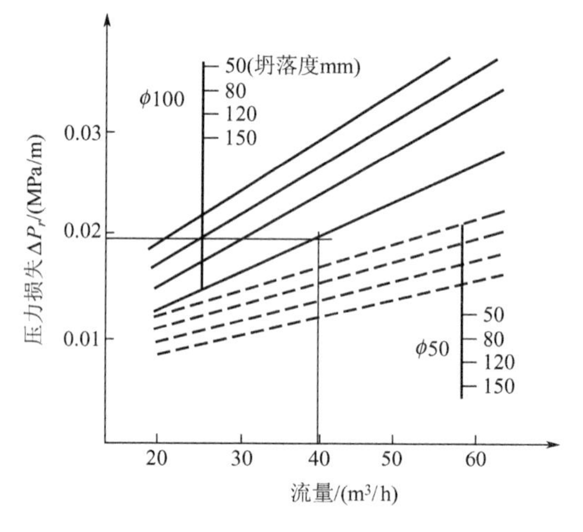

图 4.72　ΔP_r 取值图

一般经过弯管的压力损失，约为 1m 长水平管的 3 倍；经过软管的压力损失，最多为经过相同长度的水平管的 2 倍。

4）混凝土泵车或泵的平均输出量计算

该输出量可用下式计算：

$$Q_A=q_{max}\cdot\alpha\cdot\eta \quad (4-7)$$

式中 Q_A——泵车的平均输出量（m^3/h）。

q_{max}——泵车最大排出量，可从技术性能表中查得，如 DC－S115B 型泵车为 70m^3/h。

α——泵管条件系数，可取 0.8～0.9。

η——作业效率，根据混凝土搅拌运输车为混凝土泵车供料间隙时间、拆装混凝土输送管和布料停歇等情况，可取 0.5～0.7；一台搅拌运输车供料取 0.5，两台搅拌运输车同时供料取 0.7。

5）混凝土泵的泵送能力验算

根据具体的施工情况，有关计算尚应符合以下要求。

（1）混凝土输送管道的配管整体水平换算长度，应不超过计算所得的最大水平泵送距离。

（2）按表 4-18 和表 4-19 换算的总压力损失，应小于混凝土泵正常工作的最大出口压力。

表 4-18 混凝土泵送的换算压力损失

管件名称	换算量	换算压力损失/MPa
水平管	每 20m	0.10
垂直管	每 5m	0.10
45°弯管	每只	0.05
90°弯管	每只	0.10
管路截止阀	每个	0.80
3～5m 橡皮软管	每根	0.20

表 4-19 混凝土泵体的换算压力损失

部位名称	换算量	换算压力损失/MPa
Y 形管 175～125mm	每只	0.05
分配阀	每个	0.08
混凝土泵启动内耗	每台	2.80

【例 4-2】 高层建筑筏板式基础，采用混凝土输送泵车浇筑，泵车的最大出口压力 $P_{max}=4.71\times10^6$Pa，输送管直径为 125mm，每台泵车水平配管长度为 120m，装有一根软管、两根弯管和三根变径管，混凝土坍落度 $S=18$cm，混凝土在输送管内的流速 $v_0=0.56$m/s，试计算混凝土输送泵的输送距离，并验算泵送能力能否满足要求（设另装有 Y 形管一只，分配阀一个）。

【解】 由式(4-1)可得配管的水平换算长度为

$$
\begin{aligned}
L &= \sum_{i=1}^{N_1} l_i + k\sum_{i=1}^{N_2} h_i + fm + bn_1 + tn_2 \\
&= (l_1 + l_2 + l_3 + \cdots) + k(h_1 + h_2 + h_3 + \cdots) + fm + bn_1 + tn_2 \\
&= 120 + 20 \times 1 + 12 \times 2 + 16 \times 3 \\
&= 212(\text{m})
\end{aligned}
$$

对式(4-3)，取 $\frac{t_2}{t_1}=0.3$，$\alpha_0=0.9$，则由式(4-3)～式(4-5)可得

$$K_1 = (3.00 - 0.01S) \times 10^2 = (3.00 - 0.01 \times 18) \times 100 = 282(\text{Pa})$$

$$K_2 = (4.00 - 0.01S) \times 10^2 = (4.00 - 0.01 \times 18) \times 100 = 382[\text{Pa}/(\text{m/s})]$$

$$
\begin{aligned}
\Delta P_H &= \frac{2}{r_0}\left[K_1 + K_2\left(1 + \frac{t_2}{t_1}\right)v_0\right]\alpha_0 = \frac{2\times 2}{0.125}[282 + 382(1 + 0.3) \times 0.56] \times 0.9 \\
&= 16130(\text{Pa/m})
\end{aligned}
$$

由式(4－2) 可得混凝土泵车的最大输送距离为

$$L_{max}=\frac{P_{max}}{\Delta P_H}==\frac{4.71\times10^6}{16130}=292(m)$$

按表 4－18 和表 4－19 换算的总压力损失为

$$P=\frac{120}{6}\times0.10+1\times0.20+2\times0.20+1\times0.05+1\times0.08+2.80$$
$$=4.13(MPa)$$

由以上计算可知，混凝土输送管道的配管整体水平换算长度为 212m，不超过计算所得的最大泵送距离 292m；混凝土泵送的换算压力损失为 4.13MPa，小于混凝土泵的最大出口压力 4.71MPa，故能满足泵送要求。

2. 混凝土泵车或泵需用数量计算

(1) 混凝土输送泵车的需用数量，根据混凝土浇筑数量和泵车的最大排量可按下式计算：

$$N_1=\frac{q_n}{q_{max}\eta} \tag{4-8}$$

式中 N_1——混凝土泵车的需用数量（台）；

q_n——计划每小时混凝土的需用量（m^3/h）；

q_{max}——混凝土输送泵车最大排量（m^3/h）；

η——泵车作业效率，一般取 0.5～0.7。

(2) 混凝土输送泵的需用数量可按下式计算：

$$N_2=\frac{q_n}{q_m\cdot T} \tag{4-9}$$

式中 N_2——混凝土泵需用数量（台）；

q_m——每台混凝土泵的实际平均输出量（m^3/h）；

T——混凝土泵送施工作业时间（h）。

【例 4－3】 高层建筑筏板式基础厚 3.0m，混凝土量为 2000m^3，采用分层浇筑，每层厚 300mm，混凝土浇灌量要求为 90m^3/h，拟采用 IPF－185B 型混凝土输送泵车浇筑，其最大输送能力（排量）$q_{max}=25m^3/h$，作业效率 $\eta=0.6$，试求需用混凝土输送泵车台数。

【解】 由式(4－8) 可得需用混凝土输送泵车台数为

$$N_1=\frac{q_n}{q_{max}\eta}=\frac{90}{25\times0.6}=6(台)$$

故需用混凝土输送泵车六台。

3. 混凝土搅拌运输车需用数量计算

当混凝土泵连续作业时，每台混凝土泵所需配备的混凝土搅拌运输车数量可按下式计算：

$$N_3=\frac{Q_A}{60\cdot V}\left(\frac{60L_1}{S_0}+t_1\right) \tag{4-10}$$

式中 N_3——每台混凝土泵车（或泵）需配备的混凝土搅拌运输车数量（台）；

Q_A——每台混凝土泵车（或泵）的实际平均输出量（m^3/h），按式(4－7) 计算；

V——每台混凝土搅拌运输车容量（m^3）；

L_1——混凝土搅拌运输车往返一次行程距离（km）；

S_0——混凝土搅拌运输车行车平均速度（km/h），一般取 30km/h；

t_1——每台混凝土搅拌运输车一个运输周期总停歇时间（min），包括装料、卸料、停歇、冲洗等。

【例 4－4】 条件同例 4－3，混凝土浇筑采用 JC6 型混凝土搅拌运输车运输，装料容量 $V=6m^3$，行车平均速度 $S_0=30km/h$，往返一次运输距离 $L_1=10km$，$t_1=45min$，试求每台混凝土泵车需配备混凝土搅拌运输车的台数。

【解】 取 $\alpha=0.9$，由式(4－7) 及式(4－10) 可得每台混凝土泵车需配备的混凝土搅拌运输车台数为

$$N_3=\frac{Q_A}{60 \cdot V}\left(\frac{60L_1}{S_0}+t_1\right)=\frac{q_{max} \cdot \alpha \cdot \eta}{60 \cdot V}\left(\frac{60L_1}{S_0}+t_1\right)=\frac{25\times0.9\times0.6}{60\times6}\left(\frac{60\times10}{30}+45\right)=2.4(台)$$

由例 4－3 结果已知使用混凝土输送泵车 6 台，故需配备混凝土搅拌运输车数量为 6×2.4＝14.4(台)，取整后实用 15 台。

单元小结

合理选用、配备垂直运输设备机具，是保证高层建筑施工效率的重要前提条件。塔式起重机能够完成施工原材料、构配件以及模板、钢筋的吊装运输；施工电梯可完成人或者货物的垂直运输；脚手架是施工现场的临时设施，主要起安全防护和作为人员操作平台的作用；混凝土泵送设备主要用于完成混凝土的水平运输与垂直运输。

练习题

一、思考题

1. 塔式起重机的主要参数有哪些？
2. 选择塔式起重机应遵循哪些原则，选择与布置塔式起重机主要考虑哪些影响因素？
3. 简述混凝土输送管道的规格与管径的选择方法。
4. 脚手架立杆搭设应符合什么规定？
5. 混凝土泵堵管的原因主要有哪些？如何预防处理？

二、选择题

1. 已知双排扣件式钢管脚手架的立杆数 $n=350$，搭设高度 $H=23.4m$，步距 $h=1.8m$，立杆纵距 $l_a=1.5m$，立杆横距 $l_b=1.1m$，钢管长度 $l=6.5m$，采取二层作业，试计算脚手架杆件配件需用数量。

2. 某高层建筑地下室筏板基础长 $L=120m$、宽 $B=80m$、高 $H=3.5m$。混凝土强度等级为 C30，采用商用混凝土，用混凝土搅拌运输车从搅拌站运送到施工现场，运输时间为 1h（包括装、运、卸），混凝土初凝时间为 4h，混凝土分层浇筑厚度 $h=300mm$，要求

连续浇筑不留施工缝。施工现场由于场地条件所限，拟采用一台IPF－185B型固定式混凝土输送泵车进行浇筑，泵车的最大出口压力为5MPa，输送管直径为125mm，泵车水平配管长度为120m，向下垂直管长10m，装有一根软管、两根弯管（曲率90°，$R=1.0$m）、三根变径管（125mm→100mm），该泵车的最大水平输送距离为300m。

试计算该泵车配管的水平换算长度、泵车与配管的总压力损失，并验算泵车的泵送能力能否满足要求。提示：混凝土泵车泵体一般配有Y形管一只、分配阀一个，一般装一个管路截止阀。

【参考答案】

单元5 模板工程

教学目标

知识目标

1. 掌握高层建筑房屋常用的模板类型；
2. 掌握胶合板模板施工工艺及质量控制要求；
3. 掌握大模板施工工艺及质量控制要求；
4. 掌握滑模施工工艺及质量控制要求；
5. 掌握爬模施工工艺及质量控制要求。

能力目标

1. 具有根据建筑物的使用功能、层数、高度与实际地质条件选择采用相应类型模板的能力；
2. 能够利用所学知识根据施工图纸指导现场模板施工。

知识架构

知 识 点	权 重
模板类型、安装要求	20%
胶合板模板施工工艺	20%
大模板施工工艺	10%
爬模施工工艺	10%
滑模施工工艺	10%
模板工程量估算	10%
模板工程质量问题与事故	20%

章节导读

模板工程是混凝土施工中用以使混凝土成型的构造设施的工作，包括模板制作、组装、运用及拆除。模板构造包括面板体系和支撑体系。面板体系包括面板和所联系的肋条，支撑体系包括纵横围图、承托梁、承托桁架、悬臂梁、悬臂桁架、支柱、斜撑与拉条等。早期普遍用木材制作模板，20 世纪 50 年代以后，逐步采用钢材、胶合板、钢筋混凝土，或将钢、木、混凝土等材料混合使用。也有以薄板钢材制作具有一定比例模数的定型组合钢模板，用 U 形卡、L 形插销、钩头螺栓、蝶形扣件等附件拼成各种形状及不同面积的模板。20 世纪 70 年代以后，滑模技术有较大发展，采用滑模可以大幅度节约原材料与费用，显著提高工程质量与施工速度。为此，其不仅在民用建筑中得到采用，在水工建筑物如闸室、孔洞、墩墙、井筒、隧洞、溢洪道、大坝溢流面等施工中也广泛采用，坝、斜井施工中也开始试用。

【导入案例】

引例

2000 年 10 月 25 日上午 10 时 10 分，某电视台演播中心裙楼建筑工地发生一起重大职工因工伤亡事故。大演播厅舞台在浇筑顶部混凝土施工中，因模板支撑系统失稳，大演播厅舞台屋盖坍塌（见下图），造成正在现场施工的民工和电视台工作人员 6 人死亡，35 人受伤（其中重伤 11 人），直接经济损失 70.7815 万元。

混凝土结构的模板工程，是混凝土结构构件施工的重要工具，是使混凝土结构和构件按所要求的几何尺寸成型的模板。现浇混凝土结构施工所用模板工程的造价，约占混凝土结构工程总造价的 1/3，总用工量的 1/2。因此，采用先进的模板技术，对于提高工程质量、加快施工速度、提高劳动生产率、降低工程成本和实现文明施工，都具有十分重要的意义。

我国的模板技术，自从 20 世纪 70 年代提出“以钢代木”的技术政策以来，现浇混凝土结构所用模板技术已迅速向多体化、体系化方向发展，目前除部分楼板支模还采用散支散拆外，已形成和采用组合式、工具式、永久式三大系列工业化模板体系，采用木（竹）胶合板模板也有较大的发展。

不论采用哪一种模板，模板的安装支设必须符合下列规定：

(1) 模板及其支架应具有足够的承载能力、刚度和稳定性，能可靠地承受浇筑混凝土的重量、侧压力及施工荷载；

(2) 要保证工程结构和构件各部分形状尺寸和相互位置的正确；

(3) 应构造简单，装拆方便，并便于钢筋的绑扎和安装，符合混凝土的浇筑及养护等工艺要求；

(4) 模板的拼（接）缝应严密，不得漏浆；

(5) 清水混凝土工程及装饰混凝土工程所使用的模板，应满足设计所要求的效果。

除上述规定外，还应优先推广清水混凝土模板；宜推广“快速脱模”技术，以提高模板周转率；应采取分段流水工艺，减少模板一次投入量。

5.1 胶合板模板

5.1.1 胶合板模板分类

1. 胶合板模板类型

混凝土模板用的胶合板，有木胶合板和竹胶合板。

胶合板用作混凝土模板具有以下优点。

(1) 板幅大、自重轻、板面平整，既可减少安装工作量，节省现场人工费用，又可减少混凝土外露表面的装饰及磨去接缝的费用。

(2) 承载能力大，特别是经表面处理后耐磨性好，能多次重复使用。

(3) 材质轻，厚18mm的木胶合板，单位面积质量为50kg，模板的运输、堆放、使用和管理等都较为方便。

(4) 保温性能好，能防止温度变化过快，冬期施工有助于混凝土的保温。

(5) 锯截方便，易加工成各种形状的模板。

(6) 便于按工程的需要弯曲成型，用作曲面模板。

(7) 用于清水混凝土工程最为理想。

我国于1981年，在南京金陵饭店高层现浇平板结构施工中首次采用胶合板模板，开始认识了胶合板模板的优越性。目前在全国各地大中城市的高层现浇混凝土结构施工中，胶合板模板已有相当的使用量。

2. 木胶合板模板

木胶合板从材种分类，可分为软木胶合板（材种为马尾松、黄花松、落叶松、红松等）及硬木胶合板（材种为椴木、桦木、水曲柳、黄杨木、泡桐木等）。

混凝土模板用的木胶合板属具有高耐气候、耐水性的Ⅰ类胶合板，胶粘剂为酚醛树脂胶，主要用克隆、阿必东、柳安、桦木、马尾松、云南松、落叶松等树种加工。

模板用的木胶合板通常由5层、7层、9层、11层等奇数层单板经热压固化而胶合成型。相邻层的纹理方向相互垂直，通常最外层表板的纹理方向和胶合板板面的长向平行，因此，整张胶合板的长向为强方向，短向为弱方向，使用时必须加以注意。

我国模板用木胶合板的规格尺寸，见表5-1。

表5-1 模板用木胶合板规格尺寸 单位：mm

<table>
<tr><th>厚　度</th><th>层　数</th><th>宽　度</th><th>长　度</th></tr>
<tr><td>12</td><td>至少5层</td><td>915</td><td>1830</td></tr>
<tr><td>15</td><td rowspan="3">至少7层</td><td>1220</td><td>1830</td></tr>
<tr><td rowspan="2">18</td><td>915</td><td>2135</td></tr>
<tr><td>1220</td><td>2440</td></tr>
</table>

3. 竹胶合板模板

我国竹材资源丰富，且竹材具有生长快、生产周期短（一般2～3年成材）的特点。在我国木材资源短缺的情况下，以竹材为原料，制作混凝土模板用竹胶合板，具有收缩率小、膨胀率和吸水率低以及承载能力大的特点，是一种具有发展前途的新型建筑模板。

混凝土模板用竹胶合板，其面板与芯板所用材料既有不同之处，又有相同之处。不同的材料是芯板将竹子劈成竹条（称竹帘单板），宽14～17mm，厚3～5mm，在软化池中进行高温软化处理后，做烤青、烤黄、去竹衣及干燥等进一步处理。竹帘的编织可用人工或编织机编织，面板通常为编席单板，做法是竹子劈成篾片，由编工编成竹席。表面板也可采用薄木胶合板，这样既可利用竹材资源，又可兼有木胶合板的表面平整度。竹胶合板断面如图5.1所示。

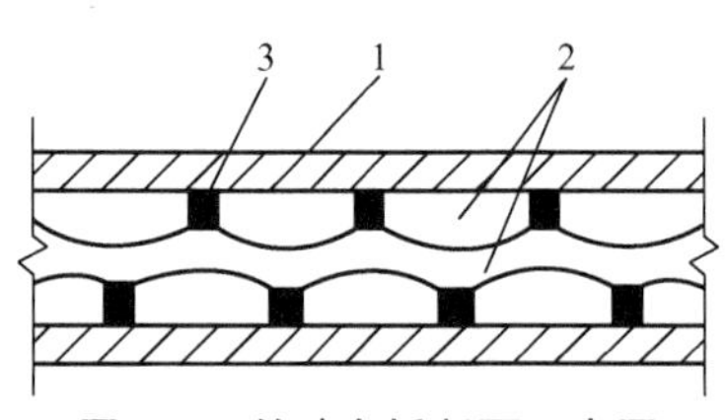

图5.1 竹胶合板断面示意图

1—竹席或薄木片面板；
2—竹帘芯板；3—胶粘剂

应努力提高竹胶合板的耐水性、耐磨性和耐碱性。试验证明，竹胶合板表面进行环氧树脂涂面的耐碱性较好，进行瓷釉涂料涂面的综合效果最佳。

《竹编胶合板》(GB/T 13123—2003) 规定竹胶合板的规格见表5-2。

表5-2 竹胶合板长、宽规格 单位：mm

长　度	宽　度	长　度	宽　度
1830	915	2440	1220
2000	1000	3000	1500
2135	915	—	—

混凝土模板用竹胶合板的厚度通常为9mm、12mm、15mm。

4. 使用注意事项

必须选用经过板面处理的胶合板，施工现场使用中，应注意以下问题。

(1) 脱模后立即清洗板面浮浆，堆放整齐。

(2) 模板拆除时，严禁抛扔，以免损伤板面处理层。

(3) 胶合板边角应涂有封边胶，故应及时清除水泥浆。为了保护模板边角的封边胶，最好在支模时在模板拼缝处粘贴防水胶带或水泥纸袋，加以保护，防止漏浆。

(4) 胶合板板面尽量不钻孔洞。遇有预留孔洞，可用普通木板拼补。

(5) 现场应备有修补材料，以便对损伤的面板及时进行修补。

(6) 使用前必须涂刷脱模剂。

5.1.2 胶合板模板施工工艺

1. 胶合板模板的配制方法和要求

1) 胶合板模板的配制方法

(1) 按设计图纸尺寸直接配制模板。形体简单的结构构件，可根据结构施工图纸直接按尺寸列出模板规格和数量进行配制。模板厚度、横档及楞木的断面和间距，以及支撑系统的配置，都可按支承要求通过计算选用。

(2) 采用放大样方法配制模板。形体复杂的结构构件，如楼梯、圆形水池等，可在平整的地坪上，按结构图的尺寸画出结构构件的实样，量出各部分模板的准确尺寸或套制样板，同时确定模板及其安装的节点构造，进行模板的制作。

(3) 用计算方法配制模板。形体复杂不易采用放大样方法，但有一定几何形体规律的构件，可用计算方法结合放大样的方法，进行模板的配制。

(4) 采用结构表面展开法配制模板。一些形体复杂且又由各种不同形体组成的复杂体型结构构件，如设备基础，其模板的配制，可先画出模板平面图和展开图，再进行配模设计和模板制作。

2) 胶合板模板的配制要求

(1) 应整张直接使用，尽量减少随意锯截，造成胶合板浪费。

(2) 木胶合板常用厚度一般为12mm或18mm，竹胶合板常用厚度一般为12mm，内、外楞的间距，可随胶合板的厚度通过设计计算进行调整。

(3) 支撑系统可以选用钢管，也可采用木材。采用木支撑时，不得选用脆性、严重扭曲和受潮容易变形的木材。

(4) 钉子长度应为胶合板厚度的1.5～2.5倍，每块胶合板与木楞相叠处至少钉两个钉子。第二块板的钉子要转向第一块模板方向斜钉，使拼缝严密。

(5) 配制好的模板应在反面编号并写明规格，分别堆放保管，以免错用。

2. 墙体和楼板模板

采用胶合板作现浇混凝土墙体和楼板的模板，是目前常用的一种模板技术，它比采用组合式模板可以减少混凝土外露表面的接缝，满足清水混凝土的要求。

1) 直面墙体模板

常规的支模方法是：胶合板面板外侧的立档用50mm×100mm方木，横档（又称牵杠）可用ϕ48mm×3.5mm脚手架钢管或方木（一般为100mm方木），两侧胶合板模板用穿墙螺栓拉结，如图5.2所示。

(1) 墙模板安装时，根据边线先立一侧模板，临时用支撑撑住，用线锤校正模板的垂直度，然后固定牵杠，再用斜撑固定。大块侧模组拼时，上下竖向拼缝要互相错开，先立两端，后立中间部分。待钢筋绑扎后，按同样方法安装另一侧模板及斜撑等。

(2) 为了保证墙体的厚度正确，在两侧模板之间可用小方木撑头（小方木长度等于墙厚），防水混凝土墙要加有止水板的撑头。小方木要随着浇筑混凝土逐个取出。为了防止浇筑混凝土的墙身鼓胀，可用8～10号铅丝或直径12～16mm的螺栓拉结两侧模板，间距不大于1m。螺栓要纵横排列，并在混凝土凝结前经常转动，以便在凝结后取出，如墙体不高，厚度不大，亦可在两侧模板上口钉上搭头木即可。

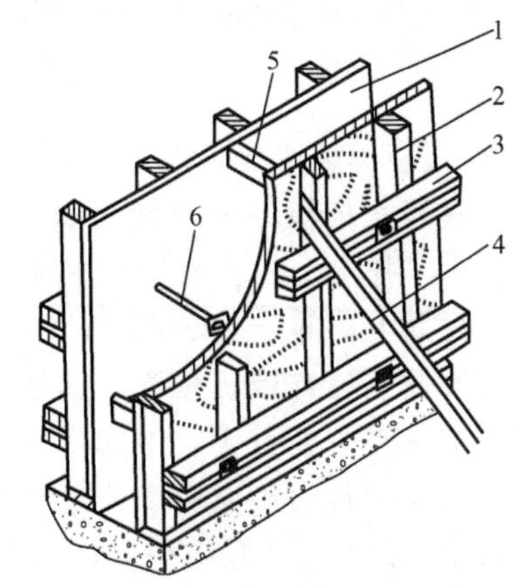

图5.2 采用胶合板面板的墙体模板

1—胶合板；2—立档；3—横档；4—斜撑；5—撑头；6—穿墙螺栓

2) 楼板模板

楼板模板的支设方法有以下几种。

(1) 采用脚手架钢管搭设排架铺设楼板模板。

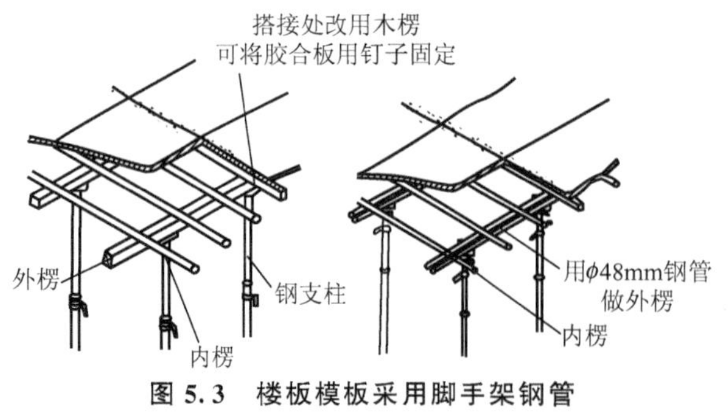

图 5.3 楼板模板采用脚手架钢管（或钢支柱）排架支撑

常采用的支模方法是：用 ϕ48mm×3.5mm 钢管搭设排架，在排架上铺放 50mm×100mm 方木，间距为 400mm 左右，作为面板的搁栅（楞木），在其上铺设胶合板面板，如图 5.3 所示。

（2）采用木顶撑支设楼板模板。

① 楼板模板铺设在搁栅上。搁栅两头搁置在托木上，搁栅一般用断面 50mm×100mm 的方木，间距为 400～500mm。当搁栅跨度较大时，应在搁栅下面再铺设通长的牵杠，以减小搁栅的跨度。牵杠撑的断面要求与顶撑立柱一样，下面须垫木楔及垫板，一般用（50～75)mm×150mm 的方木。楼板模板应垂直于搁栅方向铺钉，如图 5.4 所示。

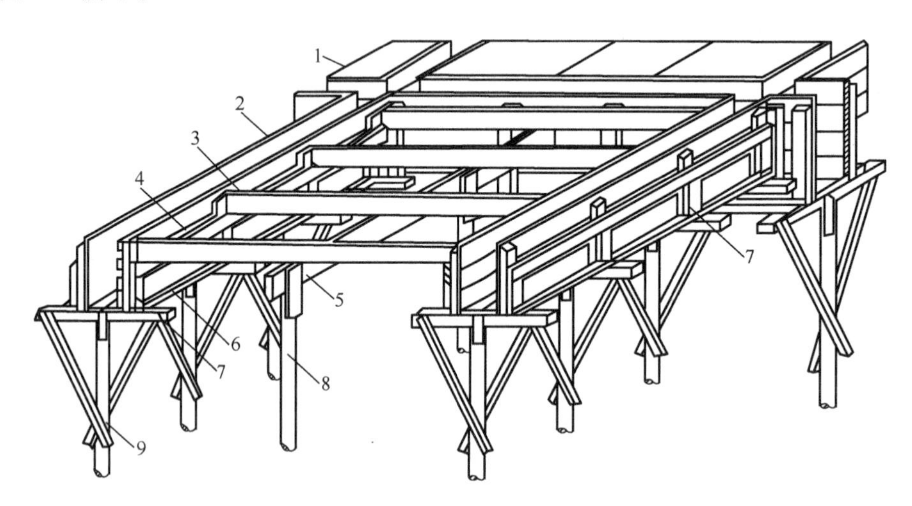

图 5.4 肋形楼盖木模板

1—楼板模板；2—梁侧模板；3—搁栅；4—横档（托木）；5—牵杠；6—夹木；7—短撑木；8—牵杠撑；9—支柱（琵琶撑）

② 楼板模板安装时，先在次梁模板的两侧板外侧弹水平线，水平线的标高应为楼板底标高减去楼板模板厚度及搁栅高度，然后按水平线钉上托木，托木上口与水平线相齐。再把靠梁模旁的搁栅先摆上，等分搁栅间距，摆中间部分的搁栅，最后在搁栅上铺钉楼板模板。为了便于拆模，只在模板端部或接头处钉牢，中间尽量少钉。如中间设有牵杠撑及牵杠时，应在搁栅摆放前先将牵杠撑立起，将牵杠铺平。木顶撑构造，如图 5.5 所示。

（3）采用早拆体系支设楼板模板，典型的平面布置如图 5.6 所示，其支承格构的种类和性能分别见表 5-3 和表 5-4。

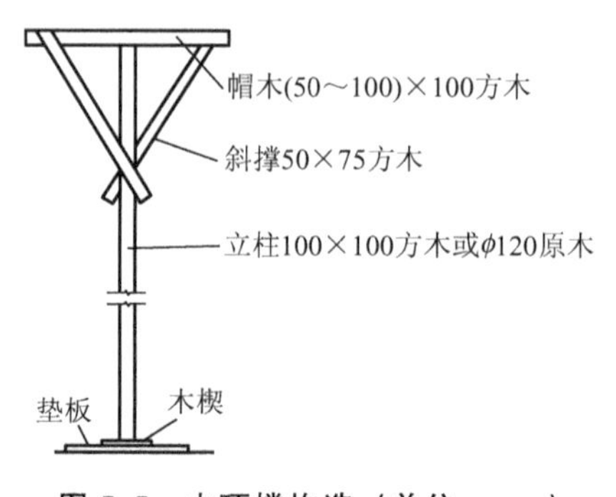

图 5.5 木顶撑构造（单位：mm）

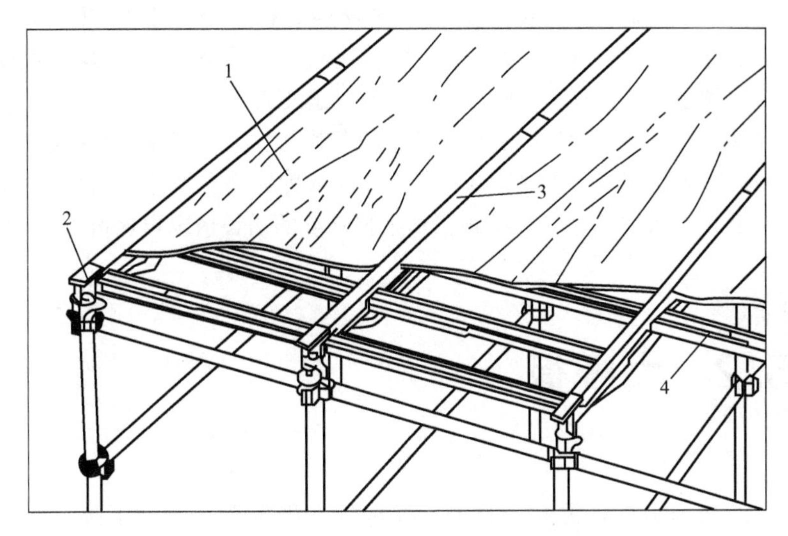

图5.6 无边框木（竹）胶合板楼（顶）板模板组合布置图

1—木（竹）胶合板；2—早拆柱头板；3—主梁；4—次梁

表5-3 支承格构种类表

格构种类	格构尺寸 $L\times B$/(mm×mm)	格构种类	格构尺寸 $L\times B$/(mm×mm)
A	1850×1880	I	1250×1880
B	1850×1420	J	1250×1420
C	1850×1270	K	1250×1270
D	1850×965	L	1250×965
E	1550×1880	M	965×1880
F	1550×1420	N	965×1420
G	1550×1270	O	965×1270
H	1550×965	P	965×965

表5-4 各种支承格构性能表

类别	格构尺寸 $L\times B$ /(mm×mm)	混凝土厚度/mm	主梁挠度/mm	相对挠度	主梁最大内应力 σ /(N/mm²)	面积/m²	立柱荷载/kN
A	1850×1880	120	1.65	L/1121	144.6	3.48	20.62
B	1850×1420	180	1.80	L/1027	136.9	2.63	19.70
C	1850×1270	200	1.77	L/1045	130.3	2.35	18.84
D	1850×965	250	1.64	L/1128	113.4	1.79	16.60
E	1550×1880	250	1.54	L/1006	155.7	2.91	27.10
F	1550×1420	330	1.52	L/1019	142.8	2.20	25.09
G	1550×1270	380	1.55	L/1000	141.7	1.97	25.00
H	1550×965	500	1.51	L/1019	133.1	1.50	23.78
I	1250×1880	450	1.10	L/1136	153.2	2.35	34.19

【参考视频】

① 支模工艺流程：立可调支撑立柱及早拆柱头→安装模板主梁→安装水平支撑→安装斜撑→调平支撑顶面→安装模板次梁→铺设木（竹）胶合板模板→面板拼缝粘胶带→刷脱模剂→模板预检→进行下一道工序。

② 拆模工艺流程：落下柱头托板并降下模板主梁→拆除斜撑及上部水平支撑→拆除模板主、次梁→拆除面板→拆除下部水平支撑→清理拆除支撑件→运至下一流水段→待楼（顶）板达到设计强度后拆除立柱（现浇顶板可根据强度的增长情况再保留1～2层的立柱）。

5.2 大模板

在高层建筑结构施工中，混凝土量大，模板的工程量亦大，为了提高混凝土的成型质量，加快施工速度，减轻工人的劳动强度，大模板施工方案应运而生。大模板是一种大尺寸的工具式模板，通常将承重剪力墙或全部内外墙体混凝土的模板制成片状的大模板，根据需要，每道墙面可制成一块或数块，由起重机进行装、拆和吊运。在剪力墙和筒体体系的高层建筑施工中，由于模板工程量大，采用大模板能提高机械化程度，加快模板的装、拆、运速度，减少用工量和缩短工期，所以得到了广泛应用。

为更好地发挥大模板的作用，最好能将其应用在两三幢建筑进行流水施工的高层建筑群项目中。如在单幢的高层建筑中使用，则该建筑宜划分流水段，进行流水施工，否则每块大模板拆除后都要吊至地面，待该层楼板施工完毕后，再吊至上一楼层进行组装，这将大大影响施工速度。大模板宜用在20层以下的剪力墙高层建筑中，因在高空作业中，由于大模板迎风面大，模板在吊运和就位时比较困难。

大模板作业的工艺特点是：以建筑物的开间、进深、层高的标准化为基础，以大型工业化模板为主要施工手段，以现浇钢筋混凝土墙体为主导工序，组织有节奏的均衡施工。采用这种施工技术，有下述优点。

(1) 工艺简单、施工速度快。墙体模板的整体装拆和吊运使操作工序减少，技术简单，适应性强。

(2) 施工机械化程度高。大模板工艺和组合钢模板施工相比，由于模板总是在固定地位，其工效可提高40%左右。而且由起重机械整体吊运，现场机械化程度提高，能有效降低工人的劳动强度。

(3) 工程质量好，混凝土表面平整，结构整体性好，抗震性能强，装修湿作业少。但大模板工艺亦有不足之处，如制作钢模的钢材一次性消耗量大；大模板的面积受到起重机械起重量的限制；大模板的迎风面较大，易受风的影响，在超高层建筑中使用受到限制；板的通用性较差；等等。这些不足之处需要在施工中设法克服。

5.2.1 大模板构造

大模板由板面结构、支撑系统和操作平台及附件组成，如图5.7所示。

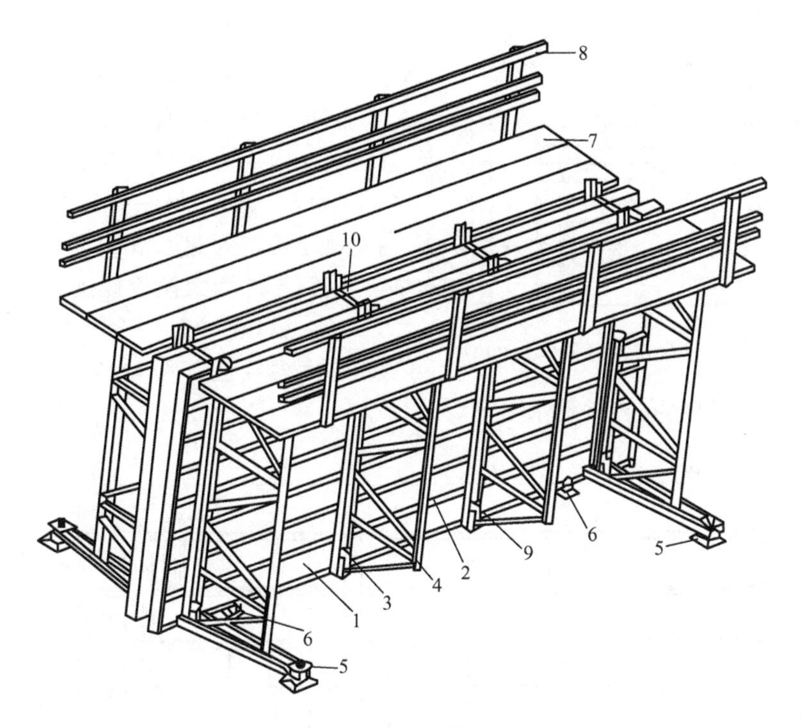

【参考图文】

图 5.7 大模板构造示意图

1—面板；2—横肋；3—竖肋；4—支撑桁架；5—螺旋千斤顶（调整水平用）；
6—螺旋千斤顶（调整垂直用）；7—脚手板；8—防护栏杆；9—穿墙螺栓；10—固定卡具

1. 面板材料

面板是直接与混凝土接触的部分，要求表面平整、加工精密，有一定刚度，能多次重复使用。可作面板的材料很多，如钢板、木（竹）胶合板及化学合成材料等，常见的面板有：①整块钢面板；②由组合式钢模板组拼成的面板；③胶合板面板。

2. 构造类型

1）内墙模板

这种模板的尺寸一般相当于每面墙的大小，由于无拼接接缝，浇筑的墙面平整。内墙模板包括以下几种。

（1）整体式大模板：又称平模，是将大模板的面板、骨架、支撑系统和操作平台组拼焊成一体，如图 5.8 所示。这种大模板由于是按建筑物的开间、进深尺寸加工制造的，通用性差，并需用小角模解决纵横墙角部位模板的拼接处理，仅适用于大面积标准住宅的施工，目前已不多用。

（2）组合式大模板：组合式大模板是目前最常用的一种模板形式。它通过固定于大模板板面的角模，可以把纵横墙的模板组装在一起，用以同时浇筑纵横墙的混凝土，可适应不同开间、进深尺寸的需要，利用模板条模数加以调整。

面板骨架由竖肋和横肋组成，直接承受面板传来的荷载。竖肋一般采用 60mm×6mm 扁钢，间距 400～500mm；横肋（横龙骨）一般采用 8 号槽钢，间距为 300～350mm；竖龙骨采用成对 8 号槽钢，间距为 1000～1400mm。如图 5.9 所示为组合大模板板面系统构造。

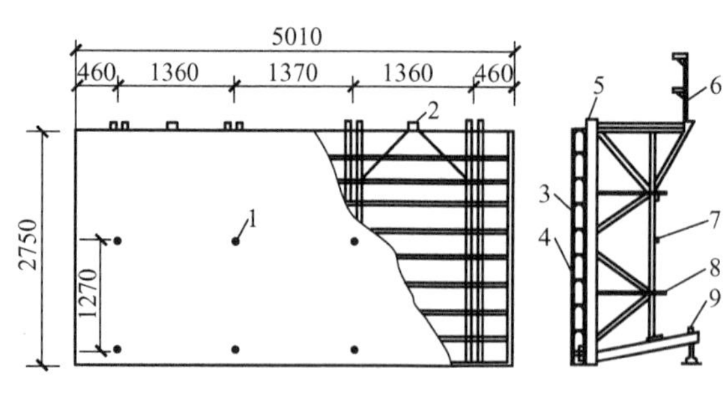

图 5.8 钢制平模构造（单位：mm）

横肋与板面之间用断续焊，焊点间距在 20cm 以内。竖向龙骨与横肋之间要满焊，形成整体。横墙模板的两墙，一端与内纵墙连接，端部焊扁钢做连接件（图 5.9Ⓐ）；另一端与外墙板或外墙大模板连接，通过长销孔固定角钢，或通过扁钢与外墙大模板连接（图 5.9Ⓑ）。

纵墙大模板的两端，用角钢封闭。在大模板底部两端各安装一个地脚螺栓（图 5.10），以调整模板安装时的水平度。

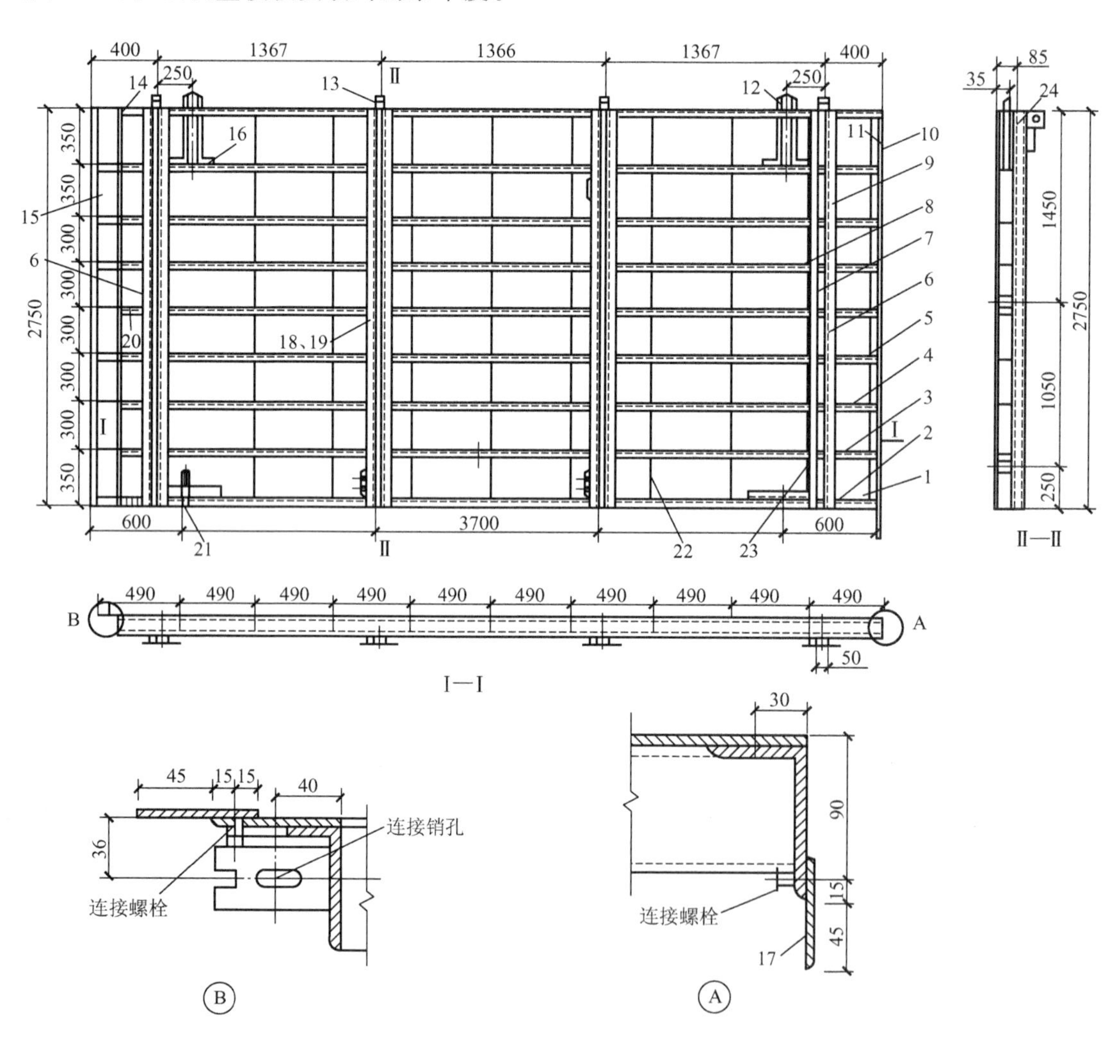

图 5.9 组合大模板板面系统构造（单位：mm）

1—面板；2—底横肋（横龙骨）；3、4、5—横肋（横龙骨）；6、7—竖肋（竖龙骨）；8、9、22、23、24—小肋（扁钢竖肋）；10、17—拼缝扁钢；11、15—角龙骨；12—吊环；13—上卡板；14—顶横龙骨；16—撑板钢管；18—螺母；19—垫圈；20—沉头螺栓；21—地脚螺栓

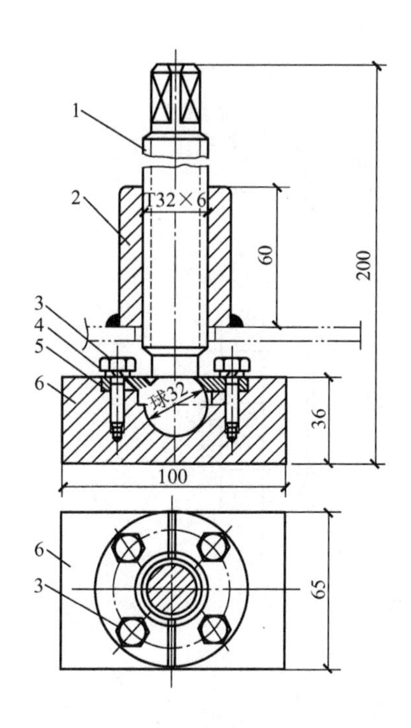

图 5.10 板面地脚螺栓（单位：mm）

1—螺杆；2—螺母；3—螺钉；4—弹簧垫圈；5—盖板；6—方形底座

支撑系统由支撑架和地脚螺栓组成，其作用是承受风荷载和水平力，以防止模板倾覆（图 5.7），保持模板堆放和安装时的稳定。

支撑架一般用型钢制成，如图 5.11 所示。每块大模板设 2～4 个支撑架。支撑架上端与大模板竖向龙骨用螺栓连接，下部横杆槽钢端部设有地脚螺栓，用以调节模板的垂直度。模板自稳角的大小与地脚螺栓的可调高度及下部横杆长度有关。

操作平台由脚手板和三角架构成，附有铁爬梯及护身栏。三角架插入竖向龙骨的套管内，组装及拆除都比较方便。护身栏用钢管做成，上下可以活动，外挂安全网。每块大模板设置铁爬梯一个，供操作人员上下使用。

(3) 拆装式大模板：其板面与骨架以及骨架中各钢杆件之间的连接全部采用螺栓组装，如图 5.12 所示，这样比组合式大模板更便于拆改，也可减少因焊接而变形的问题。

① 板面：板面与横肋用 M6 螺栓连接固定，其间距为 35cm。为了保证板面平整，板面材料在高度方向拼接时，应拼接在横肋上；在长度方向拼接时，应在接缝处后面铺一木龙骨。

② 骨架：横肋及周边边框全用 M16 螺栓连接成骨架，连接螺孔直径为 18mm。为了防止木质板面四周损伤，可在其四周加槽钢边框，槽钢型号应比中部槽钢大一个板面厚度，如采用 20mm 厚胶合板，普通横肋为[8mm，则边框应采用[10mm；若采用钢板板面，其边框槽钢与中部槽钢尺寸相同。各边框之间焊以 8mm 厚钢板，钻 ϕ18mm 螺孔，用以互相连接。竖向龙骨用[10mm 成对放置，用螺栓与横龙骨连接。骨架与支撑架及操作平台的连接方法，与组合式模板相同。

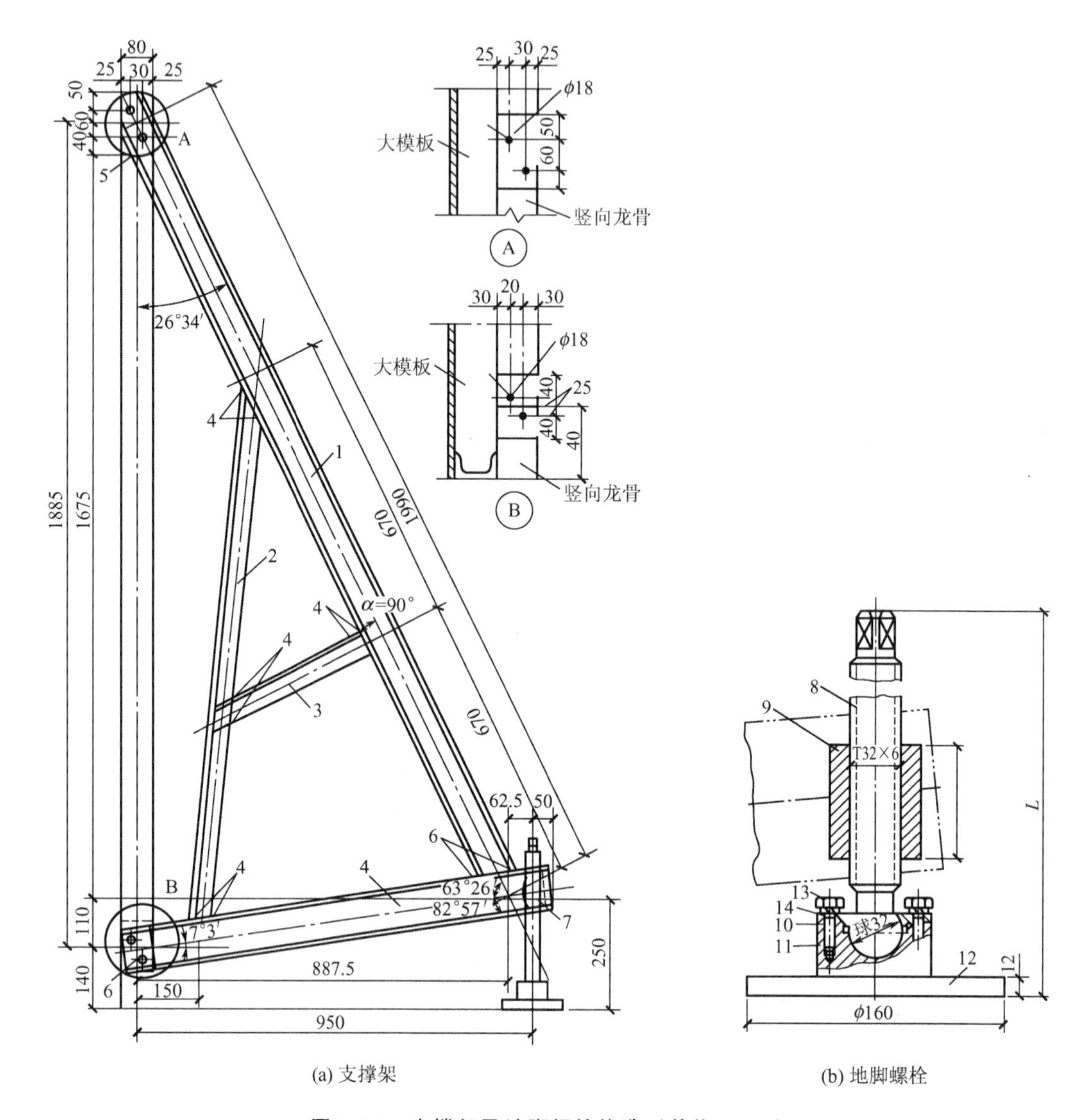

图 5.11　支撑架及地脚螺栓构造（单位：mm）

1—槽钢；2、3—角钢；4—下部横杆槽钢；5—上加强板；6—下加强板；7—地脚螺栓；8—螺杆；9—螺母；10—盖板；11—底座；12—底盘；13—螺钉；14—弹簧垫圈

2）外墙模板

全现浇剪力墙混凝土结构的外墙模板结构与组合式大模板基本相同，但也有区别。除其宽度要按外墙开间设计外，还要解决以下问题。

(1) 门窗洞口的设置：习惯做法是将门窗洞口部位的骨架取掉，按门窗洞口尺寸在模板骨架上做一边框，并与模板焊接为一体，如图 5.13 所示。门、窗洞口的开洞宜在内侧大模板上进行，以便于捣固混凝土时进行观察。

而目前最新的做法是：大模板板面不再开门窗洞口，门洞和窄窗采用假洞口框固定在大模板上，这样装拆方便。

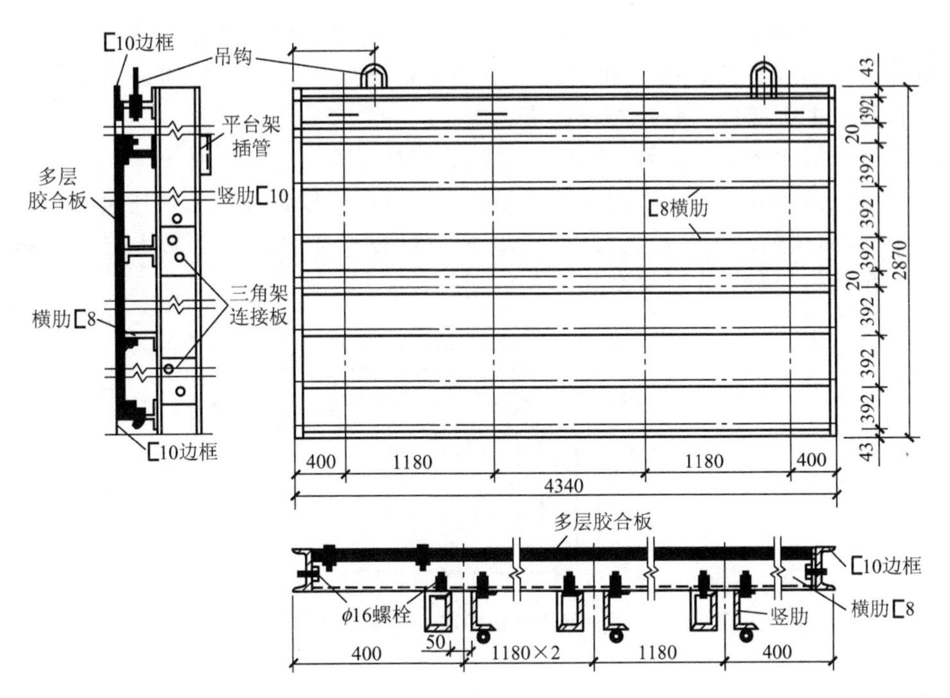

图 5.12　拼装式大模板构造（单位：mm）

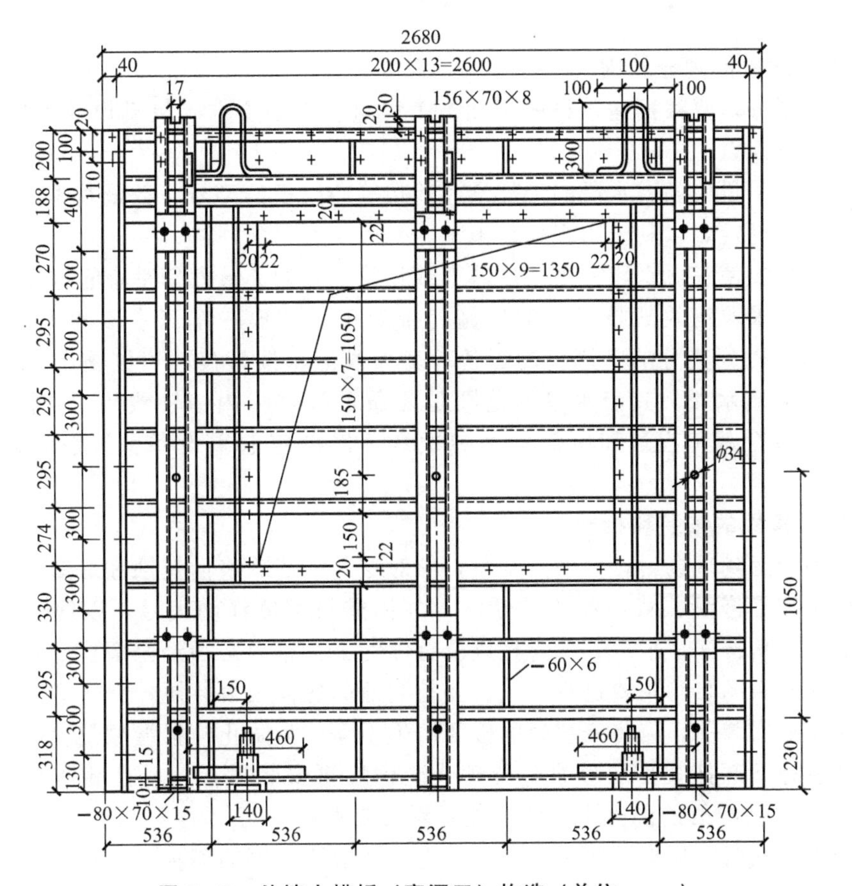

图 5.13　外墙大模板（窗洞口）构造（单位：mm）

(2) 外墙采用装饰混凝土时，要选用适当的衬模。装饰混凝土是利用混凝土浇筑时的塑性，依靠衬模形成有花饰线条和纹理质感的装饰图案，是一种新的饰面技术，其成本低、耐久性好，能把结构与装修结合起来施工。

(3) 保证外墙上下层不错台、不漏浆和相邻模板平顺。

(4) 外墙大角的处理：外墙大角处相邻的大模板，采取在边框上钻连接销孔，将一根80mm×80mm的角模固定在一侧大模板上；两侧模板安装后，用U形卡与另一侧模板连接固定。大角部位模板固定示意图如图5.14所示。

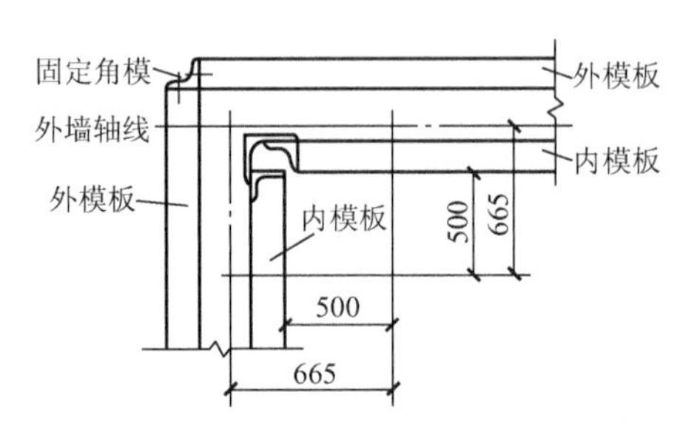

图5.14　大角部位模板固定示意图（单位：mm）

5.2.2 施工要点及注意事项

1. 施工流水段的划分原则

流水段的划分，要根据建筑物的平面、工程量、工期要求和机具设备条件综合考虑，一般应注意以下几点。

【参考视频】

(1) 尽量使各流水段的工程量大致相等，模板的型号、数量基本一致，劳动力配备相对稳定，以利于组织均衡施工。

(2) 要使各流水段的吊装次数大致相等，以便充分发挥垂直起重设备的能力。

(3) 采取有效的技术组织措施，做到每天完成一个流水段的支、拆模工序，使大模板得到充分的利用。即配备一套大模板，按日夜两班制施工，每24h完成一个施工流水段，其流水段的范围是几条轴线（指内横轴线）；另外，根据流水段的范围，计算全部工程量和所需的吊装次数，以确定起重设备（一般采用塔式起重机）的台数。

2. 内墙大模板的安装和拆除

(1) 大模板运到现场后，要清点数量，核对型号。清除表面锈蚀和焊渣，板面拼缝处要用环氧树脂腻子嵌缝。背面涂刷防锈漆，并用醒目字体注明编号，以便安装时对号入座。大模板的三角挂架、平台、护身栏以及背面的工具箱，必须经全部检查合格后，方可组装就位。对模板的自稳角要进行调试，要检测地脚螺栓是否灵便。

(2) 大模板安装前，应将安装处的楼面清理干净。为防止模板缝隙偏大出现漏浆，一般可采取在模板下部抹找平层砂浆，待砂浆凝固后再安装模板；或在墙体部位用专用模具，先浇筑高5～10cm的混凝土导墙，然后再安装模板。

(3) 安装模板时，应按顺序吊装就位。先安装横墙一侧的模板，靠吊垂直后，放入穿墙螺栓和塑料套管，然后安装另一侧的模板，并经靠吊垂直后才能旋紧穿墙螺栓。横墙模板安装完毕后，再安装纵墙模板。墙体的厚度主要靠塑料套管和导墙来控制。因此塑料套管的长度必须和墙体厚度一致。

(4) 靠吊模板的垂直度，可采用2m长双十字靠尺检查。如板面不垂直或横向不水平时，必须通过支撑架地脚螺栓或模板下部地脚螺栓进行调整。大模板的横向必须水平，不平时可用模板下部的地脚螺栓调平。

(5) 大模板安装后，如底部仍有空隙，应用水泥纸袋或木条塞紧，以防漏浆。但不可将其塞入墙体内，以免影响墙体的断面尺寸。

(6) 大模板连接固定圈梁模板后，与后支架高低不一致。为保证安全，可在地脚螺栓下部嵌100mm高垫木，以保持大模板的稳定，防止倾倒伤人。

3. 外墙大模板的安装和拆除

(1) 施工时要弹好模板的安装位置线，保证模板就位准确。安装外墙大模板时，要注意上下楼层和相邻模板的平整度和垂直度。要利用外墙大模板的硬塑料条压紧下层外墙，防止漏浆，并用倒链和钢丝绳将外墙大模板与内墙拉接固定，严防振捣混凝土时模板发生位移。

(2) 为了保证外墙面上下层平整一致，还可以采用“导墙”的做法，即将外墙大模板加高（视现浇楼板厚度而定），使下层的墙体作为上层大模板的导墙，在导墙与大模板之间用泡沫条填塞，防止漏浆，可以做到上下层墙体平整一致。

(3) 外墙后施工时，在内横墙端部要留好连接钢筋，做好堵头模板的连接固定。

4. 安全要求

(1) 大模板的存放应满足自稳角的要求，并采取面对面存放。长期存放模板，应将模板连成整体。没有支架或自稳角不足的大模板，要存放在专用的插放架上或平卧堆放，不得靠在其他物体上，防止滑移倾倒。在楼层内存放大模板时，必须采取可靠的防倾倒措施。遇有大风天气，应将大模板与建筑物固定。

(2) 大模板必须有操作平台、上人梯道、防护栏杆等附属设施，如有损坏应及时补修。

(3) 大模板起吊前，应将吊装机械位置调整适当，稳起稳落，就位准确，严禁大幅度摆动。

(4) 大模板安装就位后，应及时用穿墙螺栓、花篮螺栓将全部模板连接成整体，防止倾倒。

(5) 全现浇大模板工程在安装外墙外侧模板时，必须确保三角挂架、平台或爬模提升架安装牢固。外侧模板安装后，应立即穿好销杆，紧固螺栓。安装外侧模板、提升架及三角挂架的操作人员必须挂好安全带。

(6) 模板安装就位后，要采取防止触电保护措施，将大模板串联起来，并同避雷网接通，防止漏电伤人。

(7) 大模板组装或拆除时，指挥和操作人员必须站在安全可靠的地方，防止意外伤人。

(8) 模板拆模起吊前，应检查所有穿墙螺栓是否全都拆除。在确无遗漏，模板与墙体完全脱离后，方准起吊。拆除外墙模板时，应先挂好吊钩，绷紧吊索，在门、窗洞口模板拆除后再行起吊。待起吊高度越过障碍物后，方准行车转臂。

(9) 大模板拆除后，要对其加以临时固定，面对面放置，中间留出60cm宽的人行道，以便清理和涂刷脱模剂。

(10) 提升架及外模板拆除时，必须检查全部附墙连接件是否拆除，操作人员必须挂好安全带。

(11) 筒形模可用拖车整体运输，也可拆成平板用拖车重叠放置运输。平板重叠放置时，垫木必须上下对齐，绑扎牢固。

5.3 爬升模板

爬升模板简称爬模，是一种自行爬升、不需起重机吊运的模板，可以一次成型一个墙面，且可以自行升降，是综合大模板与滑模工艺特点形成的一种成套模板技术，同时具有大模板施工和滑模施工的优点，又避免了它们的不足。爬模适用于高层建筑外墙外侧和电梯井筒内侧无楼板阻隔的现浇混凝土竖向结构施工，特别是一些外墙立面形态复杂、采用艺术混凝土或不抹灰饰面混凝土、垂直偏差控制较严的高层建筑。

爬模施工工艺具有以下特点。

(1) 爬升模板施工时，模板的爬升依靠自身系统设备，不需塔式起重机或其他垂直运输机械，减少了起重机吊运工程量，避免了塔式起重机施工常受大风影响的弊端。

(2) 爬模施工时，模板是逐层分块安装的，其垂直度和平整度易于调整和控制，施工精度较高。

(3) 爬模施工中模板不占用施工场地，特别适用于狭小场地上高层建筑的施工。

(4) 爬模装有操作脚手架，施工安全，不需搭设外脚手架。

(5) 对于一片墙的模板不用每次拆装，可以整体爬升，具有滑模的特点；一次可以爬升一个楼层的高度，可一次浇筑一层楼的墙体混凝土，又具有大模板的优点。

(6) 施工过程中，模板与爬架的爬升、安装、校正等工序与楼层施工的其他工序可平行作业，有利于缩短工期。但爬模无法实行分段流水施工，模板的周转率低，因此模板配制量要大于大模板施工。

5.3.1 工艺原理

爬模工艺是以建筑物的钢筋混凝土墙体为支承主体，通过附着于已完成的钢筋混凝土墙体上的爬升支架或大模板，利用连接爬升支架与大模板的爬升设备，使一方固定，另一方做相对运动，交替向上爬升，从而完成模板的爬升、下降、就位和校正等工作。其施工程序如图5.15所示。

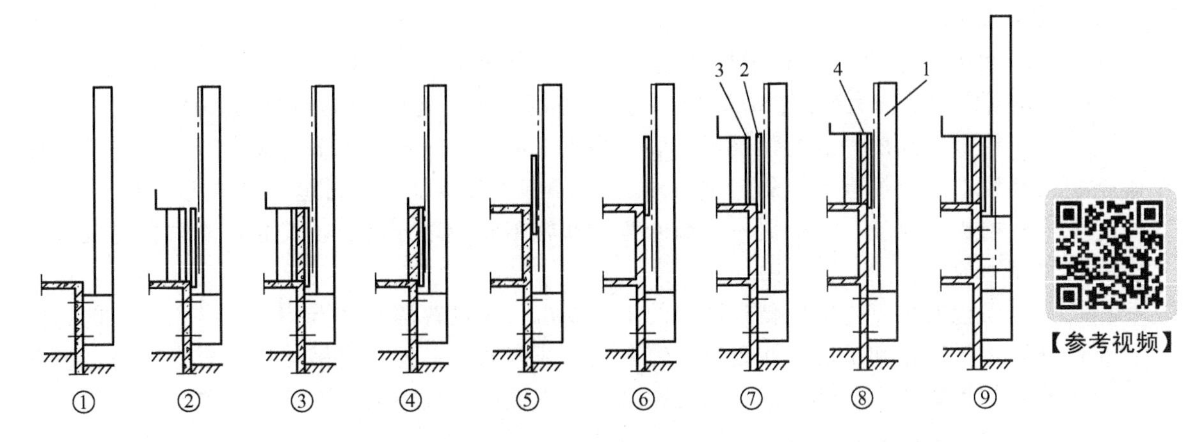

【参考视频】

图 5.15 爬升模板施工程序

①—头层墙完成后安装爬升支架；②—安装外模板悬挂于爬架上，绑扎钢筋并悬挂内模；
③—浇筑第二层墙体混凝土；④—拆除内模板；⑤—第三层楼板施工；
⑥—爬升外模板并校正，固定于上一层；⑦—绑扎第三层墙体钢筋，安装内模板；
⑧—浇筑第三层墙体混凝土；⑨—爬升爬架，将爬架固定于第二层墙上
1—爬升支架；2—外模板；3—内模板；4—墙体

5.3.2 组成与构造

爬升模板由大模板、爬升支架和爬升设备三部分组成，如图 5.16 所示。

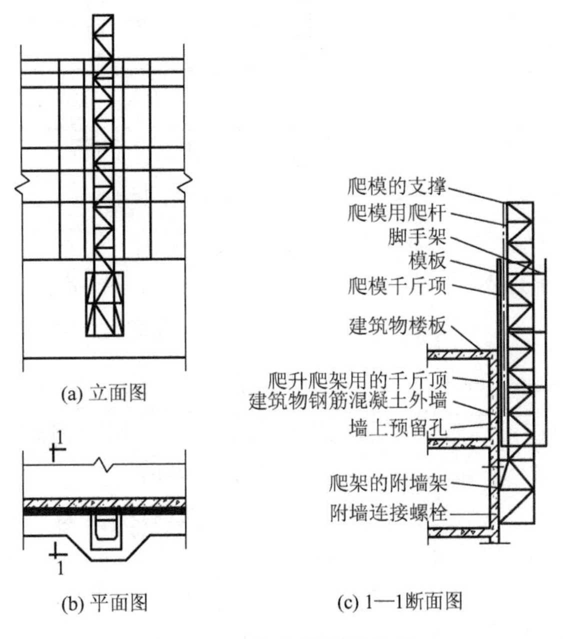

图 5.16 爬升模板的构造

1. 大模板

(1) 面板一般用组合式钢模板组拼或用薄钢板，也可用木（竹）胶合板。横肋用[6.3mm槽钢，竖向大肋用[8mm 或[10mm 槽钢。横、竖肋的间距按计算确定。

(2) 模板的高度一般为建筑标准层层高加 100～300mm（属于模板与下层已浇筑墙体的搭接高度，用于模板下端的定位和固定）。模板下端需加橡胶衬垫，以防止漏浆。

(3) 模板的宽度，可根据一片墙的宽度和施工段的划分确定，其分块要求要与爬升设备能力相适应。

(4) 模板的吊点，根据爬升模板的工艺要求，应设置两套吊点。一套吊点（一般为两个吊环）用于制作和吊运，在制作时焊在横肋或竖肋上；另一套吊点用于模板爬升，设在每个爬架位置，要求与爬架吊点位置相对应，一般在模板拼装时进行安装和焊接。

(5) 模板上的附属装置。

① 爬升装置：用于安装模板和固定爬升设备。常用的爬升设备为倒链和单作用液压千斤顶。采用单作用液压千斤顶时，模板爬升装置分别为千斤顶座（用于模板爬升）和爬杆支座架（用于爬架爬升），如图 5.17 所示。

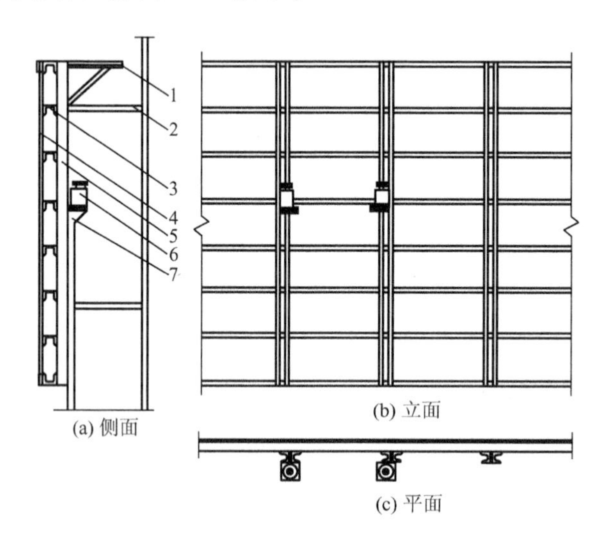

图 5.17 模板爬升装置构造

1—爬架千斤顶爬杆的支承架；2—脚手架；3—横肋；4—面板；5—竖向大肋；
6—爬模用千斤顶；7—千斤顶底座

② 外附脚手架和悬挂脚手架：外附脚手架和悬挂脚手架设在模板外侧，供模板的拆模、爬升、安装就位和校正固定，穿墙螺栓安装和拆除，墙面清理和嵌塞穿墙螺栓等操作使用。脚手架的宽度为 600～900mm，每步高度为 1800mm。

③ 校正螺栓支撑：是一个可拆卸的校正、固定模板的工具。爬升时拆卸，模板就位时安装。

2. 爬升支架

(1) 爬升支架由支承架、附墙架（底座）及吊模扁担、爬升爬架的千斤顶架（或吊环）等组成，如图 5.18 和图 5.19 所示。

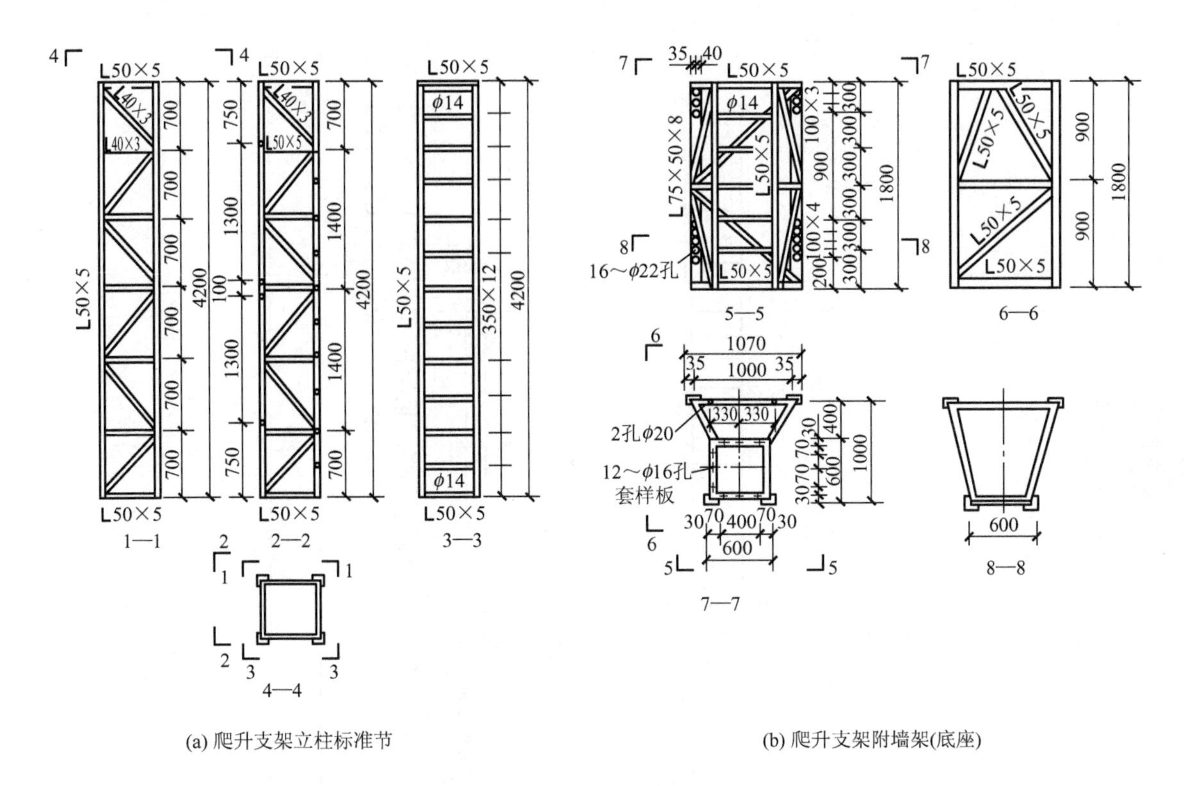

图 5.18　液压爬升支架构造（单位：mm）

（2）爬升支架的构造，应满足以下要求。

① 爬升支架顶端高度，一般要超出上一层楼层高度 0.8～1.0m，以保证模板能爬升到待施工层位置。

② 爬升支架的总高度（包括附墙架），一般应为 3～3.5 个楼层高度，其中附墙架应设置在待拆模板层的下一层。

③ 为了便于运输和装拆，爬升支架应采取分段（标准节）组合，用法兰盘连接为宜。为了便于操作人员在支承架内上下，支承架的尺寸不应小于 650mm×650mm，且附墙架（底座）底部应设有操作平台，周围应设置防护设施。

④ 附墙架（底座）与墙体的连接应采用不少于 4 只附墙连接螺栓，螺栓的间距和位置应尽可能与模板的穿墙螺栓孔相符，以便于该孔作为附墙架的固定连接孔。附墙架的位置如果在窗口处，亦可利用窗台作支承。

⑤ 为了确保模板紧贴墙面，爬升支架的支承部分要离开墙面 0.4～0.5m，使模板在拆模、爬升和安装时有一定的活动余地。

⑥ 吊模扁担、千斤顶架（或吊环）的位置，要与模板上的相应装置处在同一竖线上，以提高模板的安装精度，使模板或爬升支架能竖直向上爬升。

3. 爬升设备

爬升设备是爬升模板的动力，可以因地制宜地选用。常用的爬升设备有电动葫芦、倒链、单作用液压千斤顶等，其起重能力一般要求为计算值的两倍以上。

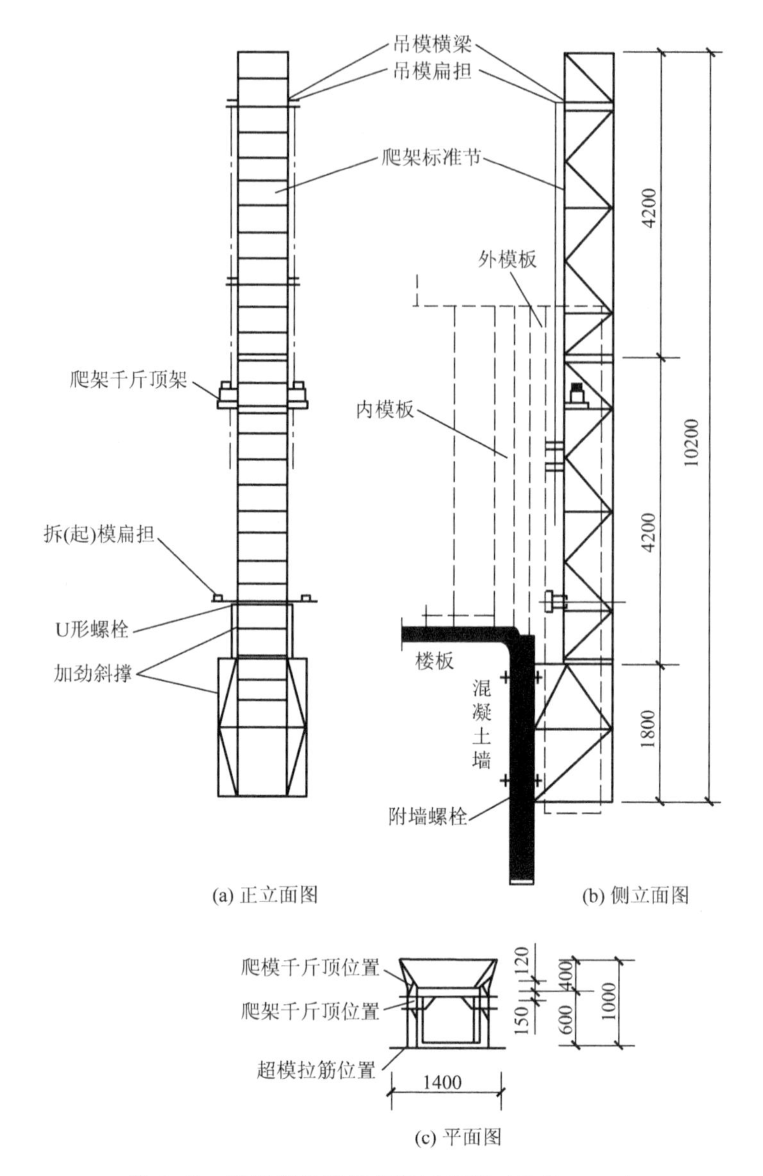

(a) 正立面图　　(b) 侧立面图

(c) 平面图

【参考视频】

图 5.19　液压爬升模板组装示意图（单位：mm）

5.3.3　施工要点

【参考视频】

爬升模板施工多用于高层建筑，且主要用于外墙外模板和电梯井内模板，其他可按一般大模板施工方法施工。

1. 爬升模板安装

（1）进入现场的爬升模板系统（大模板、爬升支架、爬升设备、脚手架、附件等），应按施工组织设计及有关图纸验收，合格后方可使用。

（2）检查工程结构上预埋螺栓孔的直径和位置是否符合图纸要求。有偏差时应在纠正后方可安装爬升模板。

(3) 爬升模板的安装顺序是：底座→立柱→爬升设备→大模板。

(4) 底座安装时，先临时固定部分穿墙螺栓，待校正标高后，方可固定全部穿墙螺栓。

(5) 立柱宜采取在地面组装成整体，在校正垂直度后再固定全部与底座相连接的螺栓。

(6) 模板安装时，先加以临时固定，待就位校正后，方可正式固定。

(7) 安装模板的起重设备，可使用工程施工的起重设备。

(8) 模板安装完毕后，应对所有连接螺栓和穿墙螺栓进行紧固检查，并经试爬升验收合格后，方可投入使用。

(9) 所有穿墙螺栓均应由外向内穿入，在内侧紧固。

2. 爬升

(1) 爬升前，首先要仔细验查爬升设备，在确认符合要求后方可正式爬升。

(2) 正式爬升前，应先拆除与相邻大模板及脚手架间的连接杆件，使爬升模板各个单元体分开。

(3) 在爬升大模板时，先拆卸大模板的穿墙螺栓；在爬升支架时，先拆卸底座的穿墙螺栓，同时还要检查卡环和安全钩。调整好大模板或爬升支架的重心，使保持垂直，防止晃动与扭转。

(4) 爬升时操作人员不准站在爬升件上爬升。

(5) 爬升时要稳起、稳落和平稳地就位，防止大幅度摆动和碰撞。要注意不要使爬升模板与其他构件卡住，若发现此现象，应立即停止爬升，待故障排除后，方可继续爬升。

(6) 每个单元的爬升，应在一个工作台班内完成，不宜中途交接班。爬升完毕应及时固定。

(7) 遇六级以上大风，一般应停止作业。

(8) 爬升完毕后，应将小型机具和螺栓收拾干净，不可遗留在操作架上。

3. 拆除

(1) 拆除爬升模板要有拆除方案，并应由技术负责人签署意见，在向有关人员交底后方可实施。

(2) 拆除时要设置警戒区。要有专人统一指挥，专人监护，严禁交叉作业。拆下的物件，要及时清理运走。

(3) 拆除时，要先清除脚手架上的垃圾杂物，拆除连接杆件，经检查安全可靠后，方可大面积拆除。

(4) 拆除爬升模板的顺序是：拆爬升设备→拆大模板→拆爬升支架。

(5) 拆除爬升模板的设备，可利用施工用的起重机。

(6) 拆下的爬升模板要及时清理、整修和保养，以便重复利用。

5.3.4 安全要求

(1) 爬模施工中所有的设备必须按照施工组织设计的要求配置。施工中要统一指挥，并要设置警戒区与通信设施，做好原始记录。

（2）穿墙螺栓与建筑结构的紧固，是保证爬升模板安全的重要条件。一般每爬升一次就应全面检查一次，用扭力扳手测其扭矩，应保证符合40～50N·m。

（3）爬模的特点是爬升时分块进行，爬升完毕固定后又连成整体。因此在爬升前必须拆尽相互间的连接件，使爬升时各单元能独立爬升。爬升完毕应及时安装好连接件，保证爬升模板固定后的整体性。

（4）大模板爬升或支架爬升时，拆除穿墙螺栓的工作都是在脚手架上或爬架上进行的，因此必须设置围护设施。拆下的穿墙螺栓要及时放入专用箱，严禁随手乱放。

（5）爬升中吊点的位置和固定爬升设备的位置不得随意更动。固定必须安全可靠，操作方便。

（6）在安装、爬升和拆除过程中，不得进行交叉作业，且每一单元不得任意中断作业。不允许爬升模板在不安全状态下过夜。

（7）作业中出现障碍时应立即查清原因，在排除障碍后方可继续作业。

（8）脚手架上不应堆放材料、垃圾。

（9）倒链的链轮盘、倒卡和链条等，如有扭曲或变形，应停止使用。操作时不准站在倒链正下方。

（10）不同组合和不同功能的爬升模板，其安全要求也不相同，因此应分别制订安全措施。

5.4 滑动模板

液压滑动模板（简称“滑模”）施工工艺，是按照施工对象的平面尺寸和形状，在地面组装好包括模板、提升架和操作平台的滑模系统，然后分层浇筑混凝土，在混凝土连续浇筑过程中，可使模板面紧贴混凝土面滑动，并利用液压提升设备不断竖向提升模板，完成混凝土构件施工。近年来，随着液压提升机械和施工精度调整技术的不断改进和提高，滑模工艺发展迅速。以前滑模工艺多用于烟囱、水塔、筒仓等筒壁构筑物的施工，现在逐步向高层和超高层的民用建筑发展，成为高层建筑施工可供选择的方法之一。

液压滑动模板施工方法的特点如下。

（1）机械化程度高，劳动强度低。在施工过程中在地面预先组装好模板系统，其后整套滑模采用机械提升，整个施工过程实现机械化操作，减轻了劳动强度，可以节约劳动力30%～50%。

（2）施工速度快。滑模施工模板组装一次成型，减少了模板装拆工序，连续作业，使竖向结构的施工速度大大加快，可以缩短施工周期30%～50%。

（3）结构整体性好，施工简单。滑模系统的装置都是事先组装，在混凝土的施工过程中只进行模板的持续提升和混凝土的浇筑，施工简单，并且容易保证质量。

（4）经济效益显著。滑模系统的施工节约模板和脚手架，减少了周转材料的大量占用，现场也不需要大量场地堆放周转材料。若有良好的施工组织作保证，可以大大缩短工期，减少施工成本。采用滑模施工要比常规施工节约木材（包括模板和脚手板等）70%左右。

(5) 应用范围广泛。滑模系统的组装可以根据不同的工程尺寸形状配置，外形呈弧形的建筑也不例外。滑模施工几乎不受风力影响，不受建筑物高度的影响，适合超高层建筑的施工。

滑模施工是一项比较先进的工业化施工方法，为了更好地发挥它的作用，需要设计上有一定的配合。因为施工模板是整体提升的，一般不宜在空中重新组装或改装模板和操作平台，同时模板的提升有一定连续性，不宜过多停歇，这要求建筑的平面布置和立面处理，在不影响设计效果的前提下力求简洁整齐，尽量避免影响滑升的突出结构。

5.4.1 滑模系统装置的组成

(1) 模板系统，包括提升架、围圈、模板及加固、连接配件。

(2) 施工平台系统，包括工作平台、外圈走道、内外吊脚手架。

(3) 提升系统，包括千斤顶、油管、分油器、针形阀、控制台、支撑杆及测量控制装置。滑模构造如图 5.20 所示。

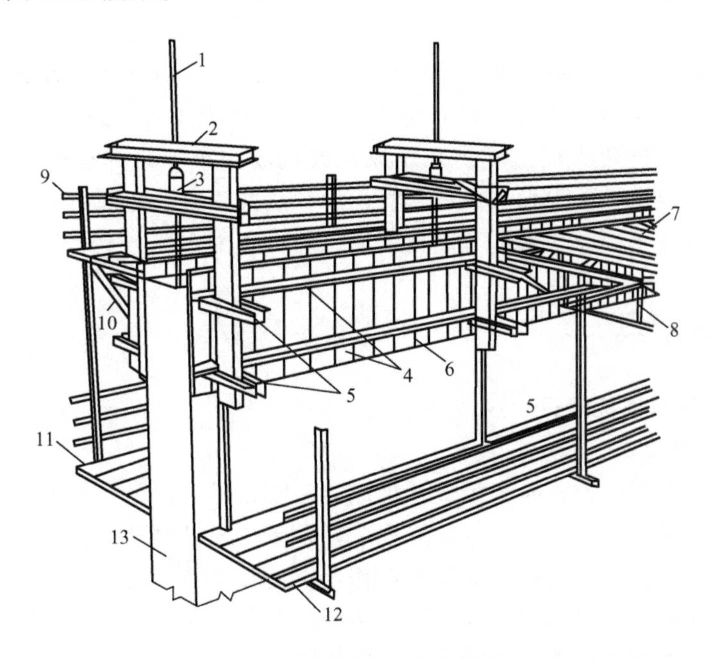

图 5.20 滑动模板构造

1—支承杆；2—液压千斤顶；3—提升架；4—围圈；5—模板；6—油泵；7—输油管；8—操作平台桁架；9—外吊脚手架；10—内吊脚手架；11—混凝土；12—墙体；13—外挑架

5.4.2 主要部件构造及作用

(1) 提升架。提升架是整个滑模系统的主要受力部分。各项荷载集中传至提升架，最后通过装设在提升架上的千斤顶传至支撑杆上。提升架由横梁、立柱、牛腿及外挑架组成。各部分尺寸及杆件断面应通盘考虑经计算确定。

(2) 围圈。围圈是模板系统的横向连接部分，将模板按工程平面形状组合为整体。围圈也是受力部件，既承受混凝土侧压力产生的水平推力，又承受模板的重量、滑动时产生的摩擦阻力等竖向力。在有些滑模系统的设计中，也将施工平台支撑在围圈上。围圈架设在提升架的牛腿上，各种荷载将最终传至提升架上。围圈一般用型钢制作。

(3) 模板。模板是混凝土成型的模具，要求板面平整，尺寸准确，刚度适中。模板高度一般为90～120cm，宽度为50cm，但根据需要也可加工成小于50cm的异型模板。模板通常用钢材制作的，也有用其他材料制作的，如钢木组合模板，是用硬质塑料板或玻璃钢等材料作为面板的有机材料复合模板。

(4) 施工平台与吊脚手架。施工平台是滑模施工中各工种的作业面及材料、工具的存放场所。施工平台应视建筑物的平面形状、开门大小、操作要求及荷载情况设计。施工平台必须有可靠的强度及必要的刚度，确保施工安全，防止平台变形导致模板倾斜。如果跨度较大时，在平台下应设置承托桁架。

吊脚手架用于对已滑出的混凝土结构进行处理或修补，要求沿结构内外两侧周围布置。吊脚手架的高度一般为1.8m，可以设双层或三层。吊脚手架要有可靠的安全设备及防护设施。

(5) 提升设备。提升设备由液压千斤顶、液压控制台、油路及支撑杆组成。支撑杆可用直径为25mm的光圆钢筋作支撑杆，每根支撑杆长度以3.5～5m为宜。支撑杆的接头可用螺栓连接（支撑杆两头加工成阴阳螺纹）或现场用小坡口焊接连接。若回收重复使用，则需要在提升架横梁下附设支撑杆套管。如有条件并经设计部门同意，则该支撑杆钢筋可以直接打在混凝土中以代替部分结构配筋，约可利用50%～60%。

5.4.3 滑模施工

1. 混凝土浇筑与模板滑升

1) 混凝土浇筑要求

滑模施工所用的混凝土，除满足设计规定的强度和耐久性等要求外，更需根据施工现场的气温条件掌握早期强度的发展规律，以便在规定的滑升速度下正确掌握出模强度。至于混凝土的坍落度，要综合考虑滑升速度和混凝土垂直运输机械等来确定。目前在滑模施工中已采用混凝土配合布料杆来进行混凝土垂直运输和浇筑，此时的混凝土坍落度就应稍大，否则泵送会发生困难。

【参考视频】

混凝土的初凝时间宜控制在2h左右，终凝时间视工程需要而定，一般为4～6h。当气温高时宜掺入缓凝剂。

混凝土的浇筑，必须分层均匀交圈浇筑，每一浇筑层的表面应在同一水平面上，并且有计划地变换浇筑方向，以保证模板各处的摩阻力相近，防止模板产生扭转和结构倾斜。分层浇筑厚度以200～300mm为宜。

在气温高时，宜先浇筑内墙，后浇筑阳光照射的外墙；先浇筑直墙，后浇筑墙角和墙垛；先浇筑厚墙，后浇筑薄墙。

合适的出模强度对于滑模施工非常重要，出模强度过低，混凝土会坍陷或产生结构变形，出模强度过高，则结构表面毛糙，甚至会被拉裂。合适的出模强度既要保证滑模施工顺利进行，也要保证施工中结构物的稳定。尤其是高层建筑，当滑模施工时如不及时浇筑楼板，墙体悬臂很大，风载又由结构物承受，若出模强度过低，对保证施工中结构物的稳定不利。为此，出模强度宜控制为0.2～0.4N/mm^2，或贯入阻力值为0.30～1.50kN/cm。

2）模板滑升

合理的滑升速度对防止混凝土拉裂具有重要作用。一般来说，模板滑升的时间间隔越短越好。因为混凝土与模板间的摩擦力变化不大，而混凝土与模板间的黏结力则随着混凝土的凝结而增大。提升时间间隔越长，黏结力越大，总摩阻力也越大，拉裂的可能性也越大；反之则拉裂的可能性越小。即使在滑升速度较慢的情况下，滑升时间间隔短也可以减少拉裂的可能性。因此，两次滑升的时间间隔不宜超过1.5h，在气温较高时应增加一两次中间滑升，中间滑升的高度为1～2个千斤顶行程。

当模板滑空时，应事先验算操作平台在自重、施工荷载和风荷载共同作用下的稳定性，并采取措施对操作平台和支承杆进行整体加固。当采用“滑一浇一工艺”时，部分模板要滑空，为此墙身顶皮的混凝土宜留待混凝土终凝以后出模，这样墙身混凝土拉裂现象可大大减少，同时亦有利于模板滑空时支承杆的受力。

在滑升过程中，每滑一个浇筑层应检查千斤顶的升差，各千斤顶的相对标高差不得大于40mm，相邻两个提升架上千斤顶的标高差不得大于20mm。

纠正结构的垂直度偏差时，应逐步徐缓进行，避免出现死弯。当以倾斜操作平台的办法来纠正垂直度偏差时，操作平台的倾斜度一般应控制在1%之内。

用滑模施工的高层建筑，竖向结构的断面往往要变化，滑升模板要适应这种变化。为此，提升架要设计成在负荷的条许下立柱可以在横梁上平行移动；围圈（围圈桁架）及操作平台的桁架应在相应位置设置活络接头，以改变其长度和跨度；模板可以按照变化进行更换。

2. 滑框倒模施工

滑模施工速度快，节省模板和劳动力，有一系列优点，因而在高耸结构施工中受到人们的青睐。但由于滑模施工时模板与墙体产生摩擦，易使墙面粗糙，滑升速度掌握不当还易造成墙体拉裂，因而对一些表面不再装饰、光洁度要求较高的构筑物，或墙体厚度较小的建筑物等，用滑模施工有一些难以克服的困难。为此，经过不断探索发展出了滑框倒模工艺，如图5.21所示，于北京中央电视塔、天津国际大厦（38层）、天津交易大厦（36层）等工程上得到应用，收到了较好效果。

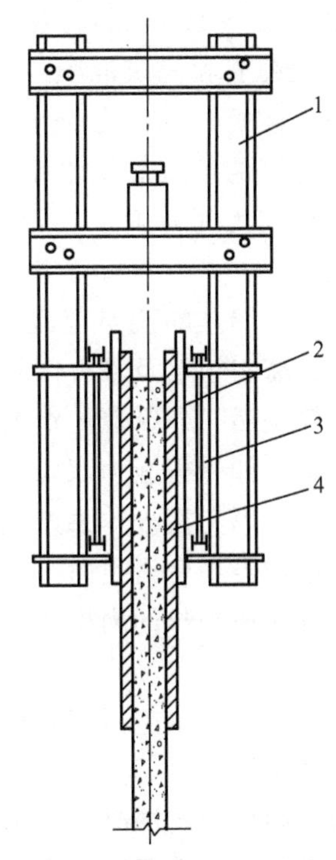

图5.21 滑框倒模施工装置示意图

1—提升架；2—滑道；3—围圈；4—模板

滑框倒模工艺，仍然采用滑模施工的设备和装置，不同点在于围圈内侧增设控制模板的竖向滑道，该滑道随滑升系统一起滑升，而模板留在原地不动，待滑道滑出模板，再将模板拆除倒到滑道上重新插入施工。因此，模板的脱模时间不受混凝土硬化和强度增长的制约，不需考虑模板滑升时的摩阻力。

在滑模倒框施工中，滑道随滑升系统滑升后，模板则因混凝土的黏结作用仍留在原处。滑模施工中存在的模板与混凝土之间的滑动摩擦，改变为滑道与模板之间的滑动摩擦。混凝土脱模方式，也由滑模施工的滑动脱模，改变为滑框倒模施工的拆倒脱模。

在滑模倒框施工中，滑道的滑升时间，以不引起支承杆失稳、混凝土坍落为准，一般以混凝土强度达到 0.3～1.0N/mm^2 为宜。

滑框倒模施工，虽然可以从容处理各种因素引起的施工停歇，但仍应做到以连续滑升为主。

滑框倒模技术，虽然可以解决一些滑模施工无法解决的问题，但模板的拆倒多消耗人工，与滑模施工相比增加了一道模板拆倒的工序，因此，只应于存在滑模施工无法克服的矛盾的情况下才采用，否则应优先选用滑模施工。

3. 楼板施工

高层、超高层建筑的楼板，为了提高建筑物的整体刚度和抗震性能，多为现浇结构。当用滑模施工高层、超高层建筑时，现浇楼板结构的施工，目前常用的有下述几种方法。

1）逐层空滑楼板并进施工法（又称“滑一浇一法”或逐层封闭法）

采用这种工艺施工时，当每层墙体混凝土用滑模浇筑至上层楼板底标高时，将滑模继续向上空滑至模板下口与墙体脱空一定高度（脱空高度根据楼板厚度而定，一般比楼板厚度多 50～100mm），然后将滑模操作平台的活动平台板吊去，进行现浇楼板的支模、绑扎钢筋和浇筑混凝土操作，如此逐层进行。采用此法施工，滑升一层墙体后紧接着浇一层楼板，其优点是由于楼板全部进墙而增强了建筑物的整体性和刚度，有利于保证高层建筑的抗震和抗水平力的能力，且不再存在施工中墙体可能失稳的问题。其缺点是使滑模成为间断施工，影响滑升速度；在模板空滑过程中，掌握不好易拉松墙体上部的混凝土。

模板与墙体的脱空范围，主要取决于楼板的配筋情况。如果楼板为单向板，横墙承重，则只需将横墙及部分内纵墙的模板脱空，外纵墙的模板可不必脱空。当横墙与内纵墙混凝土停浇后，外纵墙的混凝土应继续浇筑一定高度（一般为 50cm 左右），以保持模板体系的稳定。如果楼板为双向板，则全部内外墙的模板均需脱空，此时须对模板体系进行必要的加固，以免模板体系产生平移或扭转。对于不脱空的外纵墙，亦可使其内外模板长度不同，这样当平台滑空时，外模留有一定的高度和外墙接触，如图 5.22 所示。在每个房间内亦设几块加长的内模，与外模形成对夹墙身的状况，以增加滑模体系在部分脱空时的稳定性。

为了满足逐层空滑现浇楼板施工工艺的要求，平台结构要便于活动平台板的吊开，便于支模现浇楼板。

窗过梁部分的混凝土，由于滑升时上部无混凝土重量压住，滑升时容易被拉松，所以窗过梁部分可与楼板同时浇捣，以克服上述弊病。其他墙身顶皮混凝土，可待其终凝后出模，以避免混凝土被拉松。

楼板混凝土浇筑完毕后，楼板上表面距离滑升模板下皮一般留有 5～10cm 的水平缝隙。在浇筑上层墙体混凝土之前，可用活动挡板（铁皮）将缝隙堵严，防止漏浆。

2）先滑墙体楼板跟进施工法

该施工法是当墙体用滑模连续滑升浇筑数层后，楼板自下而上插入逐层施工。楼板施工用模板、钢筋、混凝土等，可由设置在外墙门窗洞口处的受料平台转运至室内；亦可经滑模操作平台揭开的活动平台板处运入。

这种施工法楼板是后浇，为此要解决现浇楼板与墙体的连接问题。目前常用的方法是用钢筋混凝土键连接，即当墙体滑浇至楼板标高处，沿墙体每隔一定距离（大于 500mm）预留孔洞（宽 200～400mm、高为楼板厚加 50mm），相邻两间的楼板主筋可由孔洞穿过并与楼板钢筋连成整体，在端头一间，楼板钢筋应在端墙预留孔洞处与墙板钢筋加以联结。

至于楼板模板的支设方法，多用悬承式模板，在已滑升浇筑完毕的梁或墙的楼板位置处，利用钢销或挂钩作为临时支承，在其上支设模板逐层施工，如图 5.23 所示。

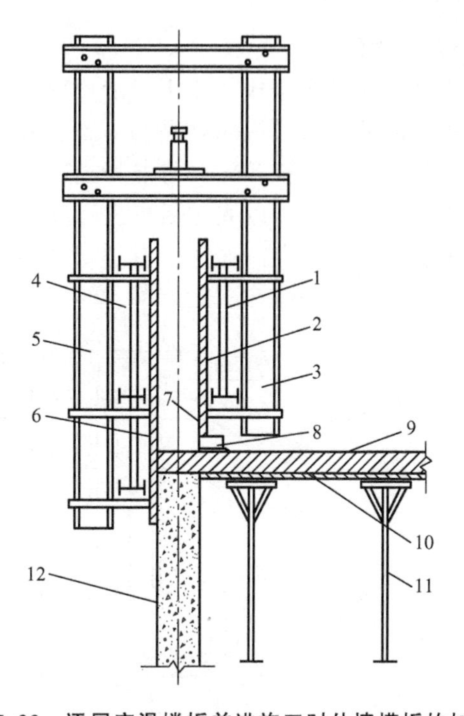

图 5.22　逐层空滑楼板并进施工时外墙模板的加长

1—内围圈；2—内模；3—提升架内立柱；4—外围圈；5—提升架外立柱；6—外模；7—铁皮；8—木楔；9—现浇楼板；10—楼板模板；11—支柱；12—外墙

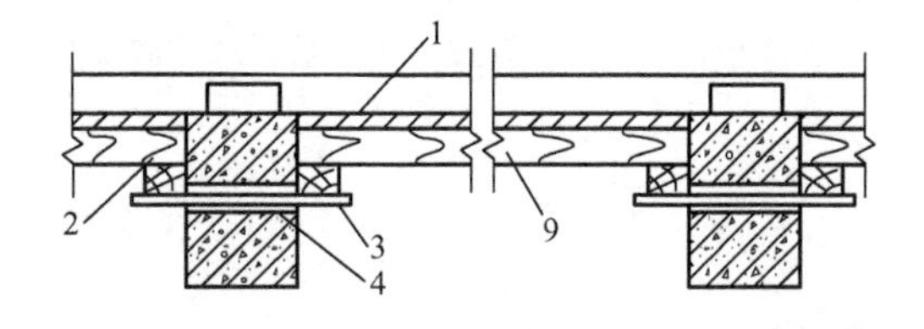

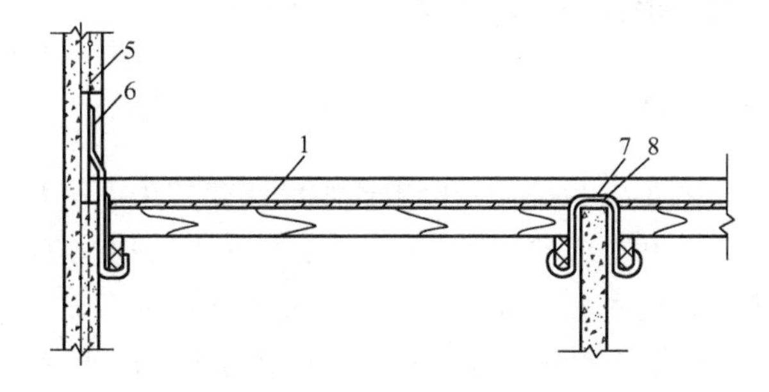

图 5.23　悬承式支模方法

1—楼板模板；2—方木；3—粗钢筋或螺栓；4—梁内预埋管；5—支承杆；6—单向挂钩；7—双向挂钩；8—垫板；9—横梁（或桁架）

3）降模法

用降模法浇筑楼板，多用于滑模施工的高层居住建筑。该法是利用桁架或纵横梁结构，将每间的楼板模板组成整体，通过吊杆、钢丝绳或链条悬吊于建筑物上，如图5.24所示，先浇筑屋面板和梁，待混凝土达到一定强度后，用手推降模车将降模平台下降到下一层楼板的高度，加以固定后再进行浇筑。如此反复进行，直至底层，最后将降模平台在地面上拆除。

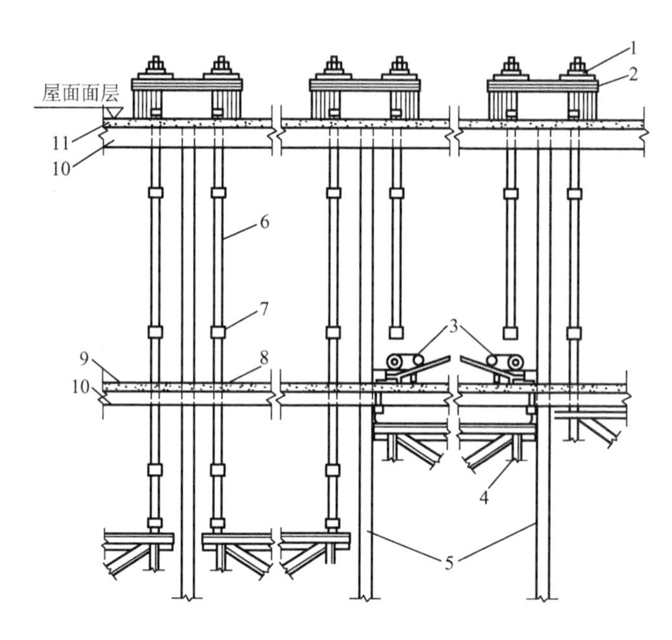

图5.24　楼板降模施工示意图

1—螺母；2—槽钢；3—降模车；4—平台桁架；5—柱；6—吊杆；7—接头；
8—楼板留孔；9—楼板；10—梁；11—屋面板

5.5　模板用量估算

模板工程对施工成本的影响显著。一般工业与民用建筑中，平均$1m^3$混凝土需用模板$7.4m^2$，模板费用约占混凝土工程费用的34%。在混凝土结构施工中选用合理的模板形式、模板结构及施工方法，对加速混凝土工程施工和降低造价有显著效果。

为了正确估算模板工程量，必须先计算每立方米混凝土结构的展开面积$A(m^2)$，然后除以各种构件的工程量$V(m^3)$，即可求得模板工程量U，即

【参考图文】

$$U=A/V \tag{5-1}$$

式中　A——模板的展开面积（m^2）；

V——混凝土的工程量（m^3）。

各主要类型构件模板的工程量计算公式如下。

(1) 柱。

① 边长为 a 的方形截面柱为

$$U=\frac{4}{a} \tag{5-2}$$

② 直径为 d 的圆形截面柱为

$$U=\frac{4}{d} \tag{5-3}$$

③ 截面为 $a\times b$ 的矩形截面柱为

$$U=\frac{2(a+b)}{ab} \tag{5-4}$$

(2) 矩形梁（截面 $b\times h$）。钢筋混凝土矩形梁，每立方米混凝土的模板工程量为

$$U=\frac{2h+b}{bh} \tag{5-5}$$

(3) 楼板（板厚 h）。楼板的模板用量为

$$U=\frac{1}{h} \tag{5-6}$$

(4) 剪力墙（墙厚 h）。混凝土或钢筋混凝土墙的模板用量为

$$U=\frac{2}{h} \tag{5-7}$$

各构件模板的估算用量见表 5-5～表 5-9。

表 5-5　方形或圆形截面柱每立方米混凝土模板面积　　单位：m²

柱截面积 $a\times a$	模板面积 $U=\frac{4}{a}$	柱截面积 $a\times a$	模板面积 $U=\frac{4}{a}$
0.3×0.3	13.33	0.9×0.9	4.44
0.4×0.4	10.00	1.0×1.0	4.00
0.5×0.5	8.00	1.1×1.1	3.64
0.6×0.6	6.67	1.3×1.3	3.08
0.7×0.7	5.71	1.5×1.5	2.67
0.8×0.8	5.00	2.0×2.0	2.00

注：a 为方形截面柱的边长或圆形截面柱的直径。

表 5-6　矩形截面柱每立方米混凝土模板面积　　单位：m²

柱截面积 $a\times b$	模板面积 $U=\frac{2(a+b)}{ab}$	柱截面积 $a\times b$	模板面积 $U=\frac{2(a+b)}{ab}$
0.4×0.3	11.67	0.8×0.6	5.83
0.5×0.3	10.67	0.9×0.45	6.67
0.6×0.3	10.00	0.9×0.6	6.56
0.7×0.35	8.57	1.0×0.5	6.00
0.8×0.4	7.50	1.0×0.7	4.86

注：a、b 为矩形截面柱的截面尺寸。

表 5-7　矩形截面梁每立方米混凝土模板面积　　单位：m²

梁截面积 $b\times h$	模板面积 $U=\frac{2h+b}{bh}$	梁截面积 $b\times h$	模板面积 $U=\frac{2h+b}{bh}$
0.3×0.2	13.33	0.8×0.4	6.25
0.4×0.2	12.50	1.0×0.5	5.00
0.5×0.25	10.00	1.2×0.6	4.17
0.6×0.3	8.33	1.4×0.7	3.57

注：b、h 为梁截面的尺寸。

表 5-8　楼板每立方米混凝土模板面积

楼板厚度 h/m	模板面积 $\left(U=\frac{1}{h}\right)/\text{m}^2$	楼板厚度 h/m	模板面积 $\left(U=\frac{1}{h}\right)/\text{m}^2$
0.06	16.67	0.14	7.14
0.08	12.50	0.17	5.88
0.10	10.00	0.19	5.26
0.12	8.33	0.22	4.55

表 5-9　墙体每立方米混凝土模板面积

墙体厚度 h/m	模板面积 $\left(U=\frac{2}{h}\right)/\text{m}^2$	墙体厚度 h/m	模板面积 $\left(U=\frac{2}{h}\right)/\text{m}^2$
0.06	33.33	0.18	11.11
0.08	25.00	0.20	10.00
0.10	20.00	0.25	8.00
0.12	16.67	0.30	6.67
0.14	14.29	0.35	5.71
0.16	12.50	0.40	5.00

5.6　模板工程事故

【参考图文】

近年来，随着我国建筑业迅猛发展，模板支撑体系坍塌事故时有发生，造成群死群伤，给国家和人民的生命财产造成巨大的损失。模板坍塌事故发生的主要原因如下。

1. 设计和计算不合理

（1）部分项目计算方法不正确，荷载的取值和验算未严格按规范要求进行，对泵送混凝土、混凝土浇筑方法等影响因素考虑不周，未按最不利原则确定荷载组合。

（2）个别项目计算书内容与实际不符，设计计算直接利用其他项目的计算成果，存在“张冠李戴”现象。

（3）大部分项目未对立杆地基承载力进行验算，支撑体系的立杆直接搭设在楼面上的，没有对楼面承载力进行验算，对局部受力状况也未验算。

（4）计算模式与实际搭设状况不一致。如立杆的稳定性计算，方案中立杆接长按对接接头考虑，但实际搭设中立杆接长采用了搭接，立杆顶部基本未设置可调顶托，普遍存在直接利用横杆和扣件承受荷载的搭设形式，计算时按立杆轴向受力计算而未考虑偏心受力影响，现场也没有对偏心受力杆件采取加固补强措施。

（5）相当部分的工程项目计算书中钢管截面特性是按标准钢管取值，而目前市场上流通使用的钢管壁厚基本上达不到规范要求，计算时未考虑钢管壁厚不足所带来的钢管承载力下降这种不利因素。

（6）有不少施工企业错把计算书当成施工方案，文字成了方案的主要表达方式，很少有图或没有施工图。由于文字表述不够直观，设计意图难以表达清楚，令操作人员无所适从、任意搭设，导致不同水平的施工人员搭设的支撑系统不一样，不能像工程图纸那样，不论哪个施工企业用以施工，建成的建筑物都是完全一样的。

2. 支撑体系搭设材料不符合要求

（1）有的施工现场所使用的钢管、扣件的生产许可证、产品质量合格证明、检测证明等相关资料不全。进场的钢管、扣件使用前，未能按有关技术标准规定进行抽样送检。

（2）钢管、扣件由于使用时间较长，周转次数较多，再加上保护意识不强，外观质量差，部分磨损、锈蚀、变形、开裂的钢管和扣件仍在使用。

（3）现场使用的钢管壁厚达不到规范要求，基本上都存在负偏差。而在模板支撑体系倒塌事故中，扣件常常发生断裂，钢管因壁厚很薄发生严重变形。搭设材料不符合要求，是导致模板坍塌事故发生的重要原因。

3. 构造措施不合理

（1）水平杆设置不符合要求，有的主节点处没有水平杆。很多模板支撑体系坍塌事故是由于水平杆件缺失造成的，如在南京电视台演播大厅坍塌事故和江宁“9.01”模板坍塌事故。

（2）扫地杆、垫板和底座设置不符合规范要求。有的模板支撑体系未按照规范要求设扫地杆、垫木和底座。

（3）立杆接长采用搭接不符合规范要求，应采用对接扣件连接。有的立杆顶部没有采用U形可调支托，而是在立杆顶部采用立杆搭接，这种做法不仅因立杆偏心额外增加了弯矩，而且会因为搭接扣件的抗滑力小于上部立杆承受的荷载，使得上部立杆向下滑动，从而导致模板支撑体系变形、坍塌。

（4）有的工程将梁的荷载先传到梁下的横向短水平杆，再由该水平杆传给立杆，这种做法不仅额外增加了水平杆的弯矩，而且扣件的抗滑力未必能满足荷载要求，极易导致梁下扣件的滑脱，从而引发坍塌事故。正确的做法是将钢管立杆直接顶在梁下，如图5.25所示。严禁通过水平杆将梁的荷载传到立杆上。

（5）有的支撑体系未设置剪刀撑或剪刀撑设置不符合要求，使得支撑体系整体稳定性差，导致事故发生。

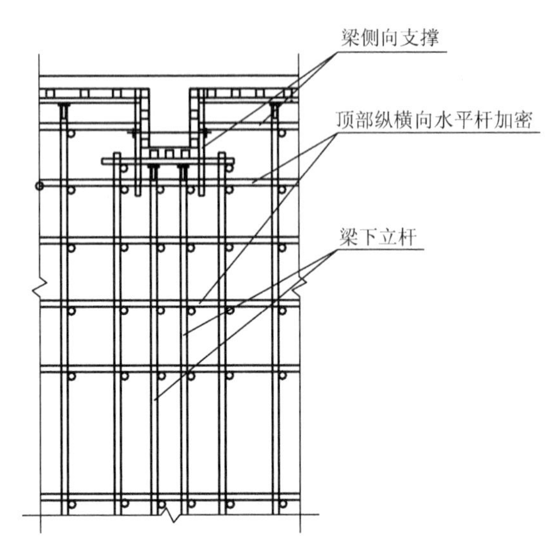

图 5.25　梁下立杆的正确做法

（6）施工顺序不符合要求。不少工程模板支撑体系的墙柱和梁板同时浇筑，使模板支撑体系没有抗击水平荷载的支撑点，导致事故发生。

在施工中，墙、柱应先浇筑，等墙、柱混凝土达到一定强度，足以抵抗梁、板模板体系施工中产生的水平荷载后，再浇筑梁、板混凝土。施工时，水平杆应和墙、柱顶紧、拉牢，做可靠连接，防止模板支撑体系产生位移。

（7）主、次梁和板下的立杆间距不统一、纵横不成行，导致梁下立杆没有水平横杆连接，缺少了侧向水平支撑，而梁下立杆受力最大，致使架体的整体稳定性大大降低，导致事故的发生。许多事故案例表明，大多数的模板支撑体系坍塌是从梁的部位开始的。

梁和板的立柱，其纵横向间距应成倍数或相等，如图 5.26 及图 5.27 所示。

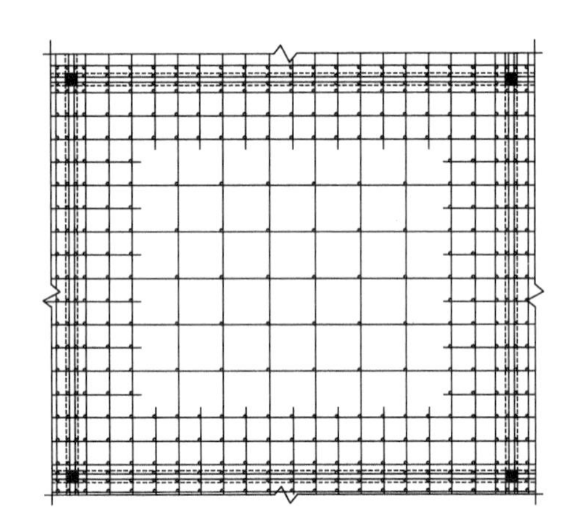
图 5.26　板下立杆间距是梁下立杆间距的倍数

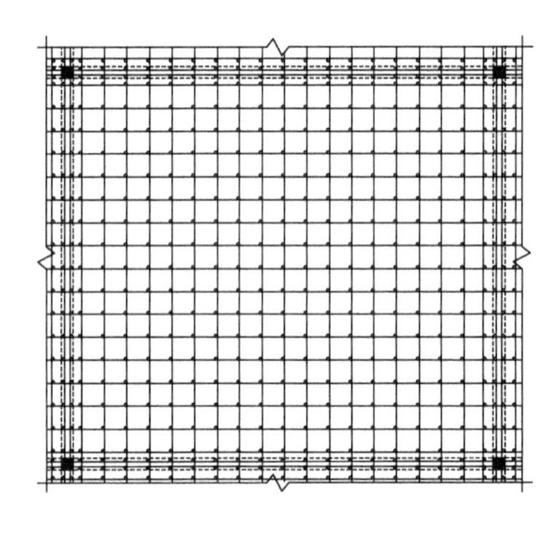
图 5.27　梁下立杆间距与板下立杆间距相等

（8）立杆、水平杆件、剪刀撑三维尺寸间距过大，是导致模板支撑体系坍塌的重要原因。

（9）模板支撑体系不与周围墙、柱以及架体按照规范要求连接或连接不符合要求，是造成整体失稳、导致事故的主要原因。

模板支撑体系缺少和已经浇筑完成的墙、柱以及周围架体的固结，不能抗击侧向水平力，致使架体整体稳定性大大降低。模板支撑体系应按如下要求进行施工：①水平拉杆的端部均应与四周建筑物顶紧顶牢；②当支架立柱高度超过 5m 时，应在立柱周圈外侧和中间有结构柱的部位，按水平间距 6～9m、竖向间距 2～3m 与建筑结构设置一个固结点。

(10) 模板支撑体系顶部没有按照规范要求加设水平拉杆，导致模板支撑体系首先从顶部失稳破坏，造成坍塌。

模板支撑体系顶部加设水平拉杆，可以减少立杆长细比，增强模板支撑体系的整体稳定性。从立杆弯矩图可以看出，立杆顶部弯矩最大，最容易发生破坏，造成整体失稳破坏，导致坍塌事故。正是因为立杆顶部弯矩最大，《建筑施工模板安全技术规范》(JGJ 162—2008) 做了如下规定：①当层高在8～20m时，在最顶步距两水平拉杆中间应加设一道水平拉杆；②当层高大于20m时，在最顶两步距水平拉杆中间应分别增加一道水平拉杆。

4. 管理不到位

(1) 部分施工企业对高支模体系的搭设未引起足够的重视，对模板工程安全专项施工方案的编制、审批把关不严，对涉及施工安全的重点部位和环节的检查督促落实不到位；部分施工项目部质量安全保证体系不健全，责任制不落实，未认真履行职责，对现场搭设的支撑体系不符合规定、存在隐患的问题未按“三定”要求督促整改。

(2) 不少监理单位对模板工程安全专项施工方案的审核基本上只是履行签字手续，没有进行实质性审查，也未能提出有针对性的审核意见；对支撑体系搭设过程监控不到位，未严格按照规范和经审批的专项施工方案要求组织验收；对监理过程中发现的安全隐患也未能及时地督促整改、制止和报告。

(3) 部分模板工程安全专项施工方案编制粗糙，未突出工程施工特点，针对性和指导性差，模板和支撑体系的设计计算、材料规格、钢管连接方式等脱离工程实际，未附施工平面图和构造大样，对支撑体系搭设工艺叙述不清，不能起到有效指导施工的作用。

(4) 安全技术交底流于形式。施工现场安全技术交底一般仅交底到班组长，具体搭设人员基本无交底，且交底内容也仅是一般性的安全注意事项，没有对支撑架体搭设工艺、关键工序和主要构造技术参数进行交底，因此搭设中随意性很大，具体搭设人员无法按方案要求搭设，从搭设一开始就埋下了安全隐患，给后期的整改带来很多麻烦。

(5) 高支模体系的搭设队伍和搭设人员资格不符合要求。目前，由于模板工程基本上由模板专业队伍承包，高支模体系的搭设也基本由木工完成，多数搭设人员未经培训无证上岗，未能掌握扣件式钢管脚手架的搭设要求，不能有效执行相关标准规范，给高支模体系埋下了不安全因素。

(6) 有的项目高大模板安全专项施工方案未按规定组织专家组进行论证审查，有的项目虽经专家组论证审查，但专家组的意见建议未能在专项施工方案中得到改进和完善，也未能在搭设过程中逐项落实。

(7) 模板工程未严格按照规范和专项施工方案要求进行专项验收，部分施工单位和监理单位参加验收仅履行签字手续而已，而有的项目根本未正式组织验收就进入下道工序施工，验收程序形同虚设。

针对以上几方面原因，今后在施工中，高大模板工程应严格执行《危险性较大的分部分项工程安全管理办法》。施工单位应当按规定编制安全专项施工方案，组织专家组进行论证审查。

【知识链接】

单元小结

随着高层建筑的发展，各种类型的模板应用在高层施工之中。通过本单元的学习，应掌握各种模板的施工安装工艺要求及安全控制措施。

练习题

一、思考题

1. 高层建筑施工中，模板类型有哪些？
2. 胶合板模板施工工艺及质量控制要求有哪些？
4. 滑模施工工艺及质量控制要求有哪些？
5. 爬模施工工艺及质量控制要求有哪些？
6. 常见哪些模板工程质量问题？如何预防？
7. 分析模板工程坍塌事故的原因。
8. 简述大模板施工工艺及质量控制要求、安全控制措施。

二、选择题

1. 现浇钢筋混凝土结构施工中，对模板要求为（　　）。
A. 保证结构各部分形状尺寸和相互位置的正确性
B. 具有足够的强度、刚度、稳定性
C. 构造简单、拆装方便
D. 必须省钱、经济

2. 大模板组成包括（　　）。
A. 面板系统　　B. 支撑系统　　C. 操作平台　　D. 附件

3. 爬升模板组成包括（　　）。
A. 爬升模板　　B. 爬升支架　　C. 爬升设备　　D. 附件

4. 对跨度不小于4m的现浇钢筋混凝土梁、板，其模板应按设计要求起拱；当设计无具体要求时，起拱高度宜为跨度的（　　）。
A. 1/1000～3/1000　　B. 1/100～3/100
C. 5/1000～8/1000　　D. 由经验确定

5. 对于跨度小于8m的梁，拆除模板时混凝土强度需达到设计强度的（　　）。
A. 50%　　B. 75%　　C. 85%　　D. 100%

三、计算题

某高层建筑，采用框架剪力墙结构，框架柱截面尺寸为600mm×600mm，框架梁截面尺寸为450mm×800mm，剪力墙厚度为350mm；筏板基础的厚度为1000mm，筏板基础主梁尺寸为350mm×700mm，筏板基础次梁尺寸为300mm×600mm，楼板厚度均为110mm。试估算各构件每立方米混凝土的模板工程量。

【参考答案】

单元6 钢筋工程

教学目标

知识目标

1. 掌握粗钢筋连接的常用方法；
2. 掌握钢筋焊接方法与焊接工艺；
3. 掌握钢筋机械连接方法与连接工艺。

能力目标

1. 具有钢筋连接施工的能力；
2. 能够分析与解决在钢筋连接施工过程中出现的实际问题。

知识架构

知 识 点	权 重
粗钢筋连接方法	10%
钢筋焊接	40%
钢筋机械连接	50%

章节导读

高层建筑现浇钢筋混凝土结构工程中，粗直径钢筋连接的工作量比较大，采用合适的施工方法可以大大提高劳动效率。传统的连接方式一般是采用对焊、电弧焊等，近些年来推广了很多新的钢筋连接工艺，如电渣压力焊、气压焊、钢筋机械连接等，大大提高了生产效率，改善了钢筋接头的质量。

引例

某工程为一高层商住楼，总建筑面积78126m^2。设有一层地下室，层高5m；地上首层、二层作为商场，层高4.8m；第三层为停车场，层高5.3m；4～31层为住宅，分为四座塔楼，标准层高 3.0m。因本项目住宅的档次较高，在结构设计时采用了暗柱的方式，而且工期紧，因此施工中钢筋工程的主要特点是：规模大，钢筋连接数量多，为了配合工期的要求，要求钢筋连接技术能够实现快速施工的效果，能够满足全天候施工要求；由于采用暗柱的设计方式，柱截面小、配筋密集且大量采用粗直径钢筋（最大钢筋直径 28mm），要求钢筋连接技术能够减少混凝土浇筑时的施工难度；要求钢筋连接技术能够节约钢材，降低工程成本。为此，该项目采用了粗直径钢筋机械连接技术。钢筋机械连接施工具有操作简单、施工速度快、质量稳定、接头强度高、可增加与混凝土间握裹力等优点，不受钢筋的可焊性、化学成分及气候影响。针对工程的工期要求和设计特点，该项目在工程的施工中对直径 18mm 以上竖向钢筋的连接采用了等强锥螺纹套筒连接技术。

直螺纹套筒连接技术是近年来开发的一种新的粗直径钢筋连接方式。该项目对于地下室底板、独立柱和暗柱等关键受力结构部位，粗直径钢筋连接全部采用了直螺纹套筒连接技术，共使用直螺纹接头 87292 个，其中直径为 28mm 的 10786 个，直径为 25mm 的 22420 个，直径为 22mm 的 17760 个，直径为 20mm 的 14963 个，直径为 18mm 的 16350 个。

随着我国建设工程质量标准的提高及各类高层建筑、大跨度建筑、桥梁、水工、核电等项目的迅速发展，钢筋混凝土结构在建筑工程中的应用日益广泛。Ⅲ级和Ⅲ级以上的钢筋应用日趋普遍，高强度、粗直径钢筋的水平、竖向、斜向连接技术的运用已成为建筑结构设计和施工的关键因素，工程技术人员合理选择粗钢筋的连接技术对工程的质量、工期、效益及施工安全性至关重要。从价格上看，以 25mm 的接头为例，目前市场价格在 8.5 元/个，比冷挤压、锥螺纹接头价格低，一般甲方能够接受。且接头的可靠性比锥螺纹接头高，具有接头强度高、与母材等连接速度快、性能稳定、应用范围广、操作方便、用料省等优点，所以已在国内不少重大工程中推广应用，得到很多建设、设计、监理、施工单位的好评。滚轧直螺纹接头推广应用前景较好。

钢筋接头有三种，即绑扎搭接接头、焊接接头、机械连接接头。规范规定：直径大于 12mm 以上的钢筋，应优先采用焊接接头或机械连接接头；轴心受拉和小偏心受拉构件的纵向受力钢筋、直径 $d>28$mm 的受拉钢筋、直径 $d>32$mm 的受压钢筋，不得采用绑扎搭接接头；直接承受动力荷载的构件，纵向受力钢筋不得采用绑扎搭接接头。

钢筋连接的原则是，钢筋接头宜设置在受力较小处，同一根钢筋不宜设置两个以上接头，同一构件中的纵向受力钢筋接头宜相互错开，如图 6.1 所示。

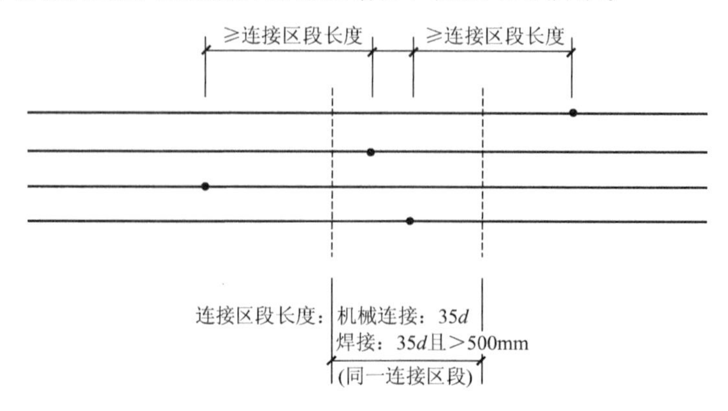

图 6.1　钢筋焊接或机械连接的接头位置关系

6.1 钢筋焊接

6.1.1 钢筋的焊接类型

钢筋连接采用焊接接头，可节约钢材，改善结构受力性能，提高工效、降低成本。钢筋焊接分为熔焊与压焊两大类。

(1) 熔焊。熔焊过程实质上是利用热源产生的热量，把母材和填充金属熔化，形成焊接熔池，当电源离开后，由于周围冷金属的导热及其介质的散热作用，焊接熔池温度迅速下降，并凝固结晶而形成焊缝。如电弧焊、电渣焊、热剂焊。

(2) 压焊。压焊过程实质上是利用热源，包括外加热源和电流通过母材所产生的热量，使母材加热达到局部熔化，随即施加压力，形成焊接接头，如电阻点焊、闪光对焊、电渣压力焊、气压焊、埋弧压力焊等。

《钢筋焊接及验收规程》(JGJ 18—2012) 规定，适用于粗钢筋连接的焊接方法，有闪光对焊、电弧焊、电渣压力焊和气压焊四种。

焊接施工的一般规定如下。

(1) 焊工必须持证操作，施焊前应进行现场条件下的焊接工艺试验，试验合格后，方可正式施焊。在工程开工或每批钢筋正式焊接前，应进行现象条件下的焊接性能试验。合格后，方可正式生产。对从事钢筋焊接施工的班组及有关人员应经常进行安全生产教育，并应制定和实施安全技术措施，加强焊工的劳动保护，防止发生烧伤、触电、火灾、爆炸以及烧坏焊接设备等事故。

(2) 焊剂应存放在干燥的库房内，受潮时，使用前应经 250～300℃烘焙 2h。

(3) 在环境温度低于－50℃条件下施焊，闪光对焊宜采用预热闪光焊或闪光-预热闪光焊；电弧焊宜增大焊接电流、减低焊接速度；环境温度低于－200℃时，不宜进行各种焊接。

(4) 雨天、雪天不宜在现场施焊，必须施焊时，应采取有效遮蔽措施，焊后未冷却接头不得碰到冰雪。

(5) 进行电阻点焊、闪光对焊、电渣压力焊或埋弧压力焊时，应随时观察电源电压的波动情况。对于电阻点焊或闪光对焊，当电源电压下降大于 5%、小于 8%时，应采取提高焊接变压器级数的措施；当大于或等于 8%时，不得进行焊接。对于电渣压力焊或埋弧压力焊，当电源电压下降大于 5%时，不宜进行焊接。

(6) 妥善管理氧气、乙炔、液化石油气等易燃易爆品，制定并实施各项安全技术措施，防止烧伤、触电、火灾、爆炸以及烧坏焊接设备事故的发生。

(7) 电渣压力焊应用于柱、墙、烟囱等现浇混凝土结构中竖向受力钢筋的连接，不得用于梁、板等构件中水平钢筋的连接。

(8) 钢筋焊接施工之前，应清除钢材焊接部位以及与电极接触的钢筋表面上的锈斑、油污、杂物等；钢筋端部若有弯折、扭曲时，应予以矫直或切除。

(9) 焊机应经常维护保养和定期检修，确保正常使用。

6.1.2 钢筋闪光对焊

钢筋闪光对焊是将需对焊的钢筋分别固定在对焊机的两个电极上，通以低电压的强电流，利用焊接电流通过钢筋接触点产生的电阻热，使金属熔化、蒸发、爆破，产生强烈飞溅、闪光，钢筋端部产生塑性区及均匀的液态金属层，迅速施加顶锻力后使两钢筋联为一体，如图 6.2 所示。闪光对焊工艺生产效率高、操作简单，接头受力性能好，适用范围广，主要用于钢筋接长及预应力钢筋与螺纹端杆的连接。

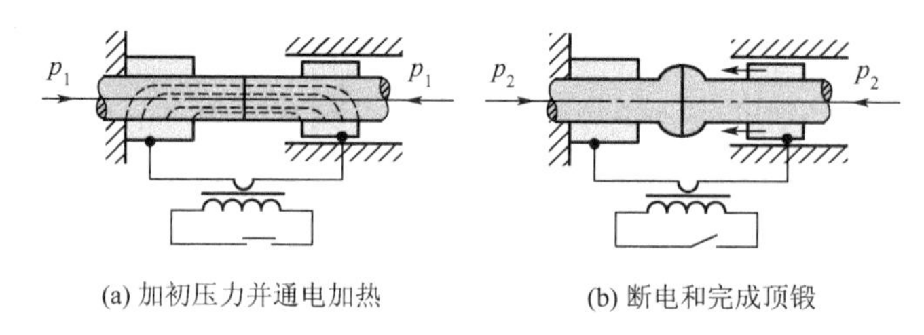

(a) 加初压力并通电加热　　(b) 断电和完成顶锻

图 6.2　闪光对焊示意图

【参考视频】

1. 闪光对焊机具

对焊机有手动式、半自动式和全自动式，其中手动杠杆式有 75 型、100 型和 150 型，可以焊接 ϕ40mm 的钢筋。当钢筋直径大于 32mm 时，最好使用 UN150－2 型电动凸轮半自动电焊机或 UN17－150 型全自动对焊机，如图 6.3 所示。

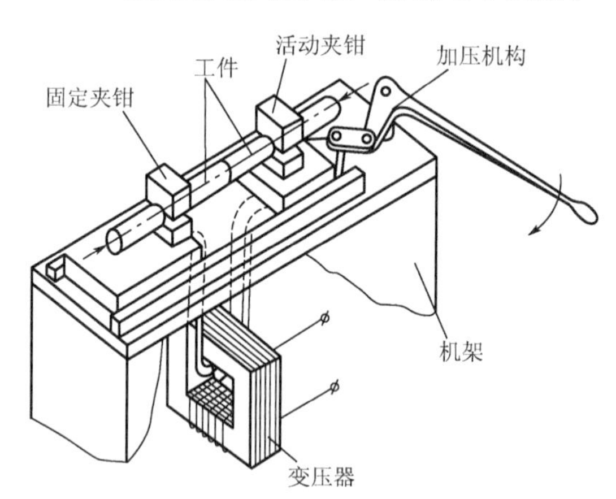

图 6.3　闪光对焊机

2. 对焊工艺

钢筋闪光对焊的焊接工艺，可分为连续闪光焊、预热闪光焊和闪光-预热闪光焊等，根据钢筋品种、直径、焊机功率、施焊部位等因素选用。

连续闪光焊的工艺过程，包括连续闪光和顶锻过程。施焊时，先闭合一次电路，使两根钢筋端面轻微接触，此时端面的间隙中即喷射出火花般熔化的金属微粒——闪光，接着徐徐移动钢筋使两端面仍保持轻微接触，形成连续闪光；当闪光达到预定的长度，使钢筋端头加热到接近熔点时，就以一定的压力迅速进行顶锻。先带电顶锻，再无电顶锻到一定长度，焊接接头即告完成。

预热闪光焊是在连续闪光焊前增加一次预热过程，以扩大焊接热影响区。其工艺过程包括预热、闪光和顶锻过程。施焊时先闭合电源，然后使两根钢筋端面交替地接触和分开，这时钢筋端面的间隙中即发出断续的闪光，而形成预热过程。当钢筋达到预热温度后即进入闪光阶段，随后顶锻。

闪光-预热闪光焊是在预热闪光焊前加一次闪光过程，目的是使不平整的钢筋端面烧化平整，使预热均匀。因而其工艺过程包括一次闪光、预热、二次闪光及顶锻过程。施焊时，首先形成连续闪光，使钢筋端部烧平，然后同预热闪光焊的步骤。

3. 对焊参数

对焊参数包括调伸长度、闪光留量、闪光速度、顶锻留量、顶锻速度、顶锻压力及变压器级次。采用预热闪光焊时，还包括预热留量与预热频率等参数。

1）调伸长度

调伸长度是指焊接前，两钢筋端部从电极钳口伸出的长度。调伸长度的选择与钢筋品种和直径有关，应使接头能均匀加热，并使钢筋顶锻时不致发生旁弯。

2）闪光留量与闪光速度

闪光（烧化）留量是指在闪光过程中，闪出金属所消耗的钢筋长度。闪光留量的选择，应使闪光过程结束时钢筋端部的热量均匀，并达到足够的温度。闪光速度由慢到快，开始时近于零，而后约1mm/s，终止时达1.5～2mm/s。

3）顶锻留量、顶锻速度与顶锻压力

(1) 顶锻留量是指在闪光结束，将钢筋顶锻压紧时因接头处挤出金属而缩短的钢筋长度。顶锻留量的选择，应使钢筋焊口完全密合并产生一定的塑性变形。顶锻留量宜取4～10mm，级别高或直径大的钢筋取大值；其中有电顶锻留量约占1/3，无电顶锻留量约占2/3。焊接时必须控制得当。

(2) 顶锻速度应越快越好，特别是顶锻开始的0.1s应将钢筋压缩2～3mm，使焊口迅速闭合不致氧化，而后断电并以6mm/s的速度继续顶锻至结束。

(3) 顶锻压力应足以将全部的熔化金属从接头内挤出，而且还要使邻近接头处（约10mm）的金属产生适当的塑性变形。

4）预热留量与预热频率

预热程度由预热留量与预热频率来控制。预热留量的选择，应使接头充分加热。

4. 对焊接头质量检验

1）取样数量

钢筋闪光对焊接头的机械性能试验，包括拉伸试验和弯曲试验，应从每批成品中切取6个试件，3个做拉伸试验，3个做弯曲试验。在同一班内，由同一焊工完成的300个同级别、同直径钢筋焊接接头应作为一批。当同一台班内焊接的接头数量较少时，可在一周之内累计计算；累计仍不足300个接头时，应按一批计算。接头处不得有横向裂纹。做力学性能试验时，随机抽取6个接头，3个做拉伸试验，3个做弯曲试验。

取样长度：$d \geqslant 20$mm时，$l_{拉}=10d+200$mm，$l_{弯}=5d+200$mm；$d<20$mm，$l_{拉}=10d+250$mm，$l_{弯}=5d+200$mm。

2）外观检查

钢筋闪光对焊接头的外观检查，每批抽查10%的接头，且不得少于10个；接头处不得有横向裂纹；与电极接触处的钢筋表面，不得有明显的烧伤；接头处的弯折，不得大于4°；接头处的钢筋轴线偏移量，不得大于钢筋直径的0.1倍，且不得大于2mm；当有一个接头不符合要求时，应对全部接头进行检查，剔出不合格接头，切除热影响区后重新焊接。

3）拉伸试验

3个试件的抗拉强度均不得小于该级别钢筋规定的抗拉强度；预热处理Ⅲ级钢筋接头抗拉强度，均不得小于热轧Ⅲ级钢筋接头抗拉强度570MPa。至少应有2个试件断于焊缝之外，并呈延性断裂。当试验结果有一个试件抗拉强度小于上述规定值，或有2个试件在焊缝或热影响区发生脆性断裂时，应再抽取6个试件进行复验，复验结果若仍有一个试件的抗拉强度小于规定值，或有3个试件于焊缝或热影响区呈脆性断裂时，则该批钢筋接头判为不合格品。

预应力钢筋与螺钉端杆闪光对焊接头拉伸试验结果，3个试件应全部断于焊缝之外，并呈延性断裂。当试验结果有一个试件在焊缝或热影响区发生脆断时，应再抽取3个试件进行复验，若仍有一个试件在焊缝或热影响区发生脆断，则该批接头为不合格品。模拟试件的检验结果不符合要求时，复验应从成品中切取试件，其数量和要求与初验时相同。

4）弯曲试验

钢筋闪光对焊接头做弯曲试验时，应将受压面的金属毛刺和镦粗变形部分去掉，与母材的外表齐平。弯曲试验可在万能试验机、手动或电动液压弯曲机上进行，焊缝应处于弯曲的中心点。弯曲至90°时，至少有2个试件不得发生破断。3个弯曲试件试验时，至少应有2个试件不得发生破断，当试验结果有2个试件发生破断时，应再抽取6个试件进行复验，结果如仍有3个试件发生破断，则该批接头判为不合格品。

6.1.3 钢筋电阻点焊

钢筋电阻点焊是将两根钢筋安放成交叉叠接形式，压紧于两电极之间，利用电阻热熔化母材金属，加压形成焊点的一种压焊方法，如图6.4所示。

1. 点焊设备

点焊一般采用单头点焊机。而钢筋焊接网成型机是钢筋焊接网生产线的专用设备，采用微机控制，生产效率高，网格尺寸准，能焊接总宽度不大于3.4m、总长度不大于12m的钢筋网。

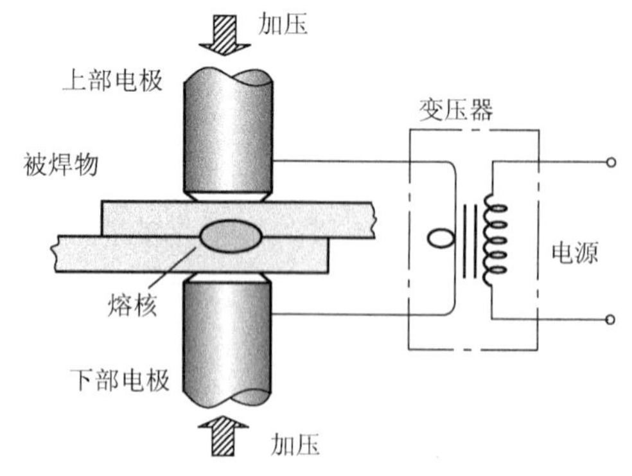

图6.4　电阻点焊示意图

【参考视频】

点焊机用电极，应采用优质紫铜制造，电极槽孔的尺寸应当精确，以保证冷却水的畅通。电极直径，根据所焊的较小钢筋直径选择。当较小钢筋的直径为3～10mm时，电极直径取30mm；当较小钢筋直径为12～14mm时，取40mm。

在点焊生产中，应经常保持电极与钢筋之间接触表面的清洁平整。若电极使用变形，应及时修整。

2. 点焊工艺

点焊过程可分为预压、通电、锻压三个阶段。在通电开始一段时间内，接触点扩大，固态金属因加热而膨胀，在焊接压力作用下，焊接处金属产生塑性变形，并挤向工件间隙缝中；继续加热后，开始出现熔化点，并逐渐扩大成所要求的核心尺寸，此时切断电流。

热轧钢筋点焊时，焊点的压入深度为较小钢筋直径的25%～45%；冷拔光圆钢丝、冷轧带肋钢筋点焊时，压入深度应为较小钢筋直径的25%～40%。

3. 点焊参数

当焊接不同直径的钢筋时，焊接网的纵向与横向钢筋的直径应符合下式要求：$d_{min} \geqslant 0.6d_{max}$。

4. 钢筋焊接网质量检验

成品钢筋焊接网进场时，应按批抽样进行质量检验。

(1) 取样数量：每批钢筋焊接网应由同一厂家生产且受力主筋为同一直径、同一级别的材质组成，重量不应大于20t。每批焊接网外观质量和几何尺寸的检验，应抽取5%的网片，且不得少于3片。钢筋焊接网的焊点应做力学性能试验。在每批焊接网中，应随机抽取一张网片，在纵、横向钢筋上各截取2根试件，分别进行拉伸和冷弯试验；并在同一根非受拉钢筋上随机截取3个抗剪试件。力学性能试件应从成品中切取，切取过试件的制品应补焊同级别、同直径钢筋，其每边搭接的长度不应小于2个孔格的长度。

(2) 外观检查：焊接网外观质量检查结果，钢筋交叉点开焊数量不得超过整个网片交叉点总数的1%，并且任一根钢筋上开焊点数不得超过该根钢筋上交叉点总数的50%。焊接网最外边钢筋上的交叉点不得开焊。焊接网表面不得有油渍及其他影响使用的缺陷，可允许有毛刺、表面浮锈。焊接网几何尺寸的允许偏差，对网片的长度、宽度为±25mm，对网格的长度、宽度为±10mm。当需方有要求时，经供需双方协商，焊接网片长度允许偏差可取±10mm。

(3) 力学性能试验：抗剪试验时，应采用能悬挂于试验机上专用的抗剪试验夹具。抗剪试验结果，3个试件抗剪力的平均值应符合 $F \geqslant 0.3A_0 \times \sigma_s$，其中 F 为抗剪力，A_0 为较大钢筋的横截面积，σ_s 为该级别钢筋的屈服强度。当抗剪试验不合格时，应在取样的同一横向钢筋上所有交叉焊点取样检查；当全部试件平均值合格时，方可确认该批焊接网为合格品。

拉伸试验与弯曲试验方法与常规方法相同。试验结果应符合该级别钢筋的力学性能指标；如不合格，则应加倍取样进行不合格项目的检验。复验结果全部合格时，该批钢筋网方可判定为合格。

6.1.4 钢筋电弧焊

钢筋电弧焊是以焊条作为一极、钢筋作为另一极，利用焊接电流通过时产生的电弧热进行焊接的一种熔焊方法，如图6.5所示。

钢筋电弧焊包括帮条焊、搭接焊、坡口焊和熔槽帮条焊等接头形式。焊接时，应根据钢筋级别、直径、接头形式和焊接位置，选择焊条、焊接工艺和焊接参数；焊接引弧应在垫板、帮条或形成焊缝的部位进行，不得烧伤主筋；焊接地线与钢筋应接触紧密；焊接过程中应及时清渣，使焊缝表面光滑，焊缝余高应平缓过渡，弧坑应填满。

【参考视频】

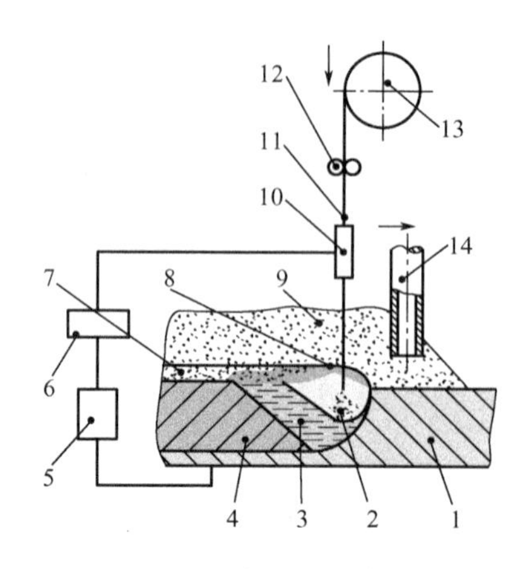

图 6.5　电弧焊示意图

1—母材；2—电弧；3—金属熔池；4—焊缝金属；5—焊接电源；6—电控箱；7—凝固熔渣
8—熔融熔渣；9—焊剂；10—导电嘴；11—焊丝；12—焊丝送进轮；13—焊丝盘；14—焊剂输送管

1. 电弧焊设备和焊条

电弧焊的主要设备是电弧焊机，后者可分为交流和直流两类。

(1) 交流弧焊机。交流弧焊机（焊接变压器）具有结构简单、价格低廉、保养维护方便等优点，建筑工地常用型号有用 BX3-120-1、BX3-300-2、BX3-500-2、BX2-1000 等。

(2) 直流弧焊机。直流弧焊机有旋转式直流弧焊机和焊接整流器两种类型。旋转式直流弧焊机为焊接发电机，由电动机或原动机带动弧焊发电机整流发电；焊接整流器则是一种将交流电变为直流电的焊接电源。

电焊条由焊芯和药皮组成。适用于钢筋工程的焊条称为结构钢焊条，其表示方法为"结×××"或"T×××"，三个数字中第一、二个表示焊缝能达到的抗拉强度，单位为 N/mm，第三个数字表示药皮类型。

药皮的作用是在电弧周围形成保护性气体和起到脱氧作用，使氧化物形成熔渣浮于焊缝金属表面，令焊缝不受有害气体的影响并稳定电弧燃烧。焊条直径有 2.0mm、2.5mm、3.2mm、4.0mm、5.0mm、6.0mm 六种。

当采用低氢型碱性焊条时，应按使用说明书的要求烘焙；酸性焊条若在运输或存放中受潮，使用前也应烘焙后方可使用。

2. 帮条焊和搭接焊

帮条焊和搭接焊宜采用双面焊，当不能进行双面焊时，可采用单面焊，如图 6.6 所示。当帮条级别与主筋相同时，帮条直径可与主筋相同，或小一个规格；当帮条直径与主筋相同时，帮条级别可与主筋相同或低一个级别。

施焊时，应在帮条焊或搭接焊形成的焊缝中引弧；在端头收弧前应填满弧坑，并应使主焊缝与定位焊缝的始端和终端熔合。

帮条焊或搭接焊的焊缝厚度 h 不应小于主筋直径的 0.3 倍，焊缝宽度 b 不应小于主筋直径的 0.7 倍。

钢筋与钢板搭接焊时，焊缝宽度不得小于钢筋直径的 0.5 倍，焊缝厚度不得小于钢筋直径的 0.35 倍。

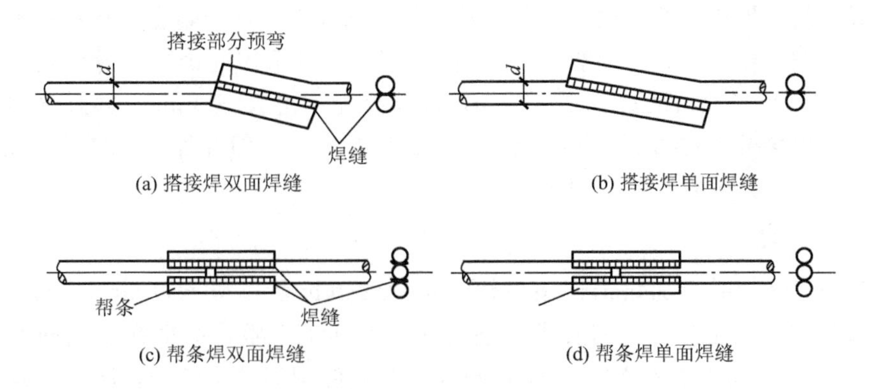

(a) 搭接焊双面焊缝　(b) 搭接焊单面焊缝

(c) 帮条焊双面焊缝　(d) 帮条焊单面焊缝

图 6.6　弧焊焊接接头

3. 预埋件电弧焊

预埋件 T 形接头电弧焊分为贴角焊和穿孔塞焊两种，如图 6.7 所示。

采用贴角焊时，焊缝的焊脚 K 值（图 6.7）对 HPB235 级钢筋不得小于 0.5d，对 HRB335 级钢筋不得小于 0.6d（d 为钢筋直径）。

采用穿孔塞焊时，钢板的孔洞应做成喇叭口，其内口直径应比钢筋直径 d 大 4mm，倾斜角度为 45°，钢筋缩进 2mm。

施焊中，电流不宜过大，不得使钢筋咬边和烧伤。

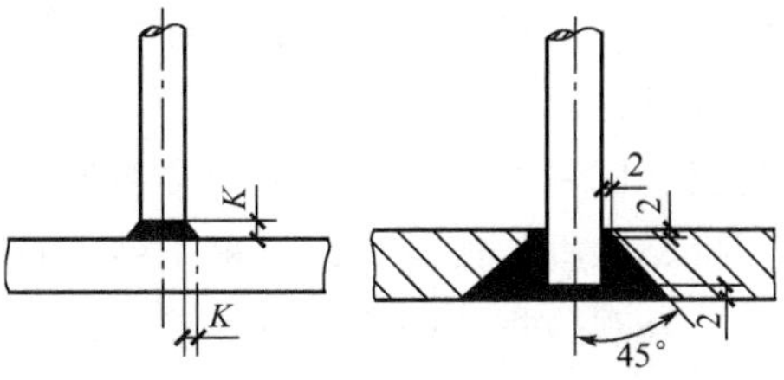

(a) 贴角焊　(b) 穿孔塞焊

图 6.7　预埋件电弧焊 T 形接头（单位：mm）

4. 剖口焊

施焊前准备时，钢筋坡口面应平顺，切口边缘不得有裂纹、钝边和缺棱；钢筋坡口平焊时，V 形坡口角度宜为 55°～65°，如图 6.8(a) 所示；坡口立焊时，坡口角度宜为 40°～55°，其中下钢筋为 0°～10°，上钢筋为 35°～45°，如图 6.8(b) 所示。

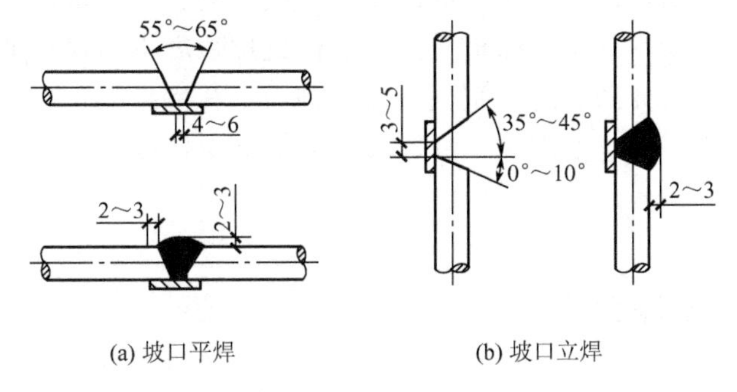

(a) 坡口平焊　(b) 坡口立焊

图 6.8　钢筋坡口接头（单位：mm）

钢垫板的长度宜为 40～60mm，厚度宜为 4～6mm；坡口平焊时，垫板宽度应为钢筋直径加 10mm；立焊时，垫板宽度宜等于钢筋直径。

钢筋根部间隙，坡口平焊时宜为 4～6mm；立焊时，宜为 3～5mm；其最大间隙均不宜超过 10mm。

剖口焊工艺，焊缝根部、坡口端面以及钢筋与钢板之间均应熔合。焊接过程中应经常清渣。钢筋与钢垫板之间，应加焊 2～3 层侧面焊缝；宜采用几个接头轮流进行施焊；焊缝的宽度应大于 V 形坡口的边缘 2～3mm，焊缝余高不得大于 3mm，并宜平缓过渡至钢筋表面；当发现接头中有弧坑、气孔及咬边等缺陷时，应立即补焊。HRB400 级钢筋接头冷却后补焊时，应采用氧乙炔焰预热。

5. 熔槽帮条焊

熔槽帮条焊焊接时应加角钢作垫板模。角钢的边长宜为 40～60mm，长度宜为 80～100mm。其焊接工艺应符合下列要求：钢筋端头应加工平整，两根钢筋端面的间隙应为 10～16mm。从接缝处垫板引弧后应连续施焊，并应使钢筋端头熔合，防止未焊透、气孔或夹渣；焊接过程中应停焊清渣一次，焊平后再进行焊缝余高的焊接，其高度不得大于 3mm；钢筋与角钢垫板之间，应加焊侧面焊缝 1～3 层，焊缝应饱满，表面应平整。

6. 电弧焊接头质量检验

(1) 取样数量。应在清渣后逐个进行目测或量测。当进行力学性能试验时，应按下列规定抽取试件：在工厂焊接条件下，以 300 个接头（同钢筋级别、同接头形式）为一批；同一楼层、同一焊工以 300 个同接头形式、同钢筋级别的接头为一批，不足 300 个接头仍作为一批，每批从成品中取 3 根试件做拉力试验。取样长度为焊缝两端各留 200mm。

(2) 外观检查。钢筋电弧焊接头外观检查，焊缝表面应平整，不得有凹陷或焊瘤。焊接接头区域不得有裂纹；焊接接头尺寸的允许偏差及咬边深度、气孔、夹渣等缺陷允许值，应符合规定；坡口焊、熔槽帮条焊接头的焊缝余高不得大于 3mm；预埋件 T 形接头的钢筋间距偏差不应大于 10mm，钢筋相对钢板的直角偏差不得大于 4°。外观检查不合格的接头，经修整或补强后可提交二次验收。

(3) 拉伸试验。3 个热轧钢筋试件抗拉强度，均不得小于该级别钢筋规定的抗拉强度；预热处理Ⅲ级钢筋接头试件的抗拉强度，均不得小于热轧Ⅲ级钢筋规定的抗拉强度 570MPa。3 个接头试件均应断于焊缝之外，并至少有 2 个试件呈延性断裂，当试验结果有一个试件抗拉强度小于规定值或有一个试件断于焊缝处或有 2 个试件发生脆性断裂时，应再抽取 6 个试件进行复验，其结果如仍有一个试件抗拉强度小于规定值或有一个试件断于焊缝或有 3 个试件发生脆性断裂时，则该批接头判为不合格品。

模拟试件试验结果不符合要求时，复验应再从成品中切取，其数量和要求应与初验时相同。

6.1.5 钢筋电渣压力焊

钢筋电渣压力焊是将两根钢筋安放成竖向对接形式，利用焊接电流通过两根钢筋端面间隙，在焊剂层下形成电弧和电渣过程，产生电弧热和电阻热，熔化钢筋，再加压完成焊接。这种焊接方法比电弧焊节省钢材、工效高、成本低，适用于现浇钢筋混凝土结构中竖向或斜向（倾斜度在 4∶1 范围内）钢筋的连接，如图 6.9 所示。

电渣压力焊在供电条件差、电压不稳、雨季或防火要求高的场合应慎用。

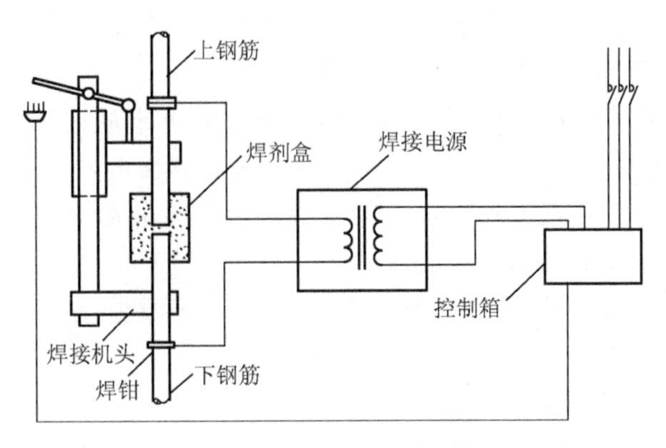

图 6.9 电渣压力焊示意图

1. 焊接设备与焊剂

电渣压力焊的焊接设备，包括焊接电源、焊接机头、控制箱、焊剂填装盒等，如图 6.10 所示。

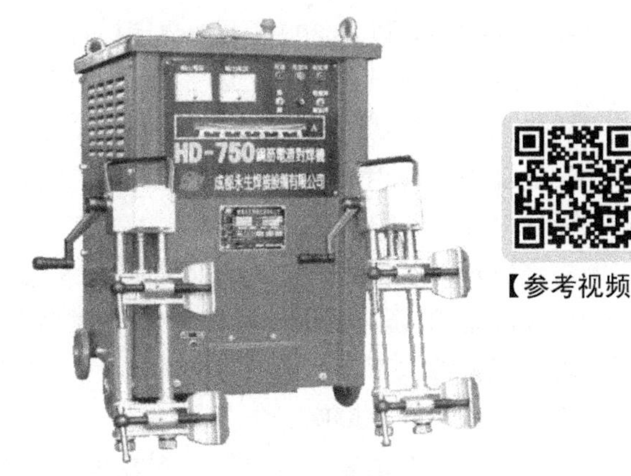

图 6.10 电渣压力焊机

【参考视频】

2. 焊接工艺与参数

(1) 焊接工艺。施焊前，焊接夹具的上、下钳口应夹紧在上、下钢筋上；钢筋一经夹紧，不得晃动。电渣压力焊的工艺过程，包括引弧、电弧、电渣和顶压过程，如图 6.11 所示。

引弧过程宜采用铁丝圈引弧法，也可采用直接引弧法。铁丝圈引弧法是将铁丝圈放在上、下钢筋端头之间，高约 10mm，电流通过铁丝圈与上、下钢筋端面的接触点形成短路引弧；直接引弧法是在通电后迅速将上钢筋提起，使两端头之间的距离为 2～4mm 引弧。当钢筋端头夹杂不导电物质或过于平滑造成引弧困难时，可以多次把上钢筋移下与下钢筋短接后再提起，达到引弧目的。

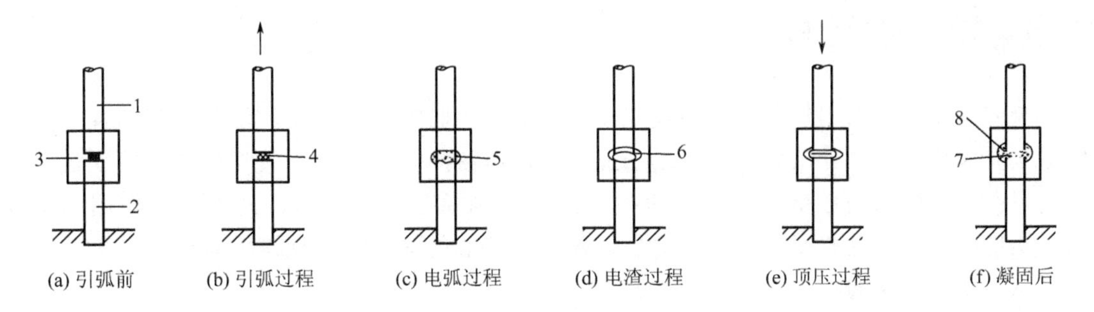

图 6.11 电渣压力焊工艺过程

1—上钢筋；2—下钢筋；3—焊剂盒；4—电弧；5—熔池；6—熔渣；7—焊包；8—渣壳

电弧过程是靠电弧的高温作用，将钢筋端头的凸出部分不断烧化，同时将接口周围的焊剂充分熔化，形成一定深度的渣池。渣池形成一定深度后，将上钢筋缓缓插入渣池中，此时电弧熄灭，进入电渣过程。由于电流直接通过渣池，产生大量的电阻热，使渣池温度升到近2000℃，将钢筋端头迅速而均匀地熔化。

顶压过程是当钢筋端头达到全截面熔化时，迅速将上钢筋向下顶压，将熔化的金属、熔渣及氧化物等杂质全部挤出结合面，同时切断电源，焊接即告结束。

接头焊毕，应停歇后方可回收焊剂和卸下焊接夹具，并敲去渣壳；四周焊包应均匀，凸出钢筋表面的高度应大于或等于4mm。

(2) 焊接参数。电渣压力焊的焊接参数，主要包括焊接电流、焊接电压和焊接时间等。

3. 焊接缺陷及消除措施

在钢筋电渣压力焊的焊接过程中，如发现轴线偏移、接头弯折、结合不良、烧伤、夹渣等缺陷，参照表查明原因，采取措施，及时消除。

4. 电渣压力焊接头质量检验

(1) 取样数量。电渣压力焊接头应逐个进行外观检查。当进行力学性能试验时，在一般构筑物中，以每300个同级别钢筋接头为一批；在现浇钢筋混凝土框架结构中，每一楼层中或施工区段同一焊工以300个同级别钢筋接头作为一批，不足300个仍应作为一批。从每批成品中切取3个接头做拉伸试验。要求接头焊包均匀，钢筋表面无明显烧伤等缺陷。接头处的钢筋轴线偏移不得超过0.1倍钢筋直径，同时不得大于2mm。取样长度同闪光对焊。

(2) 外观检查。电渣压力焊接头外观检查，四周焊包凸出钢筋表面的高度应大于或等于4mm。钢筋与电极接触处，应无烧伤缺陷；接头处的弯折角不得大于4°；接头处的轴线偏移不得大于钢筋直径0.1倍，且不得大于2mm。外观检查不合格的接头应切除重焊，或采用补强焊接措施。

(3) 拉伸试验。电渣压力焊接头拉伸试验结果，3个试件的抗拉强度均不得小于该级别钢筋规定的抗拉强度。当试验结果有1个试件的抗拉强度低于规定值时，应再取6个试件进行复验。复验结果仍有1个试件的抗拉强度小于规定值时，应确认该批接头为不合格品。

6.1.6 钢筋气压焊

钢筋气压焊是采用氧乙炔火焰或其他火焰对两钢筋对接处加热，使其达到塑性态，然后加压完成焊接的一种压焊方法。由于加热和加压使接合面附近金属受到镦锻式压延，被焊金属产生强烈的塑性变形，促使两接合面接近到原子间的距离，进入原子作用的范围内，实现原子间的互相嵌入扩散及键合，并在热变形过程中完成晶粒重新组合的再结晶过程，从而获得牢固的接头。

钢筋气压焊工艺具有设备简单、操作方便、质量好、成本低等优点，但对焊工要求严，焊前对钢筋端面处理要求高。被焊两钢筋直径之差不得大于7mm。

1. 焊接设备

钢筋气压焊设备，包括氧气和乙炔供气设备、加热器、加压器及钢筋卡具等。

2. 焊接工艺

(1) 焊前准备：钢筋下料要用砂轮锯，不得使用切断机，以免钢筋端头呈马蹄形而无法压接。钢筋端面在施焊前，要用角向磨光机打磨见新。边棱要适当倒角，端面要平，不准有凹凸及中洼现象。钢筋端面基本上要与轴线垂直。接缝与轴线的夹角不得小于70°；两钢筋对接面间隙不得超过3mm。钢筋端面附近50～100mm范围内的铁锈、油污、水泥浆等杂物必须清除干净。两根被连接的钢筋用钢筋卡具对正夹紧。

(2) 施焊要点：钢筋气压焊的工艺过程，包括顶压、加热与压接过程。焊接时，应根据钢筋直径和焊接设备等具体条件选用等压法、二次加压法或三次加压法焊接工艺。两钢筋安装后，预压顶紧，预压力宜为10MPa。钢筋之间的局部缝隙不得大于3mm。

3. 焊接缺陷及消除措施

在焊接生产中，当发现焊接缺陷时，宜按表查找原因，采取措施，及时消除。

4. 气压焊接头质量检验

(1) 取样数量：气压焊接头应逐个进行外观检查。钢筋气压焊的机械性能检查时，在一般构筑物中，同一楼层、同焊工以300个接头为一批；在现浇钢筋混凝土房屋结构中，在同一楼层、同焊工中以300个接头为一批，不足300个仍为一批。在一批中随机抽取3个试件做拉伸试验，试件长度同闪光对焊；在梁板的水平钢筋焊接中，应另取3个接头试件做弯曲试验。

(2) 外观检查：气压焊接头外观检查要求偏心量 e 不得大于钢筋直径的0.15倍，且不得大于4mm [图6.12(a)]，当不同直径钢筋焊接时，应按较小钢筋直径计算，当大于规定值时，应切除重焊；两钢筋轴线弯折角不得大于4°，当大于规定值时，应重新加热矫正；镦粗直径 d_c 不得小于钢筋直径的1.4倍 [图6.12(b)]，当小于此规定值时，应重新加热镦粗；镦粗长度 l_c 不得小于钢筋直径的1.2倍，且凸起部分应平缓圆滑 [图6.12(c)]，当小于此规定值时，应重新加热镦长；压焊面偏移量 d_h 不得大于钢筋直径的0.2倍 [图6.12(d)]。钢筋压焊区表面不得有横向裂纹或严重烧伤。

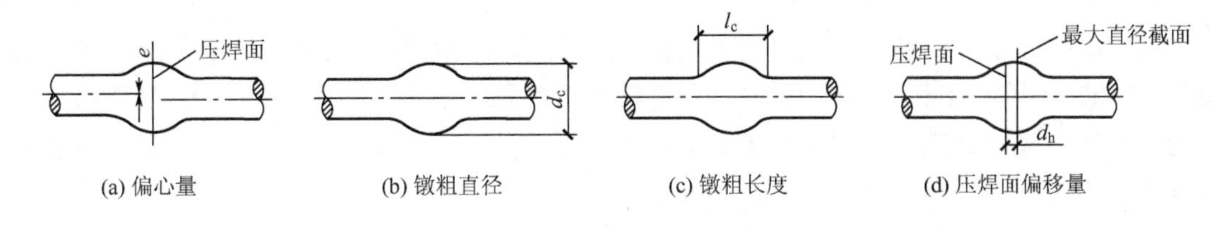

图6.12 钢筋气压焊外观质量图解

(3) 拉伸试验：气压焊接头拉伸试验结果，3个试件的抗拉强度均不得小于该级别钢筋规定的抗拉强度，并应断于压焊面之外，呈延性断裂。当有1个试件不符合要求时，应切取6个试件进行复验；复验结果仍有1个试件不符合要求时，应确认该批接头为不合格品。

(4) 弯曲试验：气压焊接头进行弯曲试验时，应将试件受压面的凸起部分消除，并应与钢筋外表面齐平。弯心直径应比原材弯心直径增加1倍钢筋直径，弯曲角度均为90°。弯曲试验可在万能试验机、手动或电动液压弯曲试验器上进行；压焊面应处在弯曲中心点，弯至 90°，3 个试件均不得在压焊面发生破断。试验结果如有 1 个试件不符合要求，应另抽取 6 个试件进行复验，复验结果如仍有 1 个试件不符合要求，则该批接头为不合格品。

6.1.7 钢筋埋弧压力焊

预埋件钢筋埋弧压力焊是将钢筋与钢板安放成 T 形连接形式，利用焊接电流通过，在焊剂层下产生电弧、形成熔池，再加压完成焊接的一种压焊方法。这种焊接方法工艺简单、工效高、质量好、成本低。

1. 焊接设备

手工埋弧压力焊机由焊接机架、工作平台和焊接机头组成。

2. 焊接工艺

施焊前，钢筋钢板应清洁，必要时除锈，以保证台面与钢板、钳口与钢筋接触良好，不致起弧。采用手工埋弧压力焊时，接通焊接电源后，立即将钢筋上提 2.5～4.0mm，引燃电弧。随后，根据钢筋直径大小适当延时，或者继续缓慢提升 3～4mm，再渐渐下送，使钢筋端部和钢板熔化，待达到一定时间后，迅速顶压。

3. 焊接参数

埋弧压力焊的焊接参数，包括引弧提升高度、电弧电压、焊接电流、焊接通电时间等。当采用 500 型焊接变压器时，焊接参数应符合其表中规定；当采用 1000 型焊接变压器时，也可选用大电流、短时间的强参数焊接法。

4. 焊接缺陷及消除措施

焊工应自检。当发现焊接缺陷时，宜按表查找原因，采取措施，及时消除。

5. 埋弧压力焊接头质量检验

(1) 取样数量：预埋件钢筋 T 形接头的外观检查，应从同一台班内完成的同一类型预埋件中抽查 10%，且不得少于 10 件。当进行力学性能试验时，应以 300 件同类型预埋件作为一批。一周内连续焊接时，可累计计算。当不足 300 件时，也应按一批计算。应从每批预埋件中随机切取 3 个试件进行拉伸试验。

(2) 外观检查：埋弧压力焊接头外观检查，四周焊包凸出钢筋表面的高度应不小于 4mm，钢筋咬边深度不得超过 0.5mm；与钳口接触处钢筋表面应无明显烧伤；钢板应无焊穿，根部应无凹陷现象；钢筋相对钢板的直角偏差不得大于 4°，钢筋间距偏差不应大于 10mm。

(3) 拉伸试验：预埋件 T 形接头 3 个试件拉伸试验结果，其抗拉强度 HPB235 级钢筋接头均不得小于 $350N/mm^2$，HRB335 级钢筋接头均不得小于 $490N/mm^2$。

当试验结果有 1 个试件的抗拉强度小于规定值时，应再取 6 个试件进行复验。复验结果若仍有 1 个试件的抗拉强度小于规定值时，应确认该批接头为不合格品。对于不合格品采取补强焊接后，可提交二次验收。

6.1.8 焊接接头无损检测技术

1. 超声波检测法

钢筋是一种带肋棒状材料。钢筋气压焊接头的缺陷一般呈平面状存在于压焊面上，而且探伤工作只能在施工现场进行。因此，采用脉冲波双探头反射法在钢筋纵肋上进行探查，是切实可行的。

1）检测原理

当发射探头对接头射入超声波时，不完全接合部分对入射波进行反射，此反射波又被接收探头接收。由于接头抗拉强度与反射波强弱有很好的相关性，故可以利用反射波的强弱来推断接头的抗拉强度，从而确认接头是否合格。

2）检测方法

使用气压焊专用简易探伤仪检测时，应使用纱布或磨光机把接头镦粗两侧100～150mm范围内的纵向肋清理干净，涂上耦合剂。测超声波的最大透过值时，将两个探头分别置于镦粗同侧的两条纵肋上，反复移动探头，找到超声波最大透过量的位置，然后调整探伤仪衰减器旋钮，直至在超声波最大透过量时，显示屏幕上的竖条数为5条为止。

同材质同直径的钢筋，每测20个接头或每隔1h要重复一次上述操作。不同材质或不同直径的钢筋也要重复上述操作。检测时，将发射探头和接收探头的振子都朝向接头接合面，把发射探头依次置于钢筋同一肋的以下三个位置上：①接近镦粗处；②距接合面1.4d处；③距接合面2d处。发射探头在每一个位置，都要用接收探头在另一条肋上从位置①到位置③之间来回走查。检查应在两条肋上各进行一次。在整个走查过程中，如始终没有在探伤仪的显示屏上稳定地出现3条或3条以上的竖线，即判定合格；只有两条肋上检查都合格时，才能认为该接头合格。如果显示屏上稳定地出现3条或3条以上竖线时，探伤仪即发出嘟嘟的报警声，判定为不合格。这时可打开探伤仪声程值按钮，读出声程值。根据声程值确定缺陷所在的部位。

2. 无损张拉检测法

钢筋接头无损张拉检测技术主要用于施工现场钢筋接长的普查。它具有快速、无损、轻便、直观、可靠和经济的优点，适用于各种焊接接头，如电渣压力焊、气压焊、闪光对焊、电弧焊和搭接焊的接头，和多种机械连接接头，如锥形螺纹接头和套管挤压接头等。

（1）无损张拉检测仪：无损张拉检测仪实际上是一种直接安装在被测钢筋接头上的微型拉力机，由拉筋器、高压油管和手动油泵组成。拉筋器为积木式结构，安装在被测钢筋上，由上下锚具、垫座、油缸和百分表等测量杆件组成。当手动泵加压时，油缸顶升锚具，使钢筋及其接头拉伸，直至预定的拉力。拉力与变形分别由压力表和百分表显示。检测仪一般测试时只用一个百分表，精确测量时由两个前后等距的百分表测量取平均值。所加拉力与压力表读数之间的关系应事先标定。

（2）无损张拉试验：在检测仪安装之后，将油泵卸荷阀关紧。开始加压时，加压速度控制为0.5～1.5MPa/次，使压力表读数平稳上升，当升至钢筋公称屈服拉力p_s（或某个设定的非破损拉力）时，同时记录百分表和压力表的读数，并用5倍放大镜仔细观察接头的状况。

（3）评定标准：每一种接头的抽检数量不应少于本批制作接头总数的2%，且至少应抽检3个。

无损张拉试验结果，必须同时符合以下三个条件，才能判定为合格接头：能拉伸到公称屈服点；在公称屈服拉力下接头无破损，也没有细致裂纹和接头声响等异常现象；屈服伸长率基本正常，对HRB335级钢筋暂定为0.15%～0.6%。不符合上述条件之一者即判定为不合格件，可取双倍数量复验。

6.2 钢筋机械连接

钢筋机械连接又称“冷连接”，是继绑扎、焊接之后的第三代钢筋接头技术，具有接头强度高于钢筋母材、速度比电焊快五倍、无污染、节省钢材20%等优点。

钢筋机械连接是指通过连接件的机械咬合作用或钢筋端面的承压作用，将一根钢筋中的力传递至另一根钢筋的连接方法。这类连接方法是我国近10年来陆续发展起来的，它的接头质量稳定可靠，不受钢筋化学成分的影响，人为因素的影响也小；操作简便，施工速度快，且不受气候条件影响；无污染、无火灾隐患，施工安全等。在粗直径钢筋连接中，钢筋机械连接方法有广阔的发展前景。

6.2.1 一般规定

钢筋机械连接接头的设计、应用与验收应符合行业标准《钢筋机械连接技术规程（附条文说明）》（JGJ 107—2010）和各种机械连接接头技术规程的规定。

钢筋机械连接接头，应根据静力单向拉伸性能以及高应力和大变形条件下反复拉压性能的差异，分为下列三个性能等级。

（1）A级：接头抗拉强度达到或超过母材抗拉强度标准值，并具有高延性及反复拉压性能。

（2）B级：接头抗拉强度达到或超过母材屈服强度标准值的1.35倍，具有一定的延性及反复拉压性能。

（3）C级：接头仅承受压力。

对直接承受动力荷载的结构，其接头应满足设计要求的抗疲劳性能。当无专门要求时，对连接HRB335（HRB400）级钢筋的接头，其疲劳性能应能经受应力幅为100N/mm^2、上限应力为180（190）N/mm^{2}的200万次循环加载。

关于接头性能等级的选定，混凝土结构中要求充分发挥钢筋强度或对接头延性要求较高的部位，应采用A级接头；混凝土结构中钢筋受力小或对接头延性要求不高的部位，可采用B级接头；非抗震设防和不承受动力荷载的混凝土结构中钢筋只承受压力的部位，可采用C级接头。

6.2.2 钢筋套筒挤压连接

带肋钢筋套筒挤压连接是将两根待接钢筋插入钢套筒，用挤压连接设备沿径向挤压钢套筒，使之产生塑性变形，依靠变形后的钢套筒与被连接钢筋纵、横肋产生的机械咬合而成为整体，如图6.13所示。

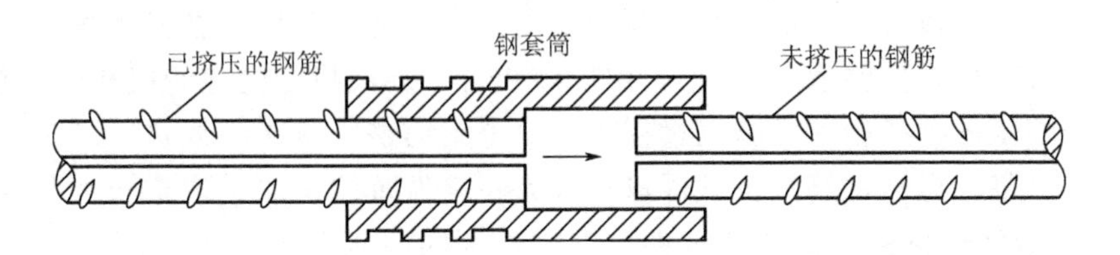

【参考视频】

图6.13 套筒挤压连接

这种接头质量稳定性好，可与母材等强，但操作工人工作强度大，有时液压油污染钢筋，综合成本较高。钢筋挤压连接，要求钢筋最小中心间距为90mm。

1. 钢套筒

钢套筒的材料宜选用强度适中、延性好的优质钢材。钢套筒的规格和尺寸，应符合相关规定，其允许偏差：外径为±1%，壁厚为+12%、−10%，长度为±2mm。钢套筒的尺寸与材料应与一定的挤压工艺配套，必须经生产厂型式检验认定。施工单位采用经过型式检验认定的套筒及挤压工艺进行施工，可不要求对套筒原材料进行力学性能检验。

2. 挤压设备

钢筋挤压设备由压接钳、超高压泵站及超高压胶管等组成。该设备由于以超高压泵站为动力源，因此体积小、质量轻，操作方便，而且工作可靠，可连接密集布置的钢筋，但净距必须大于60mm。

3. 挤压工艺

(1) 准备工作：钢筋端头的锈迹、泥沙、油污等杂物应清理干净。钢筋与套筒应进行试套，如钢筋有马蹄、弯折或纵肋尺寸过大者，应预先矫正或用砂轮打磨；对不同直径钢筋的套筒不得串用。钢筋端部应划出定位标记与检查标记，定位标记与钢筋端头的距离为钢套筒长度的一半，检查标记与定位标记的距离一般为20mm。检查挤压设备情况，并进行试压，符合要求后方可作业。

(2) 挤压作业：钢筋挤压连接宜先在地面上挤压一端套筒，在施工作业区插入待接钢筋后再挤压另一端套筒。压接钳就位时，应对正钢套筒压痕位置的标记，并使压模运动方向与钢筋两纵肋所在的平面相垂直，即保证最大压接面能在钢筋的横肋上。压接钳施压顺序由钢套筒中部顺次向端部进行。每次施压时，主要控制压痕深度。

4. 工艺参数

在选择合适的材质、钢套筒以及压接设备、压模后，接头性能主要取决于挤压变形量的工艺参数。挤压变形量包括压痕最小直径和压痕总宽度。压痕总宽度是指接头一侧每一道压痕底部平直部分宽度之和，该宽度应在相关规定的范围内。小于这一宽度，接头的性能达不到要求；大于这一宽度，钢套筒的长度要增加。压痕总宽度一般由各生产厂家根据各自设备、压模刃口的尺寸和形状，通过在其所售钢套筒上喷上挤压道数标志或在出厂技术文件中确定。

5. 异常现象及消除措施

在套筒挤压连接中，当出现异常现象或连接缺陷时，宜按表查找原因，采取措施及时消除。

6. 套筒挤压接头质量检验

钢套筒进场，必须有原材料试验单与套筒出厂合格证，并由该技术提供单位提交有效的型式检验报告，型式检验取样 12 根，由国家或省、部级指定的检测机构进行检测。

钢筋套筒挤压连接开始前及施工过程中，每批钢筋挤压接头都要进行工艺检验，工艺检验要求如下：每种规格钢筋接头试件取 3 根为一组做抗拉试验，取样长度为套筒外每端留 230mm；该钢筋母材取 2 根抗拉试件，取样长度同闪光对焊。对于 A 级接头，试件的抗拉强度应大于或等于 0.9 倍钢筋母材的实际抗拉强度（计算实际抗拉强度时，应采用钢筋的实际横截面积）。

（1）取样数量：套筒挤压连接常规检验，同批条件为材料、等级、形式、规格、施工条件相同。批的数量为 500 个接头，不足此数时也作为一个验收批。对每一验收批，应随机抽取 10%的挤压接头做外观检查，抽取 3 个试件做单向拉伸试验。在梁板的水平钢筋水平连接中，应另切取 3 个接头做弯曲试验。

在现场检验合格的基础上，连续 10 个验收批单向拉伸试验合格率为 100%时，可以扩大验收批所代表的接头数量一倍。

（2）外观检查：挤压接头的外观检查，挤压后套筒长度应为 1.10～1.15 倍原套筒长度，或压痕处套筒的外径为 0.8～0.9 倍原套筒的外径；挤压接头的压痕道数应符合型式检验确定的道数；接头处弯折不得大于 4°；挤压后的套筒不得有肉眼可见的裂缝。

如外观质量合格数大于或等于抽检数的 90%，则该批判为合格。如不合格数超过抽检数的 10%，则应逐个进行复验。在外观不合格的接头中，抽取 6 个试件做单向拉伸试验再判别。

（3）单向拉伸试验：3 个接头试件的抗拉强度均应满足 A 级或 B 级抗拉强度的要求。如有一个试件强度不符合要求，应再取 6 个试件进行复验，如仍有一个试件试验结果不符合要求，则该批接头拉伸强度判为不合格。当试验结果符合要求时，即屈服强度不小于该钢筋屈服强度标准值、抗拉强度与该钢筋屈服强度标准值的比值不小于 1.35 倍，异径钢筋接头以小直径钢筋抗拉强度实测值为准，则该批接头即为合格。

6.2.3 钢筋锥螺纹套筒连接

【参考视频】

钢筋锥螺纹套筒连接是将两根待接钢筋端头用攻螺丝机做出锥形外螺纹，然后用带锥形内螺纹的套筒将钢筋两端拧紧的钢筋连接方法，如图 6.14 所示。

这种接头质量稳定性一般，施工速度快，综合成本较低。近年来，在普通型锥螺纹接头的基础上，增加了钢筋端头预压或锻粗工序，开发出 GK 型钢筋等强锥螺纹接头，可与母材等强。

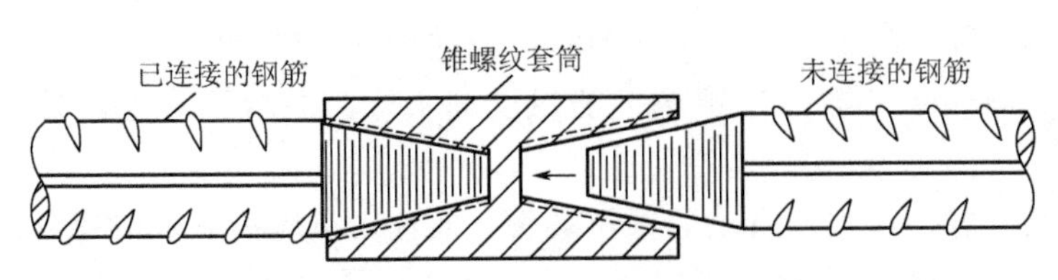

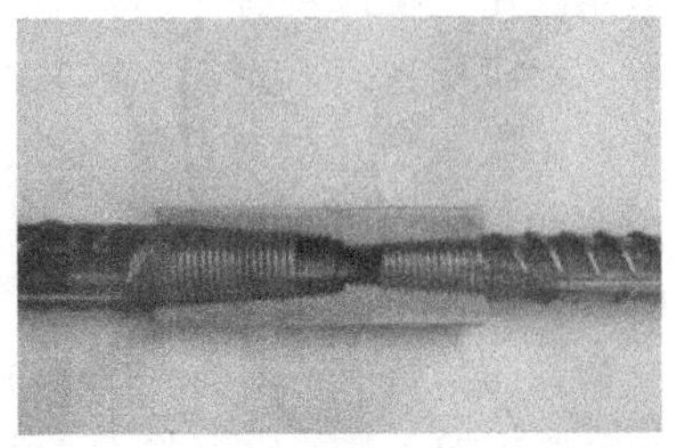

图 6.14 锥螺纹套筒连接

1. 锥螺纹套筒接头尺寸

锥螺纹套筒接头尺寸没有统一的规定，必须经技术提供单位型式检验认定。

2. 机具设备

机具采用钢筋预压机或镦粗机，钢筋预压机用于加工 GK 型等强锥螺纹接头，是以超高压泵站为动力源，配以与钢筋规格相对应的模具，实现直径 16～40mm 钢筋端部的径向预压。GK40 型径向预压机的推力为 1780kN，工作时间为 20～60s，质量为 80kg。YTDB 型超高压泵站的压力为 70MPa，流量为 3L/min，电动机功率为 3kW，质量为 105kg。径向预压模具的材质为 CrWMn 锻件，淬火硬度 HRC＝55～60。

钢筋镦粗机可采用液压冷锻压床，用于钢筋端头的镦粗。钢筋攻螺纹机是加工钢筋连接端的锥形螺纹用的一种专用设备，型号有 SZ－50A、GZL－40 等。扭力扳手是保证钢筋连接质量的测力扳手，可以按照钢筋直径大小规定的力矩值，把钢筋与连接套筒拧紧，并发出声响信号。其型号如 PW360 型（管钳型），性能为 100～360N·m；HL－02 型，性能为 70～350N·m。

量规包括牙形规、卡规和锥螺纹塞规。牙形规是用来检查钢筋连接端的锥螺纹牙形加工质量的量规；卡规是用来检查钢筋连接端的锥螺纹小端直径的量规；锥螺纹塞规是用来检查锥螺纹连接套筒加工质量的量规。

3. 锥螺纹套筒的加工与检验

锥螺纹套筒的材质，对 HRB335 级钢筋采用 30～40 号钢，对 HRB400 级钢筋采用 45 号钢。锥螺纹套筒的尺寸，应与钢筋端头锥螺纹的牙形与牙数匹配，并应满足承载力略高于钢筋母材的要求。

锥螺纹套筒的加工，宜在专业工厂进行，以保证产品质量。各种规格的套筒外表面，均应有明显的钢筋级别及规格标记。套筒加工后，其两端锥孔必须用与其相应的塑料密封盖封严。锥螺纹套筒的验收，应检查套筒的规格、型号与标记，套筒的内螺纹圈数、螺距与齿高，螺纹有无破损、歪斜、不全、锈蚀等现象。其中套筒检验的重要一环，是用锥螺纹塞规检查同规格套筒的加工质量，如图 6.15 所示。当套筒大端边缘在锥螺纹塞规大端缺口范围内时，套筒为合格品。

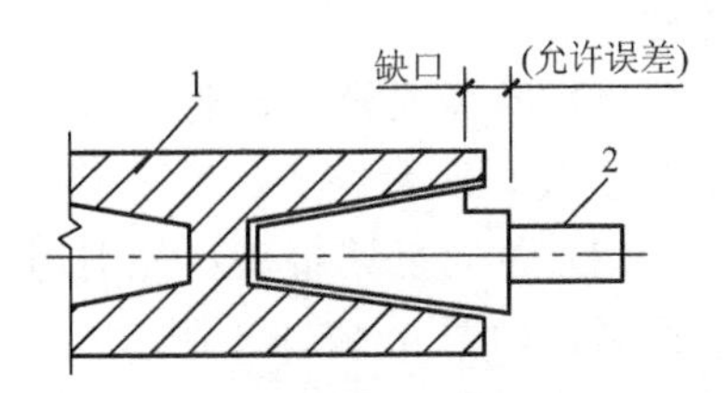

图 6.15 用锥螺纹塞规检查套筒

1—锥螺纹套筒；2—塞规

4. 钢筋锥螺纹的加工与检验

钢筋下料，应采用砂轮切割机。其端头截面应与钢筋轴线垂直，并不得翘曲。钢筋锥螺纹 A 级接头，应对钢筋端头进行镦粗或径向预压处理。钢筋端头预压时，采用的压力值应符合产品供应单位通过型式检验确定的技术参数要求。

预压操作时，钢筋端部完全插入预压机，直至前挡板处。钢筋摆放位置要求是：对于一次预压成型（钢筋直径 16～20mm），钢筋纵肋沿竖向顺时针或逆时针旋转 20°～40°；对于两次预压成型（钢筋直径 22～40mm），第一次预压钢筋纵肋向上，第二次预压钢筋顺时针或逆时针旋转 90°。

预压后的钢筋端头应逐个进行自检。经自检合格的预压端头，质检人员应按要求对每种规格本次加工批抽检 10%，如有一个端头不合格，则应责成操作工人对该加工批全数检查，不合格钢筋端头应二次预压或部分切除重新预压。预压端头检验标准应符合相关规定。经检验合格的钢筋，方可在攻螺丝机上加工锥螺纹。钢筋攻螺纹所需的完整牙数的规定值见表 6-1。

表 6-1　钢筋攻螺纹完整牙数的规定值

钢筋直径/mm	16～18	20～22	25～28	32	36	40
完整牙数	5	7	8	10	11	12

钢筋锥螺纹的锥度、牙形、螺距等必须与连接套筒的锥度、牙形、螺距一致，且经配套的量规检测合格。加工钢筋锥螺纹时，应采用水溶性切削润滑液。对大直径钢筋宜分次车削到规定的尺寸，以保证丝扣精度，避免损坏梳刀。对已加工的丝扣端，要用牙形规及卡规逐个进行自检，如图 6.16 所示。要求钢筋丝扣的牙形必须与牙形规吻合，小端直径不超过卡规的允许误差，丝扣完整牙数不得小于规定值。不合格的丝扣要切掉后重新攻螺纹，然后再由质检员按 10%的比例抽检，如有一根不合格，要加倍抽检。

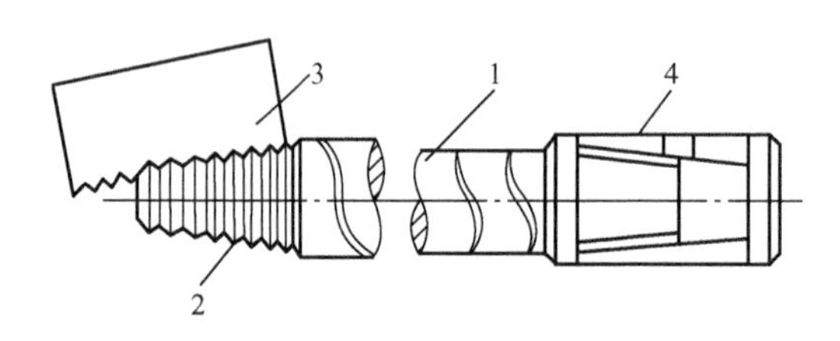

图 6.16　钢筋锥螺纹的检查

1—钢筋；2—锥螺纹；
3—牙形规；4—卡规

锥螺纹检查合格后，一端拧上塑料保护帽，另一端拧上钢套筒与塑料封盖，并用扭矩扳手将套筒拧至规定的力矩，以利保护与运输。

5. 钢筋锥螺纹连接施工

连接钢筋前，将下层钢筋上端的塑料保护帽拧下来露出丝扣，并将丝扣上的水泥浆等污物清理干净。连接钢筋时，将已拧套筒的上层钢筋拧到被连接的钢筋上，并用扭力扳手按规定的力矩值把钢筋接头拧紧，直至扭力扳手在调定的力矩值发出响声，随手画上油漆标记，以防有的钢筋接头漏拧。力矩扳手每半年应标定一次。常用接头连接方法有以下几种。

（1）同径或异径普通接头：分别用力矩扳手将①与②、③与④拧到规定的力矩值，如图 6.17(a) 所示。

（2）单向可调接头：分别用力矩扳手将①与②、③与④拧到规定的力矩值，再把⑤与②拧紧，如图 6.17(b) 所示。

（3）双向可调接头：分别用力矩扳手将①与⑥、③与④拧到规定的力矩值，且保持③、⑥的外露丝扣数相等，然后分别夹住③与⑥，把②拧紧，如图 6.17(c) 所示。

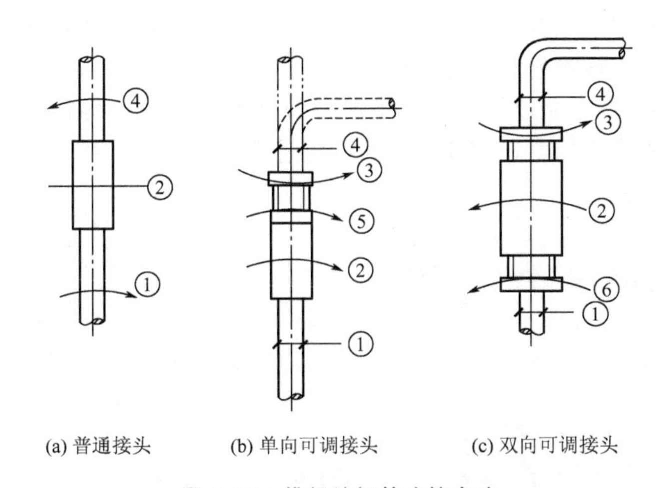

图 6.17 锥螺纹钢筋连接方法

①、④—钢筋；②—连接套筒；③、⑥—可调套筒；⑤—锁母

6. 钢筋锥螺纹接头质量检验

连接钢筋时，应检查连接套筒出厂合格证、钢筋锥螺纹加工检验记录。钢套筒进场，必须有原材料试验单与套筒出厂合格证，并由该技术提供单位提交有效的型式检验报告，型式检验取样 12 根，由国家或省、部级指定的检测机构进行检验。

钢筋锥螺纹套筒连接开始前及施工过程中，每批钢筋锥螺纹接头都要进行工艺检验，工艺检验要求如下：每种规格钢筋接头试件取 3 根为一组做抗拉试验，取样长度为套筒外每端留 230mm；该钢筋母材取 2 根抗拉试件，取样长度同闪光对焊。3 根接头试件抗拉强度均应符合《钢筋机械连接技术规程（附条文说明）》中的强度要求；对于 A 级接头，试件的抗拉强度应大于或等于 0.9 倍钢筋母材的实际抗拉强度（计算实际抗拉强度时，应采用钢筋的实际横截面积）。

随机抽取同规格接头数的 10%进行外观检查。应满足钢筋与连接套的规格一致，接头丝扣无完整丝扣外露。如发现有一个完整丝扣外露，即为连接不合格，必须查明原因，责令工人重新拧紧或进行加固处理。

用质检的力矩扳手，按规定的接头拧紧值抽检接头的连接质量。抽验数量梁、柱构件按接头数的 15%，且每个构件的接头抽检数不得少于 1 个；基础、墙、板构件按各自接头数，每 100 个接头作为一个验收批，不足 100 个也作为一个验收批，每批抽检 3 个接头。抽检的接头应全部合格，如有一个不合格，则该验收批接头应逐个检查，对查出的不合格接头应采用电弧贴角焊缝方法补强，焊缝高度不得小于 5mm。

钢筋锥螺纹接头的常规现场检验按验收批进行。同一施工条件下的同一批材料的同等级、同规格接头，以 500 个为一个验收批进行验收，不足 500 个也作为一个验收批。对每一验收批，应在工程结构中随机抽取 3 个试件做单向拉伸试验，按设计要求的接头性能等级进行检验与评定。在梁板的水平钢筋水平连接中，应另切取 3 个接头做弯曲试验。

3 个接头试件的抗拉强度均应满足 A 级或 B 级抗拉强度的要求。如有一个试件强度不符合要求，应再取 6 个试件进行复验，如仍有一个试件试验结果不符合要求，则该批接头拉伸强度为不合格。当试验结果符合要求时，即屈服强度不小于该钢筋屈服强度标准值、抗拉强度与该钢筋屈服强度标准值的比值不小于 1.35 倍，异径钢筋接头以小直径钢筋抗拉强度实测值为准，则该批接头即为合格。

在现场连续检验 10 个验收批，全部单向拉伸试件一次抽检均合格时，验收批接头数量可扩大一倍。当质检部门对钢筋接头的连接质量产生怀疑时，可以用非破损张拉设备做接头的非破损拉伸试验。

6.2.4 钢筋镦粗直螺纹套筒连接

钢筋镦粗直螺纹套筒连接是先将钢筋端头镦粗，再切削成直螺纹，然后用带直螺纹的套筒将钢筋两端拧紧的钢筋连接方法，如图 6.18 所示。

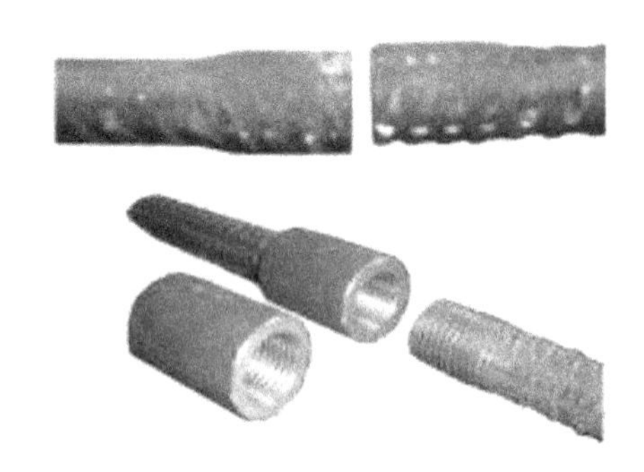

图 6.18 钢筋镦粗直螺纹套筒连接

钢筋端部经冷镦后不仅直径增大，使套螺纹后丝扣底部横截面积不小于钢筋原截面积，而且由于冷镦后钢材强度的提高，致使接头部位有很高的强度，断裂均发生于母材，达到 SA 级接头性能的要求。这种接头的螺纹精度高，接头质量稳定性好，操作简便，连接速度快，且价格适中。

1. 机具设备

钢筋液压冷镦机，是钢筋端头镦粗用的一种专用设备；钢筋直螺纹攻螺丝机，是将已镦粗或未镦粗的钢筋端头切削成直螺纹的一种专用设备。另有扭力扳手、量规（通规、止规）等。

2. 镦粗直螺纹套筒

（1）材质要求：对 HRB335 级钢筋，采用 45 号优质碳素钢；对 HRB400 级钢筋，采用 45 号经调质处理或性能不低于 HRB400 级钢筋性能的其他钢种。

（2）规格型号及尺寸：同径连接套筒，分右旋和左右旋两种。

（3）质量要求：连接套筒表面应无裂纹，螺牙饱满，无其他缺陷。牙形规检查合格，用直螺纹塞规检查其尺寸精度。连接套筒两端头的孔必须用塑料盖封上，以保持内部洁净、干燥防锈。

3. 钢筋加工与检验

钢筋下料时，应采用砂轮切割机，切口的端面应与轴线垂直，不得有马蹄形或挠曲。钢筋下料后，在液压冷锻压床上将钢筋镦粗，不得出现与钢筋轴线相垂直的横向表面裂缝。发现外观质量不符合要求时，应及时割除，重新镦粗。钢筋冷镦后，在钢筋攻螺丝机上切削加工螺纹。钢筋端头螺纹规格应与连接套筒的型号匹配。钢筋螺纹加工后要求牙形饱满，无断牙、秃牙等缺陷。

钢筋螺纹加工后，随即用配置的量规逐根检测。合格后，再由专职质检员按一个工作班 10%的比例抽样检验。如发现有不合格螺纹，应全部逐个检查，并切除所有不合格螺纹，重新镦粗和加工螺纹。

4. 现场连接施工

对连接钢筋可自由转动的，先将套筒预先部分或全部拧入一个被连接钢筋的螺纹内，而后转动连接钢筋或反拧套筒到预定位置，最后用扳手转动连接钢筋，使其相互对顶锁定连接套筒。若钢筋完全不能转动，如弯折钢筋或还要调整钢筋内力的场合，如施工缝、后浇带，可将锁定螺母和连接套筒预先拧入加长的螺纹内，再反拧入另一根钢筋端头螺纹上，最后用锁定螺母锁定连接套筒；或配套应用带有正反螺纹的套筒，以便从一个方向上能松开或拧紧两根钢筋。

直螺纹钢筋连接时，应采用扭力扳手按规定的力矩值把钢筋接头拧紧。

5. 接头质量检验

钢筋连接开始前及施工过程中，应对每批进场钢筋进行接头连接工艺检验。每种规格钢筋的接头试件不应少于3个，做单向拉伸试验，其抗拉强度应能发挥钢筋母材强度，或大于1.15倍钢筋抗拉强度标准值。接头的现场检验按验收批进行。同一施工条件下采用同一批材料的同等级别、同规格接头，以500个为一个验收批。对接头的每一个验收批，必须在工程结构中随机抽取3个试件做单向拉伸试验。在梁板的水平钢筋水平连接中，应另切取3个接头做弯曲试验。

当3个试件的抗拉强度都能发挥钢筋母材强度或大于1.15倍钢筋抗拉强度标准值时，该验收批即达到SA级强度指标。如有一个试件强度不符合要求，应再取6个试件进行复验，如仍有一个试件试验结果不符合要求，则该批接头拉伸强度为不合格。当试验结果符合要求时，即屈服强度不小于该钢筋屈服强度标准值、抗拉强度与该钢筋屈服强度标准值的比值不小于1.35倍，异径钢筋接头以小直径钢筋抗拉强度实测值为准，则该批接头即为合格。如3个试件的抗拉强度仅达到该钢筋的抗拉强度标准值，则该验收批降为A级强度指标。

在现场连续检验10个验收批，当全部单向拉伸试件一次抽样均合格时，验收批接头数量可扩大一倍。

6.2.5 钢筋滚压直螺纹套筒连接

钢筋滚压直螺纹套筒连接是利用金属材料塑性变形后冷作硬化增强金属材料强度的特性，使接头与母材等强的连接方法。根据滚压直螺纹成型方式，又可分为直接滚压螺纹、挤压肋滚压螺纹、剥肋滚压螺纹三种类型。

1. 滚压直螺纹加工与检验

(1) 直接滚压螺纹加工：采用钢筋滚丝机（型号有GZL－32、GYZL－40、GSJ－40、HGS40等）直接滚压螺纹。此法螺纹加工简单，设备投入少，但螺纹精度差，由于钢筋粗细不均导致螺纹直径差异，施工会受影响。

(2) 挤压肋滚压螺纹加工：采用专用挤压设备滚轮先将钢筋的横肋和纵肋进行预压平处理，然后再滚压螺纹。其目的是减轻钢筋肋对成型螺纹的影响。此法对螺纹精度有一定提高，但仍不能从根本上解决钢筋直径差异对螺纹精度的影响，螺纹加工需要两套设备。

(3) 剥肋滚压螺纹加工：采用钢筋剥肋滚丝机（型号有GHG40、GHG50，如图6.19所示），先将钢筋的横肋和纵肋进行剥切处理后，使钢筋滚丝前的柱体直径达到同一尺寸，然后再进行螺纹滚压成型。此法螺纹精度高，接头质量稳定，施工速度快，价格适中，具有较大的发展前景。

操作工人应按要求检查加工质量，每加工10个螺纹接头用通规、止规检查一次。经

图 6.19　剥肋滚压直螺纹加工

自检合格的螺纹接头应由质检员随机抽样进行检验，以一个工作班内生产的螺纹接头为一个验收批，随机抽样 10%，且不得少于 10 个。当合格率小于 95%时，应加倍抽检，复检中合格率仍小于 95%时，应对全部钢筋螺纹接头逐个进行检验，切去不合格螺纹接头，查明原因，并重新加工螺纹。

2. 滚压直螺纹套筒

滚压直螺纹接头用连接套筒，采用优质碳素结构钢，套筒的类型有标准型、正反丝扣型、变径型、可调型等，与镦粗直螺纹套筒类型相同。

3. 现场连接施工

连接钢筋时，钢筋规格和套筒的规格必须一致，钢筋和套筒的丝扣应干净、完好无损。采用预埋接头时，连接套筒的位置、规格和数量应符合设计要求。带连接套筒的钢筋应固定牢靠，连接套筒的外露端应有保护盖。

滚压直螺纹接头应使用扭力扳手或管钳进行施工，将两个钢筋螺纹接头在套筒中间位置相互顶紧，接头拧紧力矩应符合规定。扭力扳手的精度为±5%。经拧紧后的滚压直螺纹接头应做出标记，单边外露丝扣长度不应超过 2 个螺距。

根据待接钢筋所在部位及转动难易情况，选用不同的套筒类型，采取不同的安装方法，如图 6.20 所示。

4. 接头质量检验

工程中应用滚压直螺纹接头时，技术提供单位应提交有效的型式检验报告。钢筋连接作业开始前及施工过程中，应对每批进场钢筋进行接头连接工艺检验。检验时，每种规格钢筋的接头试件不应少于 3 根；接头试件的钢筋母材应进行抗拉强度试验；3 根接头试件的抗拉强度均不应小于该级别钢筋抗拉强度的标准值，同时应不小于 0.9 倍钢筋母材的实际抗拉强度。

现场检验应进行拧紧力矩检验和单向拉伸强度试验。对接头有特殊要求的结构，应在设计图纸中另行注明相应的检验项目。

用扭力扳手按规定的接头拧紧力矩值抽检接头的施工质量。抽检数量为梁、柱构件按接头数的 15%，且每个构件的接头抽检数不得少于一个，基础、墙、板构件每 100 个接头作为一个验收批，不足 100 个也作为一个验收批，每批抽检 3 个接头。抽检的接头应全部合格；如有一个不合格，则该验收批接头应逐个检查并拧紧。滚压直螺纹接头的单向拉伸

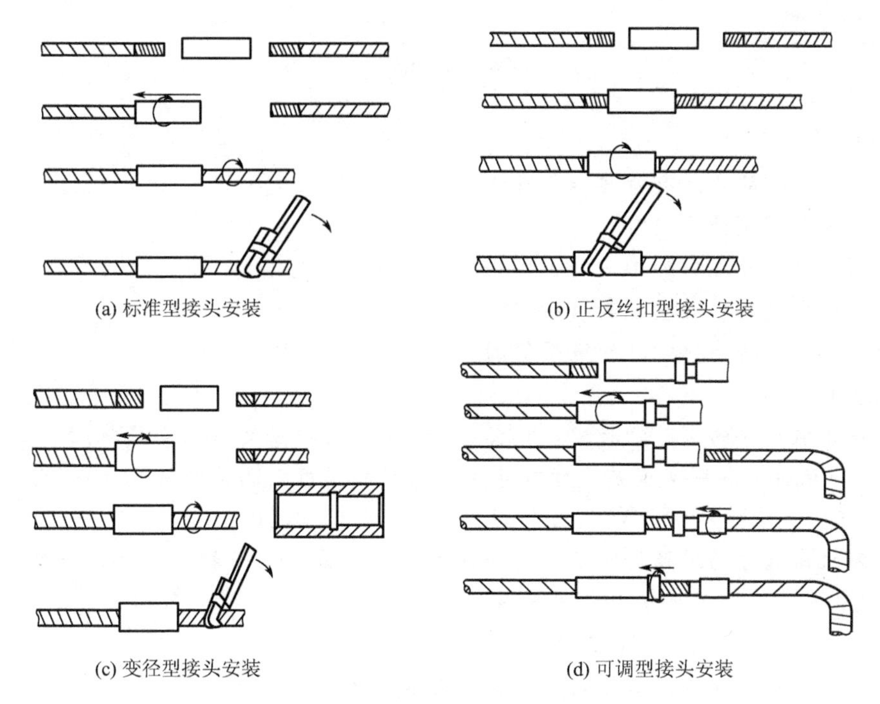

图 6.20　直螺纹套筒连接安装方法

强度试验按验收批进行。同一施工条件下采用同一批材料的同等级、同形式、同规格接头，以 500 个为一个验收批进行检验。

在现场连续检验 10 个验收批，当全部单向拉伸试验一次抽样均合格时，验收批接头数量可扩大为 1000 个。

对每一验收批，应在工程结构中随机抽取 3 个试件做单向拉伸试验。在梁板的水平钢筋水平连接中，应另切取 3 个接头做弯曲试验。当 3 个试件抗拉强度均不小于 A 级接头的强度要求时，该验收批判为合格。如有一个试件的抗拉强度不符合要求，应再取 6 个试件进行复验，如仍有一个试件试验结果不符合要求，则该批接头拉伸强度判为不合格。当试验结果符合要求时，即屈服强度不小于该钢筋屈服强度标准值、抗拉强度与该钢筋屈服强度标准值的比值不小于 1.35 倍，异径钢筋接头以小直径钢筋抗拉强度实测值为准，则该批接头即为合格。

滚压直螺纹接头的单向拉伸试验破坏形式有三种：钢筋母材拉断、套筒拉断、钢筋从套筒中滑脱。只要满足强度要求，任何破坏形式均可判为合理。

【知识链接】

单元小结

粗钢筋的连接方法主要有焊接与螺栓连接。粗钢筋连接是现代建筑主体施工的一项重要工作，钢筋的连接质量直接关系到工程结构的安全与质量，因此，掌握钢筋连接的工艺与质量控制措施是本单元的关键。

练习题

一、思考题

1. 粗钢筋连接的方法有哪些？各有何优缺点？

2. 什么是钢筋机械连接？

3. 直螺纹接头的现场加工应符合哪些规定？

4. 钢筋机械连接的质量控制措施有哪些？

5. 简述钢筋各种连接方法的适用范围。

二、选择题

1. 钢筋机械连接的工艺检验中，3根接头试件的抗拉强度除应满足相应的定义外，对于Ⅱ级接头，试件抗拉强度尚应大于或等于钢筋抗拉强度实测值的（　　）倍。

A. 0.90　　　　B. 0.95　　　　C. 1.10

2. 钢筋机械连接的现场检验中，同一施工条件下采用同一批材料的同等级、同形式、同规格接头，以（　　）个作为一个验收批。

A. 200　　　　B. 300　　　　C. 500

3. 在同一连接区域内，Ⅱ级接头的接头百分率不应大于（　　）。

A. 25%　　　　B. 50%　　　　C. 75%

4. 混凝土结构中要求充分发挥钢筋强度或对延性要求高的部位应优先选用（　　）接头。

A. Ⅰ级　　　　B. Ⅱ级　　　　C. Ⅲ级

三、判断题

1. 钢筋机械连接的型式检验应抽取不少于9个试件。（　　）

2. 钢筋机械连接的现场检验中如有1个试件强度不合格，应再抽取3个试件进行复检。（　　）

3. 钢筋机械连接的现场检验中当试件的抗拉强度一次合格率为100%时，验收批接头数量可扩大2倍。（　　）

4. 钢筋机械连接的型式检验，应由国家、省或市级主管部门认可的检测机构进行。（　　）

5. 结构构件中纵向受力钢筋的接头不用相互错开。（　　）

6. 钢筋机械连接的连接区段长度应按35d计算。（　　）

7. 接头宜避开有抗震设防要求的框架的梁端、柱端箍筋加密区。（　　）

8. 当对具有钢筋接头的构件进行试验并取得可靠数据时，接头的应用范围可根据工程实际情况进行调整。（　　）

【参考答案】

单元7 混凝土工程

教学目标

知识目标

1. 熟悉泵送混凝土常用外加剂；

2. 掌握混凝土的运输方式与特点；

3. 掌握混凝土浇筑的要点、大体积混凝土的特点、裂缝成因与控制及混凝土的质量问题。

能力目标

1. 具有混凝土浇筑施工的能力；

2. 能够分析或解决混凝土施工的实际问题。

知识架构

知 识 点	权 重
混凝土运输	20%
混凝土浇筑	40%
大体积混凝土施工	40%

章节导读

混凝土是当代最大宗的人造材料，也是最主要建筑材料。目前，世界水泥年产量已超过12亿t，我国在数量上居首位，产量约为世界总产量的1/3。混凝土年使用量虽未见准确的统计资料，但如以水泥产量推测，估计在我国混凝土年使用量可达6亿m^3以上，其工程量之多，社会与经济意义之大，人所共知。混凝土的集中搅拌，是建筑工程生产管理方面一项意义重大的改革。预拌混凝土应用量的比重大小，标志着一个国家的混凝土生产工业化程度的高低。国外实践表明，采用预拌混凝土之后，一般可提高劳动率200%～250%，节约水泥10%～15%，降低生产成本5%左右，还具有保证质量、节约施工用地、实现文明施工等方面的优越性。世界上第一座预拌混凝土工厂出现在德国，建造于1903

年，以后受到各国的重视，得到迅速发展，到20世纪80年代初，统计结果表明，在经济发达的国家里，预拌混凝土的供应量已达到全部混凝土生产量的60%～80%。在我国混凝土搅拌站始建于20世纪80年代初的上海、常州两城市。20年来，由于建设规模逐步扩大，尤其是北京和东南沿海地区一些城市建设的高速发展，各级建设行政主管部门采取了一些扶植政策和措施，使城市的预拌混凝土产量每年以12%～15%的幅度递增。上海、北京、广州、大连、常州等城市应用预拌混凝土量已达到该城市混凝土总用量的80%以上，接近经济发达国家的水平。在预拌混凝土行业迅速发展的同时，也暴露出不少需要重视的问题，如混凝土定价不合理、混凝土供需双方配合不密切，出现供大于求现象而导致降价出售，因而无法保证预拌混凝土的质量。这样恶性循环，不利于预拌混凝土的长远发展，为此必须注意以下几点：①加强预拌混凝土厂的合理规划和布置，预拌混凝土的生产规模应与当地的建筑和市场需求相匹配，避免盲目发展、过度集中。②有计划地组织在职人员培训，提高人员素质及企业的技术和管理水平，加强有关标准的宣传贯彻力度。③规范市场，加强有关部门的监督，使供需双方必须遵守合同，增强合同的法律效力；并制定出合理的预拌混凝土价格体系，来保障预拌混凝土能在正常的竞争条件下得到发展。

引例

中央电视台新址建设工程位于北京市东三环中路光华桥东北角，地处中央商务区（CBD）的核心地带，如下图所示。基地总面积19.7万m^2，由CCTV主楼、电视文化中心及服务楼组成，A标段主体结构包括塔楼、裙房、基座和车库四部分，总建筑面积49.5万m^2。主体工程于2005年4月28日开工，合同工期计划2009年1月份完工。

中央电视台新址主楼是中建总公司继与上海建工集团联合总承包上海环球金融中心项目之后，在北京承建的又一个标志性建筑。2005年12月20日，北京迎来了入冬以来最冷的一天，四五级的西北风不断肆虐京城。午夜时分，气温达到了2005年的最低纪录：−12～−11℃。在中央电视台新址建设工程工地，17台地泵、一台泵车、一百余辆混凝土搅拌运输车整装完毕、蓄势待发。23点整，随着现场指挥员的一声令下，中央电视台新址主楼1号楼3.9万m^3的底板混凝土浇筑正式开始。几十辆混凝土搅拌运输车发出震耳欲聋的轰鸣，将混凝土源源不断地卸入地泵料斗，17台地泵和一台泵车一字排开，混凝土从一条条蜿蜒的泵管喷涌而出，百余名混凝土振捣手在基坑下10余米的钢筋丛林中

紧张而有序地操作着振捣棒。卸完料后离开的搅拌车和刚刚进场的搅拌车井然有序地按照划定路线行驶，现场忙而不乱，场面十分壮观。这次令世人瞩目的混凝土浇筑得到了各方的高度重视，总包方中建总公司央视项目部派出了120余名管理人员参与整个工程的组织协调，北京通惠绿洲、新奥、中超三家搅拌站的7套3m^{3}搅拌机组、2套2m^{3}搅拌机组和200余辆搅拌运输车投入整个混凝土供应，17台中联混凝土地泵和搅拌站的一台45m泵车承担了整个项目的泵送施工。底板主体混凝土浇筑于12月22日晚10点左右结束，48小时共浇筑3.9万m^{3}混凝土，浇筑速度达到了800m^3/h。此次大底板混凝土浇筑的圆满成功，创造了国内房建领域混凝土浇筑的新纪录，树立了我国冬季混凝土泵送浇筑施工的一个新标杆。

7.1 混凝土的运输

随着我国建筑业的蓬勃发展，对环境和能源问题日益关注，2003年国家四部委（商务部、公安部、住建部、交通部）联合发布了《关于限期禁止在城市城区现场搅拌混凝土的通知》，确定了124个禁止现场搅拌的城市，并且明确规定了城区禁止现场搅拌的时间表。各地政府根据国家政策法规及本地实际情况，也纷纷出台了相关文件，大力鼓励和支持预拌混凝土，大大促进了建设单位和施工单位使用预拌混凝土的趋势。

中国预拌混凝土的产量逐年提高。国家的重点工程项目也是拉动预拌混凝土产量的一个重要原因。“西部大开发”“振兴东北老工业基地”“中部崛起”等战略实施拉动了地方经济增长和基础建设。北京奥运场馆、上海世博、高速铁路、南水北调、西气东输、长江三峡、黄河小浪底枢纽等国家大型基础项目的相继开工，也为近几年混凝土行业的发展提供了良好机遇。我国混凝土发展至今取得了很大的进步，但是预拌混凝土占混凝土总量的比例还是较低，与世界各国相比存在差距。2003年我国预拌混凝土所占比例只有20%，2010年达到40%，到2012年我国预拌混凝土所占比例占到60%。

2003年，整个混凝土企业呈现“井喷”的势头，企业数量从2000年的726家迅速增长至1359家。到2010年企业数量已经达到6000多家。

预拌混凝土就是混凝土搅拌与使用分离，混凝土集中在搅拌站生产然后运到工地使用，如图7.1所示。一个搅拌站可以为半径20km以内的工地服务。行政法规规定该范围内的施工工地必须使用预拌混凝土不得现场搅拌，这样只要控制了搅拌站生产的混凝土的质量，就可以对该范围内工地施工所用混凝土质量进行有效控制，同时施工场地紧张及环保等一系列问题也就迎刃而解了。目前预拌混凝土的年消耗量小城市约为500万m^3，中等城市为500万～1500万m^3，大城市为1500万～3000万m^3，特大城市超过3000万m^3。这些预拌混凝土从搅拌站运到施工工地是预拌混凝土使用中的重要一环，按每辆混凝土搅拌运输车每年可运输预拌混凝土1.5万m^{3}计，每个城市就需要几十到几百辆混凝土搅拌运输车，这就造就了一个特殊的工作——混凝土运输。

图 7.1　商品混凝土厂家

1. 混凝土运输的特点

(1) 专业性强。预拌混凝土的运输必须由专门的混凝土搅拌运输车来完成。混凝土搅拌运输车属于一种特种重型运输车辆，要求能够自动完成装料和卸料。运输过程中，要对车内的预拌混凝土不停地进行搅拌，以保证预拌混凝土的质量。混凝土搅拌车除运送预拌混凝土外，一般不能他用。

【参考视频】

(2) 服务性强，均衡性差。运输业本来就是一种为顾客提供劳务的服务性行业，混凝土运输更是直接为建筑工地服务，一切工作必须围绕用户（工地）的施工进度来安排。只要用户施工需要，就必须马上将预拌混凝土送到用户指定的地点，真正做到二十四小时随叫随到，不能提前也不能推迟，否则不但将造成预拌混凝土的浪费，还会给企业的信誉带来负面影响。

(3) 时间性强。预拌混凝土生产出来以后，一般必须在 2 h 以内使用到工作面上（这个时间要求因预拌混凝土的型号不同而有所不同，个别特殊型号的预拌混凝土必须在 20min 内使用），在此时间内搅拌不能停止，一个工作面完工前预拌混凝土的供应不能中断。这些要求必须一环扣一环地严格满足，没有灵活掌握的余地。

(4) 运距短。一般合理的运距在 20km 以内。

2. 混凝土运输对混凝土的要求

(1) 在运输过程中应保持混凝土的均匀性，避免分层离析、泌水、砂浆流失和坍落度变化等现象发生。

(2) 应保证混凝土在初凝前浇筑完毕，混凝土从搅拌机卸出后到浇筑完毕的延续时间不宜超过表 7-1 规定。

表 7-1　混凝土从搅拌机中卸出到浇筑完毕的延续时间　　单位：min

气　温	延续时间			
	采用搅拌车		其他运输设备	
	≤C30	>C30	≤C30	>C30
≤25℃	120	90	90	75
>25℃	90	60	60	45

(3) 当混凝土从运输工具中自由倾倒时，由于骨料的重力克服了物料间的黏聚力，大颗粒骨料明显集中于一侧或底部四周，从而与砂浆分离，即出现离析现象，当自由倾倒高度超过 2m 时这种现象尤其明显，混凝土将严重离析。为保证混凝土的质量，应根据施工实际情况采取相应预防措施。规范规定：混凝土自高处倾落的自由高度不应超过 2m，否则应使用串筒、溜槽或振动溜管等工具协助下落，并应保证混凝土出口的下落方向垂直。串筒的向下垂直输送距离可达 8m。

(4) 道路应尽可能平坦且运距应尽可能短。尽量减少混凝土转运次数，或不转运。

(5) 确保混凝土的浇筑量。

3. 混凝土运输方式与运输工具

1) 地面运输方式

对应的工具，主要有间隙式运输工具（手推车、机动翻斗车、自卸汽车、搅拌运输车等）和连续式运输工具（带式运输机、混凝土泵等）。

【参考视频】

(1) 手推车（图 7.2）：是施工工地上普遍使用的水平运输工具，具有小巧、轻便等特点，不但适用于一般的地面水平运输，还能在脚手架、施工栈道上使用，也可与塔式起重机、井、架等配合使用，解决垂直运输问题。

图 7.2 手推车

(2) 机动翻斗车（图 7.3）：系用柴油机装配而成的翻斗车，功率 7355W，最大行驶速度达 35km/h，车前装有容量为 400L、载重 1000kg 的翻斗；具有轻便灵活、结构简单、转弯半径小、速度快、能自动卸料、操作维护简便等特点；适用于短距离水平运输混凝土以及砂、石等散装材料。

图 7.3 机动翻斗车

(3) 混凝土搅拌输送车（图 7.4）：是一种用于长距离输送混凝土的高效能机械，它将运送混凝土的搅拌筒安装在汽车底盘上，而以混凝土搅拌站生产的混凝土拌合物灌装入搅拌筒内，直接运至施工现场，供浇筑作业需要。在运输途中，混凝土搅拌筒始终在不停地慢速转动，从而使筒内的混凝土拌合物可连续得到搅动，以保证混凝土通过长途运输后不致产生离析现象。在运输距离很长时，也可将混凝土干料装入筒内，在运输途中加水搅拌，这样能减少由于长途运输而引起的混凝土坍落度损失。

图 7.4　搅拌运输车

（4）自卸汽车（图 7.5）：是指通过液压或机械举升而自行卸载货物的车辆，由汽车底盘、液压举升机构、货厢和取力装置等部件组成。

图 7.5　自卸汽车

（5）塔带机（图 7.6）：是在塔式起重机上增设一套悬吊带式输送机系统而构成的联合体。为了解决混凝土运送量巨大的难题，我国三峡大坝等众多水电站项目采用了塔带机来运送混凝土。

图 7.6　塔带机

(6) 混凝土输送泵：简称混凝土泵，由泵体和输送管组成，是一种利用压力将混凝土沿管道连续输送的机械，主要用于房建、桥梁及隧道施工。目前主要分为闸板阀混凝土输送泵和S阀混凝土输送泵。还有一种是将泵体装在汽车底盘上，再装备可伸缩或屈折的布料杆而组成的泵车。

混凝土输送泵是一种能连续浇筑混凝土的高效的输送工具，是目前混凝土浇筑的首选设备，按照移动方式不同，分为拖式泵、移动式泵与泵车。

拖式泵亦称固定泵，其最大水平输送距离1500m，垂直高度目前已经达到600多米，混凝土输送能力为75（高压）～120（低压）m^3/h，适合高层建（构）筑物的混凝土水平及垂直输送，如图7.7(a)所示；车载式混凝土输送泵转场方便快捷，占地面积小，可有效减轻施工人员的劳动强度、提高生产效率，尤其适合设备租赁企业使用，如图7.7(b)所示。

(a) 拖式泵

(b) 移动式泵

【参考图文】

图7.7 混凝土泵

混凝土泵车均装有3～5节折叠式全回转布料臂、液压操作，如图7.8所示。

图7.8 混凝土泵车

手推车、机动翻斗车适用于运输距离短、运输工程量不大的混凝土输送；混凝土泵适用于水平距离在1500m内、需连续进行的混凝土输送；混凝土搅拌运输车适用于建有混凝土集中搅拌站的城市内混凝土输送；自卸汽车适用于现场长距离的混凝土输送。

2）垂直运输方式

混凝土垂直运输机具主要是各类井架、物料提升机、塔式起重机和混凝土输送泵等。各类井架与物料提升机利用其楼层停靠装置可以完成混凝土的楼层运输，如图 7.9(a) 所示；塔式起重机是利用混凝土料斗将混凝土垂直或水平运输到楼层的某个位置，料斗的容积为 0.5～1.0m^3，每次装卸混凝土平均循环时间为 8min，每小时浇筑的混凝土大约为 6m^3，以 5m^3的罐车用一台斗容量为 0.8m^3 的塔式起重机吊运，大约用时 50min，如图 7.9(b) 所示。

【参考图文】

(a) 物料提升机

(b) 塔式起重机

图 7.9 混凝土垂直运输工具

3）楼层运输

混凝土楼层运输机具主要是混凝土布料机，可根据现场混凝土浇筑的需要将布料机设置在合适位置。布料机有固定式、内爬式、移动式等。

4. 混凝土搅拌车

建筑工程中，建筑混凝土是不可或缺的材料。随着混凝土生产和施工技术的迅速发展，现在基本都采用了混凝土集中搅拌、商品化供应的方式，混凝土由专门的混凝土搅拌站提供，再由混凝土搅拌运输车运送到各施工场所。

常见的混凝土搅拌车是斜桶式结构，拌桶轴线水平面倾斜一定角度，通过旋转拌桶，混凝土物料由拌桶内的螺旋叶片带到高处，靠自重下落进行搅拌；反转拌桶，则物料被拌桶内的螺旋叶片推出。

1）混凝土搅拌车的定义

混凝土搅拌车指装备有搅拌筒和动力系统等设备，用于运输混凝土的罐式专用运输汽车。

2）混凝土搅拌车的组成

混凝土搅拌车由二类底盘、传动系统、液压系统、机架、搅拌罐、进出料装置、供水系统、操纵系统、人梯等部分组成。

混凝土搅拌车常见术语如下。

(1) 几何容量：搅拌桶内实际的几何容积。

(2) 搅动容量：搅拌车能够运输的预拌混凝土量（以捣实后的体积计）。预拌混凝土容量按 $2400kg/m^3$ 计算。

(3) 搅拌容量：搅拌车置于水平位置，搅拌桶能容纳最大的未经搅拌的混凝土物料（包括水），并能搅拌出运混凝土的量（以捣实后的体积计）。

我们常说的多少方，就是指上述搅动容量，其参数系列主要有 $2m^3$、$3m^3$、$4m^3$、$6m^3$、$8m^3$、$9m^3$、$10m^3$、$12m^3$、$14m^3$、$16m^3$ 等。

混凝土搅拌车的参数包括最大总质量、搅拌筒搅动容量和搅拌桶几何容量等，见表 7-2。

表 7-2 混凝土搅拌车基本参数

车辆类型	最大总质量/kg	搅拌筒搅动容量/m^3	搅拌桶几何容量/m^3
二轴搅拌车	16000	≤4	≤7.7
三轴搅拌车	25000	≤6	≤11.6
四轴搅拌车	31000	≤8	≤15.5
一轴半挂搅拌车	18000	≤6	≤11.6
二轴半挂搅拌车	35000	≤12	≤23.3
三轴半挂搅拌车	40000	≤14	≤27.2

3) 混凝土搅拌车的专用机构

混凝土搅拌车的专用机构主要包括取力装置、搅拌筒前后支架、减速机、液压系统、搅拌筒、操纵机构、清洗系统等。

(1) 取力装置：又称取力器，国产混凝土搅拌运输车采用主车发动机取力方式。取力装置的作用是通过操纵取力开关将发动机动力取出，经液压系统驱动搅拌筒，搅拌筒在进料和运输过程中正向旋转，以利于进料和对混凝土进行搅拌，在出料时反向旋转，在工作终结后切断与发动机的动力连接。

(2) 液压系统：将经取力器（现在一般都是后置全功能取力器）取出的发动机动力转化为液压能（排量和压力），再经马达输出为机械能（转速和扭矩），为搅拌筒转动提供动力。

(3) 减速机：将液压系统中马达输出的转速减速后，传给搅拌筒。

(4) 操纵机构：①控制搅拌筒旋转方向，使之在进料和运输过程中正向旋转，出料时反向旋转；②控制搅拌筒的转速。

(5) 搅拌装置：主要由搅拌筒及其辅助支撑部件组成。搅拌筒是混凝土的装载容器，由优质耐磨薄钢板制成，为了能够自动装卸混凝土，其内壁焊有特殊形状的螺旋叶片，转动时混凝土沿叶片的螺旋方向运动，在不断地提升和翻动过程中受到混合和搅拌。在进料及运输过程中，搅拌筒正转，混凝土沿叶片向里运动；出料时，搅拌筒反转，混凝土沿着叶片向外卸出。搅拌筒的转动是靠液压驱动装置来保证的。装载量为 $3\sim6m^3$ 的混凝土搅拌运输车一般采用汽车发动机通过动力输出轴带动液压泵，再由高压油推动液压马达驱动搅拌筒；装载量为 $9\sim12m^3$ 的则由车载辅助柴油机带动液压泵驱动液压马达。叶片是搅拌装置中的主要部件，损坏或严重磨损会导致混凝土搅拌不均匀，另外叶片的角度如果设计不合理，还会使混凝土出现离析现象。

（6）清洗系统：主要作用是清洗搅拌筒，有时也用于运输途中进行干料搅拌。清洗系统还对液压系统起冷却作用。

4）混凝土搅拌车的工作原理

动力由二类底盘全功率取力器输出，通过传动轴把动力传给液压泵，液压泵产生液压能通过油管传到液压马达，液压马达把液压能转化为动能，并通过减速机减速增扭传递到搅拌罐，通过调节（双作用变量）液压泵的伺服手柄角度，实现搅拌罐正反转及转速大小的控制，从而实现混凝土装料、搅拌、搅动、出料等作业。

5）混凝土搅拌车的维护和修理

在日常维护方面，混凝土搅拌运输车除应按常规对汽车发动机、底盘等部位进行维护外，还必须做好以下维护工作。

（1）清洗混凝土搅拌筒及进出料口。由于混凝土会在短时间内凝固成硬块，且对钢材和油漆有一定的腐蚀性，所以每次使用混凝土贮罐后，洗净黏附在混凝土贮罐及进出料口上的混凝土，是每日维护必须认真进行的工作。其中包括：

① 每次装料前用水冲洗进料口，使进料口在装料时保持湿润；

② 在装料的同时向随车自带的清洗用水箱中注满水；

③ 装料后冲洗进料口，洗净进料口附近残留的混凝土；

④ 到工地卸料后，冲洗出料槽，然后向混凝土贮罐内加清洗用水30～40L，在车辆回程时保持混凝土贮罐正向慢速转动；

⑤ 下次装料前切记放掉混凝土贮罐内的污水；

⑥ 每天收工时彻底清洗混凝土贮罐及进出料口周围，保证不粘有水泥及混凝土结块。

以上这些工作只要一次不认真进行，就会给以后的工作带来很大的麻烦。

（2）维护驱动装置。驱动装置的作用是驱动混凝土贮罐转动，由取力器、万向轴、液压泵、液压马达、操纵阀、液压油箱及冷却装置组成。如果这部分因故障停止工作，混凝土贮罐将不能转动，导致车内混凝土报废，严重的甚至使整罐混凝土凝结在罐内，造成混凝土搅拌运输车报废。因此，驱动装置是否可靠，是使用中必须高度重视的问题。为此应做好以下维护工作。

① 万向转动部分是故障多发部位，应按时加注润滑脂，并经常检查磨损情况，及时修理更换。车队应有备用的万向轴总成，以保证一旦发生故障能在几十分钟内恢复工作。

② 保证液压油清洁。混凝土搅拌运输车工作环境恶劣，一定要防止污水泥沙进入液压系统。液压油要按使用手册要求定期更换；一旦检查时发现液压油中混入水或泥沙，就要立即停机清洗液压系统，更换液压油。

③ 保证液压油冷却装置有效。要定时清理液压油散热器，避免散热器被水泥堵塞，要检查散热器电动风扇运转是否正常，防止液压油温度超标。液压部分只要保证液压油清洁，一般故障不多；但生产厂家不同，使用寿命也不一样。

6）混凝土搅拌车使用注意事项

（1）液压系统压力应符合使用说明书中的规定，不得随意调整。液压油的油质和油量应符合原定要求。

(2) 混凝土搅拌车装料前，应先排净拌筒内残存的积水和杂物。在运输过程中要不停地转动，以防混凝土离析。混凝土搅拌运输车到达工地和卸料之前，应先使拌筒全速以14～18r/min转动1～2min，然后再进行反转卸料。反转之前，应使搅拌筒停稳不转。

(3) 环境温度高于25℃，从装料、运输到卸料延续时间不得超过60min；环境温度低于25℃，上述时间不得超过90min。

(4) 冬期施工时，应切实做到：开机前检查是否结冰；下班时认真排除拌筒内及供水系统内残存积水，关闭水泵开关，将控制手柄置于“停止”位置。

(5) 在施工现场卸料完毕后，应立即用搅拌车随带的软管冲洗进料斗、出料斗、卸料溜槽等处，清除黏附在车身各处的污泥及混凝土。在返回搅拌站的途中，应向搅拌筒内注入150～200L水以清洗筒壁及叶片黏结的混凝土残渣。

(6) 每天工作结束后，司机应负责向搅拌筒内注入清水并高速(14～18r/min)旋转5～10min，然后将水排出，以保证筒内清洁。用高压水清洗搅拌筒各个部分时，应注意避开仪表及操纵杆等部位。压力水喷嘴与车身油漆表面间的距离不得小于40cm。

(7) 清除搅拌筒内外积污及残存的混凝土渣块时，以及在机修人员进入筒内从事检修和焊补作业时，需先关闭汽车发动机，使搅拌筒完全停止转动。在机修人员进入筒内工作期间，必须保证拌筒内通风良好，空气新鲜，无可燃气体及有害灰尘，氧气供应充足(不得使用纯氧)。在筒内使用电动工具操作时，操作人员必须有良好的绝缘保护措施。

(8) 工作时，不得将手伸入旋转的搅拌筒内，严禁将手伸入主卸料溜槽和加长卸料溜槽的连接部位，以免发生事故。

(9) 应定期检查搅拌叶片磨损情况并及时进行修补和换新。

(10) 贯彻各项安全操作规范。混凝土搅拌运输车司机必须经过专业培训，无合格证者不得上岗操作。

7.2 混凝土的浇筑

【导入案例】

1. 浇筑前准备工作

(1) 制定施工方案：应根据工程对象、结构特点，结合具体条件，制定混凝土浇筑的施工方案。

(2) 人、材、机具准备及检查：浇筑混凝土相关人员、商品混凝土材料供应、运输条件、料斗、串筒、振动器等机具设备应按需要准备充足，并考虑发生故障时的修理时间。重要工程应有备用的搅拌机和振动器。特别是采用泵送混凝土，一定要有备用泵。所用的机具均应在浇筑前进行检查和试运转，同时配有专职技工随时检修。浇筑前，必须核实一次浇筑完毕或浇筑至某施工缝前的工程材料，以免停工待料。

(3) 保证水电及原材料的供应：在混凝土浇筑期间，要保证水、电、照明不中断。为了防备临时停水停电，事先应考虑到现场备用电源及水，以防出现意外的施工停歇。

(4) 掌握天气季节变化情况：加强气象预测预报的联系工作。在混凝土施工阶段应掌握天气的变化情况，特别在雷雨台风季节和寒流突然袭击之际更应注意，以保证混凝土连续浇筑地顺利进行，确保混凝土质量。

根据工程需要和季节施工特点，应准备好在浇筑过程中所必需的抽水设备和防雨、防暑、防寒等物资。

(5) 检查模板、支架、钢筋和预埋件：在浇筑混凝土之前，应检查和控制模板、钢筋、保护层和预埋件等的尺寸、规格、数量和位置，其偏差值应符合《混凝土结构工程施工质量验收规范》(GB 50204—2015) 的规定。此外，还应检查模板支撑的稳定性以及模板接缝的密合情况。

模板和隐蔽工程项目应分别进行预检和隐蔽验收。符合要求时，方可进行浇筑。检查时应注意以下几点：

【参考视频】

① 模板的标高、位置与构件的截面尺寸是否与设计符合，构件的预留拱度是否正确；

② 所安装的支架是否稳定，支柱的支撑和模板的固定是否可靠；

③ 模板的紧密程度；

④ 钢筋与预埋件的规格、数量、安装位置及构件接点连接焊缝，是否与设计吻合。

在浇筑混凝土前，模板内的垃圾、木片、刨花、锯屑、泥土和钢筋上的油污、铁皮等杂物应清除干净。木模板应浇水加以润湿，但不允许留有积水，湿润后木模板中尚未胀密的缝隙应贴严，以防漏浆。金属模板中的缝隙和孔洞也应予以封闭。

还应检查安全设施、劳动配备是否妥当，能否满足浇筑速度的要求。

(6) 施工单位申请混凝土浇筑并获得批准：施工单位申请混凝土浇筑令基本格式见表 7-3。

表 7-3 混凝土浇筑令

表号：×××　　　　编号：

工程名称	×××	施工负责人	签字
施工单位	×××公司	负责人	
浇筑部位	×××	经办人	
强度等级	C××	实验员	
混凝土浇筑量	××m^3	浇筑班长	
预计完成浇筑时间	××年　××月　××日　×时	钢筋验收	符合设计要求及规范规定
混凝土抗压试块（组数）	××	水管验收	/
混凝土抗渗试块（组数）	/	电管验收	
		模板支架	符合设计要求及规范规定
商品混凝土搅拌站	×××	高效减水剂	×××
水泥品种	×××	粉煤灰	×××粉煤灰
砂细度		UEA-H	/
碎石粒径	5～25mm	外加剂	/

（续）

<table>
<tr><td rowspan="3">混凝土配合比</td><td>报告单编号</td><td colspan="3">×××</td><td colspan="5">混凝土配合比/(kg/m³)</td></tr>
<tr><td>水灰比</td><td>混凝土坍落度</td><td>水泥</td><td>中砂</td><td>碎石</td><td>水</td><td>外加剂1</td><td>外加剂2</td><td>粉煤灰</td></tr>
<tr><td></td><td>180±20</td><td>××</td><td>××</td><td>××</td><td>××</td><td>/</td><td>/</td><td>××</td></tr>
<tr><td rowspan="4">浇筑要求</td><td colspan="9">1. 模板清理干净，浇水湿润。板封堵好，脱模剂涂刷，马道、垫块完成</td></tr>
<tr><td colspan="9">2. 后台计算器具校核，保证计量准确</td></tr>
<tr><td colspan="9">3. 施工缝处事先清除浮浆、浮渣，并充分湿润，按要求接浆</td></tr>
<tr><td colspan="9">4. 严格控制水灰比，按要求配料，分层振捣密实</td></tr>
<tr><td rowspan="3">监理审批意见</td><td rowspan="2">监理</td><td colspan="2">土建</td><td colspan="2">水暖</td><td colspan="2">电气</td><td colspan="2">材料</td></tr>
<tr><td colspan="2"></td><td colspan="2"></td><td colspan="2"></td><td colspan="2"></td></tr>
<tr><td>总监</td><td colspan="8">2012年12月15日</td></tr>
</table>

（7）其他：在地基或基土上浇筑混凝土，应清除淤泥和杂物，并应有排水和防水措施。对干燥的非黏性土，应用水湿润；对未风化的岩石，应用水清洗，但其表面不得留有积水。

2. 浇筑强度与浇筑厚度

浇筑混凝土应连续进行。如必须停歇时，其间歇时间宜缩短，并应在前层混凝土凝结之前将次层混凝土浇筑完毕，因此必须配备足够数量的人员、材料、设备。而混凝土浇筑能力应根据结构浇筑强度（按照工期等确定每小时浇筑混凝土的量）来确定。

（1）浇筑层厚度：混凝土浇筑层的厚度应符合表7-4的规定。

表7-4　混凝土浇筑层厚度　　单位：mm

<table>
<tr><th colspan="2">捣实混凝土的方法</th><th>浇筑层的厚度</th></tr>
<tr><td colspan="2">插入式振捣</td><td>振捣器作用部分长度1.25倍</td></tr>
<tr><td colspan="2">表面振动</td><td>200</td></tr>
<tr><td rowspan="3">人工捣固</td><td>在基础、无筋混凝土或配筋稀疏的结构中</td><td>250</td></tr>
<tr><td>在梁、墙板、柱结构中</td><td>200</td></tr>
<tr><td>在配筋密列的结构中</td><td>150</td></tr>
<tr><td rowspan="2">轻骨料混凝土</td><td>插入式振捣</td><td>300</td></tr>
<tr><td>表面振动（振动时需加荷）</td><td>200</td></tr>
</table>

（2）混凝土浇筑强度：该强度计算公式为

$$Q=\frac{Fh}{t} \tag{7-1}$$

$$t=t_1-t_2$$

式中　Q——混凝土的最大浇筑强度（m^3/h）；

F——混凝土最大水平浇筑截面积（m^2）；

h——混凝土分层浇筑厚度（m），随浇筑方式而定，一般取0.2～0.5m；

t——每层混凝土浇筑时间（h）；

t_1——水泥的初凝时间（h）；

t_2——混凝土的运输时间（h）。

按式(7-1)求得混凝土的最大浇筑强度后，即可根据商品混凝土供料条件、运输条件求得运输车、泵送设备数量及振捣工具数量。

当混凝土的运输能力、供料能力不能满足混凝土浇筑强度要求时，可考虑增设临时搅拌设备，或将基础等按结构部件分段、分块浇筑，以减少一次浇筑面积，或在混凝土中掺加缓凝剂或缓凝减水剂，以延缓水泥的初凝时间，以及采取降低浇筑速度等措施，都能收到良好的技术与经济效果。

【例7-1】 高层建筑地下室筏板基础长60m、宽45m、厚3.5m，混凝土强度等级为C30，混凝土由搅拌站用混凝土搅拌运输车运送到施工现场，运输时间为0.5h（包括装料、运输、卸料），混凝土初凝时间为4.0h，采用插入式振捣棒振捣，混凝土每层浇筑厚度为300mm，要求连续一次浇筑完成不留施工缝，试求混凝土的浇筑强度。

【解】 已知基础面积$F=60\times45=2700$（m^2），每层浇筑厚度$h=0.3m$，$t_1=4h$，$t_2=0.5h$，则由式(7-1)可得混凝土浇筑强度为

$$Q=\frac{Fh}{t}=\frac{Fh}{t_1-t_2}=\frac{2700\times0.3}{4-0.5}=231.4(m^3/h)$$

(3)混凝土浇筑时间：混凝土浇筑时间一般由下式计算：

$$T=\frac{V}{Q} \tag{7-2}$$

式中　T——全部混凝土浇筑完需要的时间（h）；

V——全部混凝土浇筑量（m^3）；

Q——混凝土的最大浇筑强度（m^3/h）。

【例7-2】 条件同例7-1，试求混凝土浇筑完毕所需的时间。

【解】 由上例知基础体积$V=2700\times3.5=9450$（m^3），$Q=231.4m^3/h$，则由式(7-2)可得浇筑完该基础所需时间为

$$T=\frac{V}{Q}=\frac{9450}{231.4}=40.8(h)$$

3. 泵送混凝土技术

高层建筑现浇混凝土施工的特点之一就是混凝土量大，混凝土运输量在工程整个总运输量中的比重非常大，因此，正确选用混凝土的运输方式非常重要。而泵送混凝土能一次连续完成水平与垂直运输，配以布料设备还可以进行楼面浇筑，具有效率高、省劳力、费用低的特点，尤其在高层与超高层建筑混凝土结构施工中，更能显示出它的优越性。

1）原材料的选用

采用泵送混凝土施工，要求混凝土具有可泵性，即具有良好的流动性与和易性，不易分离，否则在泵送过程中易堵塞管道。因此，对混凝土材料的品种、规格、用量、配合比均有一定的要求。

(1) 水泥。一般保水性好、泌水性小的水泥都可用于泵送混凝土。矿渣水泥由于保水性差、泌水性大，使用时要采取提高砂率和掺加粉煤灰等相应措施。水泥用量要根据结构设计的强度要求决定，为了保证混凝土的可泵性，《混凝土结构工程施工质量验收规范》(GB 50204—2010) 规定最小水泥用量宜为 $300kg/m^3$。

(2) 粗骨料。粗骨料的级配、粒径和形状对混凝土拌合物的可泵性影响很大，级配良好的粗骨料，空隙率小，可节约砂浆，增加混凝土的密实度。

粗骨料除级配应符合规定之外，对其最大粒径亦有要求，即粗骨料的最大粒径与混凝土输送管管径之比要控制在一定数值之内。一般的要求是：当泵送高度为 50m 以下时，碎石的最大粒径与输送管内径之比宜小于或等于 1∶3，卵石则宜小于或等于 1∶2.5；泵送高度为 50～100m 时，宜控制在 1∶4～1∶3；泵送高度大于 100m 时，宜为 1∶5～1∶4。针片状骨料含量不宜大于 10%。

(3) 细骨料。细骨料对混凝土拌合物可泵性的影响要比粗骨料大得多，混凝土拌合物所以能在输送管中顺利流动，是由于砂浆润滑管壁和粗骨料悬浮在砂浆中的缘故，因而要求细骨料具有良好的级配。《混凝土泵送施工技术规程》规定泵送混凝土宜采用中砂，砂子的含泥量与泥块含量要符合相应规定。

(4) 水。混凝土拌合用水的技术要求是：所用于拌和混凝土的水所含物质，对混凝土、钢筋混凝土和预应力混凝土不应产生影响混凝土的和易性及凝结性、有损于混凝土的强度发展、降低混凝土的耐久性、加快钢筋腐蚀及导致预应力钢筋脆断、污染混凝土表面等的有害作用。采用待检验水与采用蒸馏水或符合国家标准的生活用水，试验所得的水泥初凝时间差及终凝时间差均不得大于标准规定的 30min。采用待检验水配制的水泥砂浆或混凝土的 28d 抗压强度，不得低于用蒸馏水或符合国家标准的生活饮用水拌制的对应砂浆或混凝土抗压强度的 90%。若有早期抗压强度要求时，需增加 7d 的抗压强度试验。水的 pH 值、不溶物、可溶物、氯化物、硫酸盐、硫化物的含量应符合规范的要求。

(5) 外掺料。矿物掺合料，指以氧化硅、氧化铝为主要成分，在混凝土中可以代替部分水泥、改善混凝土性能且掺量不小于 5%的具有火山灰活性的粉体材料。

矿物掺合料是混凝土的主要组成材料，它起着从根本上改变传统混凝土性能的作用。在高性能混凝土中加入较大量的磨细矿物掺合料，可以起到降低温升、改善工作性、增进后期强度、改善混凝土内部结构、提高耐久性、节约资源等作用，其中某些矿物细掺合料还能起到抑制碱-骨料反应的作用。可以将这种磨细矿物掺合料作为胶凝材料的一部分。高性能混凝土中的水胶比，是指水与水泥加矿物细掺合料之比。

矿物掺合料不同于传统的水泥混合材，虽然两者同为粉煤灰、矿渣等工业废渣及沸石粉、石灰粉等天然矿粉，但两者的细度有所不同，由于组成高性能混凝土的矿物细掺合料细度更小，颗粒级配更合理，具有更高的表面活性能，能充分发挥细掺合料的粉体效应，故而其掺量也远远高过水泥混合材。

不同的矿物掺合料对改善混凝土的物理、力学性能与耐久性具有不同的效果，应根据混凝土的设计要求与结构的工作环境加以选择。使用矿物细掺合料与使用高效减水剂同样重要，必须认真试验选择。

(6) 外加剂。混凝土外加剂是在混凝土拌和过程中掺入，并能按要求改善混凝土性能的材料。选择外加剂的品种，应根据使用外加剂的主要目的，通过技术经济比较确定。外加剂的掺量，应按其品种并根据使用要求、施工条件、混凝土原材料等因素通过试验确定，该掺量（按固体计算）应以水泥重量的百分率表示，称量误差不应超过规定计量的2%。掺用外加剂混凝土的制作和使用，还应符合国家现行的混凝土外加剂质量标准以及有关的标准、规范。

2）配合比

泵送混凝土配合比设计，应根据混凝土原材料、混凝土运输距离、混凝土泵与输送管径、泵送距离、气温等具体施工条件进行试配。必要时，应通过试泵送，来最终确定泵送混凝土的配合比。

（1）坍落度。《混凝土结构工程施工质量验收规范》规定，泵送混凝土的坍落度宜为8～20cm。坍落度的大小要视具体情况而定，如管道转弯较多，坍落度宜适当加大；向上泵送时为了防止过大的倒流压力，坍落度不宜过大。《混凝土泵送施工技术规程》（JGJ/T 10—2011）对此的规定见表7-5。

表7-5 泵送混凝土坍落度

泵送高度/m	≤30	30～60	60～100	>100
坍落度/mm	100～140	140～160	160～180	180～200

对于商品混凝土，混凝土拌合物经过运输，坍落度会有所损失，为了能够准确达到入泵时规定的坍落度，在确定商品混凝土生产出料时的坍落度时，必须考虑到运输时的坍落度损失。坍落度的损失值见表7-6。

表7-6 混凝土坍落度经时损失值

大气温度/℃	10～20	20～30	30～35
混凝土坍落度损失值（掺粉煤灰和木钙，经时1h）/mm	5～25	25～35	35～50

（2）水灰比。泵送混凝土的最佳水灰比为0.45～0.65，高强混凝土的水灰比可适当减小。

（3）砂率。由于泵送混凝土沿输送管输送，输送管除直管外，还有弯管、变径管和软管，混凝土通过这些管道时要发生形状变化，砂率低的混凝土和易性差、变形困难、不易通过，易发生堵管现象，因此泵送混凝土的砂率比非泵送混凝土的砂率应提高2%～5%，一般可选择40%～45%。《混凝土泵送施工技术规程》规定砂率宜为38%～45%。

（4）引气型外加剂。泵送混凝土中适当的含气量可起到润滑作用，对提高和易性及可泵性有利，但含气量也不能过大，否则会使混凝土强度下降。《混凝土泵送施工技术规程》规定掺用引气剂时，泵送混凝土的含气量不宜大于4%。

3）泵送混凝土技术要点

混凝土泵送的操作是一项专业技术工作，安全使用及操作应严格执行使用说明书和其他有关规定，同时应根据使用说明书制订专门操作要点。操作人员必须经过专门培训合格后，方可上岗独立操作。

在安置混凝土泵时，应根据要求将其支腿完全伸出，并插好安全销，在场地软弱时应采取措施在支腿下垫枕木等，以防混凝土泵的移动或倾翻。

混凝土泵与输送管连通后，应按所用混凝土泵使用说明书的规定进行全面检查，符合要求后方能开机进行空运转。混凝土泵启动后，应先泵送适量的水，以湿润混凝土泵的料斗、活塞及输送管的内壁等直接与混凝土接触的部位。经泵送水检查，确认混凝土泵和输送管中没有异物后，可以采用与将要泵送的混凝土内除粗骨料外的其他成分相同配合比的水泥砂浆，也可以采用纯水泥浆或 1∶2 水泥浆。润滑用的水泥浆或水泥砂浆应分散布料，不得集中浇筑在同一处。

开始泵送时，混凝土泵应处于慢速、匀速并随时可能反泵的状态。泵送的速度应先慢后快，逐步加速。同时，应观察混凝土泵的压力和各系统的工作情况，待各系统运转顺利后，再按正常速度进行泵送。混凝土泵送应连续进行。如必须中断时，其中断时间不得超过混凝土从搅拌至浇筑完毕所允许的延续时间。

泵送混凝土时，混凝土泵的活塞应尽可能保持在最大行程运转，一是可提高混凝土泵的输出效率，二是有利于机械的保护。混凝土泵的水箱或活塞清洗室中应经常保持充满水。泵送时，如输送管内吸入了空气，应立即进行反泵吸出混凝土，将其置于料斗中重新搅拌，排出空气后再泵送。

在混凝土泵送过程中，如果需要接长输送管，长于 3m 时，仍应按照前述要求预先用水和水泥浆或水泥砂浆湿润和润滑管道内壁。混凝土泵送中，不得把拆下的输送管内的混凝土撒落在未浇筑的地方。

当混凝土泵出现压力升高且不稳定、油温升高、输送管有明显振动等现象而泵送困难时，不得强行泵送，应立即查明原因，采取措施排除。一般可先用木锤敲击输送管弯管、锥形管等部位，并进行慢速泵送或反泵，以防止堵塞。当输送管被堵塞时，应采取下列方法排除。

（1）反复进行反泵和正泵，逐步吸出混凝土至料斗中，重新搅拌后再进行泵送。

（2）用木锤敲击等方法，查明堵塞部位，若确实查明了部位，可在管外击松混凝土后，重复进行反泵和正泵，以排除堵塞。

（3）当上述两种方法无效时，应在混凝土卸压后，拆除堵塞部位的输送管，排出混凝土堵塞物后，再接通管道。重新泵送前，应先排除管内空气，拧紧接头。

在混凝土泵送过程中，若需要有计划中断泵送时，应预先考虑确定中断浇筑部位，停止泵送；并且中断时间不要超过 1h，同时应采取下列措施。

（1）混凝土泵车卸料清洗后重新泵送，采取措施或利用臂架将混凝土泵入料斗中，进行慢速间歇循环泵送；有配管输送混凝土时，可进行慢速间歇泵送。

（2）固定式混凝土泵，可利用混凝土搅拌运输车内的料进行慢速间歇泵送；或利用料斗内的混凝土拌合物，进行间歇反泵和正泵。

（3）慢速间歇泵送时，应每隔 4～5min 进行四个行程的正、反泵。

当向下泵送混凝土时，应先把输送管上气阀打开，待输送管下段混凝土有了一定压力时，方可关闭气阀。

混凝土泵送即将结束前，应正确计算尚需用的混凝土数量，并应及时告知混凝土搅拌处。泵送过程中被废弃的和泵送终止时多余的混凝土，应按预先确定的处理方法和场所及时进行妥善处理。泵送完毕，应将混凝土泵和输送管清洗干净。在排除堵物，重新泵送或清洗混凝土泵时，布料设备的出口应朝安全方向，以防堵塞物或废浆高速飞出伤人。

当多台混凝土泵同时泵送施工或与其他输送方法组合输送混凝土时，应预先规定各自的输送能力、浇筑区域和浇筑顺序，并应分工明确、互相配合、统一指挥。

4）泵送混凝土的浇筑

泵送混凝土的浇筑应根据工程结构特点、平面形状和几何尺寸，混凝土供应和泵送设备能力、劳动力和管理能力，以及周围场地大小等条件，预先划分好混凝土浇筑区域。

（1）泵送混凝土的浇筑顺序：当采用混凝土输送管输送混凝土时，应由远而近浇筑；在同一区域的混凝土，应按先竖向结构后水平结构的顺序分层连续浇筑；当不允许留施工缝时，区域之间、上下层之间的混凝土浇筑间歇时间，不得超过混凝土初凝时间；当下层混凝土初凝后，浇筑上层混凝土时，应先按留施工缝的规定处理。

（2）泵送混凝土的布料方法：在浇筑竖向结构混凝土时，布料设备的出口离模板内侧面不应小于50mm，并且不向模板内侧面直冲布料，也不得直冲钢筋骨架；浇筑水平结构混凝土时，不得在同一处连续布料，应在2～3m范围内水平移动布料，且宜垂直于模板。

混凝土浇筑分层厚度，一般为300～500mm。当水平结构的混凝土浇筑厚度超过500mm时，可按1∶10～1∶6坡度分层浇筑，且上层混凝土应超前覆盖下层混凝土500mm以上。

振捣泵送混凝土时，振动棒插入的间距一般为400mm左右，振捣时间一般为15～30s，并且在20～30min后对其进行二次复振。

对于有预留洞、预埋件和钢筋密集的部位，应预先制订好相应的技术措施，确保顺利布料和振捣密实。在浇筑混凝土时应经常观察，当发现混凝土有不密实等现象时，应立即采取措施。

水平结构的混凝土表面，应适时用木抹子磨平搓毛两遍以上。必要时，还应先用铁滚筒压两遍以上，以防止产生收缩裂缝。

4. 混凝土施工缝

由于施工技术和施工组织上的原因，不能连续将结构整体浇筑完成，并且间歇的时间预计将超出规定的时间时，应预先选定适当的部位设置施工缝，如图7.10所示。

图7.10　混凝土施工缝

设置施工缝应该严格按照规定，认真对待。如果位置不当或处理不好，会引起质量事故，轻则开裂渗漏，影响寿命；重则危及结构安全，影响使用。因此，不能不给予高度重视。

1）施工缝的留置

施工缝的位置应设置在结构受剪力较小且便于施工的部位。留缝应符合下列规定。

（1）柱子留置在基础的顶面、梁或吊车梁牛腿的下面、吊车梁的上面、无梁楼板柱帽的下面，如图7.11所示。

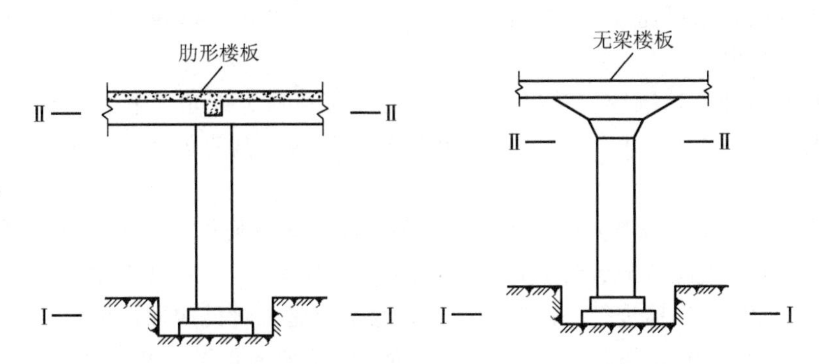

图7.11 浇筑柱的施工缝位置图（Ⅰ—Ⅰ、Ⅱ—Ⅱ表示施工缝位置）

（2）和板连成整体的大断面梁，留置在板底面以下20～30mm处。当板下有梁托时，留在梁托下部。

（3）单向板，留置在平行于板的短边的任何位置。

（4）有主次梁的楼板，宜顺着次梁方向浇筑，施工缝应留置在次梁跨度的中间1/3范围内，如图7.12所示。

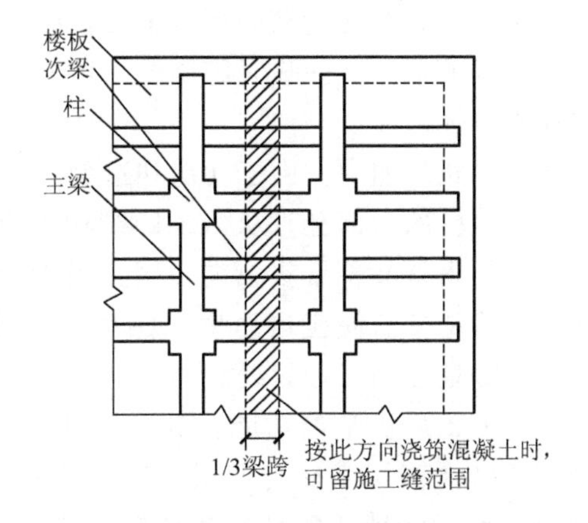

图7.12 浇筑有主次梁楼板的施工缝位置图

（5）墙，留置在门洞口过梁跨中1/3范围内，也可留在纵横墙的交接处。

（6）双向受力楼板、大体积混凝土结构、拱、弯拱、薄壳、蓄水池、斗仓、多层刚架及其他结构复杂的工程，施工缝的位置应按设计要求留置。一般设备地坑及水池，施工缝可留在坑壁上，距坑（池）底混凝土面30～50cm的范围内。

承受动力作用的设备基础，不应留施工缝；如必须留施工缝时，应征得设计单位同意。一般可按下列要求留置：①基础上的机组在担负互不相干的工作时，可在其间留置垂直施工缝；②在输送轨道支架基础之间，可留垂直施工缝。

在设备基础的地脚螺栓范围内，留置施工缝时应符合下列要求：①水平施工缝的留置，必须低于地脚螺栓底端，其与地脚螺栓底端距离应大于150mm；直径小于30mm的地脚螺栓，水平施工缝可以留在不小于地脚螺栓埋入混凝土部分总长度的3/4处。②垂直施工缝的留置，其地脚螺栓中心线间的距离不得小于250mm，并不小于5倍螺栓直径。

2）施工缝的处理

在施工缝处继续浇筑混凝土时，已浇筑的混凝土抗压强度不应小于1.2N/mm^2。混凝土达到 1.2N/mm² 的时间可通过试验决定，同时必须对施工缝进行必要的处理。

(1) 在已硬化的混凝土表面上继续浇筑混凝土前，应清除垃圾、水泥薄膜、表面上松动砂石和软弱混凝土层，同时还应加以凿毛，用水冲洗干净并充分湿润，一般不宜少于24h，残留在混凝土表面的积水应予清除。

(2) 注意施工缝位置附近回弯钢筋时，要做到钢筋周围的混凝土不受松动和损坏。钢筋上的油污、水泥砂浆及浮锈等杂物也应清除。

(3) 在浇筑前，水平施工缝宜先铺上 10～15mm 厚的水泥砂浆一层，其配合比与混凝土内的砂浆成分相同。

(4) 从施工缝处开始继续浇筑时，要注意避免直接靠近缝边下料。机械振捣前，宜向施工缝处逐渐推进，并距 80～100cm 处停止振捣，但应加强对施工缝接缝的捣实工作，使其紧密结合。

(5) 承受动力作用的设备基础的施工缝处理，应遵守下列规定：①标高不同的两个水平施工缝，其高低接合处应留成台阶形，台阶的高度比不得大于 1；②在水平施工缝上继续浇筑混凝土前，应对地脚螺栓进行一次观测校正；③垂直施工缝处应加插钢筋，其直径为 12～16mm、长度为 50～60cm、间距为 50cm，在台阶式施工缝的垂直面上亦应补插钢筋。

5. 后浇带

后浇带是为在现浇钢筋混凝土结构施工过程中，克服由于温度、收缩而可能产生有害裂缝而设置的带宽度的临时施工缝。该缝需根据设计要求保留一段时间后再浇筑，将整个结构连成整体。

在高层建筑物中，由于功能和造型的需要，往往把高层主楼与低层裙房连在一起，裙房包围了主楼的大部分。从传统的结构观点看，将高层与裙房脱开，这就需要高变形缝；但从建筑要求看又不希望设缝，因为设缝会出现双梁、双柱、双墙，使平面布局受局限。因此施工后浇带法便应运而生。在钢筋混凝土结构中设置后浇带是目前常采用的一种方法，以更好地控制工程裂缝。

(1) 施工后浇带的功能：施工后浇带分为后浇沉降带、后浇收缩带和后浇温度带，分别用于解决高层主楼与低层裙房间差异沉降、钢筋混凝土收缩变形及减小温度应力等问题。这种后浇带一般具有多种变形缝的功能，设计时应考虑以一种功能为主，其他功能为辅。施工后浇带是整个建筑物包括基础及上部结构施工中的预留缝（“缝”很宽时一般称为“带”），待主体结构完成，将后浇带混凝土补齐后，这种“缝”即不存在，这样既在整个结构施工中解决了高层主楼与低层裙房的差异沉降，又达到了不设永久变形缝的目的。

(2) 后浇带按其作用可分为三种：为解决高层建筑主楼与裙房的沉降差而设置的后浇施工带，称为沉降后浇带，如图 7.13(a) 所示；为防止混凝土凝结收缩开裂而设置的后浇施工带，称为收缩后浇带；为防止混凝土因温度变化拉裂而设置的后浇施工带，称为温度后浇带，如图 7.13(b) 所示。

(3) 根据实际情况确定后浇带类型。设计采用何种类型的后浇带，必须根据工程类型、工程部位、现场施工情况和结构受力情况而具体确定。后浇带的缝宽与墙、板厚度有关。对底板厚度超过 100cm 以上的，可根据后浇带处的接槎形式、钢筋搭接、施工难易程度等灵活掌握，当施工较困难时，后浇带缝宽可适当增加。后浇带接缝处的断面

(a) 沉降后浇带

(b) 温度后浇带

图 7.13　后浇带

形式，当墙、板厚度小于 30cm 时，可做成平直缝；当厚度大于 30cm、小于 60cm 时，可做成阶梯形或上下对称坡口形；当墙板厚度大于 60cm 时，可做成企口缝。后浇带的构造形式如图 7.14 所示。

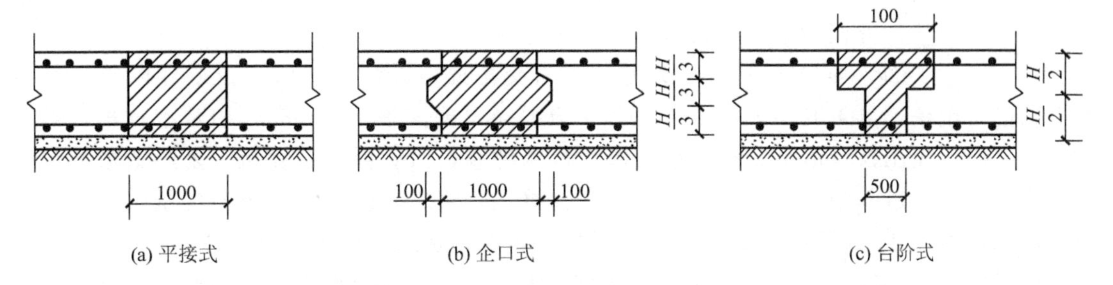

(a) 平接式　　(b) 企口式　　(c) 台阶式

图 7.14　后浇带的构造形式（单位：mm）

后浇带的钢筋断开或贯通，在于后浇带缝的类型。对沉降后浇带而言，钢筋贯通为好；对收缩后浇带而言，钢筋断开为好；梁板结构的板筋断开，梁筋贯通，如果钢筋不断开，钢筋附近的混凝土收缩将受到约束，产生拉力导致开裂，从而降低结构抵抗温度变化的能力。对于后浇带内的后浇混凝土，应使用无收缩混凝土，防止新老混凝土接缝收缩开裂。无收缩混凝土可在混凝土掺加微膨胀剂，也可直接采用膨胀水泥配制，如矿渣水泥。配制的混凝土强度等级，应比先浇混凝土高一个强度等级。

后浇带后浇部分混凝土的浇灌时间，不同类型后浇带是不同的。伸缩后浇带应根据先浇混凝土的收缩完成情况而定，对不同水泥、水灰比、养护条件的混凝土，一般应控制在施工后 60d 进行；如工期非常紧迫，也应在 2 周以上。沉降后浇带宜在建筑物基本完成沉降后再浇筑。

（4）后浇带施工中应注意问题：后浇带的施工应严格按照施工规范和设计要求进行，处理不当极易造成质量事故，轻则开裂渗漏，重则危及结构安全。后浇带接缝形式必须严格按施工图，施工时应用堵头板，根据接口形式在堵头板上装凸条。有些施工单位不按图施工，接口处不支模，留成自然斜坡槎，使施工缝处混凝土浇捣困难，造成混凝土不密实，达不到设计强度等级。如果是地下室底板还易产生渗水现象。后浇带先浇混凝土完成后应进行防护，局部应覆盖，四周用临时栏杆围护，防止施工过程中污染钢筋，保证钢筋不被踩踏。有些工地后浇带不设围护，致使钢筋被严重踩弯、钢筋杂乱、建筑垃圾较多、不易清理。

有些施工单位两侧混凝土不凿毛就浇筑后浇带内混凝土，使新老混凝土的黏结强度难以保证，处理不好会在后浇带两侧造成两条贯穿裂缝，极易渗水。

后浇带可以有效地减少收缩应力，在施工后期把后浇带混凝土浇上，使工程变成整体，以利用“后浇带”办法控制裂缝并达到不设置永久伸缩缝的目的。后浇带的设置距离，应在考虑有效降低温差和收缩应力的条件下，通过计算来获得，在正常的施工条件下，有关规范对此的规定是：如混凝土置于室内和土中，为30m；如在露天，则为20m。

6. 现浇混凝土结构浇筑

1）基础浇筑

在地基上浇筑混凝土前，对地基应事先按设计标高和轴线进行校正，并应清除淤泥和杂物；同时注意排除开挖出来的水和开挖地点的流动水，以防冲刷新浇筑的混凝土。

【参考视频】

（1）柱基础浇筑。

① 台阶式基础施工时，可按台阶分层一次浇筑完毕（预制柱的高杯口基础的高台部分应另行分层），不允许留设施工缝。每层混凝土要一次卸足，顺序是先边角后中间，务使砂浆充满模板。

② 浇筑台阶式柱基时，为防止垂直交角处可能出现吊脚（上层台阶与下口混凝土脱空）现象，可采取如下措施：在第一级混凝土捣固下沉2～3cm后暂不填平，继续浇筑第二级，先用铁锹沿第二级模板底圈做成内外坡，然后再分层浇筑，外圈边坡的混凝土于第二级振捣过程中自动摊平，待第二级混凝土浇筑后，再将第一级混凝土齐模板顶边拍实抹平，如图7.15所示；捣完第一级后拍平表面，在第二级模板外先压以20cm×10cm的压角混凝土并加以捣实后，再继续浇筑第二级，待压角混凝土接近初凝时，将其铲平重新搅拌利用；如条件许可，宜采用柱基流水作业方式，即顺序先浇一排杯基第一级混凝土，再回转依次浇第二级，这样已浇好的第一级将有一个下沉的时间，但必须保证每个柱基混凝土在初凝之前连续施工。

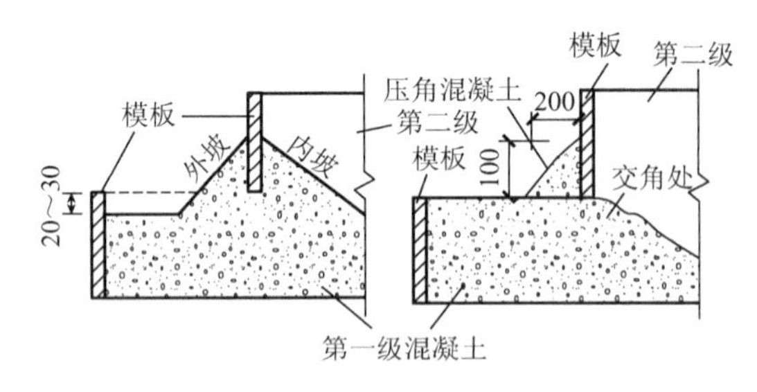

图7.15　台阶式柱基础交角处混凝土浇筑方法示意图（单位：mm）

③ 为保证杯形基础杯口底标高的正确性，宜先将杯口底混凝土振实并稍停片刻，再浇筑振捣杯口模四周的混凝土，振动时间尽可能缩短。同时还应特别注意杯口模板的位置，应在两侧对称浇筑，以免杯口模挤向一侧或由于混凝土泛起而使芯模上升。

④ 高杯口基础，由于这一级台阶较高且配置钢筋较多，可采用后安装杯口模的方法，即当混凝土浇捣到接近杯口底时，再安杯口模板后继续浇捣。

⑤ 锥式基础，应注意斜坡部位混凝土的捣固质量，在振捣器振捣完毕后，用人工将斜坡表面拍平，使其符合设计要求。

⑥ 为提高杯口芯模周转利用率，可在混凝土初凝后、终凝前将芯模拔出，并将杯壁划毛。

⑦ 现浇柱下基础时，要特别注意连接钢筋的位置，防止移位和倾斜，发现偏差应及时纠正。

(2) 条形基础浇筑。

① 浇筑前，应根据混凝土基础顶面的标高在两侧木模上弹出标高线；如采用原槽土模时，应在基槽两侧的土壁上交错打入长10cm左右的标杆，并露出2～3cm，标杆面与基础顶面标高齐平，标杆之间的距离约3m。

② 根据基础深度宜分段、分层连续浇筑混凝土，一般不留施工缝。各段层间应相互衔接，每段间浇筑长度控制在2～3m距离，做到逐段、逐层呈阶梯形向前推进。

(3) 设备基础浇筑。

① 一般应分层浇筑，并保证上下层之间不留施工缝，每层混凝土的厚度为20～30cm。每层浇筑顺序应从低处开始，沿长边方向自一端向另一端浇筑，也可采取中间向两端或两端向中间浇筑的顺序。

② 对一些特殊部位，如地脚螺栓、预留螺栓孔、预埋管道等，浇筑混凝土时要控制好混凝土的上升速度，使其均匀上升，同时防止碰撞，以免发生位移或歪斜。对于大直径地脚螺栓，在混凝土浇筑过程中应用经纬仪随时观测，发现偏差及时纠正。

2) 框架浇筑

多层框架按分层、分段施工，水平方向以结构平面的伸缩缝分段，垂直方向按结构层次分层。在每层中先浇筑柱，再浇筑梁、板。

浇筑一排柱的顺序应从两端同时开始，向中间推进，以免因浇筑混凝土后由于模板吸水膨胀、断面增大而产生横向推力，最后使柱发生弯曲变形。

柱子浇筑宜在梁板模板安装后、钢筋未绑扎前进行，以便利用梁板模板稳定柱模和作为浇筑柱混凝土操作平台之用。

混凝土浇筑过程中，要分批做坍落度试验，如坍落度与原规定不符时，应调整配合比；要保证混凝土保护层厚度及钢筋位置的正确性，不得踩踏钢筋，不得移动预埋件和预留孔洞的原来位置，如发现偏差和位移，应及时校正。特别要重视竖向结构的保护层和板、雨篷结构负弯矩部分钢筋的位置。

在竖向结构中浇筑混凝土时，应遵守下列规定：柱子应分段浇筑，边长大于40cm且无交叉箍筋时，每段的高度不应大于3.5m；墙与隔墙应分段浇筑，每段的高度不应大于3m；采用竖向串筒导送混凝土时，竖向结构的浇筑高度可不加限制。

凡柱断面在40cm×40cm以内并有交叉箍筋时，应在柱模侧面开不小于30cm高的门洞，装上斜溜槽分段浇筑，每段高度不得超过2m。

分层施工开始浇筑上一层柱时，底部应先填以5～10cm厚水泥砂浆一层，其成分与浇筑混凝土内砂浆成分相同，以免底部产生蜂窝现象。

在浇筑剪力墙、薄墙、立柱等狭深结构时，为避免混凝土浇筑至一定高度后，由于积聚大量浆水而可能造成混凝土强度不匀的现象，宜在浇筑到适当的高度时，适量减少混凝土的配合比用水量。

肋形楼板的梁板应同时浇筑，浇筑方法应先将梁根据高度分层浇捣成阶梯形，当达到板底位置时即与板的混凝土一起浇捣，随着阶梯形的不断延长，可连续向前推进，如图7.16所示。倾倒混凝土的方向应与浇筑方向相反，如图7.17所示。

【参考视频】

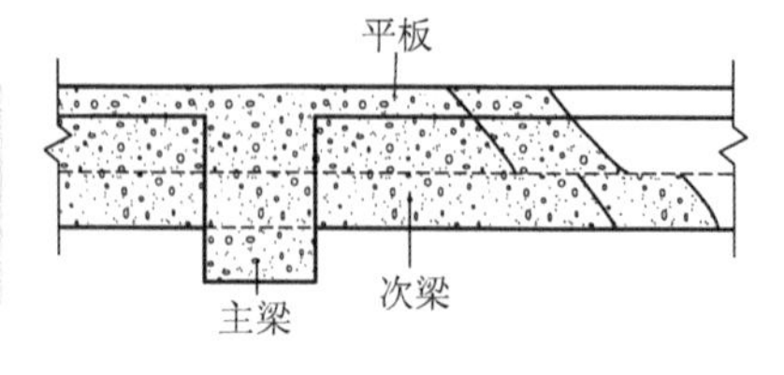

图7.16　梁、板同时浇筑方法示意图

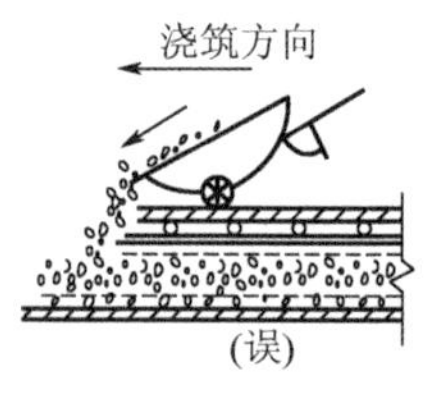

图7.17　混凝土倾倒方向

当梁的高度大于1m时，允许单独浇筑，施工缝可留在距板底面以下2～3cm处。

浇筑无梁楼盖时，在离柱帽下5cm处暂停，然后分层浇筑柱帽，下料必须倒在柱帽中心，待混凝土接近楼板底面时，即可连同楼板一起浇筑。

当浇筑柱梁及主次梁交叉处的混凝土时，一般钢筋较密集，特别是上部负钢筋又粗又多，因此，既要防止混凝土下料困难，又要注意砂浆挡住石子下不去。必要时，这一部分可改用细石混凝土进行浇筑，与此同时，振捣棒头可改用片式并辅以人工捣固配合。

梁板施工缝可采用企口式接缝或垂直立缝的做法，不宜留坡槎。

在预定留施工缝的地方，在板上按板厚放一木条，在梁上闸以木板，其中间要留切口通过钢筋。

3）剪力墙浇筑

剪力墙浇筑应采取长条流水作业，分段浇筑，均匀上升。墙体浇筑混凝土前或新浇混凝土与下层混凝土结合处，应在底面上均匀浇筑5cm厚与墙体混凝土成分相同的水泥砂浆或减石子混凝土。砂浆或混凝土应用铁锹入模，不应用料斗直接灌入模内，混凝土应分层浇筑振捣，每层浇筑厚度控制在60cm左右。浇筑墙体混凝土应连续进行，如必须间歇，其间歇时间应尽量缩短，并应在前层混凝土初凝前将次层混凝土浇筑完毕。墙体混凝土的施工缝一般宜设在门窗洞口上，接槎处混凝土应加强振捣，保证接槎严密。

洞口浇筑混凝土时，应使洞口两侧混凝土高度大体一致。振捣时，振捣棒应距洞边30cm以上从两侧同时振捣，以防止洞口变形，大洞口下部模板应开口并补充振捣。构造柱混凝土应分层浇筑，内外墙交接处的构造柱和墙同时浇筑，振捣要密实。采用插入式振捣器捣实普通混凝土的移动间距不宜大于作用半径的1.5倍，振捣器距离模板不应大于振捣器作用半径的1/2，不得碰撞各种埋件。

混凝土墙体浇筑振捣完毕后，将上口甩出的钢筋加以整理，用木抹子按标高线将墙上表面混凝土找平。

混凝土浇捣过程中，不可随意挪动钢筋，要经常检查钢筋保护层厚度及所有预埋件的牢固程度和位置的准确性。

4）喷射混凝土浇筑

喷射混凝土的特点，是采用压缩空气进行喷射作业，将混凝土的运输和浇筑结合在同一个工序内完成。喷射混凝土有“干法”喷射和“湿法”喷射两种施工方法，一般用于大跨度空间结构（如网架、悬索等）屋面、地下工程的衬砌、坡面的护坡、大型构筑物的补强、矿山以及一些特殊工程中。

干法喷射就是砂石和水泥经过强制式搅拌机拌和后，用压缩空气将干性混合料送入管道，再送到喷嘴里，在喷嘴里引入高压水，与干料合成混凝土，最终喷射到建筑物或构筑物上。干法施工比较方便，使用较为普遍，但由于干料喷射速度快，在喷嘴中与水拌和的时间短，水泥的水化作用往往不够充分。另外，由于机械和操作上的原因，材料的配合比和水灰比不易严格控制，因此混凝土的强度及匀质性不如湿法施工好。

湿法喷射就是在搅拌机中按一定配合比搅拌成混凝土混合料后，再由喷射机通过胶管从喷嘴中喷出，在喷嘴处不再加水。湿法施工由于预先加水搅拌，水泥的水化作用比较充分，因此与干法施工相比，混凝土强度的增长速度可提高约100%，粉尘浓度减少50%～80%，材料回弹减少约50%，节约压缩空气30%～60%。但湿法施工的设备比较复杂，水泥用量较大，也不宜用于基面渗水量大的地方。

喷射混凝土中由于水泥颗粒与粗骨料互相撞击、连续挤压，因而可采用较小的水灰比，使混凝土具有足够的密实性、较高的强度和较好的耐久性。

为了改善喷射混凝土的性能，常掺加占水泥重量2.5%～4.0%的高效速凝剂，可使水泥在3min内初凝，10min达到终凝，有利于提高其早期强度，增大混凝土喷射层的厚度，减少回弹损失。

喷射混凝土中加入少量（一般为混凝土重量3%～4%）的钢纤维（直径0.3～0.5mm，长度20～30mm），能够明显提高混凝土的抗拉、抗剪、抗冲击和抗疲劳强度。

【知识链接】

7.3 大体积混凝土

随着我国建筑规模的不断增加，建（构）筑物体形不断增大，相应结构构件尺寸势必也要增大。对于混凝土结构来说，当构件的体积或面积较大时，在混凝土结构和构件内将产生较大温度应力，如不采取特殊措施减小温度应力，势必会导致混凝土开裂。温度裂缝的产生不单纯是施工方法问题，还涉及结构设计、构造设计、材料选择、材料组成、约束条件及施工环境等诸多因素。

【导入案例】

美国ACI5.1导言写道：“任何就地浇筑的大体积混凝土，其尺寸之大，必须采取措施解决水化热及随之引起的体积变形问题，以最大限度地减少开裂。”

日本建筑学会标准（JASS5）对大体积混凝土的定义是：“结构断面最小尺寸在80cm以上，水化热引起混凝土内部的最高温度与外界气温之差预计超过25℃的混凝土，称为大体积混凝土。”

我国《大体积混凝土施工规范》（GB 50496—2009）对大体积混凝土的定义是：“混凝土结构物实体最小尺寸等于或大于1m，或预计会因水泥水化热引起混凝土内外温差过大而导致裂缝的混凝土。”

7.3.1 大体积混凝土的温度裂缝

大体积混凝土由于截面大、水泥用量大、水泥水化释放的热量会产生较大的温度变化，而混凝土导热性能差，其外部的热量散失较快，内部的热量却不易散失，因而造成混凝土各个部位之间的温度差和温度应力，导致产生温度裂缝。

1. 裂缝种类

温度裂缝按产生原因，一般可分为荷载作用下的裂缝（约占10%）、变形作用下的裂缝（约占80%）及耦合作用下的裂缝（约占10%）。

按裂缝危害程度，分为有害裂缝、无害裂缝两种。有害裂缝是指裂缝宽度对建筑物的使用功能和耐久性有影响。通常裂缝宽度略超规定20%的为轻度有害裂缝，超过规定50%的为中度有害裂缝，超过规定100%（指出现贯穿裂缝和纵深裂缝）的为重度有害裂缝。

按裂缝出现时间，分为早期裂缝（3～28d）、中期裂缝（28～180d）和晚期裂缝（180～720d，最终20年）。

按裂缝深度，一般分为表面或浅层裂缝、深层裂缝、贯穿裂缝三种，如图7.18所示。

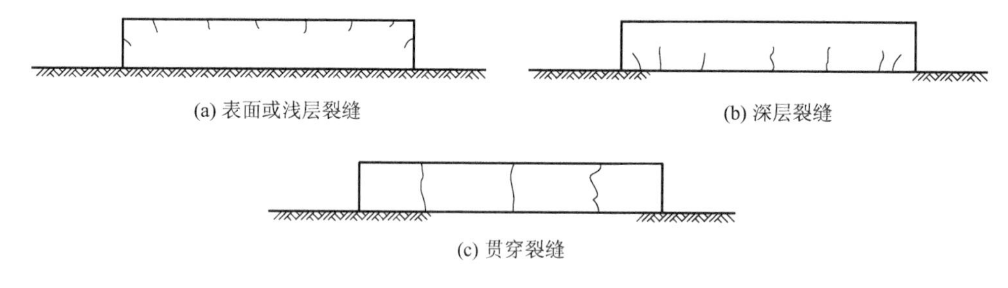

图7.18 温度裂缝

贯穿裂缝切断了结构断面，可能破坏结构整体性、耐久性和防水性，影响正常使用，危害严重；深层裂缝部分切断了结构断面，也有一定危害性；表面裂缝虽然不属于结构性裂缝，但在混凝土收缩时，由于表面裂缝处断面削弱且易产生应力集中，故能促使裂缝进一步开展。

混凝土浇筑初期，水泥产生大量的水化热，使混凝土的温度很快上升，但由于混凝土表面散热条件较好，热量可向大气中散发，因而温度上升较少；而混凝土内部由于散热条件较差，热量散发少，因而温度上升较多，内外形成温度梯度，从而形成内约束。结果是混凝土内部产生压应力，面层产生拉应力，当该应力超过混凝土的抗拉强度时，混凝土表面就会产生裂缝。

混凝土浇筑后数日，水泥水化热基本上已彻底释放，混凝土从最高温逐渐降温，降温又将引起混凝土收缩，再加上由于混凝土中多余的水分蒸发等引起的体积收缩变形，受到地基和结构边界条件的约束（外约束）而不能自由变形，从而导致产生温度应力（拉应力），当该温度应力超过龄期下混凝土的抗拉强度时，将从约束面开始向上开裂形成收缩裂缝。如果该温度应力足够大，严重时可能产生贯穿裂缝。

一般来说，由于温度收缩应力引起的初始裂缝不影响结构物的承载能力（瞬时强度），而仅对耐久性和防水性产生影响。对不影响结构承载力的裂缝，为防止钢筋腐蚀、混凝土碳化及防水防渗等，应对裂缝加以封闭或补强处理。对于地下或半地下结构来说，混凝土的裂缝主要影响其防水性能，一般当裂缝宽度为0.1～0.2mm时，虽然早期有轻微渗水，但经过一段时间后，裂缝可以自愈；如超过0.2～0.3mm，则渗水量按裂缝宽度的三次方比例增加，须进行化学注浆处理。所以，在地下工程中，应尽量避免超过0.3mm且贯穿全断面的裂缝。

2. 裂缝产生的原因

大体积混凝土施工阶段产生的温度裂缝，是其内部矛盾发展的结果，一方面是混凝土内外温差产生了应力和应变，另一方面是结构的外约束和混凝土各质点间的内约束阻止了这种应变，一旦温度应力超过混凝土所能承受的抗拉强度，就会产生裂缝。

(1) 水泥水化热：水泥的水化热是大体积混凝土内部热量的主要来源，由于大体积混凝土截面厚度大，水化热聚集在混凝土内部不易散失。水泥水化热引起的绝热温升与混凝土单位体积中水泥用量和水泥品种有关，并随混凝土的龄期按指数关系增长，一般在10～12d达到最终绝热温升，但由于结构自然散热，实际上混凝土内部的最高温度大多发生在混凝土浇筑后2～5d。浇筑初期，混凝土的强度和弹性模量都很低，对水化热引起的急剧温升约束不大，因此相应的温度应力也较小。随着混凝土龄期的增长、弹性模量的增高，对混凝土内部降温收缩的约束也就越来越大，以致产生很大的温度应力。当混凝土的抗拉强度不足以抵抗温度应力时，便开始出现温度裂缝。

(2) 外界气温变化：大体积混凝土结构施工期间，外界气温的变化情况对防止大体积混凝土开裂有重大影响。外界气温越高，混凝土的浇筑温度也越高，如果外界温度下降，则会增加混凝土的降温幅度，特别是在外界温度骤降时，会增加外层混凝土与内部混凝土的温差，这对大体积混凝土极为不利。

混凝土的内部温度是外界温度、浇筑温度、水化热引起的绝热温升和结构散热降温等各种情况的叠加，而温度应力则是由温差引起的温度变形造成的，温差越大，温度应力也越大；同时由于大体积混凝土不易散热，混凝土内部温度有时高达80℃以上，且延续时间较长，因此，应研究合理的温度控制措施，以控制大体积混凝土内外温差引起的过大温度应力。

(3) 约束条件：结构在变形时会受到一定的抑制而阻碍其自由变形，该抑制即称“约束”，大体积混凝土由于温度变化产生变形，这种变形受到约束才产生应力。在全约束条件下，混凝土结构的变形为

$$\varepsilon=\Delta T\cdot\alpha \tag{7-3}$$

式中 ε——混凝土收缩时的相对变形；

ΔT——混凝土的温度变化量；

α——混凝土的温度膨胀系数。

当ε超过混凝土的极限拉伸值时，结构便出现裂缝。由于结构不可能受到全约束，而且混凝土还存在徐变变形，所以温差在25℃甚至30℃情况下混凝土亦可能不开裂。无约束就不会产生应力，因此，改善约束对于防止混凝土开裂有重要意义。

(4) 混凝土收缩变形：混凝土的拌和水中，只有约20%的水分是水泥水化所必需的，其余80%左右的水都是要被蒸发的。混凝土在水泥水化过程中会产生体积变形，其中多数

是收缩变形，少数是膨胀变形，取决于所采用的胶凝材料的性质。混凝土中多余水分的蒸发是引起混凝土体积收缩的主要原因之一，这种干燥收缩变形不受约束条件的影响，若存在约束，即产生收缩应力。在大体积混凝土温度裂缝的计算中，可将混凝土的收缩值换算成相当于引起同样温度变形所需要的温度值，即“收缩当量温差”，以便按照温差计算混凝土的应力。

7.3.2 大体积混凝土的温度应力

1. 大体积混凝土温度应力的特点

混凝土的温度取决于它本身所贮备的热能，在绝热条件下，混凝土内部的最高温度是浇筑温度与水泥水化热温度的总和。但在实际情况下，由于混凝土的温度与外界环境有温差存在，而结构物四周又不可能做到完全绝热，因此，在新浇筑的混凝土与其四周环境之间，就会发生热能的交换。模板、外界气候（包括温度、湿度和风速）和养护条件等因素，都会不断改变混凝土所贮备的热能，并促使混凝土的温度逐渐发生变动。因此，混凝土内部的最高温度，实际上是由浇筑温度、水泥水化热引起的绝对温升和混凝土浇筑后的散热温度三部分组成的。

由于混凝土结构的热传导性能差，其周围环境气温以及日辐射等作用将使其表面温度迅速上升（或降低），但结构的内部温度仍处于原来状态，在混凝土结构中形成较大的温度梯度，因而使混凝土结构各部分处于不同的温度状态，由此产生了温度变形，当被结构的内、外约束阻碍时，就会产生相当大的温度应力。混凝土结构的温度应力实际上是一种约束应力，与一般荷载应力不同，温度应力与应变不再符合简单的胡克定律关系，而是出现应变小而应力大、应变大而应力小的情况，但是伯努利的平面变形规律仍然适用；其次，由于混凝土结构的温度荷载沿板壁厚度方向的非线性分布，混凝土结构截面上的温度应力分布具有明显的非线性特征；另外，混凝土结构中的温度应力具有明显的时间性，是瞬时变化的。

建筑工程大体积混凝土结构的尺寸没有水工大体积混凝土结构那样厚大，因此，裂缝的出现不仅有水泥水化热的问题和外界气温的影响，而且还显著受到收缩的影响。建筑工程结构多为钢筋混凝土结构，一般不存在承载力的问题，因此，在施工阶段，结构产生的表面裂缝危害性较小，主要应防止贯穿性裂缝；而外约束不仅是导致裂缝的主要因素，同时也是决定伸缩缝间距（或裂缝间距）的主要条件。

2. 大体积混凝土温度应力的计算

1）大体积混凝土温度计算

（1）最大绝热温升（二式取其一）为

$$T_h=(m_c+K\cdot F)Q/(C\cdot\rho),\quad T_h=m_c\cdot Q/[C\cdot\rho(1-e^{-mt})] \tag{7-4}$$

式中 T_h——混凝土最大绝热温升（℃）；

m_c——混凝土中水泥（包括膨胀剂）用量（kg/m^3）；

F——混凝土活性掺合料用量（kg/m^3）；

K——掺合料折减系数，粉煤灰取 0.25～0.30；

Q——水泥 28d 水化热（kJ/kg），该值可查表 7-7；

C——混凝土比热容，取 0.97kJ/(kg·K)；

ρ——混凝土密度，取 2400kg/m^3；

e——自然对数的底，取 2.718；

t——混凝土的龄期 (d)；

m——系数 (d^{-1})，随浇筑温度而改变，其值可查表 7-8。

表 7-7 不同品种、强度等级水泥的水化热

水泥品种	水泥强度等级	水化热 Q/(kJ/kg)		
		3d	7d	28d
硅酸盐水泥	42.5	314	354	375
	32.5	250	271	334
矿渣水泥	32.5	180	256	334

表 7-8 系数 *m* 值

浇筑温度/℃	5	10	15	20	25	30
m/d^{-1}	0.295	0.318	0.340	0.362	0.384	0.406

(2) 混凝土中心计算温度为

$$T_{1(t)} = T_j + T_h \cdot \xi_{(t)} \tag{7-5}$$

式中 $T_{1(t)}$——t 龄期混凝土中心计算温度 (℃)；

T_j——混凝土浇筑温度 (℃)；

$\xi_{(t)}$——t 龄期降温系数，同时要考虑混凝土的养护、模板、外加剂、掺合料的影响，其值可查表 7-9。

表 7-9 *t* 龄期降温系数

浇筑层厚度/m	龄期 t/d									
	3	6	9	12	15	18	21	24	27	30
1.00	0.36	0.29	0.17	0.09	0.05	0.03	0.01			
1.25	0.42	0.31	0.19	0.11	0.07	0.04	0.03			
1.50	0.49	0.46	0.38	0.29	0.21	0.15	0.12	0.08	0.05	0.04
2.50	0.65	0.62	0.57	0.48	0.38	0.29	0.23	0.19	0.16	0.15
3.00	0.68	0.67	0.63	0.57	0.45	0.36	0.30	0.25	0.21	0.19
4.00	0.74	0.73	0.72	0.65	0.55	0.46	0.37	0.30	0.25	0.24

(3) 混凝土表层 (表面下 50～100mm 处) 温度计算。

① 保温材料厚度 (或蓄水养护深度) 为

$$\delta = 0.5h\lambda_x(T_2 - T_q)K_b/[\lambda(T_{max} - T_2)] \tag{7-6}$$

式中　δ——保温材料厚度（m）；

λ_x——所选保温材料导热系数［W/(m·K)］；

T_2——混凝土表面温度（℃）；

T_q——施工期大气平均温度（℃）；

λ——混凝土导热系数，取 2.33W/(m·K)；

T_{max}——计算的混凝土最高温度（℃），计算时可取 $T_2-T_q=(15\sim20)$℃，$T_{max}-T_2=(20\sim25)$℃；

K_b——传热系数修正值，可查表 7-10，一般取 1.3～2.0。

表 7-10　传热系数修正值

保温层种类	K_1	K_2
仅由容易透风的材料组成（如草袋、稻草板、锯末、砂子）	2.6	3.0
由易透风材料组成，但在混凝土面层上再铺一层不透风材料	2.0	2.3
在易透风保温材料上铺一层不透风材料	1.6	1.9
在易透风保温材料上下各铺一层不易透风材料	1.3	1.5
仅由不易透风材料组成（如油布、帆布、棉麻毡、胶合板）	1.3	1.5

注：K_1 对应一般刮风情况（风速小于 4m/s），K_2 对应刮大风情况。

② 如采用蓄水养护时蓄水养护深度为

$$h_w=xM(T_{max}-T_2)K_b\lambda_w/(700T_j+0.28m_cQ) \tag{7-7}$$

式中　h_w——养护水深度（m）；

x——混凝土维持到指定温度的延续时间，即蓄水养护时间（h）；

M——混凝土结构表面系数（m^{-1}），$M=F/V$；

F——与大气接触的表面积（m^2）；

V——混凝土体积（m^3）；

$T_{max}-T_2$——一般取 20～25℃；

K_b——传热系数修正值；

λ_w——水的导热系数，取 0.58W/(m·K)；

700——折算系数［kJ/(m^3·K)］。

③ 混凝土表面模板及保温层的传热系数为

$$\beta=1/\left[\sum_i\delta_i/\lambda_i+1/\beta_q\right] \tag{7-8}$$

式中　β——混凝土表面模板及保温层等的传热系数［W/(m·K)］；

δ_i——各保温层材料的厚度（m）；

λ_i——各保温层材料的导热系数［W/(m·K)］，其值见表 7-11；

β_q——空气层的传热系数，取 23W/(m^2·K)。

表7-11 各种保温材料导热系数

材料名称	密度/(kg/m^3)	导热系数λ/[W/(m·K)]	材料名称	密度/(kg/m^3)	导热系数λ/[W/(m·K)]
建筑钢材	7800	58	矿棉、岩棉	110～200	0.031～0.065
钢筋混凝土	2400	2.33	沥青矿棉毡	100～160	0.033～0.052
水		0.58	泡沫塑料	20～50	0.035～0.047
木模板	500～700	0.23	膨胀珍珠岩	40～300	0.019～0.065
木屑		0.17	油毡		0.05
草袋	150	0.14	膨胀聚苯板	15～25	0.042
沥青蛭石板	350～400	0.081～0.105	空气		0.03
膨胀蛭石	80～200	0.047～0.07	泡沫混凝土		0.10

④ 混凝土虚厚度为

$$h'=k\lambda/\beta \tag{7-9}$$

式中 h'——混凝土虚厚度（m）；

k——折减系数，取2/3；

λ——混凝土导热系数，取2.33W/(m·K)。

⑤ 混凝土计算厚度为

$$H=h+2h' \tag{7-10}$$

式中 H——混凝土计算厚度（m）；

h——混凝土实际厚度（m）；

h'——混凝土虚厚度（m）。

⑥ 混凝土表层温度为

$$T_{2(t)}=T_q+4h'(H-h')[T_{1(t)}-T_q]/H^2 \tag{7-11}$$

式中 $T_{2(t)}$——混凝土表面温度（℃）；

T_q——施工期大气平均温度（℃）；

h'——混凝土虚厚度（m）；

H——混凝土计算厚度（m）；

$T_{1(t)}$——混凝土中心温度（℃）。

（4）混凝土内平均温度为

$$T_{m(t)}=[T_{1(t)}+T_{2(t)}]/2 \tag{7-12}$$

2）大体积混凝土温度应力计算

（1）阻力系数计算。

① 单纯地基阻力系数 C_{x1}（N/mm^3），其推荐值见表7-12。

表 7-12　单纯地基阻力系数 C_{x1} 推荐值

土质名称	承载力/(kN/m²)	C_{x1} 推荐值/(N/mm³)
软黏土	80～150	0.01～0.03
砂质黏土	250～400	0.03～0.06
坚硬黏土	500～800	0.06～0.10
风化岩石和低强度素混凝土	5000～10000	0.60～1.00
C10 以上配筋混凝土	5000～10000	1.00～1.50

② 桩的阻力系数为

$$C_{x2}=Q/F \quad (7-13)$$

式中　C_{x2}——桩的阻力系数（N/mm^3）。

Q——桩产生单位位移所需水平力（N/mm）。当桩与结构铰接时，$Q=2EI[K_nD/(4EI)]^{3/4}$；当桩与结构固接时，$Q=4EI[K_nD/(4EI)]^{3/4}$。

E——桩混凝土的弹性模量（N/mm^2）。

I——桩的惯性矩（mm^4）。

K_n——地基水平侧移刚度，取$10^{-2}N/mm^3$。

D——桩的直径或边长（mm）。

F——每根桩分担的地基面积（mm^2）。

（2）大体积混凝土瞬时弹性模量为

$$E_{(t)}=E_0(1-e^{-0.09t}) \quad (7-14)$$

式中　$E_{(t)}$——t 龄期混凝土弹性模量（N/mm^2）；

E_0——28d 混凝土弹性模量（N/mm^2）；

t——龄期（d）。

（3）地基约束系数为

$$\beta_{(t)}=\sqrt{(C_{x1}+C_{x2})/[h\cdot E_{(t)}]} \quad (7-15)$$

式中　$\beta_{(t)}$——t 龄期地基约束系数（mm^{-1}）；

h——混凝土实际厚度（mm）；

C_{x1}——单纯地基阻力系数（N/mm^3）；

C_{x2}——桩的阻力系数（N/mm^3）；

$E_{(t)}$——t 龄期混凝土弹性模量（N/mm^2）。

（4）混凝土干缩率为

$$\varepsilon_{Y(t)}=\varepsilon_Y^0(1-e^{-0.01t})M_1M_2\cdots M_{10} \quad (7-16)$$

式中　$\varepsilon_{Y(t)}$——t 龄期混凝土干缩率；

ε_Y^0——标准状态下混凝土极限收缩率，取 3.24×10^{-4}；

M_1、M_2、…、M_{10}——各修正系数，见表 7-13。

表 7-13 修正系数 $M_1 \sim M_{10}$ 值

水泥品种	M_1	水泥细度 /(cm²/g)	M_2	骨料品种	M_3	W/C	M_4	水泥浆量	M_5
普通水泥	1.00	1 500	0.92	花岗岩	1.00	0.2	0.65	15	0.90
矿渣水泥	1.25	2000	0.93	玄武岩	1.00	0.3	0.85	20	1.00
快硬水泥	1.12	3000	1.00	石灰岩	1.00	0.4	1.00	25	1.20
低热水泥	1.10	4000	1.13	砾岩	1.00	0.5	1.21	30	1.45
石灰矿渣水泥	1.00	5000	1.35	无粗骨料	1.00	0.6	1.42	35	1.75
火山灰水泥	1.00	6000	1.68	石英岩	0.80	0.7	1.62	40	2.10
抗硫酸盐水泥	0.78	7000	2.05	白云岩	0.95	0.8	1.80	45	2.55
矾土水泥	0.52	8000	2.42	砾岩	0.90	—	—	50	3.03
初期养护时间/d	M_6	相对湿度 W/%	M_7	L/F	M_8	操作方法	M_9	配筋率 E_aF_a/E_bF_b	M_{10}
1～2	1.11	25	1.25	0	0.54	机械振捣	1.00	0.00	1.00
3	1.09	30	1.18	0.1	0.76	人工振捣	1.10	0.05	0.86
4	1.07	40	1.10	0.2	1.00	蒸汽养护	0.82	0.10	0.76
5	1.04	50	1.00	0.3	1.03	高压釜处理	0.54	0.15	0.68
7	1.00	60	0.88	0.4	1.20			0.2	0.61
10	0.96	70	0.77	0.5	1.31			0.25	0.55
14～18	0.93	70	0.70	0.6	1.40				
40～90	0.93	90	0.54	0.7	1.43				
≥90	0.93			0.8	1.44				

注：L 为底板混凝土截面周长，F 为底板混凝土截面积，E_a、F_a 分别为钢筋的弹性模量和截面积，E_b、F_b 分别为混凝土的弹性模量和截面积。

(5) 收缩当量温差为

$$T_{Y(t)} = \varepsilon_Y(t)/\alpha \tag{7-17}$$

式中 $T_{Y(t)}$——t 龄期混凝土收缩当量温差（℃）；

α——混凝土线膨胀系数，取 1×10^{-5}/℃。

(6) 结构计算温差（一般 3d 划分一区段）为

$$\Delta T_i = T_{m(i)} - T_{m(i+3)} + T_{Y(i+3)} - T_{Y(i)} \tag{7-18}$$

式中 ΔT_i——i 区段结构计算温度（℃）；

$T_{m(i)}$——i 区段平均温度起始值（℃）；

$T_{m(i+3)}$——i 区段平均温度终止值（℃）；

$T_{Y(i+3)}$——i 区段收缩当量温差终止值（℃）；

$T_{Y(i)}$——i 区段收缩当量温差起始值（℃）。

(7) 各区段拉应力为

$$\sigma_i=\overline{E_i}\alpha\Delta T_i\overline{S_i}[1-1/\text{ch}(\overline{\beta_i}L/2)] \tag{7-19}$$

式中 σ_i——i区段混凝土内拉应力（N/mm^2）。

$\overline{E_i}$——i区段平均弹性模量（N/mm^2）。

$\overline{S_i}$——i区段平均应力松弛系数，其值见表7-14。

$\overline{\beta_i}$——i区段平均地基约束系数。

L——混凝土最大尺寸（mm）。

ch——双曲余弦函数。

表7-14 松弛系数S

龄期 t/d	3	6	9	12	15	18	21	24	27	30
S	0.57	0.52	0.48	0.44	0.41	0.386	0.368	0.352	0.339	0.327

(8) 到指定期混凝土内最大应力为

$$\sigma_{max}=[1/(1-\nu)]\sum_{i=1}^{n}\sigma_i \tag{7-20}$$

式中 σ_{max}——到指定期混凝土内最大应力（N/mm^2）；

ν——泊松比，取0.15。

(9) 安全系数为

$$K=f_t/\sigma_{max} \tag{7-21}$$

式中 K——大体积混凝土抗裂安全系数，应不小于1.15；

f_t——到指定期混凝土抗拉强度设计值（N/mm^2）。

3) 大体积混凝土平均整浇长度（伸缩缝间距）

(1) 混凝土极限拉伸值为

$$\varepsilon_p=7.5f_t(0.1+\mu/d)10^{-4}(\ln t/\ln 28) \tag{7-22}$$

式中 ε_p——混凝土极限拉伸值；

f_t——混凝土抗拉强度设计值（N/mm^2）；

μ——配筋率（%），$\mu=F_a/F_c$；

d——钢筋直径（mm）；

t——指定期龄期（d）；

F_a——钢筋截面积（m^2）；

F_c——混凝土截面积（m^2）。

(2) 平均整浇长度（伸缩缝间距）为

$$[L_{cp}]=1.5\sqrt{hE_{(t)}/C_x}\,\text{arch}[|\alpha\Delta T|/(|\alpha\Delta T|-|\varepsilon_p|)] \tag{7-23}$$

式中 $[L_{cp}]$——平均整浇长度或伸缩缝间距（mm）；

h——混凝土厚度（mm）；

$E_{(t)}$——指定时刻的混凝土弹性模量（N/mm^2）；

C_x——地基阻力系数（N/mm^3），$C_x=C_{x1}+C_{x2}$；

arch——反双曲余弦函数；

ΔT——指定时刻的累计结构计算温差（℃）。

3. 混凝土热工计算

1）混凝土热导率计算

混凝土热导率，是指在单位时间内热流通过单位面积和单位厚度混凝土介质时，混凝土介质两侧为单位温差时热量的传导率，是反映混凝土传导热量难易程度的系数。混凝土的热导率以下式表示：

$$\lambda=Q\delta/[(T_1-T_2)A] \tag{7-24}$$

式中 λ——混凝土热导率［W/(m·K)］；

Q——通过厚度为δ的混凝土的热量（J）；

δ——混凝土厚度（m）；

T_1-T_2——温度差（℃）；

A——混凝土的面积（m^2）；

t——测试时间（h）。

由于混凝土是由水泥、砂、石、水等材料组成，因此若已知各组成材料的质量分数以及热工性能，混凝土的热导率即可按下式计算：

$$\lambda=(P_c\lambda_c+P_s\lambda_s+P_g\lambda_g+P_w\lambda_w)/P \tag{7-25}$$

式中 λ、λ_c、λ_s、λ_g、λ_w——分别为混凝土、水泥、砂、石子、水的热导率［W$(m\cdot K)^{-1}$］；

P、P_c、P_s、P_g、P_w——分别为混凝土、水泥、砂、石子、水在每立方米混凝土中所占的质量分数（%），由混凝土配合比确定。

普通混凝土的热导率$\lambda=1.51\sim3.49$W/(m·K)，轻质混凝土的热导率$\lambda=0.47\sim0.70$W/(m·K)。

2）混凝土比热容计算

单位质量的混凝土，其温度升高1℃所需的热量称为混凝土的比热容，可按下式计算：

$$C=(P_cC_c+P_sC_s+P_gC_g+P_wC_w)/P \tag{7-26}$$

式中 C、C_c、C_s、C_g、C_w——分别为混凝土、水泥、砂、石子、水的比热容［kJ/(kg·K)］。混凝土的比热容一般在0.84～1.05kJ/(kg·K)范围内。

其他符号意义同前。

3）混凝土热扩散系数计算

混凝土的热扩散系数（又称导温系数）是反映混凝土在单位时间内热量扩散的一项综合指标。热扩散系数越大，越有利于热量的扩散。混凝土的热扩散系数一般通过试验求得或按下式计算：

$$a=\lambda/(C\rho) \tag{7-27}$$

式中 a——混凝土的热扩散系数（m^2/h）；

ρ——混凝土的重度（kg/m^3），普通混凝土的重度一般为2300～2450kg/m^3，钢筋混凝土的重度为2450～2500kg/m^3；

其他符号意义同前。

4. 混凝土拌和温度和浇筑温度计算

1）混凝土拌和温度计算

混凝土的拌和温度，是指组成混凝土的各种材料经搅拌形成均匀的混凝土出料后的温度，又称为出机温度，可按下式计算：

$$T_c = \sum_i T_i m_i C_i / \sum_i m_i C_i \tag{7-28}$$

式中 T_c——混凝土的拌和温度（℃）；

m_i——混凝土组成材料的质量（kg）；

C_i——混凝土组成材料的比热容［kJ/(kg·K)］；

T_i——混凝土组成材料的温度（℃）。

若考虑混凝土搅拌时设置搅拌棚对于混凝土出机温度的影响，则混凝土的出机温度为

$$T_\mathrm{i} = T_\mathrm{c} - 0.16(T_\mathrm{c} - T_\mathrm{d}) \tag{7-29}$$

式中 T_i——混凝土出机温度（℃）；

T_d——混凝土搅拌棚温度（℃）。

2）混凝土浇筑温度计算

混凝土拌和出机后，经运输、平仓、振捣等过程后的温度称为混凝土浇筑温度。混凝土浇筑温度受外界气温的影响，当在夏季浇筑、外界气温高于拌和温度时，浇筑温度就高于拌和温度，而在冬季则会低于拌和温度。这种温度的变化随混凝土运输工具类型、运输时间、运转时间、运转次数及平仓、振捣的时间不同而不同。混凝土的浇筑温度一般可按下式计算：

$$T_\mathrm{j} = T_\mathrm{c} + (T_\mathrm{q} - T_\mathrm{c})(A_1 + A_2 + A_3 + \cdots + A_n) \tag{7-30}$$

式中 T_j——混凝土浇筑温度（℃）。

T_c——混凝土拌和温度（℃）。

T_q——室外平均气温（℃）。

A_1、A_2、A_3、…、A_n——温度损失系数，按以下规定取各项值：混凝土装卸和运转时，每次 $A=0.032$；混凝土运输时，$A=\theta t$，t 为运输时间（min），θ 按表 7-15 取值；在混凝土浇筑过程中，$A=0.003t$，t 为浇筑时间（min）。

表 7-15 混凝土运输时热损失率 单位：min^{-1}

运输工具	混凝土容积/m^3	θ	运输工具	混凝土容积/m^3	θ
搅拌运输车	6	0.0042	保温手推车	0.15	0.007
开敞式自卸汽车	1.4	0.0037	不保温手推车	0.75	0.01
封闭式自卸汽车	2.0	0.0017	吊斗	1.0	0.0015

5. 大体积混凝土温度裂缝的控制措施

对于大体积混凝土结构，为控制温度裂缝，应从混凝土的材质、施工中的养护、环境条件、结构设计以及施工管理上进行着眼，从而减少混凝土的温升、延缓混凝土降温速率、减小混凝土的收缩、提高混凝土的极限拉伸值、改善约束和构造设计，以达到控制裂缝的目的。

1）混凝土材料

（1）选择水泥品种。混凝土温升的热源是水泥水化热，故选用中低热的水泥品种，可减少水化热，使混凝土减少升温。例如，优先选用等级为32.5、42.5级的矿渣硅酸盐水泥，因其与同等级的矿渣水泥和普通硅酸盐水泥相比，3d的水化热可降低28%。在结构施工过程中，由于结构设计的硬性规定极大地制约了材料的选择，混凝土强度不可能因为考虑到施工工作性能的优劣而有所增减，因此，在保证混凝土强度的前提下，如何尽可能地降低水化热就显得尤其重要。如在某项对地下室墙体大体积混凝土调查的22项工程中，选用矿渣硅酸盐水泥的工程共有五项，均未出现严重裂缝。

（2）减少水泥用量。水泥水化热导致的温度应力是地下室墙板产生裂缝的主要原因，且混凝土的强度、抗渗等级越高，结构产生裂缝的概率也越高。在地下室外墙施工中，除了在保证设计要求的条件下尽量降低混凝土的强度等级以降低水化热外，还应该充分利用混凝土的后期强度。实验数据表明，每立方米的混凝土水泥用量每增减10kg，水泥水化热使混凝土的温度相对升降即可达1℃。高层建筑的施工工期一般都很长，基础结构承受的设计荷载要在较长的时间后才被施加在其上，所以只要能保证混凝土的强度在28d后继续增长，并在预计的时间内达到或超过设计强度即可。根据结构实际承受荷载的情况，对结构的刚度和强度进行复算，并取得设计和质检部门的认可后，可采用45f、60f或90f替代28f作为混凝土的设计强度，这样可使每立方米混凝土的水泥用量降低40～70kg/m^3，混凝土的水化热温升相应降低4～7℃。

（3）选择外加剂。目前预拌混凝土使用较多，由于混凝土搅拌的生产环境比较差，混凝土通常处于高温、高湿、高粉尘、高振动的条件下，因此，必须确保设备的稳定运行和精确度，才能保证有高质量的混凝土。由于预拌混凝土的大流动性与抗裂性的要求有一定矛盾，所以在选择预拌混凝土时，应在满足最小坍落度的条件下尽可能地降低水灰比。预拌混凝土由于有流动性与和易性的要求，使混凝土的坍落度增加，水灰比增大，水泥等级提高，水泥用量、用水量、砂率均增加；骨料粒径减小，外加剂增加，导致混凝土的收缩及水化热都比以往有所增加。混凝土中水泥用量及等级的提高可以明显地增加强度，但需要指出的是，混凝土的抗拉强度、抗剪强度和黏结强度虽然均随抗压强度的增加而增加，但它们与抗压强度的比值却随强度的提高而变得越来越小，因此，在裂缝控制中，决定混凝土抗力的抗拉强度（即极限拉伸）的提高并不足以弥补增大的水化热所带来的复杂影响。为了解决这些问题，合理地选择外加剂就显得十分重要了。

① 减水剂。木质素磺酸钙（简称木钙）属于阴离子表面活性剂，对水泥颗粒有明显的分散效应，并能使水的表面张力降低而引起加气作用，因此，在混凝土中掺入水泥用量约0.25%的木钙减水剂，不仅能使混凝土的和易性有明显的改善，同时又减少了10%左右的拌和水，节约了10%左右的水泥，从而降低了水化热。

② 粉煤灰。粉煤灰是泵送混凝土的重要组成部分，能有效地提高混凝土的抗渗性能，

显著改善混凝土拌料的工作性能，并具有减水作用。由于粉煤灰的火山灰活性效应及微珠效应，使具有优良性质的粉煤灰（不低于二级）在一定掺入量（水泥质量的15%～20%）下的混凝土强度还有所增加，包括早期强度；同时，粉煤灰的掺入可以使混凝土密实度增加，收缩变形有所减少，泌水量下降，坍落度损失减小。通过预配试验，可取得降低水灰比、减少水泥浆用量、提高混凝土可泵性等良好效果，特别是可以明显延缓水化热峰值的出现，降低温度峰值，并能改善混凝土的后期强度。

③ 膨胀剂。普通硅酸盐水泥配制的砂浆或混凝土在干燥时会产生收缩，砂浆的收缩率为0.1%～0.2%，混凝土的收缩率为0.04%～0.06%，而一般混凝土的极限拉伸仅为0.01%～0.02%，其结果将导致混凝土开裂，从而破坏结构的整体性，降低了抗渗性能。因此，在混凝土中适当地掺入膨胀剂置换相同质量的水泥，使其吸收部分水后发生化学反应，在混凝土中产生0.2～0.7MPa的膨胀自应力，从而使混凝土处于受压状态，抵消由于干缩而产生的拉应力，可避免裂缝的发生和发展，同时大大提高混凝土的抗渗性能和后期抗压强度，达到混凝土结构本身抗裂防水的目的。在施工中，合理使用补偿收缩混凝土，在结构自防水的同时可以实行无缝设计、无缝施工，对节约成本、缩短工期有一定的现实意义。另外，由于膨胀剂AEA、UEA在混凝土中形成膨胀物钙矾石时需吸收水，在预拌混凝土中，掺入膨胀剂会增加混凝土坍落度的损失，影响混凝土的泵送施工，因此，在使用时须考虑膨胀剂与泵送剂的双掺。

(4) 选择粗、细骨料。

① 含泥量。砂石的含泥量对于混凝土的抗拉强度与收缩都有很大的影响，在某些控制不很严格的情况下，在浇捣混凝土的过程中会发现有泥块，这会降低混凝土的抗拉强度，引起结构严重开裂，因此应严格控制。

② 骨料粒径。在施工中，增大粗骨料的粒径可减少用水量，并使混凝土的收缩和泌水量减小，同时也相应地减少水泥的用量，从而降低了水泥的水化热，最终降低混凝土的温升，因此，粗骨料的最大粒径应尽可能地大一些，以便在发挥水泥有效作用的同时达到减少收缩的目的。对于地下室外墙大体积混凝土，粗骨料的规格往往与结构的配筋间距、模板形状以及混凝土浇筑工艺等因素有关。一般情况下，连续级配的粗骨料配制的混凝土具有较好的和易性、较少的用水量和水泥用量、较高的抗压强度，应优先选用。

③ 砂率和细度模数。在配合比中，砂率过高意味着细骨料多，粗骨料少，这对抗裂不利。由于泵送混凝土的输送管道除直管外，还有锥形管、弯管和软管等，当混凝土通过锥形管和弯管时，混凝土颗粒间的相对位置就会发生变化，此时若混凝土的砂浆量不足，就会产生堵管现象，因此，在混凝土的级配中，应当在满足可泵性的条件下尽可能地降低砂率。在选择细骨料时，应以中、粗砂为宜，有关试验资料表明，当采用细度模数为2.79、平均粒径为0.38mm的中、粗砂时，相比采用细度模数为2.12、平均粒径为0.336mm的细砂，每立方米混凝土可减少用水量20～25kg，水泥用量可相应减少28～35kg，这样就降低了混凝土的温升和混凝土的收缩。

2) 外部环境

(1) 混凝土浇筑与振捣。对于地下室墙体结构的大体积混凝土浇筑，除了一般的施工工艺外，还应采取一些技术措施，以减少混凝土的收缩，提高极限拉伸，这对控制温度裂缝很有作用。改进混凝土的搅拌工艺对改善混凝土的配合比、减少水化热、提高极限拉伸有着重要的意义。传统的混凝土搅拌工艺在混凝土搅拌过程中水分直接润湿石子表面，并在混凝土成形和静置的过程中，自由水进一步向石子与水泥砂浆界面集中，形成石子表面的水膜层；在混凝土硬化以后，由于水膜层的存在而使界面过渡层疏松多孔，削弱了石子与硬化水泥砂浆之间的黏结，形成了混凝土最薄弱的环节，从而对混凝土的抗压强度和其他物理力学性能产生不良的影响。为了进一步提高混凝土质量，采用二次投料的砂浆裹石或净浆裹石搅拌新工艺，可有效地防止水分向石子与水泥砂浆的界面集中，使硬化后界面过渡层的结构致密，黏结加强，从而使混凝土的强度提高10%左右，也提高了混凝土的抗拉强度和极限拉伸值；当混凝土的强度基本相同时，可减少7%左右的水泥用量。另外，对浇筑后的混凝土进行二次振捣，能排除混凝土因泌水而在粗骨料、水平钢筋下部生成的水分和空隙，提高混凝土与钢筋的握裹力，防止因混凝土沉落而出现的裂缝，减小内部微裂，增加混凝土密实度，使混凝土的抗压强度提高10%～20%，从而提高其抗裂性。混凝土二次振捣的恰当时间是指混凝土经振捣后还能恢复到塑性状态的时间，一般称为振动界限，在实际工程中应由试验确定。由于采用二次振捣的最佳时间与水泥的品种、水灰比、坍落度、气温和振捣条件等有关，且在确定二次振捣时间时既要考虑技术上合理，又要满足分层浇筑、循环周期的安排，因此在操作时间上要留有余地，避免由于这些失误而造成“冷接头”等质量问题。

【参考视频】

（2）混凝土浇筑温度。混凝土从搅拌机出料后，经过运输、泵送、浇筑、振捣等工序后的温度，称为混凝土的浇筑温度。由于浇筑温度过高会引起较大的干缩，因此应适当地限制混凝土的浇筑温度，一般情况下，建议混凝土的最高浇筑温度应控制在40℃以下。

（3）混凝土出机温度。为了降低大体积混凝土总温升和减小结构的内外温差，控制出机温度是很重要的。在混凝土的原材料中，石子的比热容较小，但其在每立方米混凝土中所占的质量较大。水的比热容最大，但它在混凝土中占的质量却最小。因此，对混凝土的出机温度影响最大的是石子和水的温度，砂的温度次之，水泥的温度影响最小。针对以上情况，在施工中为了降低混凝土的出机温度，应采取有效的方法降低石子的温度。在气温较高时，为了防止太阳的直接照射，可在砂、石子堆场搭设简易遮阳装置，必要时须向骨料喷射水雾或使用冷水冲洗骨料。

【参考图文】

（4）混凝土养护。地下室外墙浇筑以后，为了减少升温阶段的内外温差，防止因混凝土表面脱水而产生干缩裂缝，应对混凝土进行适当的潮湿养护；为了使水泥顺利地进行水化，提高混凝土的极限拉伸和延缓混凝土的水化热降温速度，防止产生过大的温度应力和温度裂缝，必须二次抹面，以减少表面收缩裂缝，紧接着应进行保湿覆盖、保温养护。

另外，施工中采取合理的技术措施很重要，例如采用带模养护、推迟拆模时间等方法都对控制裂缝起很大的作用。潮湿养护是在混凝土浇筑后，在其表面不断地补给水分，方法有淋水，铺设湿砂层、湿麻袋或草袋等，并最好在表面盖一层塑料薄膜。潮湿养护的时间越长越好，但考虑到工期因素，一般不少于半个月，重要结构不少于一个月。混凝土浇筑后数月内，即使养护完毕也不宜长期直接暴露在风吹日晒的条件下。对地下室墙体这一类的结构，也可采用自动喷淋管（塑料管带有细孔）进行自动给水养护，用长墙上的水平淋水管长期连续对墙体进行淋水养护，效果是比较好的。如使用养护剂涂层进行养护时，必须注意养护剂的质量及必要的涂层厚度，同时还应提供一定的潮湿养护条件，覆盖一层塑料薄膜。保温养护时，可用2～3层的草袋或草垫之类的保温材料进行覆盖养护。

(5) 防风和回填。外部气候也是影响混凝土裂缝发生和开展的因素之一，其中风速对混凝土的水分蒸发有直接的影响，不可忽视。地下室外墙混凝土应尽量封闭门窗，减少对流。土是最佳的养护介质，地下室外墙混凝土施工完毕后，在条件允许的情况下应尽快回填。

(6) 可预埋冷水管，通过循环水将混凝土内部热量带出，进行人工导热。

3) 约束条件

(1) 后浇带。计算出连续式约束条件下地下室长墙（外墙）的最大约束应力的近似值，当这个应力值超过抗拉强度时，可计算出裂缝的间距。裂缝间距既是伸缩缝间距，又是后浇带间距（计算后浇带间距所取的降温和收缩，不仅要计算后浇带封闭前的一段降温和收缩，还应验算后浇带封闭后的应力，即采用结构全长及封闭后的降温和收缩进行计算）。当地下室外墙的总长小于或等于该间距时，则该墙体可一次性连续浇筑；当地下室外墙的尺寸过大，通过计算发现整体一次浇筑混凝土产生的温度应力过大，可能产生温度裂缝时，就可以通过设置后浇带的方法进行分段浇筑。后浇带是在现浇钢筋混凝土结构中、在施工期间留设的临时性的温度和收缩变形缝，该缝根据工程安排保留一定时间，然后用混凝土填筑密实而成为整体的无伸缩缝结构。

后浇带的间距由最大整浇长度的计算确定，其间距为20～30m。用后浇带分段施工时，其计算是将降温温差和收缩分为两部分，在第一部分内结构被分成若干段，使之能有效地减小温度和收缩应力；在施工后期再将这若干段浇筑成整体，继续承受第二部分降温温差和收缩的影响。这两部分降温温差和收缩作用下产生的温度应力叠加，其值应小于混凝土的设计抗拉强度，此即是利用后浇带控制产生裂缝并达到不设永久性伸缩缝的原理。

后浇带的构造有平接式、T形式、企口式三种。后浇带的宽度应考虑施工方便，避免应力集中，宽度可取700～1000mm。当地上、地下都为现浇钢筋混凝土结构时，在设计中应标明后浇带的位置，并应贯通地上和地下整个结构，但钢筋不应截断。

后浇带的保留时间一般不宜少于40d，在此期间，早期温差及30%以上的收缩已经完成。在填筑混凝土之前，必须将整个混凝土表面的原浆凿清形成毛面，清除垃圾及杂物，并隔夜浇水浸润。填筑的混凝土可采用膨胀混凝土，要求混凝土强度比原结构提高5～$10N/mm^2$，并保持不少于14d的潮湿养护。

(2) 应力释放带。正常情况下后浇带的间距为20～30m，但在许多实际工程中，由于设计、施工条件的制约，后浇带的间距往往超过这个范围。例如，在浇筑地下室外墙时，当地下室外墙很长或是环状全封闭结构时，其水平方向的约束应力相当大，若无处释放，就很容易产生竖向裂缝，因此在这类地下室外墙板上合理布置应力释放带，有目的地给予诱导释放，可以有效地减少或防止竖向裂缝的发生。

(3) 构造设计。地下室墙体结构设计时，应注意构造配筋的重要性，它对结构抗裂性能的影响很大，但目前国内外对此都不够重视。对连续板不宜采用分离式配筋，应采用上下两层的连续配筋；对转角处的楼板宜配上下两层放射筋，其直径为8～14mm，间距约为200mm，同时应尽可能采用小直径、小间距。在孔洞周围、变截面转角处，由于温度变化和混凝土收缩会产生应力集中而导致裂缝，因此，可在孔洞四周增配斜向钢筋、钢筋网片；在变截面处宜做局部处理，使截面逐步过渡，同时增配抗裂钢筋，以防止裂缝。

(4) 滑动层。由于边界条件在约束下才会产生温度应力，因此，在与外约束的接触面上设置滑动层可以大大减弱外约束。可在外约束两端各1/5～1/4的范围内设置滑动层；对约束较强的接触面，可在接触面上直接设置滑动层。滑动层的做法，有铺设一层刷有两道热沥青的油毡，或铺设10～20mm厚的沥青砂，或铺设50mm厚的砂或石屑层。

(5) 缓冲层。在高低底板交接处和底板地梁等处，用30～50mm厚的聚苯乙烯泡沫塑料做垂直隔离层，以缓冲基础收缩时的侧向压力。

(6) 跳仓施工。一般分仓间歇时间为7～10d。

如上海万人体育场，周长1100m，直径300余米，采用分块跳仓浇筑，取消伸缩缝，只有施工缝，C25混凝土利用后期强度，优选配合比和外加剂，严格养护，最后只有轻微无害裂缝，经处理使工程完全满足正常使用要求。与北京工人体育场相比（后者有24条永久伸缩缝），避免了留设伸缩缝造成的渗漏缺陷。

4) 预应力技术

由于高强度等级的混凝土和预拌混凝土的大量应用，使混凝土的裂缝控制变得越来越困难。混凝土的大流动性等特性与混凝土的抗裂性有着一定的矛盾。外加剂的应用虽然可以在保持一定优良工作性能的同时降低水化热，但往往是改善了一方面又影响了另一方面，无法从根本上解决问题。

基础的特点决定着它会受到较大的约束，尽管在施工过程中所采用的后浇带或应力释放带的确是一种有效的方法，但是也带来了施工的另一些困难。比如，后浇带本身的处理比较复杂，如果措施不当，就很可能成为渗漏水的突破口；后浇带或应力释放带的有效设置间距比较小（20～30m），在一些长墙施工中过多的设置会影响工期等。大量的曲线、弧线的应用和不规则角度的出现使建筑物充满了生气，却给混凝土的养护带来了麻烦，使养护工作只能在条件允许的情况下尽力而为。

鉴于以上情况，主动采取措施控制裂缝是施工中对裂缝控制的有效途径之一。例如，可采用预应力钢筋对超长地下室外墙弧线、环线形地下室外墙施工中的裂缝进行控制。

【例7-3】 某高层建筑大体积混凝土底板，平面尺寸为62.7m×34.4m，厚为2.5m，采用C30混凝土，混凝土浇筑量为3235m²，施工时平均气温为26℃，所用材料为42.5级普通水泥，混凝土中水泥用量为400kg/m³，中砂、碎石、混凝土的配合比为水泥：砂：石子=1：1.688：3.12，水灰比为0.45，另掺1%的JMⅢ。经测试，水泥、砂、石子的比热容$C_c=C_s=C_g=0.84$kJ/(kg·K)，水的比热容$C_w=4.2$kJ/(kg·K)，各种材料的温度分别为$T_c=T_g=25$℃，$T_s=28$℃，$T_w=15$℃。施工方案确定采用保温法，以防止水泥水化热可能引起的温度裂缝。试选择保温材料及所需的厚度。

【解】 现场测定砂石的含水率分别为$W_s=5\%$，$W_g=1\%$。

(1) 混凝土的拌和温度。根据已知条件可用表格法来求出混凝土的拌和温度，见表7-16。

表 7-16 混凝土的拌和温度计算表

材料名称	质量/kg ①	比热容/[kJ/(kg·K)] ②	热当量/(kJ/℃) ③=①×②	材料温度/℃ ④	热量/kJ ⑤=③×④
水泥	400	0.84	336	25	8400
砂子	675	0.84	567	28	15876
石子	1248	0.84	1048	25	26200
砂中含水率 5%	34	4.2	142.8	15	2142
石子含水率 1%	12	4.2	50.4	15	756
拌和水	134	4.2	562.8	15	8442
合计	2503		2900		66834

由表 7-16 数据及式(7-28) 可得

$$T_c = \frac{\sum_i T_i m_i C_i}{\sum_i m_i C_i} = \frac{66834}{2900} = 23.05(℃)$$

(2) 混凝土的出机温度。混凝土在现场用二阶式搅拌站搅拌，敞开棚式，则可得该温度为 $T_i = T_c = 23.05℃$。

若采用商品混凝土，可参考封闭棚式计算结果。

(3) 混凝土的浇筑温度。根据施工方案，在混凝土浇筑每个循环过程中，装卸转运 3 次，运输时间 3min，平仓、振捣至混凝土浇筑完毕共 60min。则 $A_1 = 0.032 \times 3 = 0.096$；用自卸开敞式汽车运输，查表 $\theta = 0.0037$，则 $A_2 = \theta t = 0.0037 \times 3 = 0.0111$；另外 $A_3 = 0.003t = 0.003 \times 60 = 0.18$。故可得

$$A = A_1 + A_2 + A_3 = 0.096 + 0.0111 + 0.18 = 0.2871$$

则由式(7-30) 可得

$$T_j = T_c + (T_q - T_c)\sum_i A_i = 23.05 + (26 - 23.05) \times 0.2871 = 23.9(℃)$$

(4) 混凝土的绝热温升。混凝土在浇筑后 3～5d 时水化热温度最大，因此，3d 的混凝土绝热温升可用式(7-4) 的第二式计算。已知 $m_c = 400\text{kg}$，$\rho = 2400\text{kg/m}^3$，$C = 0.97\text{kJ/(kg·K)}$，查表得 $m = 0.38\text{d}^{-1}$，$t = 3\text{d}$，$Q = 461\text{kJ/(kg·K)}$，则可得

$$T_h = \frac{400 \times 461}{0.97 \times 2400} \times 0.654 = 51.8(℃)$$

(5) 混凝土内部最高温度。浇筑层厚度为 2.5m，龄期为 3d 时，查表得 $\xi = 0.65$，则可得

$$T_{1(t)} = T_j + T_h \xi_{(t)} = 23.9 + 51.8 \times 0.65 = 57.57(℃)$$

(6) 混凝土的表面温度。施工方案中采用 18mm 厚的多层夹板模板，选用 20mm 厚的草袋进行保温养护，大气温度 $T_q = 26℃$。

① 混凝土的虚铺厚度计算：

$$\beta = \frac{1}{\sum_i \frac{\delta_i}{\lambda_i} + \frac{1}{\beta_q}} = \frac{1}{\sum \frac{0.02}{0.14} + \frac{1}{23}} = 5.26$$

式中，查表可得 $\lambda_i=0.14$，β_q 为空气的传热系数，取为 23W/(m^2・K)。则虚铺厚度为

$$h'=k\frac{\lambda}{\beta}=0.666\times\frac{2.33}{5.26}=0.295(\mathrm{m})$$

② 混凝土的计算厚度为

$$H=h+2h'=2.5+2\times0.295=3.09(\mathrm{m})$$

③ 混凝土的表面温度为

$$\begin{aligned}T_{2(t)}&=T_q+4h'(H-h')[T_{1(t)}-T_q]/H^2\\&=26+\frac{4}{3.09^2}\times0.295\times(3.09-0.295)(57.57-26)\\&=26+0.12\times2.79\times31.57=36.57(℃)\end{aligned}$$

计算结果表明：混凝土的中心最高温度与表面温度差为（57.57－36.57)℃＝21℃＜25℃；混凝土表面温度与大气温度差为（36.57－26)℃＝10.57℃。因此，采用在混凝土表面覆盖 20mm 厚的草袋作为保温养护措施的方案是可行的。

【例 7－4】 现浇钢筋混凝土基础底板，厚度为 0.8m，配置直径 16mm 带肋钢筋，配筋率 0.35%，混凝土强度等级采用 C30，地基为坚硬黏土，施工条件正常（材料符合质量标准、水灰比准确、机械振捣、混凝土养护良好）。试计算早期（15d）不出现贯穿性裂缝的允许间距。

【解】 考虑施工条件正常，由表 7－13 查得 M_1、M_2、M_3、M_5、M_8、M_9 均取 1，$M_4=1.42$，$M_6=0.93$，$M_7=0.70$，$M_{10}=0.42$。混凝土经过 15d 的收缩变形为

$$\begin{aligned}\varepsilon_{Y(t)}&=\varepsilon_Y^0(1-e^{-0.01t})M_1M_2\cdots M_{10}\\&=3.24\times10^{-4}(1-e^{-0.15})\times1.42\times0.93\times0.7\times0.42=0.175\times10^{-4}\end{aligned}$$

收缩当量温差为

$$T_{Y(15)}=\frac{\varepsilon_{Y(15)}}{\alpha}=\frac{0.175\times10^{-4}}{1.0\times10^{-5}}=1.75\approx2(℃)$$

混凝土上、下面温升为 15℃，由于时间短，养护较好，气温差忽略不计，混凝土的水化热温差经计算为 25℃，则计算温差为 $\Delta T=2+25=27(℃)$。

混凝土的极限拉伸，由式(7－22) 代入得

$$\varepsilon_p=7.5f_t\left(0.1+\frac{\mu}{d}\right)10^{-4}\frac{\ln t}{\ln 28}=7.5\times1.5\left(0.1+\frac{0.35}{16}\right)\times0.813\times10^{-4}=1.115\times10^{-4}$$

15d 混凝土的弹性模量为

$$E_{(15)}=3.0\times10^{-4}\times(1-e^{-0.09t})=3.0\times10^{-4}\times(1-e^{-0.09\times15})=2.22\times10^4(\mathrm{MPa})$$

伸缩缝的最大允许间距，由式(7－23) 得

$$\begin{aligned}[L_{cp}]&=1.5\sqrt{hE_{(t)}/C_x}\,\mathrm{arch}[|\alpha\Delta T|/(|\alpha\Delta T|-|\varepsilon_p|)]\\&=1.5\sqrt{\frac{800\times2.22\times10^4}{0.08}}\,\mathrm{arch}\frac{1.0\times10^{-5}\times27}{1.0\times10^{-5}\times27-1.115\times10^{-4}}\\&=223.495\times10^2\times1.126=25157(\mathrm{mm})\approx26\mathrm{m}\end{aligned}$$

由计算可知板的最大允许伸缩缝间距为 26m。当板的纵向长度小于 26m 时，可以避免裂缝出现，否则需在中部设置伸缩缝或“后浇缝”。当板下有桩基础时，计算阻力系数 C_x 时，应考虑桩基对基础底板的约束阻力。

【例 7-5】 大型设备基础底板长 90.8m、宽 31.3m、厚 2.5m，混凝土为 C20，采用 60d 后期强度配合比，用强度等级为 32.5 级的矿渣水泥，水泥用量 $m_c=280\text{kg/m}^3$，混凝土浇筑入模温度 $T_j=28℃$，施工时平均气温为 25℃，结构物周围用钢模板，在模板和混凝土上表面外包两层草袋保温，混凝土比热容 $C=1.0\text{kJ/(kg}\cdot\text{K)}$，混凝土密度 2400kg/m^3。试计算总降温产生的最大温度拉应力及安全系数。

【解】 (1) 计算绝热温升值，按 $T_h=m_c\cdot Q/[C\cdot\rho(1-e^{-mt})]$，为简单计，只计算 3d、7d、28d 的值：

$$T_{h(3)}=280\times180/[0.97\times2400(1-e^{-0.397\times3})]=15.1(℃)$$

$$T_{h(7)}=280\times256/0.97\times2400(1-e^{-0.397\times7})=28.9(℃)$$

$$T_{h(28)}=280\times334/0.97\times2400(1-e^{-0.397\times28})=40.2(℃)$$

(2) 混凝土中心温度计算，按式 $T_{1(t)}=T_j+T_h\cdot\xi_{(t)}$ 计算如下：

$$T_{1(3)}=28+15.1\times0.65=37.8(℃)$$

$$T_{1(7)}=28+28.9\times0.6=45.4(℃)$$

$$T_{1(28)}=28+40.2\times0.157=34.3(℃)$$

(3) 混凝土表层温度计算。两层保温草袋按 6cm 计，则保温层传热系数为

$$\beta=1/\left[\sum_i\delta_i/\lambda_i+1/\beta_q\right]=1/[0.06/0.14+1/23]=2.12$$

混凝土虚厚度为 $h'=k\dfrac{\lambda}{\beta}=\dfrac{2}{3}\times\dfrac{2.33}{2.12}=0.734(\text{m})$；

混凝土计算厚度为 $H=h+2h'=2.5+2\times0.734=4.0(\text{m})$；

则混凝土表层温度为

$$T_{2(3)}=T_q+4h'(H-h')[T_{1(3)}-T_q]/H^2$$

$$=[25+4\times0.734\times(4.0-0.734)(37.8-25)]/4.0^2=32.7(℃)$$

$$T_{2(7)}=37.2℃,\quad T_{2(28)}=30.6℃$$

(4) 混凝土内平均温度为

$$T_{m(3)}=[32.7+37.8]/2=35.2(℃),\quad T_{m(7)}=41.3℃,\quad T_{m(28)}=32.5℃$$

(5) 混凝土干缩率和当量温差计算，按式 $\varepsilon_{Y(t)}=\varepsilon_Y^0$ $(1-e^{-0.01t})$ $M_1M_2\cdots M_{10}$，取 $\varepsilon_Y^0=3.24\times10^4$，$M_1=1.25$，$M_2=1.35$，$M_3=1.00$，$M_4=1.64$，$M_5=1.00$，$M_6=0.93$，$M_7=0.54$，$M_8=1.20$，$M_9=1.0$，$M_{10}=0.9$，$\alpha=1.0\times10^{-5}$，则可得

$$\varepsilon_{Y(3)}=0.1\times10^{-4},\ \varepsilon_{Y(7)}=0.22\times10^{-4},\ \varepsilon_{Y(28)}=0.79\times10^{-4}$$

$$T_{Y(3)}=1.0℃,\ T_{Y(7)}=2.2℃,\ T_{Y(28)}=7.9℃$$

(6) 结构计算温差，按式 $\Delta T_i=T_{m(i)}-T_{m(i+3)}+T_{Y(i+3)}-T_{Y(i)}$ 计算如下：

$$\Delta T_1=28-35.2+1=-6.2(℃),\ \Delta T_2=35.2-41.3+2.2+1=-4.9(℃)$$

$$\Delta T_3=41.3-35.2+7.9-2.2=14.5(℃)$$

(7) 计算各龄期的混凝土弹性模量，按式 $E_{(t)}=E_0(1-e^{-0.09t})$ 计算如下：

$$E_{(3)}=2.25\times10^4\times(1-e^{-0.09\times3})=0.603\times10^4(\text{N/mm}^2)$$

$$E_{(7)}=2.25\times10^4\times(1-e^{-0.09\times7})=1.19\times10^4(\text{N/mm}^2)$$

$$E_{(28)}=2.25\times10^4\times(1-e^{-0.09\times28})=2.34\times10^4(\text{N/mm}^2)$$

(8) 地基约束系数，按式 $\beta_{(t)}=\sqrt{(C_{x1}+C_{x2})/[h\cdot E_{(t)}]}$，取 $C_{x1}=0.02$，则可得

$$\beta_{(3)}=\sqrt{0.02/2500\times0.603\times10^4}=3.65\times10^{-5}(\text{mm}^{-1})$$

$$\beta_{(7)}=\sqrt{0.02/2500\times1.19\times10^4}=2.59\times10^{-5}(\text{mm}^{-1})$$

$$\beta_{(28)}=\sqrt{0.02/2500\times2.34\times10^4}=1.85\times10^{-5}(\text{mm}^{-1})$$

(9) 各区段拉应力，按式 $\sigma_i=\overline{E_i}\cdot\alpha\cdot\Delta T_i\cdot\overline{S_i}\{1-1/\text{ch}(\overline{\beta_i}\cdot L/2)\}$计算。各区段平均弹性模量为

$$\overline{E_1}=\frac{0+0.603\times10^4}{2}=0.302\times10^4(\text{N/mm}^2)$$

$$\overline{E_2}=\frac{(1.19+0.603)\times10^4}{2}=0.897\times10^4(\text{N/mm}^2)$$

$$\overline{E_2}=\frac{(1.19+2.34)\times10^4}{2}=1.77\times10^4(\text{N/mm}^2)$$

各区段平均应力松弛系数为

$$\overline{S_1}=\frac{1+0.57}{2}=0.785$$

$$\overline{S_2}=\frac{0.51+0.57}{2}=0.54$$

$$\overline{S_3}=\frac{0.335+0.51}{2}=0.423$$

各区段平均地基约束系数为

$$\overline{\beta_1}=3.65\times10^{-5}\text{mm}^{-1};$$

$$\overline{\beta_2}=\frac{3.65+2.59}{2}\times10^{-5}=3.12\times10^{-5}(\text{mm}^{-1});$$

$$\overline{\beta_3}=\frac{1.85+2.59}{2}\times10^{-5}=2.22\times10^{-5}(\text{mm}^{-1})$$

只计算拉应力，可得

$$\begin{aligned}\sigma_3&=1.77\times10^4\times10^{-5}\times14.5\times0.423\times[1-1/\text{ch}(90800\times2.22\times10^{-5}/2)]\\&=0.39(\text{N/mm}^2)\end{aligned}$$

(10) 混凝土内最大应力，按式 $\sigma_{\max}=[1/(1-\nu)]\sum_{i=1}^{n}\sigma_i$ 计算如下：

$$\sigma_{\max}=[1/(1-0.15)]\times0.39=0.46(\text{N/mm}^2)$$

混凝土抗拉强度设计值取 1.1N/mm²，则安全系数 $K=\frac{f_t}{\sigma_{\max}}=\frac{1.1}{0.46}=2.4>1.15$，满足抗裂条件，故知不会出现裂缝。

7.3.3 大体积混凝土浇筑

《高层建筑混凝土结构技术规程》中对大体积混凝土浇筑有如下规定。

(1) 大体积与超长结构混凝土施工前，必须编制专项施工方案，并进行大体积混凝土

温控计算，必要时可设置抗裂钢筋（丝）网。大体积混凝土施工应符合《大体积混凝土施工规范》的规定。

（2）大体积基础底板及地下室外墙混凝土，当采用粉煤灰混凝土时，可利用60d或90d强度进行配合比设计或施工。

（3）混凝土配合比应经过试配确定。原材料应符合相关标准要求，宜选用中低水化热水泥，掺入适量的粉煤灰和缓凝型外加剂，并控制水泥用量。

（4）大体积混凝土浇筑、振捣应满足下列规定：避免高温施工，当必须高温施工时，应采取措施降低混凝土拌合物和混凝土内部温度；根据面积、厚度等因素，宜采取整体分层连续浇筑或推移式连续浇筑法；混凝土供应速度应大于混凝土初凝速度，下层混凝土初凝前应进行第二层混凝土浇筑。分层设置水平施工缝时，除应符合设计要求外，尚应根据混凝土浇筑过程中温度裂缝控制的要求、混凝土的供应能力、钢筋工程的施工、预埋管件安装等因素确定其位置及间隔时间；宜采用二次振捣工艺，浇筑面应及时进行二次抹压处理。

（5）大体积混凝土浇筑后，应在12h内采取保湿、控温措施。混凝土浇筑体的里表温差不宜大于25℃，混凝土浇筑体表面与大气温差不宜大于20℃；宜采用自动测温系统测量温度，并设专人负责；测温点布置应具有代表性，测温频次应符合相关标准的规定。

（6）超长大体积混凝土施工可采取留置变形缝、后浇带施工或跳仓法施工。

（7）大体积混凝土浇筑常采用斜面分层浇筑分层振捣的方法，浇筑时混凝土自然流淌而形成斜面，混凝土振捣时从浇筑层下端开始逐渐上移。分层浇筑时应保证下上层混凝土要在下层混凝土初凝前浇筑完毕，并在振捣上层混凝土时，振捣棒插入下层5cm，使上下层混凝土之间更好地结合。

浇筑大体积混凝土应与预拌搅拌站做好混凝土浇筑的责任分工，配合搅拌站做好混凝土配合比试配工作，同时确定混凝土罐车数量以及运输交通路线等。

大体积混凝土的整体性要求高，一般要求混凝土连续浇筑，一气呵成。施工工艺上应做到分层浇筑、分层捣实，但又必须保证上下层混凝土在初凝之前结合好，不致形成施工缝。在特殊的情况下可以留有基础后浇带。即在大体积混凝土中预留有一条后浇的施工缝，将整块大体积混凝土分成两块或若干块浇筑，待所浇筑的混凝土经一段时间的养护干缩后，再在预留的后浇带中浇筑补偿收缩混凝土，使分块的混凝土连成一个整体。

后浇带的浇筑，考虑到补偿收缩混凝土的膨胀效应，当后浇带的直径长度大于50m时，混凝土要分两次浇筑，时间间隔为5～7d。要求混凝土振捣密实，防止漏振，也避免过振。混凝土浇筑后，在硬化前1～2h应抹压，以防沉降裂缝的产生。

浇筑方案应根据整体性要求、结构大小、钢筋疏密、混凝土供应等具体情况，选用如下三种方式。

（1）全面分层，如图7.19(a) 所示。在整个被浇构件内全面分层浇筑混凝土，要做到第一层全面浇筑完毕回来浇筑第二层时，第一层浇筑的混凝土还未初凝，如此逐层进行，直至浇筑好。这种方案适用于结构的平面尺寸不太大，施工时从短边开始，沿长边进行较适宜。必要时亦可分为两段，从中间向两端或从两端向中间同时进行。

(2) 分段分层，如图 7.19(b) 所示。适宜于厚度不太大而面积或长度较大的结构。混凝土从底层开始浇筑，进行一定距离后回来浇筑第二层，如此依次向前浇筑以上各分层。

(3) 斜面分层，如图 7.19(c) 所示。适用于结构的长度超过厚度的 3 倍。振捣工作应从浇筑层的下端开始，逐渐上移，以保证混凝土的施工质量。

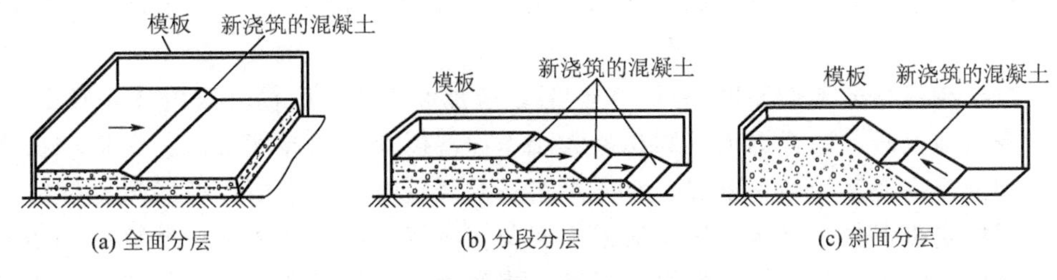

图 7.19　大体积基础浇筑方案

分层的厚度决定于振动器的棒长和振动力的大小，也要考虑混凝土的供应量大小和可能浇筑量的多少，一般为 20～30cm。

浇筑混凝土所采用的方法，应使混凝土在浇筑时不发生离析现象。混凝土自高处自由倾落高度超过 2m 时，应沿串筒、溜槽、溜管等下落，以保证混凝土不致发生离析现象。串筒布置应适应浇筑面积、浇筑速度和摊平混凝土堆的能力，但其间距不得大于 3m，布置方式为交错式或行列式。

浇筑大体积基础混凝土时，由于凝结过程中水泥会散发出大量的水化热，因而形成内外温度差较大，易使混凝土产生裂缝，因此，必须采取相关措施。

浇筑设备基础时，对一些特殊部分要引起注意，以确保工程质量。

(1) 地脚螺栓。地脚螺栓一般利用木横梁固定在模板上口，浇筑时要注意控制混凝土的上升速度，使两边均匀上升，不使模板上口位移，以免造成螺栓位置偏差。地脚螺栓的丝扣部分应预先涂好黄油，用塑料布包好，防止在浇筑过程中沾上水泥浆或碰坏。当螺栓固定在细长的钢筋骨架上，并要求不下沉变位时，必须根据具体情况对钢筋骨架进行核算，确定其是否能承受螺栓锚板自重和浇筑混凝土的重量与冲压力。如钢筋骨架不能满足以上要求时，则应另加钢板支承。此外，对锚板下混凝土要振捣密实。一般在浇筑这部分混凝土时，板外侧混凝土应略加高些，再细心振捣使混凝土压向板底，直至板边缝周围有混凝土浆冒出为止。如锚板面积较大，则可在板中间钻一小孔，通过小孔观察，看到混凝土浆冒出，证明该部位混凝土已密实，否则易造成空隙。

(2) 预留栓孔。预留栓孔一般采用楔形木塞或模壳板留孔，由于一端固定，一端悬空，在浇筑时应注意保证其位置垂直正确。木塞宜涂以油脂以易于脱模。浇筑后，应在混凝土初凝时及时将木塞取出，否则将会造成难拔并可能损坏预留孔附近的混凝土。

(3) 预埋管道。浇筑有预埋大型管道的混凝土时，常会出现蜂窝。为此，在浇筑混凝土时应注意粗骨料颗粒不宜太大，稠度应适宜，先振捣管道的底和两侧，待有浆冒出时，再浇筑盖面混凝土。

承受动力作用的设备基础的上表面与设备基座底部之间，用混凝土（或砂浆）进行二次浇筑时，应遵守下列规定。

(1) 浇筑前应先清除地脚螺栓、设备底座部分及垫板等处的油污、浮锈等杂物，并将基础混凝土表面冲洗干净，保持湿润。

(2) 浇筑混凝土（或砂浆）必须在设备安装调整合格后进行，其强度等级应按设计规定；如设计无规定时，可按原基础的混凝土强度等级提高一级，并不得低于C15。混凝土的粗骨料粒径可根据缝隙厚度选用5～15mm，当缝隙厚度小于40mm时，宜采用水泥砂浆。

(3) 二次浇筑混凝土的厚度超过20cm时，应加配钢筋，配筋方法由设计确定。

(4) 浇筑地坑时，可根据地坑面积的大小、深浅以及壁的厚度不同，采取一次浇筑或地坑底板和壁分别浇筑的施工方法。对混凝土一次浇筑时，其内模板应做成整体式并预先架立好。当坑底板混凝土浇筑完后，应紧接着浇筑坑壁。为保证底和壁接缝处的质量，在拌制用于该处的混凝土时可按原配合比将石子用量减半。如底和壁分开浇筑，其内模板待底板混凝土浇筑完并达到一定强度后，视壁高度可一次或分段支模。施工缝宜留在坑壁上，距坑底混凝土面30～50cm并做成凹槽形式。

(5) 施工中要特别重视和加强坑壁以及分层、分段浇筑的混凝土之间的密实性。机械振捣的同时，宜用小木锤在模板外面轻轻敲击配合，以防拆模后出现蜂窝、麻面、孔洞和断层等施工缺陷。

(6) 雨期施工时，应采取搭设雨篷或分段搭设雨篷的办法进行浇筑，一般均要事先做好防雨措施。

【知识链接】

单元小结

高层建筑施工中混凝土工程占据重要的地位，是在整个施工过程中技术上最需要引起重视的部分，稍有不慎，就会引起工程质量问题。本章系统介绍了混凝土浇筑全过程的施工工艺，包括混凝土运输、混凝土浇筑准备工作、浇筑与养护、大体积混凝土施工及裂缝控制。

练习题

一、思考题

1. 混凝土运输的基本要求有哪些？
2. 混凝土浇筑的准备工作有哪些？
3. 简述施工缝留设的原因与留设位置。
4. 后浇带种类有哪些？简述后浇带的构造要求。
5. 简述大体积混凝土的概念。
6. 大体积混凝土产生温度裂缝的主要原因有哪些？
7. 控制大体积混凝土裂缝开展的基本方法有哪些？
8. 控制大体积混凝土温度裂缝的主要技术措施有哪些？

二、计算题

1. 高层建筑地下室筏板基础长60m、宽45m、厚3.5m，混凝土强度等级为C30，混凝土由搅拌站用混凝土搅拌运输车运送到施工现场，运输时间为0.5h（包括装料、运输、卸料），混凝土初凝时间为4.0h，采用插入式振捣棒振捣，混凝土每层浇筑厚度为300mm，要求连续一次浇筑完成不留施工缝。试求混凝土的浇筑强度与浇筑时间。

2. 大体积混凝土基础底板，厚度为2.5m，在3d后混凝土内部中心温度为52℃，实测混凝土表面温度为25℃，大气温度为15℃，混凝土导热系数为2.3W/(m·K)，试求其表面所需保温材料的厚度。

3. 大型设备基础底板长50m、宽10m、厚1m，混凝土为C20，采用60d后期强度配合比，用32.5级矿渣水泥，水泥用量$m_c=280\text{kg/m}^3$，混凝土浇筑入模温度$T_j=28$℃，施工时平均气温为25℃，结构物周围用钢模板，在模板和混凝土上表面外包两层草袋保温，混凝土比热容$C=1.0\text{kJ/(kg·K)}$，混凝土密度$\rho=2400\text{kg/m}^3$。试计算总降温产生的最大温度拉应力及安全系数。

【参考答案】

单元8 防水工程施工

教学目标

知识目标

1. 掌握屋面防水的具体施工方法及工艺流程；
2. 掌握地下防水的施工方法；
3. 熟悉屋面防水工程的种类；
4. 了解建筑防水材料的种类及性能特点；
5. 了解地下防水方案及施工特点；
6. 了解厕浴间防水施工方法。

能力目标

1. 具有根据建筑物的各防水部位选择适宜的防水材料的能力；
2. 能编制和检查不同部位的防水施工技术方案；
3. 能够准确识别高层防水工程渗漏原因并采取相应措施进行防治。

知识架构

知识点	权重
建筑防水材料	10%
屋面防水施工	30%
地下防水施工	20%
外墙防水施工	20%
厕浴间防水施工	10%
防水工程渗漏与防治	10%

章节导读

防水工程是建筑工程的重要部分，直接影响建筑物的使用寿命和功能发挥。防水工程施工质量的好坏，直接影响到土木工程的使用寿命。

防水工程施工按其构造做法，分为结构自防水和防水层防水两大类。结构自防水，主要是依靠结构构件材料自身的密实性及某些构造措施（坡度、埋设止水带等），使结构构件起到防水作用；防水层防水，是在结构构件的迎水面或背水面以及接缝处，附加防水材料做成防水层，以起到防水作用，如卷材防水、涂料防水、刚性材料防水层防水等。

防水工程施工按照所采用的防水材料，又可分为柔性防水和刚性防水做法两种。柔性防水如卷材防水、涂料防水等，刚性防水如刚性材料防水层防水、结构自防水等。

引例

某小区两栋高层住宅分别建了一层地下室，地下埋深约8m，用于地下停车使用。

开挖地基时，开挖土含水率较低，未见明水。开发商据此认为该地下室不会发生渗漏，于是将地下防水方案设计为：底板防水为钢筋混凝土自防水，抗渗等级为S6，结构墙体为黏土砖，外贴一层SBS改性沥青防水卷材。

地下室建成后，穿墙管周围和墙体均出现严重的渗漏，水通过墙体上的毛细孔、穿墙管和墙体之间的缝隙以“流”的形式进入地下室。为杜绝渗漏，开发商曾用水泥基渗透结晶型防水涂料在室内结构墙体找平层上涂刷，涂刷后的一年内，渗漏减轻。一年后，汛期突降暴雨，恰遇地下排水管网发生堵塞，地下室出现了严重的渗漏，室内地面出现积水。由于渗漏问题一直未能解决，这两栋别墅一直未能出售，为此，开发商召集专家论证渗漏原因。

该建筑防水工程渗漏的原因是什么？如何选择建筑防水材料？高层建筑不同部位防水施工的要点是什么？如何防止渗漏呢？下面将逐一进行介绍。

8.1 建筑防水材料

8.1.1 建筑防水材料的性质

防水材料是功能性材料，主要目的是防潮、防渗、防漏，重点是防漏。建筑物一般均由屋面、墙面、基础构成外壳，这些部位均是建筑防水的重要部位。防水就是要防止建筑物各部位由于各种因素产生的裂缝或构件的接缝出现渗水。凡建筑物或构筑物为了满足防潮、防渗、防漏功能所采用的材料，统称为防水材料。

8.1.2 建筑防水材料的分类

随着现代科学技术的发展，建筑防水材料的品种、数量越来越多，性能各异。依据建筑防水材料的外观形态，一般可将建筑防水材料分为防水卷材、防水涂料、密封材料、刚性防水材料四大系列，这四大类材料又根据其组成不同可划分为上百个品种，基本分类情况如图 8.1 所示。

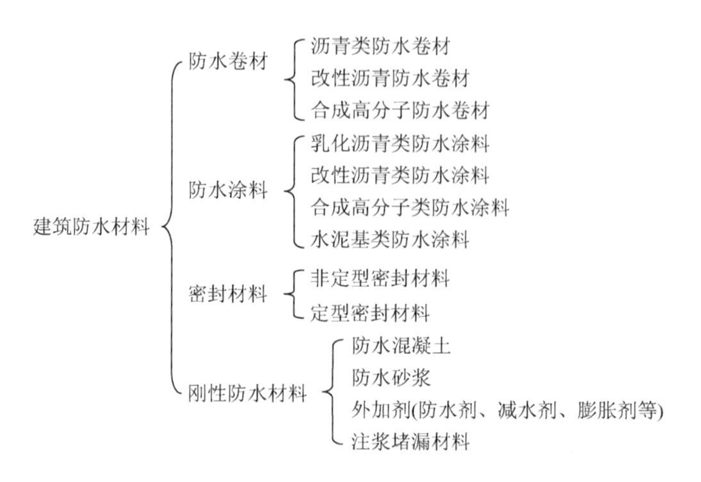

图 8.1　建筑防水材料的分类

此外，建筑防水材料还有近年来发展起来的粉状憎水材料、水泥密封防水剂等。

8.1.3　建筑防水材料的选用

1. 建筑防水材料的功能要求

防水工程的质量很大程度取决于防水材料的性能和质量，防水材料是防水工程施工的基础。在施工过程中，所采用的防水材料必须符合国家或行业的材料质量标准，并同时满足设计要求。不同的防水施工方案，对防水材料的功能要求也不相同。

对建筑防水材料的共性要求如下：

(1) 具有良好的耐候性，对光、热、臭氧具有一定的承受能力；

(2) 具有抗水渗透和耐酸碱性能；

(3) 对外界温度和外力具有一定的适应性，即材料的拉伸强度要高，断裂伸长率要大，能承受温差变化以及各种外力与基层伸缩、开裂所引起的变形；

(4) 整体性好，既能保持自身的黏结性，又能与基层牢固黏结，同时在外力作用下有较高的抗剥离强度，可形成稳定的不透水整体。

对于不同部位的防水工程，其防水材料的要求也各有侧重点，具体要求如下：

(1) 屋面防水材料其耐候性、耐温度、耐外力的性能尤为重要，因为屋面防水层尤其是不设保温层的外露防水层，长期经受着风吹、雨淋、日晒、冰雪等恶劣自然环境侵袭和基层结构变形影响；

(2) 地下防水材料必须具有优质的抗渗能力和延伸率，具有良好的整体不透水性，这些要求是针对地下水的不断侵蚀，水压较大、地下结构可能变形等条件提出的；

(3) 室内厕浴间防水材料应能适应基层形状的变化并有利于管道设备的敷设，以不透水性优异、无接缝的整体涂膜最为理想；

(4) 建筑外墙防水材料应有较好的耐候性、高延伸率以及黏结性、抗下垂性等，一般防水密封材料辅以衬垫保温隔热材料进行配套处理；

(5) 特殊构筑物防水工程所选用的防水材料，应根据不同工程的特点和使用功能的不同要求，由设计酌情选定。

2. 传统建筑防水材料与新型建筑防水材料的区别

传统建筑防水材料指传统的石油沥青纸胎油毡、沥青涂料等防水材料，这类材料存在对温度敏感、抗拉强度和延伸率低、耐老化性能差等缺点，用于外露防水工程，高低温特性都不好，容易引起老化、干裂、变形、折断和腐烂等现象。目前对这类防水材料虽然已规定了“三毡四油”的防水做法，以适应延长其耐久年限，但却增加了防水层的厚度，同时也增加了工人的劳动强度，特别是对于屋面形状复杂、凸出屋面较多的屋顶来说，施工困难，质量也难以保证，也增加了维修保养的难度。目前传统的石油沥青纸胎油毡在中小城市用作防水层的比例仍然较大，连同玻璃布胎油毡、玻璃纤维胎油毡在内，约占我国防水材料的85%左右。

新型建筑防水材料是相对于石油沥青油毡及其辅助材料等传统材料而言的，一方面是材料新，另一方面是施工方法新。改善传统的建筑防水材料的性能指标和提高其防水功能，使传统防水材料成为新材料，是一条行之有效的途径。例如对沥青进行催化氧化处理，沥青的低温冷脆性能就得到了根本改变，成为优质氧化沥青，纸胎沥青油毡的性能也得到了很大提高，在此基础上用玻璃布、玻璃纤维胎来逐步代替纸胎，可进一步克服纸胎强度低、伸长率差、吸油率低等缺点，从而整体提高了沥青油毡的品质。但是，仅靠改善传统建筑防水材料的性能指标和提高其防水功能，使之成为防水“新”材料这一途径还不够。为了尽快改善我国防水工程的现状，建设部采取了一系列综合治理的措施，制定了发展、推广、应用建筑防水新材料和防水施工新技术的政策法规。新型建筑防水材料主要有合成高分子防水卷材、高聚物改性沥青防水卷材以及防水涂料、防水密封材料、堵漏材料、黏结材料、刚性防水材料等。

3. 正确选择和合理使用建筑防水材料

【参考图文】

防水材料由于品种和性能各异，因而有着不同的优缺点，也各有相应的适用范围和要求，尤其是对新型防水材料的推广使用更应掌握这方面的知识。正确选择和合理使用建筑防水材料，需注意以下要点。

(1) 材料的性能和特点。建筑防水材料可分为柔性和刚性两大类。柔性防水材料拉伸强度高、延伸率大、质量小、施工方便，但操作技术要求较严，耐穿刺性和耐老化性能不如刚性材料。同是柔性材料，卷材为工厂化生产，厚薄均匀，质量比较稳定，施工工艺简单，工效高，但卷材搭接缝多，接缝处易脱开，对复杂表面及不平整基层施工难度大。而防水涂料的性能和特点与之恰好相反。同是卷材，合成高分子卷材、高聚物改性沥青卷材和沥青卷材也有不同的优缺点。可见在选择防水材料时，必须注意其性能特点。各类防水材料性能特点见表8-1。

表 8－1　各类防水材料的性能特点

性能指标 \ 类别	合成高分子卷材		高聚物改性沥青防水卷材	沥青基防水卷材	合成高分子防水涂料	高聚物改性沥青防水涂料	沥青基防水涂料	防水混凝土	防水砂浆	粉状憎水材料
	不加筋	加筋								
拉伸强度	○	○	△	×	△	△	×	×	×	—
延伸性	○	△	△	×	○	△	×	×	×	—
均质性（薄厚）	○	○	○	△	×	×	×	△	△	×
搭接性	○△	○△	△	△	○	○	○	—	△	○
基层黏结性	△	△	△	△	○	○	○	—	—	—
背衬效应	△	△	○	△	△	△	△	—	—	○
耐低温性	○	○	△	×	○	△	×	○	○	○
耐热性	○	○	△	×	○	△	×	○	○	○
耐穿刺性	△	×	△	×	×	×	△	○	○	—
耐老化性	○	○	△	×	○	△	×	○	○	○
施工性	○	○	○	冷△ 热×	×	×	×	△	△	△
施工气候影响程度	△	△	△	×	×	×	×	○	○	○
基层含水率要求	△	△	△	△	×	×	×	○	○	○
质量保证率	○	○	○	△	△	×	×	△	△	△
复杂基层适应性	△	△	△	×	○	○	○	×	△	×
环境及人身污染程度	○	○	△	×	△	×	×	○	○	○
荷载增加程度	○	○	○	△	○	○	△	×	×	×
价格	高	高	中	低	高	高	中	低	低	中
贮运性能	○	○	○	△	×	△	×	○	○	△

注：○为好，△为一般，×为差。

（2）建筑物功能与外界环境要求。在了解了各类防水材料的性能和特点后，还应根据建筑物结构类型、防水构造形式、节点部位外界气候情况（包括温度、湿度、酸雨、紫外线等）、建筑物的结构形式（整浇式或装配式）与跨度、屋面坡度、地基变形程度以及防水层暴露情况等决定相适应的材料。防水材料使用参考见表 8－2。

表 8－2　防水材料使用参考表

防水构造形式 \ 适用情况 \ 材料类别	合成高分子防水卷材	高聚物改性沥青防水卷材	沥青基防水卷材	合成高分子防水涂料	高聚物改性沥青涂料	防水混凝土	防水砂浆	粉状憎水材料
特别重要建筑屋面	○	⊙	×	⊙	×	⊙	×	⊙
重要及高层建筑屋面	○	○	×	○	×	⊙	×	⊙
一般建筑屋面	△	○	△	△	※	○	※	○
有振动车间屋面	○	△	×	△	×	※	×	※
恒温恒湿屋面	○	△	×	△	×	△	×	△

（续）

防水构造形式 \ 适用情况 材料类别	合成高分子防水卷材	高聚物改性沥青防水卷材	沥青基防水卷材	合成高分子防水涂料	高聚物改性沥青涂料	防水混凝土	防水砂浆	粉状憎水材料
蓄水种植屋面	△	△	×	⊙	⊙	○	△	△
大跨度结构建筑	○	△	※	※	※	×	×	※
动水压作用混凝土地下室	○	△	×	△	△	○	△	×
静水压作用混凝土地下室	△	○	※	○	△	○	△	×
静水压砖墙体地下室	○	○	×	△	×	△	○	×
卫生间	※	※	×	○	○	⊙	⊙	※
水池内防水	※	×	×	×	×	○	○	×
外墙面防水	×	×	×	○	×	△	○	×
水池外防水	△	△	△	○	○	⊙	○	×

注：○为优先采用，⊙为复合采用，※为有条件采用，×为不宜采用或者不可采用，△为可以采用。

(3) 施工条件和市场价格。在选择防水材料时，还应考虑到施工条件和市场价格因素。例如合成高分子防水卷材可分为弹性体、塑性体和加筋的合成纤维三大类，不仅用料不同，而且性能差异也很大；同时要考虑所选用的材料在当地的实际使用效果如何；还应考虑与合成高分子防水卷材相配套的黏结剂、施工工艺等条件因素。

(4) 防水层能否适应基层的变形。

8.1.4 防水卷材

防水卷材，是指用特制的纸胎或其他纤维纸胎及纺织物浸透石油沥青、煤沥青以及高聚物改性沥青制成的，或以合成高分子材料为基料加入助剂及填充料经过多种工艺加工而制成的长条形片状成卷供应并起防水作用的产品。

防水卷材包括沥青防水卷材、高聚物改性沥青防水卷材和合成高分子防水卷材等类型，见表8-3。

表8-3 防水卷材主要类型

沥青防水卷材	高聚物改性沥青防水卷材	合成高分子防水卷材	
纸胎沥青防水卷材 玻纤布胎沥青防水卷材 玻纤毡胎沥青防水卷材 麻布胎沥青防水卷材	SBS改性沥青防水卷材 APP改性沥青防水卷材 SBR改性沥青防水卷材 再生胶改性沥青防水卷材 PVC改性焦油沥青防水卷材	弹性体防水卷材	三元乙丙橡胶防水卷材 氯化聚乙烯-橡胶共混防水卷材
		塑性体防水卷材	聚氯乙烯防水卷材 增强氯化聚乙烯防水卷材

1. 沥青防水卷材

沥青防水卷材俗称沥青油毡，是以原纸、纤维织物、纤维毡等材料为胎基，以石油沥青或煤沥青、煤焦油为基料进行浸涂，并在表面撒布粉状、粒状、片状或合成高分子薄膜、金属膜等材料制成的可卷曲的片状防水材料。由于沥青具有良好的防水性能，而且资源丰富、价格低廉，所以沥青防水卷材目前在应用领域占主导地位。

2. 高聚物改性沥青防水卷材

由于传统的石油沥青制品难以满足建筑防水耐用年限的需要，我国从 20 世纪 70 年代中期开始研究开发合成高分子改性沥青，改性后的沥青耐热度、低温柔性、延伸率、抗老化性能都有提高，从而克服了石油沥青自身的弱点。

高聚物改性沥青防水卷材是以适量的合成高分子聚合物（主要是合成橡胶和合成树脂，掺量不低于 10%），对石油沥青或煤沥青进行改性后为涂盖层，以纤维毡、纤维织物塑料薄膜为胎体，以粉状、粒状、片状或塑料膜为覆面材料制成的可卷曲的片状防水材料。

3. 合成高分子防水卷材

合成高分子防水卷材是以合成橡胶、合成树脂或两者的共混体为基料，加入适量的化学助剂、填充剂，采用密炼、挤出或压延等橡胶或塑料的加工工艺所制成的片状防水材料。

防水卷材的产品包装一般应以全柱包装为宜，包装上应标识齐全厂名、商标、产品名称、标号、品种、制造日期及生产班次、标准编号、质量等级标志、保管运输注意事项、生产许可证号等。储存时要防水、防潮和防火。

进场后的卷材，为了保证质量，应进行抽样复检，1000 卷以上的抽取 4 卷，100～499 卷的抽取 3 卷，小于 100 卷的抽取 2 卷。将抽取的卷材开卷进行规格和外观质量检验，全部指标达到标准规定时即为合格，其中如有一项指标达不到要求，应在受检产品中加倍取样复检，全部达到标准规定即为合格，复检时有一项指标不合格，则判定该产品外观质量为不合格。沥青卷材应检验的物理性能项目，有拉力、耐热度、柔性、不透水性；高聚物改性沥青防水卷材应检验的项目，为拉伸性能、耐热度、柔性、不透水性；合成高分子防水卷材应检验的项目，有抗拉强度、断裂伸长率、低温弯折性和不透水性等。

8.1.5 防水涂料

防水涂料是指以高分子合成材料为主体，在常温下呈无定型液态，经涂布后能在结构物表面结成坚硬防水膜，使表面与水隔绝，起到防水、防潮作用的材料的总称。

1. 防水涂料的基本性能

(1) 常温下呈黏稠状液体，经涂布固化后，能形成无接缝的防水涂膜；

(2) 适宜在里面、阴阳角、穿墙管道、凸出物、狭窄场所等细部构造处使用；

(3) 冷作业，操作简便，劳动强度低；

(4) 涂膜防水层自重轻；

(5) 涂膜防水层具有良好的耐水、耐候、耐酸碱性和优异的延伸性能，适应基层局部变形的需要；

(6) 涂膜防水层的抗拉强度可以通过贴胎体增强材料来得到加强，对于基层裂缝、结构缝、管道根部等一些容易造成渗漏的部位，极易进行增强、补强、维修处理；

(7) 涂料一般依靠人工涂布，其厚度很难做到均匀一致，所以在施工时，要严格按照操作方法进行重复多次的涂刷，以保证单位面积内的最低使用量，确保涂膜防水层的施工质量；

（8）采用涂膜防水，维修比较方便。

2. 防水涂料的分类

目前防水涂料一般按涂料的类型和涂料成膜物质的主要成分进行分类。

（1）根据涂料的液态类型，可把防水涂料分为溶剂型、水乳型、反应型三种。

① 溶剂型防水涂料。作为主要成膜物质的高分子材料溶解于有机溶剂中，成为溶液，高分子材料以分子状态存在其中。该类涂料具有以下特性：通过溶剂挥发，经过高分子物质分子链接触、搭接等过程而结膜；涂料干燥快，结膜轻薄而致密；生产工艺较简易，涂料贮存稳定性较好；易燃、易爆、有毒，生产、贮存及使用时要注意安全；由于溶剂挥发快，施工时对环境有污染。

② 水乳型防水涂料。作为主要成膜物质的高分子材料以极微小的颗粒（而不是呈分子状态）稳定悬浮（而不是溶解）在水中，成为乳液状涂料。该类涂料具有以下特性：通过水分蒸发，经过固体微粒接近、接触、变形等过程而结膜；涂料干燥较慢，一次成膜的致密性较溶剂型涂料低，一般不宜在5℃以下施工；贮存期一般不超过半年；可在稍为潮湿的基层上施工；无毒，不燃，生产、贮运、使用比较安全；操作简便，不污染环境；生产成本较低。

③ 反应型防水涂料。作为主要成膜物质的高分子材料是以预聚物液态形式存在，多以双组分或单组分构成涂料，几乎不含溶剂。此类涂料具有以下特性：通过液态的高分子预聚物与相应物质发生化学反应，变成固态物（结膜）；可一次性结成较厚的涂膜，无收缩，涂膜致密；双组分涂料需现场配料准确，搅拌均匀，才能确保质量；价格较贵。

（2）按照涂料的组分不同可分为单组分防水涂料和双组分防水涂料两类。单组分防水涂料按液态不同，又有溶剂型、水乳型两种；双组分防水涂料属于反应型。

（3）按照涂料的主要成膜物质不同，可分为合成高分子类（又可再分为合成树脂类和合成橡胶类）、高聚物改性沥青类（也称橡胶沥青类）、沥青类、聚合物水泥类、水泥类等。

8.1.6 建筑密封材料

建筑密封材料是指能承受接缝位移以达到气密、水密目的而嵌入建筑接缝中的定形和非定形的材料。

1. 建筑密封材料的分类

建筑密封材料可分为定形和非定形两大类型。定形密封材料是指具有一定形状和尺寸的密封材料。非定形密封材料（密封膏）又称密封胶、密封剂，是溶剂型、水乳型、化学反应型等黏稠状的密封材料；这类密封材料将其嵌填于缝隙内，具有良好的黏结性、弹性、耐老化和温度适应性，能长期经受其黏附构件的伸缩与振动。

2. 建筑密封材料的性能

建筑密封材料应具有良好的弹塑性、黏结性、挤注性、施工性、耐候性、延伸性、水密性、气密性、贮存及耐化学稳定性，并能长期经受拉伸、膨胀、压缩、收缩和振动疲劳冲击的特性。

拉伸、膨胀、收缩特性，亦称为拉伸（膨胀）-压缩（收缩）循环性，指的是密封材料在使用过程中，可经受住因季节温度变化而引起接缝产生的位移循环变化及密封材料自身的膨胀、收缩的周期性变化，是反应密封材料密封性能的重要参数。密封材料具有以下特征。

(1) 挤注速度和挤出性：把密封材料用挤注枪（手动或气动）施工时，在规定压力、温度下，单位时间内由规定口径的枪嘴挤出的值（mL）称为挤注速度；挤出性是密封材料挤注的施工性能，密封材料挤出挤注枪时一般要求流畅不费力，挤出性差的材料挤出费力、费时，并难以充满接缝，渗入基层毛细孔缝的能力亦差。施工温度过低时，挤出性亦会下降，应注意进行调整。

(2) 适用时间：指密封材料从施工初期至能保持适合施工挤注性、挤注速度的一段时间。双组分密封材料混合后，必须在限定的时间内用完。使用环境温度过高时，同一种材料的适用时间将会明显缩短，所以，宜适当减少固化剂用量，以适应施工需要。

(3) 下垂度：指密封材料在垂直缝或顶板缝中挤注后不流淌、不坍落、不下坠的性能。施工温度过高或接缝过宽时，一次填充量过大也会发生下垂，所以宜分两三次嵌填。

(4) 自流平度：指水平接缝中密闭材料自动流平、充满的性能。施工温度过低时，流平性能变差，会发生虚涂和空穴现象，应注意调整。

(5) 表干时间：指自密封材料嵌填结束至表面初步硬化、不易粘着尘砂、触摸后不留指印和变形所需要的时间。嵌填后几天或十几天后仍粘手时，应更换密封材料或适当增加固化剂用量。

(6) 弹性恢复率：指密封材料经拉伸变形一定时间后，当拉伸消失时能恢复原来形状和尺寸的能力。

(7) 黏结拉伸性能：指自密封材料嵌填黏结后，受拉力破坏的最大抗拉强度和最大伸长率。

(8) 贮存期：指密封材料自制造之日起，不降低使用性能的最长贮存时间。一般密封材料至少应在 6 个月以上。

(9) 拉伸-压缩循环性能：指随着环境温度周而复始的变化，密封材料抵抗接缝位移和本身膨胀收缩循环变化的能力，可分为若干等级。合成高分子密封材料按 GB/T 13477.2～13477.10—2002 的要求，在不同温度压缩加热和在不同拉伸-压缩率下，经 2000 次循环拉伸-压缩后，根据其承受接缝位移能力大小可分为六个级别。

8.1.7 刚性防水材料

刚性防水材料是指以水泥、砂石为原料，或掺入少量外加剂、高分子聚合物等材料，通过调整配合比、抑制或减小孔隙率、改变孔隙特征、增加各原材料界面间的密实性等方法，配制成具有一定抗渗能力的水泥砂浆混凝土类防水材料。刚性防水层所用的主要原材料见表 8-4。

表8-4 刚性防水层的主要材料

类　别	材料名称	作　用	备　注
胶凝材料	水泥	在空气和水中硬化，把砂、石子等材料牢固地胶结在一起，使混凝土（或砂浆）的强度不断增长； 膨胀水泥使混凝土在硬化过程中产生适度膨胀	强度等级不宜低于42.5级
骨料	砂石子	起骨架作用，使混凝土具有较好的体积稳定性和耐久性； 节省水泥，降低成本	
外加剂	减水剂、防水剂、膨胀剂等	在拌制混凝土时掺入，用以改善混凝土的性能	掺量一般不大于水泥质量的5%（特殊情况除外）
金属材料	钢筋、钢纤维	增加混凝土防水层的刚度和整体性； 提高防水层混凝土的强度，抑制细微裂缝的开展，提高抗裂性能	
块体材料	黏土砖、保温、防水块体等	与防水砂浆形成防水薄壳面层	
粉状憎水材料	防水粉等	做防水层，可起到防水、隔热、保温作用	

刚性防水材料按其胶凝材料的不同可分为两大类，一类是以硅酸盐水泥为基料，加入无机或有机外加剂配制而成的防水砂浆、防水混凝土，如外加剂防水混凝土、聚合物砂浆等；另一类是以膨胀水泥为主的特种水泥作为基料配制的防水砂浆、防水混凝土，如膨胀水泥防水混凝土等。

刚性防水材料具有以下特点。

(1) 具有较高的抗压强度、抗拉强度及一定的抗渗透能力，是一种既可防水又可兼作承重、围护结构的多功能材料。

(2) 可根据不同的工程构造部位，采用不同的做法，例如：

① 工程结构自身采用防水混凝土，使结构承重和防水功能合为一体；

② 在结构层表面加做薄层钢筋细石混凝土、掺有防水剂的水泥砂浆面层及掺有高分子聚合物的水泥砂浆面层，以提高其防水、抗裂性；

③ 地下建筑物表面及贮水、输水构筑物表面，用水泥浆和水泥砂浆分层抹压；

④ 屋面可用钢筋细石混凝土、预应力混凝土及补偿收缩混凝土铺设，接头部位或分格缝处用柔性密封材料嵌填，形成一个整体刚性防水体系。

(3) 抗冻、抗老化性能，能满足耐久性要求，其耐久年限最少为20年。

(4) 材料易得、造价低廉、施工简便，且易于查找渗漏水源，便于进行修补，综合经济效果较好。

(5) 一般为无机材料，不燃烧、无毒、无异味，有透气性。

8.2 屋面防水施工

【参考视频】

屋面防水的常用种类，有卷材防水、涂膜防水、刚性防水等。根据建筑物的性能、重要程度、使用功能及防水层合理使用年限等要求，《屋面工程质量验收规范》(GB 50207—2012) 将屋面防水划分为两个等级，并规定了不同等级的设防要求。对防水有特殊要求的建筑屋面，应进行专项防水设计。屋面防水等级和设防要求见表 8-5。

表 8-5 屋面防水等级和设防要求

项　目	屋面防水等级	
	Ⅰ	Ⅱ
建筑物类别	重要的建筑和高层建筑	一般的建筑
防水层选用材料	宜选用高聚物改性沥青防水卷材、合成高分子防水卷材、金属板材、合成高分子防水涂料、高聚物改性沥青防水涂料、细石混凝土、平瓦、油毡瓦等材料	宜选用三毡四油沥青防水卷材、高聚物改性沥青防水卷材、合成高分子防水卷材、金属板材、高聚物改性沥青防水涂料、合成高分子防水涂料、细石混凝土、平瓦、油毡瓦等材料
设防要求	两道防水设防	一道防水设防

屋面防水施工所采用的防水、保温隔热材料，应有产品合格证书和性能检测报告，材料的品种、规格、性能等应符合国家标准和设计要求。屋面工程施工前，要编制施工方案，建立"三检"制度，并有完整的检查记录。伸出屋面的管道、设备或预埋件应在防水层施工前安设好。施工时每道工序完成后，经监理单位检查验收合格后才可进行下一道工序的施工。

8.2.1 卷材防水屋面施工

1. 卷材防水屋面的构造组成

卷材防水屋面的典型构造层次如图 8.2 所示，适用于防水等级为Ⅰ～Ⅱ级的屋面防水。它具有自重轻、柔韧性好、防水性能好的优点，同时也存在造价较高、易于老化、施工复杂、周期长、修补困难等缺点。

2. 常用材料选择

1) 常用防水卷材

屋面防水施工常用的防水卷材，有沥青防水卷材、高聚物改性沥青防水卷材和合成高分子卷材。高聚物改性沥青防水卷材提高了防水材料的强度、延伸率和耐老化性能，正在

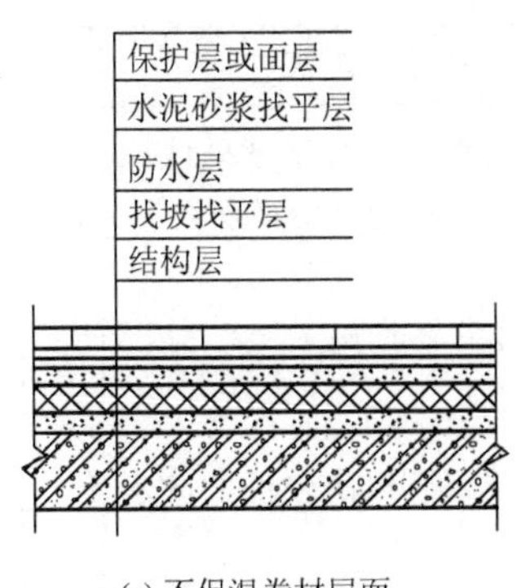

(a) 不保温卷材层面

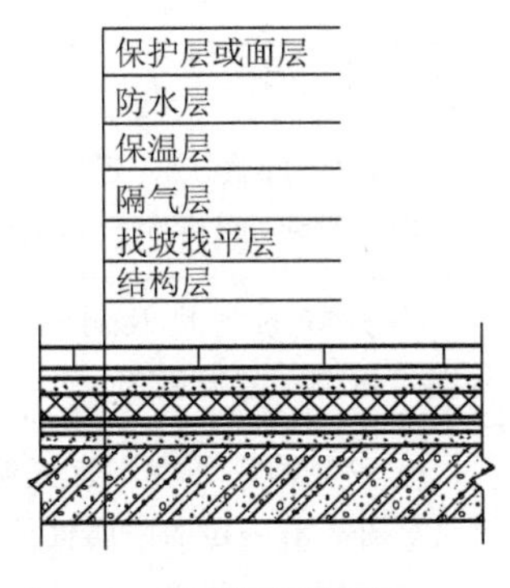

(b) 保温卷材层面

图 8.2　卷材防水屋面构造层次示意图

取代传统的沥青卷材；新型的合成高分子卷材具有单层防水、冷施工、质量轻、污染小、对基层适应性强等特点，是发展和推广使用的防水卷材。

沥青防水卷材，按厚度可分 2mm、3mm、4mm、5mm 等规格。常用各类沥青防水卷材的特点及适用范围分别见表 8-6～表 8-8。

表 8-6　沥青防水卷材的特点及适用范围

卷材名称	特　点	适用范围	施工工艺
石油沥青纸胎油毡	是我国传统的防水材料，目前在屋面工程中仍占主导地位，其低温柔性差，防水层耐用年限较短，但价格较低	三毡四油、二毡三油叠层铺设的屋面工程	热玛蹄脂，冷玛蹄脂粘贴施工
玻璃布沥青油毡	抗拉强度高，胎体不易腐烂，材料柔韧性好，耐久性比纸胎油毡提高一倍以上	多用作纸胎油毡的增强附加层和突出部位的防水层	热玛蹄脂，冷玛蹄脂粘贴施工
玻纤毡沥青油毡	有良好的耐水性，耐腐蚀性、耐久性和柔韧性也优于纸胎沥青油毡	常用于屋面或地下防水工程	热玛蹄脂，冷玛蹄脂粘贴施工
黄麻胎沥青油毡	抗拉强度高，耐水性好，但胎体材料易腐烂	常用作屋面增强附加层	热玛蹄脂，冷玛蹄脂粘贴施工
铝箔胎沥青油毡	有很高的阻隔蒸汽的渗透能力，防水功能好，且具有一定的抗拉强度	与带孔玻纤毡配合或单独使用，宜用于隔冷层	热玛蹄脂粘贴

表 8-7　常用高聚物改性沥青防水卷材的特点和适用范围

卷材名称	特　点	适用范围	施工工艺
SBS 改性沥青防水卷材	耐高、低温性能有明显提高，卷材的弹性和耐疲劳性明显改善	单层铺设的屋面防水工程或复合使用，适合于寒冷地区和结构变形频繁的建筑	冷施工铺贴或热熔铺贴

（续）

卷材名称	特　点	适用范围	施工工艺
APP改性沥青防水卷材	具有良好的强度、延伸性、耐热性、耐紫外线照射及耐老化性	单层铺设，适合于紫外线辐射强烈及炎热地区屋面使用	热熔法或冷粘法铺设
PVC改性焦油防水卷材	有良好的耐热及耐低温性能，最低开卷温度为－18℃	有利于在冬期施工	可热作业亦可冷施工
再生胶改性沥青防水卷材	有一定的延伸性，且低温柔性较好，有一定的防腐蚀能力，价格低廉，属低档防水卷材	变形较大或档次较低的防水工程	热沥青粘贴
废橡胶粉改性沥青防水卷材	比普遍石油沥青纸胎油毡的抗拉强度、低温柔性均明显改善	叠层使用于一般屋面防水工程，宜在寒冷地区使用	热沥青粘贴

表8－8　常用合成高分子防水卷材的特点和适用范围

卷材名称	特　点	适用范围	施工工艺
三元乙丙橡胶防水卷材	防水性能优异，耐候性好，耐臭氧性、耐化学腐蚀性、弹性和抗拉强度大，对基层变形开裂的适用性强，质量轻，使用温度范围宽，寿命长，但价格高，黏结材料尚需配套完善	防水要求较高、防水层耐用年限要求长的工业与民用建筑，单层或复合作用	冷粘法和自粘法
丁基橡胶防水卷材	有较好的耐候性、耐油性、抗拉强度和延伸率，耐低温性能稍低于三元乙丙防水卷材	单层或复合使用于要求较高的防水工程	冷粘法
氯化聚乙烯防水卷材	具有良好的耐候、耐臭氧、耐热老化、耐油、耐化学腐蚀及抗撕裂的性能	单层或复合使用，宜用于紫外线强的炎热地区	冷粘法
氯磺化聚乙烯防水卷材	延伸率较大、弹性较好，对基层变形开裂的适应性较强，耐高、低温性能好，耐腐蚀性能优良，有很好的难燃性	适合于有腐蚀介质影响及在寒冷地区的防水工程	冷粘法
聚氯乙烯防水卷材	具有较高的抗拉伸和撕裂强度，延伸率较大，耐老化性能好，原材料丰富，价格便宜，容易黏结	单层或复合使用于外露或有保护层的防水工程	冷粘法或热风焊接法
氯化聚乙烯－橡胶共混防水卷材	不但具有氯化聚乙烯特有的高强度和优异的耐臭氧、耐老化性能，而且具有橡胶所特有的高弹性、高延伸率以及良好的低温柔性	单层或复合使用，尤宜用于寒冷地区或变形较大的防水工程	冷粘法
三元乙丙橡胶－聚乙烯共混防水卷材	是热塑性弹性材料，有良好的耐臭氧和耐老化性能，使用寿命长，低温柔性好，可在负温条件下施工	单层或复合外露防水层面，宜在寒冷地区使用	冷粘法

2）基层处理剂

基层处理剂是为了增强防水材料与基层之间的黏结力，在防水层施工前，预先涂刷在基层上的稀质涂料。常用的基层处理剂有冷底子油及高聚物改性沥青卷材和合成高分子卷材配套的底胶，它与卷材的材性应相容，以免与卷材发生腐蚀或黏结不良现象。

(1) 冷底子油。冷底子油是用汽油、煤油、柴油、工业苯等有机溶剂与沥青材料溶合制得的沥青涂料，它的黏度小，能渗入到混凝土、砂浆、木材等材料的毛细孔隙中，待溶剂挥发后，便与基材牢固结合，使基面具有一定的憎水性，为黏结同类防水材料创造了有利条件。因它多在常温下用作防水工程的打底材料，故名冷底子油。

屋面工程冷底子油通常采用30%～40%的石油沥青加入70%的汽油或60%的煤油熔融制成。前者称为快挥发性冷底子油，喷涂后5～10h干燥；后者称为慢挥发性冷底子油，喷涂后12～48h干燥。冷底子油渗透性强，喷涂在基层表面上，可使基层表面具有憎水性，并增强沥青胶结材料与基层表面的黏结力。

(2) 卷材基层处理剂。用于高聚物改性沥青和合成高分子卷材的基层处理，一般采用合成高分子材料进行改性，基本上由卷材生产厂家配套供应。部分卷材的配套基层处理剂见表8-9。

表8-9　卷材与配套的卷材基层处理剂

卷材种类	基层处理剂
高聚物改性沥青卷材	改性沥青溶液、冷底子油
三元乙丙丁基橡胶卷材	聚氨酯底胶甲：乙：二甲苯=1：1.5：(1.5～3)
氯化聚乙烯-橡胶共混卷材	氯丁胶BX-12胶粘剂
增强氯化聚乙烯卷材	3号胶：稀释剂=1：0.05
氯磺化聚乙烯卷材	氯丁胶沥青乳液

3) 胶粘剂

胶粘剂是高聚物改性沥青卷材和合成高分子卷材的黏结材料。常用的高聚物改性沥青卷材的胶粘剂，主要有氯丁橡胶改性沥青胶粘剂、CCTP抗腐耐水冷胶料等；常用的合成高分子卷材的胶粘剂，主要有氯丁系胶粘剂(404胶)、丁基胶粘剂、BX-12胶粘剂、BX-12乙组分、XY-409胶等。

3. 卷材防水层施工

卷材防水层施工的一般工艺流程如图8.3所示。

【参考视频】

1) 基层施工

现浇钢筋混凝土屋面板宜连续浇捣，不留施工缝，振捣密实，表面平整。当采用装配式钢筋混凝土板时，板缝宽度应不小于20mm，当板缝宽度大于40mm或上窄下宽时，板缝内应设置构造钢筋，板端、侧缝应采用细石混凝土灌缝，其强度等级不应低于C20，板端缝应进行密封处理。

2) 保温层施工

铺设松散保温材料时应分层铺设，适当压实，每层虚铺厚度不宜大于150mm且压实后厚度应达到设计规定，压实后不得在上面行车或堆放重物，施工人员宜穿软底鞋进行操作。在雨季施工的保温层应采取遮盖措施，防止雨淋。

铺设整体板状保温材料时，基层应平整、干燥和干净，干铺的板状保温材料应紧靠在保温的基层表面上，并应铺平垫稳，分层铺设的板材上下层接缝应相互错开，板间缝隙应

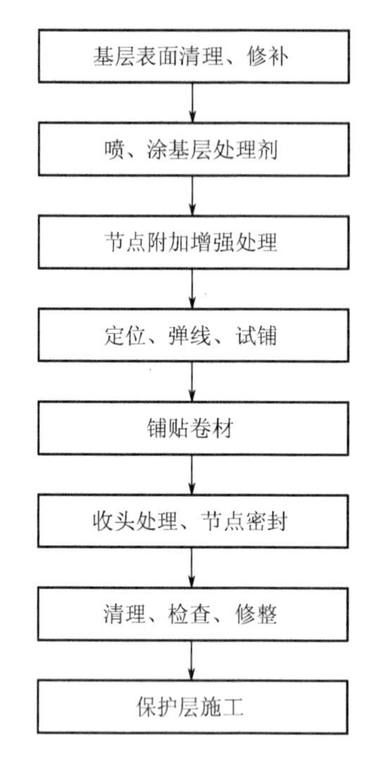

图 8.3　卷材防水层施工工艺流程

采用同类材料嵌填密实。

3）找平层施工

找平层为基层（或保温层）与防水层之间的过渡层。找平层一般采用1∶3～1∶2.5（水泥∶砂）水泥砂浆或强度等级不低于C20的细石混凝土或1∶8沥青砂浆。找平层质量好坏直接影响到防水层的铺贴质量。要求找平层表面平整，无松动、起壳和开裂现象，与基层黏结牢固，坡度应符合设计要求，一般檐沟纵向坡度不应小于1%，水落口周围直径500mm范围内坡度不应小于5%。阴阳角应做成圆弧形。找平层宜设分格缝，缝宽为20mm，分格缝宜留设在预制板支承边的拼缝处，采用水泥砂浆或细石混凝土时，缝间距不宜大于6m，采用沥青砂浆时不宜大于4m。

4）铺贴卷材

为了保证卷材与基层的黏结强度，基层必须干净、干燥。检验干燥程度的简易方法是，将1m^{2}卷材平摊在找平层上，静置3～4h后掀开检查，找平层覆盖部位与卷材未见水印即可铺设。

（1）铺贴方向。卷材的铺贴方向应根据屋面坡度和屋面是否有振动来确定。当屋面坡度小于3%时，卷材宜平行于屋脊铺贴；屋面坡度在3%～15%时，卷材可平行或垂直于屋脊铺贴；屋面坡度大于15%或屋面受振动时，沥青防水卷材应垂直于屋脊铺贴，高聚物改性沥青防水卷材和合成高分子卷材可平行或垂直于屋脊铺贴。上下层卷材不得相互垂直铺贴。在坡度大于25%的屋面上铺设卷材应采取固定措施，防止下滑。防止下滑的措施，有满粘法和钉压固定法，固定点应做密封处理。

（2）施工顺序。防水层施工时，应先做好节点、附加层和屋面排水比较集中部位（如屋面与水落口连接处、檐口、天沟、檐沟、屋面转角处、板端缝等）的处理，然后由屋面最低标高处向上施工。铺贴天沟、檐沟卷材时，宜顺天沟、檐口方向，减少搭接。屋面卷材配置如图8.4所示。

铺贴多跨和有高低的屋面时，应按先高后低、先远后近的顺序进行。

大面积屋面施工时，可根据面积大小、屋面形状、施工工艺顺序、人员数量等因素划分流水施工段。施工段的界线宜设在屋脊、天沟、变形缝等处。

（3）搭接方法及宽度要求。铺贴卷材应采用搭接法，上下层及相邻两幅卷材的搭接缝应错开。平行于屋脊的搭接缝，应顺流水方向搭接；垂直于屋脊的搭接缝，应顺年最大频率风向（主导风向）搭接。

叠层铺设的各层卷材，在天沟与屋面的连接处应采用叉接法搭接，搭接缝应错开；接缝宜留在屋面或天沟侧面，不宜留在沟底。

坡度超过25%的拱形屋面和天窗下的坡面上，应尽量避免短边搭接，如必须短边搭接时，在搭接处应采取防止卷材下滑的措施。如预留凹槽，卷材嵌入凹槽并用压条固定密封。

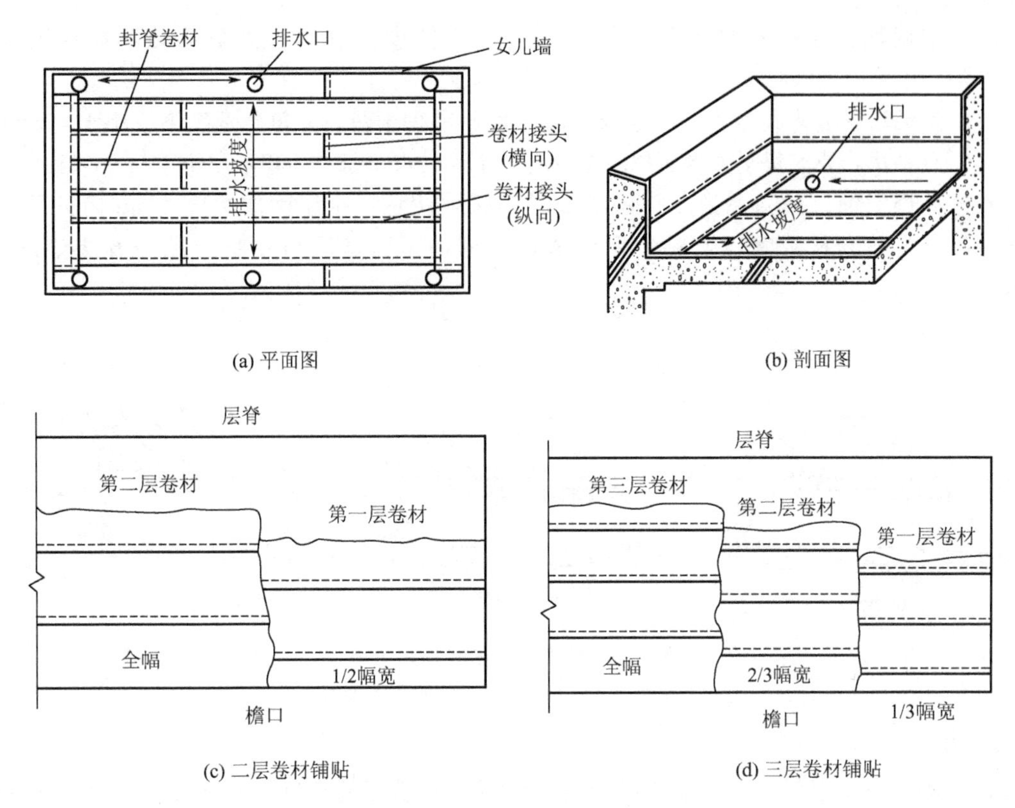

图 8.4 卷材配置示意图

高聚物改性沥青卷材和合成高分子卷材的搭接缝宜用与其材性相容的密封材料封严。各种卷材的搭接宽度应符合表 8-10 的要求。

表 8-10 卷材搭接宽度

搭接方向		短边搭接宽度/mm		长边搭接宽度/mm	
卷材种类＼铺贴方法		满粘法	空铺、点粘、条粘法	满粘法	空铺、点粘、条粘法
沥青防水卷材		100	150	70	100
高聚物改性沥青防水卷材		80	100	80	100
合成高分子防水卷材	胶粘剂	80	100	80	100
	胶粘带	50	60	50	60
	单焊缝	60，有效焊接宽度不小于 25			
	双焊缝	80，有效焊接宽度为 10×2+空腔宽			

（4）铺贴方法。高聚物改性沥青防水卷材铺贴方法有冷粘法、热熔法和自粘法等，合成高分子防水卷材采用冷粘法铺贴，详见 8.3 节内容。

5）基层与卷材的黏结方法

（1）满粘法：是指卷材与基层全部黏结的施工方法，适用于屋面面积小、屋面结构变形不大且基层较干燥的情况。

(2) 空铺法：是指卷材与基层仅在四周一定宽度内黏结，其余部分不黏结的施工方法。

(3) 条粘法：要求每幅卷材与基层的黏结面不得少于两条，每条宽度不应小于 150mm。

(4) 点粘法：要求每平方米面积内至少有 5 个黏结点，每点面积不小于 100mm×100mm。

无论采用空铺、条粘还是点粘，施工时都必须注意：距屋面周边 800mm 内的防水层应满粘，卷材与卷材之间应满粘，保证搭接严密。屋面基层与卷材的黏结方法如图 8.5 所示。

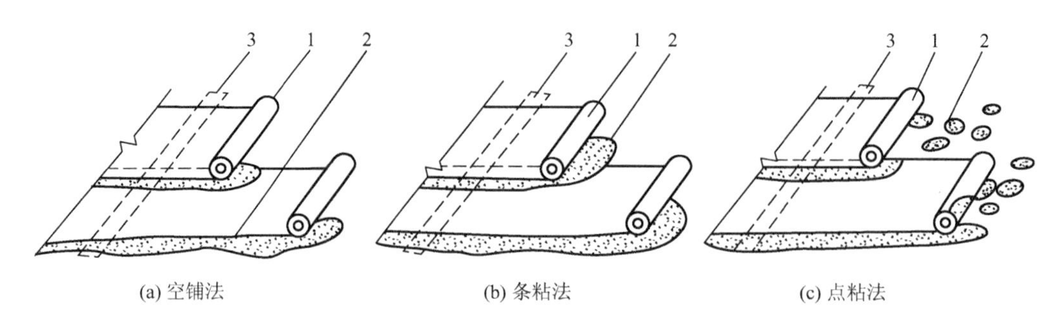

(a) 空铺法　(b) 条粘法　(c) 点粘法

图 8.5　排水屋面卷材黏结方法

1—卷材；2—玛蹄脂；3—附加卷材条

6) 保护层施工

为了减少阳光辐射对沥青老化的影响，降低沥青表面的温度，防止暴雨和冰雪对防水层的侵蚀，在防水层表面宜增设绿豆砂和板块保护层。

(1) 绿豆砂保护层施工。油毡防水层铺设完毕并经检查合格后，应立即进行绿豆砂保护层施工，以免油毡表面遭受破坏。施工时，应选用色浅、耐风化、清洁、干燥、粒径为 3～5mm 的绿豆砂，加热至 100℃左右后均匀撒铺在涂刷过 2～3mm 厚的沥青胶结材料的油毡防水层上，并使其砂的 1/2 粒径嵌入到表面沥青胶中。未黏结的绿豆砂应随时清扫干净。

(2) 预制板块保护层施工。当采用砂结合层时，铺砌块体前应将砂洒水压实刮平；块体应对接铺砌，缝隙宽度为 10mm 左右，板缝用 1：2 水泥砂浆勾成凹缝；为防止砂子流失，保护层四周 50mm 范围内，应改用低强度等级水泥砂浆做结合层。若采用水泥砂浆做结合层时，应先在防水层上做隔离层，隔离层可用单层油毡空铺，搭接边宽度不小于 70mm，块体预先湿润后再铺砌，铺砌可用铺灰法或摆铺法。块体保护层每 $100m^2$ 以内应留设分格缝，缝宽 20mm，缝内嵌填密封材料，可避免因热胀冷缩造成板块拱起或板缝开裂。

7) 屋面特殊部位的铺设

铺贴卷材防水屋面时，檐口、女儿墙、檐沟、天沟、斜沟、变形缝、天窗壁、板缝、泛水和雨水管等处均为特殊部位，均需铺贴附加卷材，做到黏结严密。

(1) 檐口。无组织排水檐口 800mm 范围内卷材应采取满粘法，卷材收头应固定密封，如图 8.6 所示。将铺贴到檐口端头的卷材裁齐后压入凹槽内，然后将凹槽用密封材料嵌填密实，如用压条（20mm 宽薄钢板等）或用带垫片钉子固定时，钉子应敲入凹槽内，钉帽及卷材端头用密封材料封严。防水层在檐口部位的收头，应距檐口边缘 50～100mm，并留凹槽以便防水层端头压入凹槽，嵌缝密封材料后不应产生阻水。防水层在泛水部位收头距屋面找平层最低高度不小于 200mm，待大面卷材铺贴后，再对泛水和收头统一处理。

铺贴卷材前，收头凹槽应抹水泥砂浆，使凹槽宽度和深度一致，并能顺直、平整。

(2) 天沟、檐沟及水落口。天沟、檐沟应增铺附加层，厚度不小于2mm。当采用沥青防水卷材时，应增铺一层卷材；当采用合成高分子防水卷材或高聚物改性沥青防水卷材时，宜采用防水涂膜增强层。天沟、檐沟与屋面交接处的附加层宜空铺，空铺宽度应为200mm，如图8.7所示。天沟、檐沟卷材收头应固定密封，如图8.8所示。高低跨内排水天沟与立墙交接处应采取能适应变形的密封处理，如图8.9所示。

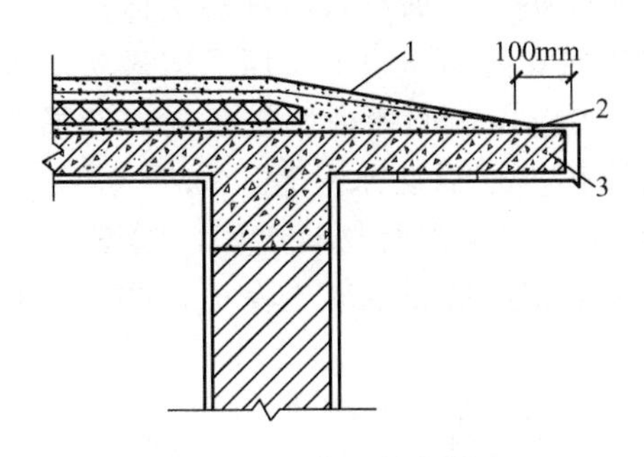

图8.6 无组织排水檐口

1—防水层；2—密封材料；3—水泥钉

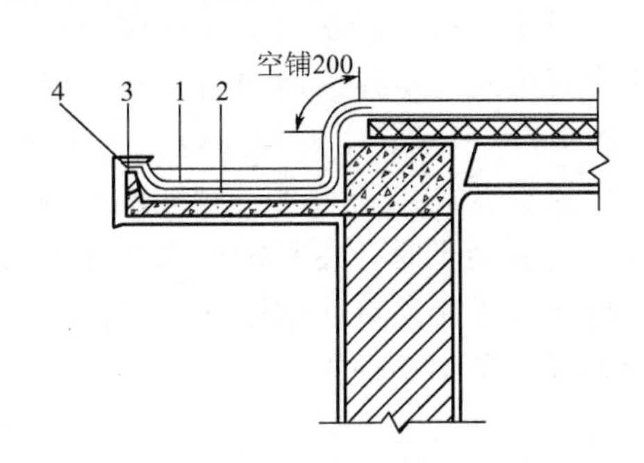

图8.7 檐沟做法（单位：mm）

1—防水层；2—附加层；3—水泥钉；4—密封材料

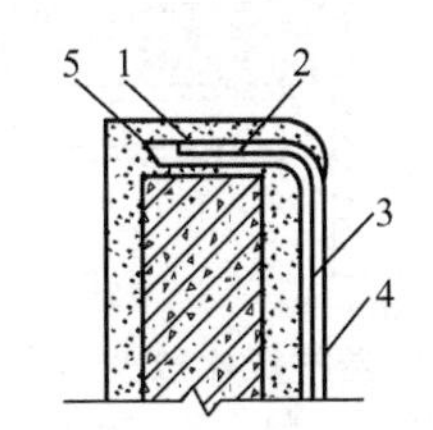

图8.8 檐沟卷材收头

1—钢压条；2—水泥钉；3—防水层；4—附加层；5—密封材料

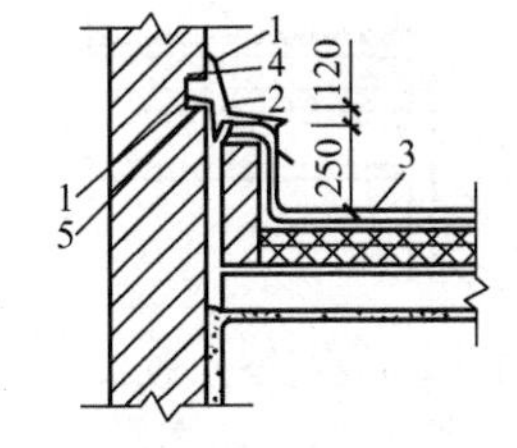

图8.9 高低跨变形缝（单位：mm）

1—密封材料；2—金属或高分子盖板；3—防水层；4—金属压条钉子固定；5—水泥钉

水落口周围直径500mm范围内坡度不应小于5%，并应用防水涂料或密封材料涂封，其厚度不应小于2mm。水落口杯与基层接触处应留宽20mm、深20mm凹槽，填嵌密封材料，如图8.10和图8.11所示。水落口杯应牢固地固定在承重结构上，当采用铸铁制品时，所有零件均应除锈，并涂刷防锈漆。

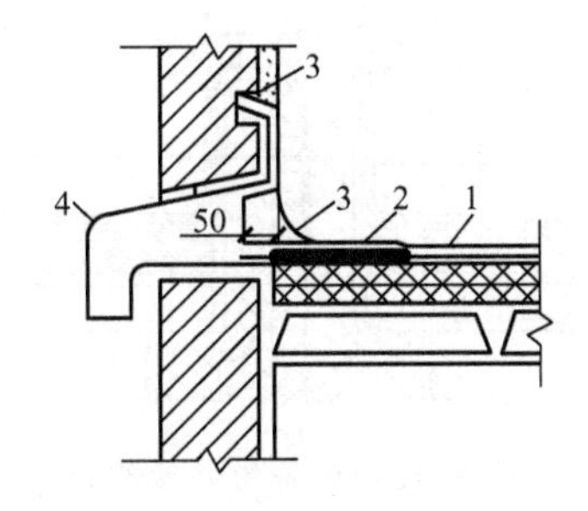

图8.10 横式水落口（单位：mm）

1—防水层；2—附加层；3—密封材料；4—水落口

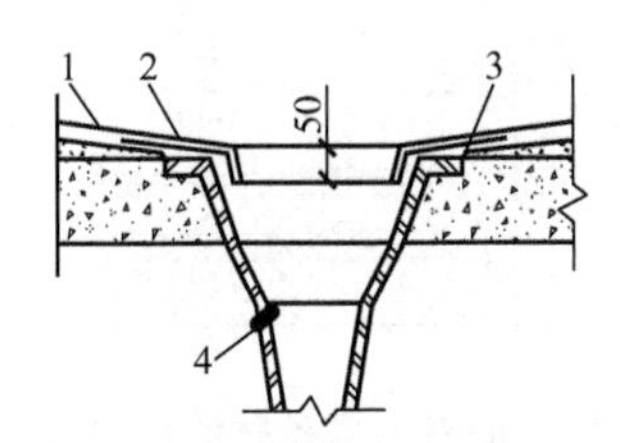

图8.11 直式水落口（单位：mm）

1—防水层；2—附加层；3—密封材料；4—水落口

天沟、檐沟及水落口施工时，铺至混凝土檐口的卷材端头应裁齐后压入凹槽。当采用压条或带垫片钉子固定时，最大钉距不应大于900mm。凹槽内用密封材料嵌填封严。铺至水落口的各层卷材和附加层，均应粘贴在杯口上，用雨水罩的底盘将其压紧，底盘与卷材之间应满涂胶结材料予以黏结，底盘周围用密封材料填封。天沟、檐沟铺贴卷材应从沟底开始，顺天沟从水落口向分水岭方向铺贴，边铺边用刮板从沟底中心向两侧刮压，赶出气泡使卷材铺贴平整，粘贴密实。当沟底过宽，卷材需纵向搭接时，搭接缝应用密封材料封口。

(3) 泛水。铺贴泛水处的卷材应采取满粘法。泛水收头应根据泛水高度和墙体材料确定收头密封形式。墙体为砖墙时，卷材收头可直接铺压在女儿墙压顶下，压顶应做防水处理，如图8.12所示；也可以在砖墙上留凹槽，卷材收头应压入凹槽内固定密封，凹槽距屋面找平层最低高度不应小于250mm，凹槽上部的墙体亦应做防水处理，如图8.13所示。墙体为混凝土时，卷材的收头可采用金属压条钉压，并用密封材料封固，如图8.14所示。泛水宜采用隔热防晒措施，可在泛水卷材抹水泥砂浆或细石混凝土保护，亦可涂刷浅色涂料或粘贴铝箔保护层。

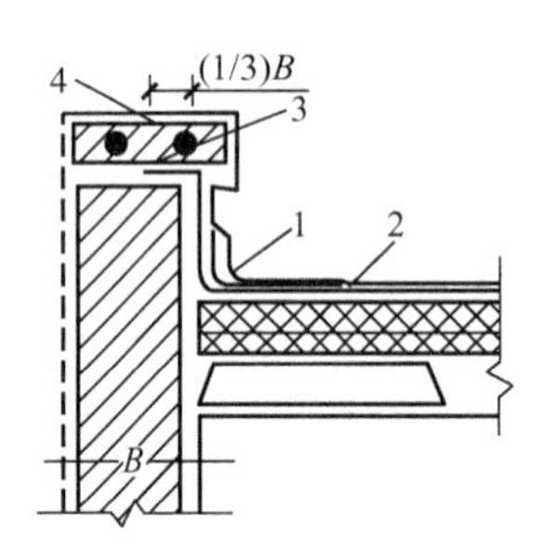

图8.12　卷材泛水收头

1—附加层；2—防水层；
3—压顶；4—防水处理

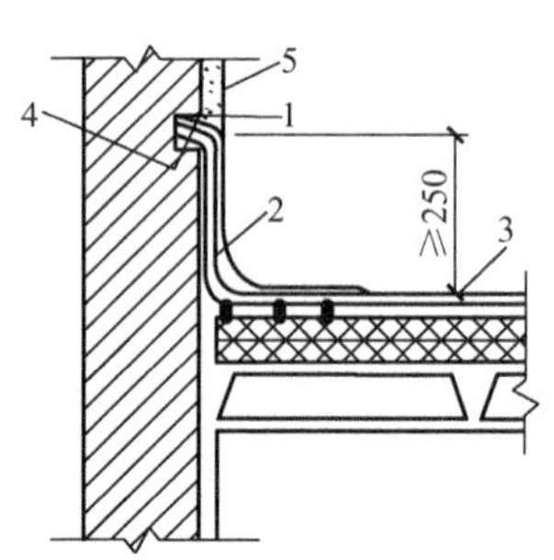

图8.13　砖墙卷材泛水收头（单位：mm）

1—密封材料；2—附加层；
3—防水层；4—水泥钉；5—防水处理

(4) 其他。变形缝内宜填充泡沫塑料或沥青麻丝，上部填放衬垫材料，并用卷材封盖，顶部应加扣混凝土盖板或金属盖板，如图8.15所示；伸出屋面管道周围的找平层应做成圆锥台，管道与找平层间应留凹槽，并嵌填密封材料，防水层收头处应用金属箍箍紧，并用密封材料封严，如图8.16所示；屋面垂直出入口防水层收头应压在混凝土压顶圈下，如图8.17所示。

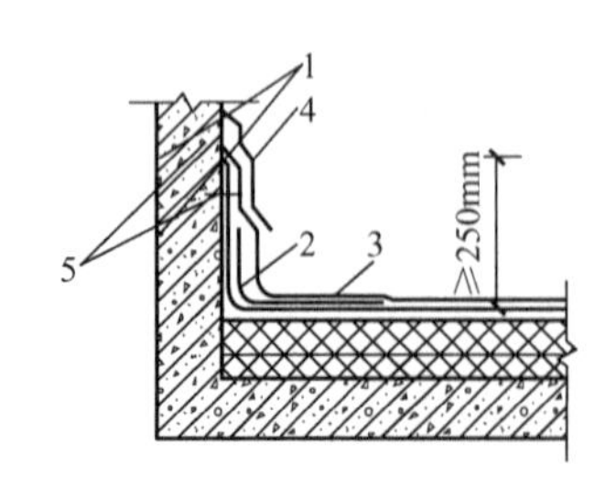

图8.14　混凝土墙卷材泛水收头

1—密封材料；2—附加层；
3—防水层；4—金属、合成高分子盖板；
5—水泥钉

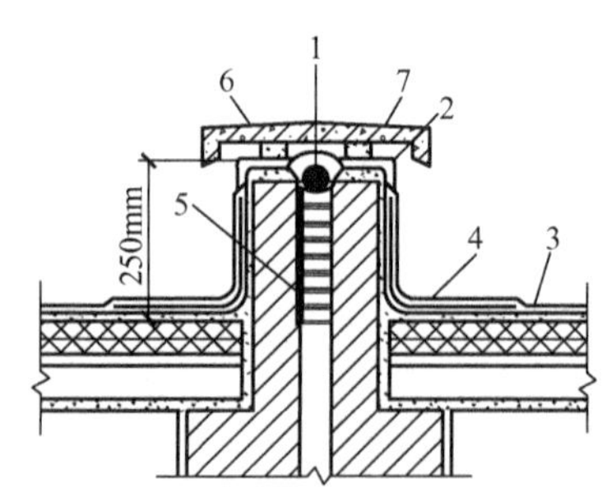

图8.15　变形缝防水构造

1—衬垫材料；2—卷材封盖；
3—防水层；4—附加层；5—沥青麻丝；
6—水泥砂浆；7—混凝土盖板

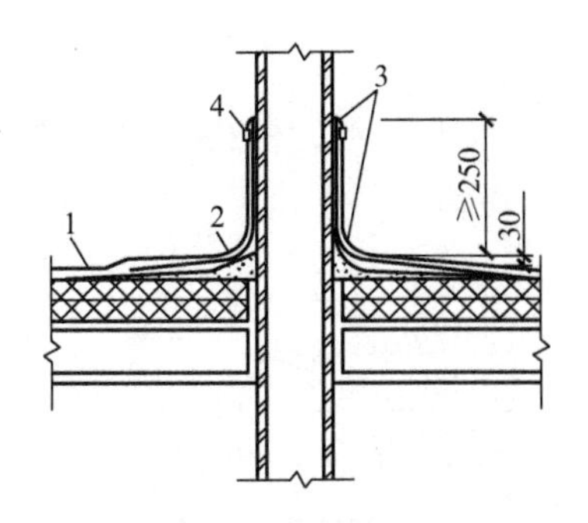

图 8.16　伸出屋面管道防水构造（单位：mm）

1—防水层；2—附加层；

3—密封材料；4—金属箍

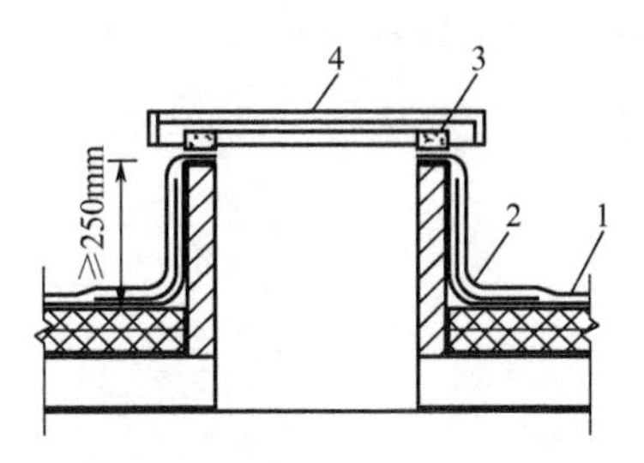

图 8.17　垂直出入口防水构造

1—防水层；2—附加层；

3—入孔盖；4—混凝土压顶圈

（5）排气屋面孔道留设。当屋面保温层或找平层干燥有困难而又急需铺设屋面卷材时，应采用排气屋面。排气孔道有两种留设方法。

① 直接在基层上铺贴：铺贴第一层卷材时，采用条粘、点粘、空铺等方法，使卷材与基层之间留有贯通的空隙作为排气道。

② 在保温层上铺贴：在找平层上留槽，如图 8.18 所示。

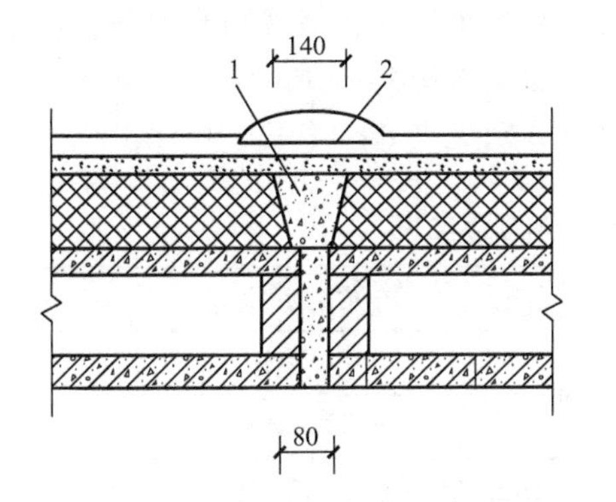

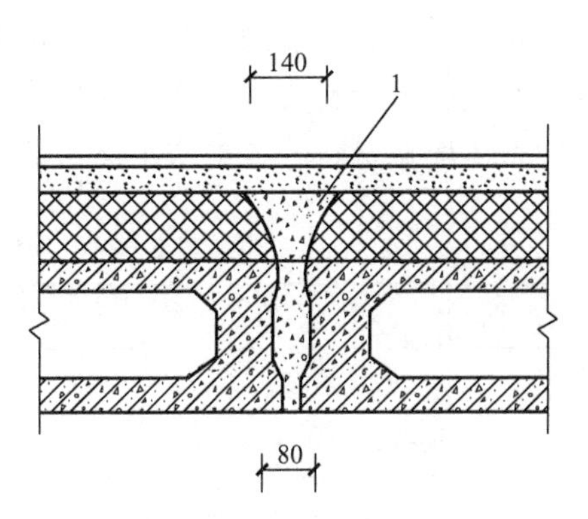

图 8.18　在隔热保温层中设纵、横排气槽（单位：mm）

1—大孔径炉渣；2—干铺油毡条（宽 250）

排气槽与出气孔主要作用是使基层中多余的水分通过排气孔排除，避免影响油毡质量。排气槽孔一定要畅通，施工时注意不要将槽孔堵塞；填大孔径炉渣松散材料时，不宜太紧；砌砖出气孔时，灰浆不能堵住洞，出气口不能进水和漏水。

8.2.2　涂膜防水屋面施工

涂膜防水是在自身有一定防水能力的结构层表面涂刷一定厚度的防水涂料，经常温胶联固化后，形成一层具有一定韧性的防水涂膜的方法。涂膜防水由于防水效果好，施工简单、方便，特别适合于表面形状复杂的结构防水工程。涂膜防水主要适用于防水等级为Ⅲ级、Ⅳ级的屋面防水，也可作为Ⅰ级、Ⅱ级屋面多道防水设防中的一道防水层。

1. 涂膜防水屋面的构造层次

涂膜防水屋面的典型构造层次如图 8.19 所示。具体施工有哪些层次，应根据设计要求确定。

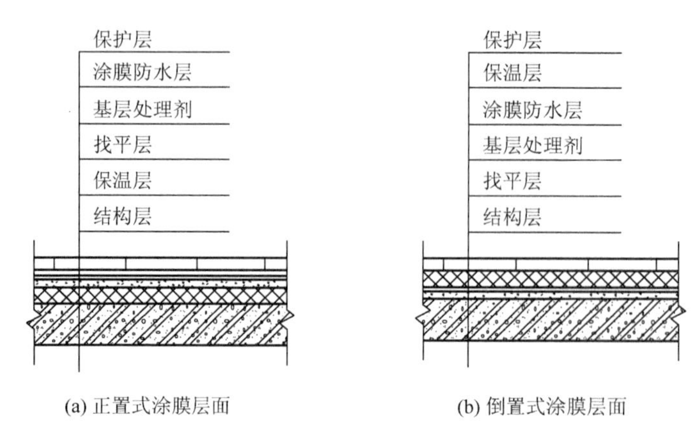

图 8.19　涂膜防水屋面构造

2. 材料要求

防水涂料按成膜物质的主要成分，可分成沥青基防水涂料、高聚物改性沥青防水涂料和合成高分子防水涂料三种。施工时根据涂料品种和屋面构造形式的需要，可在涂膜防水层中增设胎体增强材料。各类防水涂料的质量要求分别见表 8-11～表 8-14。

表 8-11　沥青基防水涂料质量要求

项　目		质量要求
固体含量/%		≥50
耐热度（80℃，5h）		无流淌、起泡和滑动
柔性［（10±1)℃］		4mm 厚，绕 ϕ20mm 圆棒无裂纹、断裂
不透水性	压力/MPa	≥0.1
	保持时间/min	≥30 不透水
延伸［(20±2)℃拉伸］/mm		≥4.0

表 8-12　高聚物改性沥青防水涂料质量要求

项　目		质量要求
固体含量/%		≥43
耐热度（80℃，5h）		无流淌、起泡和滑动
柔性（−10℃）		3mm 厚，绕 ϕ20mm 圆棒无裂纹、断裂
不透水性	压力/MPa	≥0.1
	保持时间/min	≥30 不渗透
延伸［(20±2)℃拉伸］/mm		≥4.5

表 8-13 合成高分子防水涂料质量要求

项目		质量要求		
		反应固化型	挥发固化型	聚合物水泥涂料
固体含量/%		≥94	≥65	≥65
抗拉强度/MPa		≥1.65	≥1.5	≥1.2
断裂延伸率/%		≥350	≥300	≥200
柔性		-30℃弯折无裂纹	-20℃弯折无裂纹	-10℃绕 ϕ10mm 棒无裂纹
不透水性	压力/MPa	≥0.3		
	保持时间/min	≥30		

表 8-14 胎体增强材料质量要求

项目		质量要求		
		聚酯无纺布	化纤无纺布	玻纤网格布
外观		均匀无团状、平整无褶皱		
拉力（宽 50mm）/N	纵向	≥150	≥45	≥90
	横向	≥100	≥35	≥50
延伸率/%	纵向	≥10	≥20	≥3
	横向	≥20	≥25	≥3

3. 涂膜防水层施工

（1）涂膜防水层的施工方法：防水涂料的涂布，有喷涂施工、刷涂施工、抹涂施工、刮涂施工等方法。涂膜防水施工机具及用途见表 8-15。

表 8-15 涂膜防水施工机具及用途

序号	名称	用途	备注
1	棕扫帚	清理基层	不掉毛
2	钢丝刷	清理基层、管道等	
3	磅秤或杆秤	配料、称量	
4	电动搅拌器	搅拌甲、乙料	功率大、转速较低
5	铁桶或塑料桶	装混合料	圆桶
6	开罐刀	开涂料罐	
7	熔化釜	现场熔化热熔型涂料	带导热油
8	棕毛刷、圆辊刷	刷基层处理剂	
9	塑料刮板、胶皮刮板	刮涂涂料	
10	喷涂机械	喷涂基层处理剂、涂料	根据涂料黏度选用
11	剪刀	剪裁胎体增强材料	
12	卷尺	量测、检查	规格为 2～5m

(2) 涂膜防水施工流程：基层表面处理→喷涂基层处理剂→特殊部位附加增强处理→涂布防水涂料及铺贴胎体增强材料→清理、检查、修整→保护层施工。

(3) 施工要点：防水涂膜应分层分遍涂布，第一层一般不需要刷冷底子油。待先涂的涂层干燥成膜后，方可涂布后一遍涂料。干燥时间视当地温度和湿度而定，一般为4～24h。高聚物改性沥青防水涂料，在屋面防水等级为Ⅱ级时涂膜不应小于3mm；合成高分子防水涂料，在屋面防水等级为Ⅲ级时不应小于1.5mm。在板端、板缝、檐口与屋面板交接处，先干铺一层宽度为150～300mm的塑料薄膜缓冲层。铺加衬布前，应先浇胶料并刮刷均匀，然后立即铺加衬布，再在上面浇胶料刮刷均匀，纤维不露白，用辊子滚压实，排尽衬布下空气。需铺设胎体增强材料时，屋面坡度小于15%可平行屋脊铺设，屋面坡度大于15%时应垂直屋脊铺设；胎体长边搭接宽度不应小于50mm，短边搭接宽度不应小于70mm；采用两层胎体增强材料时，上下层不得相互垂直铺设，搭接缝应错开，其间距不应小于幅宽的1/3。涂膜防水层应设置保护层。采用块材作保护层时，应在涂膜与保护层之间设隔离层；用细砂等作保护层时，应在最后一遍涂料涂刷后随即撒上；采用浅色涂料作保护层时，应在涂膜固化后进行。

(4) 屋面细部构造与施工：天沟、管子根部、雨水管口、天窗边缝、女儿墙和山墙边缝等结构上的交接部位，应予以重点处理。最好的做法是先嵌填嵌缝膏，然后粘贴玻璃纤维网格布形成加强层。

8.2.3 刚性防水屋面施工

刚性防水屋面是用细石混凝土、块体材料或补偿收缩混凝土等材料作屋面防水层，依靠混凝土密实性并采取一定的构造措施，以达到防水的目的。

1. 混凝土刚性防水屋面的构造组成及材料要求

刚性防水屋面构造层次（自下而上）一般由结构层、找平层、隔离层和防水层组成。若结构层为现浇钢筋混凝土时，可不设找平层。

(1) 结构层：结构层必须具有足够的强度和刚度，故通常采用现浇或预制的钢筋混凝土屋面板。刚性防水屋面一般为结构找坡，坡度以3%～5%为宜。

(2) 找平层：为了保证防水层厚薄均匀，通常应在预制钢筋混凝土屋面板上先做一层找平层，找平层的做法一般为20mm厚1∶3水泥砂浆。若屋面板为现浇时，可不设此层。

(3) 隔离层：隔离层的做法一般是先在屋面结构层上用水泥砂浆找平，再铺设沥青、废机油、油毡、油纸、黏土、石灰砂浆、纸筋灰等。有保温层或找坡层的屋面，也可利用它们作为隔离层。

(4) 防水层：刚性防水屋面防水层的做法，有防水砂浆抹面和现浇配筋细石混凝土面层两种。常用的有普通细石混凝土防水层、补偿收缩混凝土防水层、块体刚性防水层、预应力混凝土防水层、钢纤维混凝土防水层、外加剂防水混凝土防水层和粉状憎水材料防水层。

材料要求：水泥不得使用火山灰质水泥；砂采用粒径0.3～0.5mm的中粗砂，粗骨料含泥量不应大于1%，细骨料含泥量不应大于2%；水采用自来水或可饮用的天然水；混凝土强度不应低于C20，每立方米混凝土水泥用量不少于330kg，水灰比不应大于0.55；含砂率宜为35%～40%，灰砂比宜为1∶2.5～1∶2。

2. 混凝土刚性防水层施工

(1) 普通细石混凝土刚性防水层施工：由细石混凝土或掺入减水剂、防水剂等非膨胀性外加剂的细石混凝土浇筑成的防水混凝土，统称为普通细石混凝土防水层。用于屋面时，称为普通细石混凝土防水屋面。

施工流程：屋面结构层的施工→找平层施工→隔离层施工→绑扎钢筋网片→支设分格缝模板和边模→浇筑细石混凝土防水层（同时留试块）→振捣抹平压实→拆分格缝模板和边模→二次压光→养护→分格缝嵌填密封材料。

(2) 补偿收缩混凝土刚性防水层施工：补偿收缩混凝土是在细石混凝土中加入外加剂，使之产生微膨胀，在有配筋的情况下，能够补偿混凝土的收缩，并使混凝土密实，提高混凝土抗裂性和抗渗性。

施工流程：清理基层→铺设隔离层→清理隔离层→绑扎钢筋网→拌制补偿收缩混凝土→补偿收缩混凝土的搅拌→混凝土的运输→固定分格缝和凹槽木条→混凝土的浇筑→混凝土的二次压光→分格缝及凹槽勾缝处理。

(3) 钢纤维混凝土刚性防水层施工：钢纤维混凝土是在细石混凝土中掺入短而不连续的钢纤维。钢纤维在混凝土中可抑制细微裂缝的开展，使其具有较高的抗拉强度和较好的抗裂性能。

施工流程：结构层处理→找平、隔离层施工→绑扎、安放防水层钢筋网片→安放分格缝木条→搅拌钢纤维混凝土→浇灌防水层钢纤维混凝土（同时留试块）→振捣、抹平、压实→做保护层→清缝、刷冷底子油→油膏或胶泥嵌缝→做分格缝保护层。

3. 水泥砂浆防水层施工

此种工艺通常分为普通水泥砂浆防水和聚合物水泥砂浆防水两类。

施工流程：结构层施工→结构层表面处理→特殊部位处理→刷第一道防水净浆→铺抹底层防水砂浆→压实后搓出麻面→刷第二道防水净浆→铺抹面层防水砂浆→二次压光→三次压光→养护。

材料要求：水泥强度等级不低于32.5级的普通硅酸盐水泥或32.5级矿渣硅酸盐。用洁净中砂或细砂，粒径不大于3mm，含泥量不大于2%。防水剂宜采用氯化物金属盐类防水剂或金属皂类防水剂，水采用自来水或可饮用的天然水。

4. 块体刚性防水层施工

块体刚性防水层是通过底层防水砂浆、块体和面层砂浆共同发挥作用。砂浆是主要防水材料，块体材料主要是普通黏土砖、黏土薄砖、加气混凝土砌块等。

施工流程：屋面结构层施工→找坡层及找平层→湿润基层→铺设底层防水水泥砂浆→挤浆铺砌块材→养护24h以上→防水水泥砂浆灌浆、抹面层→洒水覆盖养护。

5. 施工要点及注意事项

(1) 分格缝设置：分格缝又称分仓缝，应按设计要求设置。如设计无明确规定时，分格缝应设在屋面板的支承端、屋面转折处、防水层与突出层面结构的交接处，其纵横间距不宜大于 6m。一般为一间一分格，分格面积不超过 $20m^2$；分格缝上口宽为 30mm，下口宽为 20mm，应嵌填密封材料。

（2）混凝土浇筑：在混凝土浇捣前，应清除隔离层表面浮渣、杂物，先在隔离层上刷水泥浆一道，使防水层与隔离层紧密结合，随即浇筑细石混凝土。混凝土的浇捣按先远后近、先高后低的原则进行。用机械振捣密实，表面泛浆后抹平，收水后再次压光。施工时，一个分格缝范围内的混凝土必须一次浇完，不得留施工缝；分格缝做成直立反边，并与板一次浇筑成形。

（3）分格缝及其他细部做法：包括分格缝的盖缝式及贴缝式做法，檐口节点做法，屋面穿管节点做法。

（4）密封材料嵌缝：密封材料嵌缝必须密实、连续、饱满、黏结牢固，无气泡、开裂、脱落等缺陷。密封防水部位的基层应牢固，表面应平整、密实，不得有蜂窝、麻面、起皮和起砂现象；嵌填密封材料的基层应干净、干燥。密封防水处理的基层，应涂刷与密封材料相配套的基层处理剂，处理剂应配比准确，搅拌均匀。

（5）隔离层施工：为了减小结构变形对防水层的不利影响，可将防水层和结构层完全脱离，在结构层和防水层之间增加一层厚度为 10～20mm 的黏土砂浆，或铺贴卷材隔离层。黏土砂浆隔离层施工时，将石灰膏∶砂∶黏土为 1∶2.4∶3.6 材料均匀拌和，铺抹厚度为 10～20mm，压平抹光，待砂浆基本干燥后，进行防水层施工。卷材隔离层施工时，用 1∶3 水泥砂浆找平结构层，在干燥的找平层上铺一层干细砂后，再在其上铺一层卷材隔离层，搭接缝用热沥青玛蹄脂。

8.3 地下防水施工

地下防水工程是防止地下水对地下构筑物或建筑物基础的长期浸透，保证地下构筑物或地下室使用功能正常发挥的一项重要工程。根据防水标准，地下防水分为四个等级，见表 8-16。其中建筑物的地下室多为一、二级防水，即达到“不允许渗水，结构表面无湿渍”和“不允许漏水，结构表面可有少量湿渍”的标准。

表 8-16 地下工程防水等级及适用范围

防水等级	标准	适用范围
一级	不允许渗水，结构表面无湿渍	人员长留的场所；有少量湿渍会使物品变质、失效的贮物场所，以及严重影响设备正常运转和危及工程安全运营的部位；极重要的战备工程

（续）

防水等级	标准	适用范围
二级	不允许漏水，结构表面可有少量湿渍。 工业与民用建筑：总湿渍面积不应大于总防水面积（包括顶板、墙面、地面）的1/1000；任意100m²防水面积上的湿渍不超过1处，单个湿渍的最大面积不大于0.1m²。 其他地下工程：总湿渍面积不应大于总防水面积的6‰；任意100m²防水面积上的湿渍不超过4处，单个湿渍的最大面积不大于0.2m²	人员经常活动的场所；在有少量湿渍的情况下不会使物品变质、失效的贮物场所，以及基本不影响设备正常运转和工程安全运营的部位；重要的战备工程
三级	有少量漏水点，不得有线流和漏泥砂。 任意100m²防水面积上的漏水点数不超过7处，单个漏水点的最大漏水量大于2.5L/d，单个湿渍的最大面积大于0.3m²	人员临时活动的场所；一般战备工程
四级	有漏水点，不得有线流和漏泥砂；整个工程平均漏水量不大于4L/(m²·d)	对渗漏水无严格要求的工程

8.3.1 防水方案与施工特点

1. 防水方案

（1）结构自防水，为通过调整混凝土配合比或掺外加剂等方法，来提高混凝土本身的密实度和抗渗性，使其具有一定防水能力（能满足抗渗等级要求）的整体式混凝土或钢筋混凝土结构，同时它还能承重。

（2）在地下结构表面另加防水层，如抹水泥砂浆防水层或贴卷材防水层等。

（3）采用防水加排水措施，即“防排结合”方案。通常可用盲沟排水、渗排水与内排水等方法把地下水排走，以达到防水的目的。

注意：对于处在侵蚀性介质中的地下工程，应采用耐侵蚀的防水混凝土自防水结构，并设置耐侵蚀的卷材、涂料等附加防水层。对于受动力或发电设备振动的地下工程，应采用防水混凝土自防水结构，并设置具有良好延伸性和柔韧性的合成高分子防水卷材或防水涂料等附加防水层。

2. 施工特点

防水施工特点是：①质量要求高，要求长期水压作用下结构不渗、不漏；②施工条件差，涉及坑内、露天、地上地下水；③材料品种多，质量、性能不统一；④成品保护难，施工周期长，材料薄、强度低；⑤薄弱部位多，涉及变形缝、施工缝、后浇缝、穿墙管、螺栓、预埋件、预留洞、阴阳角等。

8.3.2 防水混凝土

防水混凝土是以调整混凝土配合比或掺外加剂的方法来提高混凝土本身的密实度和抗渗性，使其具有一定防水能力的特殊混凝土，包括普通防水混凝土和外加剂防水混凝土两种。

普通防水混凝土是通过采用较小的水灰比、适当增加水泥用量和砂率、提高灰砂比、采用较小的骨料粒径、严格控制施工质量等措施，从材料和施工两方面抑制和减少混凝土内部孔隙的形成，特别是抑制孔隙间的连通，堵塞渗透水通道，靠混凝土本身的密实性和抗渗性来达到防水要求。

普通防水混凝土除满足设计强度要求外，还须根据设计抗渗等级来配制。

外加剂防水混凝土是在混凝土中加入一定量的外加剂，如减水剂、加气剂、防水剂及膨胀剂等，以改善混凝土的性能和结构的组成，提高其密实性和抗渗性，达到防水要求。

1. 材料及配合比要求

（1）水泥：防水混凝土宜采用普通硅酸盐、火山灰质硅酸盐水泥、粉煤灰硅酸盐水泥，水泥强度等级不应低于32.5级；如掺用外加剂（一般为减水剂），亦可采用矿渣硅酸盐水泥；在受冻融作用的条件下，应优先选用普通硅酸盐水泥，不宜采用火山灰质硅酸盐水泥和粉煤灰硅酸盐水泥。水泥用量不得小于300kg/m³，掺有活性掺合料时，水泥用量不得小于280kg/m³。水灰比不得大于0.55，坍落度不宜大于50mm，泵送时入泵坍落度宜为100～140mm。

（2）砂、石：碎石或卵石的粒径宜为5～40mm，含泥量不得大于1%，泥块含量不得大于0.5%。砂宜用中砂，含泥量不得大于3.0%，泥块含量不得大于1.0%，砂率宜为35%～45%，灰砂比宜为1∶2.5～1∶2。

（3）外加剂：应根据使用情况采用减水剂、加气剂、防水剂或膨胀剂等。

2. 防水混凝土施工

1）模板

防水混凝土所用模板，除满足一般要求外，还应特别注意模板拼缝严密，支撑牢固。一般不宜用螺栓或铁丝贯穿混凝土墙固定模板，以防止由于螺栓或铁丝贯穿混凝土墙面而引起渗漏，影响防水效果。但如果墙较高需用螺栓贯穿混凝土墙固定模板时，应采取止水措施，如采用工具式螺栓、螺栓加焊止水环、套管加焊止水环、螺栓加堵头等方法。

（1）工具式螺栓做法。用工具式螺栓将防水螺栓固定并拉紧，以压紧固定模板。拆模时，将工具式螺栓取下，再以嵌缝材料及聚合物水泥砂浆将螺栓凹槽封堵严密，如图8.20所示。

（2）螺栓加堵头做法。结构两边螺栓周围做凹槽，拆模后将螺栓沿平凹底割去，再用膨胀水泥砂浆将凹槽封堵，如图8.21所示。

（3）螺栓加焊止水环做法。在对拉螺栓上部加焊止水环，止水环与螺栓必须满焊严密，拆模后应沿混凝土结构边缘将螺栓割断，如图8.22所示。

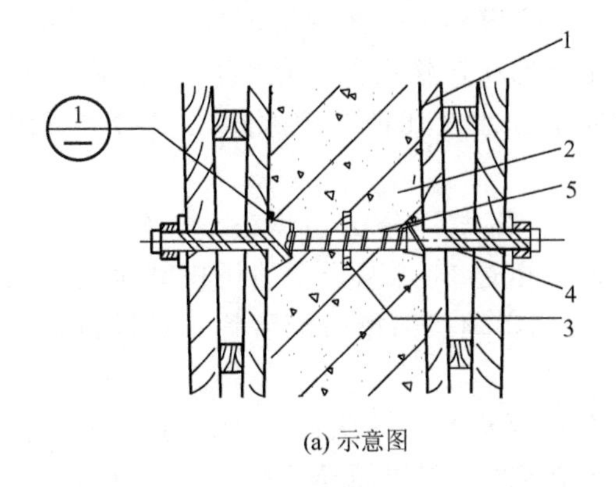

(a) 示意图

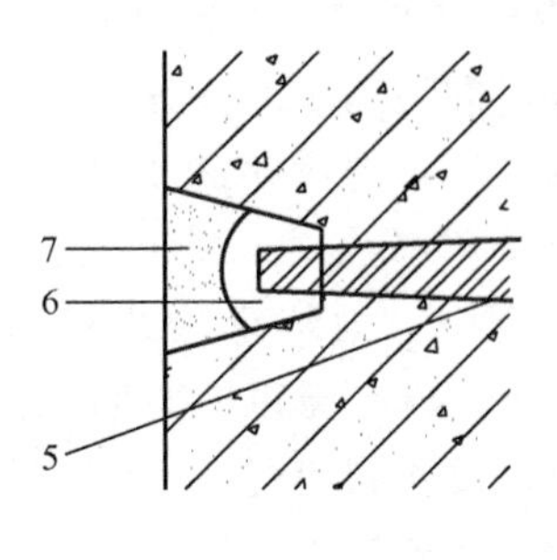

(b) ①放大图(拆模后)

图 8.20 工具式螺栓的防水做法

1—模板；2—结构混凝土；3—止水环；4—工具式螺栓；5—固定模板用螺栓；
6—嵌缝材料；7—聚合物水泥砂浆

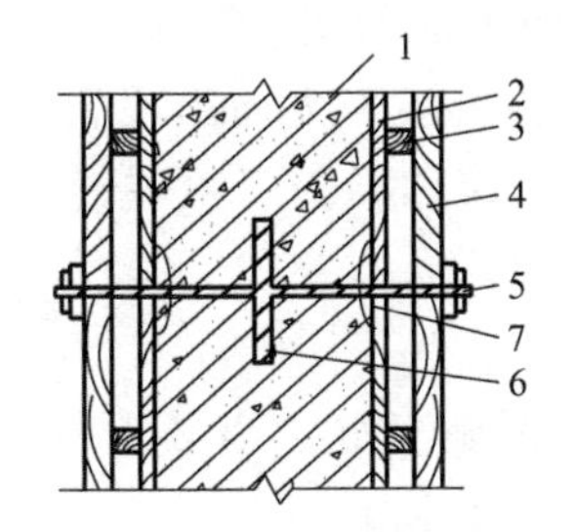

图 8.21 螺栓加堵头做法

1—围护结构；2—模板；3—小龙骨；
4—大龙骨；5—螺栓；6—止水环；7—堵头

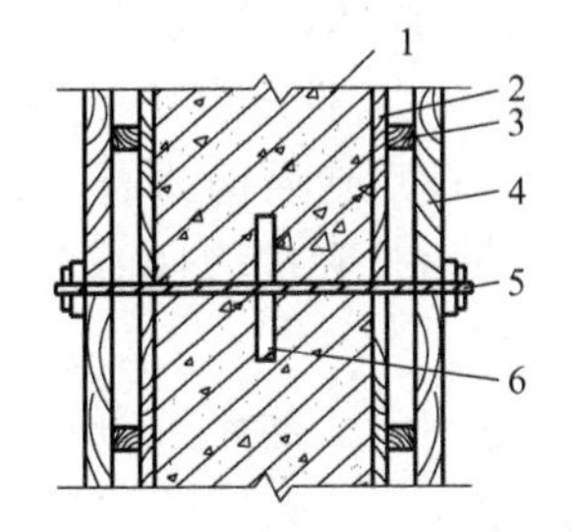

图 8.22 螺栓加焊止水环做法

1—围护结构；2—模板；3—小龙骨；
4—大龙骨；5—螺栓；6—止水环

(4) 预埋套管加焊止水环做法。套管采用钢管，其长度等于墙厚（或其长加上两端垫木的厚度之和等于墙厚），兼具撑头作用，以保持模板之间的设计尺寸。止水环在套管上满焊严密。支模时，在预埋套管中穿入对拉螺栓拉紧固定模板。拆模后将螺栓抽出，套管内以膨胀水泥砂浆封堵密实。套管两端有垫木的，拆模时连同垫木一并拆出，除密实封堵套管外，还应将两端垫木留下的凹坑用同样的方法封实。此法可用于抗渗要求一般的结构，如图 8.23 所示。

2）钢筋

为了有效地保护钢筋和阻止钢筋的引水作用，迎水面防水混凝土的钢筋保护层厚度不得小于 50mm。留设保护层，应以相同配合比的细石混凝土或水泥砂浆制成垫块，将钢筋垫起，严禁以钢筋垫钢筋。钢筋以及绑扎铁丝均不得接触模板。若采用铁马凳加设钢筋时，在不能取掉的情况下，应在铁马凳上加焊止水环，防止水沿铁马凳渗入混凝土结构。

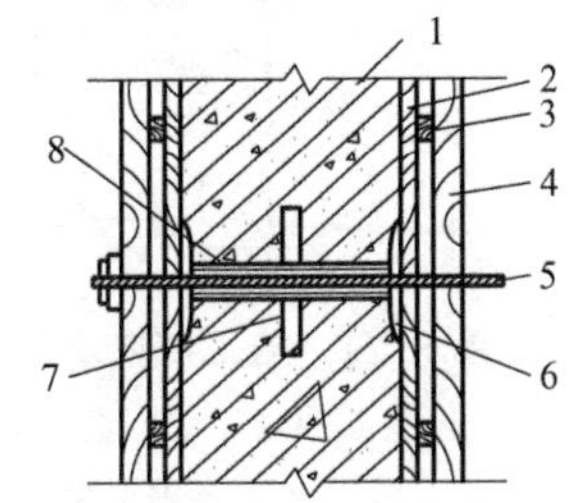

图 8.23 预埋套管做法

1—防水结构；2—模板；3—小龙骨；
4—大骨龙；5—螺栓；6—垫木；
7—止水环；8—预埋套管

3）混凝土

防水混凝土必须采用机械搅拌，搅拌时间不应小于120s。掺外加剂时，应根据外加剂的技术要求确定搅拌时间。如加引气型外加剂，防水混凝土搅拌时间应为120～180s。防水混凝土在运输后如出现离析，必须进行二次搅拌。当坍落度损失后不能满足施工要求时，应加原水灰比的水泥浆或二次掺加减水剂进行搅拌，严禁直接加水。

浇筑过程中，为防止漏浆和离析，应严格做到分层连续进行，每层厚度不宜超过300～400mm，两层浇筑的时间间隔一般不超过2h，混凝土须用机械振捣密实。浇筑混凝土的自落高度不得超过1.5m，否则应使用串筒、溜槽或溜管等工具进行浇筑，以防产生石子堆积，影响质量。

防水混凝土的养护条件对其抗渗性有重要影响。因为防水混凝土中胶合材料用量较多，收缩性大，如养护不良，易使混凝土表面产生裂缝而导致抗渗能力降低。因此，在常温下，混凝土终凝后（一般浇筑后4～6h），就应在其表面覆盖草袋，并经常浇水养护，保持湿润，以防止混凝土表面水分急剧蒸发，引起水泥水化不充分，使混凝土产生干裂，失去防水能力。由于抗渗等级发展慢，养护时间比普通混凝土要长，故防水混凝土养护时间不得少于14d。防水混凝土结构拆模时，必须注意结构表面与周围气温的温差不应过大（一般不大于15℃），否则会由于混凝土结构表面局部产生温度应力而出现裂缝，影响混凝土的抗渗性。拆模后应及时进行填土，以避免混凝土因干缩和温差产生裂缝，也有利于混凝土后期强度的增长和抗渗性的提高。

4）施工缝

（1）施工缝留设。防水混凝土应尽量连续浇筑，不留施工缝。当必须留设施工缝时，应遵守下列规定。

① 墙体水平施工缝应留在剪力较小处，留在高出底板表面不小于500mm的墙体上。墙体设有孔洞时，施工缝距孔洞边缘不宜小于300mm。

② 垂直施工缝应避开地下水和裂缝较多的地段，并宜与变形缝相结合。

施工缝防水的构造形式如图8.24～图8.26所示。

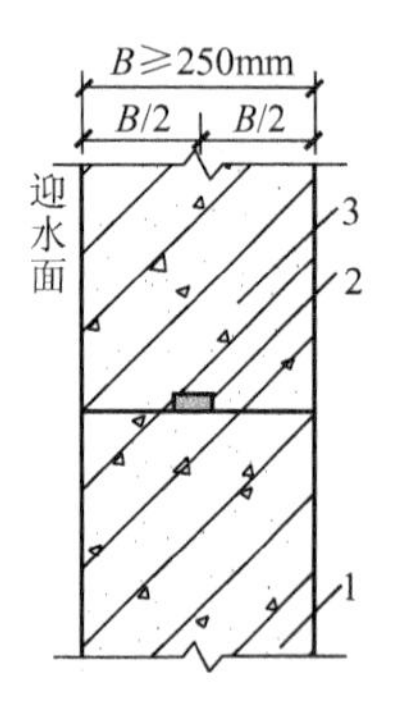

图8.24 施工缝防水基本构造一

1—先浇混凝土；2—遇水膨胀止水条；
3—后浇混凝土

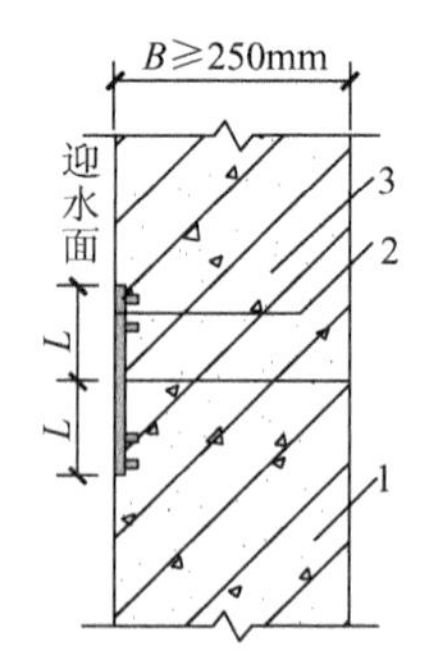

图8.25 施工缝防水基本构造二

外贴止水带$L \geqslant 150$mm；外涂防水涂料、
外抹防水砂浆$L=200$mm；
1—先浇混凝土；2—外贴防水层；3—后浇混凝土

（2）施工缝处理。施工缝处理方法可参照其构造图，并应遵守下列规定：

① 水平施工缝浇筑混凝土前，应将其表面浮浆和杂物清除，先铺净浆，再铺30～

50mm 厚的 1∶1 水泥砂浆或涂刷混凝土界面处理剂，并及时浇筑混凝土；

② 垂直施工缝浇筑混凝土前，应将其表面清理干净，并涂刷水泥净浆或混凝土界面处理剂，并及时浇筑混凝土；

③ 选用的遇水膨胀止水条应具有缓胀性能，其7d 的膨胀率不应大于最终膨胀率的 60%，遇水膨胀止水条应牢固地安装在缝表面或预留槽内；

④ 采用中埋式止水带时，应确保位置准确、固定牢固。

5）后浇带

后浇带结构主筋不宜在缝中断开，如必须断开，则主筋搭接长度应大于 45 倍主筋直径，并应按设计要求加设附加钢筋。后浇带的防水构造如图 8.27 所示。

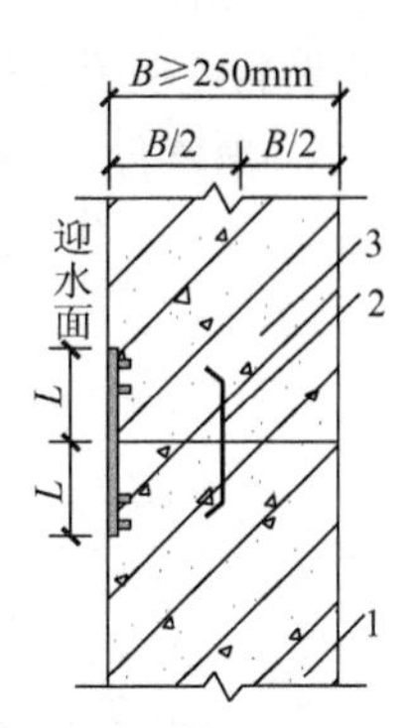

图 8.26　施工缝防水基本构造三

钢板止水带 $L \geqslant 100$mm；

橡胶止水带 $L \geqslant 125$mm；

钢边橡胶止水带 $L \geqslant 120$mm；

1—先浇混凝土；2—中埋式止水带；

3—后浇混凝土

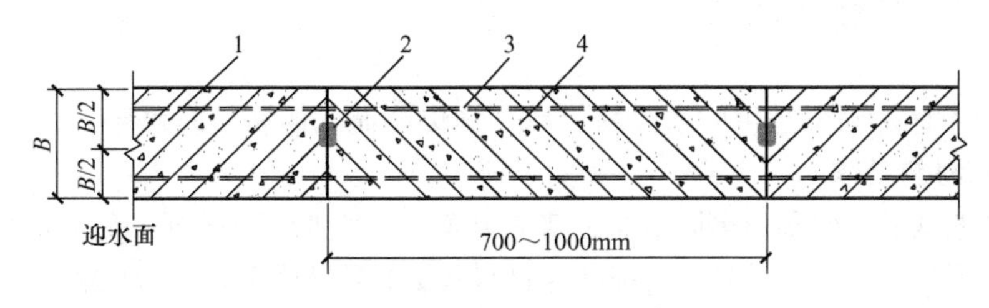

图 8.27　后浇带防水构造

1—先浇混凝土；2—遇水膨胀止水条；3—结构主筋；4—后浇补偿收缩混凝土

6）穿墙管

(1) 穿墙管留设应符合下列规定：

① 穿墙管（盒）应在浇筑混凝土前预埋；

② 穿墙管与墙角、凹凸部位的距离应大于 250mm；

③ 结构变形或管道伸缩量较小时，穿墙管可采用主管直接埋入混凝土的固定式防水法，并应预留凹槽，槽内用嵌缝材料嵌填密实，其防水构造如图 8.28 所示。

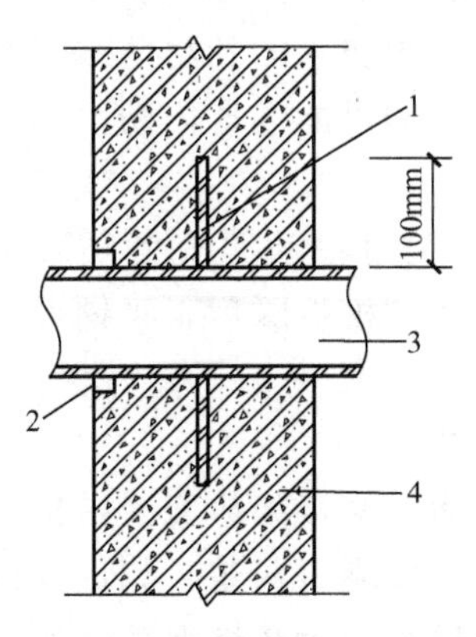

图 8.28　固定式穿墙管防水构造

1—止水环；2—嵌缝材料；

3—主管；4—混凝土结构

(2) 穿墙管防水施工应符合下列规定：

① 金属止水环应与主管满焊密实，采用套管式穿墙管防水构造时，翼环与套管应满焊密实，并在施工前将套管内表面清理干净；

② 管与管的间距应大于 300mm；

③ 采用遇水膨胀止水圈的穿墙管，管径宜小于 50mm，止水圈应用胶粘剂满粘固定于管上，并应涂缓胀剂。

7）埋设件及预留孔

结构上的埋设件宜预埋，埋设件端部或预留孔（槽）底部的混凝土厚度不得小于 250mm，当厚度小于 250mm 时，应采用局部加厚或其他防水措施，如图 8.29 所示。预留孔（槽）内的防水层，宜与孔（槽）外的结构防水层保持连接。

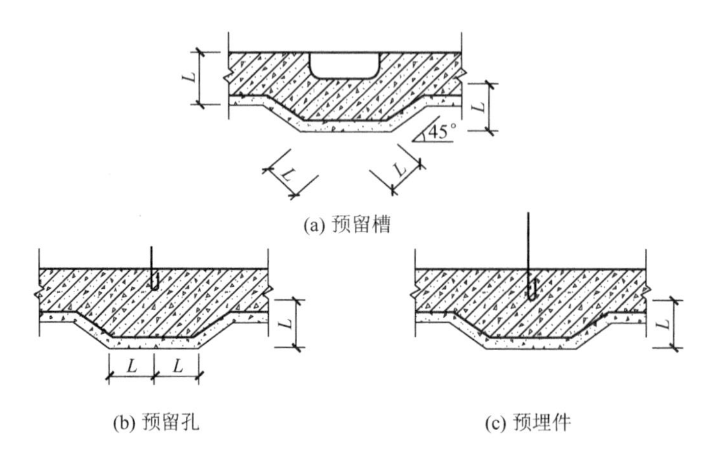

图 8.29 预埋件或预留孔（槽）处理示意图（$L \geqslant 250$mm）

8.3.3 卷材防水层施工

地下结构卷材防水层是用防水卷材、胶粘剂铺贴而成的表面防水层。

1. 基层与材料要求

铺贴卷材的基层表面必须牢固平整、清洁干净。转角处应做成圆弧形或钝角。卷材铺贴前基层宜表面干燥。铺贴卷材时，为提高卷材与基层的黏结强度，基层应满涂冷底子油。

地下防水使用的卷材要求抗拉强度高，延伸率大，具有良好的韧性和不透水性，膨胀率小且有良好的耐腐蚀性，尽量采用品质优良的沥青卷材或新型防水卷材，如高聚物改性沥青防水卷材、合成高分子防水卷材。

2. 卷材防水层施工

【参考视频】

地下防水工程一般把卷材防水层设置在建筑结构的外侧，称为外防水，与卷材防水层设在结构内侧的内防水相比较，它具有以下优点：外防水的防水层在迎水面，受压力水的作用而紧压在结构上，防水效果良好。而内防水的卷材防水层在背水面，受压力水的作用时容易局部脱开。外防水造成渗漏的可能性比内防水小。因此，一般多采用外防水。

外防水有两种设置方法，即外防外贴法和外防内贴法。外防外贴法是先铺贴底层卷材，四周留出卷材接头，然后浇筑构筑物底板和墙身混凝土，待侧模拆除后，再铺设四周防水层，最后砌保护墙，如图 8.30 所示；外防内贴法是先在主体结构四周砌好保护墙，然后在墙面与底层铺贴防水层，再浇筑主体结构的混凝土，如图 8.31 所示。

采用外防外贴法铺贴卷材防水层时，应先铺平面，后铺立面，交接处应交叉搭接。临时性保护墙应用石灰砂浆砌筑，内表面应用石灰砂浆做找平层，并刷石灰浆，如用模板代替临时性保护墙时，应在其上涂刷隔离剂。从底面折向立面的卷材与永久性保护墙的接触部位，应采用空铺法施工，与临时性保护墙或围护结构模板接触的部位，应临时贴附在该墙上或模板上，卷材铺好后，其顶端应临时固定，如图 8.32 所示。

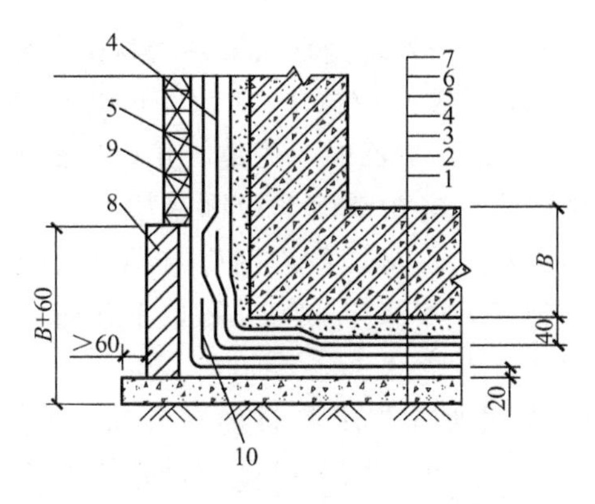

图 8.30　卷材防水层外防外贴法（单位：mm）

1—素土夯实；2—混凝土垫层；3—20mm 厚 1∶2.5 补偿收缩水泥砂浆找平层；4—卷材防水层；
5—油毡保护层；6—40mm 厚 C20 细石混凝土保护层；7—钢筋混凝土结构层；
8—永久性保护墙抹 20mm 厚 1∶3 防水砂浆找平层；
9—5～6mm 厚聚乙烯泡沫塑料片材或 40mm 厚聚苯乙烯泡沫塑料保护层；
10—附加防水层；B—底板厚度

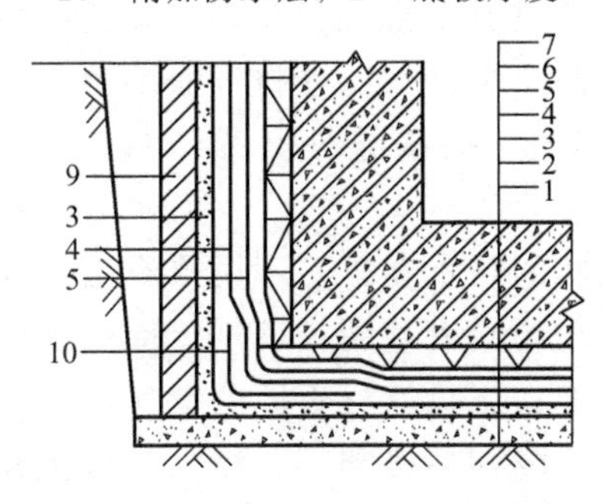

图 8.31　卷材防水层外防内贴法

1—素土夯实；2—混凝土垫层；3—20mm 厚 1∶2.5 补偿收缩水泥砂浆找平层；
4—卷材防水层；5—油毡保护层；6—40mm 厚 C20 细石混凝土保护层；
7—钢筋混凝土结构层；8—5～6mm 厚聚苯乙烯泡沫塑料保护层；
9—永久性保护墙；10—附加防水层

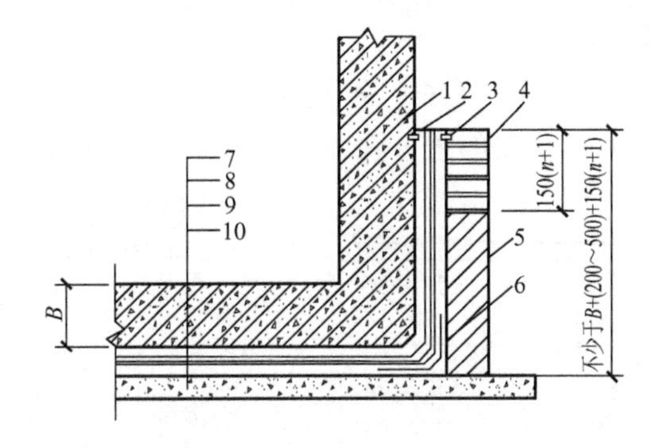

图 8.32　临时性保护墙铺设卷材示意图（单位：mm）

1—围护结构；2—永久性木条；3—临时性木条；4—临时保护墙；5—永久性保护墙；
6—卷材加强层；7—保护层；8—卷材防水层；9—找平层；10—混凝土垫层；B—底板厚度

当施工条件受到限制时，可采用外防内贴法铺贴卷材防水层。采用外防内贴法铺贴卷材防水层时，主体结构的保护墙内表面应抹 1∶3 水泥砂浆找平层，然后铺贴卷材，铺贴卷材时宜先铺立面，后铺平面。铺贴立面时，先铺转角，后铺大面。

(1) 基层处理：铺贴卷材前，应在基面上涂刷基层处理剂，当基面较潮湿时，应涂刷固化型胶粘剂或潮湿界面隔离剂。基层处理剂应与卷材及胶粘剂的材性相容，基层处理剂可采取喷涂法或涂刷法施工，喷涂应均匀一致、不露底，待表面干燥后，方可铺贴卷材。

(2) 卷材铺贴：高聚物改性沥青防水卷材铺贴方法，有冷粘法、热熔法和自粘法等。合成高分子防水卷材采用冷粘法铺贴，冷粘法是利用毛刷将胶粘剂涂刷在基层或卷材上，然后直接铺贴卷材，使卷材与基层、卷材与卷材相黏结。施工时，胶粘剂涂刷应均匀、不露底、不堆积。根据胶粘剂的性能控制胶粘剂涂刷与卷材铺贴的时间间隔，铺贴的卷材下面的空气应排尽，并辊压黏结牢固，铺贴的卷材应平整顺直，搭接尺寸准确，不得扭曲，接缝口应用密封材料封严，宽度不应小于 10mm。

热熔法是采用火焰加热器热熔防水卷材底层的热熔胶，进行粘贴的方法。施工时，火焰加热器加热卷材应均匀，不得过分加热或烧穿卷材，厚度小于 3mm 的高聚物改性沥青防水卷材严禁使用。在卷材表面热熔后（以卷材表面熔融至光亮黑色为度）应立即滚铺卷材，使之平展，并辊压黏结牢固。搭接缝处必须以溢出热沥青胶为度，并应随即刮封接口。

自粘法是指采用带有自粘胶的防水卷材，不用热施工、也不需涂胶结材料而进行黏结的方法。铺贴前，基层表面应均匀涂刷基层处理剂，待干燥后及时铺贴卷材。铺贴时，应先将自粘胶底面隔离纸完全撕净，排除卷材下面的空气，并辊压黏结牢固，不得空鼓。搭接部位必须采用热风焊枪加热后随即粘接牢固，溢出的自粘胶随即刮平封口。接缝口用不小于 10mm 宽的密封材料封严。

卷材防水层经检查合格后，应及时做保护层，顶板卷材防水层上的细石混凝土保护层厚度不应小于 70mm，底板卷材防水层上的细石混凝土保护层厚度不应小于 50mm，侧墙卷材防水层宜采用聚苯乙烯泡沫塑料保护层或铺抹 20mm 厚的 1∶3 水泥砂浆。防水层为单层卷材时，在防水层与保护层之间应设置隔离层。

3. 特殊部位的防水处理

(1) 阴阳角应做成圆弧或 45°（135°）折角。

(2) 在转角处、阴阳角等特殊部位，应增贴 1～2 层相同的卷材附加层，宽度不宜小于 500mm。

(3) 在变形缝处应增加沥青玻璃丝布油毡或无胎油毡做的附加层。在结构厚度的中央埋设止水带，止水带的中心圆环应正对变形缝中间。变形缝中用浸过沥青的木丝板填塞，并用油膏嵌缝，如图 8.33 所示。

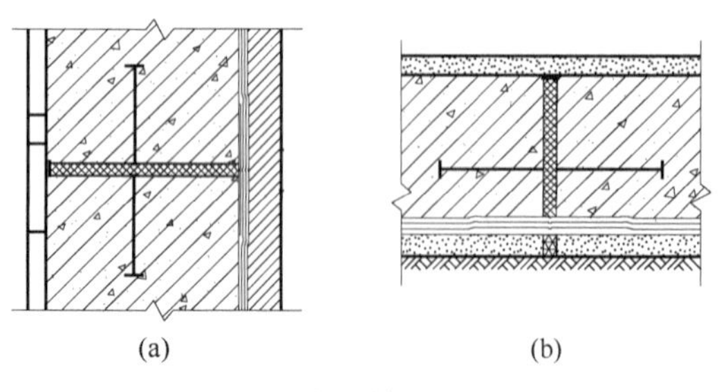

图 8.33　变形缝处防水做法

8.3.4 其他防水层

1. 涂膜防水层

涂膜防水层是用防水涂料涂刷于结构表面所形成的表面防水层。一般采用外防外涂和外防内涂施工方法。应选用具有良好的耐久性、耐水性、耐腐性和耐菌性的涂料，涂料涂刷前应先在基面上涂一层与涂料相容的基层处理剂，涂膜应多遍完成，涂刷应待前遍涂层干燥成膜后进行，每遍涂刷时应交替改变涂层的涂刷方向，同层涂膜的先后搭槎宽度宜为30～50mm。涂料防水层的施工缝应注意保护，搭接缝宽度应大于100mm，接涂前应将其甩槎表面处理干净。涂料防水层中铺贴胎体增强材料，同层相邻的搭接宽度应大于100mm，上下层接缝应错开1/3幅宽。

2. 塑料板防水层

塑料板防水层是指铺设在初期支护与二次衬砌间的塑料板防水层，这种防水工艺通常称为复合式衬砌防水或夹层防水，其可发挥两道防水功能作用（一道是塑料板防水，另一道是防水混凝土防水）。

8.4 外墙防水施工

高层建筑物外墙防水工程的施工，一般可分为外墙墙面涂刷保护性防水涂料和外墙拼接缝密封两类。

第一种防水工程的施工做法，外墙砂浆要抹平压实，施工7d后再连续喷涂有机硅防水剂等外墙防水涂料两遍。如贴外墙瓷砖，则要密实平整，最好选用专用的瓷砖胶粘剂。瓷砖或清水墙均应喷涂有机硅防水涂料。

【参考图文】

第二种防水工程的施工做法，如采用密封材料，则应在缝中衬垫闭孔聚乙烯泡沫条，并在缝中贴不粘纸，来防止三面粘接而破坏密封材料。

外墙防水施工宜采用脚手架、双人吊篮或单人吊篮，以确保防水施工质量和施工人员的人身安全。

8.4.1 构造防水

(1) 水泥砂浆（涂料）外墙防水设计。水泥砂浆外墙的防水层应设置在砌体基面上，用聚合物水泥防水砂浆做底层抹灰，如图8.34所示。也可在1：3水泥砂浆底层抹灰的基础上，单独做一道聚合物防水砂浆防水层，然后再进行面层砂浆施工，如图8.35所示。

(2) 面砖（锦砖）外墙防水设计。面砖外墙防水层设置，除了图8.36和图8.37所示与水泥砂浆外墙的方案相同外，还可以选用有防水功能的黏结剂铺贴面砖的防水方法，如图 8.38 所示。但这种单一的防水方案保证率不高，可在少雨地区和不重要建筑的外墙防水中使用。无论采用哪种方案，面砖缝必须采用具有防水功能的聚合物防水砂浆进行勾缝。

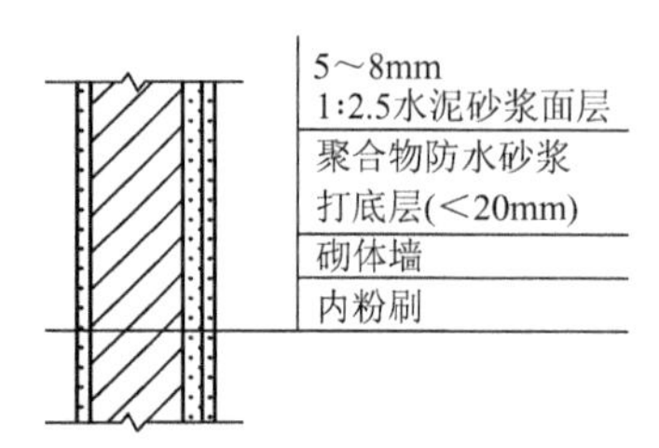

图 8.34　水泥砂浆墙面防水一

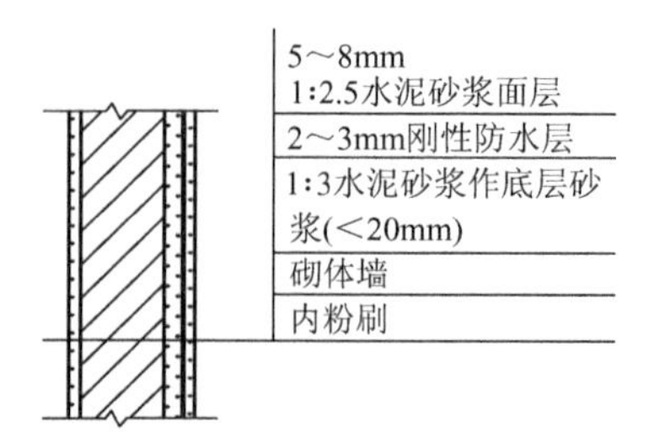

图 8.35　水泥砂浆墙面防水二

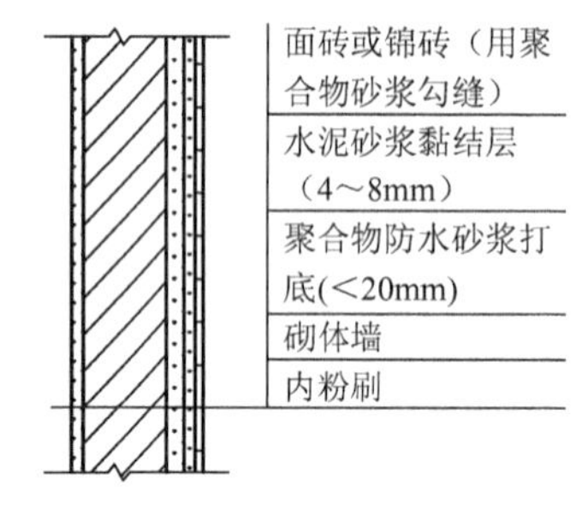

图 8.36　面砖墙面防水一

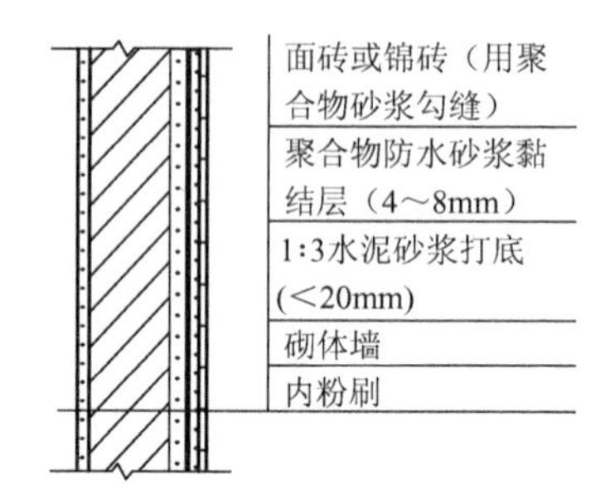

图 8.37　面砖墙面防水二

（3）干挂花岗岩外墙防水设计。干挂花岗岩外墙的主要防水部位是型钢构架与墙体的连接件。整体防水可用聚合物防水砂浆等刚性防水方案，也可用 JS 等柔性防水涂料做防水，如图 8.39 和图 8.40 所示。

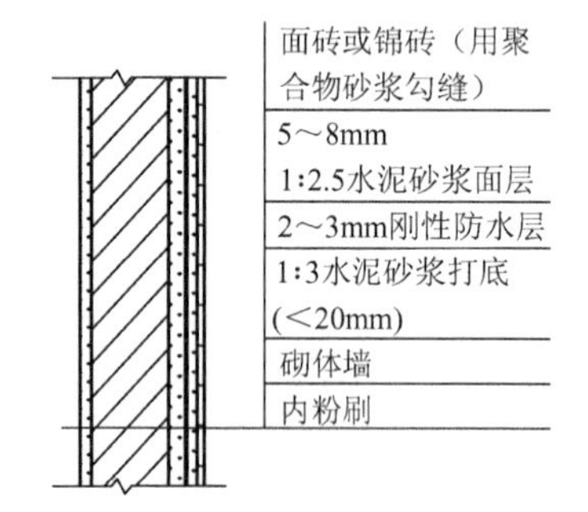

图 8.38　面砖墙面防水三

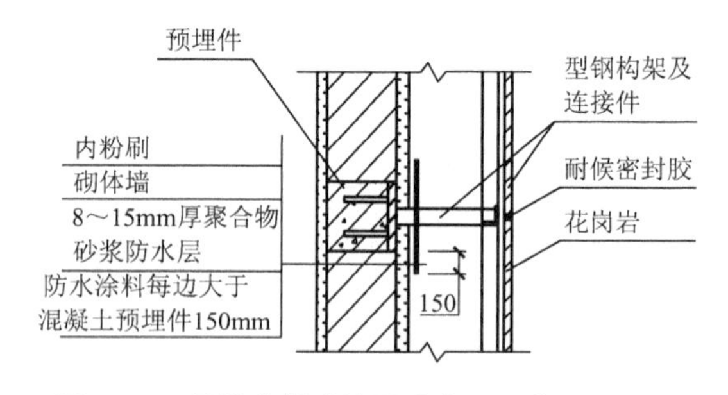

图 8.39　干挂花岗岩墙面防水一（单位：mm）

（4）窗洞防水设计。窗洞渗水原因主要有三方面：①窗体自身构造不完善，拼管、接口没有防水措施，排防水构造不合理，以及安装固定的钉孔没有密封等，造成由窗体自身原因产生的渗漏水；②由于墙面没有设置防水层，墙面大量吸水，通过窗框与墙体间透水的砂浆层进入室内；③雨水直接通过窗框与墙体间的缝隙进入室内。

窗体必须保证自身防水的完善性，窗体不渗漏水是保证窗洞不渗漏的前提。在外墙整体防水施工时，窗洞的四周侧面同样需要进行防水处理，窗框的四周用来塞缝的砂浆必须

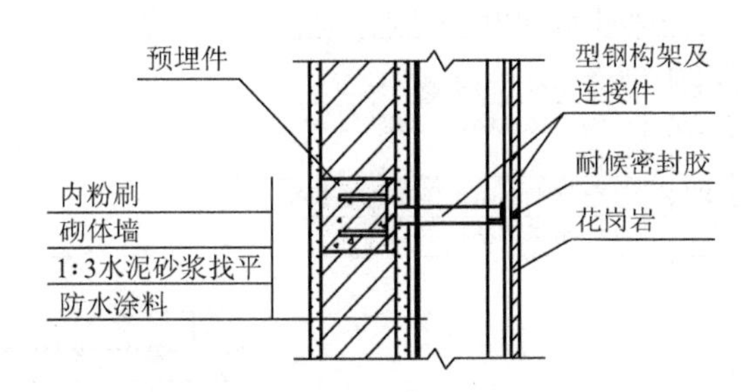

图 8.40 干挂花岗岩墙面防水二

要用聚合物防水砂浆，不得用普通水泥砂浆或混合砂浆。最后，窗框与墙面的交接处要求用高分子密封材料进行密封，如图 8.41 和图 8.42 所示。

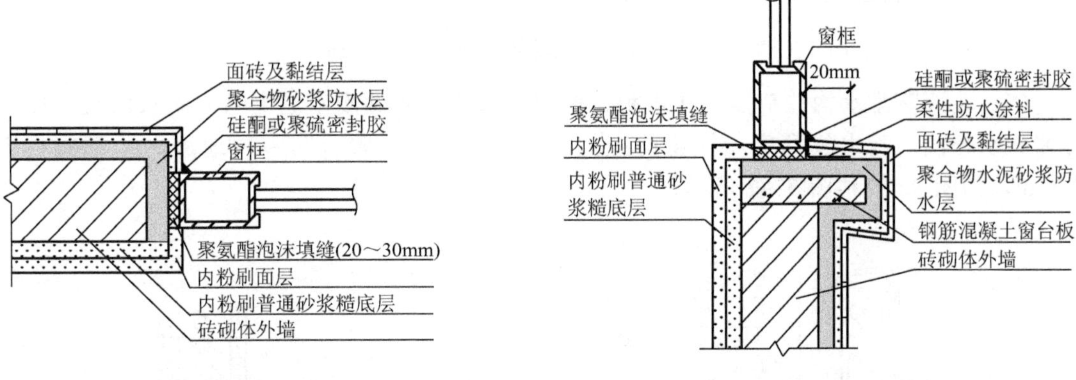

图 8.41 窗框防水节点

图 8.42 窗台防水节点

(5) 女儿墙防水设计。女儿墙属于屋面构件，但会直接影响到墙面渗漏水。女儿墙的变形是随屋盖系统而伸缩变形，如果女儿墙用刚度较差的完全砌体结构，势必会造成女儿墙开裂，在女儿墙与屋面混凝土结构间产生水平裂缝。因此，女儿墙宜采用钢筋混凝土墙板结构。如采用砌体结构，必须按轴线设置钢筋混凝土构造柱，顶部用混凝土圈梁将构造柱连成整体。

女儿墙的外墙面防水与整体墙面做法一致。当女儿墙为砌体结构时，可用纤维网格布或钢丝网片进行局部或整体抗裂处理。砌体女儿墙的内侧也应进行整体防水，女儿墙内侧防水可以与外墙防水方案相同，也可以利用屋面防水层延伸至女儿墙顶部滴水线下。如图 8.43～图 8.45 所示（图中 i 为坡度）。

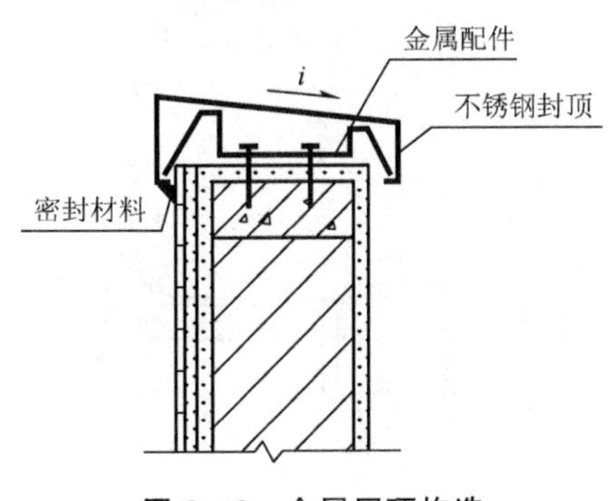

图 8.43 金属压顶构造

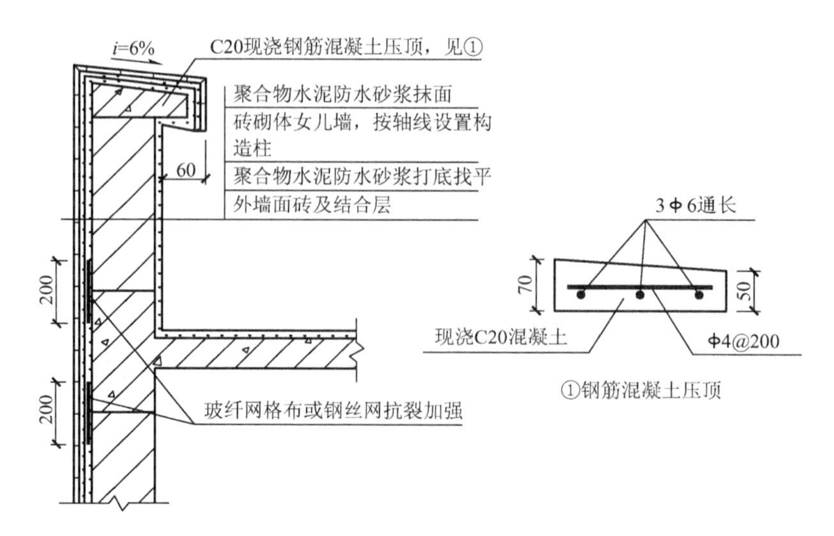

图 8.44　砖砌女儿墙防水构造（单位：mm）

(6) 墙面防排水构造节点。在排板、窗眉等部位，要做滴水老鹰嘴或滴水凹线，以引导墙面水外滴。滴水线宽度与深度均应大于 10mm，室外阳台与室内地坪高差不应小于 20mm，如图 8.46 和图 8.47 所示。

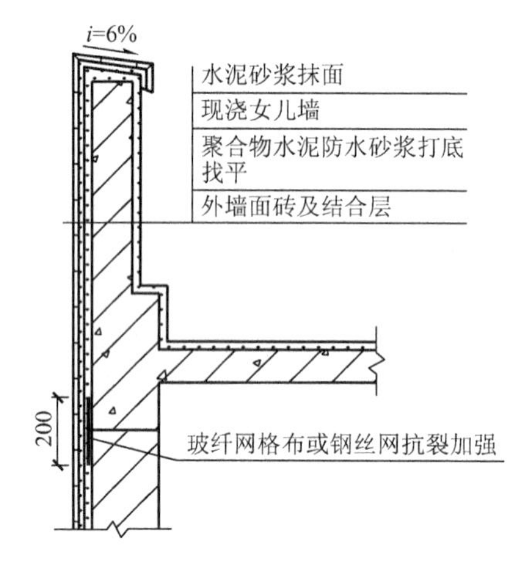

图 8.45　现浇女儿墙防水构造（单位：mm）

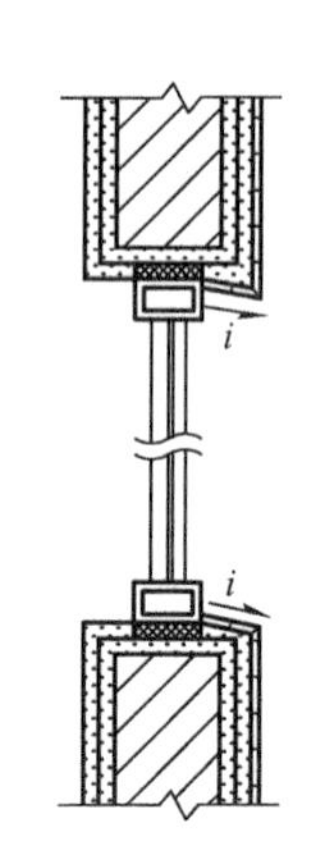

图 8.46　窗眉及窗台排水

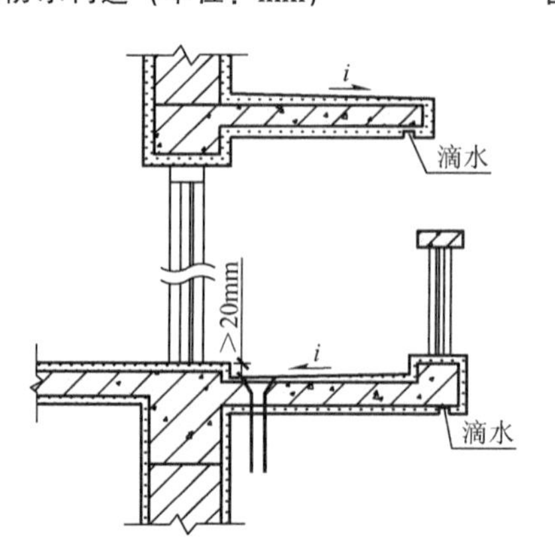

图 8.47　雨篷及阳台排水

8.4.2 喷涂防水涂料

一般建筑物的砖砌墙、水泥板墙、大理石饰面、瓷砖饰面、天然石材，古建筑的红黄粉墙、雕塑或碑刻等外露基面，由于长年经受雨水冲刷，会产生腐蚀性风化斑迹，长出青苔，出现渗水、花斑、龟裂、剥落等现象。如采用有机硅防水剂等外墙防水涂料对外墙面进行喷刷，其墙面在保持墙体原有透气性的情况下，能在一定时期内有效防止上述现象的发生。

喷刷有机硅防水剂等外墙防水涂料的施工方法如下。

1. 施工所需材料

墙克漏有机硅防水剂等外墙防水涂料、自来水或饮用水。

2. 施工所需工具

水桶、喷雾器或滚刷、油漆刷、扫帚、容器、磅秤等。

3. 施工方法

(1) 清理基层。施工前，应将基面的浮灰、污垢、苔斑、尘土等杂物清扫干净。遇有孔、洞和裂缝，须用水泥砂浆填实或用密封膏嵌实封严。待基层彻底干燥后，才能喷刷施工。

(2) 配制涂料。将涂料和水按照质量比1∶(10～15)的比例称量后盛于容器中，充分搅拌均匀后即可喷涂施工。用水量的多少视基面的材质而定，先配制少量涂料，按要求试喷，再进行正式配制。

(3) 喷刷施工。将配制稀释后的涂料，用喷雾器(或滚刷、油漆刷)直接喷涂(或涂刷)在干燥的墙面或其他需要防水的基面上。

① 喷刷顺序：喷刷应有规律地进行，先从施工面的最下端开始，沿水平方向从左至右或从右至左(视风向而定)运行喷刷工具，随即形成横向施工涂层，这样逐渐喷刷至最上端，完成第一次涂布。也可先喷刷最下端一段，再沿水平方向由上而下地分段进行喷刷，逐渐涂布至最下端一段与之相衔接。

② 喷刷次数：每一施工基面应连续重复喷刷两遍。第一遍沿水平方向喷刷，在第一遍涂层还没有固化时，紧接着进行第二遍垂直方向喷刷。

③ 面砖的喷刷方法：瓷砖或大理石等饰面的喷涂重点是砖间接缝。因接缝呈凹条形，和饰面不处在同一平面上，可先用刷子紧贴纵、横向接缝，上下、左右往复涂刷一遍，再用喷雾器对整个饰面满涂一遍。

4. 施工条件

雨天、雪天、霜冻天和6级风以上天气不得施工。冬季在墙面不冰冻条件下可以施工，但固化时间较长。

5. 施工注意事项

(1) 严格按照配合比将涂料和水稀释；施工时，涂料应现用现配，随配随用。

(2) 对墙面腰线、阳台、檐口、窗台等凹凸节点应仔细反复喷涂，不得有遗漏，以免雨水在节点部位滞留而失去防水作用、向室内渗漏。

(3) 施工后24h内不得经受雨水侵袭，否则将影响使用效果，必要时应重新喷涂。

(4) 喷涂时，人应站在上风口，顺风向喷涂。按要求喷涂固化后，需进行泼水或淋雨试验，如发现有吸水痕迹，干燥后应对该部位进行补刷处理，直至合格为止。

(5) 运输和储存时应防止雨淋、吸湿或暴晒，冬季防止冰冻。

8.4.3 外墙密封防水施工

外墙密封防水施工的气温为3～50℃，湿度不大于85%。外墙密封防水施工的部位，有金属幕墙、PC幕墙、各种外装板、玻璃周边接缝、金属制隔扇、压顶木、混凝土墙等。

外墙密封防水施工步骤，可分为基层处理、防污条或防污纸的粘贴、底涂料的施工、嵌填密封材料、工具清洗以及外墙密封防水的装饰等方面。

1. 外墙基层处理

(1) 清除基层上影响密封效果的不利因素。基层上出现的有碍黏结的因素及处理办法，见表8-17。

表8-17 外墙防水基层处理

防水部位	可能出现的不利因素	处理办法	注意事项
金属幕墙	锈蚀	钢针除锈枪处理；用锉子、金属刷或砂纸	
	油渍	用有机溶剂溶解后再用白布抹净	
	涂料	用小刀刮除；用不影响黏结的溶剂溶解后再用白布抹净	
	水分	用白布抹净	
	尘埃	用甲苯清洗，用白布抹净	
PC幕墙	表面黏着物	用有关有机溶剂清洗	
	浮渣	用锤子、刷子等清除	
各种外装板	浮渣、浮浆	处理方法同PC幕墙部分	
	强度比较弱的地方	敲除、重新补上	
玻璃周边接缝	油渍	用甲苯清洗，用白布抹净	勤换白布
金属制隔扇	同金属幕墙的处理方法		
压顶木	腐烂了的木质	清除	清除腐烂部位
	沾有油渍	把油渍刨掉	除去油渍
混凝土墙	同屋面部位的混凝土处理方法		

(2) 控制接缝宽度。控制接缝宽度的目的是使接缝宽度满足设计和规范要求，使密封材料的性能得以充分发挥，达到防水的目的。控制接缝宽度应从如下方面着手：

① 把握好以上几道工序的施工质量，使施工后的接缝宽度符合设计要求；

② 对于局部不符合要求的部位进行合理修补，使接缝达到要求；

③ 难以满足设计要求时，应同设计单位及时协商，合理解决。

2. 防污条、防污纸的粘贴

为了让密封材料充填到最佳位置，应设置背衬材料，填充应准确迅速地完成。

防污条、防污纸的粘贴是为了防止密封材料污染外墙，影响美观。外墙对美观程度要求高，因此在施工时应粘贴好防污条和防污纸，同时也不能使防污条上的粘胶浸入到密封膏中去。

3. 底涂料的施工

底涂料起着承上启下的作用，使界面与密封材料之间的黏结强度提高，因此应认真地涂刷底涂料。底涂料的施工环境如下：施工温度不能太高，以免有机溶剂在施工前就挥发完了；施工界面的湿度不能太大，以免黏结困难；界面表面不应结露。

4. 嵌填密封材料

嵌填密封材料的施工步骤为：施工方案和施工环境的确定；施工工具和施工材料的准备；材料的拌和；向施工工具内充填密封材料；界面内充填密封材料；施工取样及局部处理；撤除防污条，进行施工场地的清扫；施工完成后的养护及检查；填写施工报表。

8.5 厨浴间防水施工

住房和城乡建设部在重点推广应用建筑防水工程新技术的指导意见书中曾明确提出，厨房、厕浴间防水重点推广合成高分子防水涂料。厨房、厕浴间、公共厕浴间在防水工程中的特点是：面积小，阴阳角多，施工难度大；穿墙、地面管道多；用水量大，用水频繁集中；工种复杂，交叉施工，互相干扰；主要渗漏部位在地面、墙面、穿墙地面管根、缝、立墙与地面相交部位、墙面相交部位、卫生洁具与地面相交部位、管道渗漏及顶板渗漏。

根据住房和城乡建设部的指导意见和有关防水规程的要求，结合厨房、厕浴间、公共厕浴间在防水工程中的固有特点，形成了以“防排结合，综合治理”为设计原则的防水工程施工方案。

8.5.1 厨浴间聚氨酯防水涂料施工

1. 作业条件

(1) 防水基层按设计要求，用1∶3的水泥砂浆抹成1/50的泛水坡度，其表面要抹平压光，不允许有凹凸不平、松动和起砂掉灰等缺陷存在。排水口或地漏部位应低于整个防水层，以便排除积水。有套管的管道部位，应高出基层表面20mm以上。阴阳角部位应做成半径约10mm的小圆角，以便涂抹施工。

(2) 所有管件、卫生设备、地漏或排水口等必须安装牢固，接缝严密，收头圆滑，不得有任何松动现象。

(3) 施工时，防水基层应基本呈干燥状态，含水率以小于9%为宜，其简单测定方法是将面积约$1m^2$、厚度为1.5～2.0mm的橡胶板覆盖在基层表面上，放置2～3h，如覆盖的基层表面无水印，紧贴基层一侧的橡胶板无凝结水印，即可满足施工要求。

(4) 施工前，先以铲刀和扫帚将基层表面的突出物、砂浆疙瘩等异物铲除，并将尘土杂物彻底清扫干净。对阴阳角、管道根部、地漏和排水口等部位应认真清理，如发现有油污、铁锈等，要用钢丝刷、砂纸和有机溶剂等将其彻底清除干净。

(5) 聚氨酯涂料的存放与施工条件以0℃以上为宜，最低不得低于−5℃。

2. 工艺流程

清理基层→涂刷基层处理剂（冷底子油）→细部附加层施工→第一遍涂膜→第二遍涂膜→第三遍涂膜防水层施工→防水层一次试水→保护层饰面层施工→防水层二次试水→防水层验收。

3. 操作要点

(1) 清理基层。基层表面必须彻底清扫，做到干净、干燥。

(2) 涂刷基层处理剂。将聚氨酯甲、乙两组分和二甲苯按1∶1.5∶(2～3)的比例配合搅拌均匀，作为基层处理剂。用滚刷或油漆刷均匀地涂刷处理剂于基层表面，涂刷量以$0.2kg/m^2$左右为宜。涂刷后应干燥4h以上，才能进行下一道工序。

(3) 附加层施工。在地漏、管根、阴阳角和出入口等易发生漏水的薄弱部位，应先用聚氨酯防水涂料按甲、乙两组分1∶1.5的比例混合搅拌均匀涂刮一次，做附加层处理。按设计要求，细部构造也可做带胎体增强材料的附加层处理。胎体增强材料宽度300～500mm，搭接缝100mm，施工时边铺贴平整，边涂刮聚氨酯涂料。

(4) 第一遍涂膜施工。将聚氨酯涂料甲料、乙料和二甲苯按产品说明的比例配制，搅拌均匀，用橡胶刮板或油漆刷刮刷在基层表面，涂刮厚度要均匀一致，涂刮量以0.8～$1.0kg/m^2$为宜。

(5) 第二遍涂膜施工。在第一遍涂膜固化后，再按上述配方和方法涂刮第二遍涂料。对平面的涂刮方向应与第一遍涂刷方向相垂直，涂刮量仍与第一遍相同。

(6) 第三遍涂膜和粘砂粒施工。在第二遍涂膜固化后，再按上述配方和方法涂刮第三遍涂料，涂刮量以$0.4～0.5kg/m^2$为宜。在第三遍涂膜施工完毕又未固化时，应在其表面稀稀地撒上少量干净的砂粒，以增加它和将要覆盖的水泥砂浆之间的黏结能力。

待涂膜固化完全和检查验收合格后，即可抹水泥砂浆保护层或粘贴面砖、马赛克等饰面层。

8.5.2 厨浴间氯丁胶乳沥青防水涂料施工

1. 工艺流程

清理基层→刮氯丁胶乳沥青水泥腻子→涂刷第一遍涂料（表干4h）→做细部构造附加层→铺贴玻纤网格布同时刷第二遍涂料（实干24h）→涂刷第三遍涂料（表干4h）→铺贴玻纤网格布同时刷第四遍涂料（实干24h）→涂刷第五遍涂料（表干4h）→涂刷第六遍涂料并及时撒砂粒（实干24h以上）→防水层一次试水→保护层饰面层施工→防水层二次试水→防水层验收。

2. 操作要点

(1) 清理基层。厨浴间防水施工前，应将基层注浆和杂物清理干净。

(2) 刮氯丁胶乳沥青水泥腻子。在清理干净的基层上满刮一遍氯丁胶乳沥青水泥腻子。管根和转角处要后刮并抹平整。腻子的配制方法是：将氯丁胶乳沥青防水涂料倒入水泥中，边倒边搅拌至稠浆状，即可刮涂于基层。腻子厚度2～3mm。

(3) 涂刷第一遍涂料。待上述腻子干燥后，满刷一遍防水涂料，涂料不能过厚，不得漏刷，以表面均匀不流淌、不堆积为宜。立面刷至设计高度。

(4) 做细部构造附加层。在细部构造部位，如阴阳角、管道根部、地漏、大便器蹲坑等位置，分别附加一布二涂附加层。

(5) 铺贴玻纤网格布同时刷第二遍涂料。附加层做完并干燥后，大面铺贴玻纤网格布，同时涂刷第二遍防水涂料，使防水涂料浸透布纹渗入下层。玻纤网格布搭接宽度不小于100mm，立面贴至设计高度，顺水接槎。收口处贴牢。

(6) 涂刷第三遍涂料。待上述涂料实干后（24h），满刷第三遍防水涂料，涂刷要均匀，不得漏刷。

(7) 铺贴玻纤网格布，同时刷第四遍涂料。待上述涂料表干后（4h），铺贴第二层玻纤网格布，同时刷第四遍防水涂料。第二层玻纤网格布与第一层玻纤网格布接槎要错开，涂刷防水涂料时应均匀，将布展开，无折皱。

(8) 涂刷第五遍涂料。待上述涂层实干后，满刷第五遍防水涂料。

(9) 涂刷第六遍涂料。待上述涂料表干后，满刷第六遍防水涂料。

(10) 蓄水试验。待整个防水层实干后，可做蓄水试验。将地漏、下水口和门口处临时封堵，蓄水深度20～30mm，蓄水24h后，观察无渗漏现象为合格。然后做保护层或饰面层施工。在饰面层完工后、工程交付使用前应进行第二次蓄水试验，以确保厨浴间防水工程质量。

8.6 防水工程渗漏与防治

8.6.1 屋面防水渗漏的原因及防治

1. 屋面防水渗漏原因分析

1) 设计原因

屋面防水工程设计不合理，主要表现在以下几点：①设计人员对屋面防水工程缺乏足够的认识，一些设计人员没有将屋面工程作为重要的分部工程，详细地设计施工图纸，给出做法大样，从而严重影响了屋面防水工程的施工和工程质量；②屋面细部节点设计缺失；③檐口、女儿墙等屋面突出部位处理不当；④保温层设计不当；⑤未按规范规定的要求设墙体伸缩缝，也未适当采用加强屋面整体性的措施，由于温度原因而导致屋面或墙体开裂，从而导致防水层破坏；⑥设计中防水等级与用料选择不当。

2) 施工原因

施工方面导致渗漏的原因有以下几点：①施工人员对找平层施工不重视，找平层粗糙、起砂、潮湿。②对施工用的防水材料没有进行严格的质量把关。③施工操作不认真。例如卷材防水层的关键是边缝封口，封口不严就会进水。另外搭接长度不够，基层稍有变形就会将防水层拉开而产生渗漏现象。④抢竣工也是造成建筑物渗漏的重要原因。一般防水层施工都是在结构施工完成后装修阶段进行的，此时往往是交叉作业，防水层易被破坏，又未能及时发现，这种现象较为普遍。⑤防水层的保护是防水施工的最后一个关键环节。许多工程防水层做好后，在屋面上安装配套设施时，破坏了防水层而造成渗漏。⑥保温层施工质量及技术措施不当引起的屋面渗漏。⑦保护层做法不规范。防水层上的保护层能够减少外部环境对防水层的侵蚀和破坏，能够延长防水层的使用寿命。保护层上需设置分格缝，使其在温度、变形等作用下，能够自由地伸缩变形，防止因保护层的胀缩变形对防水层造成破坏。如果施工中保护层不设分格缝，或保护层施工质量低劣，将会产生不规则的开裂，失去保护层应有的作用。⑧找平层与细部节点施工质量低劣。⑨有的工程防水层的厚度达不到规定的要求，特别是防水涂膜的厚度及沥青胶结材料的厚度，且涂刷不均匀、厚薄不一，有的工程重点防水部位的附加层没有做，在收头位置的做法也不正确。

3）材料原因

防水材料问题也是造成渗漏的一大因素：①防水材料选用不当。有些设计人员不熟悉防水材料的性能，仅从厂家说明书或现有资料中查找选用，有些甚至对自己所选用的防水材料从未见过，将不相容的材料组成了多道防水，这是酿成质量问题的又一重要原因。还有的在施工工程中为了降低成本，而不按要求选用符合标准的防水材料。②20 世纪 80 年代以来，各种新型建筑防水材料有了较大的发展，许多新型防水材料是由技术力量薄弱的乡镇或个体企业生产的，质量难以保证。

2. 屋面防水渗漏的防治措施

1）设计方面

在设计方面，应该采取以下防治措施：①设计人员在设计时应明确屋面的排水坡度。

【参考图文】

②相关的设计要严格遵守防水设计施工规范。③应该加强防水设计的专业化。④平顶屋面宜采用现浇钢筋混凝土屋面和挑檐，以避免因屋面板变形、开裂，导致屋面渗漏。⑤防水层的基层设计应符合“牢固、平整、干燥、干净”的要求。水泥砂浆找平层厚度要视基层类型分别要求，即整体混凝土为 20mm，整体或板状保温层为 20～25mm，装配式混凝土板或松散材料保温层为 25～30mm。⑥设有保温层的屋面基层必须留分格缝和排气道，缝宽可适当加宽，并应与保温层连通，排气道应纵横贯通。⑦提高建筑物的结构质量，避免不均匀沉降和屋面变形过大，可减少因结构变形导致屋面防水层开裂而渗漏的现象。

2）施工方面

在施工方面应采取以下措施提高工程防水质量：①屋面防水工程必须由防水专业队伍或防水工施工，严禁非防水专业队伍或非防水工进行屋面防水工程的施工。②必须严格遵守有关防水工程国家标准和操作规程，科学合理地安排工期。③认真检查验收基层（找平层、保温层及排气道）的质量。④关键的部位如女儿墙、材料接口、落水口等处，要仔细施工，处理得当，避免发生逆贴、脱胶、空鼓和破损。施工结束后，应进行淋水或蓄水检验。⑤对进场防水材料进行检验，严把产品质量关。⑥加强管理，防止防水层被损坏。当防水层有损坏时必须及时修补。

3）材料方面

在材料方面应采取以下防治措施：①尽快制定各种防水材料的“国标”和“行标”，在使用前必须经过各省、自治区、直辖市建设主管部门所指定的检测单位抽样检验认证；对生产各种防水材料的厂家尤其是一些技术落后、设备陈旧、工艺简单、管理水平低下的乡镇企业要求进行限期整改，对不符合要求的勒令其停产；严格把好“质量关”“现场关”，由施工单位抽调专门人员对防水材料进行抽样复试，不合格的防水材料坚决不允许使用。②研究材料特性，选择性能价格比高、耐久性和建筑物的防水等级要求相一致的建筑防水材料，要了解材料的特性，采用合适的施工方法。

8.6.2 外墙防水渗漏的原因及防治

1. 外墙防水渗漏原因分析

1）材料原因

由于当前外墙填充材料多数是加气混凝土块、混凝土空心砖、灰砂砖和陶粒空心砌块，这些新型材料由于有较大的干缩变形，砌块的吸水率较大，很容易吸收抹灰砂浆中的水分，影响砂浆硬化和强度的发展，使砂浆与墙面黏结力减小、结合不牢，产生起鼓、开裂。或墙体所用的砖、砌块抗拉、抗剪强度偏低，砌块表面光滑，粘有脱模剂、黏土和浮灰等污物，使抹灰砂浆与砌块黏结困难。另外，砌块块体较大，墙面灰缝少，减少了砌体灰缝对外墙的嵌固作用，增加了抹灰起壳的可能性，从而引起渗漏。

2）设计原因

屋面挑檐沟由于无保温层，受温度影响而发生变形。当前挑檐设计多为现浇，与檐沟圈梁相结合，整体刚度很大，变形时不能自由伸缩，与之相连的平屋面即使设计采用保温层，但一般兼作找坡层，靠外墙处最薄，保温效果较差，仍易受温度影响而发生明显变形，因而与檐下墙连接处容易产生较大剪力，导致裂缝产生，引起渗水。有些窗户设计过大，窗间墙应力增大及集中，难以承受墙体荷载，导致窗台墙开裂渗水。由于窗台受力类似于反梁，当窗间墙荷载过大，砌体强度相对偏低时，在负弯矩作用下，大宽度窗户墙极易开裂。

3）施工原因

①外墙抹灰原因。很多施工企业在房屋的主体工程施工时，没有采取有效措施来保证结构的垂直度，导致主体结构的垂直度偏差较大。施工单位在外墙抹灰时用抹灰厚度去调整，使得抹灰层过厚。由于砂浆的干燥收缩，从而导致墙面开裂。同时框架结构建筑中外墙砌筑时于梁底接触面未予填密，也是造成渗水的原因。②外墙饰面砖施工不当。现在大部分房屋的外墙装修都采用条面砖或小方砖饰面，外墙饰面砖本身是防水材料，但是施工镶贴饰面砖时，四边灰浆不饱满易形成空洞，饰面砖之间的勾缝砂浆产生裂缝后，由于毛细管的作用产生水泵效应，雨水在风压作用下，易通过裂纹渗入到墙体内，再渗透到内墙表面。③窗的安装问题。安装铝合金窗、钢窗时，窗框与墙体的连接处没能用水泥砂浆和石棉填满。另外窗下框在安装前，很多施工单位没有按设计要求，用油膏填塞下框凹槽做防水处理。窗安装后，施工单位只是用一般的水泥砂浆做密封处理，有些窗台向外的排水坡度做得不够，比较平缓，甚至导致窗台外高内低，窗框与窗台的连接处的砂浆极易出现裂缝，形成渗水通道。有的窗口上部没按要求做好漏水线、断水槽。④管道的施工不当。雨水

管、自来水管等穿过墙体、楼板，有些施工单位没有按照设计要求预埋套管，安装时才后凿，造成渗水；雨水管、自来水管等与预埋的套管之间的防水施工没有处理好，造成渗水。

4）门窗洞口周围渗漏

门窗本身材质较差，刚度不够而变形产生缝隙，或所用柔性材料塞缝不实，门窗框上口未封闭，门窗框周边未设置胀缩缝，抹灰后门窗框未嵌填密封胶、门窗框边墙基不够坚固，连接件过长或过短造成门窗框开裂渗水。另外，门窗扇碰撞振动，使门窗框周围抹灰出现裂缝而起壳、脱落等，导致窗框塞缝与饰面开裂渗水。

5）外墙装修引起的渗漏

抹灰时，墙面不平整、凹凸过大，或砌块缺损、脚手眼未镶砌等原因，基层处理不好，墙面浇水不透或不匀，影响底层砂浆与基层的黏结性能。抹灰砂浆材料不合格、配合比不准、和易性不好引起渗水外墙壁抹灰层在温度效应下变形，抹灰层产生龟裂；夏季施工砂浆失水过快，或抹灰后没有浇水养护，造成抹灰砂浆开裂。由于外墙饰面砖自重大，使底灰刮槽与基层之间产生较大的剪应力，黏结层与底子之间也产生较大的剪应力，加之施工操作不当，各层之间黏结强度很差，面层就产生空鼓。饰面层长期受大气温度的影响，由表面到基层的温度梯度和热胀冷缩在各层中也会产生应力，面砖如果粘贴砂浆不饱满、勾缝不严，雨水渗透后受冰冻膨胀和应力共同作用，将使面层受到破坏，从而引起裂缝，产生渗漏。

2. 外墙防水渗漏的防治措施

1）选用合格的砌筑材料

砌筑材料要选择信誉较好的生产厂家，所用材料要有出厂合格证。在施工使用前，对砌筑材料要进行抗拉、抗压强度试验，达到强度标准的方可使用，并清除其表面留存的脱模剂、黏土、浮灰等污物。严禁使用有裂纹的砌体材料，砖或砌块在砌筑前一定要提前浇水湿润，从面增大与饰面砂浆的黏结力。

2）设计方案灵活

现浇挑檐沟、平屋面过长时，适当设置伸缩缝，檐口圈梁上增设女儿墙檐沟加贴防晒层，以降低太阳直接辐射吸收的热量。平层面采用结构找坡，统一厚度并加厚保温层，通过提高砌筑强度、纵墙丁字交接处增设构造柱、顶层窗洞以上檐下墙通长配筋等措施增强砌体刚度。施工中，为防止檐下墙因砂浆龄期未到、强度不够，受温度效应影响开裂，现浇屋盖最好避开盛夏施工。

3）把好墙体砌筑质量关

施工中规范砌筑方法，要做到“一铲灰、一块砖、一揉压”，确保砂浆饱满度达到规范要求，严禁用铺灰法砌筑，不得留有缝隙，形成渗水通道。梁下填充墙当砌到距梁底时，应做技术性间歇数天，待灰缝干缩墙体沉实后，再续砌顶部斜砖。应保持相应角度，中部用楔形砖填实，以求吻合，斜角缝隙用砂浆挤满挤实。对于框架结构与填充墙结合部分，竖缝砂浆要饱满压实，按规范配置拉接筋，下料长度规范化，拉接筋开端必须有弯钩，插入拉接筋钩柱筋，施工中不得因拆模有难度而随意剪断钢筋，从而埋下裂缝隐患。

4）门窗应安装牢固，周边不留缝隙

选择的铝合金或型钢原材料应满足刚度、厚度要求，下料尺寸要准确，拼缝应嵌填硅酮胶密封。窗框安装时，门窗洞口四周窗必须牢固可靠，不能锚固在空心砌块或加气混凝土砌块上，可专门预制同模数的混凝土块或者改用混凝土灰砂砖砌在墙内，门窗框锚件同时固定在此。塞缝前要对塞口松散砂浆、灰土、油污清除干净，用发泡聚氨酯胶将所有缝隙压密灌实。饰面抹灰打底时，先刷一遍聚合物水泥砂浆，再刷一遍聚合物防水砂浆塞严缝隙，同时在窗边四周压出一道凹槽，待窗边砂浆干透后，清除表面浮浆灰尘，用耐候硅酮胶沿窗边四周凹槽嵌填密实并压平，使窗框在有轻微扰动情况下不至于开裂渗水。

5）做好外墙装修前的基层处理

砌体施工完毕，清除基层表面的灰尘、浮浆、污垢，修补墙面深度较大的缝隙和脚手空洞等，并把穿过墙面的以及固定于墙面上的管线预埋密实，适当间隔一段时间，使其充分沉降稳定后再抹灰，以防砌体沉降，拉断抹灰层渗水。抹灰时要按操作要求分层进行。为防止抹灰层因基层温度变化膨胀不同而产生裂缝，梁柱与墙体的结合部位应加钉钢丝网片，增加拉接作用。对于表面光滑的混凝土墙面和加气混凝土墙面，抹底灰前应涂刷一道素水泥浆结合层，以增加与光滑基层的黏结力，并可通过高分割条、掺抗裂防水粉加以防范。夏天还应注意适时对抹灰面洒水养护，避免空鼓裂缝、渗水。选购优质外墙饰面砖，确保施工质量，杜绝渗漏现象。外墙装饰砖不得有暗痕和裂纹，面砖在使用前必须清洗干净，并进行隔夜浸泡，晾干后再用在粘贴中。粘贴砂浆配合比要准确、和易性要好，一次成活，不宜多动，应做到表面光滑，认真勾缝，灰浆饱满，砖缝平直，缝宽一致，勾成的凹槽缝缝面平整、光滑、无砂眼。饰面砖与黏结层不得有空鼓、翘曲、裂缝等质量缺陷。外墙的窗洞口、窗套、腰线、雨篷、挑檐等部位应按规范要求做好滴水线槽，确保外墙无渗漏现象发生。

8.6.3 厨浴间防水渗漏的原因及防治

1. 厨浴间地面渗漏产生的原因

1）管道预留洞位置不符合规范

结构施工期间，由于施工人员不认真、检查不到位等原因，导致管道预留洞位置不准确甚至遗漏，在安装管道时大范围剔凿，破坏了楼板混凝土的整体性，从而产生渗漏。

2）管道堵洞不严密

排水管外壁表面光滑，如果管道安装完毕后，管道堵洞不能按照施工工艺的相关规范进行，就容易造成细石混凝土或砂浆与管壁结合不严密，使上下层间顺管漏水。

3）灌水试验不严格

排水管道安装完成后，要进行防水层施工，待防水层完全干透后，应进行 24h 灌水试验，高度应为 20～30cm。但在实际施工中，由于质检人员检查不仔细，不能及时发现问题，导致渗漏产生。

4）防水施工质量不达标

目前，厨浴间的防水材料普遍采用聚氨酯防水涂膜，找平层施工时容易忽略地面找坡，再加上阴阳角尤其是阴角圆弧做得不好、管根部位圆弧做法不正确、找平层清扫不到位、找平层温度过大等，给后续的防水工作带来一定难度。防水施工队偷工减料、施工人员操作不当，导致涂膜高度不够也是影响施工质量的原因之一。此外，成品保护不到位，防水施工完成后没有及时进行保护层的施工，导致其他工程施工时破坏了防水层，也会造成渗漏。

5）管道与楼板间变形产生裂缝

管道与楼板混凝土的膨胀系数等特性不同，高层建筑投入使用后，厨浴间的楼板要不断随使用荷载产生变形，而管道内介质温度长期处于不断的变化中，引起管道不断地热胀冷缩，经过若干年后，管道与楼板间即产生裂缝，造成厨浴间地面渗漏。

2. 厨浴间地面渗漏的防治措施

1）改进厨浴间给水和排水管线安装布管方式

厨浴间可采用下沉式、垫层式和管道墙三种给水和排水管线安装的布管方式，不同的布管方式有不同类型的坐便器与之配套。下沉式布管方式是厨浴间的结构局部下沉，在下沉的楼板面上做防水，按设计标高和坡度敷设给水、排水管道，并将混凝土预制板架空设置，找平后再做一层防水和面层。

2）提高堵洞质量

管道安装完毕后，堵洞应由专人完成。堵洞时，要求洞底吊模紧贴楼板底，堵洞后的混凝土上口要略低于楼板一面，避免管道周围出现“混凝土鼓包”。选用与楼板同标号的混凝土作堵洞材料，内加适量的膨胀剂。堵洞时要求用钢筋棍将混凝土振捣密实。

3）合理布置地漏位置

为满足使用功能，地漏应尽量靠近浴盆及洗脸盆，并离墙面 500mm 以上，这样便于地面找坡及饰面砖施工，也便于将地漏作为清扫口使用。

4）严把施工质量

在找平层施工时，基层要清扫干净并洒水湿润，找平要以门口为水线分别向地漏找坡，并在阴阳角位置做好圆弧。如果采用聚氨酯防水涂膜，管根周围的找平层宜做成倒圆弧，这样在防水施工时，可以将涂料灌入倒圆弧中，增加了防水层的厚度，为水的通行设置了一道屏障。防水层施工时要加强过程控制，涂料遍数、厚度及高度都应达到设计要求及相关材料的使用说明，聚氨酯涂膜的厚度应在 1.50mm 以上。防水施工完成后应做 1～2 次蓄水试验，发现渗漏要查找原因及时修补，把问题消灭在萌芽状态。

【知识链接】

5）立管集中于管道井

管道井是包容各种立管和计量表的空间，其位置应围绕管道和表具最多的厨浴间设置，以使竖向干管靠近对应的设备，减少水平管道长度。厕浴间内的管道井可定位于坐便器一侧的内墙角或相邻的隔墙处，断面尺寸应符合标准，可与排气道统筹设计。

单元小结

本单元介绍了高层建筑防水施工技术，结合有关规范，对建筑防水材料、屋面防水施工、地下防水施工、外墙防水施工、厨浴间防水施工等进行了全面阐述。在各部位防水施工的内容中，介绍了卷材防水、涂膜防水以及刚性防水的具体施工方法、细部做法、验收要点，以培养学生编制建筑工程屋面防水、地下防水等专项施工方案的能力。最后总结了各部位防水渗漏的原因及防治方法。

练习题

一、思考题

1. 常用防水卷材有哪些种类？

2. 简述卷材防水屋面施工工艺流程。

3. 涂膜防水屋面的施工要点是什么？

4. 地下防水工程有哪几种防水方案？

5. 简述防水混凝土的养护要点。

6. 厨浴间防水有几种做法？

二、选择题

1. 防水混凝土应自然养护，其养护时间不应少于（　　）。

A. 7d　　B. 10d　　C. 14d　　D. 21d

2. 依据建筑防水材料的外观形态，一般可将建筑防水材料分为（　　）。

A. 防水卷材　　B. 防水涂料　　C. 密封材料　　D. 刚性防水材料

3. 屋面保温层施工中，铺设松散保温材料时应分层铺设，适当压实，每层虚铺厚度不宜大于（　　）。

A. 150mm　　B. 120mm　　C. 100mm　　D. 90mm

4. 当屋面坡度小于3%时，防水卷材的铺贴要求为宜（　　）铺贴。

A. 垂直于屋脊　　B. 平行于屋脊

C. 平行或垂直于屋脊　　D. 靠墙处垂直于屋脊

5. 涂膜防水屋面施工时，沥青基防水涂料的质量要求中，延伸［(20±2)℃拉伸］应为（　　）。

A. ≥4.2mm　　B. ≥4.0mm　　C. ≥4.5mm　　D. ≥5.0mm

6. 混凝土刚性防水屋面的材料，要求混凝土强度不应低于（　　）。

A. C40　　B. C30　　C. C25　　D. C20

7. 卷材防水施工时，在天沟与屋面的连接处采用交叉法搭接且接缝错开，其接缝不宜留设在（　　）。

A. 天沟侧面　　B. 天沟底面　　C. 屋面　　D. 天沟外侧

【参考答案】

单元9 高层钢结构施工

教学目标

知识目标

1. 掌握高层钢结构建筑常用的结构体系与节点构造；
2. 掌握高层钢结构建筑的特点、钢结构建筑的材料性能、钢结构常用的连接方法；
3. 掌握高层钢结构房屋施工的安装工艺。

能力目标

1. 具有进行高层钢结构施工的能力；
2. 能分析或解决高层钢结构施工中的实际问题。

知识架构

知　识　点	权　　重
高层钢结构建筑结构体系与节点构造	25%
钢结构材料	10%
钢结构连接	10%
钢结构构件加工制作和验收	10%
高层钢结构安装	40%
钢管混凝土与型钢混凝土	5%

章节导读

自20世纪80年代开始，中国陆续建成了一大批钢结构或钢-钢筋混凝土结构的高层建筑，在建设高层、超高层钢结构建筑方面取得了丰富的经验。相比传统的混凝土建筑而言，钢结构建筑用钢板或型钢替代了钢筋混凝土，强度更高，抗震性更好，并且由于构件可以工厂化制作、现场安装，因而大大减少了工期，且由于钢材可重复利用，可以大大减少建筑垃圾，更加绿色环保。除钢结构本身的造价比钢筋混凝土的稍高以外，其综合效益要优于同类的高层钢筋混凝土结构，建筑物高度超过100m以上的超高层钢结构建筑，其优点更加突出，因而被世界各国广泛应用在高层与超高层建筑中。

目前钢结构在高层建筑上的运用日益成熟，逐渐成为一种主流的建筑工艺，是未来建筑的发展方向。

引例

中央电视台新台址CCTV主楼建筑高度234m，地上52层，总建筑面积50万m^2。主楼由两座整体向内双向倾斜的塔楼通过底部裙楼和顶部的L形悬臂连成一体，构成一个令人瞩目的折角门式建筑，塔楼从底部到顶部倾斜距离达36.955m；外框筒由双向倾斜6°的重型钢柱、边梁和支撑形成的以蝶形节点为主的三角形网状结构体系（见右下图）。

在施工时，两塔楼内分别设置一台M1280D动臂塔式起重机和一台M600D动臂塔式起重机，随主体钢结构的安装上升而爬升，由于结构的倾斜，钢结构施工到一定高度后，塔式起重机需要进行多次移位重装。核心筒为钢框架结构，没有剪力墙，而特大型塔式起重机在核心筒钢结构中进行附着爬升，在国内尚属首次。倾斜塔楼在施工各阶段不同荷载的变化情况下，导致两塔楼的水平位移和竖向位移不断发生变化；现场大量使用高强超厚板，材质的可焊性程度、焊接参数等焊接不确定性因素多，焊接变形控制和焊接难度较大，尚无成熟的规范及焊接工艺参数作参照。悬臂安装的合拢是本工程最大的技术难题之一，其构件应力和位移控制是实现结构准确、安全合拢和完工质量目标的关键。构件受自重和塔楼变形影响，合拢前和合拢后的受力状况不相同，传力方向发生改变，安装的预调值较大，结构位形、应力与变形的不确定性因素非常多。该工程的成功实施，创造了建筑工程的一个奇迹。

9.1 高层钢结构建筑结构体系与节点构造

9.1.1 高层钢结构建筑的结构体系

1. 纯框架结构体系

框架结构由梁、柱竖向构件与楼板水平构件通过节点连接构成空间结构体系，梁-柱节点全部为刚性连接，不设支撑，不设剪力墙系统，框架可采用全钢结构，也可采用钢-钢筋混凝土结构，承担建筑物的竖向荷载与水平荷载。框架结构可以由钢筋混凝土与型钢材料单独或组合建造。这种结构体系平面布置灵活，可形成较大的空间，像餐厅、会议室、休息大厅、商场等，因此在公共建筑中应用较多。但是这种体系抗侧力刚度较小，因此在水平荷载的作用下水平侧移较大，因此建筑高度一般不宜超过60m。

2. 框架-支撑结构体系

当建筑物超过 20 层或纯框架结构在风荷载或水平力作用下的侧移不符合要求时，往往在框架结构中再加上抗侧移构件，即构成了框架-支撑结构体系。

框架-支撑结构是在框架的一跨或几跨沿竖向布置支撑而构成，其中支撑桁架部分起着类似于框架-剪力墙结构中剪力墙的作用。在水平力作用下，支撑桁架部分中的支撑构件只承受拉、压轴向力，这种结构形式从强度或变形的角度看，都是十分有效的。与框架结构相比，这种结构形式大大提高了结构的抗侧移刚度。

3. 框架-剪力墙结构体系

这种体系在框架体系的房屋中设置一些剪力墙来代替部分框架，由框架和剪力墙共同作为承重结构，克服了框架抗侧刚度小及全剪结构开间小、布置不灵活的缺点，可满足常见的 30 层以下的高层建筑需要的抗侧刚度。特点是以框架结构为主，以剪力墙为辅助，补救框架结构的不足，为半刚性结构。剪力墙承担大部分的水平荷载，框架以负担竖向荷载为主。这种结构形式适用于 25 层以下的房屋，最高不宜超过 30 层，以及地震区的 5 层以上的工业厂房，和层数不高、平面较灵活的高层建筑，用于旅馆、公寓、住宅等建筑最为适宜（国内 15～25 层建筑多为框剪结构）。

4. 筒体结构体系

这种体系将剪力墙集中到房屋的内部或外部形成封闭的筒体，筒体在水平荷载作用下好像一个竖向悬臂空心柱体，结构空间刚度极大，抗扭性能也好。剪力墙集中布置不妨碍房屋的使用空间，建筑平面布置灵活，适用于各种高层公共建筑和商业建筑。

根据建筑高度不同，可采用以下不同的筒体结构形式。

(1) 内筒体：将电梯井、楼体井、管道井、服务间等集中成为一个核心筒体。实质上是框筒结构，框筒具有必要的抗侧刚度与最佳的抗扭刚度。

(2) 外筒体：四周外墙由密排窗框柱与窗间墙梁组成一个多孔墙体。建筑物内部可不设剪力墙，利用房屋中的电梯井、楼梯间、管道井以及服务间作为核心筒体，利用四周外墙作为外筒体。形成外筒的墙是由外围间距较密的柱子与每层楼面处的深梁刚性连接在一起，组成矩形网格样子的墙体。

(3) 带加强层的筒体：对于钢框架-核心筒结构，其外围柱与中间的核心筒仅通过跨度较大的连系梁连接。这时结构在水平地震作用下，外围框架柱不能与核心筒共同形成一个有效的抗侧力整体，使得核心筒几乎独自抗弯，外围柱的轴向刚度不能很好地利用，致使结构的抗侧移刚度有限，建筑物高度亦受到限制。带水平加强层的筒体结构体系就是通过在技术层（设备层、避难层）设置刚度较大的加强层，进一步加强核心筒与周边框架柱的联系，充分利用周边框架柱的轴向刚度而形成反弯矩来减少内筒体的倾覆力矩，从而达到减少结构在水平荷载作用下的侧移。由于外围框架梁的竖向刚度有限，不足以让未与水平加强层直接相连的其他周边柱子参与结构的整体抗弯，一般在水平加强层的楼层沿结构周边设置由筒体外伸臂或外伸臂和周边桁架组成的加强层。设置水平加强层后，抗侧移效果显著，顶点侧移可有效减少。

(4) 筒中筒：内筒体与外筒体相结合。薄壁内筒与密柱外框筒相结合，其中内筒体与竖向通道结合，一般为实腹筒，外筒体为密柱外框筒或桁架筒，与建筑立面结合。香港中银大厦就采用了这种结构体系。特点为层数高，刚度要求大，内核与外筒之间要求有广阔自由空间，适宜建造 30 层以上、不超过 80 层的建筑。

(5) 多筒体组合(束筒):在内外筒之间增设一圈柱或剪力墙。当建筑高度或其平面尺寸进一步加大,以至于框筒或筒中筒结构无法满足抗侧力刚度要求时,必须采用这种多筒体系。

根据建筑平面要求,可采用以下束筒方案:①成束筒。两个以上框筒(或其他筒体,如实腹筒)排列在一起成为束状,称为成束筒,该结构的刚度和承载能力比筒中筒结构有所提高,沿高度方向还可以逐个减少筒的个数,分段减少建筑平面尺寸,令结构刚度逐渐变化。如西尔斯大厦就采用了这种体系。②巨形框架。利用筒体作为柱子,在各筒体之间每隔数层用巨形梁相连,巨型梁每隔几层或十几层楼设置一道,截面一般为一层或几层高,筒体和巨型梁即形成巨型框架。实质为二重传力系统,每隔一定层数就有设备层,布置一些强度和刚度都很大的水平构件,形成水平刚性层连接建筑物四周柱子,约束周边框架及核心筒变形(侧移),这些大梁或大型桁架与四周大型柱和大梁开筒连接,巨型框架之间部分为次框架,其竖向荷载和水平力传给巨型框架地基。巨型框架由两级结构组成,第一级结构超越楼层划分,形成跨越几个楼层的巨柱以及一层空间的巨梁、巨型框架、巨型桁架结构;第二级为巨型框架或桁架间的一般框架结构(小型柱、梁与楼板)。在巨型层底下,可设无柱大空间。巨型结构外露与建筑立面相结合,空间利用灵活,施工速度快,巨型主框架施工后,各层可同时施工。

9.1.2 高层钢结构建筑的节点构造

高层钢结构建筑的结构节点种类较多,施工中应尽量构造简单,使加工安装方便。节点的设置还要根据起重运输设备的能力来划分构件的长度,如柱子最多4层一根,柱子接头一般设在上层梁顶1～1.3m处。梁与柱的接头基本有两种形式:一种是梁直接和柱连接;另一种是柱上先焊0.9～1.5m长的梁,然后用中间一段梁与柱子上的梁连接。

高层钢结构节点按照受力方式,可分为刚性和铰接连接。柱与柱、柱与主梁多采用刚性连接,次梁和主梁多采用铰接连接。

高层钢结构节点按连接方式,分为焊接连接、高强螺栓连接和混合连接三种。焊接连接是接头全部采用焊缝连接,螺栓连接是接头全部采用高强螺栓连接,混合连接是接头既有焊缝又有高强螺栓连接。

9.2 建筑钢结构材料

9.2.1 建筑用钢的种类

1. 碳素结构钢

碳素结构钢的表达方式,由屈服点的字母Q、屈服点数值、质量等级符号和脱氧方法符号四部分组成。质量等级符号是根据钢材的化学成分和冲击韧性不同,分为A、B、C、

D共四个质量等级；脱氧方法符号也有四种，其中F代表沸腾钢，b代表半镇静钢，Z代表镇静钢，TZ代表特种镇静钢，在具体标注时Z和TZ可以省略。《钢结构设计规范》将Q235牌号的钢材选为承重结构用钢。其化学成分和脱氧方法、拉伸和冲击试验以及冷弯试验结果均应符合GB/T 700—2006的要求。

2. 低合金高强度结构钢

此种钢含碳量均不大于0.20%，强度的提高主要依靠添加少数几种合金元素来达到，但合金元素的总量低于5%。牌号为Q345、Q390、Q420的钢材都有较高的强度和较好的塑性、韧性和焊接性能。国内外钢材牌号对应关系见表9-1。低合金高强度结构钢的牌号命名与碳素结构钢相似，只是质量等级分为A、B、C、D、E五等，低合金高强度结构钢采用的脱氧方法均为镇静钢或特殊镇静钢，故可不加脱氧方法的符号。钢材的化学成分和拉伸、冲击、冷弯试验结果应满足GB/T 1591—2008的要求。

表9-1　国内外钢材牌号对比

中国	美国	日本	欧盟	英国	俄罗斯	澳大利亚
Q235	A36	SS400 SM400 SN400	Fe360	40	C235	250 C250
Q345	A242 A441 A572-50 A588	SM490 SN490	Fe510 FeE355	50B、C、D	C345	350 C350
Q390				50F	C390	400 Hd400
Q420	A572-60	SA440B SA440C			C440	

3. 优质碳素结构钢

此种钢磷、硫等有害元素的含量均不大于0.035%，对于其他缺陷的限制也较严格，主要用于制造冷拔高强钢丝、高强螺栓以及自攻螺钉等。

9.2.2 钢材的规格

钢结构所用的钢材主要有热轧成形的钢板和型钢，以及冷加工成形的冷轧薄钢板和冷弯薄壁型钢。

1. 热轧钢板

热轧钢板分为厚钢板、薄钢板和扁钢，规格见表9-2。表示方法为在符号“—”后加“宽度×厚度×长度”。

表9-2 热轧钢板规格 单位：mm

差　别	厚　度	宽　度	长　度
厚钢板	4.5～60	600～3000	4000～12000
薄钢板	0.35～4	500～1500	500～4000
扁钢	4～6	12～200	3000～9000

2. 热轧型钢

常用的热轧型钢，有角钢、工字钢、槽钢、钢管等。

(1) 角钢：分为等边和不等边两种，如图9.1所示。其表示方法为在符号“∟”后加“长边宽×短边宽×厚度”(不等边角钢)，或加“边长×厚度”(等边角钢)。我国生产的角钢最大边长为200mm，角钢的供应长度一般为4～19m。

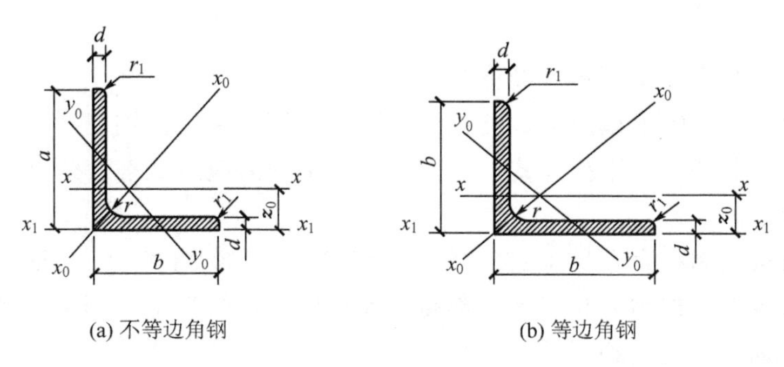

图9.1 角钢

(2) 工字钢：分为普通工字钢、轻型工字钢和H形工字钢三种，如图9.2(a)所示。

普通工字钢的型号用符号“工”后面加截面高度的厘米数表示，20号以上的工字钢，又按腹板的厚度不同，分为a、b或a、b、c等类别；轻型工字钢的表示方法同普通工字钢；H形钢的基本类型分为宽翼缘(HW)、中翼缘(HM)和窄翼缘(HN)三类，表示方法为在代号后加“高度×宽度×腹板厚度×翼缘厚度”。普通工字钢的型号为10～63号，轻型工字钢的型号为10～70号，供应长度为5～19m。

【参考图文】

(3) 槽钢：分为普通槽钢和轻型槽钢两种，如图9.2(b)所示。表示方法和工字钢相似，国内生产的最大型号为[40c，供应长度为5～19m。

(4) 钢管：分为无缝钢管和焊接钢管两种，如图9.2(c)所示。型号可用代号“D”后加“外径×壁厚”表示。国产热轧无缝钢管的最大外径可达630mm，供应长度为3～12m。

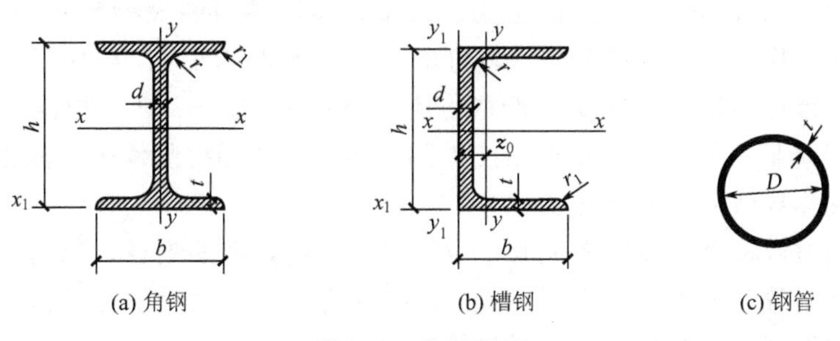

图9.2 常见型钢

3. 冷弯薄壁型钢和压型钢板

冷弯薄壁型钢（壁厚1.5～6mm）和压型钢板（壁厚0.4～1.6mm）如图9.3所示，其截面形式和尺寸均可按受力特点合理设计，能充分利用钢材的强度，达到节约钢材的目的，在国内外轻钢建筑结构中被广泛应用。

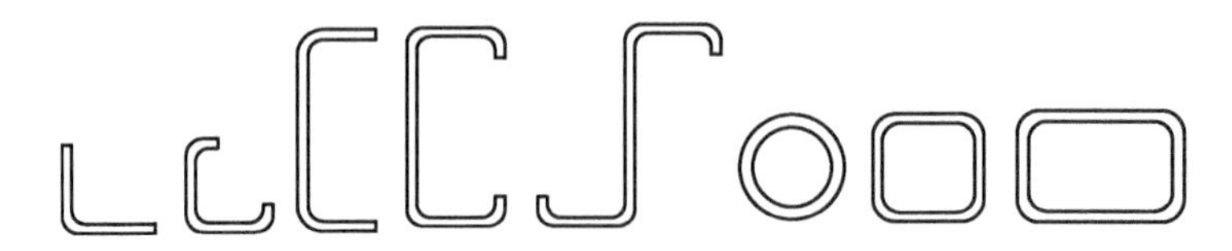

图9.3 冷弯薄壁型钢和压型钢板

9.2.3 钢材的选择

选择钢材的原则为安全可靠，经济合理。

为了保证承重结构的承载能力，防止出现脆性破坏，在选择钢材时应具体考虑结构或构件的重要性、荷载特征、连接方式、工作环境、结构的应力状态、钢材的厚度等。

一般规定如下。

（1）承重结构的钢材宜采用Q235钢、Q345钢、Q390钢和Q420钢，其质量应分别符合国家标准《碳素结构钢》和《低合金高强度结构钢》的规定。当采用其他牌号的钢材时，应符合相应标准的规定和要求。

（2）承重结构的钢材应具有屈服强度、抗拉强度、伸长率和硫、磷含量的合格保证，对焊接结构尚应具有含碳量的合格保证。

（3）对于需要验算抗疲劳强度的焊接结构和非焊接结构，应具有冲击韧性的合格保证。

（4）重要的受拉或受弯的焊接构件中，厚度大于或等于16mm的钢材应具有常温冲击韧性合格的保证。

（5）当焊接结构为防止钢材的层状撕裂而采用Z-钢时，其材质应符合《厚度方向性能钢板》(GB/T 5313—2010）的规定。

（6）对于外露环境，且对大气腐蚀有特殊要求的或在腐蚀性气态和固态介质作用下的承重结构，宜采用耐候钢，其质量要求应符合《耐候结构钢》(GB/T 4171—2008）的规定。

对于重要的结构或构件（框架的横梁、桁架，屋面楼面的大梁等），应采用质量较高的钢材。静力荷载作用下可选择经济性较好的Q235钢材；动力荷载作用下应选择综合性能较好的钢材。焊接结构对材质要求严格，应严格控制C、S、P的极限含量；非焊接结构对C的要求可降低一些。处于低温下工作的结构，应选择抗脆性破坏能力强的钢材，防止钢材的冷脆硬化导致的脆性破坏。

当选用的型材或板材的厚度较大时，应该采用质量较高的钢材，以防止钢材中较大的残余拉应力和缺陷等与外力共同作用形成三向拉应力，引起材料的脆性破坏。钢材越厚其强度越低，选用厚度较大时，应采用质量较高的钢材。

9.3 钢结构连接

9.3.1 概述

钢结构的构件是由型钢、钢板等通过连接构成的，各构件再通过安装连接架构成整个结构。因此，连接在钢结构中处于重要的枢纽地位。在进行连接的设计时，必须遵循安全可靠、传力明确、构造简单、制造方便和节约钢材的原则。

钢结构的连接方法，可分为焊缝连接、紧固件连接两大类。

(1) 焊缝连接：属刚接（可以承受弯矩），除了直接承受动力荷载的结构及超低温状态下，均可采用焊缝连接。焊缝连接包括对接焊缝和角焊缝，对接焊缝包括全焊透和部分焊透，角焊缝包括正面、侧面和斜焊缝三种，如图 9.4(a) 所示。

(2) 紧固件连接，包括铆钉、螺栓和轻钢结构连接三种。

① 铆钉连接：当结构受力较小的情况下使用，如图 9.4(b) 所示。

② 螺栓连接：属铰接（弯矩为零），一般情况下均可使用。特点是现场作业快，容易拆除，维修方便。螺栓分为普通螺栓和高强度螺栓。高强螺栓按照受力，分为摩擦型和承压型；按照施工方法不同，又分为扭剪型高强螺栓和大六角头高强螺栓。螺栓连接如图 9.4(c) 所示。

③ 轻钢结构连接：使用紧固件，主要包括自攻螺钉、射钉、拉铆钉三类。如图 9.4(d) 所示为射钉连接。

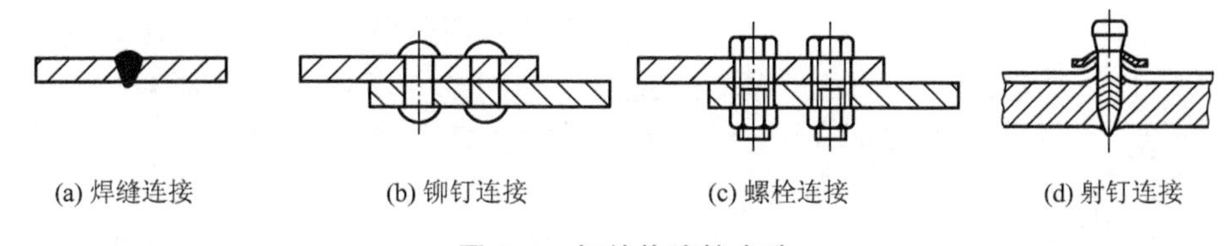

图 9.4 钢结构连接方法

9.3.2 焊缝连接

1. 焊缝连接的特点

焊接是现代钢结构最主要的连接方法，其优点是构造简单，任何形式的构件都可直接相连；用料经济，不削弱截面；制作加工方便，可实现自动化操作；连接的密闭性好，结构刚度大。缺点是在焊缝附近的热影响区内，钢材的金相组织发生改变，导致局部材质变脆；焊接残余应力和残余变形使受压构件承载力降低；焊接结构对裂纹很敏感，局部裂纹一旦发生，就容易扩展到整体，低温冷脆问题较为突出。

2. 钢结构常用的焊接方法

1）手工电弧焊

手工电弧焊是最常用的一种焊接方法，如图 9.5 所示。通电后，在涂有药皮的焊条和焊件间产生电弧；电弧提供热源，使焊条中的焊丝熔化，滴落在焊件上被电弧所吹成的小凹槽熔池中；由电焊条药皮形成的熔渣和气体覆盖着熔池，防止空气中的氧、氮等气体与熔化的液体金属接触，避免形成脆性易裂的化合物；焊缝金属冷却后，即把被连接件连成一体。

【参考图文】

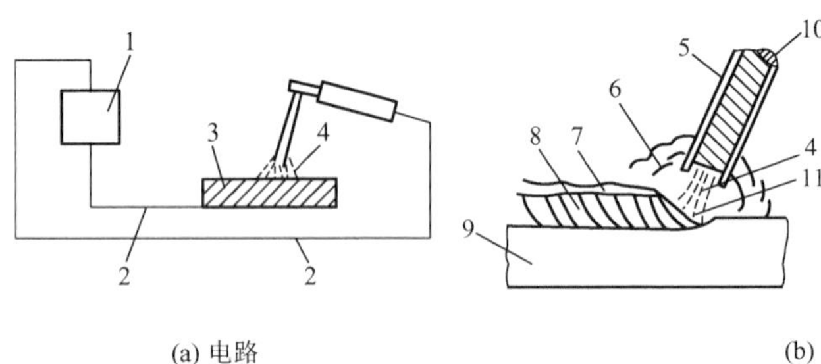

(a) 电路　　(b) 施焊过程

图 9.5　手工电弧焊

1—电焊机；2—导线；3—焊件；4—电弧；5—药皮；6—起保护作用的气体；7—熔渣；8—焊缝金属；9—主体金属；10—焊丝；11—熔池

手工电弧焊设备简单，操作灵活方便，特别适用于在高空和野外作业的小型焊接，可用于任意空间位置的焊接，尤其适于焊接短焊缝。但其生产效率低，劳动强度大，质量波动大，要求焊工等级高，焊接质量与焊工的技术水平和精神状态有很大的关系。

图 9.6　焊条

手工电弧焊所用焊条应与焊件钢材（或称主体金属）相适应，如图 9.6 所示。例如应对 Q235 钢采用 E43 型焊条（E4300～E4328），对 Q345 钢采用 E50 型焊条（E5000～E5048），对 390 钢和 Q420 钢采用 E55 型焊条（E5500～E5518）。焊条型号中字母 E 表示焊条（Electrodes），前两位数字为熔敷金属的最小抗拉强度（kgf/mm^2），第三、四位数字表示适用焊接位置、电流以及药皮类型等。不同钢种的钢材相焊接时，宜采用低组配方案，即宜采用与低强度钢相适应的焊条。

2）埋弧焊（自动或半自动）

埋弧焊是电弧在焊剂层下燃烧的一种电弧焊方法。焊丝送进和焊接方向的移动有专门机构控制的，称为埋弧自动电弧焊，如图 9.7(a)、(b) 所示；焊丝送进有专门机构控制，如图 9.7(c) 所示，而焊接方向的移动靠工人操作的，称为埋弧半自动电弧焊。电弧焊的焊丝不涂药皮，但施焊端靠由焊剂漏斗自动流下的颗粒状焊剂所覆盖，电弧完全被埋在焊剂之内，电弧热量集中，熔深大，适于厚板的焊接，具有很高的生产率。由于采用了自动或半自动化操作，焊接时的工艺条件稳定，焊缝的化学成分均匀，故焊成的焊缝质量好，焊件变形小。同时，高的焊速也减小了热影响区的范围。但埋弧焊对焊件边缘的装配精度（如间隙）比手工焊要求高。

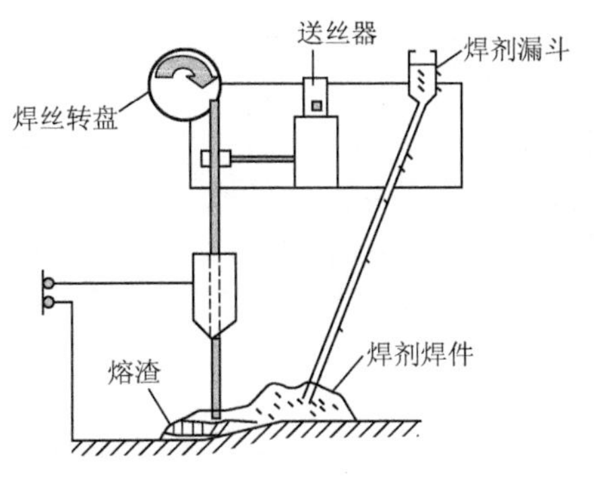

(a) 焊接示意图

(b) 埋弧焊机

(c) 送丝控制器

图 9.7　埋弧焊

埋弧焊所用焊丝和焊剂应与主体金属的力学性能相适应，并应符合现行国家标准的规定。焊丝的选择应与焊件等强度。埋弧焊优点是自动化程度高，焊接速度快，劳动强度低，焊接质量好；缺点是设备投资大，施工位置受限等。

3）气体保护焊

气体保护焊是利用二氧化碳气体或其他惰性气体作为保护介质的一种电弧熔焊方法，如图 9.8 所示。它直接依靠保护气体在电弧周围造成局部的保护层，以防止有害气体的侵入，保证了焊接过程的稳定性。

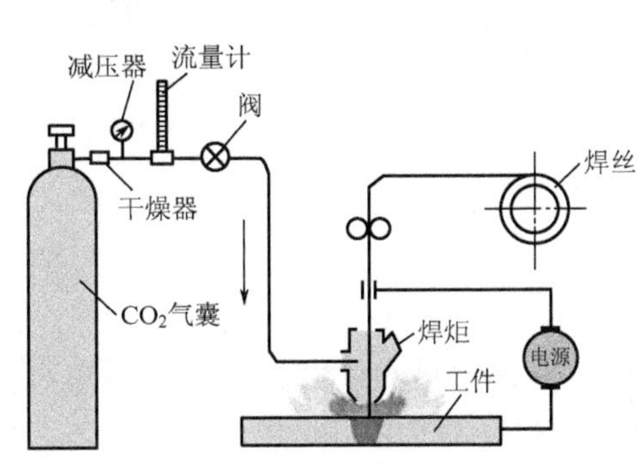

图 9.8　气体保护焊

气体保护焊的焊缝熔化区没有熔渣，焊工能够清楚地看到焊缝成形的过程；由于保护气体是喷射的，有助于熔滴的过渡；又由于热量集中，焊接速度快、焊件熔深大，故所形成的焊缝强度比手工电弧焊高，塑性和抗腐蚀性较好，适用于全位置的焊接，但不适用于在风较大的地方施焊。

4）电阻焊

电阻焊是利用电流通过焊件接触点表面电阻所产生的热来熔化金属，再通过加压使其焊合，如图 9.9 所示。电阻焊只适用于板叠厚度不大于 12mm 的焊接。对冷弯薄壁型钢构件，电阻焊可用来缀合壁厚不超过 3.5mm 的构件，如将两个冷弯槽钢或 C 形钢组合成 I 形截面构件等。

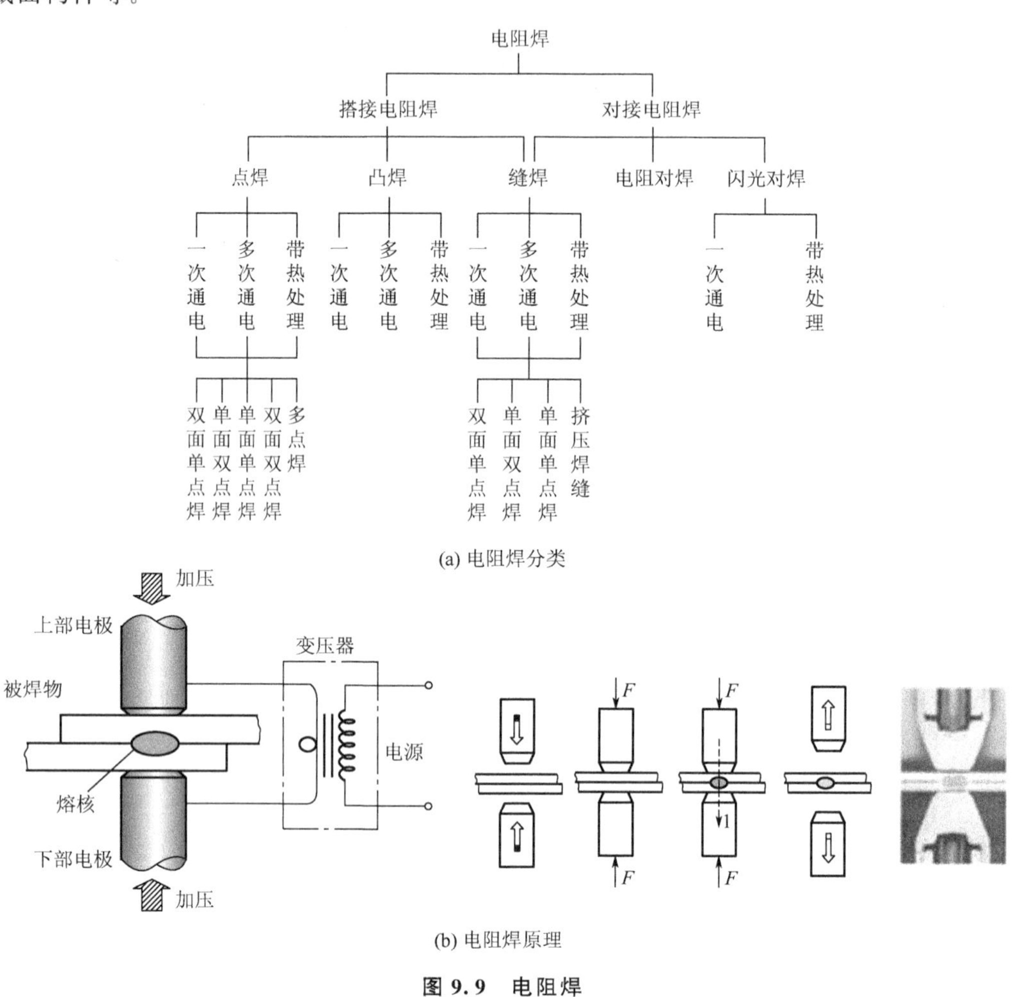

(a) 电阻焊分类

(b) 电阻焊原理

图 9.9 电阻焊

3. 焊接施工

1）焊缝代号

《焊缝符号表示法》规定：焊缝代号由引出线、图形符号和辅助符号三部分组成。引出线由横线和带箭头的斜线组成。箭头指到图形上的相应焊缝处，横线的上面和下面用来标注图形符号和焊缝尺寸。当引出线的箭头指向焊缝所在的一面时，应将图形符号和焊缝尺寸等标注在水平横线的上面；当箭头指向对应焊缝所在的另一面时，则应将图形符号和焊缝尺寸标注在水平横线的下面。必要时，可在水平横线的末端加一尾部作为其他说明之用。图形符号表示焊缝的基本形式，如用⊿表示角焊缝，用 V 表示 V 形坡口对接焊缝。辅助符号表示辅助要求，如用▶表示现场安装焊缝等。表 9－3 列出了一些常用的焊缝代号，可供识图时参考。

【参考视频】

表 9-3　焊缝代号

	角焊缝				对接焊缝	塞焊缝	三面围焊
	单面焊缝	双面焊缝	安装焊缝	相同焊缝			
形式					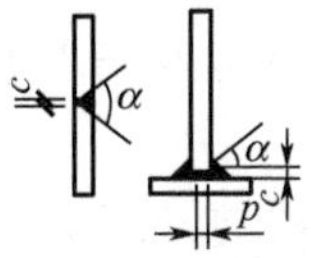		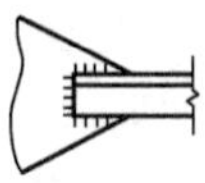
标注方法		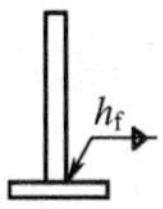	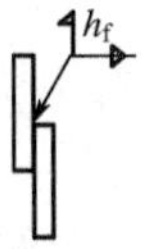		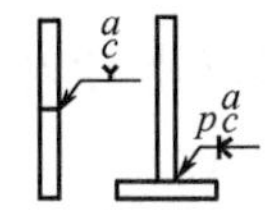		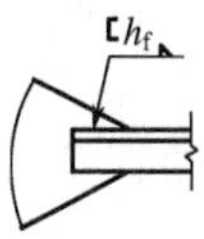

当焊缝分布比较复杂或用上述标注方法不能表达清楚时，在标注焊缝代号的同时，可在图形上加栅线表示，如图 9.10 所示。

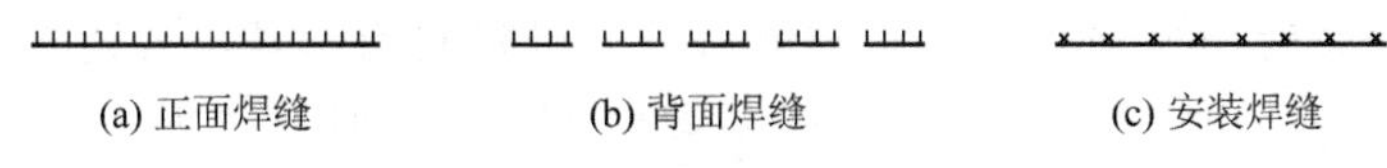

(a) 正面焊缝　(b) 背面焊缝　(c) 安装焊缝

图 9.10　用栅线表示焊缝

2）材料要求

(1) 焊条、焊丝、焊剂、电渣焊熔嘴等焊接材料与母材的匹配，应符合设计要求及国家现行行业标准《钢结构焊接规程》(GB 50661—2011）的规定。

(2) 低氢型焊条在使用前，必须按照产品说明书的规定进行烘焙。烘焙后的焊条应放入恒温箱备用，恒温温度控制在 80～100℃。

(3) 焊剂在使用前，必须按其产品说明书的规定进行烘焙。焊丝必须除净锈蚀、油污及其他污物。

(4) 低碳钢和低合金钢厚钢板，应选用与母材同一强度等级的焊条或焊丝，同时考虑钢材的焊接性能、焊接结构形状、受力状况、设备状况等条件。焊接用的引弧板的材质应与母材一致，或通过试验选用。

(5) 钢结构工程中选用的新材料，必须经过新产品鉴定。

3）焊接施工准备

施工准备包括清理焊接区域，坡口精度检验，构件组装，构件定位。

4）焊接施工技术

(1) 钢材预热。

① 钢材预热方法，有火焰加热和电加热等。

② 预热区域范围，应为焊接坡口两侧各 80～100mm；预热时应尽可能使加热均匀一致。

(2) 背面清根。

① 背面清根常用的方法是碳弧气刨，这种方法以镀铜的碳棒作为电极，采用直流或交流电弧焊机作为电源发生电弧，由电弧把金属熔化，从碳刨夹具孔中喷出压缩空气，吹去熔渣而刨成槽子。

② 用碳弧气刨进行背面清根时，碳棒电极应保持一定的角度，一般以 45°为宜。

（3）引弧与熄弧。

① 在对接焊和T形角焊的引弧和熄弧端，电弧不易稳定，容易出现焊接缺陷。为了避免这类缺陷，取得质量可靠的焊接金属，在焊接接头的两端要求安装与母材相同材料的引弧板和引出板进行焊接。

② 引弧板、引出板的坡口应与母材坡口形状相同，其长度应根据焊接方法和母材厚度而定。

③ 焊接引弧时，应在焊接启动后，且必须使电弧充分引燃。启动时焊接电压应比正常焊接时的电压稍高2～4V。

④ 严禁在焊缝区以外的母材上打火引弧。在坡口内引弧的局部面积应熔焊一次，且不得留下弧坑。

⑤ 对接和T形接头的焊缝引弧和熄弧，应在焊件两端的引入板和引出板开始和终止。当采用包角焊时，注意不得在焊缝转角处引弧和熄弧。

⑥ 引熄处不应产生熔合不良和夹渣，熄弧处和焊缝终端为防止裂纹应充分填满坑口。

⑦ 为确保完全焊透，在焊接接头的反面可垫以与母材相同材料的钢板，这种垫板称作背面衬板。在安装背面衬板时应将它与坡口处的母材底面贴紧，否则将影响焊缝质量。

⑧ 用堆焊法修补重要工件时，不允许在焊件上引弧，应该在堆焊处旁边放置一小块铁板作引弧用，称为引弧板引弧。

⑨ 收弧时，可逐步减少焊接电流和电压并投入少量焊剂，断续通电2～3次。断电时可送入适量的焊丝，以补充熔池金属凝固收缩时所需的金属，防止发生收缩裂纹。

⑩ 施焊中，因换焊条后的重新引弧，均应在起焊点前面15～20mm处焊缝内的基本金属上引燃电弧，然后将电弧拉长，带回起焊点，稍停片刻，做预热动作后再压短电弧，把熔池熔透并填满到所需要的厚度，再把焊条继续向前移动。

（4）厚板多层焊。

① 厚板多层焊时应连续施焊，每一焊道焊接完成后应及时清理焊渣及表面飞溅物，发现影响焊接质量的缺陷时，清除后方可再焊。

② 在连续焊接过程中应控制焊接区母材温度，使层间温度的上、下限符合工艺要求。如无特殊要求，层间温度一般应与预热时的温度相同。

③ 遇有中断施焊的情况，应采取适当的后热、保温措施，再次焊接时重新预热温度应高于初始预热温度。

④ 对于重要结构处的多层焊，必须采用多层多道焊，不允许摆宽道焊接。

⑤ 坡口底层焊道采用焊条手工电弧焊时，宜使用不大于$\phi 4$的焊条施焊，底层根部焊道的最小尺寸应适宜，但最大厚度不应超过6mm。

（5）薄壁型钢构件焊接。

薄壁型钢构件焊接时，为避免出现咬肉、未焊透、夹渣、气孔、裂纹、错缝、错位及单边等缺陷，应采取以下措施。

① 构件焊接工作应严格控制质量，焊接前应熟悉薄壁钢材的特点和焊接工艺所规定的焊接方法、焊接程序和技术措施，根据具体情况先做试验，以确定具体焊接参数。

② 焊接前应将焊接部位附近的铁锈、污垢、积水等消除干净，焊条应进行烘干处理。

③ 型钢对接焊接或沿截面围焊时，不得在同一位置引弧熄弧，应盖过引弧处一段距离后方能熄弧，也不得在钢材的非焊缝部位和焊缝端部引弧或熄弧。

④ 构件所有焊缝的弧坑必须填满，钢材上不得有肉眼可见的咬肉，并应尽量采用平焊以保证质量。

⑤ 焊缝表面熔渣待冷却后必须清除。

⑥ 焊接成形的型钢，焊接前应采取反变形措施，以减少焊接变形。

⑦ 对接焊缝，必须根据具体情况采用适宜的焊接措施（如预留间隙、垫衬板单面焊及双面焊等方法），以保证焊透。

（6）焊接空心球。

① 焊接空心球可分为不加肋焊接空心球和加肋焊接空心球两种。

② 当受力需要时，亦可制成加肋焊接空心球，加肋板加于两个半球的拼接缝平面处，用于提高焊接空心球的承载能力和刚度。

③ 两个半球的对口拼接焊缝以及杆件与焊接空心球对接焊缝的质量等级，应根据产品加工图纸要求的焊缝质量等级，选择相应的焊接工艺进行施焊。

④ 焊工应经过考试并取得合格证后方可施焊，合格证中应注明焊工的技术水平及能承担的焊接工作。如停焊半年以上，应重新考核。

⑤ 多层焊接应连续施焊，其中每一层焊缝焊完后应及时清理，如发现有影响焊接质量的缺陷，必须清除后再焊。

⑥ 焊缝出现裂纹时，焊工不得擅自处理，应申报焊接技术负责人查清原因，制定出修补措施后，方可处理。钢球焊完后应打上焊工代号的钢印。

⑦ 焊接空心球出厂前应涂刷一道可焊性防锈漆，安装完成后再按要求补涂底漆和面漆。涂料和涂层厚度均应符合设计要求，如设计无规定，可涂刷两道防锈底漆和两道面漆。漆膜总厚度，室外为125～175μm，室内为100～150μm。

（7）钢筋帮条搭接焊。帮条搭接焊只用于HPB300、HRB335钢筋，宜采用双面焊；不能进行双面焊时，可采用单面焊，其基本操作工艺与钢材全位置焊接相同。

5）焊钉（栓钉）焊接施工

（1）施工材料要求。根据栓钉的安装位置，熔焊栓钉适用的瓷环分为穿透型和普通型两种，在钢梁上安装栓钉应使用普通型瓷环，在压型钢板上安装栓钉应使用穿透型瓷环。

（2）焊接施工准备。

① 技术准备：施工单位应进行焊接工艺评定，结果应符合设计要求和国家现行标准的规定。根据工艺评定、设计和图纸深化的结果编制施工作业指导书，做好施工技术交底。

② 机具准备：栓钉施工的专用设备为熔焊栓钉机，配合施工的工具为角向磨光机，用于安装栓钉时去除钢梁上的非导电型油漆。熔焊栓钉施工时还必须配套安排焊接工艺特性较好的中型焊机，用于栓钉的补焊。

（3）焊接施工技术。施工要点如下。

① 施工前，应清除钢结构构件表面的油漆，要求没有露水、雨水、油及其他影响焊缝质量的污渍。

② 正式焊接前试焊一个焊钉，用榔头敲击使剪力钉弯曲大约30°，肉眼观察无可见裂痕方可开始正式焊接。

③ 焊接完的焊钉要从每根梁上选择两个栓钉用榔头敲弯约30°，肉眼观察无可见裂痕方可继续焊接。

④ 如果有不饱满的或修补过的栓钉，要弯曲 15°检验。榔头敲击方向应从焊缝不饱满的一侧进行。

⑤ 经弯曲试验合格的焊钉，如结果合格，可保留弯曲状态。

4. 焊接施工质量通病和防治

1）焊接材料不匹配

(1) 质量通病现象：焊条、焊封、焊剂、电渣焊熔嘴等焊接材料与母材不匹配。

【参考图文】

(2) 预防治理措施：焊条、焊封、焊剂、电渣焊熔嘴等焊接材料与母材的匹配应符合设计要求及《钢结构焊接规程》的规定。焊条、焊剂、药芯焊丝、熔嘴等在使用前，应按其产品说明书及焊接工艺文件的规定进行烘焙和存放。应全数检查质量证明书和烘焙记录。

2）焊缝缺陷

焊缝缺陷指焊接过程中产生于焊缝金属或附近热影响区钢材表面或内部的缺陷。常见的缺陷有裂纹、焊瘤、烧穿、弧坑、气孔、夹渣、咬边、未熔合、未焊透等，如图 9.11 所示，以及焊缝尺寸不符合要求、焊缝成形不良等。裂纹是焊缝连接中最危险的缺陷，产生裂纹的原因很多，如钢材的化学成分不当，焊接工艺条件（如电流、电压、焊速、施焊次序等）选择不合适，焊件表面油污未清除干净等。

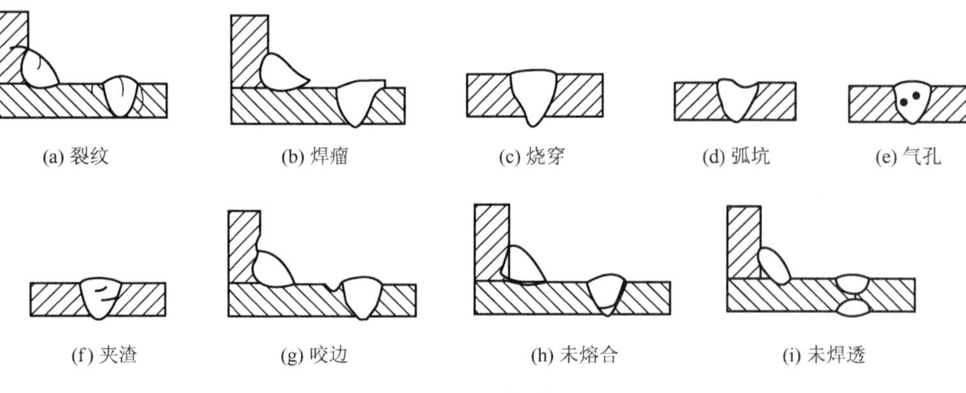

(a) 裂纹　(b) 焊瘤　(c) 烧穿　(d) 弧坑　(e) 气孔

(f) 夹渣　(g) 咬边　(h) 未熔合　(i) 未焊透

图 9.11　焊缝缺陷

3）焊接残余变形

(1) 焊接残余变形的种类。在焊接过程中，由于不均匀加热和冷却收缩，势必使构件产生局部鼓曲、歪曲、弯曲或扭转等。焊接变形的基本形式，有纵向收缩、横向收缩、角变形、弯曲变形、扭曲变形、波浪变形等，如图 9.12 所示。实际的焊接变形，常常是几种变形的组合。

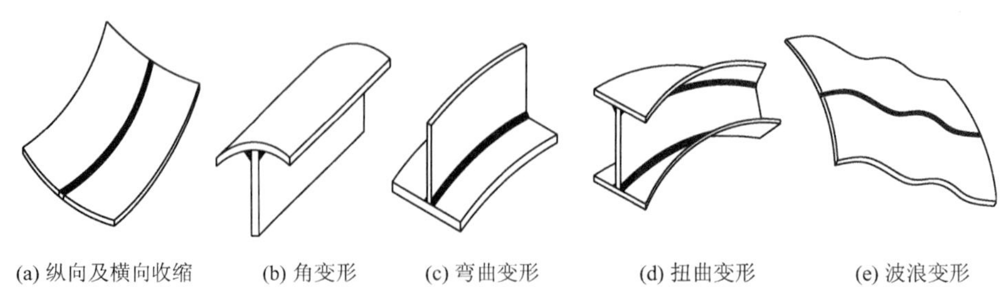

(a) 纵向及横向收缩　(b) 角变形　(c) 弯曲变形　(d) 扭曲变形　(e) 波浪变形

图 9.12　焊接残余变形

(2) 焊接变形对结构性能的影响。焊接变形若超出验收规范规定，需花许多工时去矫正，影响构件的尺寸和外形美观，还可能降低结构的承载力，引起事故。

(3) 减小焊接应力和焊接变形的措施。

设计方面的措施如下：①合理安排焊缝的位置（对称布置焊缝可减小焊接变形）；②合理的选择焊缝的尺寸和形式；③尽量避免焊缝的过分集中和交叉；④尽量避免母材在厚度方向的收缩应力。

工艺上的措施如下：①采用合理的施焊顺序，如图 9.13 所示；②采用反变形处理，如图 9.14 所示；③小尺寸焊件，应焊前预热或焊后回火处理。

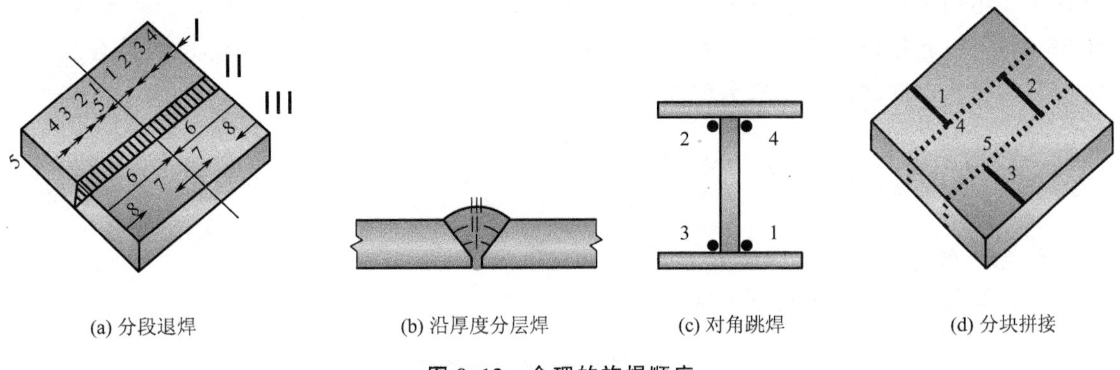

图 9.13 合理的施焊顺序

4) 焊缝质量检验

焊缝缺陷的存在将削弱焊缝的受力面积，在缺陷处引起应力集中，对连接的强度、冲击韧性及冷弯性能等均有不利影响。因此，焊缝质量检验极为重要。

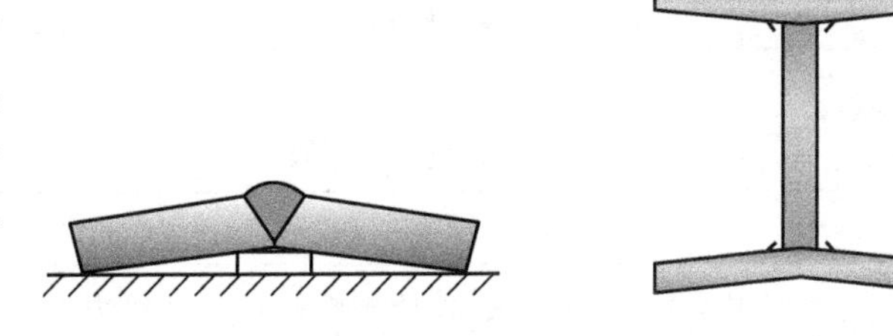

图 9.14 焊前反变形处理

焊缝质量检验，一般可做外观检查及内部无损检验，前者检查外观缺陷和几何尺寸，后者检查内部缺陷。内部无损检验目前广泛采用超声波检验，该方法使用灵活、经济，对内部缺陷反应灵敏，但不易识别缺陷性质；有时也用磁粉检验，该方法以荧光检验等较简单的方法作为辅助；此外还可采用 X 射线或 γ 射线透照或拍片。

《钢结构工程施工质量验收规范》(GB 50205—2001) 规定，焊缝按其检验方法和质量要求分为一级、二级和三级。三级焊缝只要求对全部焊缝做外观检查，且符合三级质量标准；设计要求全焊透的一级、二级焊缝则除外观检查外，还要求用超声波探伤进行内部缺陷的检验，超声波探伤不能对缺陷做出判断时，应采用射线探伤检验，并应符合国家相应质量标准的要求。

5) 焊缝质量等级的规定

GB 50017—2003 规定，焊缝应根据结构的重要性、荷载特性、焊缝形式、工作环境以及应力状态等情况，按下述原则分别选用不同的质量等级。

(1) 在需要进行疲劳计算的构件中，凡对接焊缝均应焊透，其质量等级如下：①作用力垂直于焊缝长度方向的横向对接焊缝或T形对接与角接组合焊缝，受拉时应为一级，受压时应为二级；②作用力平行于焊缝长度方向的纵向对接焊缝，应为二级。

(2) 在不需要计算疲劳性能的构件中，凡要求与母材等强的对接焊缝均应予焊透，其质量等级当受拉时应不低于二级，受压时宜为二级。

(3) 重级工作制和起重量Q不低于50t的中级工作制吊车梁的腹板与上翼缘之间，以及吊车桁架上弦杆与节点板之间的T形接头焊缝，均要求焊透。焊缝形式一般为对接与角接的组合焊缝，其质量等级不应低于二级。

(4) 不要求焊透的T形接头采用的角焊缝或部分焊透的对接与角接组合焊缝，以及搭接连接采用的角焊缝，其质量等级如下：①对直接承受动力荷载且需要验算抗疲劳强度的结构，和吊车起重量不低于50t的中级工作制吊车梁，焊缝的外观质量标准应符合二级；②对其他结构，焊缝的外观质量标准可为三级。

9.3.3 螺栓连接

1. 螺栓的种类

(1) 普通螺栓的等级和特点见表9-4。

表9-4 普通螺栓的等级和特点

类型	普通螺栓	
	精制螺栓	粗制螺栓
性能等级	A级和B级	C级
	5.6级和8.8级	4.6级和4.8级
加工方式	车床上经过切削而成	单个零件上一次冲成
加工精度	Ⅰ类孔：栓孔直径与栓杆直径之差为0.25～0.5mm	Ⅱ类孔：栓孔直径与栓杆直径之差为1.5～3mm
抗剪性能	好	较差
用途	构件精度很高的结构（机械结构）；在钢结构中很少采用	沿螺栓杆轴受拉的连接；次要的抗剪连接；安装的临时固定

性能等级的含义：如5.6级，5表示$f_u \geqslant 500\text{N/mm}^2$，0.6表示$f_y/f_u=0.6$。

(2) 高强螺栓由45号、40B和20MnTiB钢加工而成，并经过热处理。一般来说，45号钢制成的高强螺栓对应等级为8.8级，40B和20MnTiB对应的为10.9级，如图9.15所示。

根据确定承载力极限的原则不同，高强螺栓分为摩擦型连接和承压型连接。二者的传力途径不同，摩擦型是依靠被连板件间的摩擦力传力，以摩擦阻力被克服作为设计准则；承压型是依靠螺栓杆与孔壁承压传力，以螺栓杆被剪坏或孔壁被压坏作为承载能力极限状态（破坏时的极限承载力）。孔径大小要求也不同，摩擦型连接的高强螺栓的孔径比螺栓公称直径大1.5～2.0mm，承压型连接的高强螺栓的孔径比螺栓公称直径大1.0～1.5mm。

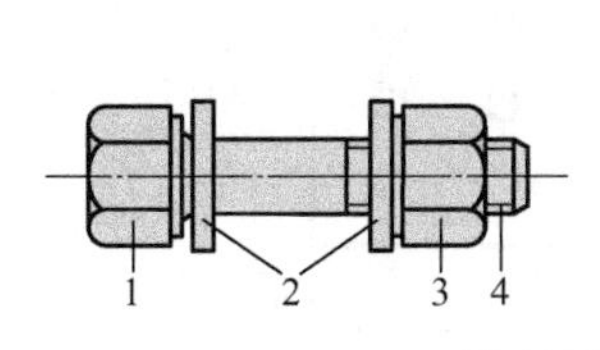

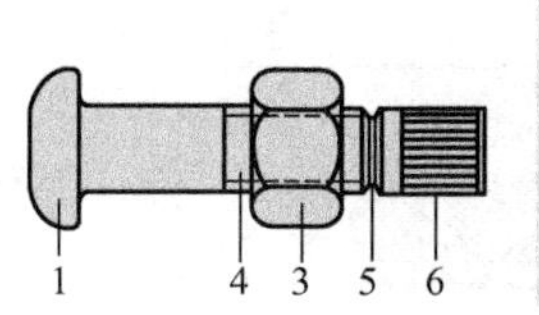

(a) 大六角头高强螺栓　　(b) 扭剪型高强螺栓

图 9.15　高强螺栓

1—螺栓；2—垫圈；3—螺母；4—螺钉；5—槽口；6—梅花头

2. 螺栓排列

螺栓的排列应简单、统一而紧凑，满足受力要求，构造合理又便于安装。排列的形式通常分为并列和错列两种，如图 9.16 所示。

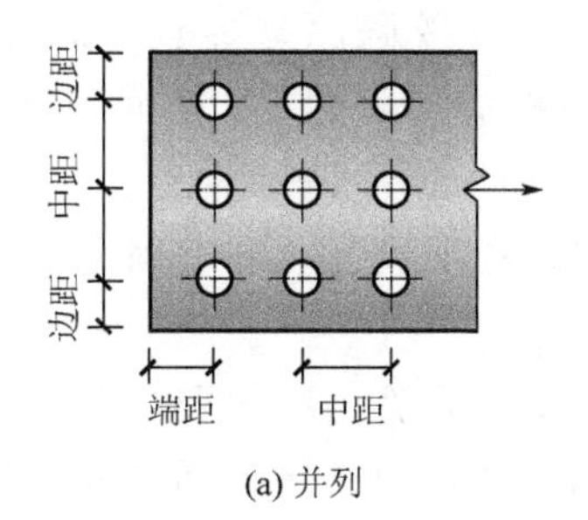

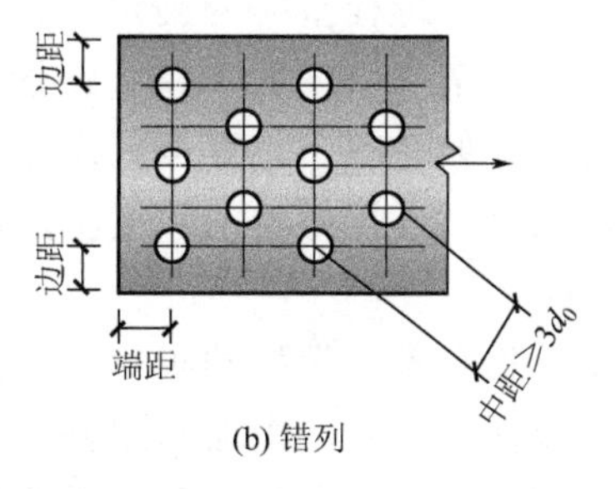

(a) 并列　　(b) 错列

图 9.16　螺栓的排列形式

并列简单整齐，所用连接板尺寸小，但由于螺栓孔的存在，对构件截面的削弱较大；错列可以减小螺栓孔对截面的削弱，但螺栓孔排列不如并列紧凑，连接板尺寸较大。

如图 9.17 所示，螺栓的排列要求如下。

(1) 受力要求：在垂直于受力方向上，对于受拉构件，各排螺栓的中距及边距不能过小，以免使螺栓周围应力集中相互影响，且使钢板的截面削弱过多，降低其承载能力；在平行于受力方向上，端距应按被连接钢板抗挤压及抗剪强度等条件确定，以便钢板在端部不致被螺栓冲剪撕裂，规范规定端距不应小于 $2d_0$；受压构件上的中距不宜过大，否则在被连接板件间容易发生鼓曲现象。

(2) 构造要求：边距和中距不宜过大，中距过大，连接板件间不密实，潮气容易侵入，造成板件锈蚀。规范规定了螺栓的最大容许间距。

(3) 施工要求：要保证有一定的空间，以便转动扳手，拧紧螺母。因此规范规定了螺栓的最小容许间距。螺栓的最大和最小容许距离应按照规范要求执行。

螺栓连接除了满足上述螺栓排列的容许距离外，根据不同情况尚应满足下列构造要求：①为了保证连接的可靠性，每个杆件的节点或拼接接头一端，永久螺栓不宜少于两个，但组合构件的缀条除外；②直接承受动荷载的普通螺栓连接应采用双螺母，或用其他措施以防螺母松动；③C 级螺栓宜用于沿杆轴方向的受拉连接，可用于抗剪连接情况时，有承受静载或间接动载的次要连接、承受静载的可拆卸结构连接、临时固定构件的安装连接；④型钢构件拼接采用高强螺栓连接时，为保证接触面紧密，应采用钢板而不能采用型钢作为拼接件。

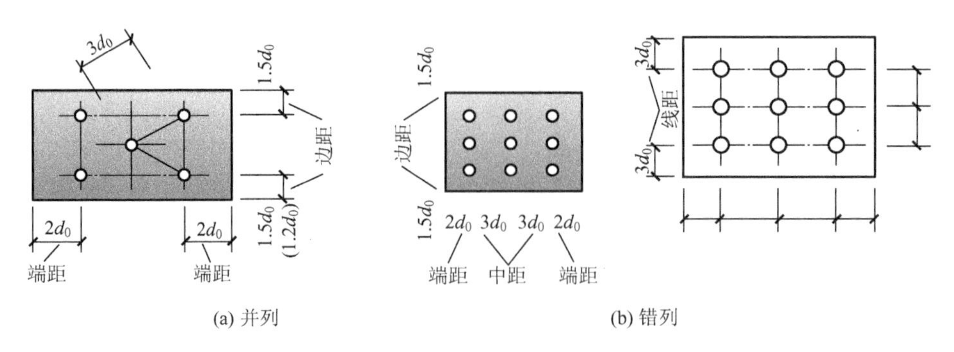

图 9.17　螺栓的排列要求

3. 普通螺栓连接施工

1）施工材料要求

（1）螺栓的直径：螺栓直径的确定应由设计人员按等强原则参照《钢结构设计规范》通过计算确定，但对某一个工程来讲，螺栓直径规格应尽可能少，有的还需要适当归类，便于施工和管理。一般情况下，螺栓直径应与被连接件的厚度相匹配。

（2）螺栓的长度：连接螺栓的长度应根据连接螺栓的直径和厚度确定。

2）施工准备

（1）连接螺栓的布置：螺栓的布置应使各螺栓受力合理，同时要求各螺栓尽可能远离形心和中性轴，以便充分和均衡地利用各个螺栓的承载能力。螺栓间的间距确定，既要考虑螺栓连接的强度与变形等要求，又要考虑便于装拆的操作要求，各螺栓间及螺栓中心线与机件之间应留有扳手操作空间。

（2）螺栓孔的加工：螺栓连接前应对螺栓孔进行加工，可根据连接板的大小采用钻孔或冲孔加工。冲孔一般只用于较薄钢板和非圆孔的加工，孔径一般不得小于钢板的厚度。钻孔前，将工件按图样要求划线，检查后打样冲眼。当螺栓孔要求较高、叠板层数较多，同类孔距也较多时，可采用钻模钻孔或预钻小孔再在组装时扩孔的方法。

当使用精制螺栓（A、B 级螺栓）时，其螺栓孔的加工应谨慎钻削，尺寸精度不低于 IT13～IT11 级，表面粗糙度 Ra 不大于 12.5μm，或按基准孔（H12）加工，重要场合宜经铰削成孔，以保证符合要求。

3）施工技术

（1）螺栓装配要求如下。

① 螺栓头和螺母下面应放置平垫圈，以增大承压面积。

② 每个螺栓一端不得垫两个及两个以上的垫圈，并不得采用大螺母代替垫圈。螺栓拧紧后，外露螺纹不应少于两扣。

③ 对于设计要求防松动的螺栓、锚固螺栓，应采用有防松装置的螺母（即双螺母）或弹簧垫圈，或用人工方法采取防松措施（如将螺栓外露螺纹打毛）。

④ 对于承受动荷载或重要部位的螺栓连接，应按设计要求放置弹簧垫圈，弹簧垫圈必须设置在螺母一侧。

⑤ 对于工字钢、槽钢类型钢，应尽量使用斜垫圈，使螺母和螺栓头部的支承面垂直于螺杆。

⑥ 双头螺栓的轴心线必须与工件垂直，通常用角尺进行检验。

⑦ 装配双头螺栓时，首先将螺纹和螺孔的接触面清理干净，然后用手轻轻地把螺母拧到螺纹的终止处，如果遇到拧不进的情况，不能用扳手强行拧紧，以免损坏螺纹。

⑧ 螺母与螺钉装配时，螺母或螺钉与零件贴合的表面要光洁、平整，贴合处的表面应当经过加工，否则容易使连接件松动或使螺钉弯曲。

⑨ 螺母或螺钉和接触的表面之间应保持清洁，螺孔内的脏物要清理干净。

（2）螺栓的紧固要求如下。

① 为了使螺栓受力均匀，应尽量减少连接件变形对紧固轴力的影响，保证节点连接螺栓的质量。

② 螺栓紧固必须从中心开始，对称施拧。对30号正火钢制作的各种直径的螺栓旋拧时，所承受的轴向允许荷载应符合规范要求。

③ 拧紧成组的螺母时，必须按照一定的顺序进行，并做到分次序逐步拧紧（一般分3次拧紧），否则会造成零件或螺杆松紧不一致，甚至变形。

④ 在拧紧长方形布置的成组螺母时，必须从中间开始，逐渐向两边对称地扩展；在拧紧方形或圆形布置的成组螺母时，必须对称地进行。

4. 高强螺栓连接施工

1）施工材料要求

（1）选用高强度螺栓时，应先根据螺栓直径进行分类，然后统计出钢板束的厚度。根据钢板束厚度计算出所需的长度。

（2）高强度螺栓紧固后，应以螺纹露出2～3扣为宜。

（3）螺栓的长度应为紧固连接板厚度加上一个螺母和一个垫圈的厚度，并且紧固后要露出3个螺距的余长，并取5mm的整倍数。

2）施工准备

（1）螺栓孔加工。

① 高强度螺栓孔应采用钻孔，孔边应无飞边和毛刺。

用冲孔工艺会使孔边产生微裂纹，降低钢结构疲劳强度，还会使钢板表面局部不平整，所以必须采用钻孔。

② 划线后的零件在剪切或钻孔加工前后，均应认真检查，以防止划线、剪切、钻孔过程中零件的边缘和孔心、孔距尺寸产生偏差。

③ 钻孔时，为防止产生偏差，可采用以下方法：相同对称零件钻孔时，除选用较精确的钻孔设备进行钻孔外，还应用统一的钻孔模具来钻孔，以达到其互换性。对每组相连的板束钻孔时，可将板束按连接的方式、位置，用电焊临时点焊，一起进行钻孔；拼装连接时可按钻孔的编号进行，可防止每组构件孔的系列尺寸产生偏差。

（2）螺栓孔位移处理。

① 高强度螺栓孔位移时，应先用不同规格的孔量规分次进行检查：第一次用比孔公称直径小1.0mm的量规检查，应通过每组孔数的85%；第二次用比螺栓公称直径大0.2～0.3mm的量规检查，应全部通过。

② 对两次不能通过的孔，应经主管设计同意后，方可采用扩孔或补焊后重新钻孔来处理。

③ 零部件小单元拼装焊接时，为防止孔位移产生偏差，可将拼装件在底样上按实际位置进行拼装；为防止焊接变形使孔位移产生偏差，应在底样上按孔位选用划线或挡铁、插销等方法限位固定。

④ 为防止零件孔位偏差，对钻孔前的零件变形应认真矫正；钻孔及焊接后的变形在矫正时，均应避开孔位及其边缘。

(3) 摩擦面处理方法。在高强度螺栓连接中，摩擦面的状态对连接接头的抗滑移承载力有很大的影响，在钢结构中，对其常用的处理方法有以下几种：①喷砂（丸）法；②酸洗处理加工；③砂轮打磨处理加工；④钢丝刷处理加工。

(4) 接触面间隙处理方法：连接件表面接触应平整，如有变形，安装前应认真矫正，使其符合设计要求；当构件与拼装的接触板面有间隙时，应根据间隙大小进行处理。

3) 施工技术

(1) 施工要求。

① 螺栓连接的安装孔加工应准确，应使其偏差控制在规定的范围内，以达到孔径与螺栓的公称直径合理配合。

② 为保证紧固后的螺栓达到规定的扭矩值，连接构件接触表面的摩擦因数应符合设计或施工规范的规定，同时构件接触表面不应存在过大的间隙。

③ 保证紧固后的螺栓达到规定的终拧扭矩值，避免产生超拧和欠拧，应对使用的电动扳手和扭力扳手做定期校验检查，以达到设计规定的准确扭矩值。

④ 检查时采用扭力扳手，并按初拧标志的终止线，将螺母（逆时针方向）退回 30°～50°后再拧至原位或大于原位，这样可防止螺栓被超拧、增加其疲劳性，其终拧扭矩值与设计要求的偏差不得大于±10%。

⑤ 扭剪型高强度螺栓紧固后，不需用其他检测手段，其尾部一梅花卡头被拧掉即为终拧结束。个别处当用专用扳手不能紧固而采用普通扳手紧固时，其尾部梅花卡头严禁用火焰割掉或锤击掉，应用钢锯锯掉，以免紧固后的终拧扭矩值发生变化。

(2) 螺栓紧固方法。

① 高强度螺栓的预拉力通过紧固螺母建立。为保证其数值的准确性，施工时应严格控制螺母的紧固程度，不得漏拧、欠拧或超拧。

② 采用扭矩法紧固螺栓时，紧固扭矩和预拉力的关系可用下式表示：

$$M = K \cdot d \cdot P \tag{9-1}$$

式中 M——施加于螺母的紧固扭矩（N·m）；

K——扭矩系数；

d——螺栓公称直径（mm）；

P——预拉力（kN）。

③ 高强度螺栓紧固后，螺栓在高应力下工作，预拉力会产生一定的损失。为补偿这种损失，保证预拉力在正常使用阶段不低于设计值，将螺栓设计预拉力提高 10%，并以此计算施工扭矩值。

④ 采用扭矩法拧紧螺栓时，应对螺栓进行初拧和复拧。初拧扭矩和复拧扭矩均等于施工扭矩的 50%左右。

⑤ 当螺栓在工地上拧紧时，扭矩只准施加在螺母上，因为螺栓连接副的扭矩系数是

制造厂在拧紧螺母时测定的。

⑥ 高强度螺栓紧固时，应先用普通扳手进行初拧（不小于终拧扭矩值的50%），使连接板靠拢，然后用一种可显示扭矩值的定扭矩扳手终拧。

⑦ 采用转角法紧固螺栓时，螺母转角应从初拧做出的标记线开始，再用长扳手（或电动、风动扳手）终拧1/3～2/3圈（120°～240°）。终拧角度与板叠厚度和螺栓直径等有关，可预先测定。

⑧ 高强度螺栓转角法施工，分初拧和终拧两步进行。初拧的目的是为消除板缝影响，给终拧创造一个大体一致的基础。初拧扭矩一般以终拧扭矩的50%为宜，以板缝密贴为准。

⑨ 采用转角法紧固螺栓时，其紧固顺序如下：初拧→划线→终拧→检查→标记。

⑩ 对于常用螺栓（M20、M22、M24），初拧扭矩宜在200～300N·M之间；终拧是在初拧的基础上，将螺母拧转一定的角度，使螺栓轴向力达到施工预拉力。

（3）大六角头高强度螺栓紧固。

① 大六角头高强度螺栓施工所用的扭矩扳手，使用前必须校正，其扭矩误差不得大于±5%，合格后方准使用。校正用的扭矩扳手，其扭矩误差不得大于± 3%。

② 大六角头高强度螺栓的施工扭矩可按下式计算确定：

$$T_c = K \cdot p_c \cdot d \tag{9-2}$$

式中 T_c——施工扭矩（N·m）；

K——高强度螺栓连接副的扭矩系数平均值，取0.110～0.150；

p_c——高强度螺栓施工预拉力（kN）；

d——高强度螺栓杆直径（mm）。

③ 大六角头高强度螺栓拧紧时，只准在螺母上施加扭矩。

④ 大六角头高强度螺栓的拧紧应分为初拧、终拧，对于大型节点应分为初拧、复拧、终拧。

⑤ 初拧扭矩为施工扭矩的50%左右，复拧扭矩等于初拧扭矩。初拧或复拧后的高强度螺栓，应用颜色在螺母上涂上标记，然后按规定的施工扭矩值进行终拧。终拧后的高强度螺栓应用另一种颜色在螺母上涂上标记。

（4）扭剪型高强度螺栓紧固。

① 扭剪型高强度螺栓紧固时，对于大型节点应分为初拧、复拧、终拧。初拧扭矩值按规定选用，复拧扭矩等于初拧扭矩值。

② 扭剪型高强度螺栓终拧时，应采用专用的电动扳手，不宜用手动扳手进行。

③ 终拧扭矩应按设计要求。用电动扳手紧固时，螺栓尾部卡头拧断后终拧即完毕，外露螺纹不得少于两个螺距。

④ 初拧或复拧后的高强度螺栓应用颜色在螺母上涂上标记，然后用专用扳手进行终拧，直至拧掉螺栓尾部的梅花头。

5. 螺栓连接施工质量通病与防治

1）螺栓规格不符合设计要求

（1）质量通病现象：外观和材质不符合设计要求。

（2）预防治理措施：螺栓由于运输、存放、保管不当，表面生锈、沾染污物，螺纹损伤，材质和制作工艺不合理等都会造成螺栓规格不符合设计要求。因此在储运时应轻装、轻卸，防止损伤螺纹；存放、保管必须按规定进行，防止生锈和沾染污物。制作出厂必须有质量保证书，严格执行制作工艺流程。

2）螺栓与连接件不匹配

（1）质量通病现象：螺栓规格偏大或者连接件规格偏大；螺栓规格偏小或者连接件规格偏小。

（2）预防治理措施：在连接之前，按设计要求对螺栓和连接件进行检查，对不符合设计要求的螺栓或者连接件应进行替换。

3）螺栓没有紧固

（1）质量通病现象：螺栓紧固不牢靠，出现脱落或松动现象。

（2）预防治理措施：普通螺栓连接对螺栓紧固轴力没有要求，因此螺栓的紧固施工以操作者的手感及连接接头的外形控制为准，通俗地讲就是一个操作工使用普通扳手靠自己的力量拧紧螺母即可，保证被连接接触面能密贴，无明显的间隙。这种紧固施工方式虽然有很大的差异性，但能满足连接要求。为了使连接接头中螺栓受力均匀，螺栓的紧固次序应从中间开始，对称向两边进行；对大型接头应采用复拧即两次紧固方法，保证接头内各个螺栓能均匀受力。

4）高强度螺栓摩擦面抗滑移系数不符合设计要求

（1）质量通病现象：高强度螺栓摩擦面抗滑移系数最小值小于设计规定值。

（2）预防治理措施。

① 高强度螺栓连接摩擦面加工，可采用喷砂、喷（抛）丸和砂轮打磨方法。

② 对于加工好的抗滑移面，必须采取保护措施，不能沾有污物。

③ 尽量选择同一材质、同一摩擦面处理工艺、同批制作、同一性能等级的螺栓。

④ 制作厂应在钢结构制作的同时进行抗滑移系数试验，安装单位应检验运到现场的钢结构构件摩擦面抗滑移系数是否符合设计要求。不符合要求者不能出厂或者不能在工地上进行安装，必须对摩擦面重新处理、重新检验，直到合格为止。为避免偏心对试验值的影响，试验时要求试件的轴线与试验机夹具中心线严格对中。试件连接形式采用双面对接拼接。

⑤ 高强度螺栓预拉力值的大小，对测定抗滑移系数有直接的影响，应按规定设置。

5）高强度螺栓表面质量缺陷

（1）质量通病现象：高强度螺栓使用时，螺栓表面出现有规律裂纹。

（2）预防治理措施。

① 制造高强度螺栓材料有45号钢、35号钢、20MnTiB钢、40B、40Cr，其化学元素含量要符合要求，没有其他杂质。

② 高强度螺栓锻造、热处理及其他成形工序，都必须按照各工序的合理工艺进行。

③ 严格执行检验过程，发现问题找出原因及时解决，运到现场再依次逐个进行着色探伤。

④ 高强度螺栓连接副终拧后，螺栓螺纹外露应为2～3个螺距，其中允许有10%的螺栓螺纹外露1个或4个螺距。

6）高强度螺栓栓孔不符合要求

（1）质量通病现象：高强度螺栓栓孔孔径过大或者过小。

(2) 预防治理措施。

① 制孔必须采用钻孔工艺，因为冲孔工艺会使孔边产生微裂纹，孔壁周围产生冷作硬化现象，降低钢结构疲劳强度，还会导致钢板表面局部不平整，所以必须采用经过计量检验合格的高精度的多轴立式钻床或数控机床钻孔。钻孔前，要磨好钻头，并合理选择切削余量。

② 同类孔较多时，应采用套模制孔；小批量生产的孔可采用样板划线制孔；精度要求较高时，根据实测尺寸，对整体构件可采用成品制孔。

③ 制成的螺栓孔应为正圆柱形，孔壁应保持与构件表面垂直。按划线钻孔时，应先试钻，确定中心后开始钻孔。在斜面或高低不平的面上钻孔时，应先用锪孔方法锪出一个小平面后再钻孔。孔周边应无毛刺、破裂、喇叭口或凹凸的痕迹，切屑应清除干净。

④ 高强度螺栓应自由穿入螺栓孔。高强度螺栓孔不应采用气割扩孔，扩孔数量应征得设计方同意，扩孔后的孔径不应超过 1.2d（d 为螺栓直径）。

7) 高强度螺栓接触面有间隙

(1) 质量通病现象：高强度螺栓接触面有间隙。

(2) 预防治理措施：间隙小于 1.0mm 时不予处理；间隙在 1.0～3.0mm 时，将厚板一侧磨成 1/10 的缓坡，使间隙小于 1.0mm；间隙大于 3.0mm 时加垫板，垫板厚度不小于 3mm，最多不超过 3 层，垫板材质和摩擦面处理方法应与构件相同。

9.3.4 轻钢结构的紧固件连接

在冷弯薄壁型钢结构中，经常采用自攻螺钉、钢拉铆钉、射钉等机械式紧固件连接方式如图 9.18 所示，主要用于压型钢板之间，和压型钢板与冷弯型钢等支承构件之间的连接。

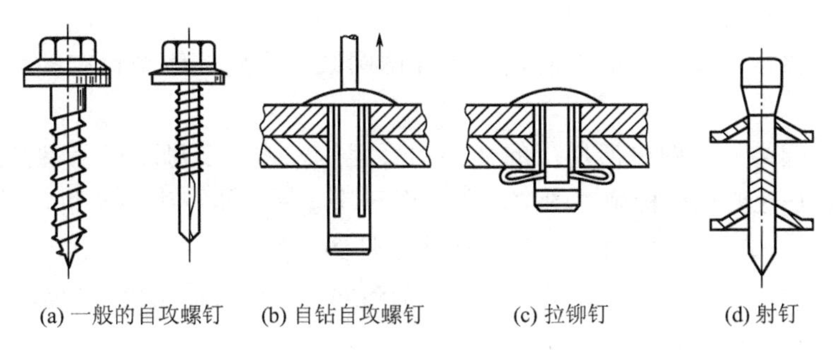

(a) 一般的自攻螺钉　(b) 自钻自攻螺钉　(c) 拉铆钉　(d) 射钉

图 9.18　轻钢结构紧固件

自攻螺钉有两种类型，一类为一般的自攻螺钉［图 9.18(a)］，需先行在被连板件和构件上钻一定大小的孔后，再用电动扳手或扭力扳手将其拧入连接板的孔中；一类为自钻自攻螺钉［图 9.18(b)］，无须预先钻孔，可直接用电动扳手自行钻孔和攻入被连板件。拉铆钉［图 9.18(c)］有铝材和钢材制作两类，为防止电化学反应，轻钢结构均采用钢制拉铆钉。射钉［图 9.18(d)］由带有锥杆和固定帽的杆身与下部活动帽组成，靠射钉枪的动力将射钉穿过被连板件而打入母材基体中。射钉只用于薄板与支承构件（如檩条、墙梁等）的连接。

9.4 钢结构构件加工与制作

9.4.1 钢结构设计图与施工详图

1. 钢结构设计图

钢结构设计图应根据钢结构施工工艺、建筑要求进行初步设计，然后制定施工设计方案并进行计算，最终根据计算结果编制。其目的、内容及深度，均应为钢结构施工详图的编制提供依据。

钢结构设计图一般较简明，使用的图纸量也较少，内容一般包括设计总说明、布置图、构件图、节点图及钢材订货表等。

2. 钢结构施工详图

钢结构施工详图是直接供制造、加工及安装使用的施工用图，是直接根据结构设计图编制的工厂施工及安装详图，有时也含有少量连接、构造等计算。它只对深化设计负责，一般多由钢结构制造厂或施工单位进行编制。施工详图较为详细，使用的图纸量也较多，内容主要包括构件安装布置图及构件详图等。

3. 施工图识读

1）识读基础

（1）图幅：钢结构详图常用的图幅，一般为国标统一规定的A1、A2或An延长图幅，在同一套图纸中，不宜超过2种图幅。

（2）线型：根据图线用途的不同，施工详图图纸上采用的线型也有多种，可依据规范选用。

（3）字体：钢结构详图中所使用的文字均采用仿宋体，字母均用手写体的大写书写。

（4）比例：在建筑钢结构施工图中，所有图形均应尽可能按比例绘制，平面、立面图一般采用1∶100、1∶200，也可用1∶150；结构构件图一般用1∶50，也可用1∶30、1∶40；节点详图一般用1∶10、1∶20。必要时可在一个图形中采用两种比例（如桁架图中的桁架尺寸与截面尺寸）。

（5）尺寸线的标注：钢结构施工详图的尺寸由尺寸线、尺寸界线、尺寸起止点（45°斜短线）组成；尺寸单位除标高以m为单位外，其余尺寸均以mm为单位，且尺寸标注时不再书写单位。

（6）符号及投影：在建筑钢结构施工详图中，常用的符号有剖面符号、剖切符号、对称符号，此外还有折断省略符号及连接符号、索引符号等，同时还可利用自然投影表示上下及侧面的图形。

2）标注方法

（1）焊缝符号。图9.19所示为焊缝符号标注的一个例子。

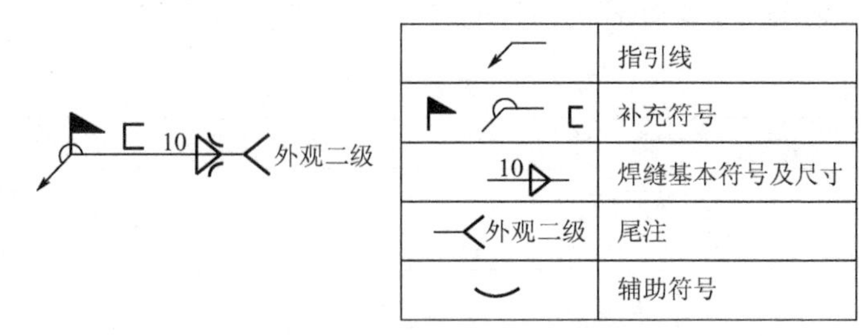

图 9.19 焊缝符号标注示例

① 焊缝基本符号（常用）：表示焊缝横截面形状的符号，见表 9－5。

表 9－5 焊缝基本符号

名　　称	示　意　图	符　　号
卷边焊缝		八
I 形焊缝		‖
V 形焊缝		V
单边 V 形焊缝		⊬
带钝边 V 形焊缝		Y
带钝边单边 V 形焊缝		⊬
角焊缝		◺
塞焊缝或槽焊缝		⊓

② 辅助符号：表示焊缝表面形状特征的符号，见表 9－6。

表 9－6　焊缝辅助符号

名　称	示意图	符　号	说　明
平面符号		—	焊缝表面齐平 （一般通过加工）
凹面符号		◡	焊缝表面凹陷
凸面符号		◠	焊缝表面凸起

注：不需要确切说明焊缝表面形状时，可以不用辅助符号。

③ 补充符号：补充说明焊缝的某些特征而采用的符号，见表 9－7。

表 9－7　焊缝补充符号

名　称	示意图	符　号	说　明
带垫板		▭	焊缝底部有垫板
三面围焊		⊏	表示三面有焊缝
周围焊		○	环绕工件周围的焊缝
现场焊			表示在工地现场进行焊接
典型焊缝（余同）			表示类似部位采用相同的焊缝

注：典型焊缝的符号，在杭萧公司还引申为“两面或三面的半围焊”（即引申为“两面或三面都采用相同的焊缝”）之意。

④ 尾注：是对焊缝的要求进行备注，一般说明质量等级、适用范围、剖口工艺的具体编号等，见表 9－8。

表 9－8　焊缝尾注

内　容	含义说明
—＜一级焊缝　　—＜100%探伤	质量要求
—＜余同　　—＜TYP	适用范围
—＜⑫	剖口、焊接形式的编号

（2）焊缝尺寸的标注见表9－9。

表9－9　焊缝尺寸的标注

名　称	示　意　图	焊缝尺寸	说　明
对接焊缝	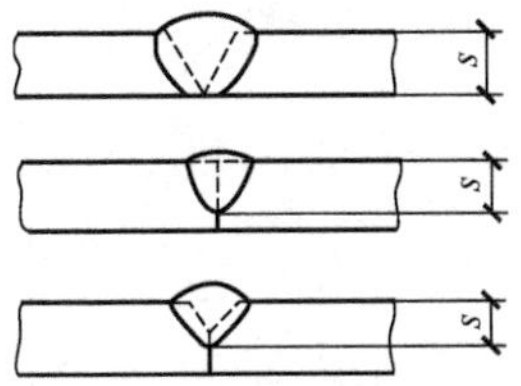	s 为焊缝有效厚度	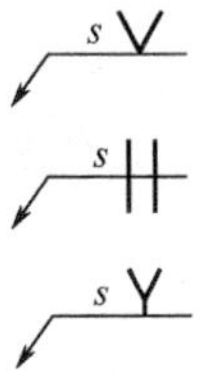
卷边焊缝	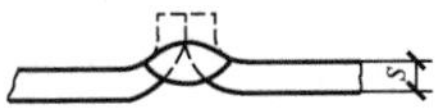	s 为焊缝有效厚度	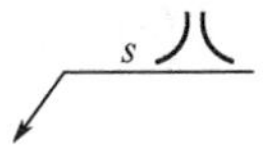
单边连续角焊缝	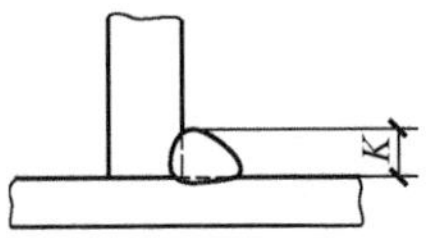	K 为焊角尺寸	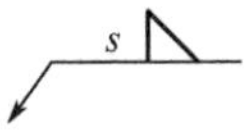
双边连接角焊缝	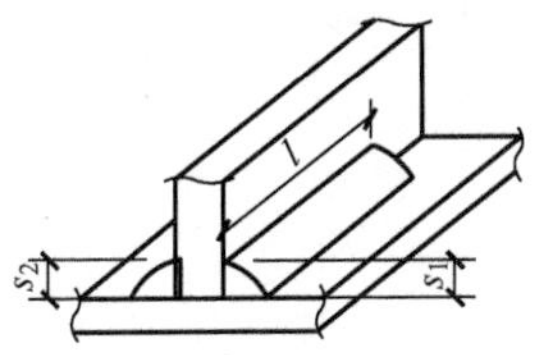	s_1、l_1 为标注边的焊角尺寸、长度；s_2、l_2 为标注对面的焊角尺寸、长度	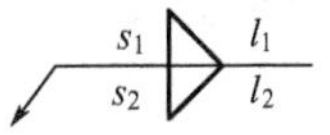 s_1 l_1 / s_2 l_2 或 $s_1 \times l_1$ / $s_2 \times l_2$ 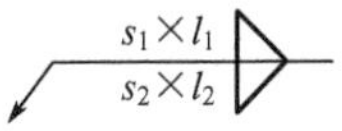
断续角焊缝	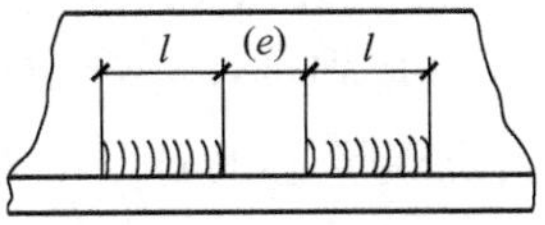	l 为焊缝长度（不计弧坑）；e 为焊缝间距；n 为焊缝段数	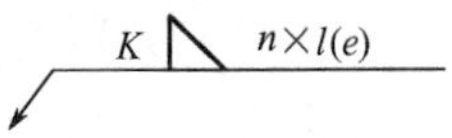 K $n \times l(e)$
交错断续角焊缝	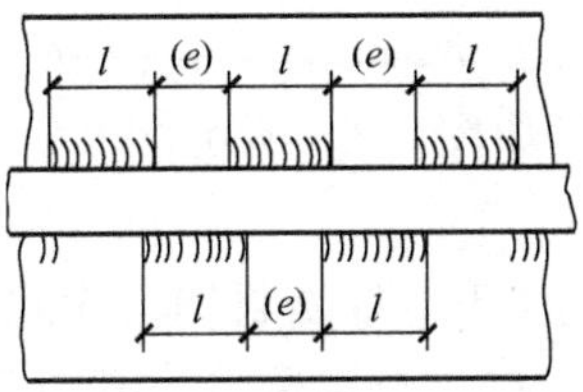	l 为焊缝长度（不计弧坑）；e 为焊缝间距；n 为焊缝段数；K 为焊角尺寸	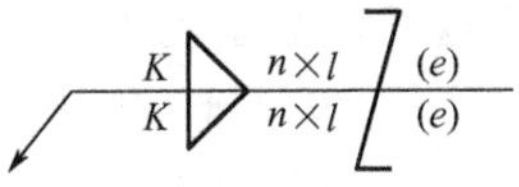 K $n \times l$ (e) / K $n \times l$ (e)

注：当无焊缝长度尺寸时，表示焊缝是通长连续的；当对接焊缝（含角对接组合焊缝）无有效深度的尺寸标注时，表示全熔透。

焊缝表达举例：

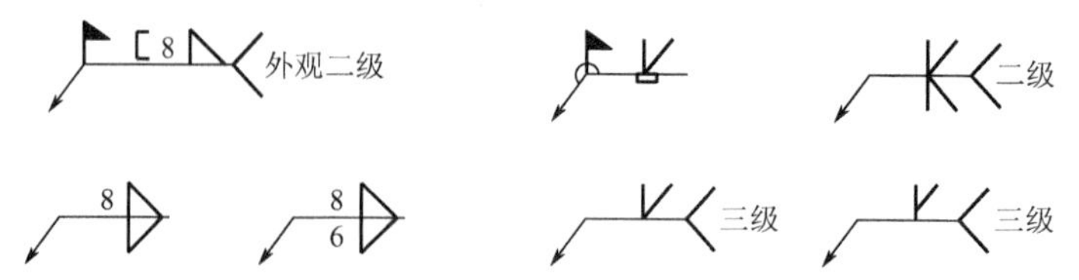

尚有其他表达方式。如直接在图上表达坡口形状尺寸的方法：

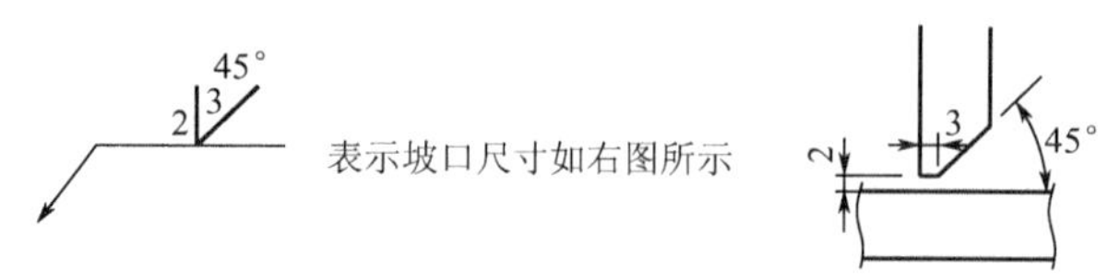

以及在国外图纸中的一些表达方式：

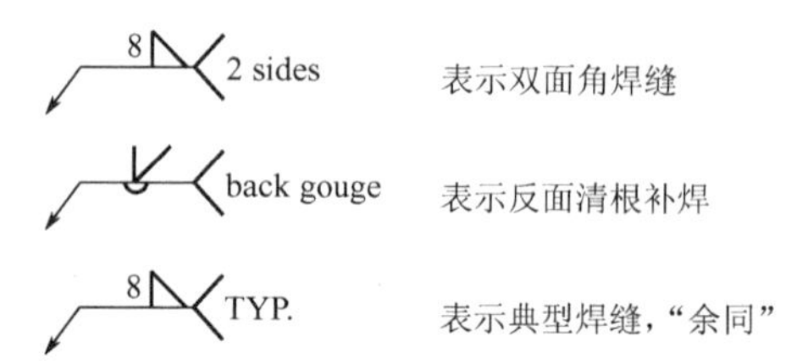

另外美国图纸很多仍采用英制单位，在看图确定焊缝尺寸时需要进行换算：1 英寸(1″)＝ 25.4mm，1/16″＝1.6mm，1/8″＝3.2mm，1/4″＝6.4mm，1/2″＝12.7mm。

锅炉钢结构中的一些表达方式如下：

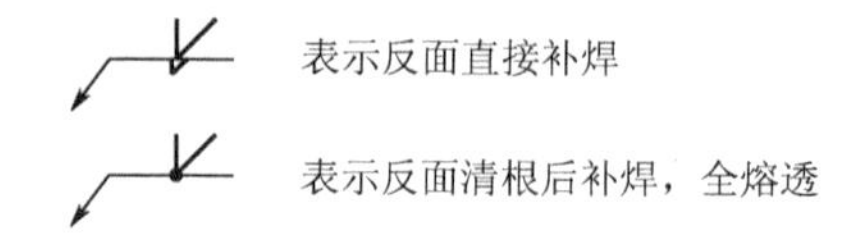

① 尺寸标注。

工作点、组立点、检查点的概念：W. P. (Working Point) 即工作点，为结构设计师最关心的点，一般为构件的中心线或构件轴力的交点；A. P. (Assembling Point) 即组立点，为装配工人最关心的点，代表零件边与构件边的交点，特别是板片与构件斜交时，此点尤为重要；C. P. (Check Point) 即检查点，为质检人员最关心的点，一般为螺栓孔的位置。而 W. P. 到 C. P. 之间的尺寸，即是质检人员对构件成品要检查的尺寸，因为此处的制作误差对构件的安装影响最大。

在实际的详图中，这些点不一定做出标记，或统统用 W. P. 代表，但看图人的心中要作区分，装配的人看 A. P.，自检和他检时量取 C. P.，如图 9.20 所示。

② 主尺寸与分尺寸。

主尺寸优先于分尺寸，主尺寸是次尺寸的基准；主尺寸需要封闭，次尺寸不需要封闭。具体来讲，主尺寸是指柱身的标高，楼面的分界标高、分界标注，构件的外轮廓线，梁的两端连接柱的轴线距离、梁的外轮廓线、两端螺栓孔之间距离、与之连接的次梁中心线等；次尺寸是指板厚、牛腿高度、加劲板定位、以楼面引出的螺栓孔定位等。

标注侧的辅助符号如图 9.21 所示。详细尺寸标注如图 9.22 所示。

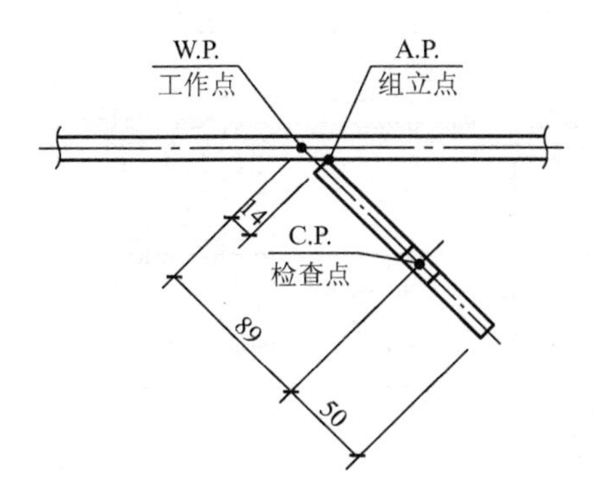

图 9.20　工作点、组立点和检查点

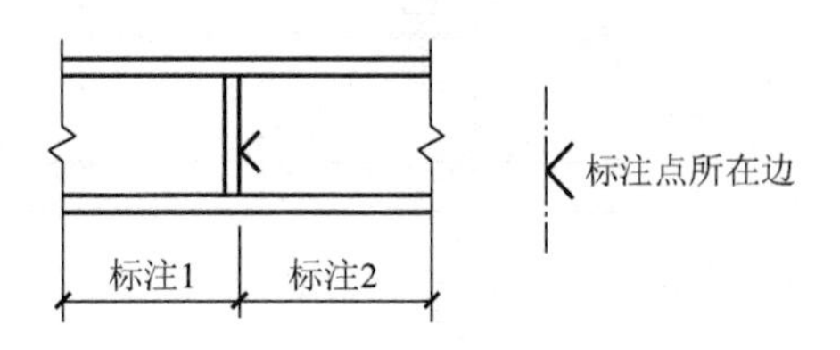

图 9.21　标注侧的辅助符号

说明：

① 柱的各种尺寸中以标高、楼层分界线、总外包轮廓尺寸最重要，此处出错的后果最严重，即此处应为设计和制作的基准线（W. P.，A. P.，C. P.）。

② 牛腿高、加劲板、螺栓孔等次尺寸从基准线引出，无论图面表达是否为封闭尺寸，在制作、检验中都应该从基准线引出。

③ 梁的轴线及柱宽等尺寸主要是图纸校对使用，对装配而言，所有具体的二级尺寸和三级尺寸都是和螺栓发生关系的，即螺栓孔才是梁板件装配、检验的基准线（A. P.，C. P.）。

④ 小板图、牛腿图中的外轮廓尺寸是封闭尺寸，是指导下料用的，而孔尺寸都是从顶部或装配连接边引出的非封闭尺寸，顶部和装配连接边是 A. P. 和 C. P.。

⑤ 小板图中的标注方式和构件图上该板的标注方式不同，是因为小板图是给下料制作用的，而构件图上的标注主要是指导装配和检验的。

⑥ 合理的标注方式对制作是有指导意义的，但由于制图人员并无多少实际制作经验，因此不能过分依赖图纸标注的提醒意义，装配、检验人员如遇到全封闭标注的图纸，要学会甄别其中的基准线。

3）加工图组成及示例

总原则：一是看图要仔细，图纸表达不清或矛盾时，要多问多求证，不能自己猜；二是重视“设计总说明”和每张图面右下角的“说明”；三是应根据图纸目录检查接收到的图纸是否完整。

（1）加工图设计总说明非常重要，看图时注意的要点如下。

① 钢材、螺栓、冷弯薄壁型钢、栓钉、围护板材的材质（颜色）、厂家等。

② 油漆种类、漆膜厚度及范围或型钢镀锌的要求，油漆范围必要时要看构件详图。

③ 除锈等级及抗滑移系数。

④ 焊缝的质量等级和范围等要求。

⑤ 预拼装、起拱、现场吊装等要求。

⑥ 制作、检验标准等。

（2）构件布置图比较重要，具体关注点如下。

① 锚栓布置图：主要关注钢材材质、数量、攻螺纹长度、焊脚高度等。

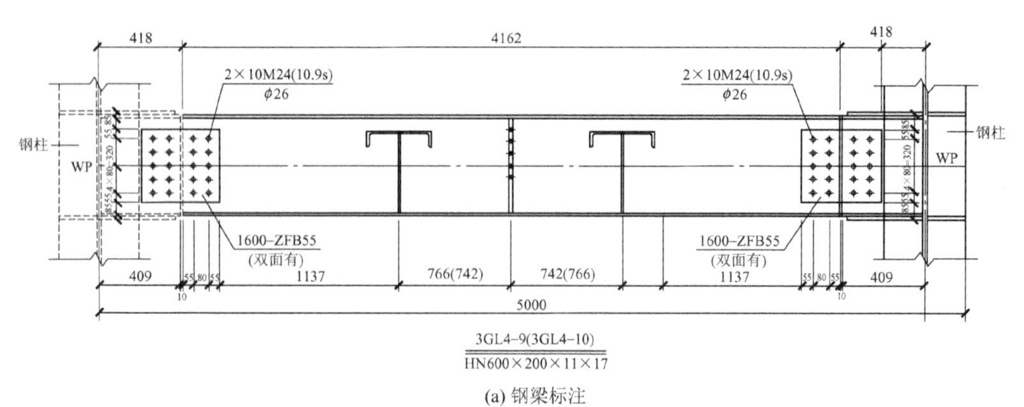

(a) 钢梁标注

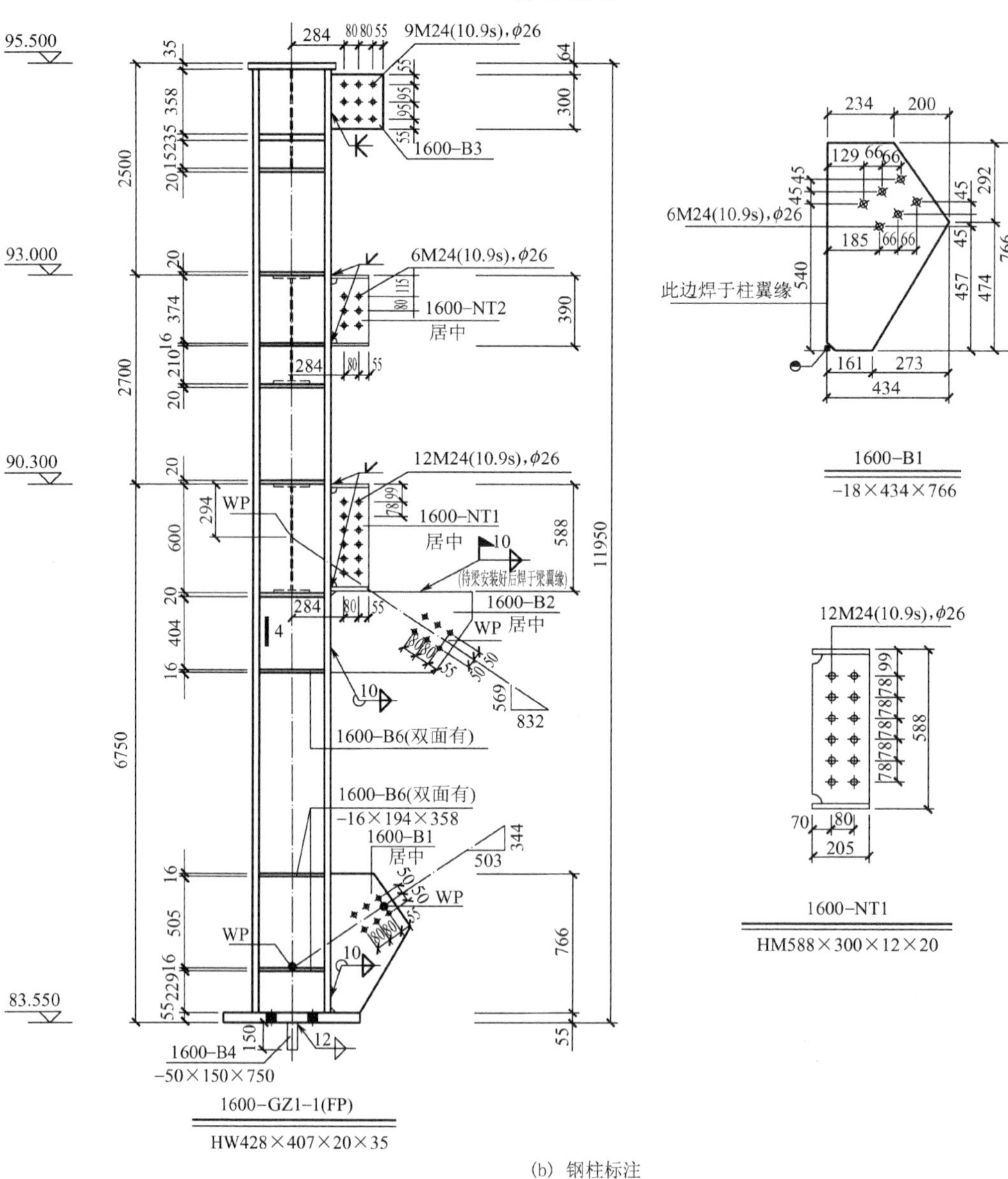

(b) 钢柱标注

图 9.22 详细尺寸标注

② 梁柱布置图：主要关注构件名称、规格、数量、梁的安装方向（关系到连接板偏向）、轴线距离和楼层标高（可大致判断梁、柱的长度）等。

③ 檩条、墙梁布置图：主要关注构件名称、数量、是否有斜拉条和隅撑（关系到孔的排数）、轴线距离（可推算长度）、是否位于窗上下（关系到有没有贴板）等。

（3）构件详图：图面上一般分为索引区、构件图区、大样图区、说明区。按索引区的标示可以方便地在布置图上查找该构件的位置，确定本图的主视图方向；构件图可以整体反映该构件，如有两个视图进行表达时，一定要找到剖视符号来判断第二个视图的方向，不能只凭三视图的惯例来断定；说明区对“设计总说明”中未提及的或特殊的地方进行规定，是必读的内容。

（4）钢柱、梁详图：

① 柱截面和总长度、各层标高应与布置图对照验证一下；

② 通过索引图判断钢柱视图方向；

③ 牛腿或连接板数量、方向对照布置图进行验证；

④ 注意柱的标高尺寸、长度分尺寸和总尺寸是否一致；

⑤ 通过剖视符号和板件编号找到对应的大样图进行识图；

⑥ 装配和检验要根据前面讲的标注原则和本构件的特点来判断基准点、线；

⑦ 每块板件装配前，要根据图纸的焊缝标示和工艺进行剖口等处理；

⑧ 宜按照布置图验证一下与之相接的梁、节点是否一致；

⑨ 注意梁与柱内饰，另外注意梁端部是否需要带坡口、梁是否预起拱。

（5）轻钢屋面梁详图：

① 按照索引图和布置图，核对截面规格；

② 注意翼缘、腹板的分段位置，尤其为折梁时是采用插板还是腹板连续；

③ 注意屋面梁放坡坡度，合缝板与谁垂直等问题；

④ 注意系杆连接板、天沟支架连接板、水平支撑孔是否每根梁都有，并注意安装的方向。

（6）吊车梁详图：

① 注意轴线和吊车梁长度的关系，中间跨的吊车梁和边跨吊车梁长度一般是不一样的；

② 注意吊车梁上翼缘是否需要预留固定轨道的螺栓孔；

③ 注意吊车梁上翼缘的隅撑留孔在那一侧，以及下翼缘的垂直支撑留孔在哪一侧；

④ 注意吊车梁上翼缘和腹板的 T 形焊缝是否需要熔透，要对照设计总说明和本图验证；

⑤ 注意加劲肋厚度以及它与吊车梁的焊缝定义，注意区别普通加劲肋与车挡的支承加劲肋，两者一般是不同的。

（7）支撑详图：

① 注意支撑的截面、肢尖朝向；

② 注意放样的基准点是否明确；

③ 检查连接板的尺寸是否“正常”（这里尤需注意，有时候制图人把板的大样拉出来放大画时，比例忘记调整，会出现尺寸不“正常”的情况，通常是 1.5 倍或 2 倍），比较简单的方法是看螺栓孔的间距，如果和放样图中的不一致，就是错的。

9.4.2 钢结构加工生产准备

1. 审查施工图

(1) 审查图样，是指检查图样设计的深度能否满足施工的要求，核对图样上构件的数量和安装尺寸，检查构件之间有无矛盾等；同时对图样进行工艺审核，即审查技术上是否合理，制作上是否便于施工，图样上的技术要求按加工单位的施工水平能否实现等。此外还要合理划分运输单元。

如果由加工单位自己设计施工详图，制图期间又已经过审查，则审图程序可相应简化。

(2) 工程技术人员对图样进行审核的主要关注内容如下：

① 设计文件是否齐全，设计文件包括设计图、施工图、图样说明和设计变更通知单等；

② 构件的几何尺寸是否齐全；

③ 相关构件的尺寸是否正确；

④ 节点是否清楚，是否符合国家标准；

⑤ 标题栏内构件的数量是否符合工程总数；

⑥ 构件之间的连接形式是否合理；

⑦ 加工符号、焊接符号是否齐全；

⑧ 结合本单位的设备和技术条件考虑，能否满足图样上的技术要求；

⑨ 图样的标准化是否符合国家规定等。

2. 备料

(1) 备料时，应根据施工图样材料表算出各种材质、规格的材料净用量，再加一定数量的损耗，编制材料预算计划。

(2) 提出材料预算时，需根据使用长度合理订货，以减少不必要的拼接和损耗。

(3) 使用前应核对每一批钢材的质量保证书，必要时应对钢材的化学成分和力学性能进行复检，以保证符合钢材的损耗率。

(4) 使用前，应核对来料的规格、尺寸和重量，并仔细核对材质。如需进行材料代用，必须经设计部门同意，并将图纸上所有的相应规格和有关尺寸全部进行修改。

3. 编制工艺规程

钢结构零部件的制作是一个严密的流水作业过程，指导这个过程的除生产计划外，主要是工艺规程。工艺规程是钢结构制作中的指导性技术文件，一经制订，必须严格执行，不得随意更改。

(1) 工艺规程的编制要求：

① 在一定的生产规模和条件下编制的工艺规程，不但能保证图样的技术要求，而且能更可靠、更顺利地实现这些要求；

② 所编制的工艺规程要保证在最佳经济效果下，达到技术条件的要求；

③ 所编制的工艺规程既要满足工艺、经济条件，又要保证是最安全的施工方法，并尽量减轻劳动强度，减少流程中的往返性。

(2) 工艺规程的内容：

① 成品技术要求；

② 为保证成品达到规定的标准而需要制订的措施，如关键零件的精度要求、检查方法和使用的量具、工具，主要构件的工艺流程、工序质量标准，为保证构件达到工艺标准而采用的工艺措施（如组装次序、焊接方法等），以及采用的加工设备和工艺装备。

4. 施工工艺准备

(1) 划分工号：根据产品的特点、工程量的大小和安装施工进度，将整个工程划分成若干个生产工号（或生产单元），以便分批投料，配套加工，配套出成品。

(2) 编制工艺流程表：从施工详图中摘出零件，编制出工艺流程表（或工艺过程卡）。加工工艺过程由若干个顺序排列的工序组成，工序内容是根据零件加工的性质而制定的，工艺流程表就是反映这个过程的工艺文件。

(3) 编制工艺卡和零件流水卡：根据工程设计图纸和技术文件提出的构件成品要求，确定各加工工序的精度要求和质量要求，结合单位的设备状态和实际加工能力、技术水平，确定各个零件下料、加工的流水顺序，即编制出零件流水卡。零件流水卡是编制工艺卡和配料的依据。一个零件的加工制作工序是根据零件加工的性质而确定的，工艺卡是具体反映这些工序的工艺文件，是直接指导生产的文件。

(4) 工艺装备的制作是保证钢结构产品质量的重要环节，因此要满足以下要求：

① 工装夹具的使用要方便，操作容易，安全可靠；

② 结构要简单，加工方便，经济合理；

③ 容易检查构件尺寸和取放构件；

④ 容易获得合理的装配顺序和精确的装配尺寸；

⑤ 方便焊接位置的调整，并能迅速地散热，以减少构件变形；

⑥ 要减少劳动量，提高生产率。

(5) 工艺性试验：工艺性试验一般分为焊接性试验、摩擦面的抗滑移系数试验两类。

① 焊接性试验：钢材可焊性试验、焊材工艺性试验、焊接工艺评定试验等均属焊接性试验，而焊接工艺评定试验是各工程制作时最常遇到的试验。

焊接工艺评定是焊接工艺的验证，属生产前的技术准备工作，是衡量制造单位是否具备生产能力的一个重要的基础技术资料。焊接工艺评定对提高劳动生产率、降低制造成本、提高产品质量、做好焊工技能培训是必不可少的，未经焊接工艺评定的焊接方法、技术参数不能用于工程施工。

② 摩擦面的抗滑移系数试验：当钢结构件的连接采用高强度螺栓摩擦连接时，应对连接面进行喷砂、喷丸等技术处理，使其连接面的抗滑移系数达到设计规定的数值。经过技术处理的摩擦面是否能达到设计规定的抗滑移系数 μ 值，需对摩擦面进行必要的检验性试验，以求得对摩擦面处理方法是否正确、可靠的验证。

5. 加工场地的布置要求

在布置钢结构零部件加工场地时，不仅要考虑产品的品种、特点和批量、工艺流程、产品的进度要求、每班的工作量和要求的生产面积、现有的生产设置和起重运输能力，还应满足下列要求。

(1) 按流水顺序安排生产场地，尽量减少运输量，避免倒流水。

(2) 根据生产需要合理安排操作面积，以保证安全操作，并要保证材料和零件有必需的堆放场地。此外还需保证成品能顺利运出。

(3) 加工设备之间要留有一定的间距，作为工作平台和堆放材料、工件等使用。

(4) 便利供电、供气、照明线路的布置等。

9.4.3 钢零件及钢部件加工

1. 钢结构的放样与号料

(1) 钢结构放样：放样是钢结构制作工艺中的第一道工序，只有放样尺寸精确，才能避免以后各道加工工序的累积误差，保证整个工程的质量。

钢材放样操作要点如下。

① 放样作业人员应熟悉整个钢结构加工工艺，了解工艺流程及加工过程，以及需要的机械设备性能及规格。

② 放样应从熟悉图纸开始，首先看清施工技术要求，逐个核对图纸之间的尺寸和相互关系，并校对图样各部尺寸。

③ 放样时，以1∶1的比例在样板台上弹出大样。当大样尺寸过大时，可分段弹出。对一些三角形构件，如只对其节点有要求，可以缩小比例弹出样子，但应注意精度。

④ 用作计量长度依据的钢盘尺，应经授权的计量单位检测，且附有偏差卡片。使用时，按偏差卡片的记录数值校对其误差数。

⑤ 放样结束，应进行自检，检查样板是否符合图纸要求，核对样板加工数量。本工序结束后报专职检验人员检验。

(2) 钢材号料：是指根据施工图样的几何尺寸、形状制成样板，利用样板或计算出的下料尺寸，直接在板料或型钢表面上画出构件形状的加工界线。

钢材号料的工作内容一般包括：检查核对材料；在材料上划出切割、铣、刨、弯曲、钻孔等加工位置；打冲孔；标注出构件的编号等。

2. 钢材的切割下料

(1) 机械切割。

① 使用剪板机、型钢冲剪机。切割速度快、切口整齐、效率高，适用于薄钢板、压型钢板、冷弯檩条的切割。

② 使用无齿锯。切割速度快，可切割不同形状的各类型钢、钢管和钢板，切口不光洁，噪声大，适于锯切精度要求较低的构件或下料留有余量，最后尚需精加工的构件。

③ 使用砂轮锯。切口光滑，毛刺较薄易清除，噪声大，粉尘多，适用于切割薄壁型钢及小型钢管，切割材料的厚度不宜超过4mm。

④ 使用锯床。切割精度高，适用于切割各类型钢及梁、柱等型钢构件。

(2) 气割。

① 自动切割。切割精度高，速度快，在数控气割时可省去放样、划线等工序而直接切割，适于钢板切割。

② 手工切割。设备简单，操作方便，费用低，切口精度较差，能够切割各种厚度的钢材。

(3) 等离子切割。切割温度高，冲刷力大，切割边质量好，变形小，可以切割任何高熔点金属，特别是不锈钢、铝、铜及其合金等。

3. 钢构件模具压制与制孔

(1) 模具压制：是在压力设备上利用模具使钢材成形的一种工艺方法。钢材及构件成形的好坏与精度如何，完全取决于模具的形状尺寸和制造质量。当室温低于-20℃时，应停止施工，以免钢板冷脆而发生裂缝。

(2) 钢构件制孔。

① 制孔方法。钢结构制作中，常用的加工方法有钻孔、冲孔、铰孔等，施工时，可根据不同的技术要求合理选用。

② 制孔质量检验。螺栓孔周边应无毛刺、破裂、喇叭口和凹凸的痕迹，切屑应清除干净。对于高强度螺栓，应采用钻孔方法。地脚螺栓孔与螺栓间的间隙较大，当孔径超过50mm时，可采用火焰割孔。A、B级螺栓孔（Ⅰ类孔）应具有H12的精度，孔壁表面粗糙度 Ra 不应大于12.5μm；C级螺栓孔（Ⅱ类孔）孔壁表面粗糙度 Ra 不应大于25μm。

4. 钢构件边缘加工

(1) 加工部位：钢结构制造中，常需要做边缘加工的部位，主要包括起重机梁翼缘板、支座支承面等具有工艺性要求的加工面，设计图样中有技术要求的焊接坡口，尺寸精度要求严格的加劲板、隔板、腹板及有孔眼的节点板等。

(2) 加工方法。

① 铲边：对加工质量要求不高、工作量不大的边缘加工，可以采用铲边。

② 刨边：对钢构件边缘刨边，主要是在刨边机上进行的。

③ 铣边：对于有些构件的端部，可采用铣边（端面加工）的方法代替刨边。铣边是为了保持构件的精度，如起重机梁、桥梁等接头部分，钢柱或塔架等的金属抵承部位，能使其力由承压面直接传至底板支座，以减少连接焊缝的焊脚尺寸。这种铣削加工，一般是在端面铣床或铣边机上进行的。

5. 钢构件弯曲成形

弯曲加工是根据构件形状的需要，利用加工设备和一定的工具、模具把板材或型钢弯制成一定形状的工艺方法。

(1) 弯曲分类。

① 按钢构件的加工方法，可分为压弯、滚弯和拉弯三种。压弯适用于一般直角弯曲（V形件）、双直角弯曲（U形件），以及其他适宜弯曲的构件；滚弯适用于滚制圆筒形构件及其他弧形构件；拉弯主要用于将长条板材拉制成不同曲率的弧形构件。

② 按构件的加热程度，可分为冷弯和热弯两种。冷弯是在常温下进行弯制加工，适用于一般薄板、型钢等的加工；热弯是将钢材加热至950～1100℃，在模具上进行弯制加工，适用于厚板及较复杂形状构件、型钢等的加工。

(2) 弯曲加工工艺：涉及弯曲半径、弯曲角度。弯曲角度是指弯曲件的两翼夹角，它会影响构件材料的抗拉强度。

① 当弯曲线和材料纤维方向垂直时，材料具有较大的抗拉强度，不易发生裂纹。

② 当材料纤维方向和弯曲线平行时，材料的抗拉强度较差，容易发生裂纹，甚至断裂。

③ 在双向弯曲时，弯曲线应与材料纤维方向成一定的夹角。

④ 随着弯曲角度的缩小，应考虑将弯曲半径适当增大。

6. 钢构件矫正

矫正就是通过外力或加热作用制造新的变形，去抵消已经发生的变形，使材料或构件平直或达到一定几何形状要求，从而符合技术标准的一种工艺方法。矫正的形式主要有三种，即矫直、矫平和矫形。矫直是指消除材料或构件的弯曲；矫平是指消除材料或构件的翘曲或凹凸不平；矫形是指对构件的一定几何形状进行整形。

（1）矫正方法：包括手工矫正、机械矫正、火焰矫正、混合矫正。

（2）找弯：型钢在矫直前，先要确定弯曲点的位置（又称找弯），这是矫正工作不可缺少的步骤。在现场确定型钢变形位置时常用平尺靠量，拉直粉线来检验，但多数是用目测。确定型钢的弯曲点时，应注意型钢自重下沉产生的弯曲会影响准确性，较长的型钢应放在水平面上，用拉线法测量。

（3）钢材矫正的允许偏差：根据《钢结构工程施工质量验收规范》的规定，矫正后钢材不应有明显的凹痕和损伤，表面划痕深度不得大于 0.5mm。

9.4.4 钢构件组装与预拼装

1. 钢构件组装施工

钢结构零部件的组装是指遵照施工图的要求，把已经加工完成的各零件或半成品等钢构件采用装配的手段组合成为独立的成品。

（1）钢构件的组装分类：根据钢构件的特性以及组装程度，可分为部件组装、组装、预总装。

（2）钢构件的组装方法：钢构件的组装方法较多，但较常采用的是地样组装法和胎模组装法。

（3）钢构件的组装要求。

① 钢构件组装前，连接表面及焊缝每边 30～50mm 范围内的铁锈、毛刺、油污及潮气等必须清除干净，并露出金属光泽。

② 钢构件组装时，必须严格按照工艺要求进行，一般先组装主要结构的零件。装配时，应按从内向外的顺序进行。

③ 构件装配前，应按施工图要求复核其前一道加工质量，并按要求归类堆放。

④ 构件装配时，应按下列规定选择构件的基准面：构件的外形有平面也有曲面时，应以平面作为装配基准面；在零件上有若干个平面的情况下，应选择较大的平面作为装配基准面；根据构件的用途，应选择最重要的面作为装配基准面。选择的装配基准面，要使装配过程中最便于对零件定位和夹紧。

⑤ 构件装配过程中，不允许采用强制的方法来组装构件；避免产生各种内应力，减少其装配变形。

⑥ 构件装配时，应根据金属结构的实际情况，选用或制作相应的装配胎具（如组装平台、铁凳、胎架等）和工（夹）具，应尽量避免在结构上焊接临时固定件、支撑件。

⑦ 当有隐蔽焊缝时，必须先施焊，经检验合格方可覆盖；复杂部位不易施焊时，亦须按工序分别先后组装和施焊。严禁不按次序组装和强力组对。

⑧ 为减少大件组装焊接的变形，一般应先采取小件组焊，经矫正后，再大部件组装。胎具及装出的首个成品须经过严格检验，方可进行大批组装。

2. 钢构件预拼装施工

（1）钢构件拼装要求。

① 钢构件预拼装比例应符合施工合同和设计要求，一般按实际平面情况预装10%～20%。

② 拼装构件一般应设拼装工作台，如在现场拼装，则应放在较坚硬的场地上用水平仪找平。

③ 钢构件预拼装地面应坚实，胎架强度、刚度必须经设计计算确定，各支承点的水平精度可用已计量检验的各种仪器逐点测定调整。

④ 各支承点的水平度应符合相关规定。

⑤ 拼装时，构件全长应拉通线，并在构件有代表性的点上用水平尺找平，符合设计尺寸后用电焊定位焊牢。刚性较差的构件，翻身前要进行加固，构件翻身后也应进行找平，否则构件焊接后无法矫正。

⑥ 在胎架上预拼装时，不得对构件动用火焰、锤击等，各杆件的重心线应交汇于节点中心，并应完全处于自由状态。

⑦ 预拼装钢构件控制基准线与胎架基线必须保持一致。

⑧ 高强度螺栓连接预拼装时，使用冲钉直径必须与孔径一致，每个节点要多于3只，临时普通螺栓数量一般为螺栓孔的1/3。对孔径进行检测，试孔器必须垂直自由穿落。

⑨ 所有需要进行预拼装的构件制作完毕后，必须经专业质检员验收，并应符合质量标准的要求。相同构件可以互换，但不得影响构件整体几何尺寸。

⑩ 构件在制作、拼装、吊装中所用的钢尺应统一，且必须经计量检验，并相互核对，测量时间在早晨日出前、下午日落后最佳。

（2）螺栓孔检查与修补。

① 螺栓孔检查。除工艺要求外，板叠上所有螺栓孔、铆钉孔等应采用量规检查，其通过率应符合下列规定：用比孔的直径小1.0mm的量规检查，应通过每组孔数的85%；用比螺栓公称直径大0.2～0.3mm的量规检查，应全部通过。量规不能通过的孔，应经施工图编制单位同意后，方可扩钻或经补焊后重新钻孔。扩钻后的孔径不得大于原设计孔径2.0mm；补孔应制定焊补工艺方案并经过审查批准，用与母材强度相应的焊条补焊，不得用钢块填塞。

② 螺栓孔修补。在施工过程中，修孔现象时有发生，如错孔在3.0mm以内时，一般都用铣刀铣孔或铰刀铰孔，其孔径扩大不超过原孔径的1.2倍。如错孔超过3.0mm，一般都用焊条焊补堵孔，并修磨平整，不得凹陷。

（3）钢构件拼装方法。

钢构件拼装方法，有平装法、立拼法和利用模具拼装法三种。

9.4.5 钢结构加工制作质量通病与防治

【参考图文】

1. 钢零件及钢部件加工质量通病与防治

（1）放样偏差。

① 质量通病现象：放样尺寸不精确，导致后序步骤或者工序累积误差。

② 预防治理措施：涉及放样环境、放样准备、放样操作、样板标注、加工裕量、节点放样及制作的严格要求和检查。

(2) 下料偏差。

① 质量通病现象：钢材下料尺寸与实际尺寸有偏差。

② 预防治理措施：准备好下料的各种工具；检查对照样板及计算好的尺寸是否符合图纸的要求；发现材料上有疤痕、裂纹、夹层及厚度不足等缺陷时，应及时与有关部门联系，研究决定后再进行下料；钢材有弯曲和凹凸不平时，应先矫正，以减小下料误差；角钢及槽钢弯折料长计算、角钢及槽钢内侧直角切口计算、焊接收缩量预留计算等必须严格，不能出现误差。

(3) 气割下料偏差。

① 质量通病现象：气割的金属材料不适合气割；气割时火焰大小控制不当，导致气割下料出现偏差。

② 预防治理措施：合理选择气割条件；做好手工气割操作控制。

(4) 钢材边缘加工偏差。

① 质量通病现象：钢起重机梁翼缘板的边缘、钢柱脚和肩梁承压支承面以及其他要求刨平顶紧的部位、焊接对接口、焊接坡口的边缘、尺寸要求严格的加劲板、隔板腹板和有孔眼的节点板，以及由于切割下料产生硬化的边缘，或采用气割、等离子弧切割方法切割下料产生带有有害组织的热影响区，一般均需边缘加工，进行刨边、刨平或刨坡口。但边缘加工常偏差过大。

② 预防治理措施：当用气割方法切割碳素钢和低合金钢焊接坡口时，对屈服强度小于$400N/mm^2$的钢材，应将坡口熔渣、氧化层等清除干净，并将影响焊接质量的凹凸不平处打磨平整；对屈服强度不小于$400N/mm^2$的钢材，应将坡口表面及热影响区用砂轮打磨去除淬硬层。

(5) 卷边缺陷。

① 质量通病现象：外形缺陷；表面压伤；卷裂。

② 预防治理措施：矫正棱角，可采用三辊或四辊卷板机进行。

表面压伤的预防应注意以下几点：在冷卷前必须清除板料表面的氧化皮，并涂上保护涂料；热卷时宜采用中性火焰，缩短高温度下板料停留的时间，并采用防氧涂料等办法，尽量减少氧化皮的产生；卷板设备必须保持干净，轴辊表面不得有锈皮、毛刺、棱角或其他硬性颗粒；卷板时应不断吹扫内外侧剥落的氧化皮，矫圆时应尽量减少反转次数等；非铁金属、不锈钢和精密板料卷制时，最好固定专用设备，并将轴辊磨光，消除棱角和毛刺等，必要时用厚纸板或专用涂料保护工作表面。

③ 卷裂的防治措施：对变形率大和脆性的板料，需进行正火处理；对缺口敏感性大的钢种，最好将板料预热到150～200℃后卷制；板料的纤维方向，不宜与弯曲线垂直；板料的拼接缝必须修磨至光滑平整。

2. 钢构件组装施工质量通病与防治

(1) 焊接连接组装错误。

① 质量通病现象：没有根据测量结果及现场情况确定焊接顺序；焊接时不用引弧板；钢柱焊接时只有一名焊工施焊等。

② 预防治理措施：应制定合理的焊接顺序，平面上应以中部对称向四周扩展；根据钢柱的垂直度偏差确定焊接顺序，对钢柱的垂直度进一步校正；应加设长度大于3倍焊缝厚度的引弧板，并且材质应与母材一致或通过试验选用；焊接前，应将焊缝处的水分、脏物、铁锈、油污、涂料等清除干净；钢柱焊接时，应由两名焊工在相互对称位置以相等速度同时施焊。

（2）顶紧接触面紧贴面积不够。

① 质量通病现象：顶紧接触面紧贴面积，没有达到顶紧接触面的75%。

② 预防治理措施：按接触面的数量抽查10%，且不应少于10个。用0.3mm塞尺检查，塞入面积应小于25%，边缘间隙应不大于0.8mm。钢构件之间要平整，钢构件不能有变形。

（3）轴线交点错位过大。

① 质量通病现象：桁架结构杆件轴线交点错位过大。

② 预防治理措施：按构件数抽查10%，且应不少于3个，每个抽查构件按节点数抽查10%，且应不少于3个节点。用量尺检查，桁架结构杆件轴线交点错位的允许偏差不得大于3.0mm。桁架结构杆件组装时，应严格按顺序组装。杆件之间的轴线要严格按照图纸对准。

3. 钢构件预拼装施工质量通病与防治

（1）钢构件预拼装变形：钢构件预拼装时发生变形。对此应严格按钢构件预拼装的工艺要求进行施工，不得马虎大意。

（2）构件起拱不准确：构件起拱数值大于或小于设计数值。对此应在制造厂进行预拼，严格按照钢结构构件制作允许偏差进行检验，如拼接点处角度有误，应及时处理；在小拼过程中，应严格控制累积偏差，注意采取措施消除焊接收缩量的影响；钢屋架或钢梁拼装时应按规定起拱，根据施工经验可适当增加施工起拱；根据拼装构件重量，对支顶点或支承架要经计算确定，否则焊后如造成永久变形则无法处理。

（3）拼装焊接变形：拼装构件焊接后，出现翘曲变形。对此，要求焊条的材质、性能与母材相符，且均应符合设计要求；拼装支承的平面应保证其水平度，并应符合支承的强度要求，不使构件因自重失稳下坠，造成拼装构件焊接处的弯曲变形；焊接过程中应采用正确的焊接规范，防止在焊缝及热影响区产生过大的受热面积，使焊后造成较大的焊接应力，导致构件变形；焊接时，还应采取相应的防变形措施。

（4）构件拼装后扭曲：构件拼装后，全长扭曲超过允许值。对此，从号料到剪切，对钢材及剪切后的零件应做认真检查。对于变形的钢材及剪切后的零构件应矫正合格，以防止以后各道工序积累变形；拼装时应选择合理的装配顺序，一般的原则是先将整体构件适当地分成几个部件，分别进行小单元部件的拼装，将这些拼装和焊完的部件予以矫正后，再拼成大单元整体。

（5）构件跨度不准确：构件跨度值大于或小于设计值。对此，由于构件制作偏差使起拱与跨度值发生矛盾时，应先满足起拱数值，为保证起拱和跨度数值准确，必须严格按照《钢结构工程施工质量验收规范》检查构件制作尺寸的精确度，小拼构件偏差必须在中拼时消除；构件在制作、拼装、吊装中所用的钢尺应统一；为防止跨度不准确，在制造厂应采用试拼办法解决。

9.5 钢结构安装

9.5.1 安装准备工作

【参考图文】

高层钢结构安装前的准备工作，主要包括编制施工方案、拟定技术措施、构件检查、安排施工设备及工具和材料、组织安装力量等。以下介绍钢结构所特有的准备工作。

1. 钢结构预检和配套

钢结构出厂前，制造厂应根据制作规范、规定及设计图的要求进行产品检验，填写质量报告，结构安装单位再在制造厂质量报告的基础上，根据构件性质分类，再进一步进行复检或检验。

钢构件预检的计量工具和标准应统一，质量标准也应统一，特别是对钢卷尺的标准要特别重视，有关单位（业主、土建、安装、制造厂）应各执统一标准的钢卷尺。结构安装单位对钢构件预检的项目，主要是与施工安装质量和工效直接有关的数据，如几何外形尺寸、螺孔大小和间距、预埋件的位置、焊接坡口、节点摩擦面、构件数量规格等。钢构件预检是项复杂而细致的工作，预检时尚需一定的条件，构件预检时间宜放在钢构件中转堆场配套进行。现场钢结构安装是根据规定的安装流水顺序进行的。钢构件必须按照安装流水顺序的需要供应构件，但制造厂的构件供应是分批进行的，同结构安装流水顺序不一致，故中间必须设置钢构件中转堆场用以调节。

中间堆场的作用是：

(1) 储存制造厂的钢构件；

(2) 根据安装流水顺序进行构件配套，组织供应；

(3) 对钢构件质量进行检查和修复，保证运送合格的构件到现场。

对中转堆场的要求如下：

(1) 应尽量接近施工现场；

(2) 应同市区道路相连接；

(3) 应符合运输车辆的运输要求；

(4) 要有电源、水源和排水管道；

(5) 场地应平整。

2. 钢柱基础检查内容

(1) 定位轴线检查；

(2) 柱间距检查；

(3) 单独柱基中心线检查；

(4) 柱基地脚螺栓检查；

(5) 基准标高检测。

柱基地脚螺栓的预埋方法，有直埋法和套管法。

3. 标高块设置及柱底灌浆

为控制钢结构上部结构的标高，在钢柱吊装以前，要根据钢柱预检结果，在柱基础表面浇筑标高块。标高块用无收缩砂浆制作，立模浇筑，其强度不小于30MPa，标高块表面须埋设厚度为16～20mm的钢面板，浇筑标高块之前基础表面应凿毛，以增强黏结力。

待第一节钢柱吊装、校正和锚固螺栓固定后，要进行底层钢柱的柱底灌浆。灌浆前应在钢柱底板四周立模板，用水清洗基础表面，排除多余水后灌浆。灌浆用砂浆基本上保持自由流动，灌浆从一边进行，连续灌注。灌浆后应用湿草包或麻袋等进行遮盖养护。

4. 钢构件现场堆放

按照安装流水顺序由中转堆场配套运入现场的钢构件，应利用现场的装卸机械尽量将其就位到安装机械的回转半径内。由运输造成的杆件变形，在施工现场要加以矫正。

5. 安装机械的选择

高层钢结构安装都用塔式起重机，要求其臂杆长度具有足够的覆盖面；要求其具有足够的起重能力，能满足不同部位构件的起吊要求；钢丝绳容量要满足起吊高度要求；起吊速度应有足够档次，以满足安装需要；多机作业时，臂杆要有足够的高差。

6. 安装流水段的划分

高层钢结构安装，需按照建筑物平面形状、结构形式、安装机械数量和位置等划分流水段。平面流水段划分，应考虑钢结构安装过程中的整体性和对称性，安装顺序一般由中央向四周扩展，以减少焊接误差；立面流水段划分，以一个钢柱高度内所有构件作为一个流水段。

9.5.2 钢结构构件安装与校正

钢结构高层建筑的柱多为3～4层一节，节与节之间用坡口焊连接。

在吊装第一节柱时，应在预埋的地脚螺栓上加设保护套管；柱吊装前应预先在地面上把操作吊篮、爬梯等固定在施工需要的柱部位上。钢柱的吊点在吊耳处，根据钢柱的重量和起重机的起重量，钢柱的吊装可用双机抬吊或单机吊装。单机吊装以回转法起吊，柱根垫以垫木，严禁柱根拖地；而双机抬吊是指钢柱吊离地面后，在空中进行回直。

【参考视频】

钢柱就位后，先调整标高，再调整轴线，最后调整垂直度。为控制安装偏差，对高层钢结构先确定标准柱。标准柱是指能控制框架平面轮廓的少数柱，一般选择平面轮廓的转角柱为标准柱，正方形框架取四根转角柱，矩形框架当长短边之比大于2时取六根柱，多边形框架则取转角柱为标准柱。一般取标准柱的柱基中心线为基准点，用激光铅直仪以基准点为依据对标准柱的垂直度进行观测，于柱顶固定有测量目标。为使激光束通过，在激光仪上方的金属或混凝土楼板上都需固定一个小钢管，激光仪设在地下室底板上的基准点处。除标准柱外，其他柱的误差量测通常不用激光仪器，而用常规测量法。

每安装一节钢柱后，对柱顶进行一次标高实测，标高误差超过6mm时需进行调整，多以低碳钢板垫到规定要求。钢柱轴线位移的校正，以下节钢柱顶部的实际柱中心线为准，安装钢柱的底部对准下节钢柱的中心线即可。安装楼层压层钢板时，先在梁上画出压层钢板铺放的位置线，铺放时要对正相邻两排压型钢板的端头波形槽口，以便钢筋能顺利通过。

在每一节柱的全部构件安装、焊接、拴接完成并验收合格后，才能从地面控制轴线引测上一节柱的定位轴线。

9.5.3 钢结构构件的连接施工

对连接的基本要求是：应提供设计要求的约束条件；应有足够的强度和规定的延性；制作与施工方便。

目前钢结构的现场连接，主要用高强度螺栓连接及电焊连接。钢柱多为坡口焊连接，梁与柱、梁与梁的连接视约束要求而定，有的用高强度螺栓，有的则坡口焊和高强度螺栓共用。

1. 钢结构构件焊接工艺

(1) 高层钢结构焊接顺序：焊接顺序的正确确定，能减少焊接变形，保证焊接质量。一般情况下应从中心向四周扩展，采用结构对称、节点对称的焊接顺序。

立面的一个流水段的焊接顺序是：①上层主梁压型钢板；②下层主梁压型钢板；③中层主梁压型钢板；④上、下柱焊接。

(2) 焊接的准备工作。

① 焊条烘焙：钢结构焊接要正确选择焊条，其取决于结构所用钢材的种类。对于已变质、吸潮、生锈、脏污和涂料剥落的焊条，不准采用。焊条和粉芯焊丝使用前，必须按质量要求进行烘焙。焊条在使用前应在300～350℃的烘箱内烘焙1h，然后在100℃温度下恒温保存。焊接时从烘箱内取出焊条，放在具有120℃保温功能的手提式保温箱内带到焊接部位，随用随取，要在4h内用完，超过4h则焊条必须重新烘焙。

② 气象条件：当电焊直接受雨雪影响时，原则上应停止作业；当焊接部位附近的风速超过10m/s时，原则上不进行焊接。

③ 坡口检查：焊前应对坡口组装的质量进行检查，若误差超过允许误差，则应返修后再焊接；焊前应对坡口进行清理，去除对焊接有妨碍的水分、垃圾、油污和锈蚀等。

④ 垫板和引弧板：坡口焊均用垫板和引弧板，目的是使底层焊接质量有保证。引弧板可保证正式焊缝的质量，避免起弧和收弧时对焊接件增加初应力和产生缺陷。垫板和引弧板均用低碳钢制作，间隙过大的焊缝宜用紫铜板。垫板尺寸一般厚6～8mm、宽50mm，引弧板长50mm左右，引弧长30mm。

(3) 焊接工艺。

① 预热：普通低碳结构钢当厚度大于34mm和低合金结构钢厚度不小于30mm，或工作地点温度低于0℃时，应进行预热。

② 焊接：柱与柱的对接焊，应由两名焊工在两个相对面等温、等速地对称焊接；加引弧板时，先焊第一个两相对面，焊层不宜超过4层，然后切割引弧板，清理焊缝表面，再焊第二个两相对面，焊层可达8层，再换焊第一个两相对面，如此循环，直到焊满整个焊缝。

(4) 焊接质量检验：钢结构焊缝质量检验分为三级：一级检验的要求是全部焊缝进行

外观检查和超声波检查，焊缝长度的2%进行X光的检查，并至少有一张底片；二级检验的要求是全部焊缝进行外观检查，并有50%的焊缝长度进行超声波检查；三级检验的要求是全部焊缝进行外观检查。

钢结构高层的焊缝质量检验属于二级检验。焊缝除全部进行外观检查外，超声波检查的数量可按层而定。

2. 钢结构构件高强度螺栓连接工艺

(1) 高强度螺栓连接副：高强度螺栓连接副包括一个螺栓、一个螺母和一个垫圈。摩擦型连接在荷载设计值下，以连接件之间产生相对滑移，作为其承载能力的极限状态；承压型连接在荷载设计值下，以螺栓或连接件达到最大承载能力，作为承载能力极限状态。

承压型连接不得用于直接承受动力荷载的构件连接、承受反复荷载作用的构件连接和冷弯薄壁型钢构件连接。故高层钢结构中均应用摩擦型连接。摩擦型连接在环境温度为100～150℃时，设计承载力应降低10%。

(2) 高强度螺栓连接施工。

① 高强度螺栓连接副的验收与保管。高强度螺栓连接副应按批配套供应，并须有出厂质量保证书；运至工地的扭剪型高强度螺栓连接副应及时检验其螺栓楔负载、螺母保证荷载、螺母及垫圈硬度、连接副的紧固轴力平均值和变异系数，检查结果应符合有关规定。

② 高强度螺栓连接构件栓孔的加工。高强度螺栓的栓孔应钻孔成形，孔边无飞边、毛刺；连接处板叠上所有的螺栓孔，均用量规检查，凡量规不能通过的孔，须经施工图编制单位同意后进行扩孔或在补焊后重新钻孔。

③ 高强度螺栓连接副的安装和紧固。安装高强度螺栓时，应用尖头撬棒及冲钉对正上下或前后连接板的螺孔，将螺栓自由投入。临时用螺栓可用普通螺栓或冲钉。高强度螺栓施工时，先在余下的螺孔投满高强度螺栓，并用扳手拧紧，然后将临时螺栓逐一换成高强度螺栓，并用扳手拧紧。在同一连接面上，高强度螺栓应按同一方向投入，应顺畅穿入孔内，不得强行敲打。

大六角头高强度螺栓、扭剪型高强度螺栓的拧紧可分为初拧、终拧，大型节点应分为初拧、复拧、终拧。高强度螺栓的初拧、复拧、终拧应在一天内完成，螺栓拧紧按一定顺序进行，一般应由螺栓群中央向外顺序拧紧。

④ 高强度螺栓连接副的施工质量检查与验收，应符合相关规范。

9.5.4 压型钢板安装

早在20世纪30年代，人们就认识到压型钢板与混凝土楼板组合结构具有省时、节力、经济效益好的优点，到20世纪50年代，第一代压型钢板在市场上出现。

20世纪60年代前后，欧美、日本等国多层和高层建筑大量兴起，开始使用压型钢板作为楼板的永久性模板和施工平台，随后人们很自然地想到在压型钢板表面做些凹凸不平的齿槽，使它和混凝土黏结成一个整体共同受力，此时压型钢板可以代替或节省楼板的受力钢筋，其优越性很大。

组合板的试验和理论逐渐有了新进展，特别是在高层建筑中，广泛地采用了压型钢板组合楼板。日本、美国和欧洲一些国家对此制定了相关规程。中国对组合楼板的研究和应用出现在20世纪80年代以后，与国外相比起步较晚，主要是由于当时中国钢材产量较低，薄卷材尤为紧缺，成型的压型钢板和连接件等配套技术未得到开发。近年来由于新技术的引进，组合楼板技术在中国已走向成熟。

高层钢结构的楼盖，一般多采用压型钢板与现浇钢筋混凝土叠合层组合而成，如图9.23所示。它既是楼盖的永久性支撑模板，又与现浇楼层共同工作，是建筑物的永久组成部分。

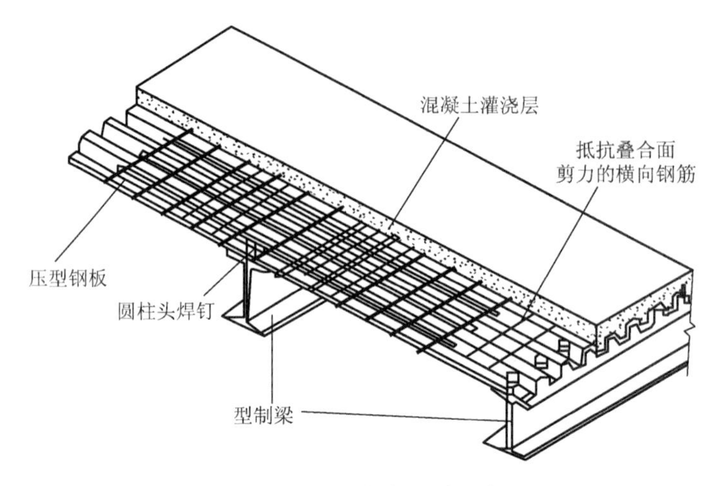

图9.23 压型钢板组合楼板

1. 压型楼板的特点

(1) 由于压型板轻便，易于搬运和架设，可大大缩短安装时间，又因压型板不需拆卸，工地劳动力可减少。

(2) 与木模相比，压型钢板施工时发生火灾的可能性大为减少。

(3) 压型钢板便于铺设通信、电力、通风、采暖等管线，还能敷设保温、隔声、隔热、隔振材料；压型钢板表面可直接做顶棚，若需吊顶，可在压型钢板槽内固定吊顶挂钩，使用十分方便。

(4) 在多高层建筑中采用压型钢板，有利于推广多层作业，可大大加快工程进度。

(5) 压型钢板的运输、储存、堆放和装卸都极为方便。

(6) 压型钢板和混凝土通过叠合板的黏结作用而形成整体，从而使压型钢板起到了混凝土楼板受拉钢筋的作用。施工中，压型钢板还可起到增强支承钢梁侧向稳定的作用。

2. 压型楼板的构造

(1) 压型钢板。组合板中采用的压型钢板净厚度不小于0.75mm，最好控制在1.0mm以上。为便于浇筑混凝土，要求压型钢板平均槽宽不小于50mm，当在槽内设置圆柱头焊钉时，压型钢板总高度（包括压痕在内）不应超过80mm。组合楼板中压型钢板外表面应有保护层，以防御施工和使用过程中大气的侵蚀。

(2) 配筋要求。以下情况组合板内应配置钢筋：连续板或悬臂板的负弯矩区，应配置纵向受力钢筋；在较大集中荷载区段和开洞周围，应配置附加钢筋；当防火等级较高时，可配置附加纵向受力钢筋；为提高组合板的组合作用，光面开口压型钢板应在剪跨区（均

布荷载在板两端 $L/4$ 范围内）布置直径为 6mm、间距为 150～300mm 的横向钢筋，纵肋翼缘板上焊缝长度不小于 50mm；组合板应设置分布钢筋网，分布钢筋两个方向的配筋率不宜少于 0.002。

（3）混凝土板裂缝宽度。连续组合板负弯矩的开裂宽度，室内正常环境下不应超过 0.3mm，室内高温度环境或露天时不应超过 0.2mm。连续组合板按简支板设计时，支座区的负钢筋断面不应小于混凝土截面的 0.2%；抗裂钢筋的长度从支承边缘起，每边长度不应小于跨度的 1/4，且每米不应少于 5 根。

（4）组合板厚度。组合板总厚度 h 不应小于 90mm，压型钢板翼缘以上混凝土厚度 h_c 不应小于 50mm。支撑于混凝土或砌体上时，支撑长度分别为 100mm 和 75mm；支撑于钢梁上的连续板或搭接板，最小支撑长度为 75mm。

3. 材料与工具

（1）压型钢板分类。

压型钢板分为开口式与封闭式，如图 9.24 所示。开口式分为无痕、静压痕和带加劲肋，其中静压痕又分带加劲肋、上翼压痕和腹板压痕；封闭式分为无痕、带压痕、带加劲肋和端头锚固四种。

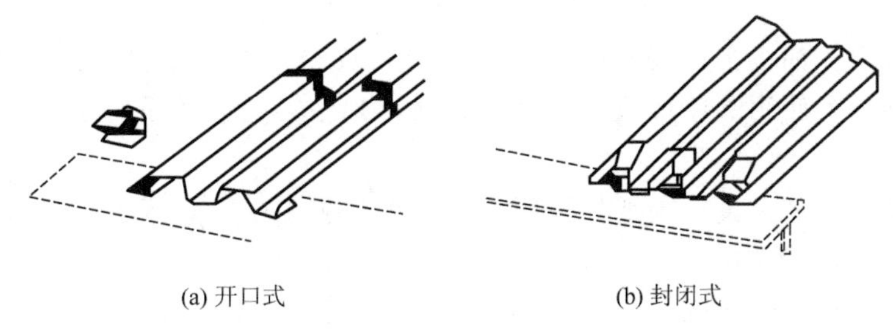

(a) 开口式　　(b) 封闭式

图 9.24　压型钢板

（2）配件与辅助材料。

① 抗剪连接件，包括栓钉、槽钢和弯筋。栓钉的端部镶嵌脱氧和稳弧焊剂，成品的外形如图 9.25 所示。

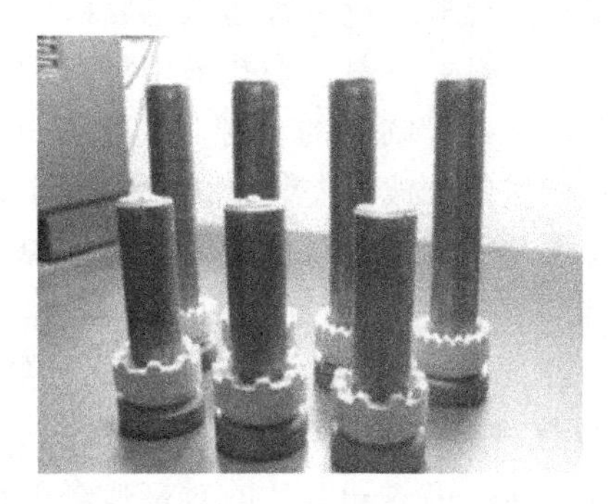

图 9.25　栓钉

栓钉是组合楼板的剪力连接件，楼面的水平荷载通过它传递到梁、柱、框架，所以又称剪力螺钉，其规格、数量按楼板与钢梁连接处的剪力大小确定。栓钉应与钢梁牢固焊接，焊接采用栓钉焊机。

栓钉材质为优质 DL 钢或 ML15 号钢。栓钉直径按下列规定采用：板跨＜3m，栓钉直径宜取 13～16mm；3m≤板跨≤6m，栓钉直径宜取 16～19mm；板跨＞6m，栓钉直径宜取 19mm。

② 配件包括堵头板和封边板。

③ 焊接瓷环是栓钉焊一次性辅助材料，其作用是使熔化金属成形，焊水不外溢，起铸模作用；令熔化金属与空气隔绝，防止氧化；集中电弧热量，并使焊肉缓冷；释放焊接中有害气体，屏蔽电弧光与飞溅物；充当临时支架。

4. 施工工艺

(1) 施工前应绘制压型钢板平面布置图，在图上注明柱、梁和压型钢板相互关系尺寸与连接方法，尽可能减少在现场的切割工作量。

(2) 根据压型钢板平面布置图，统计好板的型号、规格及数量，以便制造厂按订货单准确地生产。

(3) 铺设前的准备工作：铺设前要认真清扫钢梁顶面的杂物，并对有弯曲和扭曲的压型钢板进行矫正，使板与钢梁顶面的最小间隙控制在 1mm 以下，以保证焊接质量。

(4) 结构防锈：除焊接部位附近和灌注混凝土接触面等处外，均应事先做好防锈处理。

(5) 板的敷设：铺板工作按板的布置图进行，首先在梁上用墨线标出每块板的位置，将运来的板按型号和使用顺序堆放好，并按墨线排列在梁上，然后对切口、开洞的板做补强处理。

(6) 板的临时支撑：设计图纸如注明压型钢板在施工中需设置临时支撑时，在压型钢板安装以后，就应设置支撑。

(7) 浇灌混凝土：铺设的压型钢板即成为施工模板，在板上直接绑扎钢筋，浇灌混凝土。

1) 压型钢板安装

(1) 压型钢板安装工艺流程如图 9.26 所示。

(2) 施工工序：钢结构主体验收合格→搭设支顶桁架→压型钢板安装焊接→栓钉焊接→封板焊接→交验后设备管道、电路线路施工→钢筋绑扎→混凝土浇筑。

(3) 施工要点：下料、切孔采用等离子弧切割机操作，严禁采用乙炔氧气切割；大孔四周应补强；须搭设临时的支顶架，由施工设计确定，待混凝土达到一定强度后方可拆除；压型钢板按图纸放线安装、调直、压实并对称点焊，要求波纹对直，以便钢筋在波内通过，并要求与梁搭接在凹槽处，以便施焊。

2) 栓钉焊接

电弧栓钉焊是将特制的栓钉在极短的时间内（0.2～1.2s）通过大电流（200～2000A），直接将栓钉的全面积焊到工件上，其焊接接头效率高、质量可靠、应力分布合理，是一种优质、高效和低耗的对接弧焊工艺。栓钉焊接工艺流程如图 9.27 所示。

(1) 焊接前应检查栓钉质量。栓钉应无皱纹、毛刺、发裂、扭歪、弯曲等缺陷。但栓钉头部径向裂纹和开裂不超过周边至钉体距离的一半，则可以使用。

(2) 施焊前应防止栓钉锈蚀和油污，母材应进行清理后方可焊接。

(3) 栓钉焊分两种：栓钉直接焊在工件上的为普通栓钉焊；栓钉在引弧后先熔穿具有

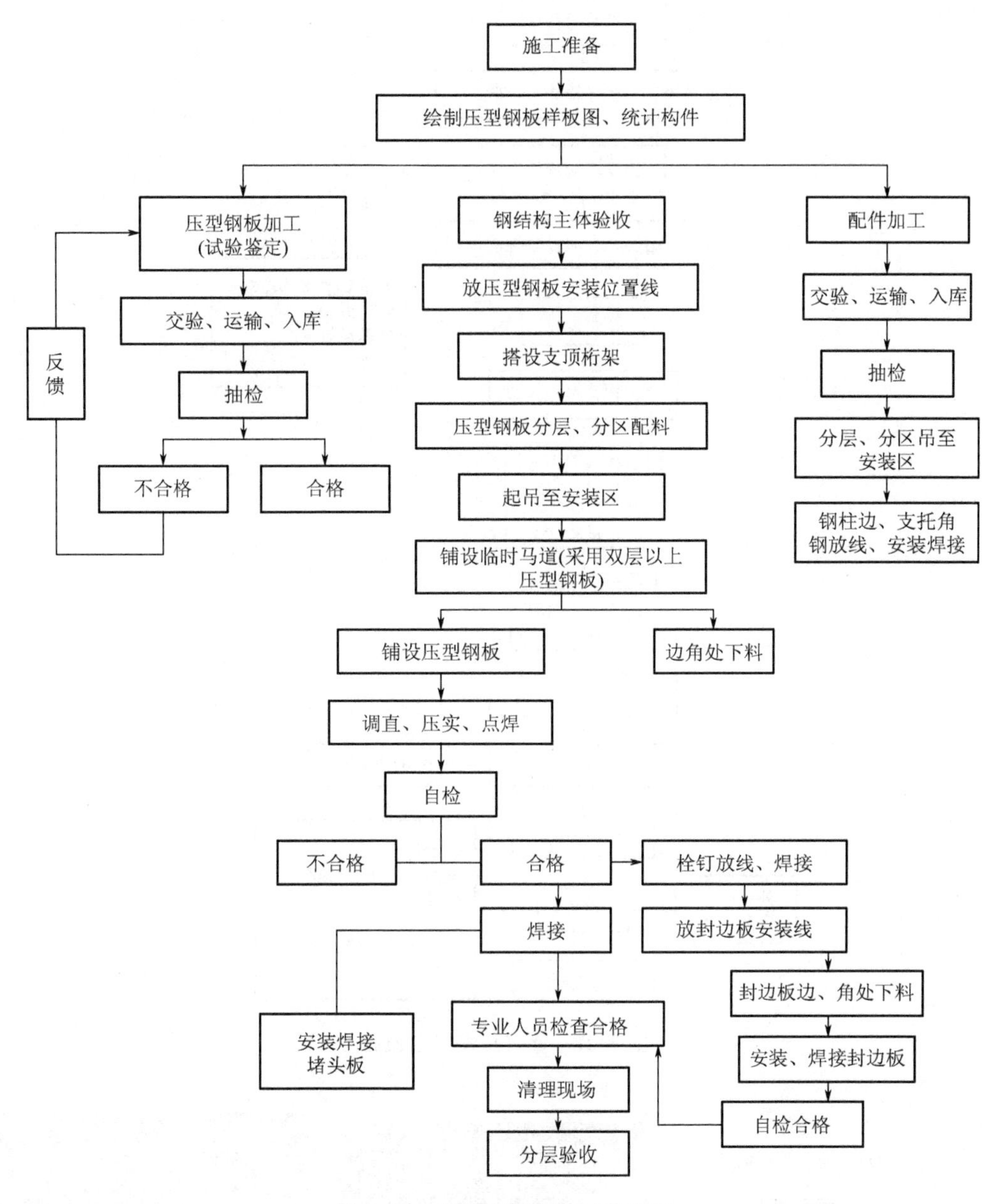

图 9.26　压型钢板安装工艺流程

一定厚度的薄钢板，然后再与工件熔成一体的为穿透栓钉焊，简称穿透焊，如图 9.28 所示。穿透焊对瓷环强度及热冲击性能要求较高。禁止使用受潮瓷环，当受潮后，要在 250℃温度下烘焙 1h，中间放潮气后使用。对瓷环尺寸有许多要求，其中关键的一是支撑焊枪平台的高度，二是瓷环中心钉孔的直径与椭圆度，而瓷环产品的质量好坏，直接影响栓焊的质量。

(4) 栓钉在施焊前必须经过严格的工艺参数试验，对不同厂家、批号、不同材质及焊接设备的栓焊工艺，均应分别进行试验后确定工艺。

栓钉焊工艺参数，包括焊接形式、焊接电压与电流、栓焊时间、栓焊伸出长度、栓钉

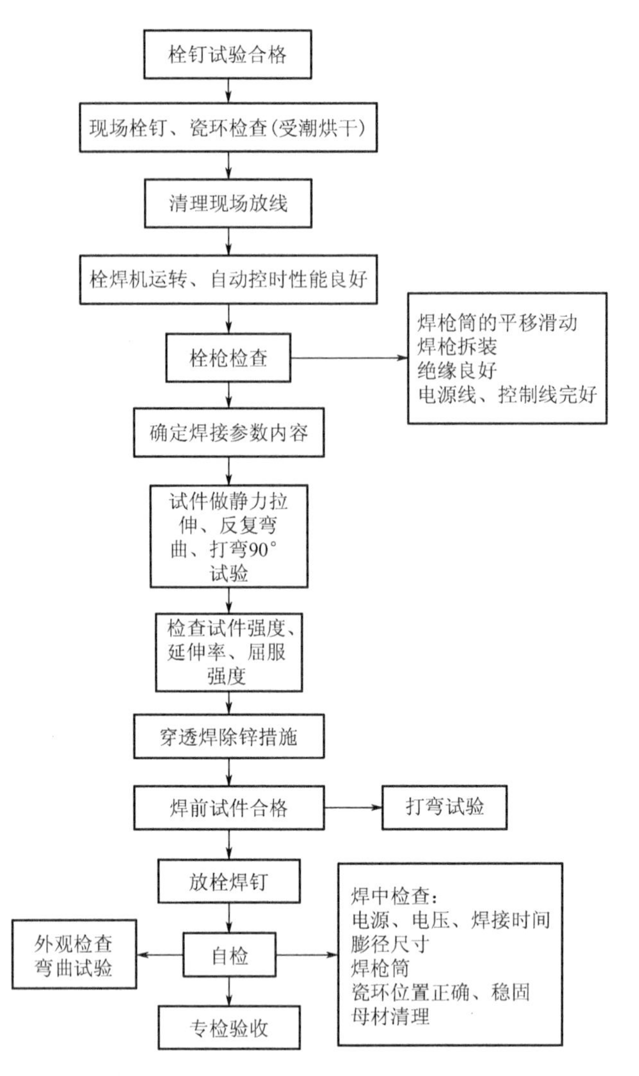

图 9.27　栓钉焊接工艺流程

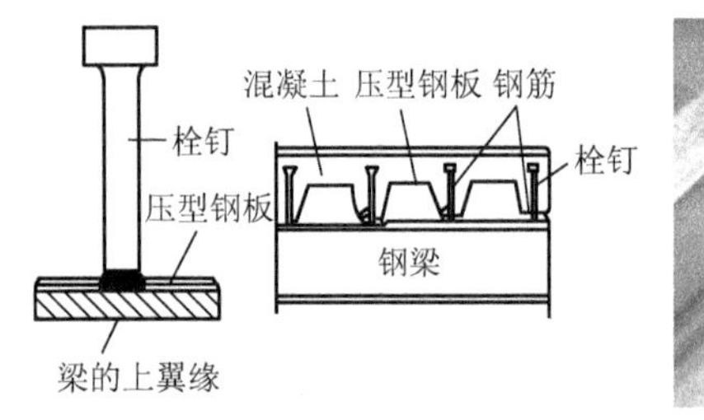

图 9.28　栓钉穿透焊

回弹高度、阻尼调整位置；在穿透焊中还包括压型钢板的厚度、间隙和层次。

栓焊工艺试件经过静拉伸、反复弯曲和打弯试验合格后，现场操作时还需根据电缆线的长度、施工季节、风力等因素进行调整。当压型钢板采用镀锌钢板时，应采用相应的除锌措施后（氧、乙炔焰）焊接。

（5）栓钉的机械性能和焊接质量鉴定，均由厂家负责或由厂家委托专门试验机构承担。

（6）栓焊质量检查方法如下。

① 外观检查：焊接良好的栓钉，成形焊肉周围360°根部高度大于1mm，宽度大于0.5mm，表面光洁，栓钉高度差小于±2mm，没有可见咬肉和裂纹等焊接缺陷。外观不合格者应打掉重焊或补焊。在有缺陷一侧做打弯检查。

② 弯曲检查：是现场主要检查方法。用锤敲击栓钉使其弯曲，偏离母材法向方向30°角。敲击目标为焊肉不足的栓钉或经锤击发出间隙声的栓钉。弯曲方向与缺陷位置相反，如被检栓钉未出现裂纹和断裂，即为合格。抽检数为1%。不合格栓钉应一律打掉重焊或补焊。

穿透焊栓钉焊接缺陷及处理方法如下。

① 未熔合：栓钉与压型钢板金属部分未熔合，应加大电流增加焊接时间。

② 咬边：栓焊后压型钢板甚至钢梁被电弧烧穿缩颈。原因是电流大、时间长，要调整焊接电流及施焊时间。

③ 磁偏吹：由于使用直流焊机电流过大造成。应将地线对称接在工件上，或在电弧偏向的反方向放一块铁板，改变磁力线的分布。

④ 气孔：焊接时熔池中气体未排出而形成。原因是板与梁有间隙、瓷环排气不当、焊件上有杂质在高温下分解成气体等。应减小上述间隙，做好焊前清理。

⑤ 裂纹：在焊接的热影响区产生裂纹及焊肉中存在裂纹。原因是焊件的质量问题、压型钢板除锌不彻底或低温焊接等。解决的方法是，彻底除锌，焊前做栓钉的材质检验；温度低于－10℃时要预热焊接，低于－18℃时停止焊接，下雨雪时停止焊接。当温度低于0℃时，要求在每100枚钉中打弯两根试验的基础上，再加上一根，不合格者停焊。

为了保证栓钉焊接质量，栓焊工必须经过专门技术培训和试件考核，其试焊件经过拉伸、打弯等试验合格后，经有关部门批准方可上岗。

9.6 钢管混凝土与型钢混凝土

早在19世纪80年代，钢管混凝土结构就已经出现。如1879年英国赛文（Severn）铁路桥的建造中采用了钢管桥墩，在钢管中灌了混凝土以防止内部锈蚀并承受压力。苏联乌拉尔的伊谢特铁路桥采用钢管混凝土构件做拱形桁架的上弦和上部建筑的柱子，省钢25%。1961年比利时建造船坞时，采用钢管混凝土构件做桁架的压杆和立柱，比钢结构节省钢材40%。我国钢管混凝土结构技术的开发和应用已有近40年的历史。1966年钢管混凝土结构应用于北京地铁车站工程，20世纪70年代又在单层工业厂房、重型构架中得到了成功的应用。近10年来，随着国家经济的迅猛发展，钢管混凝土结构在我国的高层建筑工程、地铁车站工程和大跨度桥梁工程中得到了卓有成效地应用，推动了建造技术的发展。

9.6.1 钢管混凝土

钢管混凝土是在劲性钢筋混凝土和螺旋钢筋混凝土的基础上演变和发展起来的，是由混凝土填入钢管内而形成的一种新型组合结构。钢管混凝土利用钢管和混凝土两种材料在受力过程中的相互作用，即钢管对混凝土的约束作用使混凝土处于复杂的应力状态之下，使混凝土的强度得以提高。同时，由于混凝土的存在可以避免或延缓钢管发生局部屈曲，保证其材料性能的充分发挥。钢管混凝土结构按照截面形式的不同，可以分为矩形钢管混凝土结构、圆钢管混凝土结构和多边形钢管混凝土结构等，其中矩形钢管混凝土结构和圆钢管混凝土结构应用较广，如图 9.29 所示。

【参考图文】

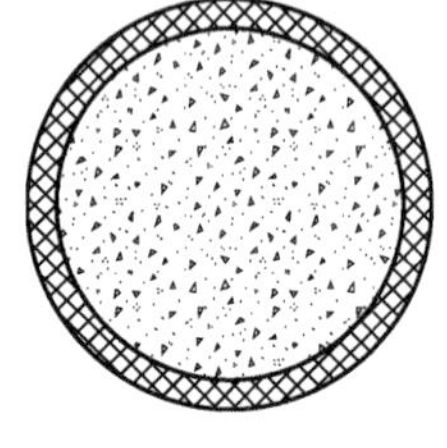
(a) 圆钢管

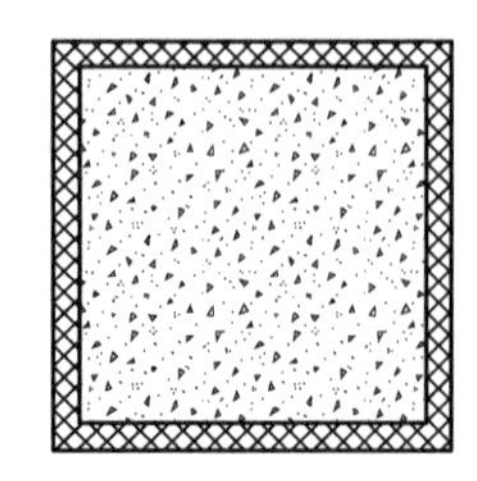
(b) 矩形钢管

图 9.29 钢管混凝土结构

1. 钢管混凝土结构的特点

(1) 承载力高，塑性及韧性好。钢管混凝土柱中，钢管对其内部混凝土的约束作用使混凝土处于三向受压状态，提高了混凝土的抗压强度；钢管内部的混凝土又可以有效地防止钢管发生局部屈曲。研究表明，钢管混凝土柱的承载力高于相应的钢管柱承载力和混凝土柱承载力之和。钢管和混凝土之间的相互作用，使钢管内部混凝土的破坏由脆性破坏转变为塑性破坏，构件的延性明显改善，耗能能力大大提高，因而具有优越的抗震性能。

(2) 施工方便，工期缩短。钢管混凝土结构施工时，钢管可以作为劲性骨架承担施工阶段的施工荷载和结构重量，施工不受混凝土养护时间的影响；由于钢管混凝土内部没有钢筋，便于混凝土的浇筑和捣实；钢管混凝土结构施工时，不需要模板，既节省了支模、拆模的材料和人工费用，也节省了时间。

(3) 耐火性能较好。由于钢管内填有混凝土，能吸收大量的热能，因此遭受火灾时管柱截面温度场的分布很不均匀，增加了柱子的耐火时间，可减慢钢柱的升温速度，并且一旦钢柱屈服，混凝土可以承受大部分的轴向荷载，防止结构倒塌。组合梁的耐火能力也会提高，因为钢梁的温度会从顶部翼缘把热量传递给混凝土而降低。经实验统计数据表明：达到一级耐火 3h 要求下，和钢柱相比可节约防火涂料 1/3～2/3 甚至更多，随着钢管直径增大，节约涂料相对值也增多。

(4) 钢管本身作为耐侧压的模板，在浇筑混凝土时可省去支模和拆模工作。

(5) 经济效果好。钢管混凝土作为一种较合理的结构形式，可以很好地发挥钢材和混凝土两种材料的特性和潜力，使材质得到更充分、合理的应用，因此，钢管混凝土具有良好的经济效果。大量工程实际表明：采用钢管混凝土的承压构件，比普通钢筋混凝土承压构件约可节省混凝土 50%，减轻结构自重 50% 左右，钢材用量略高或大致相等；而同钢结构相比，可以节省钢材 50%左右。

2. 钢管混凝土结构的主要应用

1）高层建筑工程

在高层建筑结构中，钢管混凝土柱具有很大的优势，因其具有承载力高、抗震性能好的特点，既可以取代钢筋混凝土柱，解决高层建筑结构中普通钢筋混凝土结构底部的“胖柱”问题和高强钢筋混凝土结构中柱的脆性破坏问题，也可以取代钢结构体系中的钢柱，以减少钢材用量，提高结构的抗侧移刚度。钢管混凝土构件的自重较轻，可以减小基础的负担，降低基础的造价。全部采用钢管混凝土柱的工程可以采用“全逆作法”或“半逆作法”进行施工，从而加快施工进度；钢管混凝土柱的钢材厚度较小，取材容易、价格低，其耐腐蚀和防火性能也优于钢柱。钢管混凝土柱不易倒塌，即使损坏，修复和加固也比较容易。

2）大跨度桥梁工程

随着经济的迅速发展，需要建造能够跨越江河、海湾和山谷的既安全、经济又轻盈美观的大跨度桥梁。在我国，钢管混凝土已经被广泛地应用于拱桥结构中，也开始应用于斜拉桥结构中。在拱桥结构中，钢管混凝土构件主要用来承受轴向压力，因拱桥的跨度很大时，拱肋将承受很大的轴向压力，采用钢管混凝土构件是非常合理的。另外，钢管可以作为桥梁安装架设阶段的劲性骨架和灌注混凝土的模板。因此，钢管混凝土被认为是建造大跨度拱桥的一种比较理想的复合结构材料。自1990年在四川省旺苍县建成跨度为115m的我国第一座钢管混凝土拱桥以来，我国已经建成了100多座钢管混凝土拱桥，其中跨度在100m以上的就有30多座，尤其是重庆市万县长江公路大桥，跨度达到420m，一跨过江。经过多年的实践，我国在钢管混凝土拱桥建设上已经积累了丰富的经验，形成了一套较为完整的钢管混凝土拱桥建造技术。

3）地铁车站工程

地铁车站是我国最早采用钢管混凝土结构的工程项目。早期的地铁车站是深埋地下的多跨结构，用明挖法施工；采用钢管混凝土柱主要是利用其承载力高的特点，以减小柱子的截面尺寸，有效地利用空间。近年来，在城市中心地区修建的地铁车站多为浅埋式的、具有综合功能的多层地下建筑，采用盖挖逆作法施工，以尽量减少对城市正常生活的干扰以及对地面交通和邻近建筑的影响。盖挖逆作法是先施工地下结构的顶盖，在顶盖的保护下进行开挖，按照从顶到底的顺序进行施工，为此必须在土方开挖前设置好顶盖的中间支撑柱，而钢管混凝土柱将施工阶段的临时柱和结构的永久柱合二为一，因此是最好的选择。从20世纪90年代以来，如北京地铁的复八线工程中即采用盖挖逆作法建成了“天安门东站”“大北窑站”和“永安里站”，南京地铁的“三山街站”也采用了盖挖逆作法进行施工。

4）单层和多层工业厂房柱

单层工业厂房的柱属于偏心受压构件，为了充分发挥钢管混凝土结构的特点，很多工程中的柱子设计成格构式组合柱，如双肢柱、三肢柱和四肢柱，把偏心弯矩转变为轴心力。如1972年建成的本溪钢铁公司二炼钢轧辊钢锭模车间采用了四肢柱，1980年建成的太原钢铁公司第一轧钢厂第二小型厂的下柱采用双肢柱，1982年建成的吉林种子处理车间采用了三肢柱，1980年建成的武昌造船厂船体结构车间采用了四肢柱。与钢筋混凝土柱和普通钢柱相比，钢管混凝土组合柱显得特别轻巧，节约钢材，施工简便，同时刚度好。单层工业厂房中采用钢管混凝土柱时，钢管中混凝土的浇筑可以在全部主体结构安装完成后进行，所以大大缩短了工期。如 1992 年建成的哈尔滨建成机械厂大容器车间，从破土动工到竣工只用了 15.5 个月；同年该厂又建成了容罐式汽车车间，主体结构的施工仅用了半年时间。20 世纪 80 年代初，我国开始在多层工业厂房中采用钢管混凝土柱。多层工业厂房柱基本为偏心受压单管柱，如 1984 年建成的上海特种基础科研所的科研楼、1985 年建成的柳州水泥厂窑尾加热车间。

3. 节点构造

钢管混凝土结构各部件之间的相互连接，以及钢管混凝土结构与其他结构（钢结构、钢筋混凝土结构等）构件之间的相互连接，至关重要。连接构造应做到构造简单、整体性好、传力明确、安全可靠、节约材料和施工方便。其核心问题是如何保证可靠地传递内力。

1）一般规定

（1）焊接管必须采用坡口焊，并满足Ⅱ级质量检验标准，达到焊缝与母材等强度的要求。

（2）钢管接长时，如管径不变，宜采用等强度的坡口焊缝，如图 9.30(a) 所示；如管径改变，可采用法兰盘和螺栓连接，如图 9.30(b) 所示，同样应满足等强度要求。法兰盘用一带孔板，使管内混凝土保持连续。

（3）钢管在现场接长时，尚应加焊必要的定位零件，确保几何尺寸符合设计要求。

2）框架节点

（1）根据构造和运输要求，框架柱长度宜按 12m 或三个楼层分段。分段接头位置宜靠近反弯点位置，且不宜出楼面 1m 以上，以利现场施焊。

（2）为增强钢管与核心混凝土的共同受力性，每段柱子的接头处，在下段柱端宜设置一块环形封顶板，如图 9.31 所示。封顶板厚度，当钢管厚度 $t \leqslant 30$mm 取 12mm，当 $t>30$mm 取 16mm。

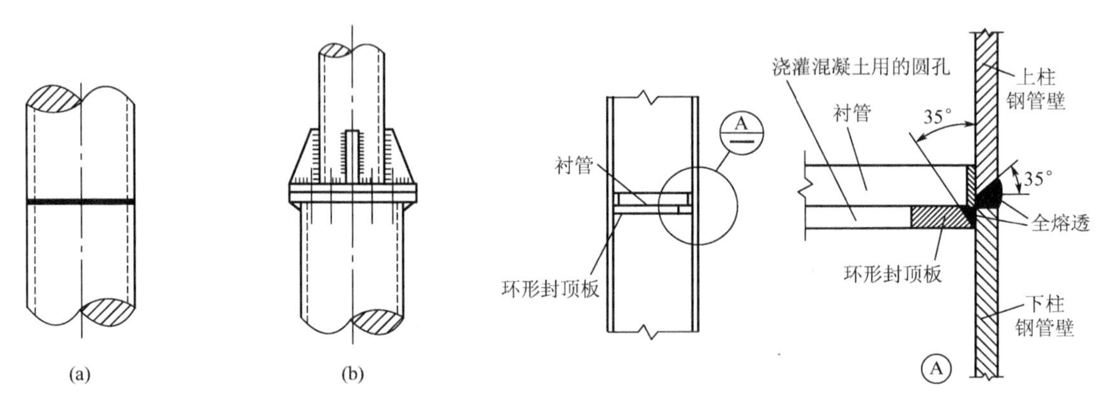

图 9.30 钢管接长

图 9.31 柱接头封顶板

（3）框架柱和梁的连接节点，除节点内力特别大，对结构整体刚度要求很高的情况外，不宜有零部件穿过钢管，以免影响管内混凝土的浇灌。

（4）梁柱连接处的梁端剪力可采用下列方法传递。

① 对于混凝土梁，可用焊接于柱钢管上的钢牛腿来实现，如图 9.32(a) 所示；牛腿的腹板不宜穿过管心，以免妨碍混凝土的浇筑，如必须穿过管心时，可先在钢管壁上开槽，将腹板插入后，以双面贴角焊缝封固。

② 对于钢梁，可按钢结构的做法，用焊接于钢柱上的连接腹板来实现，如图 9.32(b) 所示。

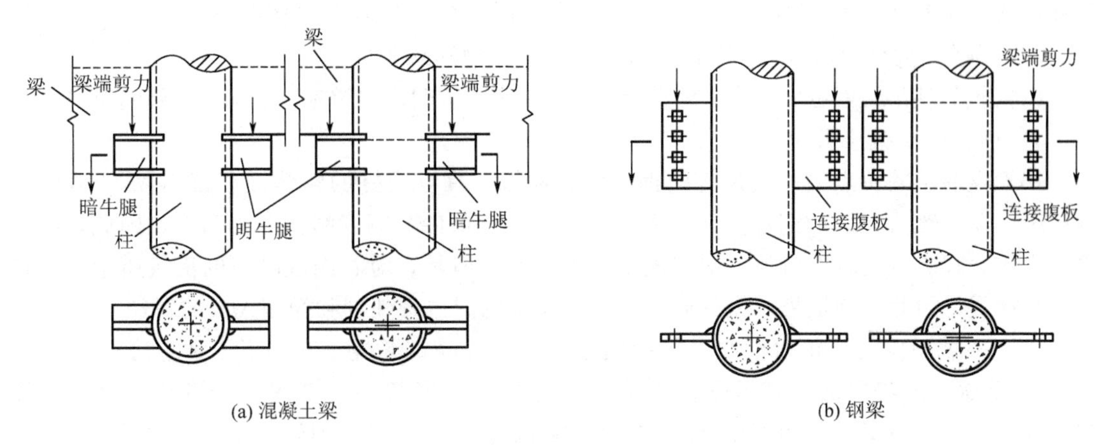

(a) 混凝土梁　　(b) 钢梁

图 9.32　传递剪力的梁柱连接

4. 钢管混凝土结构施工

1）钢管制作

(1) 按设计施工图要求，由工厂提供的钢管应有出厂合格证。由施工单位自行卷制的钢管，其钢板必须平直，不得使用表面锈蚀或受过冲击的钢板，并应有出厂证明书或实验报告单。

(2) 采用卷制焊接钢管，焊接时长直焊缝与螺旋焊缝均可。卷管方向应与钢板压延方向一致。卷管内径对 Q235 钢不应小于钢板厚度的 35 倍，对 Q345 钢不应小于钢板厚度的 40 倍。卷制钢管前，应根据要求将板端开好坡口，坡口端应与管轴严格垂直。

2）钢管柱的拼接组装

(1) 钢管或钢管格构柱的长度，可根据运输条件和吊装条件确定，一般以不长于 12m 为宜，也可根据吊装条件，在现场拼接加长。

(2) 钢管对接时，应严格保持焊后管肢的平直，焊接时，除控制几何尺寸外，还应注意焊接变形对肢管的影响，焊接宜采用分段反向顺序，分段施焊应保持对称。肢管对接间隙宜放大 0.5～2.0mm，以抵消收缩变形。

(3) 焊接前，对小直径钢管可以采用电焊定位；对大直径钢管，可另用附加钢筋焊于钢管外壁作临时固定，固定点的间距可取 300mm 左右，且不得少于 3 点。钢管对接焊接过程中，如发现电焊定位处的焊缝出现微裂缝，则该微裂缝部位须全部铲除重焊。

(4) 为确保连接处的焊接质量，可在管内接缝处设置附加衬管，其宽度为 20mm，厚度为 3mm，与管内壁保持 0.5mm 的膨胀间隙，以确保焊缝根部质量。

(5) 格构柱的肢管和腹杆的组装，应遵照施工工艺设计的程序进行。肢管与腹杆连接的尺寸和角度必须准确。腹杆与肢管连接处的间隙应按板全展开图进行放样。肢管与腹杆的焊接次序应考虑焊接变形的影响。

(6) 钢管构件必须在所有焊缝检查合格后方能按设计要求进行防腐处理。吊点位置应有明显的标记。格构柱组装后，应按吊装平面布置图就位，在节点处用垫木支平。吊点位置应有明显标记。

3）钢管柱的吊装

（1）钢管柱组装后，在吊装时应注意减少吊装荷载作用下的变形，吊点位置应根据钢管柱本身的承载力和稳定性经验算后确定。必要时，应采取临时加固措施。

（2）吊装钢管柱时，应将其上口包封，防止异物落入管内。

（3）钢管柱吊装就位后，应立即进行校正，并采取临时固定措施，以保证构件的稳定性。

4）钢管内混凝土的浇筑

钢管混凝土的特点之一就是它的钢管即为模板，具有很好的整体性和密闭性，不漏浆，耐侧压。在一般情况下，钢管内都无钢筋骨架和穿心部件，钢管断面又为圆形，因此，在钢管内进行立式浇筑混凝土就比一般混凝土工程容易。但是，对管内混凝土的浇筑质量无法进行直观检查，因此必须依靠严密的施工组织、明确的岗位责任制和操作人员的责任心。

（1）根据国内已建钢管混凝土结构的施工经验，浇筑混凝土有如下三种方法。

① 泵送顶升浇筑法：在钢管接近地面的适当位置安装一个带阀门的进料支管，直接与泵的输送管相连，由泵车将混凝土连续不断地自下而上灌入钢管。根据泵的压力大小，一次压入高度可达 80～100mm。钢管直径宜大于或等于泵径的两倍。

② 立式手工浇筑法：混凝土自钢管上口灌入，用振捣器捣实。管径大于 350mm 时，采用内部振捣器，每次振捣时间不少于 30s，一次浇筑高度不宜大于 2m；当管径小于 350mm 时，可采用附着在钢管上的外部振捣器进行振捣，外部振捣器的位置应随着混凝土浇筑的进展加以调整。外部振捣器的工作范围，以钢管横向振幅不小于 0.3mm 为有效，振幅可用百分表实测；振捣时间不小于 1min；一次浇筑的高度，不应大于振捣器的有效工作范围和 2～3m 柱长。

③ 立式高位抛落无振捣法：利用混凝土下落时产生的动能达到振实混凝土的目的。它适用于管径大于 350mm，高度不小于 4m 的情况。对于抛落高度不足 4m 的区段，应用内部振捣器振实。一次抛落的混凝土量宜在 0.7m^3 左右，用料斗装填，料斗的下口尺寸应比钢管内径小 100～200mm，以便混凝土下落时，管内空气能够排出。

（2）混凝土的配合比至关重要，除须满足强度指标外，尚应注意混凝土坍落度的选择。混凝土配合比应根据混凝土设计等级计算，并通过试验确定。

对于泵送顶升浇筑法和立式高位抛落无振捣法，粗骨料粒径采用 5～30mm，水灰比不大于 0.45，坍落度不小于 15cm。对于立式手工浇筑法，粗骨料粒径可采用 10～40mm，水灰比不大于 0.4，坍落度为 2～4cm；当有穿心部件时，粗骨料粒径宜减小为 5～20mm，坍落度宜不小于 15cm。

为满足上述坍落度的要求，应掺适量减水剂。为减少混凝土的收缩量，也可掺入适量的混凝土微膨胀剂。

（3）钢管内的混凝土浇筑工作宜连续进行，必须间隔时，间隙时间不应超过混凝土的终凝时间。须留施工缝时，应将管口封闭，防止水、油和异物等落入。

（4）每次浇筑混凝土（包括施工缝）前，应先浇筑一层厚度为 10～20cm 的与混凝土等级相同的水泥砂浆，以免自由下落的混凝土粗骨料产生弹跳现象。

（5）当混凝土浇筑到钢管顶端时，可以使混凝土稍为溢出后，再将留有排气孔的层间横隔板或封顶板紧压在管端，随即进行点焊，待混凝土强度达到设计值的 50%后，再将横隔板或封顶板按设计要求进行补焊。

有时也可将混凝土浇筑到稍低于钢管的位置，待混凝土强度达到设计值的50%后，再用相同等级的水泥砂浆补填至管口，并按上述方法将横隔板或封顶板一次封焊到位。

(6) 管内混凝土的浇筑质量，可用敲击钢管的方法进行初步检查，如有异常，则应用超声波检测。对不密实的部位，应采用钻孔压浆法进行补强，然后将钻孔补焊封固。

9.6.2 型钢混凝土

型钢混凝土组合结构又称劲性混凝土结构，是把型钢埋入钢筋混凝土中的一种独立的结构形式，如图 9.33 所示。由于在钢筋混凝土中增加了型钢，型钢以其固有的强度和延性以及型钢、钢筋、混凝土三位一体地工作，使型钢混凝土结构具备了比传统的钢筋混凝土结构承载力更大、刚度更大、抗震性能更好的优点；与钢结构相比，则具有防火性能好、结构局部和整体稳定性好、节省钢材的优点。有针对性地推广应用此类结构，对我国多高层建筑的发展、优化和改善结构抗震性能都具有极其重要的意义。

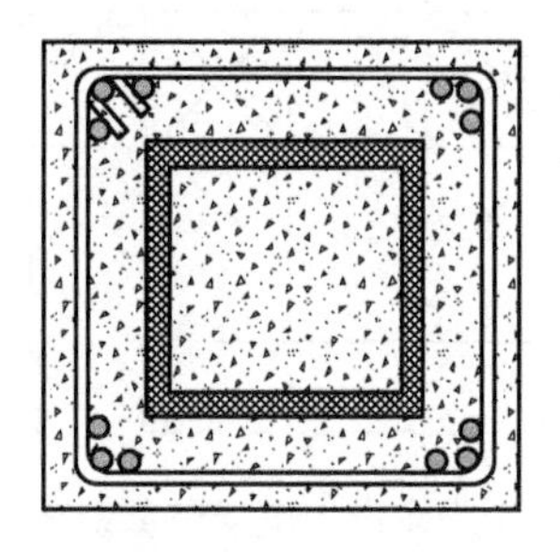

图 9.33 型钢混凝土组合结构

国内外试验表明，型钢混凝土组合结构在低周反复荷载作用下具有良好的滞回特性和耗能能力，尤其是配置实腹型钢的型钢混凝土组合结构构件的延性、承载力、刚度更优于配置空腹型钢的型钢混凝土组合结构构件。但由于对型钢混凝土梁的疲劳性能未做研究，故型钢混凝土梁不适宜用作耐疲劳构件。

型钢混凝土结构现已广泛应用于高层建筑中。日本应用最广泛，1981—1985 年间建造的 10～15 层高层建筑中，型钢混凝土结构的建筑幢数占总幢数的 90%，而在 16 层以上的高层建筑中占 50%。

我国在 20 世纪 50 年代从苏联引进了劲性钢筋混凝土结构，包头电厂、郑州铝厂等就采用了型钢混凝土结构。20 世纪 80 年代以后，随着改革开放，型钢混凝土结构又一次在我国兴起，广泛用于高层和超高层建筑中，如北京的国际贸易中心、京广大厦的底部几层都是型钢混凝土结构，北京香格里拉饭店亦为型钢混凝土结构；上海的瑞金大厦、东方明珠电视塔底部的三根斜撑亦为型钢混凝土结构；上海金茂大厦，地下 3 层、地上 88 层，总高 421m，结构平面尺寸为 54m×54m，其核心筒为钢筋混凝土结构，周围框架由 8 根巨型型钢混凝土柱、8 根箱形钢柱和钢梁组成，柱距为 9～13m，其中型钢混凝土柱截面为 1.5m×5m（上部缩小为 1m×3.5m），柱内埋设双肢钢柱，由两根 H 形钢及横撑和交叉支撑组成，如图 9.34 所示，而型钢混凝土巨柱和核心筒的尺寸以及混凝土强度如图 9.35 所示。

1. 型钢混凝土结构的特点

型钢混凝土构件的承载力可以高于同样外形的钢筋混凝土构件的承载力一倍以上，因而可以减小构件截面。对于高层建筑，构件截面减小，可以增加使用面积和层高，其经济效益显著。

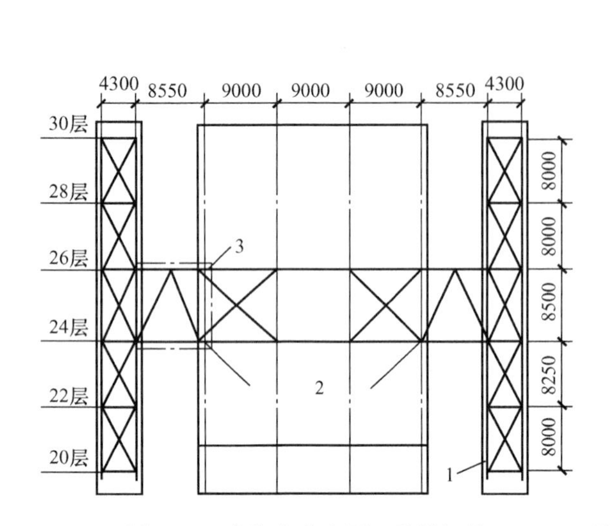

图 9.34 上海金茂大厦双肢型钢柱和水平桁架（单位：mm）

1—型钢混凝土巨柱；2—核心筒；3—夹持板

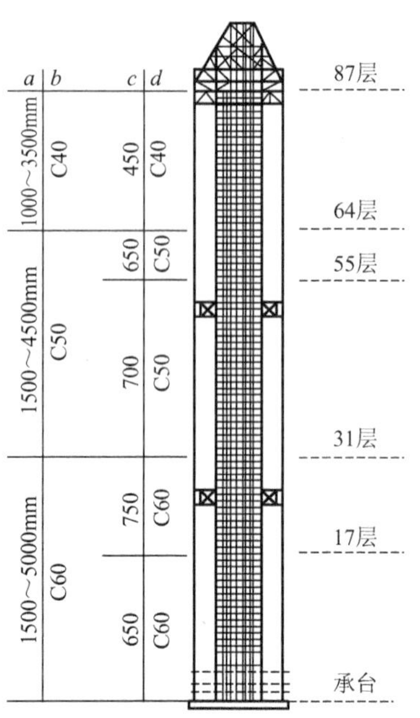

图 9.35 上海金茂大厦型钢混凝土巨柱和核心筒壁的尺寸及混凝土强度等级

a—巨柱尺寸；*b*—巨柱混凝土强度；*c*—核心筒外壁尺寸；*d*—筒壁混凝土强度等级

型钢在浇筑混凝土之前已形成钢结构，具有较大的承载力，能承受构件自重和施工荷载，因此，可将模板悬挂在型钢上，不需设置支撑，这样可以简化支模，加快施工速度；另外，浇筑的型钢混凝土不必等待混凝土达到一定强度就可继续施工上层，这样可以缩短工期。由于无须临时支柱，也为进行设备安装提供了可能。同钢结构比较，它的耐火性能优异，外包混凝土参与承受荷载，与型钢结构共同受力。因此，型钢混凝土框架较钢框架可节省钢材50%或者更多。

型钢混凝土结构的延性比钢筋混凝土结构明显提高，尤其是实腹式型钢，因而此种结构具有良好的抗震性能，刚度更强，抗屈曲能力提高。

2. 型钢混凝土结构的构造

型钢混凝土中的型钢，除采用轧制型钢外，还广泛采用焊接型钢，配合使用钢筋和钢箍。型钢混凝土能组成各种结构，可代替钢结构和钢筋混凝土结构。型钢混凝土梁和柱是基本构件。

型钢分为实腹式和空腹式两类。实腹式型钢可由型钢或钢板焊成，常用截面形式如图 9.36 所示。空腹式构件的型钢由缀板或缀条连接角钢或槽钢制成，如图 9.37 所示。实腹式型钢制作简便，承载力较大，空腹式型钢较节省材料，但其制作费用较高。

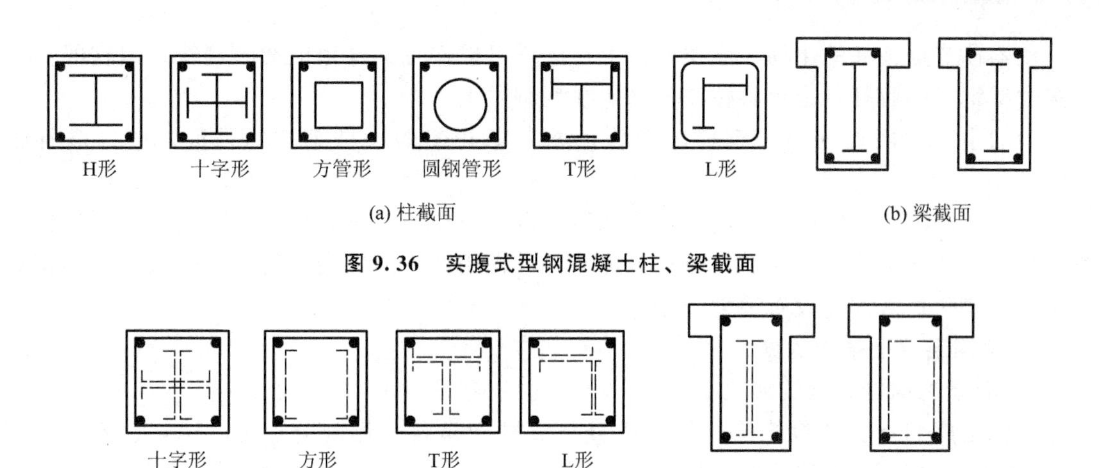

图 9.36 实腹式型钢混凝土柱、梁截面

图 9.37 空腹式型钢混凝土柱、梁截面

型钢混凝土柱中的纵向钢筋的直径不宜小于 12mm，一般设于柱角，每个角上不宜多于 3 根，纵向钢筋的配筋率不应超过 3％，柱子的纵向钢筋及型钢的总配钢量不应超过 15％，但核心配筋柱的配筋率允许到 25％。箍筋直径不宜小于 8mm，采用封闭式，末端弯钩用 135°，在节点附近箍筋间距不宜大于 100mm，柱的中间部位箍筋间距可达 200mm。

型钢混凝土梁中的纵向钢筋直径不宜小于 12mm，纵向钢筋最多两排，其上面一排只能在型钢两侧布置钢筋。纵向钢筋与型钢的净距不应小于 25～30mm，箍筋间距在节点附近不宜大于 100mm，其余处不宜大于 200mm。框架梁的型钢应与柱子的型钢形成刚性连接。梁的自由端要设置专门的锚固件，将钢筋焊在型钢上，或用角钢、钢板做出刚性支座。

梁柱节点设计和施工都要求达到内力传递简单明了，不产生局部应力集中现象，且主筋布置不妨碍浇筑混凝土，型钢焊接方便。实腹式型钢截面常用的几种梁柱节点形式如图 9.38 所示。

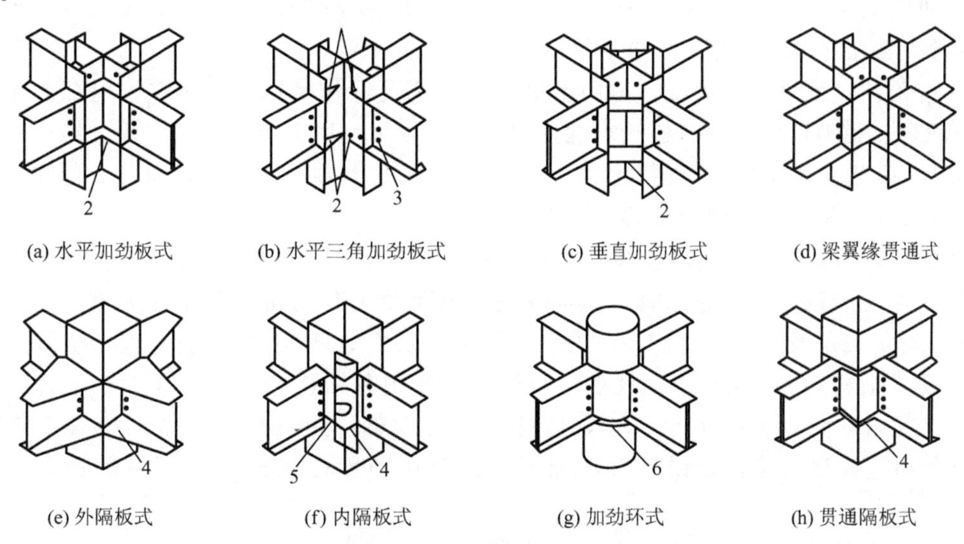

图 9.38 实腹式型钢梁柱节点

1—主筋贯通孔；2—加劲板；3—箍筋贯通孔；4—隔板；5—留孔；6—加劲环

在梁柱节点处柱的主筋一般在柱角上，这样可以避免穿过型钢梁的翼缘。但柱的箍筋要穿过型钢梁的腹杆，也可将柱的箍筋焊在型钢梁上。

梁的主筋一般要穿过型钢柱的腹板，如果穿孔削弱了型钢柱的强度，应采取补强措施。

型钢与混凝土之间的黏结应力只有圆钢与混凝土黏结应力的1/2，因此，为了保证混凝土与型钢共同工作，有时要设置剪力连接件，常用的为圆柱头焊钉。一般只是在型钢截面有重大变化处才需要设置剪力连接件。

3. 型钢混凝土结构的施工

1）混凝土构件型钢的加工

制作工序如下：材料检验→材料矫直→放样→号料→切割→加工（矫正、成形、制孔）→对接（焊接）→焊缝检验→校正→组装→焊接→校正→划线→制孔→栓钉焊接→摩擦面喷砂→试装→装配→质量检验→编号、标识→成品检验→存放→发送。

2）预埋螺栓安装的施工

在基础混凝土施工时，采用定型模具将劲性混凝土柱位置固定，在模具上定位型钢柱地脚螺栓的位置，确定标高和垂直度后进行螺栓加固。采用钢筋井架固定地脚螺栓，每组螺栓采用三组井架，井架的位置应尽量与结构钢筋的位置接近，以便连接。施工人员在筏板上下两层钢筋网之间加固和支撑，防止地脚螺栓移位和下沉。最后利用经纬仪、水准仪进行螺栓位置及标高的检查验收，合格后进行混凝土浇筑。待基础筏板混凝土强度达到设计强度75%时，即可进行安装作业。

3）劲性混凝土构件型钢的安装

（1）柱内型钢的安装与固定：为确保劲性混凝土柱和柱内型钢位置准确，并保证型钢生根牢固，在型钢下部用钢板支垫，通过钢丝绳上的花篮螺栓调整型钢柱的垂直度，灌筑早强微膨胀二次灌浆料，对于工字形柱一次至顶，对于十字形柱因柱较重，宜分段施工。然后安装上柱，焊接及检测。

① 使用全站仪对劲性混凝土柱进行精确定位（偏差不超过±1mm），预埋固定型钢的地脚螺栓，混凝土施工完毕后，及时清理并凿毛。

② 按劲性柱编号吊装就位。利用型钢上的加宽翼缘作型钢的起吊点，局部利用塔式起重机配合，使型钢底部的螺栓孔对准预埋螺栓，并用小块钢板沿型钢四周的四个角垫起约30mm。吊装大致就位后即在劲性柱的中部及上部四个方向，用钢丝绳一头拴在型钢的加宽翼缘上，一头拴在地锚上，移开吊车臂。

③ 通过调节钢丝绳上的花篮螺栓调整型钢的垂直度（使用线坠检查）。

④ 在保证型钢垂直度的同时，劲性柱内两根型钢的相对位置关系尤为重要。为此于两型钢柱的负二层及负一层之间及时安装型钢梁，以校正两型钢的位置，保证整体性。

⑤ 通过结构50cm线返出劲性柱下口标高。使用薄钢板楔块支垫在型钢下部，使型钢的垂直度和标高符合要求后，拧紧地脚螺栓的螺母。用测量仪器全面检查型钢的标高、位置和垂直度，确认无误后重新加固，最后在劲性柱底部灌筑早强微膨胀二次灌浆料。

⑥ 型钢底部灌浆：早强微膨胀二次灌浆料能自流浇筑，具有不收缩、早强、高强、密实性好、使用方便等特点，为防止浪费并保证连续施工，应事先根据现场实际缝隙大小

和数量进行精确计算，以一根劲性柱的用量进行搅拌。在灌浆之前，各工种和工序要做好工序交接和检查，确保万无一失。

⑦ 待劲性混凝土施工至一定高度时，用钢管在第一节劲性混凝土柱的周围搭设施工平台，其高度低于第一节型钢顶部 50cm 左右。平台宽 1.2m，外侧为 1.5m 高的护身栏杆，平台上铺有脚手板，作为安装及焊接第二节型钢的操作平台，遇大风和寒冷天气则在护身栏杆外侧围挡塑料布或停止施工。

⑧ 用塔式起重机或汽车吊将第二节劲性柱型钢吊装就位后，在四周用钢丝绳及花篮螺栓与楼层埋件环连接，用线坠控制劲性柱内型钢的垂直度。

⑨ 劲性柱内型钢的标高、位置和垂直度调整完毕，在型钢的加宽翼缘两边加钢夹板，用螺栓连接固定上下两节型钢，在四个角处点焊，再校核一遍垂直度，确认无误后正式焊接。

⑩ 竖向连接采用手工一级焊接。焊完后用氧气割去加宽翼缘板，打磨焊缝。焊缝采用小型超声波检定仪现场检定，合格后进行下道工序施工。

（2）型钢梁的安装和固定焊接：为确保型钢柱的整体稳定，应及时安装负二层及负一层之间型钢梁，型钢梁与型钢柱的牛腿相互焊接和用高强螺栓连接。

① 安装柱的型钢柱时，先在型钢柱连接处进行临时连接，纠正垂直偏差后安装型钢梁。

② 用汽车吊或塔式起重机将钢梁运至安装处，做临时连接，并找正位置。

③ 钢梁翼缘中心线应对正钢柱中心线，以保证钢梁轴线位置。

④ 在安装钢梁过程中，利用钢腹板两侧安装设备上的水平调节丝杆来调节钢梁的垂直度。

⑤ 安装钢梁时，需要反复观测并纠正其轴线、标高、垂直度偏差值，直至符合规范要求后，方可进行对接焊。

⑥ 连接采用手工一级焊接。钢梁焊接完毕后，应对钢梁的垂直度、标高进行复验。

⑦ 在梁的型钢安装后，要再次观测和纠正因荷载增加、焊接收缩或螺栓松紧不一而产生的垂直偏差，进行焊接外观检查。

⑧ 标高和轴线尺寸无误后，按照设计及施工规范要求进行高强螺栓施拧和终拧作业。

⑨ 焊完后，打磨焊缝。焊缝采用小型超声波检定仪现场检定，合格后进行下一道工序施工。

4）钢筋工程

劲性混凝土中因型钢柱和型钢梁的存在，钢筋工程在劲性混凝土节点施工尤为烦琐，钢筋制作和绑扎不如普通框架-剪力墙结构简单和通俗易懂，存在施工难点，技术人员和施工人员要多加现场指导和交底，并及时与设计人员沟通，采取相应措施解决实际问题。解决时，必须在型钢制作加工和钢筋制作时提前提出方法和方案，并通过以下方式加以控制和实施。

① 对于柱主筋与型钢梁上下翼缘交叉、梁主筋与型钢柱腹板交叉及柱箍筋与型钢梁的腹板交叉的问题，可在二次设计及型钢梁柱加工制作时解决。

② 对于柱箍筋与型钢柱的抗剪栓钉交叉的问题，可在钢筋加工制作时解决。

③ 对于柱箍筋与型钢梁腹板交叉而在二次设计时不能解决的问题，可在现场与设计人员共同协调解决。

劲性混凝土施工前，必须进行型钢的二次详细精心设计，绘出施工图纸，以便解决型钢下料和钢筋穿过型钢的问题。设计时主要解决梁柱节点部位，对一次设计图纸应详细阅读，逐一进行混凝土梁柱编号。节点设计时必须考虑到钢筋数量、规格、位置和主次梁钢筋标高、梁上下排钢筋间距等，以便型钢开孔和设置钢垫块等。

5）模板工程

采用竹胶合板模板组拼，使用对拉螺栓进行加固。柱身四周下部加斜向顶撑，防止柱身胀模及侧移，柱子根部留置清扫口，混凝土浇筑前清除残余垃圾。梁模板的支撑采用钢管扣件，经计算后确定支撑方案。

这里尤其提到的是使用对拉螺栓时，遇到型钢的腹板和翼缘如何处理，施工方法有两种，一种是采用周转形式的对拉螺杆，在型钢边缘设置，如柱截面为1000mm×1000mm，型钢截面为700mm×700mm，横向设置两道对拉螺杆，此法对大截面型钢柱不适合，柱截面不易保证，但能节约材料、加快施工进度；另一种则采用不周转的对拉螺杆，直接把对拉螺杆焊接在型钢翼缘上，待拆模后割除。

6）混凝土工程

劲性混凝土施工与普通框架结构基本一致，有所不同的是型钢影响混凝土浇筑，在施工时尤应注意。由于高强混凝土质量易受各种微小因素的影响，故从原材料选用、搅拌、振捣、养护等各环节应严格控制。型钢结构混凝土的浇捣，应严格遵守混凝土的施工规范和规程，在梁柱接头处和梁型钢翼缘下部等混凝土不易充分填满处，需要仔细浇捣。

总之，劲性混凝土工程可解决高层建筑的特殊问题，可减少梁柱截面、调节轴压比、提高结构的承载力，具有广阔的应用和发展前景。

9.7 钢结构涂装工程

9.7.1 钢材表面处理

(1) 钢材表面处理，不仅要求除去钢材表面的污垢、油脂、铁锈、氧化皮、焊渣和已失效的旧漆膜，还要求在钢材表面形成合适的“粗糙度”。

(2) 表面油污的清除：清除钢材表面的油污，通常采用三种方法，即碱液清除法、有机溶剂清除法和乳化碱液清除法。

在有些钢材表面常带有旧涂层，施工时必须将其清除，常用方法有碱液清除法和有机溶剂清除法。

① 碱液清除法：碱液清除法是借助碱对涂层的作用，使涂层松软、膨胀，从而便于

除掉。该法与有机溶剂法相比成本低，生产安全，没有溶剂污染，但需要一定的设备，如加热设备等。

② 有机溶剂清除法：有机溶剂脱漆法具有效率高、施工简单、不需加热等优点，但有一定的毒性，以及易燃和成本高的缺点。

(3) 钢材表面除锈前，应先清除厚的锈层、油脂和污垢；除锈后，应清除钢材表面上的浮灰和碎屑。

① 手工和动力工具除锈：可以采用铲刀、手锤或动力钢丝刷、动力砂纸盘或砂轮等工具。

② 抛射除锈：是利用抛射机叶轮中心吸入磨料和叶尖抛射磨料的作用进行工作的。

③ 喷射除锈：是利用经过油、水分离处理过的压缩空气将磨料带入并通过喷嘴高速喷向钢材表面，利用磨料的冲击和摩擦力将氧化皮、锈及污物等除掉，同时使表面获得一定的粗糙度，以利于漆膜的附着。喷射除锈有干喷射、湿喷射和真空喷射三种。

④ 酸洗除锈：亦称化学除锈，其原理是利用酸洗液中的酸与金属氧化物进行化学反应，使金属氧化物溶解，生成金属盐并溶于酸洗液中，从而除去钢材表面上的氧化物及锈迹。酸洗除锈常用的方法有两种，即一般酸洗除锈和综合酸洗除锈。钢材经过酸洗后，很容易被空气所氧化，因此还必须对其进行钝化处理，以提高其防锈能力。

⑤ 火焰除锈：是指在火焰加热作业后，以动力钢丝刷清除加热后附着在钢材表面的产物。钢材表面除锈前，应先清除附在钢材表面上较厚的锈层，然后在火焰上加热除锈。

9.7.2 钢结构涂装方法

钢结构常用的涂装方法，有刷涂法、浸涂法、滚涂法、无气喷涂法和空气喷涂法等。施工时，应根据被涂物的材质、形状、尺寸、表面状态、涂料品种、施工机具及施工环境等因素进行选择。

1. 刷涂法

刷涂法是用漆刷进行涂装施工的一种方法。刷涂时，应注意以下要点。

(1) 使用漆刷时，一般采用直握法，用手将漆刷握紧，以腕力进行操作。

(2) 涂漆时，漆刷应蘸少许的涂料，浸入漆的部分应为毛长的1/3～1/2。蘸漆后，要将漆刷在漆桶内的边上轻抹一下，除去多余的漆料，以防流坠或滴落。

(3) 对干燥较慢的涂料，应按涂敷、抹平和修饰三道工序进行操作。

(4) 在进行涂敷和抹平时，应尽量使漆刷垂直，用漆刷的腹部刷涂；在进行修饰时，应将漆刷放平，用漆刷的前端轻轻涂刷。

(5) 对干燥较快的涂料，应从被涂物的一边按一定顺序快速、连续地刷平和修饰，不宜反复刷涂。

(6) 刷涂施工时，应遵循自上而下、从左到右、先里后外、先斜后直、先难后易的原则，最后用漆刷轻轻地抹理边缘和棱角，使漆膜均匀、致密、光亮和平滑。

(7) 刷涂垂直表面时，最后一道应由上向下进行；刷涂水平表面时，最后一道应按光线照射的方向进行；刷涂木材表面时，最后一道应顺着木材的纹路进行。

2. 浸涂法

浸涂法就是将被涂物放入漆槽中浸渍，经一定时间取出后吊起，让多余的涂料尽量滴净，并自然晾干或烘干。该法适用于形状复杂的、骨架状的被涂物，可使被涂物的里外同时得到涂装。

采用该法时，涂料在低黏度时，颜料应不沉淀；在浸涂槽中和物件吊起后的干燥过程中，应不结皮；在槽中长期贮存和使用过程中，应不变质，性能稳定、不产生胶化。

3. 滚涂法

滚涂法是用羊毛或合成纤维做成多孔吸附材料，贴附在空心的圆筒上制成滚子，进行涂料施工的一种方法。该法施工用具简单，操作方便，施工效率比刷涂法高1～2倍，主要用于水性漆、油性漆、酚醛漆和醇酸漆类的涂装。

4. 无气喷涂法

无气喷涂法是利用特殊形式的气动、电动或其他动力驱动液压泵，将涂料增至高压，当涂料经管路通过喷嘴喷出时，其速度非常高（约100m/s），随着冲击空气和高压的急速下降及涂料溶剂的急剧挥发，喷出涂料的体积骤然膨胀而雾化，高速地分散在被涂物表面上，形成漆膜。因为涂料的雾化和涂料的附着不是用压缩空气，所以称为无气喷涂；又因它是利用高的液压，故又称为高压无气喷涂。

【参考视频】

5. 空气喷涂法

空气喷涂法是利用压缩空气的气流将涂料带入喷枪，经喷嘴吹散成雾状，并喷涂到物体表面上的一种涂装方法。

9.7.3 钢结构防腐涂装

1. 涂料选用与预处理

(1) 涂料选用：钢结构防腐涂料的种类较多，其性能也各不相同。

(2) 涂料预处理：涂装施工前，应对涂料型号、名称和颜色进行校对，同时检查制造日期。如超过贮存期，应重新取样检验，质量合格后才能使用，否则禁止使用。涂料选定后，通常要进行开桶、搅拌、配比、熟化、稀释、过滤等处理操作程序，然后才能施涂。

2. 防腐涂装施工

1) 涂刷防腐底漆

(1) 涂底漆一般应在金属结构表面清理完毕后就施工，否则金属表面又会重新氧化生锈。涂刷方法是油刷上下铺油（开油），横竖交叉地将油刷匀，再把刷迹理平。

(2) 可用设计要求的防锈漆在金属结构上满刷一遍。如原来已刷过防锈漆，应检查其有无损坏及有无锈斑。凡有损坏及锈斑处，应将原防锈漆层铲除，用钢丝刷和砂布彻底打磨干净后，再补刷防锈漆一遍。

(3) 采用油基底漆或环氧底漆时，应均匀地涂或喷在金属表面上，施工时应控制底漆的黏度，调到喷涂为18～22St，刷涂为30～50St。

(4) 底漆以自然干燥居多，使用环氧底漆时也可进行烘烤，质量比自然干燥要好。

2) 局部刮腻子

(1) 待防锈底漆干透后，将金属面的砂眼、缺棱、凹坑等处用石膏腻子刮抹平整。

(2) 可采用油性腻子和快干腻子。

(3) 一般第一道腻子较厚，因此在拌和时应酌量减少油分，增加石膏粉用量，可一次刮成，不必求得光滑。第二道腻子需要平滑光洁，因而在拌和时可增加油分，腻子调得薄些。

(4) 刮涂腻子时，可先用橡皮刮或钢刮刀将局部凹陷处填平。待腻子干燥后应加以砂磨，并抹除表面灰尘，然后再涂刷一层底漆，接着再上一层腻子。刮腻子的层数应视金属结构的不同情况而定。金属结构表面一般可刮2～3道。

(5) 每刮完一道腻子，待干后都要进行砂磨，头道腻子比较粗糙，可用粗铁砂布垫木块打磨；第二道腻子可用细铁砂布或240号水砂纸砂磨；最后两道腻子可用400号水砂纸仔细打磨光滑。

3) 涂刷操作

(1) 涂刷必须按设计和规定的层数进行，必须保证涂刷层次及厚度。

(2) 涂第一遍油漆时，应分别选用带色铅油或带色调和漆、磁漆涂刷，涂刷时厚度应一致，不得漏刷。

(3) 检查复补腻子。

(4) 磨光。

(5) 涂刷第二遍油漆时，如为普通油漆且为最后一层面漆，应用原装油漆（铅油或调和漆）涂刷，但不宜掺催干剂。设计中要求磨光的，应予以磨光。

(6) 涂刷完成后，应用湿布擦净。将干净湿布反复在已磨光的油漆面上揩擦干净。

4) 喷漆操作

(1) 喷漆施工时，应先喷头道底漆，先喷次要面，后喷主要面。

(2) 喷漆施工时，应注意通风、防潮、防火；在喷大型工件时，可采用电动喷漆枪或采用静电喷漆；使用氨基醇酸烘漆时要进行烘烤，物件在工作室内喷好后应先放在室温中流平15～30min，然后再放入烘箱。

(3) 凡用于喷漆的一切油漆，使用时必须掺加相应的稀释剂或相应的稀料。

(4) 喷漆干后用快干腻子将缺陷及细眼找补填平；腻子干透后，用水砂纸将刮过腻子的部分和涂层全部打磨一遍。

(5) 喷涂底漆和面漆的层数，要根据产品的要求而定。

(6) 每次都用水砂纸打磨，越到面层，要求水砂纸越细，质量越高。

5) 二次涂装

二次涂装一般是指由于作业分工在两地或分两次进行施工而进行的涂装。前道漆涂完后，超过一个月再涂下一道漆，也应算作二次涂装。进行二次涂装时，应按相关规定进行表面处理和修补。

(1) 表面处理。对于海运产生的盐分，陆运或存放过程中产生的灰尘都要清除干净，方可涂下道漆。如果涂漆间隔时间过长，前道漆膜可能因老化而粉化（特别是环氧树脂漆类），要求进行“打毛”处理，使表面干净和增加粗糙度，来提高附着力。

(2) 修补。修补所用的涂料品种、涂层层次与厚度、涂层颜色应与原设计要求一致。表面处理可采用手工机械除锈方法，但要注意油脂及灰尘的污染。在修补部位与不修补部位的边缘处，宜有过渡段，以保证搭接处平整和附着牢固。对补涂部位的要求也应与上述相同。

3. 常用防腐涂料施工

1）过氯乙烯涂料施工

（1）过氯乙烯漆是以过氯乙烯树脂、醇酸树脂、增韧剂、颜料及稳定剂等溶于有机溶剂中配制而成的，具有良好的耐无机酸、碱、盐类，耐酸、耐油、耐盐雾、防燃烧等性能，但不耐高温，最高使用温度为60～70℃，不耐磨与冲击，附着力差，要用黏结力较好的底漆打底，适于作为化工金属贮槽、管道和设备表面的防腐蚀涂料。

（2）过氯乙烯漆可分为底漆、磁漆和清漆，施工时必须配套使用。

（3）涂覆层数一般不少于6层。

（4）刷（喷）涂前，必须先用过氯乙烯清漆打底，然后再涂过氯乙烯底漆。

（5）施工黏度应符合要求。

（6）每层过氯乙烯漆（底漆除外）应在前一层漆实干前涂覆（均干燥2～3h），宜连续施工。

2）酚醛漆涂料施工

（1）酚醛漆是由短油酚醛与耐酸颜料经研磨后加入催干剂调制而成的，具有良好的电绝缘性、抗水性、耐油性和较好的耐腐蚀性，使用温度可达120℃，但漆膜较脆，与金属附着力较差，贮存期短，使用期仅为3个月。

（2）酚醛漆品种及其配套底漆，有F53－31红丹酚醛防锈漆、F50－31各色酚醛耐酸漆、F01－1酚醛清漆、F06－8铁红酚醛底漆、T07－2灰酯胶腻子等。

（3）常用的涂覆方法，有刷涂、喷涂、浸涂和真空浸渍等，一般采用刷涂法。

（4）施工时，常用的填料有瓷粉、辉绿岩粉、石墨粉、石英粉等，细度要求为4900孔/cm^2，筛余不大于15%，使用时必须干燥。

（5）在金属基层上，可直接用红丹酚醛防锈漆或铁红酚醛底漆打底，或不用底漆而直接涂刷酚醛耐酸漆。

（6）底漆实干后，再涂刷其余各遍漆，涂刷层数一般不少于3层。

3）沥青防腐漆涂料施工

（1）沥青防腐漆系用石油沥青和干性油溶于有机溶剂配制而成，具有干燥快、耐水性强、附着力强、原料易得、价格低等优点，耐热度在60℃以下。

（2）常用沥青漆，有L50－1沥青耐酸漆、L01－6沥青漆、铝粉沥青漆、F53－31红丹酚醛防锈漆、C06－1铁红醇酸底漆等。

（3）沥青防腐漆可现场自行配制。

（4）施工应采用刷涂法，不宜用喷涂法。

（5）金属基层刷1～2遍铁红醇酸底漆或红丹防锈漆打底，亦可不刷底漆，直接涂刷沥青耐酸漆。

（6）涂刷层数一般不少于两遍，每遍间隔24h。全部涂刷完毕经24～48h干燥后，方可使用。

4）环氧漆涂料施工

（1）环氧漆是由环氧树脂、有机溶剂、颜料、填料与增韧剂配制而成的。而环氧沥青漆是由环氧树脂、焦油沥青、颜料、填料及溶剂配制而成的。

（2）常用环氧漆，有H06－2铁红环氧底漆、环氧沥青底漆、H52－33各色环氧防腐漆、H01－1环氧清漆、H01－4环氧沥青漆以及H07－5各色环氧酯腻子等。

(3) 环氧漆也可自配。

(4) 在使用时，应加入一定量的固化剂（间苯二胺或乙二胺），使其具有良好的耐酸、碱、盐类及耐水、耐磨性能，具有良好的韧性和硬度，附着力强。

(5) 施工时，可采用刷涂或喷涂。

(6) 金属基层可直接用环氧底漆或环氧沥青底漆打底。底漆实干后，再涂刷其他各层漆。

(7) 环氧漆的涂漆层数一般不少于四层，每层在前一层实干前涂覆，间隔6～8h，最后一层常温干燥7d方可使用。

5) 聚氨基甲酸酯漆涂料施工

(1) 聚氨基甲酸酯漆是以甲苯二异氰酸醋为主要成分制成的配套涂料，具有良好的耐酸、碱及耐油、耐磨、耐潮和电绝缘性能，漆膜韧性好，附着力强，常温干燥快，光泽度好，最高耐热温度可达155℃，但耐候性差。

(2) 聚氨基甲酸酯漆为配套用漆，可与底漆、磁漆、清漆配套使用。

(3) 按组分配制时，可依次加入，充分搅匀即可使用。配好的漆应在3～5h内用完。

(4) 施工宜用涂刷，施工黏度为30～50St，每层漆在前一层漆实干前涂覆，常温间隔一般为8～20h。全部刷完养护7d后交付使用。

(5) 当为金属基层时，聚氨基甲酸酯漆的涂漆层数一般为4～5层，即一层棕黄底漆，一层过渡漆，2～3层清漆。

4. 防腐涂装质量控制

漆膜质量的好坏，与涂漆前的准备工作和施工方法等有关。

(1) 油漆的油膜作用是将金属表面和周围介质隔开，起保护金属不受腐蚀的作用。油膜应该连续无孔，无漏涂、起泡、露底等现象。

(2) 漆膜外观上应均匀，不得有堆积、漏涂、皱皮、气泡、掺杂及混色等缺陷。

(3) 涂料和涂刷厚度应符合设计要求。

(4) 色漆在使用时应搅拌均匀。

(5) 应根据选用的涂漆方法的具体要求，加入与涂料配套的稀释剂，调配到合适的施工浓度。

(6) 涂漆施工的环境要求随所用涂料不同而有差异。

(7) 涂料施工时，应先进行试涂。

(8) 明装系统的最后一道面漆，宜在安装后喷涂，这样可保证外表美观，颜色一致，无碰撞、脱漆、损坏等现象。

9.7.4 钢结构防火涂装

1. 涂料选用

防火涂料是施涂于建筑物及钢结构表面，形成耐火隔热保护层，以提高钢结构耐火极限的涂料。防火涂料制造前，应对原料进行检验，且不得使用石棉材料和苯类溶剂。

1）防火涂料的分类

防火涂料应呈碱性或偏碱性，实干后不得有刺激性气味。根据涂层厚度及性能特点，可分为B类和H类两类。

2）防火涂料的选用原则

（1）对室内裸露钢结构、轻型屋盖钢结构及有装饰要求的钢结构，当规定其耐火极限在1.5h以下时，应选用薄涂型钢结构防火涂料。

（2）室内隐蔽钢结构、高层钢结构及多层厂房钢结构，当其规定耐火极限在1.5h以上时，应选用厚涂型钢结构防火涂料。

（3）当防火涂料分为底层和面层涂料时，两层涂料应相互匹配，且底层不得腐蚀钢结构，不得与防锈底漆产生化学反应。面层若为装饰涂料，选用涂料应通过试验验证。

（4）复层涂料应相互配套，底层涂料应能同普通的防锈漆配合使用。

（5）防火涂料的黏结强度和抗压强度应符合要求。涂料燃烧时，不得产生浓烟和有害气体。

2. 防火涂料施工

1）厚涂型防火涂料施工

（1）施工机具。厚涂型防火涂料多采用喷涂方法。常用的施工机具为压送式喷涂机或挤压泵，并配有能自动调压的0.6～0.9m^3/min空压机，喷嘴直径为6～12mm，空气压力为0.4～0.6MPa。局部修补可采用抹灰刀等工具手工抹涂。

（2）涂料的调配。

① 配料时应严格按配合比加料或加稀释剂，并使稠度适宜，边配边用。

② 由工厂制造好的单组分湿涂料，现场应采用便携式搅拌器搅拌均匀。

③ 由工厂提供的干粉料，现场加水或其他稀释剂调配时，应按涂料说明书规定配比混合搅拌，边配边用。

④ 由工厂提供的双组分涂料，应按配制涂料说明书规定的配比混合搅拌，边配边用。

⑤ 搅拌和调配涂料至稠度适宜。

（3）涂料喷涂施工。

① 喷涂施工应分遍完成，每遍喷涂厚度宜为5～10mm，必须在前一遍基本干燥或固化后，再喷涂后一遍。

② 喷涂保护方式、喷涂次数与涂层厚度应根据防火设计要求确定。若耐火极限为1～3h，涂层厚度为10～40mm，一般需喷2～5次。

③ 喷涂时，应紧握喷枪，注意移动速度，不能在同一位置久留，造成涂料堆积流淌；输送涂料的管道长而笨重时，应配一助手帮助移动和托起管道；配料及往挤压泵加料均要连续进行，不得停顿。

④ 施工过程中，操作者应采用测厚针检测涂层厚度，直到符合设计规定的厚度，方可停止喷涂。

⑤ 喷涂后的涂层要适当维修，对明显的乳突，要用抹灰刀等工具剔除，以确保涂层表面均匀。

⑥ 当防火涂层出现下列情况之一时，应重喷：涂层干燥固化不好，黏结不牢或粉化、空鼓、脱落；钢结构的接头、转角处的涂层有明显凹陷；涂层表面有浮浆或裂缝宽度大于

1.0mm；涂层厚度小于设计规定厚度的85%，或涂层厚度虽大于设计规定厚度的85%，但未达到规定厚度的涂层之连续面积的长度超过1m。

2）薄涂型防火涂料施工

（1）施工机具。

① 喷涂底层（包括主涂层，以下相同）涂料，宜采用重力（或喷斗）式喷枪，配有能够自动调压的0.6～0.9m^3/min的空压机。喷嘴直径为4～6mm，空气压力为0.4～0.6MPa。

② 面层装饰涂料，可以刷涂、喷涂或滚涂，一般采用喷涂施工。喷漆底层涂料的喷枪，将喷嘴直径换为1～2mm，空气压力调为0.4MPa左右，即可用于喷涂面层装饰涂料。

③ 局部修补或小面积施工，或者机器设备已安装好的厂房，不具备喷涂条件时，可用抹灰刀等工具进行手工抹涂。

（2）涂料的调配。

① 运送到施工现场的钢结构防火涂料，应采用便携式电动搅拌器予以适当搅拌，使其均匀一致，方可用于喷涂。

② 双组分包装的涂料，应按说明书规定的配比进行现场调配，边配边用。单组分包装的涂料，应充分搅拌。

③ 搅拌和调配好的涂料，应稠度适宜，喷涂后不发生流淌和下坠现象。

（3）底层喷涂施工。

① 只有当钢基材表面除锈和防锈处理符合要求，尘土等杂物清除干净后方可施工。

② 底涂层一般应喷2～3遍，每遍4～24h，待前遍基本干燥后再喷后一遍。

③ 喷涂时手握喷枪要稳，喷嘴与钢基材面垂直或成70°，喷口到喷面距离为40～60cm。要求回旋喷涂，注意搭接处颜色一致，厚薄均匀，要防止漏喷、流淌。确保涂层完全闭合，轮廓清晰。

④ 喷涂过程中，操作人员要携带测厚计随时检测涂层厚度，确保各部位涂层达到设计规定的厚度要求。

⑤ 喷涂形成的涂层是粒状表面，当设计要求涂层表面平整光滑时，待喷完最后一遍，应采用抹灰刀或其他适用的工具做抹平处理，使外表面均匀平整。

（4）面层喷涂施工。

① 当底层厚度符合设计规定并基本干燥后，方可进行面层喷涂料。

② 面层涂料一般涂饰1～2遍，如头遍是从左至右喷，第二遍则应从右至左喷，以确保全部覆盖住底涂层。面涂用料量为0.5～1.0kg/m^2。

③ 对于露天钢结构的防火保护，喷好防火的底涂层后，也可选用适合建筑外墙用的面层涂料作为防水装饰层。

④ 面层施工应确保各部分颜色均匀一致，接槎平整。

3. 防火涂装质量控制

（1）薄涂型钢结构防火涂层应符合下列要求。

① 涂层厚度符合设计要求。

② 无漏涂、脱粉、明显裂缝等，如有个别裂缝，其宽度应不大于0.5mm。

③ 涂层与钢基材之间和各涂层之间应黏结牢固，无脱层、空鼓等情况。

④ 颜色与外观符合设计规定，轮廓清晰，接槎平整。

（2）厚涂型钢结构防火涂层应符合下列要求。

① 涂层厚度符合设计要求。如厚度低于原定标准，则必须大于原定标准的85%，且厚度不足部位的连续面积的长度不大于1m，并在5m范围内不再出现类似情况。

② 涂层应完全闭合，不应露底、漏涂。

③ 涂层不宜出现裂缝。如有个别裂缝，其宽度应不大于1mm。

④ 涂层与钢基材之间和各涂层之间应黏结牢固，无空鼓、脱层和松散等情况。

⑤ 涂层表面应无乳突。有外观要求的部位，母线不直度和失圆度允许偏差不应大于8mm。

（3）薄涂型防火涂料的涂层厚度，应符合有关耐火极限的设计要求。

（4）涂层检测的总平均厚度，应达到规定厚度的90%。

（5）对于重大工程，应进行防火涂料的抽样检验。

9.7.5 钢结构涂装工程质量控制与防治措施

1. 涂装前钢构件没有除锈或者除锈质量不好

预防治理措施如下。

（1）人工除锈。

（2）喷砂除锈。喷砂就是用压缩空气把石英砂通过喷嘴喷射在金属结构表面，靠砂子有力地撞击风管的表面，去掉铁锈、氧化皮等杂物。在工地上使用的喷砂工具较为简单。

（3）化学除锈。化学除锈方法，即把金属构件浸入15%～20%的稀盐酸或稀硫酸溶液中浸泡10～20min，然后用清水洗干净。

（4）对镀锌、镀铝、涂防火涂料的钢材表面的预处理应符合以下规定。

① 外露构件需热浸锌和热喷锌、铝的，除锈质量等级为Sat2.5～Sat3级，表面粗糙度应达到30～35μm。

② 对热浸锌构件允许用酸洗除锈的，酸洗后必须经3～4道水洗，将残留酸完全清洗干净，干燥后方可浸锌。

③ 要求喷涂防火涂料的钢结构件除锈，可按设计技术要求进行。

（5）钢材表面在喷射除锈后，随着粗糙度的增大，表面积也显著增加，在这样的表面上进行涂装，漆膜与金属表面之间的分子引力也会相应增加，使漆膜与钢材表面间的附着力相应地提高。

2. 涂装涂料的选择不合理

预防治理措施如下。

（1）检查使用场合和环境是否有化学腐蚀作用的气体，是否为潮湿环境。

（2）分清是打底用，还是罩面用。

（3）选择涂料时，应考虑在施工过程中涂料的稳定性、毒性及所需的温度条件。

（4）按工程质量要求、技术条件、耐久性、经济效果、非临时性工程等因素，来选择适当的涂料品种。不应将优质品种降格使用，也不应勉强使用达不到性能指标的品种。

3. 涂层厚度不合理

预防治理措施如下。

（1）涂层厚度的确定，应考虑钢材表面原始状况、钢材除锈后的表面粗糙度、选用的涂料品种、钢结构使用环境对涂料的腐蚀程度、预想的维护周期和涂装维护的条件。

（2）考虑涂层的配套性。

① 底漆、中间漆和面漆都不能单独使用，要发挥最好的作用和获得最好的效果，必须配套使用。

② 由于各种涂料的溶剂不相同，选用各层涂料时，如配套不当，就容易发生互溶或“咬底”的现象。

③ 面漆的硬度应与底漆基本一致或略低些。

④ 注意各层烘干方式的配套。在涂装烘干型涂料时，底漆的烘干温度（或耐温性）应高于或接近面漆的烘干温度，反之易产生涂层过烘干现象。

4. 防火涂料质量要求不过关

预防治理措施如下。

（1）钢结构防火涂料分为薄涂型和厚涂型两类，应严格按防火涂料的选用原则进行选用。

（2）参考防火涂料性能要求。

单元小结

钢结构高层建筑是一种预制装配式施工体系，由于材料性质，有其独特的特点。比如构件制作和安装的精度要求都比混凝土结构高，节点连接方式多采用焊接和高强度螺栓连接，楼面一般采用压型钢板组合楼板，墙面则采用轻质材料等。对钢结构的防火与防腐必须高度重视。

练习题

一、思考题

1. 钢结构高层建筑有什么特点？常采用哪些结构体系？
2. 钢结构高层建筑有哪些施工特点？
3. 钢结构高层建筑的现场连接有哪些方法？施工要点是什么？
4. 钢结构高层建筑的楼面施工有哪些方法？
5. 什么是放样、号料？
6. 零件加工主要有哪些工序？
7. 就钢结构安装的施工要点来说，单层、多层与高层有何区别？
8. 在高层钢结构中，有哪些常用的防火保护方法？

二、选择题

1. 焊缝质量检验时，（　　）要求对全部焊缝做外观检查及无损探伤检查。

A. 一级焊缝　　B. 二级焊缝　　C. 三级焊缝　　D. 二级、三级焊缝

2. 以下焊接材料中，(　　) 是CO_2气体保护焊不可缺少的材料。

A. 焊条　　B. 焊丝　　C. 焊剂　　D. 惰性气体

3. 普通螺栓作为永久性连接螺栓时，对其质量有异议时，应进行螺栓实物 (　　)。

A. 最小拉力载荷复验　　B. 扭矩系数复验

C. 预拉力复验　　D. 抗滑移系数复验

4. 大六角头高强度螺栓连接副终拧完成 (　　) 后应进行终拧扭矩检查。

A. 1～48h　　B. 1～12h　　C. 12～48h　　D. 12～24h

5. 扭剪型高强度螺栓进行预拉力复验时，抽样数量为从待安装的螺栓批抽取 (　　)。

A. 4 套　　B. 6 套　　C. 8 套　　D. 10 套

6. 以下钢结构构件吊装顺序中，正确的是 (　　)。

A. 先柱后梁　　B. 并列高低跨先低跨后高跨

C. 先梁后柱　　D. 并列大小跨度先小跨

7. 编制加工工艺时要对加工边预留加工余量，一般以 (　　) 为宜。

A. 4mm　　B. 5mm　　C. 6mm　　D. 7mm

8. 焊渣是由覆盖在焊接坡口区的焊剂形成的，属于 (　　) 的焊接方法。

A. 药皮焊条手工电弧焊　　B. 埋弧焊

C. CO_2 气体保护焊　　D. 电渣焊

9. 钢构件预拼装时，对于跨度较大、侧向刚度较差的钢结构，如 18m 以上的钢柱、跨度 9m 及 12m 天窗架、24m 以上的钢屋架，宜采用 (　　) 拼装。

A. 平装法　　B. 立拼法　　C. 地样法　　D. 利用模具拼装法

10. 梁的拼接中，腹板的拼接焊缝与平行于它的加劲肋间至少应相距 (　　)。

A. $8t_w$　　B. $10t_w$　　C. $12t_w$　　D. $14t_w$

11. 钢材表面处理方法中，(　　) 方法除锈效果好，但费用较高。

A. 手工除锈　　B. 动力工具除锈　　C. 喷射除锈　　D. 抛射除锈

12. 钢柱垂直度校正时，必须用两台经纬仪观测，观测的上测点应设在 (　　)。

A. 柱顶　　B. 柱高 2/3 处　　C. 柱中　　D. 柱底

13. 起重机开行路线短、停机点少，是 (　　) 所具有的优点。

A. 分件安装法　　B. 节间安装法　　C. 综合安装法　　D. 高空散装法

14. 网架整体吊升时，两侧滑轮组水平分力是按 (　　) 公式计算的。

A. $H=(Q/2)\sin\alpha$　　B. $H=T\cos\alpha$

C. $H=(T/2)\sin\alpha$　　D. $H=Q\cos\alpha$

15. 网架安装过程中，(　　) 是滑移技术的主要指标。

A. 挠度控制　　B. 牵引力控制　　C. 牵引速度控制　　D. 同步控制

16. 构件矫正程序中，(　　) 是错误的。

A. 先总体后局部　　B. 先次要后主要　　C. 先下部后上部　　D. 先主件后副件

【参考答案】

单元10 二次结构与外保温

教学目标

知识目标

1. 了解隔墙与填充墙的作用；
2. 了解隔墙与填充墙的施工方法；
3. 了解外墙外保温的常规做法。

能力目标

在实际工程中，能够应用二次结构与外保温的施工方法进行施工。

知识架构

知　识　点	权　重
隔墙与填充墙的施工方法	30%
外墙外保温的构造与特点	20%
外墙外保温系统的施工	50%

章节导读

二次结构是指在主体结构的承重构件部分施工完成后才开始施工的部分，为非承重结构部分，属于围护结构。在框架、剪力墙及框剪结构工程中，二次结构即非承重的砌体结构，比如过梁、圈梁、止水反梁、女儿墙、构造柱、填充墙、隔墙及压顶等需要在装饰前完成的结构。在高层结构中，多采用轻质隔墙作为围护结构，有助于减轻房屋自重，节约投资，并且对提高建筑的抗震性能也有帮助。

提高能源利用率，在国民经济不断发展的今天受到了越来越多的重视。建筑的保温节能课题，成为建筑行业发展中的重要分支。在高层建筑中，70%～80%的耗热量都是通过外墙围护结构散失的，因此，发展外墙保温技术及节能材料是当前建筑保温节能的重要课题之一。

本章以高层建筑轻质板材隔墙工程与外墙围护结构外保温为主，简要介绍了填充墙砌体工程。

引例

我们首先通过一个某住宅小区外墙保温施工方案的实例，了解一下外墙外保温施工工程。

1. 施工准备

(1) 主要施工工具：电热丝切割器、壁纸刀、十字螺丝刀、剪刀、钢锯条、墨斗、棕刷、粗砂纸、电动搅拌器、塑料搅拌桶、冲击钻、抹子、压子、阴阳角抿子、托灰板、2m 靠尺、腻子刀等。

(2) 施工前的基层处理与环境条件要求：

① 施工前必须彻底清除基层表面浮灰、油污、脱模剂、空鼓等影响黏结强度的材料；

② 对墙体结构用 2m 靠尺检查其平整度，最大偏差应小于 4mm，超差部分应剔凿或用 1：2.5 水泥砂浆修补平整；

③ 基层表面应干燥，并已通过验收，外挂物等已安装到位；

④ 施工现场环境温度和基层表面温度在施工时及施工后 24h 内均不得低于 5℃，风力不得大于 5 级；

⑤ 为保证施工质量，施工作业面应避免阳光直射，必要时应用防晒布遮挡作业面。

(3) 本工程由德宁贸易有限公司专业设计节点，同时负责施工。

2. 施工工艺

1) 施工顺序

施工顺序如下：清扫及验收基层→滚涂界面剂，用欧文斯内层专用聚合物砂浆粘板→安装固定件→打磨找平→在挤塑板上滚涂界面剂→调制面层聚合物砂浆→抹底层聚合物砂浆及埋贴网格布→抹欧文斯面层专用聚合物砂浆→变形缝及修补处理→现场卫生。

【参考图文】

2) 施工要点

(1) 清扫及验收基层：用腻子刀和扫帚将要施工的基层表面处理干净，并用 2m 靠尺检验基层表面。

(2) 滚涂界面剂，用欧文斯内层专用聚合物砂浆粘板。

① 本工程所使用的标准板尺寸为 1200mm×600mm×(20、60、80)mm，所用挤塑板型号为 FM150 型。非标准板按实际需要的尺寸加工，挤塑板切割用电热丝切割器或工具刀切割。尺寸允许偏差为+2mm，大小面垂直。

② 在事先切好的挤塑板面上滚涂界面剂，晾干后方可使用。

③ 网格布翻包：在膨胀缝两侧、窗口边及孔洞口边的挤塑板上预贴窄幅网格布，其宽度约为 200mm，翻包部分宽度约为 80mm。

④ 用抹子在挤塑板周边涂抹宽 30mm、厚 10mm 的欧文斯内层专用聚合物砂浆，然后再在挤塑板中间区域内涂抹直径为 100mm、厚 10mm 的点 6～8 个，涂好后立即将挤塑板粘贴在基层表面上。

⑤ 挤塑板粘贴在基层上时，应用 2m 靠尺压平操作，保证其平整度和粘贴牢固。板与板之间要挤紧，碰头缝处不抹欧文斯内层专用聚合物砂浆。每贴完一块板，应及时清除挤出的聚合物砂浆，板间不留间隙。若因挤塑板不够方正或裁切不直形成缝隙，应用挤塑板条塞入并打磨平整。

⑥ 挤塑板应水平粘贴，保证连续结合，且上下两排挤塑板应竖向错缝板长的1/2。

⑦ 在墙拐角处，应先排好尺寸，裁切好挤塑板，使其粘贴时垂直交错连接，保证拐角处顺直且垂直。

⑧ 在粘贴窗框四周的阳角和外墙阳角时，应先弹出基准线，作为控制阳角上下竖直的依据。

(3) 安装固定件。

① 挤塑板粘贴牢固后，应及时安装固定件，按设计要求的位置用冲击钻钻孔，锚固深度应为基层内50mm，基层钻孔深度不低于60mm。

② 固定件个数：每一单块保温板上不宜少于2个；在窗口边缘处，固定件应加密，距基层边缘不小于60mm。

③ 自攻螺钉应拧紧，并将塑料膨胀钉的帽子与挤塑板表面齐平或略拧入一些，以确保膨胀钉尾部回拧使之与基层充分锚固。

④ 固定件个数为6套/m^2。

(4) 打磨找平。

① 挤塑板接缝不平处，应用衬有平整处理的粗砂纸板打磨，打磨动作应为轻柔的圆周运动，不要沿着与挤塑板接缝平行的方向打磨。

② 打磨后，应用刷子或压缩空气将打磨操作产生的碎屑及其他浮灰清理干净。

(5) 在挤塑板上滚涂界面剂。为增加挤塑板与聚合物砂浆的结合力，应在挤塑板表面滚涂界面剂，待晾干后涂抹面浆。

(6) 调制面层聚合物砂浆。

① 使用一只干净的塑料搅拌桶倒入五份干混砂浆，加入约一份净水，注意应边加水边搅拌，然后用手持式电动搅拌器搅拌约5min，直到搅拌均匀，且稠度适中为止，保证聚合物砂浆有一定的黏度。

② 以上工作完成后，应将配好的砂浆静置5min，再搅拌即可使用。调好的砂浆应在1h内用完。

③ 聚合物砂浆只应加入净水，不能加入其他添加剂如水泥、砂、防冻剂及其他聚合物等。

(7) 抹底层聚合物砂浆及埋贴网格布。

① 将欧文斯专用面层聚合物砂浆均匀地抹在挤塑板上，厚度约为2mm。

② 将大面积网格布沿垂直方向绷直绷平，并将弯曲面朝向左右两侧，用抹子自上而下地由中间向左右两边将网格布抹平，使其紧贴底层聚合物砂浆。网格布之间左右搭接宽度不小于100mm。局部搭接处可用聚合物砂浆补充原聚合物砂浆的不足之处，不得使网格布褶皱、空鼓、翘边。

③ 对装饰凹缝，也应沿凹槽将网格布埋入聚合物砂浆内。若网格布在此处断开，则必须搭接，搭接宽度不小于65mm。

④ 对于外架与墙体连接处，应留出100mm不抹黏结砂浆，待以后对局部进行修整。

⑤ 窗口四周、洞口处及门口处做法见施工节点图。

(8) 抹欧文斯面层专用聚合物砂浆。抹完底层的面层聚合物砂浆后，压入网格布，待砂浆干至不粘手时，抹欧文斯面层专用聚合物砂浆，抹灰厚度以盖住网格布为准，约为1mm，使面层砂浆保护层总厚度控制在3mm左右。

(9) 变形缝及修补处理。

① 在变形缝处填塞发泡聚乙烯圆棒，其直径应为变形缝宽的1.3倍，分两次勾填嵌缝胶。

② 对墙面因使用外架等所预留的孔洞及损坏处，应进行修补，具体方法为：预切一块与孔洞尺寸相当的挤塑板，将其背面涂上厚5mm的粘接砂浆，塞入孔洞中；再切一块网格布（四周与原有的网格布至少重叠65mm），将挤塑板表面涂上聚合物面层砂浆，埋入加强网格布中，将表面处理平整。

(10) 现场卫生。施工完毕后，将材料放回仓库，做到人走场清，保持干净卫生的施工环境。

3) 水电专业配合要点

(1) 水电专业必须与外保温施工密切配合，各种管线和设备的埋件必须固定于结构墙内，不得直接固定在保温墙上，锚固深度不小于120mm，并在粘贴保温板前埋设完毕。

(2) 固定埋件时，挤塑板的孔洞用小块挤塑板加黏结剂填实补平。

(3) 电气接线盒埋设深度应与保温墙厚度相适应，凹进面层内不大于2mm。

3. 施工节点

有关施工节点如下图所示。

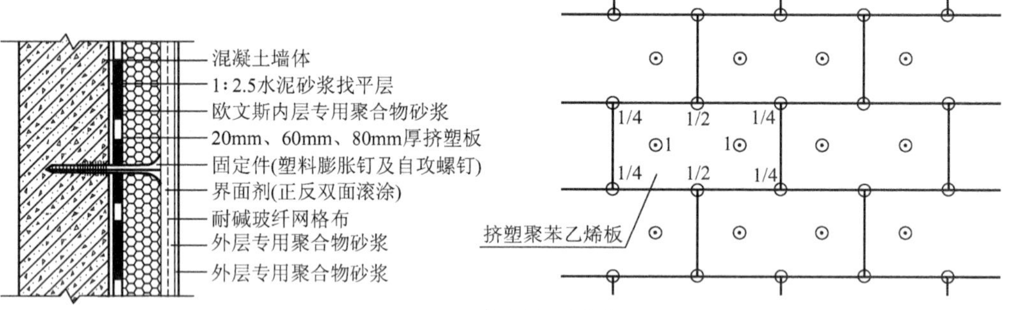

(a) 保温层基本构造

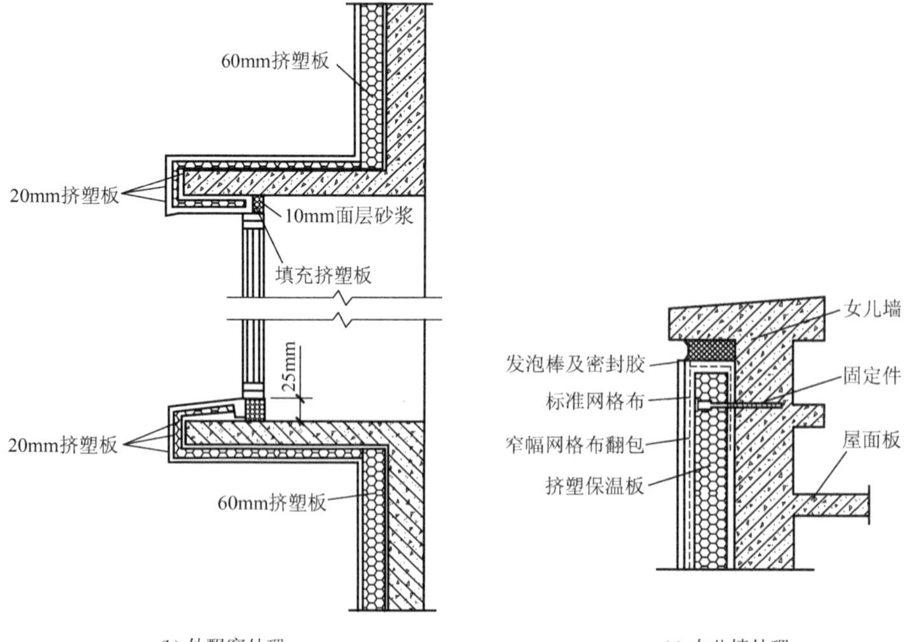

(b) 外飘窗处理

(c) 女儿墙处理

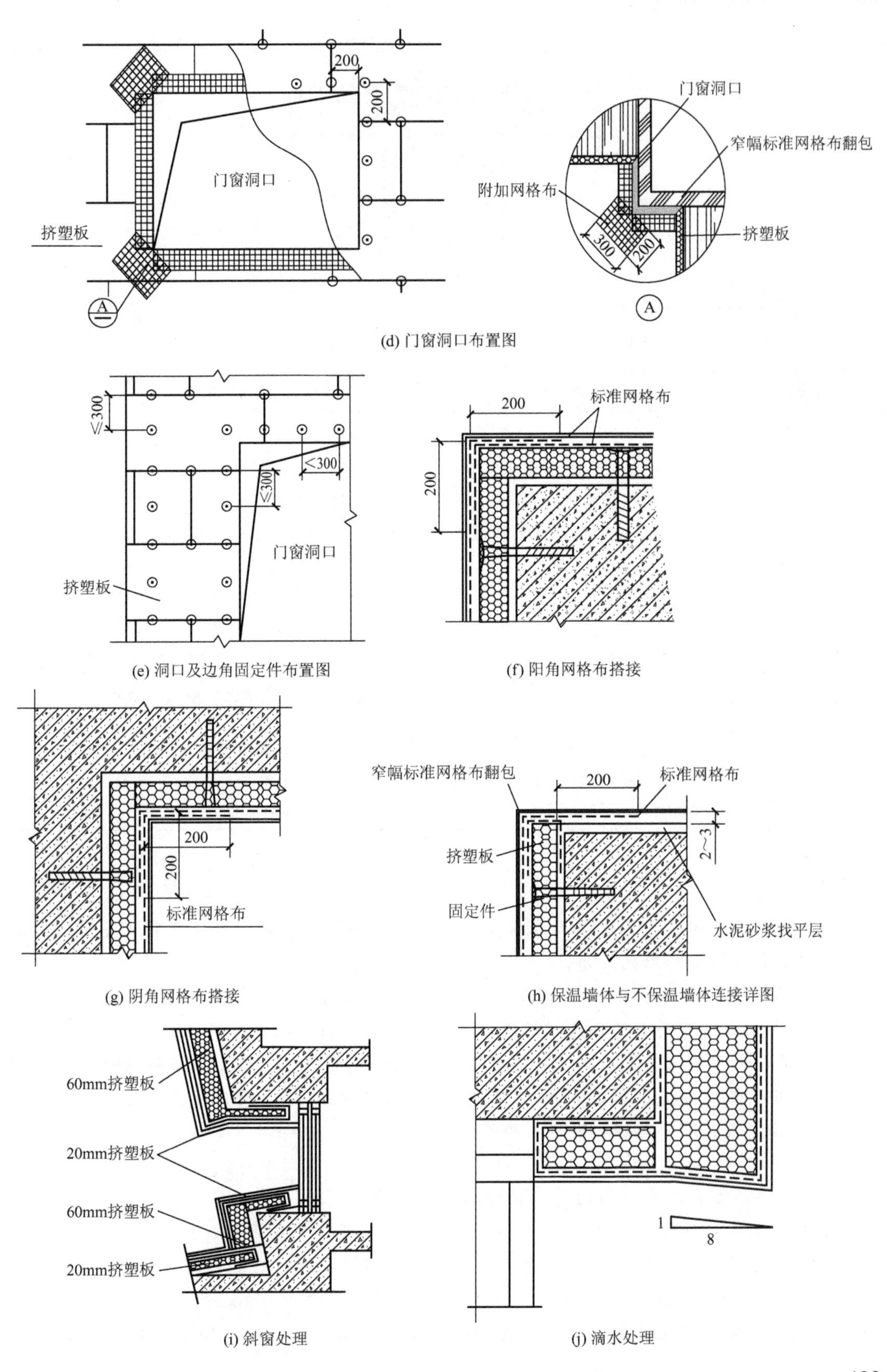

(d) 门窗洞口布置图

(e) 洞口及边角固定件布置图

(f) 阳角网格布搭接

(g) 阴角网格布搭接

(h) 保温墙体与不保温墙体连接详图

(i) 斜窗处理

(j) 滴水处理

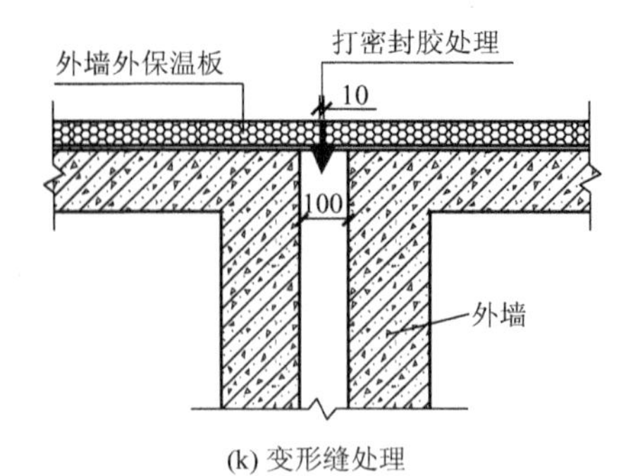

(k) 变形缝处理

4. 质量通病及防治措施

保温墙施工质量通病及防治措施见下表。

质量通病	产生原因	防治措施
墙面开裂	(1) 挤塑板与墙面黏结不牢 (2) 网格布粘贴方向不正确，且面层聚合物砂浆嵌入的深度不合适 (3) 养护不到位	(1) 严格按照施工工艺要求布置欧文斯内层专用聚合物砂浆的点位，保证黏结点不少于7个 (2) 网格布必须沿垂直方向绷直绷平，并将弯曲面朝左右两侧，用抹子抹平；待底层聚合物砂浆干至不粘手时再抹面层砂浆 (3) 在迎风面房间进行保温层施工时，要采取必要的挡风措施，以避免面层聚合物砂浆失水过快
门窗洞口四角出现斜向裂纹	门窗开启频繁，造成门窗四角墙面应力集中	在门窗洞口四角部位斜向附加网格布
保温墙面平整度及垂直度差	施工前墙面套方控制不严，施工过程中没有按要求随时检查、调整保温板粘贴的平整度及垂直度	加强施工前墙面基层平整度及垂直度的验收工作及施工过程中的抽检密度，要求施工班组施工时必须携带靠尺等必备的质量检测工具

5. 质量标准

1) 保证项目

(1) 挤塑板、网格布的规格和各项技术指标、聚合物砂浆的配制及原料的质量，必须符合规程及有关国家标准的要求。

① 检查数量：按楼层每20m长抽查一处（每处3延长米），每层不少于3处。

② 检验方法：检查出厂合格证或进行复验；观察和用手推拉检查。

(2) 聚合物砂浆与挤塑板必须粘接紧密，无脱层、空鼓。面层无爆灰和裂缝。

① 检查数量：按楼层每20m长抽查一处（每处3延长米），每层不少于3处。

② 检验方法：用小锤轻击和观察检查。

2) 基本项目

(1) 每块挤塑板与基层面的总粘接面积不得小于30%。

① 检查数量：按楼层每20m长抽查一处，但不少于3处，每处抽查不少于2块。

② 检验方法：尺量检查取其平均值（检验应在粘接剂凝结前进行）。

(2) 工程塑料固定件膨胀塞部分进入结构墙体应不小于45mm。

① 检查数量：按楼层每20m长抽查一处，但不少于3处，每处抽查不少于2块。

② 检验方法：退出自攻螺钉，观察检查。

(3) 挤塑板碰头缝不抹粘接剂。

① 检查数量：按楼层每 20m 长抽查一处，但不少于 3 处，每处抽查不少于 2 块。

② 检验方法：观察检查。

(4) 网格布应横向铺设，压贴密实，不能有空鼓、褶皱、翘曲、外露等现象，搭接宽度左右不得小于 100mm，上下不得小于 80mm。

① 检查数量：按楼层每 20m 长抽查一处，但不少于 3 处，每处抽查不少于 2 块。

② 检验方法：观察及尺量检查。

(5) 聚合物砂浆保护层总厚度不宜大于 4mm，首层不宜大于 5mm。

① 检查数量：按楼层每 20m 长抽查一处，但不少于 3 处，每处抽查不少于 2 块。

② 检验方法：尺量检查（检验应在砂浆凝结前进行）。

3) 允许偏差项目

(1) 挤塑板安装的允许偏差应符合下表的规定。

项　目		允许偏差/mm	检查方法
表面平整度		2	用 2m 靠尺和楔形塞尺检查
垂直度	每层	5	用 2m 托线板检查
	全高	H/1000 且不大于 20	用经纬仪或吊线和尺量检查
阴、阳角垂直度		2	用 2m 托线板检查
阴、阳角方正度		2	用 200mm 方尺和楔形塞尺检查
接缝高差		1.5	用直尺和楔形塞尺检查

注：表中 H 为墙全高，检查数量：按楼层每 20m 长抽查一处，但不少于 3 处，每处抽查不少于 2 块。

(2) 保温墙面层质量执行《建筑装饰装修工程质量验收规范》(GB 50210—2001) 第 4 章第 2 节“一般抹灰工程”的规定。

4) 成品保护措施

(1) 施工中，各专业工种应紧密配合，合理安排施工工序。严禁颠倒工序作业。

(2) 对抹完聚合物砂浆的保温墙体，不得随意开凿孔洞。如确实需要开凿，应在聚合物砂浆达到设计强度后方可进行，安装物件后其周围应恢复原状。

(3) 防止重物撞击墙面。

(4) 防止明水浸湿保温墙面。

5) 其他注意事项

(1) 各种材料应分类存放并挂牌标明材料名称，不得错用。

(2) 暑天施工时，应适当安排不同的作业时间，尽量避开日光暴晒时段。

(3) 不得在挤塑板上部放置易燃及溶剂型化学物品，不得在上面加工作业电气焊活。

(4) 网格布裁剪应尽量顺经纬线进行。

(5) 调制粘接剂和聚合物砂浆宜用电动搅拌器，用完后清理干净。

(6) 应严格遵守有关安全操作的规程，实现安全生产和文明施工。

10.1 隔墙与填充墙施工

10.1.1 隔墙工程

高层建筑中，根据功能变化和需要的不同，对建筑空间进行再划分是十分普遍和必要的。高层建筑中分隔建筑物内部空间的墙称为隔墙。隔墙不承重，自重轻、厚度薄、高度好，有良好的隔声性能。考虑到施工的经济性、便捷性、稳定性和安全性等要求，轻质隔墙在目前施工中是经常采用的。市场中常见的轻质隔墙材料，有轻质砌块和轻质板材。轻质砌块墙构造与黏土砖相似；轻质板材是指那些用于墙体、密度较混凝土制品低、采用不同工艺预制而成的建筑制品，目前常用的轻质隔墙板材，有蒸压加气混凝土板、石膏空心条板、金属面夹芯板、钢丝网架水泥夹芯板等。

【参考图文】

1. 蒸压加气混凝土板隔墙工程

蒸压加气混凝土板材是一种多孔型轻质板材，板材内一般配有单层钢筋网片。由于板材内部含有大量微小的非连通气孔，孔隙率可达70%～80%，故自身质量轻、隔热保温性能好，还具有较好的耐火性和一定的承载能力，可作为建筑内墙板及外墙板。

蒸压加气混凝土内隔墙板材常见的规格，宽度有500mm、600mm，厚度有75mm、100mm、120mm，长度需按设计要求确定。加气混凝土隔墙板厚度一般应考虑便于安装门窗，且不应小于75mm；当墙板的厚度小于125mm时，其最大长度不应超过3.5m；分户墙的厚度应根据隔声要求确定，原则上应选用双层墙板。

1）施工工艺

(1) 按设计要求在楼板（梁）底部和楼地面弹好墙板位置线，并架设好靠放墙板的临时方木后，即可安装隔墙板。

(2) 墙板安装前，先将黏结面用钢丝刷刷去油垢并清除渣末。

(3) 在板上涂抹3mm厚的胶粘剂，将板立于预定位置，用撬棍将板撬起，使板顶与上部结构底面粘紧，板的一侧与主体结构或已安装好的另一块墙板粘紧，并在板下用木楔楔紧，然后撤出撬棍，板即固定。

每块板安装后，应用靠尺检查墙面垂直和平整情况。板与板间的拼缝，缝宽不得大于5mm，应满铺黏结砂浆，拼接时要以挤出砂浆为宜，挤出的砂浆应及时清理干净。

墙板的安装顺序应从门洞口处向两端依次进行；当无门洞口时，应从一端向另一端顺序安装。若在安装墙板后进行地面施工，需对墙板进行保护。对于双层墙板的分户墙，安装时应使两面墙板的拼缝相互错开。

(4) 墙板固定后，在板下填塞1∶2水泥砂浆或细石混凝土。如采用经防腐处理后的木楔，则板下木楔可不撤除；如采用未经防腐处理的木楔，则等填塞的砂浆或细石混凝土具有一定强度后，再将木楔撤除，然后用1∶2水泥砂浆或细石混凝土堵严木楔孔。

2）节点构造

(1) 上下部位连接：加气混凝土隔墙板与楼板或梁底部黏结，一般采用在板的上端抹黏结砂浆的方法，板的下端先用木楔顶紧，最后再在下端木楔空间填入细石混凝土，然后再做地面。

(2) 转角和丁字墙节点连接：隔墙板转角和丁字墙交接处，主要采用黏结砂浆黏结，并在一定距离（700～800mm）斜向钉入经过防腐处理的钉子或直径为8mm磨尖过的钢筋，钉入长度不小于200mm。

(3) 隔墙板板材间连接：加气混凝土隔墙板一般垂直安装，板与板之间用黏结砂浆黏结，并沿板缝上下各1/3处，按30°角斜钉入铁销或铁钉。

2. 石膏空心条板隔墙工程

石膏空心条板是以天然石膏或化学石膏为主要原料，掺入适量粉煤灰或水泥、适量的膨胀珍珠岩，加入少量增强纤维，加水拌和成料浆，通过浇筑成形、抽芯、干燥等工艺制成的轻质空心条板，具有质量轻、强度高、隔热、隔声、防水、施工简便等特点。石膏空心条板适合作为住宅分室墙的一般隔墙、公共走道的防火墙、分户墙的隔声墙等。

石膏空心条板安装拼接的黏结材料主要为掺有胶粘剂的水泥砂浆，板缝处理可采用石膏腻子填充。

墙板安装时，应按设计弹出墙位线，并安好定位木架。安装前在板的顶面和侧面刷涂黏结砂浆，先推紧侧面，再顶牢顶面。在顶面顶牢后，立即在板下两侧各1/3处楔紧两组木楔，并用靠尺检查。确定板的安装偏差在允许范围后，在板下填塞干硬性混凝土。板缝挤出的黏结材料应及时刮净。板缝的处理，可在接缝处先刷水湿润，然后用石膏腻子抹平。墙体连接处在板面或板侧刷玻璃胶液一道。

3. 金属面夹芯板隔墙工程

金属面夹芯板是用厚度为0.5～0.8mm的金属板为面材，以硬质聚氨酯泡沫塑料、聚苯乙烯塑料或岩棉等绝热材料为芯材，经过黏结复合而成的夹芯板材。其主要特点是质量轻、强度高、绝热性好、外形美观、施工简便、可多次拆卸、重复安装使用、耐久性较好。

金属面夹芯板适用于冷库、仓库、车间、仓储式超市、商场、办公楼、旧楼房加层、活动房、战地医院、展览馆和候机楼等场所。

金属面夹芯板主要有三种类型，即金属面硬质聚氨酯夹芯板、金属面聚苯乙烯夹芯板和金属面岩棉、矿渣棉夹芯板。

4. 钢丝网架水泥夹芯板隔墙工程

钢丝网架夹芯板是用高强度冷拔钢丝焊接成三维空间网架，中间填塞阻燃型聚苯乙烯泡沫塑料或岩棉等绝缘材料。现场安装后，两侧喷抹水泥砂浆，可做建筑内隔墙或外填充墙。保温板喷抹的水泥砂浆既能保护主体墙和保温层，又能在外饰面中喷刷涂料和粘贴面砖。

1）施工要点

施工时，先按设计要求在地面、顶面、侧面弹出墙的中心线和墙的厚度线，划出门窗洞口的位置。若设计无要求时，按400mm间距划出连接件或锚筋的位置。再按设计要求配钢丝网架夹芯板及配套件。若设计无明确要求，且当隔墙宽度小于4m时，可以整板上墙；当隔墙高度或长度超过4m时，应按设计要求增设加劲柱。各种配套用的连接件、加固件、预埋件等要进行防锈处理，按放线位置安装钢丝网架夹芯板。板与板的拼缝处用箍码或22号镀锌铁丝扎牢。各种预埋件、电线管、接线盒等应与夹芯板同步安装，并固定牢固。当确认夹芯板、门窗框、各种预埋件、管道、接线盒的安装和固定工作完成后，就可以开始抹灰。抹灰前将夹芯板适当支顶，在夹芯板上均匀喷一层面层处理剂，随即抹底灰，以加强水泥砂浆与夹芯板的黏结。底灰的厚度为12mm左右，底灰要基本平整，并用带齿抹子均匀拉槽，以利于与中层砂浆的黏结。底灰抹完后均匀喷一层防裂剂。48h以后撤去支顶，抹另一侧底灰，在两层底灰抹完48h以后才能抹中层灰。

2）节点构造

夹芯板与四周的连接：墙、梁、柱已预埋锚筋的，用22号镀锌铁丝将锚筋与钢丝网架扎牢，扎扣不少于3点；用膨胀螺栓或用射钉固定U形连接件作连接的，用22号镀锌铁丝将U形连接件与钢丝网架扎牢。

夹芯板与混凝土墙、柱、砖墙连接处，阴角用300mm宽角网加固，角网一边用箍码或22号镀锌铁丝与钢丝网架连接，另一边用钢钉与混凝土墙、柱固定或用骑马钉与砖墙固定。

夹芯板与混凝土墙、柱连接处的拼缝，用300mm加宽平网加固，平网一边用箍码或22号镀锌铁丝与钢丝网架连接，另一边用钢钉与混凝土墙、柱固定。

5. 板材隔墙工程质量要求

【参考图文】

（1）隔墙所用材料的品种、规格、性能、颜色应符合设计要求。有隔声、隔热、阻燃、防潮等特殊要求的工程，板材应有相应性能等级的检测报告。

（2）隔墙板材安装所需预埋件、连接件的位置、数量及连接方法应符合设计要求，与周边墙体应连接牢固。

（3）隔墙板材安装应垂直、平整、位置正确，板材不应有裂缝或缺损；表面应平整光滑、色泽一致、洁净，接缝应均匀、顺直，无凹凸现象和裂缝。

（4）隔墙上的孔洞、槽、盒应位置正确，套割方正，边缘整齐。

（5）板材隔墙安装的允许偏差和检验方法应符合表10－1的规定。

表10－1　板材隔墙安装允许偏差和检验方法表　　单位：mm

项　目	允许偏差				检验方法
	复合轻质墙板		石膏空心板	钢丝网水泥板	
	金属夹芯板	其他复合板			
立面垂直度	2	3	3	3	用2m垂直检测尺检查
表面平整度	2	3	3	3	用2m靠尺和塞尺检查
阴阳角方正度	3	3	3	4	用直角检测尺检查
接缝高低差	1	2	2	3	用钢直角和塞尺检查

10.1.2 填充墙砌体工程

填充墙主要是框架或框架-剪力墙结构体系中的二次结构。填充墙一般只起围护与分隔的作用，不承担重量，常采用质量轻、保温性能好的空心砖、蒸压加气混凝土砌块、轻骨料混凝土小型空心砌块等砌筑而成。一般填充墙的砌筑方法与所用块材（砖、砌块）砌体的施工方法基本相同，但其构造和局部施工处理有所区别。

1. 填充墙一般施工技术要求

(1) 在填充墙块材的运输、装卸过程中，严禁抛掷和倾倒。进场后应按品种、规格分类堆放整齐。堆置高度不宜超过2m。加气混凝土砌块应防止雨淋。

(2) 当采用蒸压加气混凝土砌块、轻骨料混凝土小型空心砌块砌筑时，其产品龄期应超过28d。

(3) 填充墙砌体砌筑时，块材应提前两天浇水湿润；蒸压加气混凝土砌块砌筑时，应向砌筑面适量浇水。

(4) 预埋在柱中的拉结钢筋和网片，必须准确地砌入填充墙的灰缝中。

(5) 填充墙与框架柱之间的缝隙应采用砂浆填实。

(6) 填充墙砌筑时应错缝搭砌，灰缝的厚度和宽度应正确。

(7) 填充墙接近梁板底时应固有一定的空隙，在抹灰前采用侧砖、立砖或砌块斜砌挤紧，倾斜度宜为60°左右，砌筑砂浆应饱满。

2. 填充墙施工技术要点

1) 空心砖砌体工程

(1) 空心砖的砖孔如设计无具体要求时，可垂直于水平位置；如有特殊要求，砖孔也可垂直放置。

(2) 砖墙应采用全顺侧砌，上下皮竖缝相互错开1/2砖长。灰缝厚度应为8～12mm，应横平竖直，砂浆饱满。

(3) 空心砖墙不够整砖部分，宜用无齿锯加工制作非整砖块，不得以砍凿方式将砖打断。

(4) 留置管线槽时，弹线定位后用凿子凿出或用开槽机开槽，不得用斩砖预留槽的方法。

(5) 空心砖墙应同时砌起，不得留斜槎。砖墙底部至少砌三皮普通砖，门窗洞口两侧也应用普通砖实砌一砖。

2) 蒸压加气混凝土砌块砌体工程

(1) 加气温凝土砌块厚度一般有200mm、250mm、300mm等几种，立面砌筑形式只有全顺一种、上下皮竖缝相互错开1/3砌块长，如不满足，应在水平灰缝中设置2ϕ6钢筋或者ϕ4钢筋网片，加筋长度不小于400mm。水平、竖直灰缝厚度宜为15mm、20mm。

(2) 砌筑前应进行砌块排列设计，并根据排列图制作皮数杆，可减少现场切锯砌块的工作量。

(3) 砌筑前应检查砌块外观质量，清除砌块表面污物，并应适当洒水湿润，含水率一般不超过15%。

(4) 在加气混凝土砌块墙底部应用烧结普通砖或烧结多孔砖砌筑，也可用普通混凝土小型空心砌块砌筑，其高度不宜小于200mm。

(5) 不同密度和强度等级的加气混凝土砌块不能混砌，灰缝要饱满均匀。

(6) 砌块墙的转角处，应隔皮纵、横墙砌块相互搭砌；砌块墙的T形交接处，应使横墙砌块隔皮端部露头。

(7) 墙体洞口上方应放置2根直径为6mm的钢筋，伸过洞口两边的长度，每边不小于500mm。

(8) 砌块墙与柱的交接处，应依靠拉结筋拉结。拉结钢筋应沿柱高每500mm设一道，每道为 2 根直径 6mm 的钢筋（带弯钩），伸出柱面长度不小于 1000mm；在砌筑砌块时，将此拉结钢筋伸出部分埋于砌块的水平灰缝内。

（9）穿越墙体的水管，要严防渗漏；穿墙、附墙或埋入墙内的铁件应做防腐处理。

（10）若无有效措施，加气混凝土砌块不得使用在以下部位：建筑物±0.000m 以下；长期浸水或经常受干湿交替作用的部位；受酸碱化学物质侵蚀的部位；制品表面温度高于 80℃的部位。

3）轻骨料混凝土空心砌块砌筑工程

（1）轻骨料混凝土空心砌块的主要规格是 390mm×190mm×190mm。采用全顺砌筑形式，墙厚等于砌块宽度。

（2）上下皮竖缝相互错开 1/2 砖长，并不小于 120mm。如不满足，应在水平灰缝中设置 2ϕ6 钢筋或 ϕ4 钢筋网片。灰缝宽度应为 8～12mm，应横平竖直，砂浆饱满。

（3）对轻骨料混凝土空心砌块，宜提前 2d 以上适当浇水湿润。严禁雨天施工，砌块表面有浮水时不得进行砌筑。

（4）墙体转角处及交接处应同时砌起，每天砌筑高度不得超过 1.8m。

3. 填充墙砌体工程施工质量验收

1）主要材料质量控制

砖、砌块和砌筑砂浆的强度等级应符合设计要求，主要检查砖或砌块的产品合格证书、产品性能检测报告和砂浆试块试验报告。

2）填充墙砌筑质量控制

填充墙砌体尺寸允许偏差见表 10－2，砌体砂浆饱满度要求见表 10－3。此外，还需检查有无混砌现象、拉结钢筋设置情况、搭砌长度、灰缝厚度、宽度、梁底砌法等。

表 10－2　填充墙体允许偏差

<table>
<tr><th colspan="2">项　目</th><th>允许偏差/mm</th><th>检查方法</th></tr>
<tr><td colspan="2">轴线位移</td><td>10</td><td>用尺检查</td></tr>
<tr><td rowspan="2">垂直度</td><td>≤3m</td><td>5</td><td rowspan="2">用 2m 托线板或吊线检查</td></tr>
<tr><td>>3m</td><td>10</td></tr>
<tr><td colspan="2">表面平整度</td><td>8</td><td>用 2m 靠尺和楔形塞尺检查</td></tr>
<tr><td colspan="2">门窗洞口高、宽（后塞口）</td><td>5</td><td>用尺检查</td></tr>
<tr><td colspan="2">外墙上、下宽口偏移</td><td>20</td><td>用经纬仪或吊线检查</td></tr>
</table>

表 10－3　砌体砂浆饱满度

<table>
<tr><th>砌体品种</th><th>灰　缝</th><th>饱满度要求</th><th>检验方法</th></tr>
<tr><td rowspan="2">空心砖砌体</td><td>水平</td><td>≥80%</td><td rowspan="4">百格网法检查</td></tr>
<tr><td>竖直</td><td>填满砂浆，不得有透明缝、瞎缝、假缝</td></tr>
<tr><td rowspan="2">加气混凝土砌块和轻骨料混凝土砌块砌体</td><td>水平</td><td>≥80%</td></tr>
<tr><td>竖直</td><td>≥80%</td></tr>
</table>

10.2 外墙外保温施工

在建筑中，外围护结构的热损耗较大，建筑物的耗热量有70%～80%都是通过围护结构散失的，因此，围护结构是建筑节能的重点部位。而墙体又是外围护结构中的主要部位，因此，要发展外墙保温技术就要提高建筑外墙的保温隔热效果。

10.2.1 外墙外保温系统的构造及特点

外墙外保温系统是指在外墙的外表面上设置保温层，该系统主要由保温层、抹面层、固定材料（胶粘剂、辅助固定件等）和饰面层构成。

外墙外保温是目前大力推广的一种建筑保温节能技术，它不仅适用于新建建筑，也适用于旧楼改造。

外墙外保温有如下特点。

(1) 节能：采用导热系数较低的聚苯板，将建筑物外面整体包起来，可消除或减少热桥，对室内保持热稳定有利，当外界气温波动较大时，提高了室内的舒适感，可达到较好的保温节能效果。

(2) 牢固：外保温材料与墙体之间采用了可靠的连接技术，使外保温材料与墙面有可靠的附载效果，耐候性、耐久性更好。

(3) 防水：外墙外保温系统具有高弹性和整体性，解决了墙面开裂、表面渗水等通病，特别对陈旧墙面局部裂纹有整体覆盖作用。

(4) 体轻：采用该材料可将建筑房屋外墙厚度减小，不但减小了砌筑工程量、缩短工期，还减轻了建筑物的自重。

(5) 阻燃：外墙外保温所用的聚苯板为阻燃型，具有隔热、无毒、自熄、防火功能。

(6) 易施工：施工简单，具有一般抹灰水平的技术工人，经短期培训即可进行现场操作施工。

目前，常用的外墙外保温技术，主要有聚苯板（EPS板）薄抹灰面外保温系统、粉胶聚苯（EPS）颗粒保温浆料外保温系统、现浇混凝土复合无网EPS板外保温系统、现浇混凝土EPS钢丝网架板外保温系统等。

10.2.2 外墙外保温系统施工的一般规定

(1) 在选用外保温系统时，不得更改系统构造和组成材料（包括饰面层材料）。

(2) 保温层内表面温度应高于0℃。

(3) 外保温系统应包覆门窗框外侧洞口、女儿墙、封闭阳台以及出挑构件等热桥部位，并考虑金属固定件及承托件的热桥影响。

(4) 外墙外保温应做好密封和防水构造设计，确保水不会渗入保温层及基层，重要部位应有详图。水平或倾斜的出挑部位以及延伸至地面以下的部位应做防水处理。在外墙外保温系统上安装的设备或管道应固定于基层上，并应做好密封和防水设计。

(5) 外墙外保温工程的饰面层宜采用涂料、饰面砂浆等轻质材料。确需采用饰面砖时，应根据相关标准制定专项技术方案和验收方法，组织专门论证。

(6) 除EPS板现浇混凝土外保温系统和EPS钢丝网架板现浇混凝土外保温系统外，外保温工程的施工应在基层施工验收合格后进行。

(7) 除EPS板现浇混凝土外保温系统和EPS钢丝网架板现浇混凝土外保温系统外，外保温工程施工前，外门窗洞口应通过验收，洞口尺寸、位置应符合设计要求和质量要求，门窗框或附框应安装完毕，伸出墙面的消防梯、雨水管、各种进户线和空调器等的预埋件、连接件应安装完毕，并按外保温系统厚度留出间隙。

(8) 外保温工程施工期间以及完工后24h内，基层及环境空气温度应不低于0℃，平均气温不低于5℃。夏季应避免阳光暴晒。在5级以上大风天气和雨天不得施工。

(9) 保温板系统中的保温材料粘贴后，应及时做抹面层。

(10) 外保温工程完工后，应做好成品保护。

10.2.3 外墙外保温系统施工

1. EPS板薄抹灰外墙外保温系统施工

EPS板薄抹灰外墙外保温系统（图10.1）是采用聚苯乙烯泡沫塑料板（以下简称EPS板）作为建筑物的外保温材料，当建筑主体结构完成后，将EPS板用专用黏结砂浆按要求粘贴上墙。当建筑物高度在20m以上时，在受风压作用较大的部位宜使用锚栓辅助固定。然后在EPS板表面抹聚合物水泥砂浆，其中压入耐碱涂塑玻纤网格布加强以形成抗裂砂浆保护层，最后为饰面层。

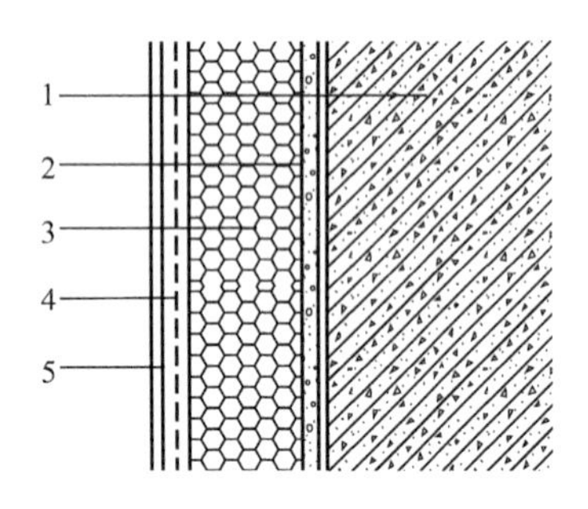

图10.1 EPS板薄抹灰外墙外保温系统

1—基层；2—胶粘剂；3—EPS板；4—薄抹面层；5—饰面涂层

1) 材料要求

EPS板采用容重18～20kg/m³自熄型板材，储存时应摆放平整，防止雨淋及阳光暴晒。

玻纤布必须放在干燥处，地面必须平整，摆放宜立放平整，避免相互交错摆放。

2) 基层处理及施工条件

(1) 基层表面应光洁、坚固、干燥，无污染或其他有害的材料，必须彻底清除基层表面的粉尘。

(2) 墙外的雨水管或其他预埋件、进口管线或其他预留洞口，应按设计图纸或施工验收规范要求提前施工完毕。

(3) 墙面应用20mm厚1∶3水泥砂浆进行抹灰找平，墙面平整度用2m靠尺检测，其平整度偏差不大于3mm，且要求阴阳角方正。局部不平整部位用1∶2水泥砂浆找平。

(4) 施工温度不应低于5℃，而且施工完成后，24h内气温应高于5℃。夏季高温时，不宜在强光下施工。5级风以上或雨天禁止作业。

(5) 施工时应避免直接日晒和雨淋，必要时应在脚手架上搭设防晒布遮挡墙面，以避免阳光的直射和雨水的冲刷。

3) 施工工艺

(1) 施工程序：基层检查或处理→工具准备→阴阳角、门窗洞挂线→基层墙体湿润→配制聚合物砂浆，挑选EPS板→粘贴EPS板→EPS板塞缝，打磨、找平墙面→配制聚合物砂浆→EPS板面抹聚合物砂浆，门窗洞口处理，粘贴玻纤网，面层抹聚合物砂浆→找平修补，嵌密封膏→外饰面施工。

(2) 工具明细：锯条或刀锯，打磨EPS板的粗砂纸、锉子或专用工具，小压子或铁勺，铝合金靠尺、钢卷尺、线绳、线坠、墨斗等。

(3) 配制黏结砂浆。

① 配制聚合物黏结砂浆必须有专人负责，以确保搅拌质量。搅拌必须均匀，避免出现离析，宜呈粥状。

② 聚合物砂浆应随用随配，配好的聚合物砂浆应在1h内用完。

③ 拌制后的黏结剂在使用过程中不可再加水拌制使用。拌好的料应注意防晒避风，以免水分蒸发过快而出现表面结皮现象。

(4) 粘贴EPS板。

① EPS板粘贴前，若墙体干燥应预先喷水湿润。EPS板的粘贴应自下而上，并沿水平横向粘贴以保证连续结合，而且两排EPS板竖向错缝应为1/2板长。

② EPS板粘贴时，在EPS板四周及板中垂直方向抹10mm厚的黏结带，边缘距板边5mm为宜，空余部位中心附加直径100mm的黏结点，粘贴墙体面积为EPS板的30%～50%。

③ 门窗洞口周边、变形缝、其他埋件周边应满抹聚合物砂浆。

④ 粘贴EPS板时，先从门窗洞口周边开始粘贴，需切割的板块放在中间。

⑤ 基层上粘贴的EPS板，板与板之间缝隙不得大于2mm；板面应垂直、平整，允许偏差不超过3mm；板面高低差不得超过1.5mm。

⑥ 粘贴时挤出的聚合物砂浆应用灰刀清除干净，板与板之间要挤紧不留间隙，接缝处不得涂抹黏结剂。

⑦ 若由于切割不当形成EPS板间的缝隙，应用大小合适的EPS板板条来填补，不得涂抹黏结剂。

⑧ 对于EPS板接缝不平处，可待EPS板粘贴24h后，用衬有平整物的粗砂纸打磨，进行平整处理，打磨动作应为轻柔的圆周运动，不可沿着EPS板接缝平行的方向打磨。打磨完毕，可用刷子将由于打磨操作所产生的碎屑及其他粉尘清理干净。

⑨ 在墙拐角处应先排好尺寸并裁切好EPS板，使其粘贴时垂直交错连接，以保证拐角处平整和垂直。

⑩ EPS板粘贴一定面积后，用2m靠尺进行检查，将板压平、压实，进行初步找平，为下一道工序做好准备。

⑪ 女儿墙压顶或凸出物下部，应预留5mm缝隙，便于网格布嵌入。

（5）粘贴玻璃纤维网格布，涂抹聚合物砂浆。

① 粘贴玻璃纤维网格布必须在 EPS 板粘贴 24h 以后尽快进行施工，以防 EPS 板板面粉化。

② EPS 板板边除有翻包网格布的可以在 EPS 板侧面涂抹聚合物砂浆外，其他情况下均不得在 EPS 板侧面涂抹聚合物砂浆。

③ 配制聚合物砂浆必须专人负责，以确保搅拌均匀。具体操作与配制黏结砂浆相同。

④ 在干净平整的地方按预先需要长度、宽度从整卷玻纤网布上剪下网片，留出必要的搭接长度或重叠部分的长度。下料必须准确，剪好的网布必须卷起来，不允许折叠和踩踏。

⑤ 在建筑物阳角处做加强层，加强层应贴在最内侧，每边 150mm。

⑥ 涂抹第一遍聚合物砂浆时，应保持 EPS 板面干燥，去除板面有害物质或杂质。

⑦ 在 EPS 板表面刮上一层聚合物砂浆，所刮面积应略大于网布的长或宽，厚度应一致，约为 2mm。

⑧ 均匀涂抹聚合物砂浆后，迅速贴上事先剪切好的网格布，再用抹刀用力挤压并抹平。网布的弯曲面朝向墙，从中央向四周施抹涂平，使网布嵌入聚合物砂浆中，网布不应皱折、空鼓、翘边。表面干后，再在其上施抹一层 1mm 厚聚合物砂浆，网布不应外露。

⑨ 网格布的铺设应自上而下。网格布左、右搭接宽度不小于 100mm，上、下搭接宽度不小于 80mm。大墙面铺设的网格布应折入门窗框外侧粘牢。

⑩ 门窗口四角处，在标准网施抹完后，再在门窗口四角加盖一块 200mm×300mm 标准网，与窗角平分线成 90°角放置，贴在最外侧，用以加强；在阴角处加盖一块 200mm 长、宽度适合窗侧宽度标准的网片，贴在最外侧。一层窗台以下，为了防止撞击，应先安置加强型网布，再安置标准型网布，加强网格布应对接。

⑪ 对于窗口、门口和其他洞口四周的 EPS 板端头以及外墙最下层 EPS 板的下部边缘，应用网格布和抹面砂浆将其包住并抹平。

⑫ 施工完后应防止雨水冲刷或撞击，容易碰撞的阳角、门窗应采取保护措施，上料口部位应采取防污染措施，发生表面损坏或污染必须立即处理。

⑬ 施工后保护层 4h 内不能被雨淋。保护层终凝后应及时喷水养护，昼夜平均气温高于 15℃时养护时间不得少于 48h，低于 15℃时养护时间不得少于 72h。

2. 胶粉 EPS 颗粒保温浆料外保温系统

胶粉 EPS 颗粒保温浆料外保温系统由界面砂浆作界面层、胶粉 EPS 颗粒保温浆料作保温层以及抗裂砂浆薄抹面层和饰面层组成，如图 10.2 所示。界面砂浆是用来改善基层或保温层表面黏结性能的聚合物水泥砂浆。胶粉 EPS 颗粒保温浆料是在现场拌和后抹或喷涂在基层上形成保温层的。

1）基层处理及施工条件

（1）墙面应清理干净，清洗油渍，清扫浮灰等；旧墙面松动、风化部分应剔除干净；墙表面凸起物大于或等于 10mm 时应剔除。

（2）基层墙体应符合《砌体结构工程施工质量验收规范》（GB 50203—2011）或《混凝土结构工程施工质量验收规范》的要求。

（3）门窗框及墙身上各种进户管线、水落管支架、预埋管件等应按设计安装完毕。若门框在小推车的高度内，应包裹铁皮，防止门框破坏。

(4) 门窗边框与墙体连接应预留出保温层的厚度，缝隙应分层填塞密实，并做好门窗框表面的保护。

(5) 施工环境温度不应低于5℃，风力不应大于5级，风速不宜大于10m/s。严禁雨天施工，雨期施工应做好防雨措施。

(6) 搭设搅拌棚，所有材料必须在搅拌棚内机械搅拌，防止聚苯颗粒飞散，影响现场文明施工。对在露天存放的砂石料和聚苯颗粒，应用苫布覆盖。

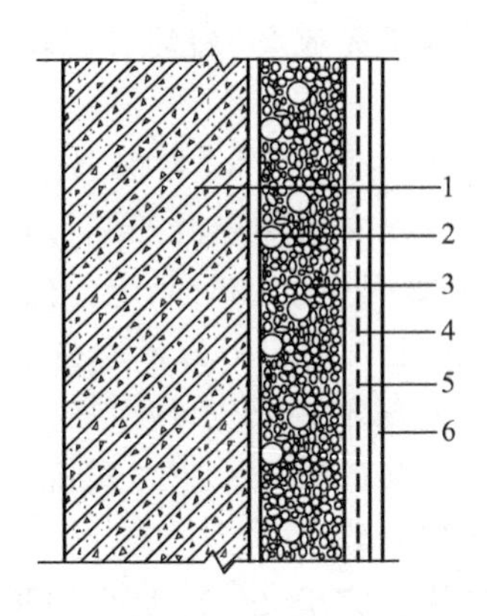

图10.2 胶粉EPS颗粒保温浆料外保温系统构造

1—基层；2—界面砂浆；3—胶粉EPS颗粒保温浆料；4—抗裂砂浆薄抹面层；5—玻纤网；6—饰面层

2) 施工工艺

(1) 施工程序：墙体基层处理→界面处理→吊垂直线、套方、弹控制线、做灰饼→抹胶粉EPS保温颗粒浆料→抹水泥抗裂砂浆→饰面层。

(2) 界面处理：各种材料的基层墙面均应用涂料滚刷、满刷界面砂浆，但砂浆不宜过厚。

(3) 吊垂直、套方、弹控制线，做灰饼。

① 涂抹保温浆料之前，应在墙面上弹出施工厚度控制线。

② 在距每层顶部100mm同时距大墙阴阳角100mm处，用EPS颗粒保温浆料做灰饼充筋，也可粘贴50mm×50mm EPS板做厚度灰饼。

③ 灰饼间隔小于2m，两灰饼之间拉通线，补充灰饼，使灰饼之间的距离（横、竖、斜向）小于2m，根据垂直控制通线做垂直方向灰饼。

(4) 抹胶粉聚苯保温颗粒浆料。

① 配制保温浆料时，搅拌需设专人专职进行，以保证搅拌时间和加水量的准确。

② 保温浆料应分层涂抹，每次抹灰厚度控制在20mm左右，每层抹灰应间隔24h以上。

③ 底层抹灰应从上至下、从左至右进行。面层抹灰时，不能抹太厚，以8～10mm为宜，抹灰厚度应略高于灰饼的厚度，而后用杠尺刮平，用抹子局部修补平整。

(5) 抗裂层施工：保温层固化干燥后（用手按不动表面为宜，一般3～7d）且保温层施工质量验收合格后，方可进行抗裂保护层施工。

① 若饰面层为涂料时，将3～5mm厚的抗裂砂浆均匀地抹在保温层表面后，立即将事先裁好的耐碱网格布用铁抹子压入抗裂砂浆内。相邻网格布之间搭接宽度不应小于50mm，并不得使网格布皱褶、空鼓、翘边。建筑物首层墙面应铺贴双层网格布，第一层铺贴加强型网格布，加强型网格布应对接，然后进行第二层普通网格布的铺贴，两层网格布之间抗裂砂浆必须饱满。在首层墙面阳角处设2m高的专用金属护角，护角应夹在两层网格布之间。其余楼层阳角处两侧网格布双向绕角相互搭接，各侧搭接宽度不小于200mm。门窗洞口四角应增加300mm×400mm的附加网格布，铺贴方向为45°。阴角处则应压槎搭接不小于150mm，同时要抹平、找直，保持阴阳角方正和垂直度。搭接处网眼的砂浆饱满度两层都要达到100%。

在抗裂层施工完成2h后即可涂刷高分子乳液弹性底层涂料，在抗裂砂浆表面形成防水层。

② 若饰面层为面砖时，在保温层上满抹3mm厚的抗裂砂浆，待抗裂砂浆固化后，按从上至下、从左至右的顺序开始铺钉热镀锌四角焊网。铺钉时，先将热镀锌四角焊网弯曲面朝向墙，用12号钢丝临时固定，然后用塑料膨胀螺栓固定。膨胀螺栓要定入结构墙体，深度不小于30mm，且每平方米不少于4个。铺钉热镀锌四角焊网要紧贴墙面确保平整度达到±2mm，局部不平部位可用U形卡压平。热镀锌四角焊网平整度检验合格后，可进行第二层抗裂砂浆的涂抹。第二层抗裂砂浆抹灰厚度应控制在5～7mm，并将热镀锌四角焊网包裹于抗裂砂浆中。

在抗裂层施工完毕2～3h后即可进行面砖的粘贴工作。

3. EPS板现浇混凝土外墙外保温系统施工

EPS板现浇混凝土外墙外保温系统以现浇混凝土外墙作为基层，EPS板为保温层。EPS板内表面（与现浇混凝土接触的表面）沿水平方向开有矩形齿槽，内、外表面均满涂界面砂浆。施工时，将EPS板置于外模板内侧，并安装锚栓作为辅助固定件。浇筑混凝土后，墙体与EPS板以及锚栓结合为一体，拆模后外保温与墙体同时完成。EPS板表面抹抗裂砂浆薄抹面层，外表以涂料或饰面砂浆为饰面层，其构造如图10.3所示。

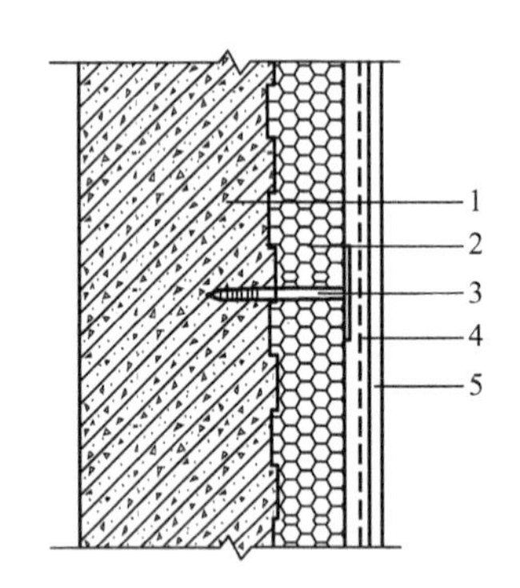

图10.3 EPS板现浇混凝土外墙外保温系统构造

1—现浇混凝土外墙；2—EPS板；
3—锚栓；4—抗裂砂浆薄抹面层；5—饰面层

EPS板现浇混凝土外墙外保温系统的特点：施工简单、安全，省工、省力、经济，与墙体结合好，并能进行冬季施工；摆脱了人贴手抹的安装方式，实现了外保温安装的工业化；与其他EPS板作保温材料外抹抗裂砂浆形式比较，大大降低了成本，缩短了工期和减轻了劳动强度，有很好的经济效益和社会效益。

1）原材料性能指标

（1）聚苯乙烯泡沫塑料板系自熄型，其材料性能的各项指标应符合表10-4。

表10-4 EPS板主要技术性能指标

试验项目	单位	性能指标
导热系数	W/(m·K)	≤0.041
表观密度	kg/m^3	18.2～22.0
垂直于板面方向的抗拉强度	MPa	≥1.0
尺寸稳定性	%	≤0.30

（2）EPS板界面砂浆性能指标应符合表10-5的规定。

表 10-5 EPS 板界面砂浆性能指标

项目			指标/MPa
拉伸黏结强度	与水泥砂浆试块	标准状态 7d	≥0.30
		标准状态 14d	≥0.50
		浸水后	≥0.30
	与 $18kg/m^3$ EPS 板试块（标准状态或浸水）		≥0.10 或 EPS 板破坏
	与胶粉 EPS 颗粒找平浆料试块（标准状态）		≥0.10 或胶粉 EPS 颗粒找平浆料试块破坏

(3) 尼龙锚栓的技术性能指标应符合表 10-6 的规定。

表 10-6 尼龙锚栓技术性能指标

项目		测试值/kg	测试条件
握紧力	$\phi8$ 系列	≥300	钻孔直径 8mm，进入墙体深度 40mm
	$\phi10$ 系列	≥400	钻孔直径 10mm，进入墙体深度 50mm
吊挂力	$\phi8$ 系列	≥300	—
	$\phi10$ 系列	≥400	—

2) 施工工序

基本工序为：绑扎垫块、EPS 板加工→安装 EPS 板→立内侧模板、穿穿墙螺栓→立外侧模板、紧固螺栓、调垂直→混凝土浇筑→拆除模板→EPS 板面清理、配胶粉 EPS 颗粒保温浆料→抹胶粉 EPS 颗粒、找平→配抗裂砂浆、裁剪耐碱网格布、抹抗裂砂浆压入耐碱网格布→配弹性底涂料、涂刷弹性底涂料→配制并刮涂柔性腻子→外墙饰面施工。

3) 机具准备

主要施工机具，包括切割 EPS 板操作平台、电热丝、接触式调压器、电烙铁、盒尺、墨斗、砂浆搅拌机、抹灰工具、检测工具等。

4) 施工要点

(1) EPS 板加工。

① 企口 EPS 板应按设计尺寸加工，板的长、宽、对角线尺寸误差不应大于 2mm，厚度和企口的误差不大于 1mm；板的双面涂刷界面砂浆，涂满不漏刷，对破坏部位应及时修补；EPS 板在运输及现场堆放过程中应平放，不宜立摆。

② 凸凹形齿槽 EPS 板应按设计尺寸加工，一般情况下板宽 1.2m，板高同楼层高，厚度按设计要求，背面凸凹槽宽度为 100mm，深度为 10mm，周边高低槽槽宽 25mm，深度为 1/2 板厚，外喷界面剂。

(2) 保温板安装。

① 弹线：按墙体厚度弹出水平线和垂直线，以保证墙体厚度准确。

② 绑扎垫块：外墙钢筋验收合格后，在外墙钢筋外侧绑扎水泥垫块（不得使用塑料卡），以确保钢筋与保温板之间有足够的保护层厚度，且每块 EPS 板内不少于 6 块（垫块数量视板高而定），确保保护层厚度均匀一致。首层 EPS 板必须严格控制在统一水平上，保证上面的 EPS 板缝隙严密且垂直。板缝处用 EPS 板胶填塞。

③ 安装保温板：经吊正垂直后按从左至右的顺序拼装保温板，如施工段较大，可在两处或两处以上同时拼装。首先在高低槽口立面及平面处均匀涂刷一层 EPS 胶，另一块做同样处理。拼装保温板时，整块板上中下 3 人同时用力将保温板拼装在一起。

④ 设置锚栓：在拼装好的 EPS 板面上按设计尺寸弹线，标出锚栓的位置。最好用电烙铁在定位处预先穿孔，之后在孔内塞入锚栓。锚栓布点形状呈梅花状分布，布置在板缝及板中。顶部门窗洞口可不安装锚栓，但必须在其过梁上加设一个或多个锚栓。

⑤ 填补缝隙：用宽 100mm、厚 10mm 的 EPS 片涂满 EPS 胶，垫补门窗洞口处的凹槽，以免浇灌混凝土时跑浆。

(3) 浇筑墙体混凝土。

① 为保护 EPS 板上口，应在浇筑混凝土前在保温板上部扣上保护槽。

② 在外墙外侧安装 EPS 板时，将企口缝对齐，墙宽不合模数的用小块保温板补齐，门窗洞口处保温板不可开洞，待墙体拆模后再开洞。门窗洞口及外墙阳角处 EPS 板外侧的缝隙，用楔形 EPS 板条塞堵，深度 10～30mm。

③ 混凝土一次浇筑高度不宜大于 1m，振捣时注意振动棒在插、拔过程中，不要损坏保温层。墙面及接槎处应光滑、平整。

④ 墙体混凝土浇筑完毕后，如槽口处有砂浆存在，应立即清理。保温层中的穿墙螺栓孔，应以干硬性砂浆捻实填补，随即用保温浆料填补至保温层表面。

⑤ 在常温条件下，墙体混凝土浇筑完成，间隔 12h 后且混凝土强度不小于 1MPa 即可拆除墙体内、外侧面的大模板。

(4) 找平层施工：需要找平时，用胶粉 EPS 颗粒保温浆料找平，并用胶粉 EPS 颗粒对浇筑的缺陷进行处理。抗裂防护层和饰面层的施工，参见本章相关内容。

4. EPS 钢丝网架板现浇混凝土外保温系统施工

EPS 钢丝网架板现浇混凝土外保温系统以现浇混凝土外墙作为基层，EPS 单面钢丝网架板为保温层，钢丝网架板中的 EPS 板外侧开有凹凸槽。施工时，将钢丝网架板置于外墙外模板内侧，并在 EPS 板上安装辅助固定件。浇筑混凝土后，钢丝网架板与辅助固定件及混凝土结合为一体。钢丝网架板表面抹水泥抗裂砂浆并可粘贴面砖材料作为饰面层，其构造如图 10.4 所示。

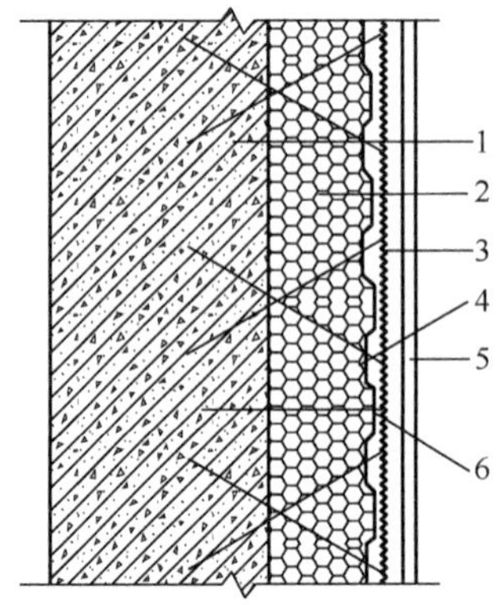

图 10.4　EPS 钢丝网架板现浇混凝土外保温系统构造

1—现浇混凝土外墙；2—EPS 单面钢丝网架板；3—水泥砂浆抹面层；
4—钢丝网架；5—饰面层；6—辅助固定件

EPS钢丝网架板现浇混凝土外保温系统施工简单，能大大缩短工期，提高工效，并且能避免局部“热桥”现象，从而延长建筑物的使用年限，适用于建筑层数在30层以下、建筑高度在100m以内的建筑物。

1）材料性能指标（表10－7）

表10－7　钢丝网架EPS板主要技术指标

类型	项　目	技术指标
表面外观质量	梯形槽	钢丝网片一侧的EPS板面上梯形槽宽20～30mm，槽深10mm±2mm，槽中距50mm
	企口	EPS板两长边设高低槽，宽20～25mm，深1/2板厚，要求尺寸准确
	界面处理	板面及钢丝均匀喷涂界面砂浆，与钢丝和EPS板附着牢固。涂层均匀一致，不得露底，干擦不掉粉
	EPS板对接	≤3000mm长板中EPS板对接不得多于两处，且对接处用胶粘剂粘牢
	钢丝网片与EPS板的距离最短	5mm±1mm
	镀锌低碳钢丝	用于钢筋网片的镀锌低碳钢丝直径为2.00mm、2.20mm，用于斜插丝的镀锌低碳钢丝直径为2.20mm、2.50mm，误差为±0.5mm，其性能应符合YB/T 126—1997的规定
	焊点拉力	抗拉力≥330N，无过烧现象
	焊点质量	网片漏焊、脱焊率≤8%，且不应集中在一处。连续脱焊不应多于2点，板端200mm区段内的焊点不允许脱焊、虚焊，斜插丝脱焊点≤2%
	钢丝挑头	网边挑头长度≤6mm，插丝挑头≤5mm，穿透EPS板挑头≥30mm
	斜插钢丝（腹丝）密度	100～150根/m^2
	表观密度	≥18kg/m^3
规格	长×宽×厚	2450(2150、2750、2950)mm×1220mm×(40～150)mm；EPS板厚度为平均厚度，可根据保温要求经热工计算确定
尺寸允许偏差	长	±10mm
	宽	±5mm
	厚（含钢网）	±3mm
	两对角线差	≤10mm
陈化时间		经自然条件下陈化42d或在60℃蒸气中陈化5d

2）主要机具设备

钢卷尺、钢锯子、小型钢筋剪刀、壁纸刀、墨斗、靠尺，常规抹灰、饰面工具及检测工具等。

3）施工工序

基本工序为：剪力墙钢筋安装→EPS板安装就位→穿插L形锚筋，接缝处角网、平网安装→模板安装→浇筑墙体混凝土→拆模、检查及清理EPS板表面→EPS板外墙装饰。

4）操作要点

(1) 剪力墙钢筋安装：剪力墙钢筋应逐点绑扎，安装时应注意墙体钢筋网自身的垂直度。墙体钢筋绑扎完毕，将绑扎丝头朝内，外侧保护层垫块采用水泥砂浆垫块，垫块的设置应结合EPS板的规格，距墙端一般不应大于200mm，按梅花形布置，保证和EPS板有良好的接触面。

(2) EPS板安装就位。

① 根据外墙尺寸、洞口位置及阴阳角变化，结合EPS板尺寸，提前进行拼装排板设计，并尽量减少拼接缝。

② EPS板的安装要求。

a. EPS板安装的排列原则是先两边、后中间，先大面、后小面及洞口，对于高度尺寸多变的墙面，可现场切割拼装。现场切割EPS板应确保裁口顺直，边角方正。EPS板间接缝均采用企口缝搭接，并用EPS板胶粘接。施工时注意拼接顺序，保证EPS板上下左右接缝严密、不漏浆。

b. EPS板安放到位后，用绑扎铁丝临时固定在钢筋网片上。每安装完一块板，均应检查其位置、标高、水平度和垂直度，符合要求后，将L形锚筋结合垫块位置穿过EPS板，用铁丝将其与钢丝网片及墙体钢筋绑扎牢固。

c. EPS板应紧贴模板，安装高度应比墙体模板高出20～50mm，防止混凝土浇筑时污染外墙EPS板。安装前应修整清理接槎处EPS板，使其表面无砂浆结块，接槎处上口应重新喷刷界面处理剂。

(3) 穿插L形锚筋，接缝处角网、平网安装。

① L形锚筋ϕ6mm，锚入混凝土墙内长度不得小于100mm，端部弯钩30mm，总长度不小于180mm，穿EPS板及端头部分刷防锈漆两道。L形锚筋应采用梅花形布置，双向间距不超过500mm，距板间拼缝处不应超过100mm。

② EPS板拼缝处采用平网，平铺200mm宽的附加钢丝网片，用20号铁丝与钢丝网架绑扎牢固。楼层水平拼缝处，钢丝网架均应断开，不得相连。

③ 外墙阴阳角及阳台与外墙交接处设附加钢丝网角网，角网宽度每边不小于100mm，用铁丝与钢丝网架绑扎牢固。

④ 门窗洞各阴阳角均附加L形钢丝网角网。门窗口的四角处附加45°角网，尺寸为200mm×500mm。L形附加钢丝角网均应预先冲压成形。

(4) 模板安装。

① 模板宜采用钢质大模板进行施工。

② 按弹出的墙线位置安装模板，外墙外模可在EPS板外直接安装，外模板面禁止刷脱模剂。为防止EPS板拼缝处漏浆，外墙外模安装前应在所有EPS板拼缝处也粘贴胶带纸。

③ 在安装外墙外侧模板前，应在现浇混凝土墙体的根部和楼层梁下 100mm 处采用可靠的定位措施如限位钢筋等，保证外墙模板、EPS 板、钢筋保护层和钢筋的位置。安装另一侧模板前应及时清理 EPS 泡沫碎片，防止 EPS 泡沫碎片堆积在墙根部，造成“烂根”现象。

④ 外墙模板全部安装完毕，调整斜撑（拉杆），使模板垂直度符合要求后，拧紧穿墙螺栓。安装穿墙螺栓时，严禁直接穿入，应预先用钢筋从内侧向外侧旋转穿过 EPS 板，然后穿套管，再穿螺栓。

⑤ 外墙模板安装质量直接影响 EPS 的垂直度，要求外墙模板每层垂直度偏差不大于 5mm，且层与层之间的垂直度偏差不得出现叠加现象。

⑥ 门窗洞口等易漏浆部位应粘贴双面海绵胶条。

（5）浇捣混凝土。

① 浇筑混凝土时，应用胶合板等材料对混凝土进行疏导，以降低混凝土对 EPS 板的冲击，同时遮盖外侧模板和 EPS 板，以保护 EPS 板上企口，防止混凝土进入 EPS 板与外模之间，污染 EPS 板表面。

② 墙体混凝土应分层浇筑，每层厚度控制在 500mm 左右。混凝土下料点应分散布置，连续进行，间隔时间不超过混凝土初凝时间。

③ 振捣时，振捣棒间距一般应小于 500mm，每一振动点的延续时间，以表面呈现浮浆和不再沉落为度，严禁将振捣棒斜插入墙体外侧钢筋接触 EPS 板。

④ 洞口处浇筑混凝土时，应沿洞口两边同时下料，使两侧浇筑高度大体一致，振捣棒应距洞边 300mm 以上，以保证洞口下部混凝土密实。

（6）拆模、墙体检查及 EPS 板面清理。

① 在常温条件下墙体混凝土强度不低于 1.0MPa、冬期施工墙体混凝土强度不低于 7.5MPa 时，方可拆除模板。

② 先拆外侧模板，再拆内侧模板。拆模时注意对 EPS 板的保护，应避免挤压、刮碰 EPS 板，切勿用重物撞击墙面 EPS 板。

③ 模板拆除后，应仔细检查剪力墙内侧混凝土表面浇捣质量情况，如有孔洞、露筋、蜂窝现象，应在相应位置外侧钻孔复检，并采取补救措施。

④ 模板拆除后，应及时修整墙面、边和角，用砂浆修补有缺陷的 EPS 板表面。

⑤ 穿墙套管拆除后，混凝土墙部分孔洞应用干硬性砂浆捻塞，EPS 板部位孔洞应用保温材料堵塞，其深度应进入混凝土墙体不小于 50mm（脚手架眼等孔洞类似处理）。

⑥ 拆模后，保温板上的横向钢丝必须对准凹槽，钢丝距槽底不小于 8mm。

（7）EPS 板外墙装饰。

① 基层清理：外墙抹灰前应将钢丝网架和 EPS 板面的余浆、余灰清理干净，不得有灰尘、油渍、污垢及酥松空鼓现象。局部变形网架应修整归位，受损 EPS 板应粘补修理平整。板面及钢丝上界面砂浆如有缺损，应进行修补，要求均匀一致，不得漏底。

② 外墙抹灰。

a. 外墙抹灰宜分两次抹成。先抹一层底灰，填满梯形凹槽，然后用砂浆找平，再抹面层。找平层宜采用 8～12mm 厚 1∶3 水泥砂浆（内掺抗拉纤维），打底扫毛，面层宜采用 8～10mm 厚抗裂砂浆罩面，总厚度以盖住钢丝网架且不大于 20mm 为宜。

b. 找平层与面层之间、抹灰层与 EPS 板之间必须黏结牢固，无脱层、空鼓现象。表面应洁净，接槎平整，线角须垂直、方正、清晰。

c. 楼层间应设水平分隔缝，其他竖向、水平分隔缝应根据立面分格设计确定。分隔缝的深度应贯穿找平层和面层，在抹灰时宜采用 10～20mm 宽定型塑料条施工，施工完可不取出，外表用建筑密封膏嵌缝。分隔缝应做到楞角整齐，横平竖直，交接处平顺，深浅宽窄一致。

③ 外墙涂料饰面：涂料宜采用水溶性弹性涂料。面层灰抹完后，在常温下 24h 后表面平整无裂纹即可涂刷高分子乳液弹性底涂层，涂刷应均匀，不得有漏底现象。然后刮抗裂柔性耐水腻子，最后进行涂料面层施工。涂料施工前，应进行腻子与涂料的相容性试验。

【知识链接】

④ 外墙面砖饰面：外墙外保温工程不宜采用粘贴饰面砖做饰面层，如需采用时，粘贴面砖前应做抹灰层与钢丝网片的握裹力试验和抗拉拔试验。粘贴面砖应采用抗裂砂浆，面砖背面凹槽宜采用燕尾槽式构造；面砖宜采用柔性黏结砂浆勾缝。

⑤ 施工时，应避免大风天气，当气温低于 5℃时，应停止施工。

单元小结

在高层结构中，采用轻质隔墙作为二次结构，有助于减轻房屋自重，节约投资，并且对提高建筑的抗震性能也有帮助。外墙外保温在高层建筑中已成为不可忽视的问题，了解并掌握外保温系统的施工，可以提高对能源的利用率。

练习题

一、思考题

1. 什么是隔墙？隔墙的作用是什么？
2. 常用的轻质隔墙板材有哪些？
3. 填充墙的作用是什么？
4. 外墙外保温的特点有哪些？
5. 什么是 EPS 板薄抹灰外墙外保温系统？简述它的施工方法。
6. 什么是胶粉 EPS 颗粒保温浆料外保温系统？简述它的施工方法。
7. 什么是 EPS 板现浇混凝土外墙外保温系统？
8. 什么是 EPS 钢丝网架板现浇混凝土外保温系统？
9. 什么是抗裂砂浆？
10. 简述蒸压加气混凝土板隔墙工程的工艺流程。

二、简答题

1. 画出 EPS 板薄抹灰外墙外保温系统的基本构造图。
2. 请举出本地区的外墙外保温工程实例。

【参考答案】

参考文献

[1] GB 50011—2010 建筑抗震设计规范 [S]. 北京：中国建筑工业出版社，2010.

[2] 国家标准建筑抗震设计规范管理组．《建筑工程抗震设防分类标准》和《建筑抗震设计规范》2008 年修订统一培训教材 [M]. 北京：中国建筑工业出版社，2009.

[3] 傅敏．现代建筑施工技术 [M]. 北京：机械工业出版社，2013.

[4] GB 50016—2014 建筑设计防火规范 [S]. 北京：中国建筑工业出版社，2014.

[5] GB 50352—2005 民用建筑设计通则 [S]. 北京：中国建筑工业出版社，2005.

[6] 赵志缙，赵帆．高层建筑施工 [M]. 2 版．北京：中国建筑工业出版社，2005.

[7] 朱勇年．高层建筑施工 [M]. 2 版．北京：中国建筑工业出版社，2007.

[8] 曹洪滨．高层建筑施工 [M]. 北京：中国建材工业出版社，2011.

[9] 杨嗣信．高层建筑施工手册 [M]. 2 版．北京：中国建筑工业出版社，2001.

[10] 尹海文，江一鸣．建筑施工技术实训指导 [M]. 北京：北京理工大学出版社，2010.

[11] 中国建筑业协会．模板及脚手架工程安全专项施工方案编制指南与案例分析 [M]. 北京：中国建筑工业出版社，2012.

[12] 沈春林．建筑防水工程师手册 [M]. 北京：化学工业出版社，2001.

[13] 李顺秋，刘群，曹兴明．高层建筑施工技术 [M]. 哈尔滨：黑龙江科学技术出版社，2000.

[14]《建筑施工手册》(第五版) 编写组．建筑施工手册 (缩印本) [M]. 5 版．北京：中国建筑工业出版社，2011.

[15] 住房和城乡建设部执业资格注册中心．土木工程施工新技术 [M]. 北京：中国建筑工业出版社，2012.

[16] JGJ 3—2010 高层建筑混凝土结构技术规程 [S]. 北京：中国建筑工业出版社，2010.

[17] JGJ 99—2015 高层民用建筑钢结构技术规程 [S]. 北京：中国建筑工业出版社，2015.

[18] 地基处理手册编写委员会．地基处理手册 [M]. 北京：中国建筑工业出版社，1988.

[19] 江正荣．地基与基础工程施工禁忌 [M]. 北京：机械工业出版社，2005.

[20] GB 50330—2013 建筑边坡工程技术规范 [S]. 北京：中国建筑工业出版社，2013.

[21] GB 50086—2015 岩土锚杆与喷射混凝土支护工程技术规范 [S]. 北京：中国建筑工业出版社，2015.

[22] CECS 22—2005 岩土锚杆（索）技术规程 [S]. 北京：中国建筑工业出版社，2005.

[23] 王铁宏．新编全国重大工程项目地基处理工程实录 [M]. 北京：中国建筑工业出版社，2004.

[24] GB 50021—2001 岩土工程勘察规范 [S]. 北京：中国建筑工业出版社，2009.

[25] DB/T 29—112—2010 钻孔灌注桩成孔、地下连续墙成槽检测技术规程 [S]. 天津：天津市建设科技信息中心，2010.

[26] JGJ/T 187—2009 塔式起重机混凝土基础工程技术规程 [S]. 北京：中国建筑工业出版社，2009.

[27] JGJ 196—2010 建筑施工塔式起重机安装、使用、拆卸安全技术规程 [S]. 北京：中国建筑工业出版社，2010.

[28] JGJ 88—2010 龙门架及井架物料提升机安全技术规范 [S]. 北京：中国建筑工业出版社，2010.

[29] JG/T 428—2014 钢框组合竹胶合板模板 [S]. 中国建筑工业出版社，2014.

[30] GB 50113—2005 滑动模板工程技术规范 [S]. 北京：中国计划出版社，2005.

[31] JGJ 162—2008 建筑施工模板安全技术规范 [S]. 北京：中国建筑工业出版社，2008.
[32] JGJ 195—2010 液压爬升模板工程技术规程 [S]. 北京：中国建筑工业出版社，2010.
[33] GB 50214—2013 组合钢模板技术规范 [S]. 北京：中国建筑工业出版社，2013.
[34] JGJ 107—2010 钢筋机械连接通用技术规程 [S]. 北京：中国建筑工业出版社，2010.
[35] GB 50496—2009 大体积混凝土施工规范 [S]. 北京：中国计划出版社，2009.
[36] GB/T 50082—2009 普通混凝土长期性能和耐久性能试验方法标准 [S]. 北京：中国建筑工业出版社，2009.
[37] JGJ 52—2006 普通混凝土用砂、石质量及检验方法标准 [S]. 北京：中国建筑工业出版社，2006.
[38] JGJ/T 193—2009 混凝土耐久性评定标准 [S]. 北京：中国建筑工业出版社，2009.
[39] GB 50010—2010 混凝土结构设计规范 [S]. 北京：中国建筑工业出版社，2010.
[40] JGJ/T 10—2011 混凝土泵送施工技术规程 [S]. 北京：中国建筑工业出版社，2011.
[41] SL 352—2006 水工混凝土试验规程 [S]. 北京：中国水利水电出版社，2006.
[42] CECS 24—1990 钢结构防火涂料应用技术规范 [S]. 中国工程建设标准化协会，1990.
[43] JGJ 82—2011 钢结构高强度螺栓连接技术规程 [S]. 北京：建设部标准定额研究所，2011.
[44] 北京土木建筑学会．钢结构工程施工技术·质量控制·实例手册 [M]. 北京：中国电力出版社，2007.
[45] 蒋曙杰，陈建平．钢结构工程质量通病控制手册 [M]. 上海：同济大学出版社，2010.
[46] GB 50108—2008 地下工程防水技术规范 [S]. 北京：中国计划出版社，2008.
[47] 中国建筑工业出版社．现行防水材料标准及施工规范汇编 [M]. 2 版．北京：中国建筑工业出版社，2002.
[48] GB 50207—2012 屋面工程验收规范 [S]. 北京：中国建筑工业出版社，2012.
[49] 马保国．外墙外保温技术 [M]. 北京：化学工业出版社，2007.
[50] JGJ 144—2004 外墙外保温工程技术规范 [S]. 北京：中国建筑工业出版社，2005.
[51] 彭志源．最新建筑地基基础工程施工技术标准与质量验收规范实用手册 [M]. 北京：中国科学文化出版社，2011.
[52] JGJ 106—2014 建筑基桩检测技术规范 [S]. 北京：中国建筑工业出版社，2014.